普通高等教育“十二五”规划教材

大学物理教程（下）

主　编　陈兰莉
副主编　于家辉　尹应鹏　肖东岳
　　　　李壮辉　宋金璠
（以姓氏笔画为序）

机 械 工 业 出 版 社

本套教材依据教育部高等学校物理基础课程教学指导分委员会制定的《理工科类大学物理课程教学基本要求》编写而成。本套教材涵盖了《基本要求》的核心内容，并增加了部分拓展内容。本套教材分为上、下两册，共17章，包括力学、热学、电磁学、振动和波、波动光学、狭义相对论和量子力学基础、核物理和粒子物理等内容。除个别章外，每章包含基本内容、本章逻辑主线、扩展思维、习题，并在书后给出答案。此外，为了拓展读者的知识面，本套教材还增加了部分选学内容，这部分内容均标以“*”号。第1章及扩展思维部分，介绍了物理学在前沿科学和技术中的应用，选学内容和扩展思维都自成体系，教师可以选讲或指导学生阅读。

本套教材可作为理工科院校，尤其是应用型本科院校的大学物理教材，对物理专业学生也有一定的参考价值。

图书在版编目（CIP）数据

大学物理教程. 下/陈兰莉主编. —北京：机械工业出版社，2015.1（2021.1重印）

普通高等教育“十二五”规划教材

ISBN 978-7-111-48742-5

Ⅰ.①大…　Ⅱ.①陈…　Ⅲ.①物理学-高等学校-教材　Ⅳ.①O4

中国版本图书馆CIP数据核字（2015）第002828号

机械工业出版社（北京市百万庄大街22号　邮政编码100037）

策划编辑：张金奎　责任编辑：张金奎　李　乐

版式设计：常天培　责任校对：李锦莉　程俊巧

责任印制：常天培

唐山三艺印务有限公司印刷

2021年1月第1版·第7次印刷

184mm×260mm·21印张·509千字

标准书号：ISBN 978-7-111-48742-5

定价：43.80元

凡购本书，如有缺页、倒页、脱页，由本社发行部调换

电话服务　　网络服务

服务咨询热线：010-88379833　　机工官网：www.cmpbook.com

读者购书热线：010-88379649　　机工官博：weibo.com/cmp1952

教育服务网：www.cmpedu.com

金书网：www.golden-book.com

前　言

“杠杆轻撬，一个世界从此转动；王冠潜底，一条定理浮出水面。苹果落地，人类飞向太空；蝴蝶振羽，风云为之色变。三棱镜中折射出七色彩虹；大漠荒原上升腾起蘑菇烟尘。”这就是美妙的物理学——对称而又简洁，有趣而又深刻。

1. 物理学的研究对象

物理学是探讨物质结构、运动基本规律和相互作用的科学。

物理学是一门实验科学，物理学实验是物理学理论正确与否的仲裁者。

随着科学的发展，从物理学中不断地分化出诸如粒子物理、原子核物理、原子分子物理、凝聚态物理、激光物理、电子物理、等离子体物理等名目繁多的分支，以及从物理学和其他学科的交叉中生长出来的，诸如天体物理、地球物理、化学物理、生物物理等众多交叉学科。

物理学是一切自然科学的基础，也是当代工程技术的支柱。

2. 物理学对科学技术的推动以及在学生全面素质培养中的作用

现代科学技术正以惊人的速度发展。而物理学中每一项科学的发现都成为新技术发明或生产方法改进的基础。首先，物理学定律是揭示物质运动规律的，使人们在技术上运用这些定律成为可能；第二，物理学中的许多预言和结论，为开发新技术指明了方向；第三，新技术的发明、改进和传统技术的根本改造，无论是原理或工艺，还是试验或应用，都直接与物理学有着密切的关系。可以毫不夸大地说，若没有物理基本定律与原理的指导，就不可能有现代生产技术的大发展。

在18世纪以蒸汽机为动力的生产时代，蒸汽机的不断提高改进，物理学中的热力学与机械力学是起着相当重要的作用的。从19世纪中期开始，电力技术在生产技术中日益发展起来，这是与物理学中电磁学理论的建立与应用分不开的。现代原子能的应用、激光器的制造、人造卫星的发射、电子计算机的发明以及生物工程的兴起等，都与物理学理论有着千丝万缕的密切联系。物理学本身是以实验为基础的科学，物理学实验既为物理学发展创造了条件，同时也为现代工农业生产技术的研究打下了物质基础。从20世纪初开始，超高压装置、超低温设备、油扩散真空泵的先后发明，为现代创造极端物质材料提供了条件。随着电力和电子技术的广泛应用，出现了各种用精确计量的电动装置和电子仪器。自伦琴发现X光、汤姆逊发现电子以后，相继又有阿普顿质谱仪的发明以及同位素测定、红外线光谱、原子光谱等仪器的产生。20世纪30年代发明的电子示波器、电子显微镜、20世纪40年代发明的电子计算机等，不但使物理学家可直接观察到电子运动规律和物质结构等微观现象，而且也为生产技术开拓了一条技术研究及自动化控制的新途径。

20世纪以来，以相对论与量子力学的创立为标志的现代物理学研究工作，从理论和实践两个方面，对人类认识和社会发展起到了难以估量的作用。物理学理论的发展，正在从三个层次上把人类对自然界的认识推进到前所未有的深度和广度。首先，在微观领域内：已经深入到基本粒子的亚核世界（10^{-15}cm），并建立起统一描述电磁，弱、强相互作用的标准模型，还引起了人们测量观、因果观的深刻变革。特别是量子力学的建立，为描述自然现象提供了一个全新的理论框架，并成为现代物理学乃至化学、生物学等学科的基础。其次，在宇观领域内：研究的探针已达到1028cm的空间标度和1017s的宇宙纪元；广义相对论的理论预言，在巨大的时空尺度上得到了证实，引起了人们时空观、宇宙观的深刻变革。再次，在宏观领域内：关于物质存在状态和运动形式的多样性、复杂性的探索，也取得了突破性的进展。

1999年3月，第23届国际纯粹物理与应用物理联合会（IUPAP）在美国亚特兰大举行，与会代表通过了题为“物理学对社会的重要性”的决议，认为：①物理学是一项激动人心的智力探险活动，它鼓舞着年轻人，并扩展着我们关于大自然知识的疆界。②物理学发展着未来技术进步所需的基本知识，而技术进步将持续驱动世界经济发动机的运转。③物理学有助于技术的基本建设，它为科学进步和发明的利用，提供所需训练有素的人才。④物理学在培养化学家、工程师、计算机科学家，以及其他物理科学和生物医学科学工作者的教育中，是一个重要的组成部分。⑤物理学扩展和提高我们对其他学科的理解，诸如地球科学、农业科学、化学、生物学、环境科学，以及天文学和宇宙学——这些学科对世界上所有民族都是至关重要的。⑥物理学提供发展应用于医学的新设备和新技术所需的基本知识，如计算机层析术（CT）、磁共振成像、正电子发射层析术、超声波成像和激光手术等，改善了我们的生活质量。物理学探索视野的广阔性，研究层次的广谱性和理论适用的广泛性，决定了在今后很长时期内，物理学仍将发挥其中心科学和基础科学的作用。

可以说，物理学的基本原理已渗透进物质世界的方方面面，物理学“判天地之美，析万物之理”。物理学习的过程从某种意义上来说也是培养学生实用技能的过程，学好物理就为大学生更好地学好其他科学知识打下坚实的基础，有助于培养大学生严密的逻辑思维能力，并在这一过程中逐渐形成一种科学态度和科学精神。物理思想的强弱、物理基础的厚薄、物理兴趣的浓淡都直接影响着大学生的适应性、创造力和发展潜力。因此，大学物理是大学生应当学好的最重要的基础课之一，也是大学期间一门不可替代的素质教育课。

3. 本书的编写思想

本书是为适应当前形势的发展和大学物理教学改革的要求而编写的。科学技术的飞速发展，使人们对现代人才的素质要求有了新的认识，未来发展的核心是科学技术的竞争，是人才的竞争，高校作为培养未来社会现代化建设需要的高素质人才的重要基地，起着重要的作用。大学生能否适应社会的发展，成为对社会有用的人才，取决于高校的教育教学质量。因此，转变教育思想、更新教育观念、深化教育改革、培养高素质人才是我国高校面临的重要任务。本书的编写，着眼于培养大学生全面的素质与创新能力，具体特点如下：

（1）注意物理与工程技术的联系。考虑到本书主要面对的是理工类各专业的学生，我们遵从了“从自然到物理、从物理到技术、从技术到生活”的原则，在各部分有意识地突出物理学原理对工程技术的引领作用，并专门设置“物理学的发展及其在高新技术中的应用”一章，用一定篇幅专门介绍物理与工程技术的紧密联系，从而使读者拓宽视野，加深其对物理学基本原理及物理学在工程技术领域重要作用的理解。本书从工程实际出发，避开技术细节，把实际问题抽象成物理模型，并用物理学原理进行分析，提出合理的解决方案，有利于提高读者分析和解决问题的能力，有利于提高各工程专业学生学习物理的兴趣。

（2）注意科学与哲学的统一。本书的编写，旨在在讲科学的同时，让学生从根本上把握物理学原理的实质，提炼出其中的物理本原，包括其哲学意义。力图避免过去一些传统物理教材从头到尾的公式化，对学生缺乏必要的启发与引导，致使学生最终“不识庐山真面目，只缘身在此山中。”爱因斯坦说：“物理书都充满了复杂的数学公式。可是思想及理念，而非公式，才是每一物理理论的开端。”（爱因斯坦《物理学的进化》）苏东坡有诗云：“横看成岭侧成峰，远近高低各不同。”相对论中关于“相对”二字的理解，解释狭义相对论中的相对性原理，总把相对性说成是两个参考系在描述物理规律时是等价的。这话虽然不错，可既然参考系指的是坐标系加观察者，因此相对论中相对性原理的本质，首先在于作为认识主体的人与客体之间的相对性。一切物理理论，包括相对论和量子力学，既是对自然规律的发现，也是人的发明。爱因斯坦认为：不要去讨论绝对空间、绝对时间和绝对运动，而应该讨论相对空间、相对时间和相对运动。爱因斯坦的相对论是试图寻找这个世界最本源的理论，他把参考系从惯性系推广到非惯性系，把相对性原理从狭义讲到广义，提出了广义相对论。相对论成功的经验实际上告诉我们，空间和时间的概念不是属于客体的，而是主体为了描述客体的运动而引入的。一个粒子的空间和时间坐标是主体赋予它的，因此它们只能是相对的，而且只有当运动有所变化时才能真正（在严格意义下）被认识到。空间、时间坐标尚且如此，更不用说动量和能量了。简言之，没有变化就没有信息。信息并非客观存在，而是主体施变于客体时才共同创造出来的。物理作为“物”之“理”，只能是相对的道理，而不是绝对真理。有时我们觉得，有些物理理论如量子力学的某种解释不很清楚，其实很大程度上是由于我们自己早已进入了“理论”，却还以为我们正在讨论着纯客观世界。本书试图在相关物理学原理的讲述中，做到科学与哲学的统一，让科学印证哲学，让哲学指导科学。

（3）妥善处理数学与物理的关系。物理与数学，的确有着千丝万缕的联系。但作为适用于工科学生的大学物理，数学公式过多就会难教、难学，甚至淹没了本质上的物理思想及理念。本书中对数学的分量和难度是注意控制的，但不回避。这是因为，重视数字和数学，正是西方哲学之所以能促进科学发展的精髓所在。没有数学就没有物理学。反过来，正因为物理学比其他任何自然科学都更成功地运用数学，学物理便成为学数学的捷径。我们在内容组织编排中注意做到循序渐进，把重点放在启发思考，引起同学兴趣上，对于繁杂的公式推导，不提出过高的要求，从而使部分数学基础稍差的同学能够克服讨厌或害怕数学的心理，转变为愿意学、能学会，进而喜欢学，这对他们将来的职业生涯会有深远的影响。

（4）融入开放性思想，培养学生大胆质疑、深入思考的创新精神。经过多年的教学与思考，我们体会到：封闭式教学只能培养出书呆子。书当然不可不读，但“尽信书不如无书”。因此，本书在写法上作了一个新的尝试，即以介绍自然现象和实验事实为主，而避免把已有的理论当作是天经地义，必要时介绍理论曲折的发展过程，同时介绍不同的看法，力求反映科学的严谨性和科学发展中固有的大胆怀疑精神，提倡发散式思维。这一尝试集中地表现在第 7 章（相对论）和第 16 章（量子物理学基础）中。把现有理论讲得天衣无缝，推导得环环相扣、无懈可击，未必就是教材的最高境界，必要时，我们展现了理论的发展过程，甚至描述了这期间走过的弯路，这样对学生的启迪作用或许会更大。

4. 本书的编写分工

本书由南阳理工学院的教师编写，陈兰莉教授担任主编，编写前言和第 17 章，并对全书进行设计、统稿和定稿；李壮辉编写第 10、11 章和第 12 章的 12.1 ~ 12.3 节；肖东岳编写第 12 章的 12.4 及以后内容、第 13 章、第 13 章的参考答案；于家辉编写第 14 章、第 15

章的 15.1 ~ 15.8 节；尹应鹏编写 15.8 节以后内容、第 16 章；宋金播编写第 12 及 14 ~ 17 章的参考答案；黄奇瑞编写第 10、11 章的参考答案。另外，参加本书编写工作的还有王生钊、石明吉、李梦硕、郭新峰、罗鹏辉等。

编写适合教学改革需要的教材本身就是一种探索，加之编者水平所限，难免有不妥和疏漏之处，恳请读者批评指正。

编　者

目　　录

第 10 章　真空中的静电场

从本章开始，我们研究物质运动的另一种形态，即电磁运动。自然界的所有变化都几乎与电和磁相联系，电磁场是构成物质世界的重要组成部分，它是研究电磁相互作用及其运动规律的科学。

电磁学是人们在认识到电现象和磁现象深刻的内在联系后开始发展起来的。首先是奥斯特发现了电流的磁效应；接着法拉第发现了电磁感应；麦克斯韦在总结前人研究成果的基础上大胆地提出了感应电场和位移电流假说，建立了完整的电磁场理论——麦克斯韦方程组，并从理论上预言了电磁波的存在。麦克斯韦电磁场理论是从牛顿建立的经典力学理论到爱因斯坦的相对论的这一时期中物理学方面的重要的理论成果。

电磁学的知识是许多工程技术和科学研究的基础，电能是应用最广泛的能源，电磁波实现了信息传递，研究新材料的电磁性能促进了新技术的诞生和科学的发展。许多与电磁学看似无关的现象，如物质的弹性、金属的导热性、光学的折射率等都可以从物质的电结构中得到解释，所以电磁学的知识是许多工程技术和科学研究的基础，如电工学、电化学、无线电技术、遥控遥测、自动控制、电视、计算机等都是以电磁学为基础的。因此，电磁学理论在现代物理学中占有重要地位。

电磁学的内容大体可划分为“场”和“路”两部分。大学物理侧重于对“场”的研究，“路”的内容除了中学已经学过的内容外，将主要在后续课程中学习。

本章我们首先研究真空中静电场的基本特性。引入描述电场的两个重要物理量——电场强度和电势，并讨论它们的叠加原理，以及两者之间的积分形式和微分形式的关系；同时介绍反映静电场基本性质的高斯定理和静电场环路定理。

10.1　电荷　库仑定律

10.1.1　电荷守恒定律

1. 电荷

人们对电的认识，最初来自摩擦起电和自然界的电现象。今天我们把物体经过摩擦后能吸引羽毛、纸片等轻微物质的状态叫作带电，也可以说物体带有电荷，把表示物体所带电荷多少的物理量叫作**电荷量**。

自然界的电荷有两种，分别是正电荷和负电荷。带同种电荷的物体相互排斥，带异种电荷的物体相互吸引，物体间这种相互作用力叫作电性力，还叫作静电力。静电力与万有引力有些相似，但万有引力总是相互吸引的，静电力却随电荷的异号和同号有引力和斥力之分。

2. 电荷守恒定律

摩擦使物体带电的现象可以从物质结构加以说明。宏观物体都由分子和原子组成，而任何物质的原子都由一个带正电的原子核和一定数目的绕核运动的电子组成，原子核又由带正电的质子和不带电的中子组成。每个质子所带正电荷量和电子所带负电荷量是相等的，通常用 e 表示。在正常情况下，原子内的电子数和原子核内的质子数相等，整个原子呈现电中性。由于构成物质的原子是电中性的，因此，通常宏观物体将处于电中性状态，物体对外不显示电的作用。当两种不同质料的物体紧密接触时，有一些电子会从一个物体迁移到另一个物体上去，结果使两个物体都处于带电状态。所谓的起电，就是通过某种作用，使物体内电子不足或者过多而呈现带电状态。例如，通过摩擦可以使两物体接触面的温度升高，促使一定量的电子获得足够的动能从一个物体迁移到另一个物体，从而使获得更多的电子的物体带负电，失去电子的物体带正电。

实验证明，**在一个与外界没有电荷交换的系统内，无论通过怎样的物理过程，系统内正负电荷量的代数和总是保持不变**，这就是实验总结出来的**电荷守恒定律**。

随着近代物理学的不断发展，这个定律也在微观物理过程中得到了精确验证。例如，一个高能光子与一个重原子核作用时，该光子可以转化为正负电子对：$\gamma \rightarrow e^{+} + e^{-}$。反之，正负电子相遇则同归于尽（称“湮灭”），转化为两个或三个光子。这种电荷的产生或消失并不改变系统中电荷的代数和，所以电荷守恒定律仍然成立。还要指出的是，电荷量是相对论不变量，即电荷量与运动无关。

3. 电荷量子化

科学发展到今天大量的实验表明，电子和质子所带的电荷量是自然界带有电荷量最小的粒子，任何带电体或其他微观粒子所带的电荷量是电子或质子电荷量的整数倍。这个事实说明了物体带的电荷量不可能连续地取任意量值，只能取某一单元的整数倍值。一个电子或一个质子所带有的电荷量就是这个基本单元，称为元电荷，用 e 表示。在国际单位制中，电荷量的单位是库仑（C），相当于导体中的恒定电流为 1A 时，在 1s 内通过导体横截面的电荷量。一个质子和一个电子所带的电荷量分别是 1.602177×10^{-19}C 和 $-1.602177 \times 10^{-19}$C。电荷量的这种只能取分立的、不连续量值的性质，称为电荷的量子化。

20 世纪 50 年代以来，包括我国理论物理工作者在内的各国理论物理工作者陆续提出了一些关于物质结构的更深层次的模型。他们认为强子（质子、中子、介质等）都是由更基本的粒子（称为层子或夸克）构成的。夸克理论认为，夸克带有分数电荷，它们所带电荷量是电子电荷量的 $\pm\frac{1}{3}$，$\pm\frac{2}{3}$。中子是中性的，但并不是说中子内部没有电荷，按夸克理论，中子包含一个带有 $\frac{2e}{3}$ 的电荷量的上夸克和两个均带有 $-\frac{e}{3}$ 的电荷量的下夸克，总的电荷量为零。强子由夸克组成在理论上已经是无可置疑的，只是迄今为止，尚未发现自由状态的夸克，但无论将来能否发现自由夸克的存在，都不会改变电荷量子化的结论。量子化是微观世界一个基本概念，在微观世界中我们将看到：能量、角动量等也是量子化的。

10.1.2 库仑定律

物体带电后的主要特征是带电体之间存在相互作用的静电力，为了定量地描述这个静电力，我们引入了点电荷的模型，即当带电体的形状和大小与它们之间的距离相比较可以忽略时，这些带电体可以看成是点电荷。这是从实际问题抽象出来的理想模型。具体问题中的点电荷：带电体本身线度比它到其他带电体间的距离小得多时，带电体的大小和形状可忽略不计，这个带电体称为点电荷（如同质点一样，是假想模型）。点电荷的概念只有相对的意义，它本身不一定很小。

1785 年，库仑（C. A. de Coulomb）从扭秤试验结果总结出了点电荷之间相互作用的静电力所服从的基本规律，称为库仑定律。

库仑定律可以表述为：**在真空中，两个点电荷之间的相互作用力的方向沿着这两个点电荷的连线，同号电荷相斥，异号电荷相吸；作用力的大小与这两个点电荷电荷量的乘积成正比，而与它们之间的距离的平方成反比。**

库仑定律的矢量表达式为

$$\boldsymbol{F}=k\frac{q_1q_2}{r^3}\boldsymbol{r} \tag{10-1a}$$

或者

$$\boldsymbol{F}=k\frac{q_1q_2}{r^2}\boldsymbol{r}_0 \tag{10-1b}$$

若采用国际单位制，其中的比例常数 $k=9.0\times10^9\mathrm{N\cdot m^2\cdot C^{-2}}$。

令　$k=\dfrac{1}{4\pi\varepsilon_0}$，$\varepsilon_0=\dfrac{1}{4\pi k}=8.85\times10^{-12}\mathrm{C^2\cdot N^{-1}\cdot m^{-2}}$（$\varepsilon_0$ 为真空中的介电常数）

则库仑定律的矢量表达式为

$$\boldsymbol{F}=\frac{1}{4\pi\varepsilon_0}\frac{q_1q_2}{r^3}\boldsymbol{r} \tag{10-1c}$$

或者

$$\boldsymbol{F}=\frac{1}{4\pi\varepsilon_0}\frac{q_1q_2}{r^2}\boldsymbol{r}_0 \tag{10-1d}$$

写成大小形式

$$F=k\frac{q_1q_2}{r^2}$$

式中，q_1 和 q_2 为真空中的两个点电荷；r 为两个点电荷间的距离，还叫作矢径；$\boldsymbol{r}$ 和 $\boldsymbol{r}_0$ 都是由施力电荷指向受力电荷，$\boldsymbol{r}_0$ 是沿矢径方向的单位矢量。近代物理实验表明，当两个电荷之间的距离在 $10^{-17}\sim10^7\mathrm{m}$ 范围内时，库仑定律是极其准确的。

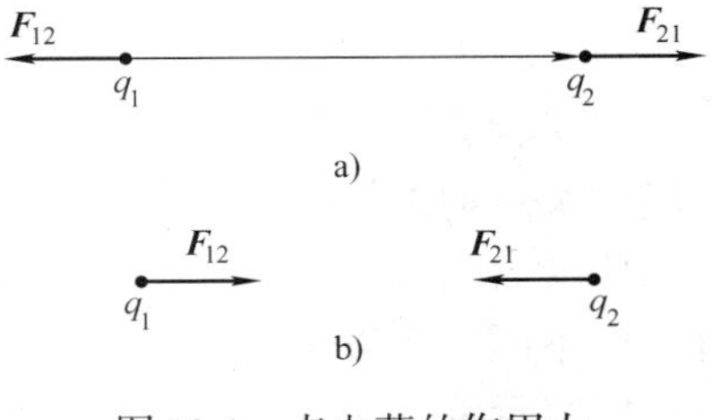

图 10-1　点电荷的作用力

如图 10-1 所示，$\boldsymbol{F}_{12}$ 和 $\boldsymbol{F}_{21}$ 分别是 q_1 和 q_2 受的库仑力，$\boldsymbol{F}_{12}=-\boldsymbol{F}_{21}$

库仑定律适用于真空中两个点电荷之间的作用。当空间同时有几个点电荷时，作用于某一点电荷的静电力等于其他各点电荷单独存在时，作用在该点电荷上的静电力的矢量和。这就是静电力叠加原理。

库仑定律的形式与万有引力定律形式相似，但前者包含引力和斥力，后者只是引力。

10.2 电场 电场强度

10.2.1 电场 电场强度

1. 电场

我们知道力是物体之间的相互作用。两个物体彼此不接触时，其相互作用必须依赖其间的物质作为传递介质。没有物质作传递介质的所谓的“超距作用”是不存在的。真空中两个相互隔开的点电荷也可以发生相互作用。这就说明，**电荷周围存在一种特殊的物质，称为电场**。只要有电荷，就有电场。电场对处于电场中的带电体有力的作用。因此，当带电体在电场中移动时电场力可以做功，说明了电场具有能量。而根据爱因斯坦提出的质能关系式，有能量就有质量，所以电场也有质量和动量。因此，同实物物质一样，电场也是一种物质，这种物质称为电磁场。

本章着重研究的是静电场，即相对于观察者静止的电荷所激发的电场，静电场是电磁场的一种特殊情况。

2. 电场强度

一个被研究对象的物理特性总是通过该对象与其他物体的相互作用显示出来。利用电场对电荷有力的作用，我们引入了电场强度这一物理量；对于电荷在电场中移动时电场力要对电荷做功，我们引入了电势这一概念。电场强度和电势是描述静电场的两个基本物理量。

现将一个试验电荷 q_0 放到电场中各个不同点，观察 q_0 受到的电场力。所谓的试验电荷，首先所带电荷量必须尽可能地小，其次线度必须小到可以看成点电荷。这样把它放入电场中时，不影响原电场的分布，以便能用它来确定电场中每一点的性质；否则只能反映出空间的平均性质。实验指出，把同一试验电荷放进电场不同的点时，电荷所受力的大小和方向逐点不同，但在电场中同一地点，电荷所受力的大小和方向是确定的。

实验表明如果改变试验电荷的量值，它所受力的大小将随着改变，受力的大小和试验电荷带的电荷量成正比。所以我们可以用**试验电荷所受的电场力与试验电荷所带电荷量之比**，作为描述静电场中给定点的客观性质的一个物理量，称为**电场强度**。电场强度是矢量，用符号 $\boldsymbol{E}$ 表示，即

$$\boldsymbol{E}=\frac{\boldsymbol{F}}{q_0} \tag{10-2}$$

由实验验证可知，比值与试验电荷无关，仅仅与试验电荷所在的位置（场点）有关。电场中某点的电场强度的大小等于单位试验电荷在该点所受的力的大小，其方向为正电荷在该点所受力的方向。电场中给定的点 $r(x, y, z)$，电场强度 $\boldsymbol{E}$ 是确定的。不同的点电场强度一般不同。所以 $\boldsymbol{E}$ 是空间坐标 (x, y, z) 的点函数，记作 $\boldsymbol{E}(x, y, z)$。

在国际单位制中，力的单位为 N，电荷量的单位为 C，所以电场强度的单位为 $\mathrm{N \cdot C^{-1}}$，电场强度的单位也可以是 $\mathrm{V \cdot m^{-1}}$，这两种表示方法是等效的。在电工学中常采取后一单位。

另一方面我们如果知道电场强度的分布 $\boldsymbol{E}$，就能方便地求出任意点电荷 q 在电场中所受的电场力，即 $\boldsymbol{F}=q\boldsymbol{E}$。

3. 电偶极子 电矩

两个大小相等符号相反的点电荷，$+q$ 和 $-q$，它们分开距离 l，这一电荷系统就叫作**电偶**

极子，l 矢量由 $-q\to+q$，还叫作电偶极子的轴，从负电荷指向正电荷的矢量为轴线的正方向。通常这个距离 l 比它们到场点的距离小得多，**电荷量 q 与矢量 $\boldsymbol{l}$ 的乘积定义为电偶极矩，简称为电矩**。电矩也是矢量，用 $\boldsymbol{p}$ 表示，可以表示为

$$\boldsymbol{p}=q\boldsymbol{l} \tag{10-3}$$

如图 10-2 所示，电偶极子在均匀电场 $\boldsymbol{E}$ 中，两电荷受的电场力大小相等、方向相反，是一对力偶，所以产生力偶矩大小为

$$M=Fd=qEl\sin\theta=pE\sin\theta \tag{10-4}$$

电偶极子所受的力矩矢量表达式为

$$\boldsymbol{M}=\boldsymbol{p}\times\boldsymbol{E} \tag{10-5}$$

即电偶极子在均匀电场中受的合力矩。

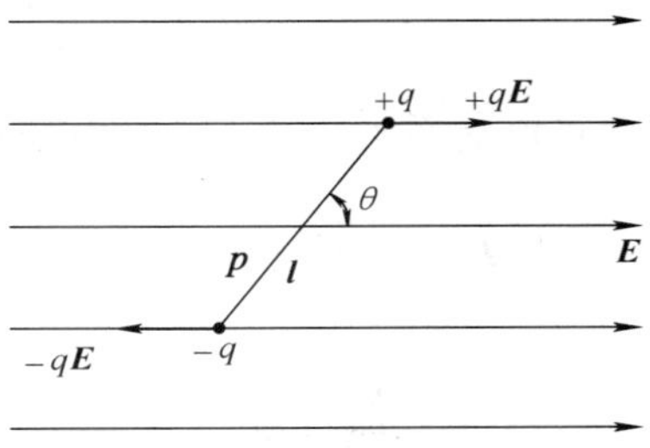

图 10-2　电偶极子电场中受力

10. 2. 2　电场强度叠加原理

试验电荷 q_0 放在点电荷系 q_1，q_2，q_3，…，q_n 所产生电场中的任意点，实验表明 q_0 在该点受的电场力 $\boldsymbol{F}$，等于点电荷系中每个点电荷单独存在时，对 q_0 所施加的库仑力 $\boldsymbol{F}_1$，$\boldsymbol{F}_2$，$\boldsymbol{F}_3$，…，$\boldsymbol{F}_n$ 的矢量和，即

$$\boldsymbol{F}=\boldsymbol{F}_1+\boldsymbol{F}_2+\boldsymbol{F}_3+\cdots+\boldsymbol{F}_n \tag{10-6}$$

由电场强度的定义式，该点的电场强度为

$$\boldsymbol{E}=\frac{\boldsymbol{F}}{q_0}=\frac{\boldsymbol{F}_1}{q_0}+\frac{\boldsymbol{F}_2}{q_0}+\frac{\boldsymbol{F}_3}{q_0}+\cdots+\frac{\boldsymbol{F}_n}{q_0}=\boldsymbol{E}_1+\boldsymbol{E}_2+\boldsymbol{E}_3+\cdots+\boldsymbol{E}_n$$

$$\boldsymbol{E}=\sum_{i=1}^{n}\boldsymbol{E}_i \tag{10-7}$$

上式表明，点电荷系电场中任一点的总电场强度，等于各个点电荷单独存在时在该点产生的电场强度矢量和，称为电场强度叠加原理。它是电场的基本性质，是我们计算合电场强度的依据。但电场强度的叠加是矢量叠加，一定要注意方向，各个分电场强度的方向不一致时不能直接相加！通常用坐标分量法进行计算。

10. 2. 3　电场强度计算

1. 点电荷电场的电场强度

设在真空中有一个静止的点电荷 q，q 周围任意点 A 处产生的电场强度为 $\boldsymbol{E}$，如图 10-3 所示。求电场强度 $\boldsymbol{E}$ 的大小和方向。现在 A 处有一试验电荷 q_0，q_0 受的电场力为 $\boldsymbol{F}$，根据电场强度的定义式得 A 处的电场强度为

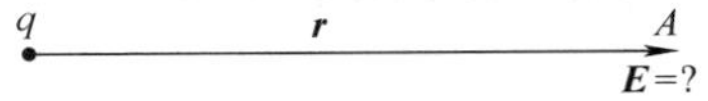

图 10-3　点电荷形成的电场

$$\boldsymbol{E}=\frac{\boldsymbol{F}}{q_0}=\frac{1}{q_0}\cdot\frac{qq_0}{4\pi\varepsilon_0r^2}\boldsymbol{r}_0$$

即

$$\boldsymbol{E}=\frac{q}{4\pi\varepsilon_0r^2}\boldsymbol{r}_0 \tag{10-8}$$

该表达式为点电荷周围任意点的电场强度。

$\boldsymbol{r}_0$ 由点电荷 q 指向场点 A，q 为正时，$\boldsymbol{E}$ 与 $\boldsymbol{r}_0$ 同向（由 $q\to A$）；q 为负时，$\boldsymbol{E}$ 与 $\boldsymbol{r}_0$ 反向（由 $A\to q$）。

2. 点电荷系电场的电场强度

设真空中有点电荷系 q_1，q_2，…，q_n，如图 10-4 所示。$\boldsymbol{r}_{i_0}$ 表示第 i 个点电荷到场点的矢径方向的单位矢量，则 q_i 单独存在时在 A 点产生的电场强度为

$$\boldsymbol{E}_i = \frac{q_i}{4\pi\varepsilon_0 r_i^2}\boldsymbol{r}_{i0}$$

因此点电荷系中任意点的合电场强度为

$$\boldsymbol{E} = \frac{q_1}{4\pi\varepsilon_0 r_1^2}\boldsymbol{r}_{10} + \frac{q_2}{4\pi\varepsilon_0 r_2^2}\boldsymbol{r}_{20} + \cdots + \frac{q_n}{4\pi\varepsilon_0 r_n^2}\boldsymbol{r}_{n0} = \sum_{i=1}^{n} \frac{q_i}{4\pi\varepsilon_0 r_i^2}\boldsymbol{r}_{i0}$$

即

$$\boldsymbol{E} = \sum_{i=1}^{n} \boldsymbol{E}_i \tag{10-9a}$$

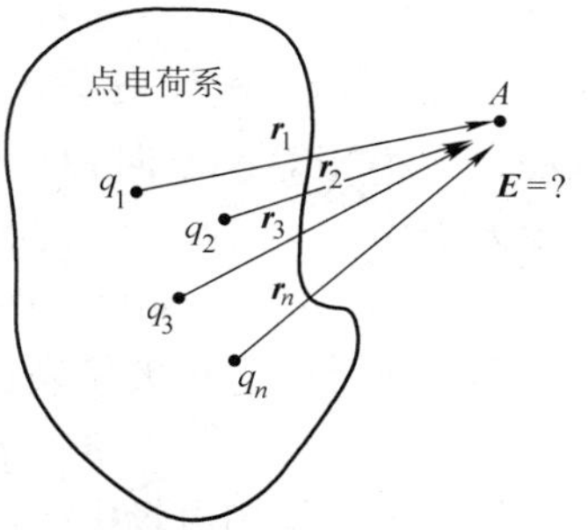

图 10-4　点电荷系形成的电场

在直角坐标系中上式的分量式为

$$E_x = \sum_{i=1}^{n} E_{ix} \tag{10-9b}$$

$$E_y = \sum_{i=1}^{n} E_{iy} \tag{10-9c}$$

$$E_z = \sum_{i=1}^{n} E_{iz} \tag{10-9d}$$

3. 连续带电体电场的电场强度

根据电场强度叠加原理，我们可以计算电荷连续分布的电荷系的电场强度，下面是计算电场强度的一种方法，当然还有其他方法。

如图 10-5 所示，有一体积为 V，电荷连续分布的带电体，在它周围任选一点 A，现在计算 A 点的电场强度。先在带电体上取一电荷元 $\mathrm{d}q$，电荷元 $\mathrm{d}q$ 可以看成点电荷，则 $\mathrm{d}q$ 在 A 点的电场强度为

$$\mathrm{d}\boldsymbol{E} = \frac{\mathrm{d}q}{4\pi\varepsilon_0 r^2}\boldsymbol{r}_0 \tag{10-10a}$$

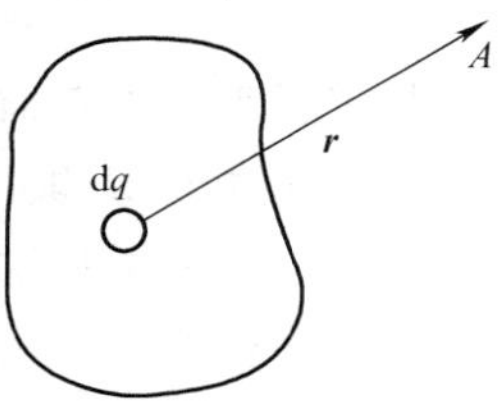

图 10-5　连续带电体形成的电场

带电体在 A 点产生的总电场强度可表示为

$$\boldsymbol{E} = \int \mathrm{d}\boldsymbol{E} = \int_q \frac{\mathrm{d}q}{4\pi\varepsilon_0 r^2}\boldsymbol{r}_0 \quad \text{（矢量积分）} \tag{10-10b}$$

上式为矢量积分，求 $\boldsymbol{E}$ 前要分别求出各个分量

$$E_x = \int \mathrm{d}E_x,\quad E_y = \int \mathrm{d}E_y,\quad E_z = \int \mathrm{d}E_z \quad \text{（标量积分）}$$

则电场强度为

$$\boldsymbol{E} = E_x\boldsymbol{i} + E_y\boldsymbol{j} + E_z\boldsymbol{k}$$

大小为

$$E = \sqrt{E_x^2 + E_y^2 + E_z^2}$$

如果电荷分布在整个体积内，这种分布叫作体分布。在带电体内任取一点，做一包含该点的体积元 ΔV，设该体积中的电荷量为 Δq，则该点的电荷密度 ρ 定义为 Δq 和 ΔV 比值的极限：

$$\rho = \lim_{\Delta V \to 0} \frac{\Delta q}{\Delta V} = \frac{\mathrm{d}q}{\mathrm{d}V} \tag{10-11}$$

在处理电荷分布在极薄的表面层问题时，可以把带电薄层抽象为“带电面”电荷的面密度为

$$\sigma = \lim_{\Delta S \to 0} \frac{\Delta q}{\Delta S} = \frac{\mathrm{d}q}{\mathrm{d}S} \tag{10-12}$$

若电荷分布在细长的线上，则定义单位长度所带电荷为电荷的线密度，即

$$\lambda = \lim_{\Delta l \to 0} \frac{\Delta q}{\Delta l} = \frac{\mathrm{d}q}{\mathrm{d}l} \tag{10-13}$$

若电荷分布均匀，在确定的体、面、线上的各点 ρ、σ、λ 是确定的。所以体、面、线上的电荷元分别是 $\mathrm{d}q = \rho \mathrm{d}V$，$\mathrm{d}q = \sigma \mathrm{d}S$，$\mathrm{d}q = \lambda \mathrm{d}l$。若电荷密度已知，求出 $\mathrm{d}q$，再代入 $\boldsymbol{E}$ 的计算公式进而求 $\boldsymbol{E}$。

4. 例题分析

【例 10-1】 前面已讲过，两个等量异号点电荷构成的电荷系，它们之间的距离 l 比起所讨论的问题涉及的距离小得多时，如图 10-6 所示，这样一对点电荷系称为电偶极子。由 $-q \to +q$ 的矢量 $\boldsymbol{l}$ 叫作电偶极子的轴，$\boldsymbol{p} = q\boldsymbol{l}$ 叫作电偶极子的电矩。试计算电偶极子轴线延长线上的一点 A 的电场强度。

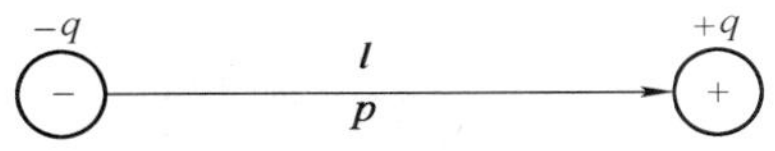

图 10-6　电偶极子

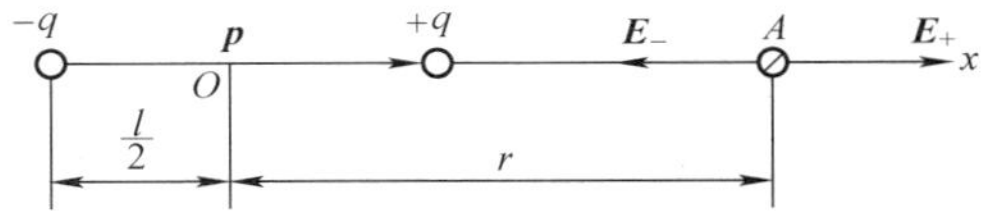

图 10-7　电偶极子形成的电场

【解】 如图 10-7 所示取坐标

$$\boldsymbol{E}_A = \boldsymbol{E}_+ + \boldsymbol{E}_-$$

$$E_+ = \frac{q}{4\pi\varepsilon_0\left(r - \dfrac{l}{2}\right)^2}$$

$$E_- = \frac{q}{4\pi\varepsilon_0\left(r + \dfrac{l}{2}\right)^2}$$

$$E_A = E_+ - E_- = \frac{q}{4\pi\varepsilon_0}\left[\frac{1}{\left(r - \dfrac{l}{2}\right)^2} - \frac{1}{\left(r + \dfrac{l}{2}\right)^2}\right] = \frac{q}{4\pi\varepsilon_0} \cdot \frac{\left(r + \dfrac{l}{2}\right)^2 - \left(r - \dfrac{l}{2}\right)^2}{\left(r - \dfrac{l}{2}\right)^2\left(r + \dfrac{l}{2}\right)^2}$$

$$= \frac{q}{4\pi\varepsilon_0} \cdot \frac{2lr}{r^4\left(1 - \dfrac{l}{2r}\right)^2\left(1 + \dfrac{l}{2r}\right)^2}$$

即有

$$\boldsymbol{E}_A = \frac{2\boldsymbol{p}}{4\pi\varepsilon_0 r^3}\ (\boldsymbol{E}_A \text{ 与 } \boldsymbol{p} \text{ 同向})$$

【例 10-2】 设真空中有一均匀带电直线，长为 L，总电荷量为 $Q(Q>0)$。线外有一点 P 离开直线的垂直距离为 a，P 点和直线两端的连线与直线之间的夹角分别为 θ_1 和 θ_2，如图

10-8 所示。求 P 点的电场强度。

【解】 这里，产生电场的电荷是连续分布的，所以，首先要把整个电荷分布划分为许多电荷元，求出任一电荷元 dq 在给定点产生的电场强度 $d\boldsymbol{E}$，然后根据电场强度叠加原理求总电场强度。

我们以 P 点到直线的垂足 O 为原点，取坐标轴 Ox、Oy，如图 10-8 所示。在带电直线上离原点为 l 处取线元 dl，dl 上的电荷量为 dq。设电荷线密度为 λ（这里 $\lambda = Q/L$），则 $dq = \lambda dl$。

设 dl 到 P 点的距离为 r，可知 dq 在 P 点处产生的电场强度 $d\boldsymbol{E}$ 的大小为

$$dE = \frac{\lambda dl}{4\pi\varepsilon_0 r^2}$$

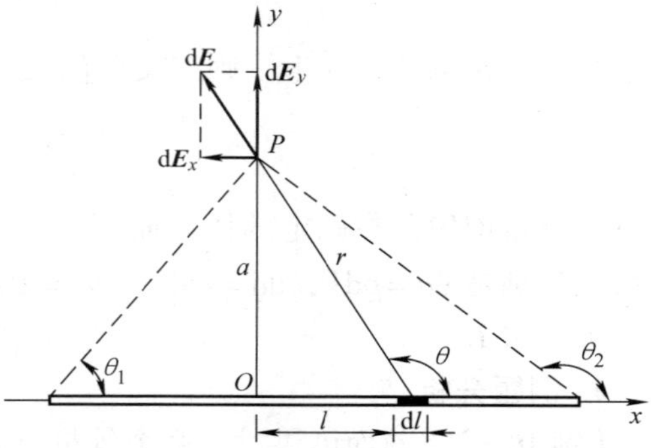

图 10-8 均匀带电直线线外任一点的电场强度

方向如图所示，$d\boldsymbol{E}$ 与 x 轴正方向之间的夹角为 θ，$d\boldsymbol{E}$ 沿 x 轴和 y 轴的两个分量分别为

$$dE_x = dE\cos\theta, \quad dE_y = dE\sin\theta$$

图中 z 轴未画出，显然 $dE_z = 0$，$E_z = 0$。由图 10-8 可知

$$l = a\cot(\pi - \theta) = -a\cot\theta$$

所以

$$dl = a\csc^2\theta d\theta$$

$$r = a\csc(\pi - \theta) = a\csc\theta$$

所以

$$dE_x = dE\cos\theta = \frac{\lambda a\csc^2\theta}{4\pi\varepsilon_0 a^2\csc^2\theta}\cos\theta d\theta = \frac{\lambda}{4\pi\varepsilon_0 a}\cos\theta d\theta$$

$$dE_y = dE\sin\theta = \frac{\lambda}{4\pi\varepsilon_0 a}\sin\theta d\theta$$

将上述两式积分，得

$$E_x = \int dE_x = \int_{\theta_1}^{\theta_2}\frac{\lambda}{4\pi\varepsilon_0 a}\cos\theta d\theta = \frac{\lambda}{4\pi\varepsilon_0 a}(\sin\theta_2 - \sin\theta_1)$$

$$E_y = \int dE_y = \int_{\theta_1}^{\theta_2}\frac{\lambda}{4\pi\varepsilon_0 a}\sin\theta d\theta = \frac{\lambda}{4\pi\varepsilon_0 a}(\cos\theta_1 - \cos\theta_2)$$

由上列两式可知，P 点处的电场强度 $\boldsymbol{E}$ 的大小与该点离带电直线的距离 a 成反比。$\boldsymbol{E}$ 的大小和方向可由 E_x、E_y 确定。

讨论：如果这一均匀带电直线是无限长的（或 P 点在均匀带电直线的中部附近），亦即 $L \gg a$，这时，$\theta_1 = 0$，$\theta_2 = \pi$，则

$$E_x = 0$$

$$E = E_y = \frac{\lambda}{2\pi\varepsilon_0 a} \tag{10-14}$$

【例 10-3】 设电荷 q 均匀分布在半径为 R 的圆环上，计算在环的轴线上与环心相距 x

的 P 点的电场强度。

【解】 如图 10-9 所示取坐标，x 轴在圆环轴线上，把圆环分成一系列电荷元，dl 部分所带电荷量为 $dq=\lambda dl$。在 P 点产生的电场为

$$dE=\frac{dq}{4\pi\varepsilon_0 r^2}$$

方向如图 10-9 所示。

把 $dq=\lambda dl$ 代入上式得

$$dE=\frac{\lambda dl}{4\pi\varepsilon_0 r^2}=\frac{\lambda dl}{4\pi\varepsilon_0(x^2+R^2)}$$

其中，电荷线密度

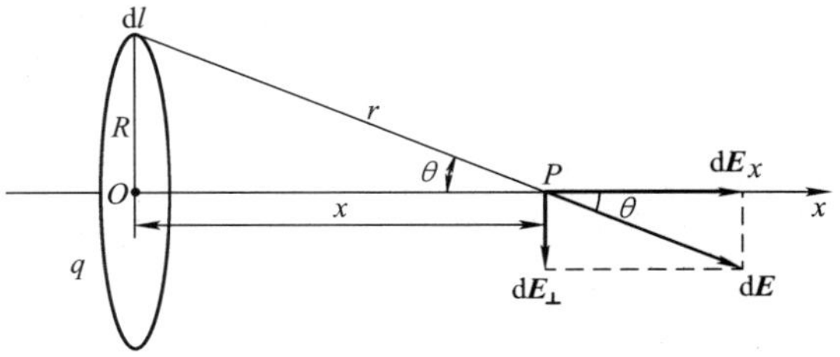

图 10-9　均匀带电圆环轴线上电场强度

$$\lambda=\frac{q}{2\pi R}$$

根据对称性可知，在垂直于 x 轴方向的总电场强度 $E_\perp=0$。在沿 x 轴方向有

$$dE_x=dE\cos\theta=\frac{\lambda x dl}{4\pi\varepsilon_0(x^2+R^2)^{\frac{3}{2}}}$$

所以在沿 x 轴方向的总电场强度

$$E_x=\int_0^{2\pi R}\frac{\lambda x dl}{4\pi\varepsilon_0(x^2+R^2)^{\frac{3}{2}}}=\frac{(\lambda\cdot 2\pi R)x}{4\pi\varepsilon_0(x^2+R^2)^{\frac{3}{2}}}=\frac{qx}{4\pi\varepsilon_0(x^2+R^2)^{\frac{3}{2}}}$$

因此 P 点的总电场强度为　$$E=E_x=\frac{qx}{4\pi\varepsilon_0(x^2+R^2)^{\frac{3}{2}}}$$

1）讨论结果：当 $q>0$ 时，$\boldsymbol{E}$ 沿 x 轴正向；当 $q<0$ 时，$\boldsymbol{E}$ 沿 x 轴负向。

2）由对称性分析，环中心处

$$\boldsymbol{E}=\boldsymbol{0}$$

3）当 $x>>R$ 时，场点 $\boldsymbol{E}$ 的大小为

$$E=\frac{q}{4\pi\varepsilon_0 x^2}$$

体现了点电荷的相对性。

【例 10-4】 半径为 R 的均匀带电圆盘，电荷面密度为 σ，计算轴线上与盘心相距 x 的 P 点的电场强度。

【解】 如图 10-10 所示，x 轴在圆盘轴线上，把圆盘看成无数个半径为 r、宽度为 dr 的同心细圆环组成，每个细圆环所带电荷量为 $dq=\sigma\cdot 2\pi r dr$。每个细圆环在 P 点产生的电场强度的大小都是

$$dE_x=\frac{x dq}{4\pi\varepsilon_0(x^2+r^2)^{\frac{3}{2}}}$$
$$=\frac{x\cdot\sigma\cdot 2\pi r dr}{4\pi\varepsilon_0(x^2+r^2)^{\frac{3}{2}}}=\frac{\sigma}{2\varepsilon_0}\cdot\frac{x r dr}{(x^2+r^2)^{\frac{3}{2}}}$$

因为各环在 P 点产生电场强度方向均相同，所以整个圆盘在 P 点产生电场强度为

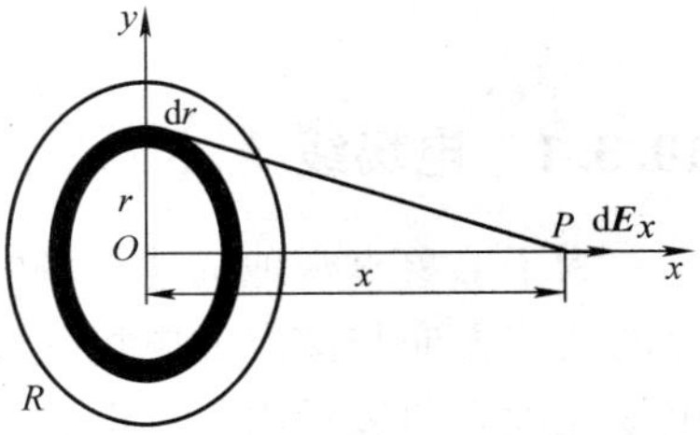

图 10-10　均匀带电圆盘电场强度

$$E = E_x = \int dE_x = \int_0^R \frac{\sigma}{2\varepsilon_0} \cdot \frac{xr\mathrm{d}r}{(x^2+r^2)^{\frac{3}{2}}} = \frac{\sigma x}{2\varepsilon_0}\int_0^R \frac{r\mathrm{d}r}{(x^2+r^2)^{\frac{3}{2}}}$$

$$= \frac{\sigma x}{2\varepsilon_0} \cdot \frac{1}{2}\int_0^R \frac{\mathrm{d}(x^2+r^2)}{(x^2+r^2)^{\frac{3}{2}}} = \frac{\sigma x}{2\varepsilon_0} \cdot \frac{1}{2} \cdot \frac{1}{-\frac{1}{2}} \cdot \frac{1}{(x^2+r^2)^{\frac{1}{2}}}\Bigg|_0^R$$

$$= \frac{\sigma x}{2\varepsilon_0}\left(\frac{1}{x} - \frac{1}{\sqrt{x^2+R^2}}\right) = \frac{\sigma}{2\varepsilon_0}\left(1 - \frac{x}{\sqrt{x^2+R^2}}\right)$$

即

$$E = \frac{\sigma}{2\varepsilon_0}\left(1 - \frac{x}{\sqrt{x^2+R^2}}\right)$$

$\boldsymbol{E}$ 的方向与盘面垂直($\boldsymbol{E}$ 关于盘面对称)。圆盘带正电时,$\boldsymbol{E}$ 背离圆盘;圆盘带负电时,$\boldsymbol{E}$ 指向圆盘。

讨论：根据本题结论可知，当 $R\to\infty$ 时，圆盘可以看成无限大带电平面，此时无限大带电平面周围任意点的电场强度大小为

$$E = \frac{\sigma}{2\varepsilon_0} \tag{10-15}$$

方向与带电平面垂直。

无限大带电平面周围电场强度的分布如图 10-11 所示。

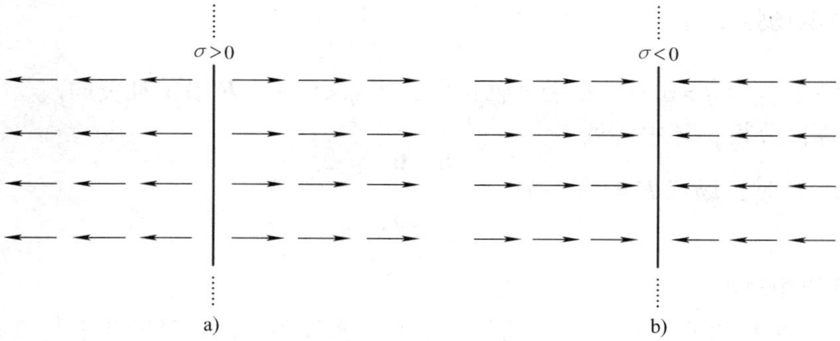

图 10-11　无限大均匀带电平面的电场

10.3　电场线　电通量

10.3.1　电场线

为了形象直观地描述电场的空间分布，引入一些带有箭头的连续曲线，这些曲线上每一点的切线方向与该点的电场强度方向一致，这样的曲线叫作电场线。它可以把电场内各点的电场强度方向表示出来，但它并不真实存在。

我们规定：在空间任一点处，通过垂直于电场强度方向的单位面积的电场线的条数等于该点电场强度的量值，叫作电场线密度。表示为

$$E=\frac{\mathrm{d}\Phi}{\mathrm{d}S_{\perp}} \tag{10-16}$$

这样，电场线密的地方电场就强，电场线稀的地方电场就弱。图 10-12 所示是照此规定描绘的几种常见电场的电场线图。

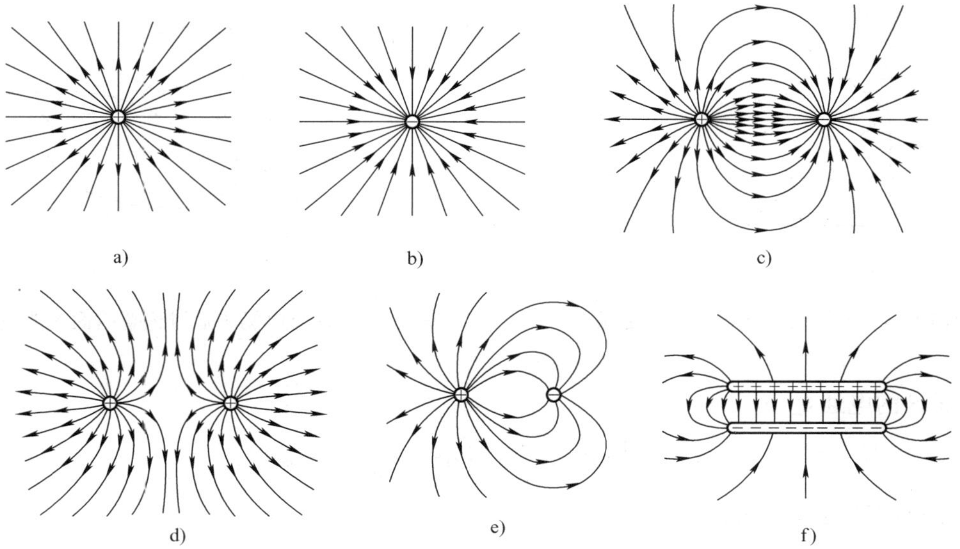

图 10-12　几种常见电场的电场线图

a）正点电荷　b）负点电荷　c）两个等量异号电荷　d）两个等量同号电荷

e）电荷量分别为 $+2q$ 和 $-q$ 的两个点电荷　f）均匀带等量异号电荷的平行板

静电场的电场线有两种性质：一是不形成闭合曲线，它起自正电荷，终止于负电荷；二是任意两条电场线不会相交，因为如果相交，交点的电场强度就会有两个方向。

10.3.2　电通量

定义：**通过电场中某一面的电场线数叫作通过该面的电场强度通量，简称为电通量**，用 $\boldsymbol{\Phi}_e$ 表示。

关于电通量的大小，我们在下面分几种情况讨论。

1）平面 $\boldsymbol{S}$ 与 $\boldsymbol{E}$ 垂直，如图 10-13 所示，由 $\boldsymbol{E}$ 的大小描述可知

$$\Phi_e=\boldsymbol{E}\cdot\boldsymbol{S}=ES \tag{10-17}$$

2）平面 $\boldsymbol{S}$ 与 $\boldsymbol{E}$ 夹角为 θ，如图 10-14 所示，由 $\boldsymbol{E}$ 的大小描述可知

$$\Phi_e=ES_{\perp}=\boldsymbol{E}\cdot\boldsymbol{S}=ES\cos\theta \quad (\boldsymbol{S}=S\boldsymbol{n}) \tag{10-18}$$

式中，$\boldsymbol{n}$ 为 $\boldsymbol{S}$ 的单位法线向量。

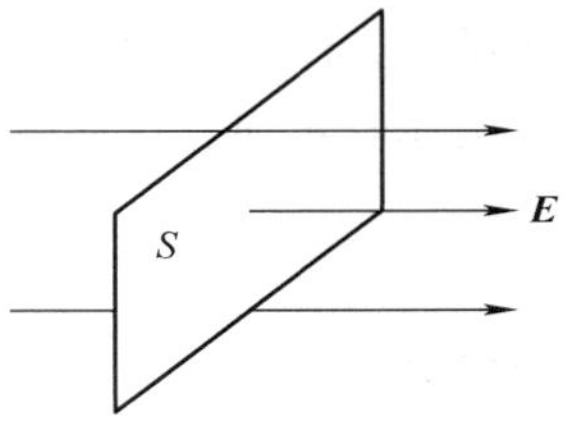

图 10-13　电场线垂直穿过面积 S

3）在任意电场中通过任意曲面 S 的电通量。如图 10-15 所示，在 S 上取面元 $\mathrm{d}S$，$\mathrm{d}S$ 可看成平面，$\mathrm{d}S$ 上 $\boldsymbol{E}$ 可视为均匀，设 $\boldsymbol{n}$ 为 $\mathrm{d}S$ 单位法线正方向，$\mathrm{d}\boldsymbol{S}$ 与该处 $\boldsymbol{E}$ 夹角为 θ，则通过 $\mathrm{d}S$ 的电

通量为

$$d\Phi_e = \boldsymbol{E} \cdot d\boldsymbol{S} \tag{10-19}$$

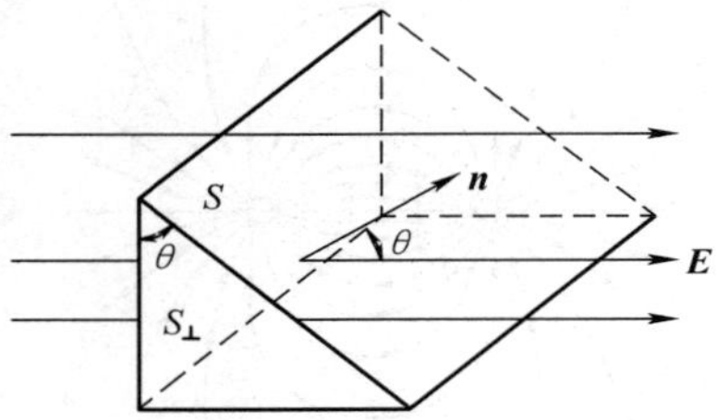

图 10-14　电场线与面积 S 成一定倾角

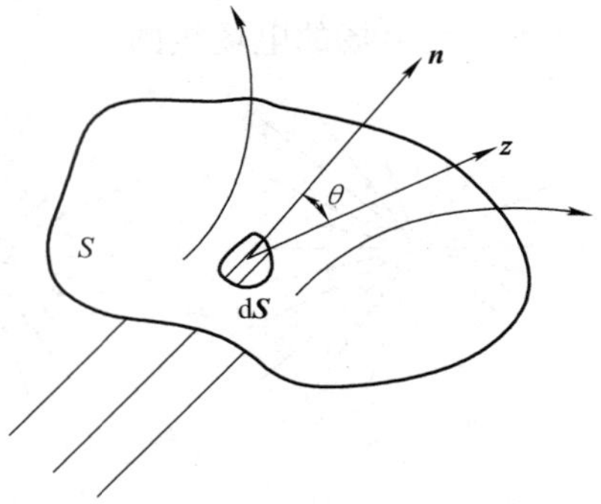

图 10-15　任意电场中通过任意曲面 S 的电通量

通过曲面 S 的电通量为

$$\Phi_e = \int d\Phi_e = \int_S \boldsymbol{E} \cdot d\boldsymbol{S} = \int_S E dS\cos\theta \tag{10-20}$$

在任意电场中通过封闭曲面的电通量

$$\Phi_e = \oint_S d\Phi_e = \oint_S E dS\cos\theta \tag{10-21}$$

规定：面元 d$\boldsymbol{S}$ 的法线 $\boldsymbol{n}$ 的正方向指向曲面的外侧，因此，穿出曲面的电场线产生的电通量为正；穿入曲面的电场线产生的电通量为负。

10.4　静电场的高斯定理

10.4.1　静电场的高斯定理

1. 点电荷电场中任意闭合球面 S 上的电通量

在了解了电通量的概念后，再进一步讨论闭合曲面的电通量和场源的电荷之间的关系，从而得出表征静电场性质的一个基本定理——高斯定理。

现在我们计算在点电荷 q 所激发的电场中，通过以点电荷为中心，半径为 r 的球面上的电通量。如图 10-16 所示，q 为正点电荷所带的电荷量，S 为以 q 为中心、以 r 为半径的球面，由库仑定律，球面上任意一点的电场强度为

$$\boldsymbol{E} = \frac{q}{4\pi\varepsilon_0 r^2}\boldsymbol{r}_0$$

通过以 r 为半径的闭合球面 S 的电场强度总通量为

$$\Phi_e = \oint_S \boldsymbol{E} \cdot d\boldsymbol{S} = \oint_S \frac{q}{4\pi\varepsilon_0 r^2}\boldsymbol{r}_0 \cdot d\boldsymbol{S} = \oint_S \frac{q}{4\pi\varepsilon_0 r^2} \cdot dS$$

$$= \frac{q}{4\pi\varepsilon_0 r^2}\oint_S dS = \frac{q}{\varepsilon_0}$$

因为 r 是任意的，所以上式是通过任意闭合球面 S 的电场强度总通量。

这一结果表明，通过任意闭合球面上的电通量和球面所包围的电荷量成正比，而与所取球面的半径无关。即以 q 为球心所做的所有球面上的电通量都等于$\frac{q}{\varepsilon_0}$。

2. 点电荷电场中任意闭合曲面 S 的电通量

（1）点电荷 q 在闭合曲面 S 内　如图 10-17 所示，在 S 内做一个以 q 为中心，任意半径 r 的闭合球面 S_1，由前面内容可知，通过 S_1 的电通量为$\frac{q}{\varepsilon_0}$。因为通过 S_1 的电场线必通过 S，即此时 $\boldsymbol{\Phi}_{eS1}=\boldsymbol{\Phi}_{eS}$，所以通过任意闭合面 S 的电通量仍然是

$$\boldsymbol{\Phi}_e = \oint_S \boldsymbol{E}\cdot \mathrm{d}\boldsymbol{S} = \frac{q}{\varepsilon_0}$$

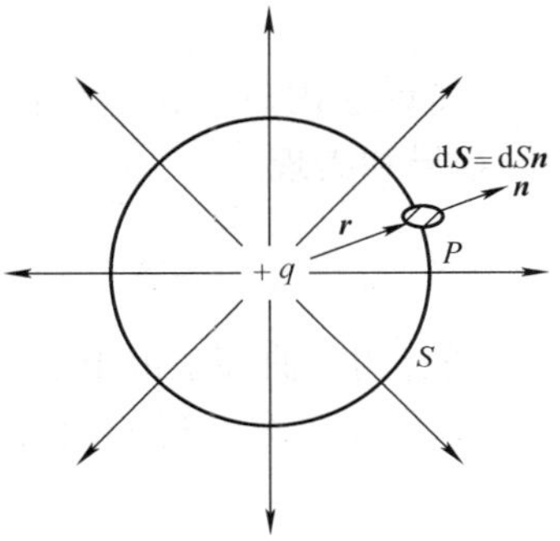

图 10-16　点电荷形成的电场

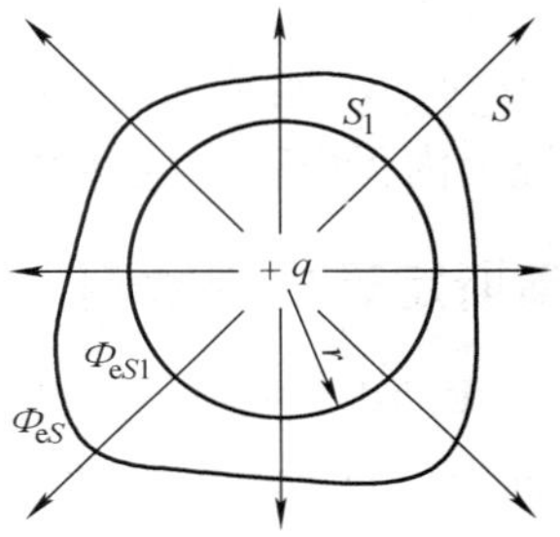

图 10-17　穿过任意包围点电荷的闭合曲面的电通量

（2）点电荷 q 在 S 外情形　如图 10-18 所示，此时，根据电场线不会中断且没有起止的特点，进入 S 面内的电通量必等于穿出 S 面的电通量，即通过 S 面总的电通量为零，所以

$$\boldsymbol{\Phi}_e = \oint_S \boldsymbol{E}\cdot \mathrm{d}\boldsymbol{S} = 0$$

结论：闭合曲面 S 外的电荷对曲面上的电通量 $\boldsymbol{\Phi}_e$ 无贡献。

因此点电荷形成的电场中，穿过闭合曲面 S 的电通量

$$\boldsymbol{\Phi}_e = \begin{cases} \dfrac{q}{\varepsilon_0} & (q\text{ 在 }S\text{ 内}) \\ 0 & (q\text{ 在 }S\text{ 外}) \end{cases}$$

3. 点电荷系的情况

在点电荷系 q_1，q_2，q_3，…，q_n 电场中，任一点电场强度为

$$\boldsymbol{E}=\boldsymbol{E}_1+\boldsymbol{E}_2+\boldsymbol{E}_3+\cdots+\boldsymbol{E}_n$$

通过某一闭合曲面电通量为

$$\boldsymbol{\Phi}_e = \oint_S \boldsymbol{E}\cdot \mathrm{d}\boldsymbol{S} = \oint_S (\boldsymbol{E}_1+\boldsymbol{E}_2+\boldsymbol{E}_3+\cdots+\boldsymbol{E}_n)\cdot \mathrm{d}\boldsymbol{S}$$

$$= \oint_S \sum_{i=1}^{n} \boldsymbol{E}_i \cdot \mathrm{d}\boldsymbol{S} = \frac{\sum q_{内}}{\varepsilon_0}$$

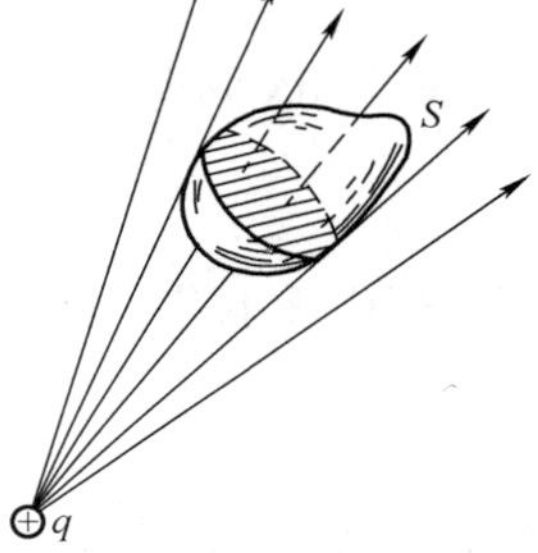

图 10-18　闭合曲面在点电荷外的电通量

即
$$\Phi_e = \oint_S \boldsymbol{E} \cdot d\boldsymbol{S} = \frac{\sum q_{内}}{\varepsilon_0} \tag{10-22}$$
上式为高斯定理数学表达式。

高斯定理的表述：**在真空中通过任意闭合曲面的电通量，等于该曲面所包围的所有电荷的代数和除以 ε_0**。这就是**真空中的高斯定理**。

通过闭合曲面的电通量只与闭合面内的自由电荷代数和有关，而与闭合曲面外的电荷无关。这并不是说闭合面上各点的电场强度 $\boldsymbol{E}$ 只与 S 内的电荷有关而与 S 外电荷无关。$\boldsymbol{E}$ 是闭合曲面 S 内、外所有电荷产生的结果。高斯定理中的闭合曲面称为高斯面。

应当指出：若点电荷带负电，高斯定理表达式里的 q 前面应该加上负号。高斯定理是在库仑定律基础上得到的，但是高斯定理的适用范围比库仑定律更广泛，库仑定律只适用于真空中的静电场，而高斯定理适用于静电场和随时间变化的场。高斯定理是电磁理论的基本方程之一。

当 $\Phi_e<0$ 时，不能说 S 内只有负电荷；当 $\Phi_e>0$ 时，不能说 S 内只有正电荷；当 $\Phi_e=0$ 时，不能说 S 内无电荷。这些情况都是 S 内电荷代数和的结果和表现。

10.4.2 高斯定理应用举例

如果带电体的电荷分布已知，根据高斯定理很容易求得任意闭合曲面上的电通量，但不一定能确定面上各点的电场强度。只有当电荷分布具有某些对称性并取合适的闭合曲面时，才能利用高斯定理方便地计算电场强度。

【例 10-5】 一均匀带电球面，半径为 R，所带电荷量为 $+q$，如图 10-19 所示。求：球面内、外任一点的电场强度。

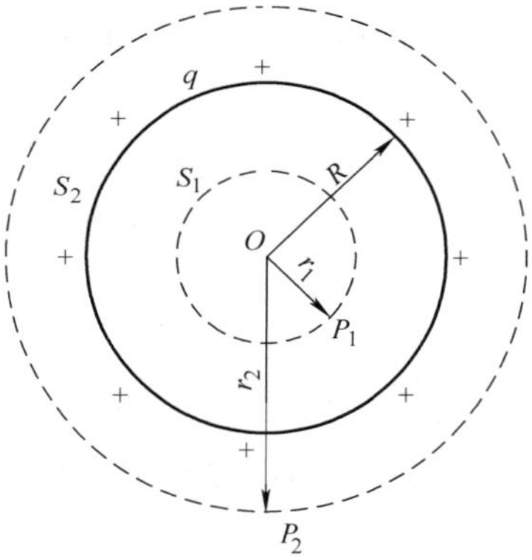

图 10-19 均匀带电球面

【解】 由题意知，电荷分布是球对称的，产生的电场是球对称的，电场强度方向沿半径向外，以 O 为球心任意球面上的各点 $\boldsymbol{E}$ 值相等。

(1) 球面内任一点 P_1 的电场强度。

以 O 为圆心，通过 P_1 点作半径为 r_1 的球面 S_1 为高斯面，高斯定理为
$$\oint_{S_1} \boldsymbol{E} \cdot d\boldsymbol{S} = \frac{\sum q}{\varepsilon_0}$$
因为 $\boldsymbol{E}$ 与 $d\boldsymbol{S}$ 同向，且同一个球面 S_1 上 $\boldsymbol{E}$ 值相等，所以
$$\oint_{S_1} \boldsymbol{E} \cdot d\boldsymbol{S} = \oint_{S_1} E \cdot dS = E\oint_{S_1} dS = E \cdot 4\pi r_1^2$$
因为 S_1 内无电荷，即
$$\frac{\sum q}{\varepsilon_0} = 0 \Rightarrow E \cdot 4\pi r_1^2 = 0$$
即
$$E = 0$$
均匀带电球面内任一点 P_1 电场强度为零。

在这里，需要说明的是：均匀带电球面，球面内任意一点的 $E=0$，不是每个面元上电

荷在球面内产生的电场强度为零，而是所有面元上电荷在球面内产生电场强度的矢量和等于零。另外，对于非均匀带电球面，球面内任一点产生的电场强度在个别点有可能为零，但不可能处处都为零。

（2）球面外任一点的电场强度。

以 O 为圆心，通过 P_2 点以半径 r_2 作一球面 S_2 作为高斯面，S_2 内的 $\sum q = q$，由高斯定理得

$$E \cdot 4\pi r_2^2 = \frac{q}{\varepsilon_0}$$

$$E = \frac{q}{4\pi\varepsilon_0 r_2^2} \quad (\boldsymbol{E}\text{ 的方向：沿半径方向})$$

因此球面外任一点电场强度为

$$\boldsymbol{E} = \frac{q}{4\pi\varepsilon_0 r^2}\boldsymbol{r}_0 \quad (r > R)$$

可见，均匀带电球面外任一点的电场强度与电荷全部集中在球心处的点电荷在该点产生的电场强度一样。

用类似的方法，可以求得半径为 R、带总电荷量为 q 的均匀带电的球体内、外电场强度分布为

$$\boldsymbol{E} = \frac{rq}{4\pi\varepsilon_0 R^3}\boldsymbol{r}_0 \quad (r < R) \tag{10-23}$$

$$\boldsymbol{E} = \frac{q}{4\pi\varepsilon_0 r^2}\boldsymbol{r}_0 \quad (r > R) \tag{10-24}$$

【例 10-6】　一无限长均匀带电直线，设电荷线密度为 $+\lambda$，求该直线外任一点电场强度。

【解】　由题意知，这里的电场是关于直线轴对称的，$\boldsymbol{E}$ 的方向垂直直线。在以直线为轴的任一圆柱面上的各点电场强度大小是等值的。如图 10-20 所示，以直线为轴线，过考察点 P 作半径为 r、高为 h 的圆柱高斯面，上底为 S_1、下底为 S_2，侧面为 S_3。

高斯定理为　$\oint_S \boldsymbol{E} \cdot d\boldsymbol{S} = \frac{1}{\varepsilon_0}\sum_{S内} q$

在此，有

$$\oint_S \boldsymbol{E} \cdot d\boldsymbol{S} = \oint_{S_1} \boldsymbol{E} \cdot d\boldsymbol{S} + \oint_{S_2} \boldsymbol{E} \cdot d\boldsymbol{S} + \oint_{S_3} \boldsymbol{E} \cdot d\boldsymbol{S}$$

因为在上下底面 S_1、S_2 上各面元 $d\boldsymbol{S} \perp \boldsymbol{E}$，因此前两项积分为零。而在 S_3 上各点 $\boldsymbol{E}$ 与 $d\boldsymbol{S}$ 方向一致，且 $\boldsymbol{E}$ 的大小相等，所以

$$\oint_S \boldsymbol{E} \cdot d\boldsymbol{S} = \oint_{S_3} \boldsymbol{E} \cdot d\boldsymbol{S} = \oint_{S_3} E dS = E\oint_{S_3} dS = E \cdot 2\pi rh$$

而

$$\frac{1}{\varepsilon_0}\sum_{S内} q = \frac{1}{\varepsilon_0}\lambda h$$

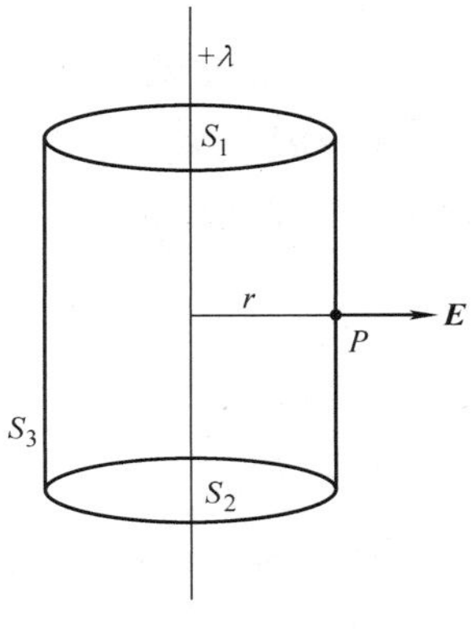

图 10-20　长均匀带电直线

代入高斯定理表达式得

$$E \cdot 2\pi rh = \frac{1}{\varepsilon_0}\lambda h$$

所以无限长均匀带电直线外任一点电场强度为

$$E = \frac{\lambda}{2\pi\varepsilon_0 r} \tag{10-25}$$

若 $\lambda > 0$，则 $\boldsymbol{E}$ 的方向由带电直线指向场点；若 $\lambda < 0$，则 $\boldsymbol{E}$ 的方向由场点指向带电直线。

【例 10-7】 如图 10-21 所示，无限长均匀带电圆柱面，半径为 R，电荷面密度为 $\sigma > 0$，求柱面内、外任一点电场强度。

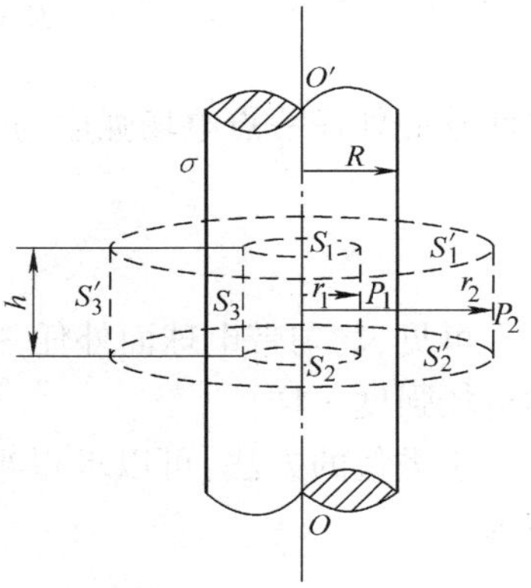

图 10-21 均匀带电圆柱面

【解】 由题意知，柱面产生的电场具有轴对称性，电场强度方向垂直于柱面轴线方向向外，并且以柱面轴线为轴的任意圆柱面上各点 $\boldsymbol{E}$ 值相等。

（1）带电圆柱面内任一点 P_1 的电场强度。

以 OO'为轴，过 P_1 点作以 r_1 为半径、高为 h 的圆柱高斯面，上底为 S_1，下底为 S_2，侧面为 S_3。高斯定理为

$$\oint_S \boldsymbol{E} \cdot \mathrm{d}\boldsymbol{S} = \frac{1}{\varepsilon_0}\sum_{S内} q$$

在此，有

$$\oint \boldsymbol{E} \cdot \mathrm{d}\boldsymbol{S} = \int_{S_1} \boldsymbol{E} \cdot \mathrm{d}\boldsymbol{S} + \int_{S_2} \boldsymbol{E} \cdot \mathrm{d}\boldsymbol{S} + \int_{S_3} \boldsymbol{E} \cdot \mathrm{d}\boldsymbol{S}$$

因为在 S_1、S_2 上各面元 $\mathrm{d}\boldsymbol{S} \perp \boldsymbol{E}$，所以前两项积分为零。又因在面 S_3 上各点 $\mathrm{d}\boldsymbol{S}$ 与电场强度 $\boldsymbol{E}$ 方向相同，各点的 $\boldsymbol{E}$ 大小相等。因此

$$\oint_S \boldsymbol{E} \cdot \mathrm{d}\boldsymbol{S} = \int_{S_3} E\mathrm{d}S = E\int_{S_3} \mathrm{d}S = E \cdot 2\pi r_1 h$$

而

$$\frac{1}{\varepsilon_0}\sum_{S内} q = 0 \Rightarrow E \cdot 2\pi r_1 h = 0$$

所以，带电圆柱面内任一点的电场强度

$$E = 0$$

（2）带电圆柱面外任一点电场强度。

以 OO'为轴，过柱面外任一点 P_2 点作半径为 r_2、高为 h 的圆柱高斯面，上底为 S_1'，下底为 S_2'，侧面为 S_3'。与上面分析同理，由高斯定理得

$$E \cdot 2\pi r_2 h = \frac{1}{\varepsilon_0}\sigma \cdot 2\pi Rh$$

$$E = \frac{\sigma \cdot 2\pi R}{2\pi\varepsilon_0 r_2}$$

所以带电圆柱面外任一点电场强度为

$$E = \frac{\sigma R}{\varepsilon_0 r_2} \tag{10-26}$$

$\boldsymbol{E}$ 由轴线指向 P_2。$\sigma<0$ 时，$\boldsymbol{E}$ 沿 P_2 指向轴线。

结论：无限长均匀带电圆筒内任一点电场强度为零，无限长均匀带电圆柱面在其外任一点的电场强度，与全部电荷都集中在带电柱面的轴线上的无限长均匀带电直线产生的电场强度一样。

由高斯定理可以求出均匀带电无限大薄平板的空间电场强度分布为 $E=\dfrac{\sigma}{2\varepsilon_0}$，方向垂直于带电平面。设电荷密度为 σ，同学们自己完成。由对称性分析，平板两侧离该板等距离处电场强度大小相等，方向均垂直平板。

10.5　静电场力的功

此前，从静电场力的表现引入了电场强度这一物理量来描述静电场。下面我们将从静电场力做功的特点入手，揭示静电场是一个保守力场，进而引入电势能的概念，并用电势来描述静电场的特性。

10.5.1　静电场力的功

力学中引进了保守力和非保守力的概念。保守力的特征是其做功只与始末两位置有关，而与路径无关。前面学过的保守力有重力、弹性力、万有引力等。在保守力场中可以引进势能的概念，并且保守力的功等于势能增量的负值。

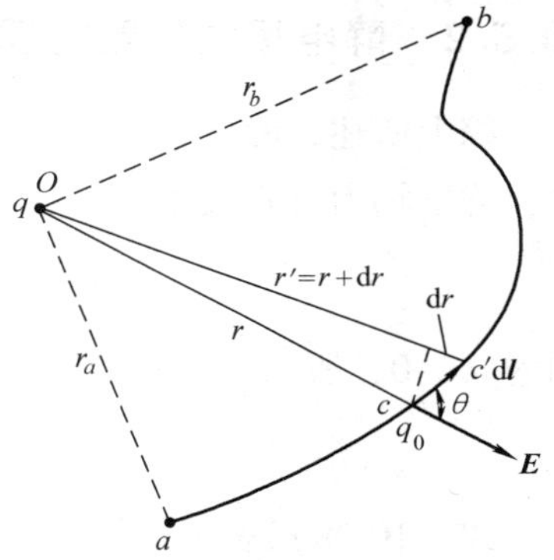

图 10-22　静电场力的功

接下来我们研究静电场力是否为保守力。

1. 点电荷情况

如图 10-22 所示，点电荷 $+q$ 固定于 O 点，实验电荷 q_0 由 a 点运动到 b 点。q_0 在 c 处发生位移为 $\mathrm{d}\boldsymbol{l}$，静电场力 $\boldsymbol{F}$ 对 q_0 的功为

$$\mathrm{d}A=\boldsymbol{F}\cdot\mathrm{d}\boldsymbol{l}=q_0\boldsymbol{E}\cdot\mathrm{d}\boldsymbol{l}=q_0E\mathrm{d}l\cos\theta=q_0E\mathrm{d}r$$

而

$$\mathrm{d}r=\mathrm{d}l\cos\theta$$

因此

$$A=\int\mathrm{d}A=\int_a^b q_0E\mathrm{d}r=\frac{qq_0}{4\pi\varepsilon_0}\int_{r_a}^{r_b}\frac{1}{r^2}\mathrm{d}r=\frac{qq_0}{4\pi\varepsilon_0}\left(\frac{1}{r_a}-\frac{1}{r_b}\right)$$

可见：电场力做的功仅与 q_0 的始末两位置有关，而与路径无关。

2. 点电荷系情况

设试验电荷 q_0 在场源电荷系 q_1，q_2，…，q_n 的电场中移动，仍然由 a 点运动到 b 点。q_1，q_2、…，q_n 产生的总电场强度由电场强度叠加原理得

$$\boldsymbol{E}=\boldsymbol{E}_1+\boldsymbol{E}_2+\cdots+\boldsymbol{E}_n$$

q_0 从 $a\to b$，静电场力的功为

$$A=\int_a^b\boldsymbol{F}\cdot\mathrm{d}\boldsymbol{l}=\int_a^b q_0\boldsymbol{E}\cdot\mathrm{d}\boldsymbol{l}=\int_a^b q_0(\boldsymbol{E}_1+\boldsymbol{E}_2+\cdots+\boldsymbol{E}_n)\cdot\mathrm{d}\boldsymbol{l}$$

$$= \int_a^b q_0 \boldsymbol{E}_1 \cdot \mathrm{d}\boldsymbol{l} + \int_a^b q_0 \boldsymbol{E}_2 \cdot \mathrm{d}\boldsymbol{l} + \cdots + \int_a^b q_0 \boldsymbol{E}_n \cdot \mathrm{d}\boldsymbol{l}$$

$$= A_1 + A_2 + \cdots + A_n = \sum_{i=1}^{n} A_i$$

而

$$A_i = \frac{q_0 q_i}{4\pi\varepsilon_0}\left(\frac{1}{r_{ai}} - \frac{1}{r_{bi}}\right)$$

表示第 i 个场源电荷单独存在时静电场力对试验电荷 q_0 做的功，所以点电荷系中移动试验电荷电场力做的总功为

$$A = \sum_{i=1}^{n} A_i = \sum_{i=1}^{m} \frac{q_0 q_i}{4\pi\varepsilon_0}\left(\frac{1}{r_{ai}} - \frac{1}{r_{bi}}\right) \tag{10-27}$$

因为式中 r_{ai}、r_{bi} 分别表示路径的起点和终点试验电荷 q_0 离点场源电荷 q_i 的距离，上式表明，功仍取决于路径的起点和终点的位置，而与路径无关。

由此得出结论：试验电荷在任意电场中移动时，静电场力所做的功只与电场的性质、试验电荷的电荷量大小及路径起点和终点的位置有关，而与路径无关。这说明静电场力是保守力，静电场是保守力场。

10.5.2 静电场的环路定理

综上所述，静电场力为保守力（静电场为保守力场）。试验电荷 q_0 在静电场中运动一周，静电场力对它做功为

$$\oint q_0 \boldsymbol{E} \cdot \mathrm{d}\boldsymbol{l} = 0$$

因为 $q_0 \neq 0$，所以

$$\oint_l \boldsymbol{E} \cdot \mathrm{d}\boldsymbol{l} = 0 \tag{10-28}$$

式（10-28）表明，**静电场的环流为零**（任何矢量沿闭合路径的线积分称为该矢量的环流），这一结论叫作**静电场的环路定理**。

静电场的环流为零是静电场的重要特征之一，静电学中的一切结论都可以从高斯定理及环路定理得出，它们是静电场的基本定理。综合静电场的高斯定理和环路定理得：静电场是有源的保守力场，又由于电场线是不闭合的即不形成旋涡，所以静电场属于无旋场。

10.5.3 电势能 电势

1. 电势能

根据以上分析，静电场与重力场相似都是保守力场，对这类力场都可以引进势能的概念。因此在研究静电场性质时，也可以认为电荷在电场中不同的位置有不同的电势能，并把电场力对试验电荷 q_0 所做的功 A_{ab} 作为 q_0 在 a、b 两点的电势能的改变量度。设以 W_a 和 W_b 分别表示试验电荷 q_0 在起点 a 和终点 b 处的电势能，有

$$W_a - W_b = A_{ab} = q_0 \int_a^b \boldsymbol{E} \cdot \mathrm{d}\boldsymbol{l}$$

静电势能和重力势能相似，也是相对的。为了确定电荷在电场中某点的势能大小，必须选定一个作为参考的电势能零点。电势能零点的选择与力学中势能零点的选取是一样的，也是任意的。对于有限带电体通常选定电荷在无限远处的静电势能为零，即 $W_b=0$，因此 q_0 在电场中任意点 a 的静电势能为

$$W_a = A_{a\infty} = q_0\int_a^{\infty}\boldsymbol{E}\cdot \mathrm{d}\boldsymbol{l} \tag{10-29}$$

可见，q_0 在电场中某点的电势能 W_a 在数值上等于 q_0 从 a 点移到电势能为零的无限远处电场力所做的功。

和重力势能相似，电势能也是属于系统的。电势能是试验电荷 q_0 和场源电荷电场之间的相互作用能，故电势能是属于试验电荷 q_0 和场源电荷这个系统的。

2. 电势

由电势能的表达式知，电势能与位置有关，还与引入电场中的试验电荷 q_0 的电荷量有关，但是比值$\dfrac{W_a}{q_0}$与 q_0 无关，仅取决于电场中给定点电场的性质，因此我们用这个比值来作为表征电场中给定点的电场的性质。这个比值叫作 a 点的电势，用物理量 U_a 表示。如同 $\boldsymbol{E}=\dfrac{\boldsymbol{F}}{q_0}$一样，电势反映的是电场本身的性质。选 $U_\infty=0$ 时，有

$$U_a = \frac{W_a}{q_0} = \int_a^{\infty}\boldsymbol{E}\cdot \mathrm{d}\boldsymbol{l}$$

即电场中任意点的电势为

$$U_a = \int_a^{\infty}\boldsymbol{E}\cdot \mathrm{d}\boldsymbol{l} \tag{10-30}$$

由上式可知，电场中任意一点 a 的电势等于单位正电荷在该点的电势能，也等于单位正电荷从该点经过任意路径移到无限远时静电力对它做的功。

电势为标量，正、负是相对零电势点而言的。国际单位制中，电势的单位是 $\mathrm{J\cdot C^{-1}}$，叫作伏特（V）。即 1C 的电荷量在电场中某点处所具有的电势能是 1J，这点的电势就是 1V。

电势（电势能）的零点选择是任意的。在理论上对有限带电体通常取无穷远处电势为零，在实用上通常取地球为电势零点。这是因为地球是一个很大的导体，它本身的电势比较稳定，适宜于作为电势零点。在工业上，消除静电的重要措施之一就是“接地”，使带电体的电势和地球的一致，这样带电体上的电荷就会很快地传到地球上去而不会一直积累起来。为了安全用电，实验室中和工厂企业中很多电气设备和仪器的外壳在使用时也都接地，这样可以防止当电气设备因绝缘不良而使外壳带电时引起的触电事故。电势与电势能是两个不同的概念，电势是电场具有的性质，而电势能是电场中电荷与电场组成的系统所共有的，若电场中不引进电荷也就无电势能，但是各点电势还是存在的。

3. 电势差

电场中任意两点电势之差，称为这两点间的电势差。

由定义得

$$U_a - U_b = \int_a^{\infty}\boldsymbol{E}\cdot \mathrm{d}\boldsymbol{l} - \int_b^{\infty}\boldsymbol{E}\cdot \mathrm{d}\boldsymbol{l} = \int_a^{b}\boldsymbol{E}\cdot \mathrm{d}\boldsymbol{l}$$

所以电势差的定义式可写为

$$U_a - U_b = \int_a^b \boldsymbol{E} \cdot \mathrm{d}\boldsymbol{l} \tag{10-31}$$

可见，电场中任意两点 a、b 之间的电势差等于单位正电荷从 a 点移动到 b 点，静电场力做的功。

把上式两端同乘以 q_0 得电场力做的功为

$$A = q_0(U_a - U_b) = q_0\int_a^b \boldsymbol{E} \cdot \mathrm{d}\boldsymbol{l} \tag{10-32}$$

电场力做的功还可以表达为

$$A = q_0(U_a - U_b) = q_0 U_{ab} \tag{10-33}$$

10.5.4 电势的计算

1. 点电荷电势

如图 10-23 所示，根据电势定义，点电荷所产生的电场中 a 点的电势可以写为

$$U_a = \int_a^\infty \boldsymbol{E} \cdot \mathrm{d}\boldsymbol{l} = \int_a^\infty \frac{q}{4\pi\varepsilon_0 r^2}\boldsymbol{r}_0 \cdot \mathrm{d}\boldsymbol{l}$$

上式沿径向积分可得 a 点的电势为

$$U_a = \int_a^\infty \frac{q}{4\pi\varepsilon_0 r^2}\mathrm{d}r = \frac{q}{4\pi\varepsilon_0 r} \tag{10-34}$$

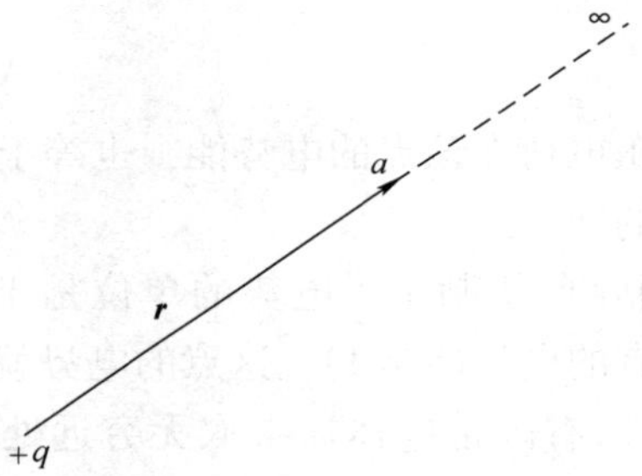

图 10-23 点电荷电势

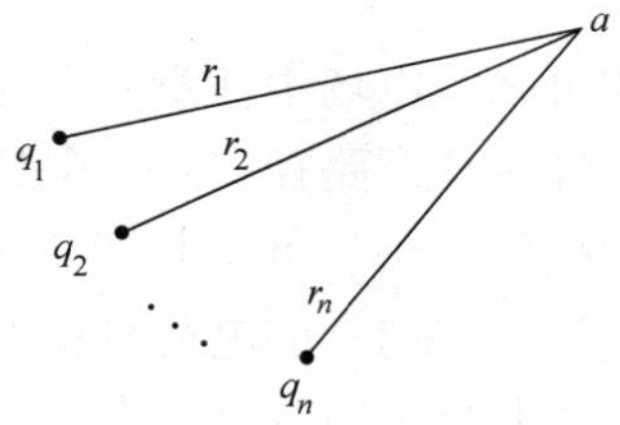

图 10-24 点电荷系电势

2. 点电荷系电势

设有点电荷系 q_1，q_2，…，q_n，如图 10-24 所示，则

$$\begin{aligned} U_a &= \int_a^\infty \boldsymbol{E} \cdot \mathrm{d}\boldsymbol{l} = \int_a^\infty (\boldsymbol{E}_1 + \boldsymbol{E}_2 + \cdots + \boldsymbol{E}_n) \cdot \mathrm{d}\boldsymbol{l} \\ &= \int_a^\infty \boldsymbol{E}_1 \cdot \mathrm{d}\boldsymbol{l} + \int_a^\infty \boldsymbol{E}_2 \cdot \mathrm{d}\boldsymbol{l} + \cdots + \int_a^\infty \boldsymbol{E}_n \cdot \mathrm{d}\boldsymbol{l} \\ &= \frac{q_1}{4\pi\varepsilon_0 r_1} + \frac{q_2}{4\pi\varepsilon_0 r_2} + \cdots + \frac{q_n}{4\pi\varepsilon_0 r_n} \\ &= \sum_{i=1}^{n} \frac{q_i}{4\pi\varepsilon_0 r_i} \end{aligned}$$

点电荷系中任意点的电势为

$$U_a = \sum_{i=1}^{n} \frac{q_i}{4\pi\varepsilon_0 r_i} \tag{10-35}$$

结论：**点电荷系中某点电势等于各个点电荷单独存在时在该点产生电势的代数和**。此结论为**静电场中的电势叠加原理**。

3. 连续带电体电势

设连续带电体由无穷多个电荷元组成，如图 10-25 所示，每个电荷元视为点电荷，$\mathrm{d}q$ 在 a 处产生电势为

$$\mathrm{d}U_a = \frac{\mathrm{d}q}{4\pi\varepsilon_0 r} \tag{10-36}$$

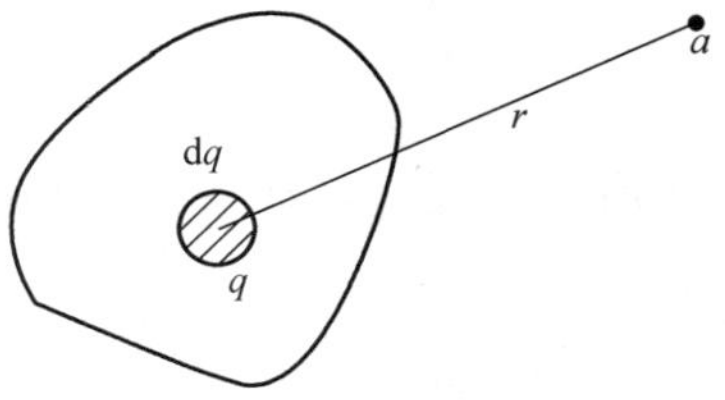

图 10-25　连续带电体电势

整个带电体在 a 处产生的电势为

$$U_a = \int \mathrm{d}U_a = \int_q \frac{\mathrm{d}q}{4\pi\varepsilon_0 r} \tag{10-37}$$

【例 10-8】　均匀带电圆环，如图 10-26 所示，半径为 R，电荷为 q，求其轴线上任一点电势。

【解】　如图 10-26 所示，x 轴在圆环轴线上。

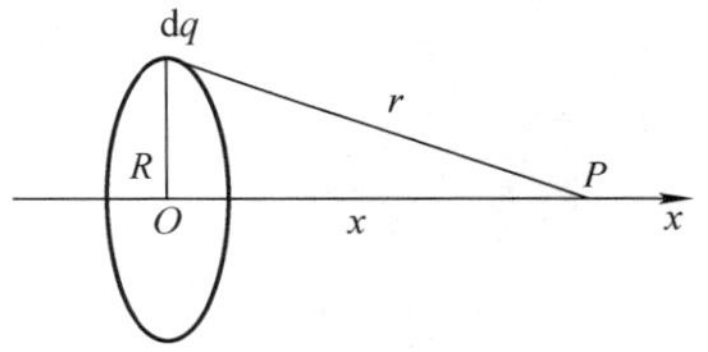

图 10-26　例 10-8 图

方法一：用 $U_P = \int_x^{\infty} \boldsymbol{E} \cdot \mathrm{d}\boldsymbol{l}$ 解。圆环在其轴线上任一点产生的电场强度为

$$E = \frac{qx}{4\pi\varepsilon_0 (R^2 + x^2)^{\frac{3}{2}}} \quad (\boldsymbol{E} \text{ 与 } x \text{ 轴平行})$$

$$U_P = \int_x^{\infty} \boldsymbol{E} \cdot \mathrm{d}\boldsymbol{l}$$

积分与路径无关,沿 x 轴积分得

$$U_P = \int_x^{\infty} E \mathrm{d}x = \int_x^{\infty} \frac{qx}{4\pi\varepsilon_0 (R^2 + x^2)^{\frac{3}{2}}} \mathrm{d}x = \frac{q}{4\pi\varepsilon_0 \sqrt{R^2 + x^2}}$$

方法二:用电势叠加原理 $U_P = \int \mathrm{d}U_P$ 解。把圆环分成一系列电荷元,每个电荷元视为点电荷,$\mathrm{d}q$ 在 P 点产生电势为

$$\mathrm{d}U_P = \frac{\mathrm{d}q}{4\pi\varepsilon_0 r} = \frac{\mathrm{d}q}{4\pi\varepsilon_0 \sqrt{R^2 + x^2}}$$

整个环在 P 点产生电势为

$$U_P = \int \mathrm{d}U_P = \int_q \frac{\mathrm{d}q}{4\pi\varepsilon_0 \sqrt{R^2 + x^2}} = \frac{1}{4\pi\varepsilon_0 \sqrt{R^2 + x^2}} \oint \mathrm{d}q = \frac{q}{4\pi\varepsilon_0 \sqrt{R^2 + x^2}}$$

讨论：1）$x = 0$ 时，即环心处，$U_P = \dfrac{q}{4\pi\varepsilon_0 R}$；

2）$x >> R$ 时，$U_P = \dfrac{q}{4\pi\varepsilon_0 x}$，环可视为点电荷。

这体现了点电荷的相对性。

【例 10-9】 一均匀带电球面，半径为 R，带电荷量为 q，求：球面周围任一点电势各是多少。

【解】 根据高斯定理，得电场强度分布为

$$\boldsymbol{E}=\boldsymbol{0}\ （球面内）$$

$$\boldsymbol{E}=\frac{q}{4\pi\varepsilon_0 r^2}\boldsymbol{r}_0\ （球面外）$$

（1）在球面外任意点 P 的电势：电场强度 $\boldsymbol{E}$ 沿径向积分得

$$U_P=\int_r^{\infty}\boldsymbol{E}\cdot\mathrm{d}\boldsymbol{l}=\int_r^{\infty}E\mathrm{d}r=\int_r^{\infty}\frac{q}{4\pi\varepsilon_0 r^2}\mathrm{d}r=\frac{q}{4\pi\varepsilon_0 r} \tag{10-38}$$

结论：均匀带电球面外任一点电势，如同全部电荷都集中在球心的点电荷一样。

（2）在球面上任意点 P 的电势（$r=R$）：电场强度 $\boldsymbol{E}$ 沿径向积分得

$$U_P=\int_P^{\infty}\boldsymbol{E}\cdot\mathrm{d}\boldsymbol{r}=\int_R^{\infty}\frac{q}{4\pi\varepsilon_0 r^2}\mathrm{d}r=\frac{q}{4\pi\varepsilon_0}\int_R^{\infty}\frac{\mathrm{d}r}{r^2}=\frac{q}{4\pi\varepsilon_0 R}$$

（3）球面内任意点 P 的电势：电场强度 $\boldsymbol{E}$ 沿径向积分得

$$\begin{aligned}U_P&=\int_r^{\infty}\boldsymbol{E}\cdot\mathrm{d}\boldsymbol{r}=\int_r^{R}\boldsymbol{E}\cdot\mathrm{d}\boldsymbol{r}+\int_R^{\infty}\boldsymbol{E}\cdot\mathrm{d}\boldsymbol{r}\\&=\int_R^{\infty}\boldsymbol{E}\cdot\mathrm{d}\boldsymbol{r}=\int_R^{\infty}\frac{q}{4\pi\varepsilon_0 r^2}\mathrm{d}r\\&=\frac{q}{4\pi\varepsilon_0 R}\end{aligned} \tag{10-39}$$

可见，球面内任一点电势与球面上电势相等。因为球面内任意一点的电场强度为零，所以在球面内移动电荷电场力不做功，即电势差等于零，因此球面内各点的电势相等。

【例 10-10】 有两个同心球面，如图 10-27 所示，半径为 R_1、R_2，电荷为 $+q$、$-q$，求两球面的电势差。

【解】 用 $U_{内}-U_{外}=\int_{R_1}^{R_2}\boldsymbol{E}\cdot\mathrm{d}\boldsymbol{r}$ 解。根据高斯定理求得在两球面间，电场强度为

$$\boldsymbol{E}=\frac{q}{4\pi\varepsilon_0 r^3}\boldsymbol{r}\qquad (R_1<r<R_2)$$

$\boldsymbol{E}$ 的方向沿径向。

因为 $\boldsymbol{E}$ 的线积分和路径无关，沿径向积分得

$$U_{内}-U_{外}=\int_{R_1}^{R_2}\boldsymbol{E}\cdot\mathrm{d}\boldsymbol{r}=\frac{q}{4\pi\varepsilon_0}\left(\frac{1}{R_1}-\frac{1}{R_2}\right)$$

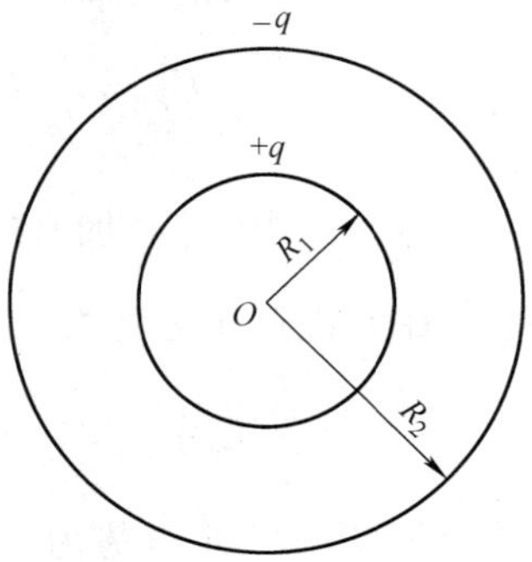

图 10-27 例 10-10 图示

本题也可以用电势叠加法求电势差。

10.5.5 等势面

电势是标量，一般来说静电场中不同点的电势是不同的，但总会出现某些点的电势是相等的，这样由电势相等的点连接起来所构成的曲面称为等势面。例如：在距点电荷距离相等的点处电势是相等的，这些点构成的曲面是以点电荷为球心的球面。可见点电荷电场中的等

势面是一系列同心的球面，如图 10-28 所示，点电荷周围的电场线与等势面处处正交。不仅是点电荷的电场，任意静电场中等势面与电场线都处处正交。和电场线相同，等势面也能描述电场强度的强弱，当相邻等势面电势差相等时，等势面密的地方电场强，等势面疏的地方电场弱。由此得到几点结论：

1）等势面上移动电荷时电场力不做功。

证：设点电荷 q_0 在同一等势面上的任意点 a 点运动到 b 点，因在同一等势面上任意两点的电势相等。所以电场力做功为

$$A_{ab}=q_0(U_a-U_b)=q_0 0=0$$

2）任何静电场中电场线与等势面处处正交。

证：如图 10-29 所示，设点电荷 q_0 自 a 沿等势面发生位移 $\mathrm{d}\boldsymbol{l}$，电场力做功为

$$\mathrm{d}A=q_0\boldsymbol{E}\cdot\mathrm{d}\boldsymbol{l}=q_0E\mathrm{d}l\cos\theta$$

因为在等势面上运动，所以 $\mathrm{d}W=0$，因此

$$q_0E\mathrm{d}l\cos\theta=0$$

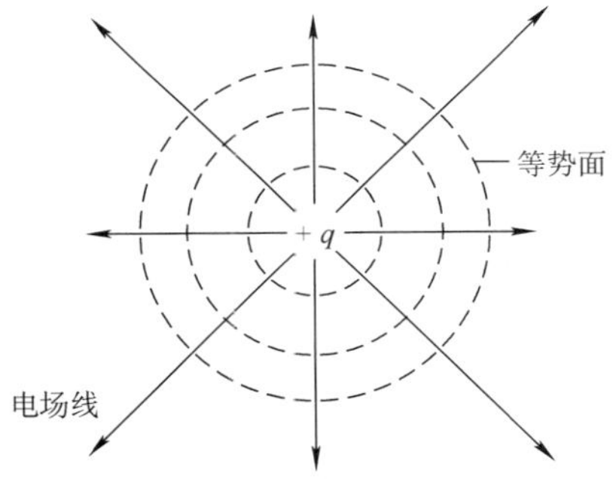

图 10-28　等势面与电场线

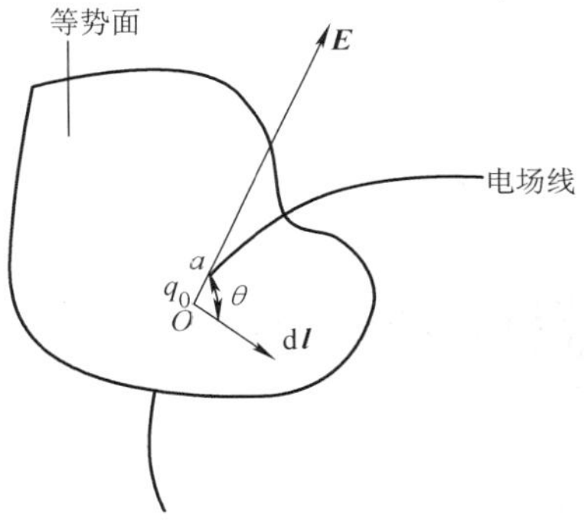

图 10-29　证明用图

又因 $q_0\neq0$，$E\neq0$，$\mathrm{d}l\neq0$，所以

$$\cos\theta=0，即\ \theta=\frac{\pi}{2}$$

故电场线与等势面正交，$\boldsymbol{E}$ 垂直于等势面。

在相邻等势面电势差为常数时，等势面密集地方电场强度较强。

3）电场线的方向沿电势降低的方向。

10.5.6　电场强度与电势梯度

电场强度和电势是描述电场性质的物理量，它们有一定的关系，前面已学过 $\boldsymbol{E}$、U 之间有一种积分关系

$$U_a=\int_a^{\infty}\boldsymbol{E}\cdot\mathrm{d}\boldsymbol{l}\qquad（无限远处\ U_{\infty}=0）$$

接下来我们研究电场强度和电势之间的微分关系。如图 10-30 所示，设 a、b 为无限接近的两点，相应所在等势面分别为 U、$U+\mathrm{d}U$。单位正电荷从 $a\to b$ 过程中，电场力做的功为

$$dA = \boldsymbol{E} \cdot d\boldsymbol{l} = U_{ab} = U_a - U_b = [U-(U+dU)] = -dU$$

因为

$$\boldsymbol{E} \cdot d\boldsymbol{l} = E dl\cos\theta, \quad 而\ E\cos\theta = E_l$$

所以

$$E_l = -\frac{dU}{dl}$$

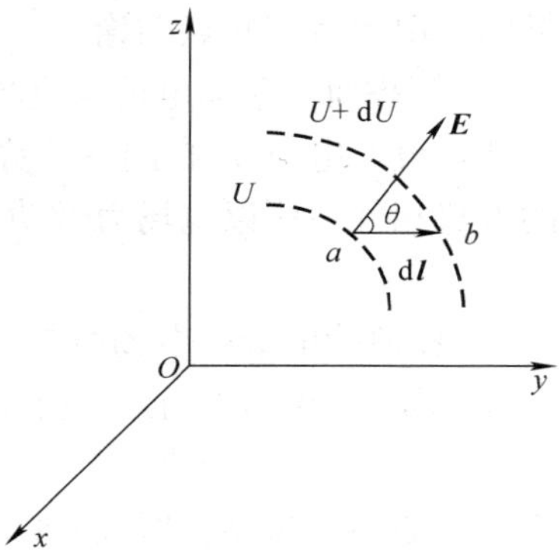

图 10-30　电场强度和电势

$\frac{dU}{dl}$为电势沿 l 方向的方向导数，若 l 分别沿 x、y、z 方向，则有以下表达式：

$$E_x = -\frac{\partial U}{\partial x}$$

$$E_y = -\frac{\partial U}{\partial y}$$

$$E_z = -\frac{\partial U}{\partial z}$$

因为

$$\boldsymbol{E} = E_x\boldsymbol{i} + E_y\boldsymbol{j} + E_z\boldsymbol{k}$$

所以有

$$\boldsymbol{E} = \left(-\frac{\partial U}{\partial x}\boldsymbol{i} - \frac{\partial U}{\partial y}\boldsymbol{j} - \frac{\partial U}{\partial z}\boldsymbol{k}\right)$$

取 $\nabla = \frac{\partial}{\partial x}\boldsymbol{i} + \frac{\partial}{\partial y}\boldsymbol{j} + \frac{\partial}{\partial z}\boldsymbol{k}$,数学上叫作梯度算符。因此

$$\frac{\partial U}{\partial x}\boldsymbol{i} + \frac{\partial U}{\partial y}\boldsymbol{j} + \frac{\partial U}{\partial z}\boldsymbol{k}$$

叫作 U 的梯度,记作

$$\mathbf{grad}U = \nabla U = \frac{\partial U}{\partial x}\boldsymbol{i} + \frac{\partial U}{\partial y}\boldsymbol{j} + \frac{\partial U}{\partial z}\boldsymbol{k}$$

因此得

$$\boldsymbol{E} = -\mathbf{grad}U = -\nabla U \tag{10-40}$$

可见，电场中任一点的电场强度等于电势梯度在该点的负值。

【例 10-11】 如图 10-31 所示,已知点电荷周围任意点的电势 $U_P = \frac{q}{4\pi\varepsilon_0 x}$，用电场强度与电势的关系，求点电荷 q 在它周围任意点产生的电场强度。

【解】 已知

$$U_P = \frac{q}{4\pi\varepsilon_0 x}$$

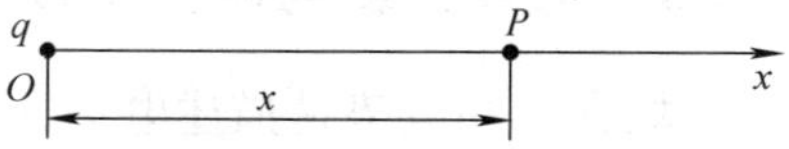

图 10-31　例 10-11 图

再根据电场强度是电势的方向导数得

$$E_x = -\frac{\partial U_P}{\partial x} = -\left(-\frac{q}{4\pi\varepsilon_0 x^2}\right) = \frac{q}{4\pi\varepsilon_0 x^2}$$

$$E_y = E_z = 0$$

$q>0$，$\boldsymbol{E}$ 沿 x 轴正向；$q<0$，$\boldsymbol{E}$ 沿 x 轴负向。

本章逻辑主线

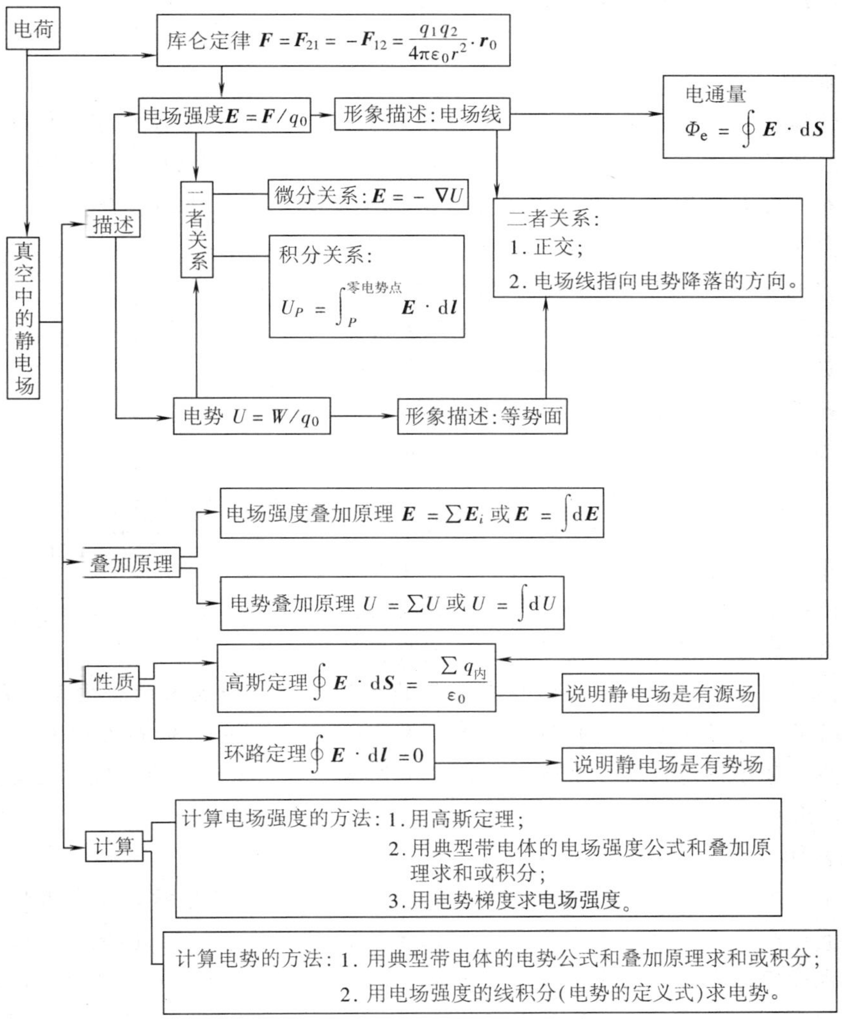

扩展思维

静电的应用

静电场在物理上的应用有阴极射线管（显像管）、电视摄像管、范德格拉夫静电加速器、静电基本粒子计数器、场致发射显微镜等，而在工程技术上的应用更为广泛，除了传统的电解、电镀等外，还有高压带电作业、静电除尘、静电分选、静电复印、静电植绒、喷涂、防除水垢、防腐蚀，通过测量大气电场的变化预报地震，用于航天的静电加料器、离子交换氢氧燃料电池、新型的火箭推进器——离子推进器……在农业上用静电场或电晕放电处理种子，达到增产和提高作物品质的目的，人工诱发闪电使作物发生变异，静电喷农药和静电人工授粉等；近年来静电场又被应用于生物工程技术领域，在遗传基因操作、细胞融合、细胞分选等方面发挥着特殊的作用。正因为如此，早在1953年国际上就开始召开静电会议，以后每4年一次，并在20世纪60年代成立了静电学会；我国也在1978年召开了第一次全国静电学术会议，出版了《静电》杂志，在某些高校设立了培养静电方面专业人才的博士点。下面简单介绍静电的两种应用。

1. 静电除尘

在制造计算机芯片、光学仪器、手表等精密器件时，需要尽量减少空气中的含尘量，如制造计算机芯片的超净车间内每立方英尺空气中直径0.5μm以上的尘粒不能超过10粒。燃煤的火力发电厂每天从烟囱排出数以百吨计的烟尘，如不采取措施，会严重污染大气。因此，人们同空气中的尘埃进行了长期的斗争，而静电除尘具有除尘率高、耗电少、处理流量大等优点，已广泛用于化工、冶金、煤气、水泥、火力发电等各个工业部门。

工业上常用的一种静电除尘器的结构如图10-32所示。中央是具有针齿状结构的金属丝并与高压电源的负极相连，外壳是一金属圆筒并与高压电源的正极相连和接地。工作时，粉尘气体由下方进入，中央金属丝由于尖端放电（见下章）使周围的空气电离，其中的负离子（包括自由电子）在静电场的作用下向外筒飞去，在飞行的过程中与粉尘粒子频繁碰撞而使粉尘带上负电也飞向外筒，聚集在外筒上，然后用振动或水冲的方法将粉尘收集于筒底。这样，不仅避免了环境污染，还能从收集的粉尘中回收有价值的物质。静电除尘器的除尘率一般可达95%~99%，多级串联的静电除尘器的除尘率高达99.9%以上。目前世界上最大的静电除尘器有十几层楼高，每分钟能处理近十万立方米含尘气体。空气净化器的原理与此类似。这种方法还能清除蒸汽中的有毒液滴。

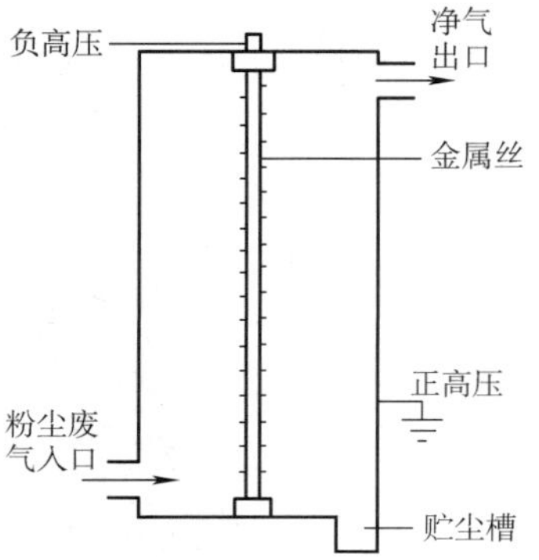

图10-32 静电除尘器原理图

2. 静电复印

静电复印的基本过程如图10-33所示。首先使一表面涂有光导材料（在黑暗中是不良导体而在光照下是良导体的材料，常用硒或硒化合物）的底板或滚筒（硒鼓）在黑暗中带上正电荷，然后将待印文件用光源和透镜进行曝光，光导面上接收到光的部分变成导体，正电荷流走；与文件上的墨迹对应的部分因接收不到光线仍是不良导体，正电荷保留，形成与文件相对应的“静电潜像”。接着将带负电荷的墨粉撒上去，被带正电的“潜像”吸附，形成与原稿相对应的可见像；再用带正电的纸覆盖在上面，墨粉又被吸附在纸上；最后通过加热，使墨粉（含有热融性树脂）牢固地附着在纸上，便完成了复印过程。

3. 静电的危害与避免

事物都是一分为二的，摩擦或其他原因引起的静电有时也会造成危害。在干燥的冬季，脱化纤衣物或用塑料梳子梳头时会听到噼噼啪啪的声响，黑暗中还能看到火花，有时去抓金属门把手时会被“电”一下，这都是静电放电现象。如果在易燃的环境中，静电放电引起的火花可导致火灾，在煤矿矿井里有可能引起瓦斯爆炸，因此要加以避免。例如，在有可燃粉尘的车间里，常常通过喷洒水来增加湿度和降低粉尘浓度，工人穿的工作服和鞋子都是防静电的；运载汽油或其他石油制品的汽车都挂着一条拖到地面的铁链子，就是为了把行进过程中油与油罐摩擦产生的静电引入大地；而输油管、大型油罐、装卸油料的桥台、栈桥和油轮码头，都要有专门的接地设施。为了防止绝缘体上聚集起静电荷，人们往往在绝缘体表面涂上一层金属粉末或导电漆、导电薄膜，或加入以活化剂为主要成分的静电防止剂，它能增加绝缘体的吸湿性和电离性；对于容易聚集起静电荷的机器设备，可以设置“静电消止器”，它能产生大量带异号电荷的离子，把机器上的静电荷中和掉。当然，最彻底的办法是通过改变塑料、橡胶、化纤等的配方或工艺，使其变得导电，如导电纤维、导电塑料、导电橡胶，导电纤维现在已被广泛用来制作防静电工作服、手套、地毯、包装袋和缝纫线等。

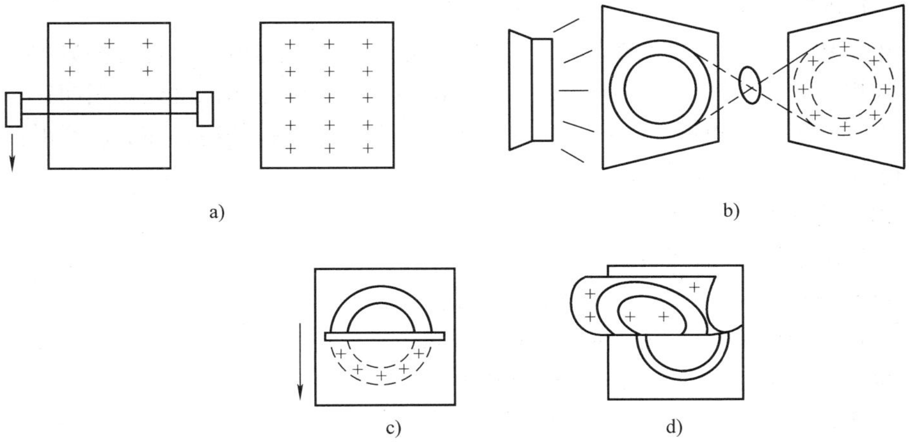

图 10-33　静电复印过程示意图

集成电路等微电子元件抵抗静电的能力特别弱，一点额外的电荷就会造成信号严重失真、动作器动作错误，甚至整个电路完全失效。因此，在集成电路的制造、检验、组装等作业中，人们采取了各种措施来防止静电，如在地板、工作台上铺设铝箔、铝板、导电橡胶、导电薄膜，提高环境湿度，工人在手腕上戴接地的金属链、戴导电橡皮手套等。

思　考　题

10.1　点电荷在某点所受的电场力很大，是否该处的电场强度一定很强？

10.2　根据点电荷的电场强度公式 $E=\dfrac{q}{4\pi\varepsilon_0 r^2}$，当 $r\to 0$ 时，$E\to\infty$，而这是没有物理意义的。对此应如何解释？

10.3　电场线是否为带正电的点电荷的运动轨迹？什么情况下带电粒子会沿电场线运动？

10.4　试证明下述论断：在静电场中，凡是电场线都是平行直线的地方，电场强度的大小必定处处相等（即：凡是电场强度的方向处处相同的地方，电场强度的大小也处处相等）。

10.5　取一球面为高斯面，试问当点电荷 q 分别处在球心 O 或球内其他点时，通过球面的电通量是否相等？当点电荷 q 分别处在球外不同点时，通过球面的电通量是否相等？

10.6　如果设无限远处的电势为零，下述情况中的电势能是正值还是负值？

（1）正电荷 q 在正电荷 Q 的电场中；

（2）负电荷 $-q$ 在正电荷 Q 的电场中；

（3）正电荷 q 在负电荷 $-Q$ 的电场中；

（4）负电荷 $-q$ 在负电荷 $-Q$ 的电场中。

10.7　怎样理解高斯定理？

10.8　电势和电场强度的关系既有积分式又有微分式，都在什么情况下使用？

习　　题

一、选择题

10.1　下列几个说法中哪一个是正确的？（　　）。

（A）电场中某点电场强度的方向，就是将点电荷放在该点所受电场力的方向；

（B）在以点电荷为中心的球面上，由该点电荷所产生的电场强度处处相同；

（C）电场强度方向可由 $\boldsymbol{E}=\boldsymbol{F}/q$ 定出，其中 q 为试验电荷的电荷量，q 可正、可负，$\boldsymbol{F}$ 为试验电荷所受的电场力；

（D）以上说法都不正确。

10.2　静电场中某点电势的数值等于（　　）。

（A）试验电荷 q_0 置于该点时具有的电势能；

（B）单位试验电荷置于该点时具有的电势能；

（C）单位正电荷置于该点时具有的电势能；

（D）把单位正电荷从该点移到电势零点外力做的功。

10.3　关于电场强度与电势的关系，正确的说法是（　　）。

（A）电场强度为零处，电势未必为零；

（B）电势为零处，电场强度一定为零；

（C）电势不相等的两点，电场强度必然不相等；

（D）电场强度大小相等的两点，电势一定相等。

10.4　一点电荷放到球形高斯面中心处，下面哪种做法会让该高斯面的电通量发生变化？（　　）

（A）球面外放一点电荷；

（B）球面内再放一点电荷；

（C）将高斯面半径缩小；

（D）将球面内点电荷移置面内其他处。

10.5　下面说法中正确的是（　　）。

（A）带正电的物体电势一定是正的；

（B）带负电的物体电势一定是负的；

（C）不带电的物体电势一定是零；

（D）电势是零的物体一定不带电；

（E）以上四种说法都不对，因为电势的大小取决于场源电荷。正像地球上某一点的高度与这一点放的物体无关一个道理。

10.6　关于高斯定理的理解有下面几种说法，其中正确的是（　　）。

（A）如果高斯面上 $\boldsymbol{E}$ 值处处为零，则该面内必无电荷；

(B) 如果高斯面内无电荷，则高斯面上 $\boldsymbol{E}$ 值处处为零；

(C) 如果高斯面上 $\boldsymbol{E}$ 值处处不为零，则高斯面内必有电荷；

(D) 如果高斯面内有净电荷，则通过高斯面的电通量必不为零；

(E) 高斯定理仅适用于具有高度对称性的电场。

10.7　边长为 a 的正方形，在其四个顶角上各放一个等量的点电荷，若正方形中心处的电场强度和电势都为零（设无穷远处电势为零），则（　　）。

(A) 在四个顶角上都应放上正电荷；

(B) 在四个顶角上都应放上负电荷；

(C) 在两个对顶角上应放上正电荷，而另外两个对顶角上应放上负电荷；

(D) 在两个相邻的顶角上应放上正电荷，而另外两个相邻的顶角上应放上负电荷。

二、填空题

10.8　静电场高斯定理的数学表达式为________________________________，

它反映出静电场是________________________________场；

静电场的环路定理的数学表达式为________________________________，

它反映出静电场是________________________________场。

10.9　有一边长为 a 的正方形平面，在其中垂线上距中心 O 点 $a/2$ 处，有一电荷为 q 的正点电荷，如图 10-34 所示，则通过该平面的电通量为____________。

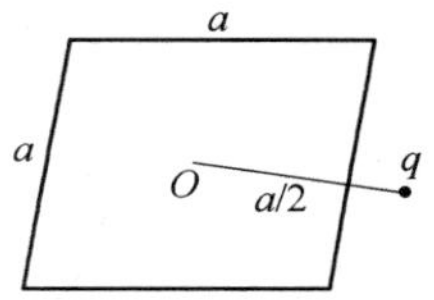

图 10-34　题 10.9 图

10.10　半径为 R 的均匀带电球面，所带电荷为 Q，设无限远处的电势为零，则球内距离球心为 r $(r<R)$ 处的电场强度的值为____________；电势为____________。

10.11　说明下列各式各代表的物理意义：

(1) $\boldsymbol{E}\cdot \mathrm{d}\boldsymbol{l}=$________________________；

(2) $\int_a^b \boldsymbol{E}\cdot \mathrm{d}\boldsymbol{l}=$________________________；

(3) $\oint_l \boldsymbol{E}\cdot \mathrm{d}\boldsymbol{l}=$________________________；

(4) $\boldsymbol{E}\cdot \mathrm{d}\boldsymbol{S}=$________________________；

(5) $\oint_S \boldsymbol{E}\cdot \mathrm{d}\boldsymbol{S}=$________________________。

三、计算题

10.12　(1) 设地球表面附近的电场强度为 $200\mathrm{V\cdot m^{-1}}$，方向指向地球中心，求地球所带的总电荷量；

(2) 设离地面 1400m 的高处电场强度降为 $20\mathrm{V\cdot m^{-1}}$，方向仍指向地球中心，试计算 1400m 以下大气层中的平均电荷密度。

10.13　将 $q=2.5\times10^{-8}\mathrm{C}$ 的点电荷从电场中的 A 点移到 B 点，外力做功 $5.0\times10^{-6}\mathrm{J}$，问电势能的增量是多少？$A$、$B$ 两点间的电势差是多少？哪一点的电势较高？若设 B 点的电势为零，则 A 点的电势是多少？

10.14　如图 10-35 所示，电荷量都是 q 的三个点电荷，分别放在正三角形的三个顶点，试问：

（1）在这三角形的中心放一个什么样的电荷，就可以使这四个电荷都达到平衡（即每个电荷受其他三个电荷的库仑力之和都为零）？

（2）这种平衡与三角形的边长有无关系？

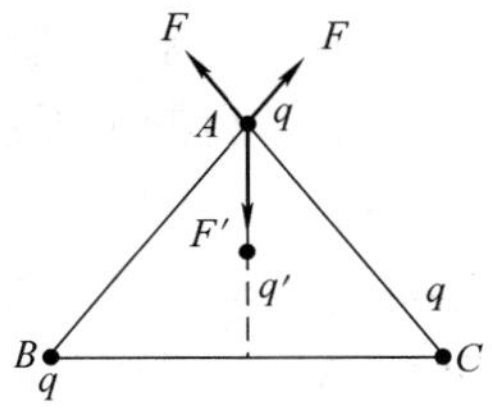

图 10-35　题 10.14 图

10.15　一个半径为 R 的均匀带电半圆环，电荷线密度为 λ，如图 10-36 所示，求环心处 O 点的电场强度。

10.16　均匀带电球壳内半径 6cm，外半径 10cm，电荷体密度为 $2\times10^{-5}\mathrm{C\cdot m^{-3}}$，求距球心 5cm、8cm、12cm 各点的电场强度。

10.17　半径为 R_1 和 R_2（$R_2>R_1$）的两无限长同轴圆柱面，单位长度上分别带有电荷量 λ 和 $-\lambda$，试求：

（1）$r<R_1$；

（2）$R_1<r<R_2$；

（3）$r>R_2$ 处各点的电场强度。

10.18　两个无限大的平行平面都均匀带电，电荷的面密度分别为 σ_1 和 σ_2，如图 10-37 所示，试求空间各处电场强度。

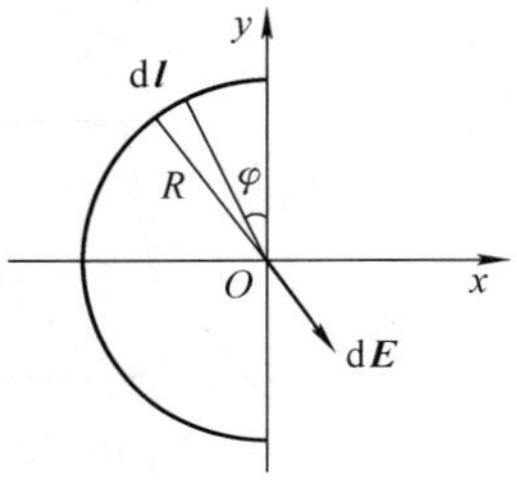

图 10-36　题 10.15 图

图 10-37　题 10.18 图

10.19　半径为 R 的均匀带电球体内的电荷体密度为 ρ，若在球内挖去一块半径为 $r<R$ 的小球体，如图 10-38 所示，试求：两球心 O 与 O' 点的电场强度，并证明小球空腔内的电场是均匀的。

10.20　一电偶极子由 $q=1.0\times10^{-6}\mathrm{C}$ 的两个异号点电荷组成，两电荷距离 $d=0.2\mathrm{cm}$，把这电偶极子放在 $1.0\times10^{5}\mathrm{N\cdot C^{-1}}$ 的外电场中，求外电场作用于电偶极子上的最大力矩。

10.21　三个点电荷 q_1、q_2 和 $-q_3$ 在一直线上，相距均为 $2R$，以 q_1 与 q_2 的中心 O 作一半径为 $2R$ 的球面，A 为球面与直线的一个交点，如图 10-39 所示。求：

（1）通过该球面的电通量 $\oint \boldsymbol{E}\cdot \mathrm{d}\boldsymbol{S}$；

（2）A 点的电场强度 $\boldsymbol{E}_A$。

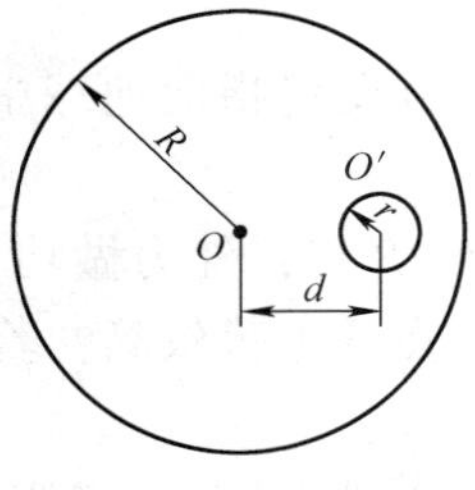

图 10-38　题 10.19 图

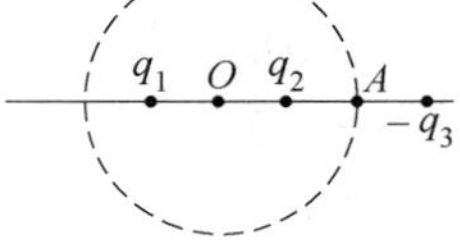

图 10-39　题 10.21 图

10.22　如图 10-40 所示，在 A、B 两点处放有电荷量分别为 $+q$、$-q$ 的点电荷，AB 间距离为 $2R$，现将另一正试验电荷 q_0 从 O 点经过半圆弧移到 C 点，求移动过程中电场力做的功。

10.23　如图 10-41 所示的绝缘细线上均匀分布着线密度为 λ 的正电荷，两直导线的长度和半圆环的半径都等于 R，试求环中心 O 点处的电场强度和电势。

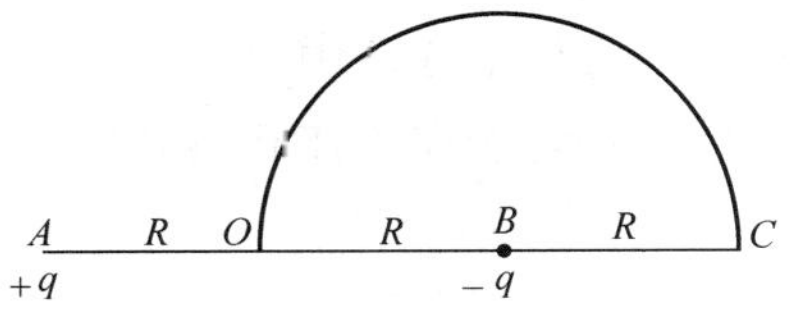

图 10-40　题 10.22 图

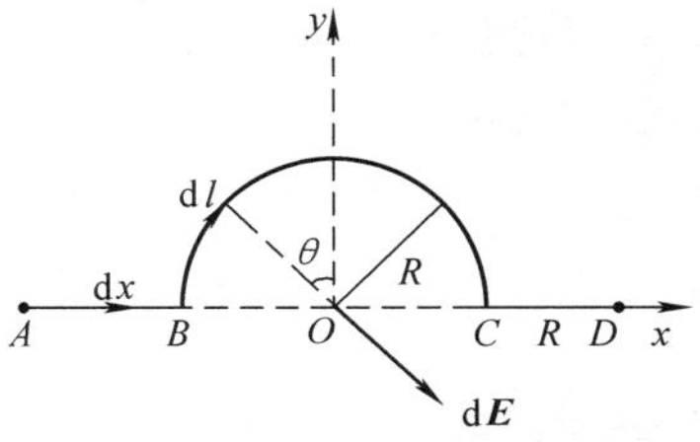

图 10-41　题 10.23 图

10.24　一电子绕一带均匀电荷的长直导线以 $2\times10^4\mathrm{m\cdot s^{-1}}$ 的匀速率作圆周运动，求带电直线上的线电荷密度。（电子质量 $m_0=9.1\times10^{-31}\mathrm{kg}$，电子电荷量 $e=1.60\times10^{-19}\mathrm{C}$）

10.25　真空中一半径为 R 的均匀带电球面，总电荷量为 q（$q<0$），今在球面上挖去非常小的一块面积 ΔS（连同电荷），且假设不影响原来的电荷分布，求挖去 ΔS 后球心处的电场强度大小和方向。

第 11 章　静电场中的导体和电介质

本章先以导体的平衡条件为基础，以高斯定理和电场强度环路定理为依据，分析导体静电特性和导体表面电荷分布规律；进而研究电介质的极化，讨论电介质中电场；最后讨论电容器的储能及电场能量问题。本章讨论的重点是各向同性的均匀金属导体和电介质与电场的相互影响。

11.1　静电场中的导体

11.1.1　导体的静电平衡

导体有不同的种类，最常见的是金属导体。本节只限于讨论金属导体的静电特性。金属导体中，原子最外层的价电子受原子核的束缚很小，可以摆脱原子核的束缚在各原子之间自由运动，这类电子称为自由电子。原子中除价电子之外的其他部分叫作原子实，原子实排列成整齐的点阵，叫作晶体点阵。从电结构来说，金属导体是由带正电的晶体点阵和带负电的自由电子组成的。当导体不带电且不受外电场影响时，自由电子的负电荷和晶体点阵的正电荷相互中和，导体不显电性。在这种情况下，金属导体中的自由电子像气体分子一样只在晶格之间作无规则的热运动，而无宏观的定向运动。

如果把一个不带电的金属导体放入外电场中，导体中的自由电子将在电场力的作用下作宏观定向运动，从而使导体中的电荷重新分布，在导体的一端因电子的积累而带负电，另一端因缺少电子而带正电。这种在外电场作用下，导体中的电荷重新分布而呈现出带电的现象，叫作静电感应现象，如图 11-1a 所示。

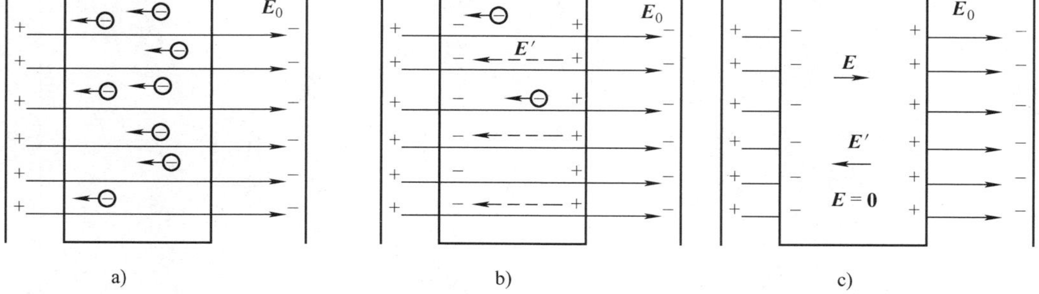

图 11-1　导体的静电平衡

导体表面因静电感应而出现的电荷称为感应电荷。感应电荷会产生一个附加电场 $\boldsymbol{E}'$，在导体内部这个电场的方向与原电场 $\boldsymbol{E}_0$ 反向相反，其作用是削弱原电场，如图 11-1b 所示。随着静电感应的进行，感应电荷不断增加，附加电场 $\boldsymbol{E}'$增强，当 $E' = E_0$ 时，导体中总电场

的电场强度 $\boldsymbol{E}=\boldsymbol{E}_0+\boldsymbol{E}'$ 为零的时候，自由电荷的再分布过程停止。这时，导体上感应电荷的分布和导体内外的电场分布达到稳定状态，这种状态叫作静电平衡状态，如图 11-1c 所示。由于导体中自由电荷的数量十分巨大，静电感应的时间极短（约 10^{-6}s 的数量级），以后我们讨论的在静电场中的导体，指的是处于静电平衡状态下的导体。

综上所述，导体处于静电平衡的条件是：导体内部的电场强度处处为零，即

$$\boldsymbol{E}=\boldsymbol{E}_0+\boldsymbol{E}'=\boldsymbol{0}$$

所谓导体内部的电场强度，是指一切电荷产生的合电场强度。

11.1.2　导体静电平衡的特性

1. 导体附近的电场强度分布

静电平衡时，导体表面附近的电场强度方向处处与导体表面垂直，大小与该处导体表面电荷面密度成正比。关系式为 $\boldsymbol{E}=\dfrac{\sigma}{\varepsilon_0}\boldsymbol{n}$。

下面讨论带电导体表面的电荷面密度与导体附近电场强度的关系。

如图 11-2 所示，考察点 P 在导体表面附近，过 P 点作一个很小的柱形高斯面 S，柱面的上底 ΔS_1 过 P 点且与导体表面平行，柱面的侧面 ΔS_2 与导体表面垂直。由于导体表面附近的电场强度与表面垂直，所以柱面侧面与电场强度平行侧面 ΔS_2 上的电通量为零；柱面下底面 ΔS_3 在导体内，因为导体内部的电场强度为零，所以底面 ΔS_3 上的电通量也为零；只有上底面有电通量。由于上底面与电场强度垂直，在一个很小的区域内电场可以视为均匀，故电通量为 $E\Delta S$（$\Delta S_1=\Delta S$）。设导体表面的电荷为正，电场强度方向如图 11-2 所示。柱面 S 所包围的净电荷为 $\sigma\Delta S$，σ 为导体表面所带电荷的面密度。

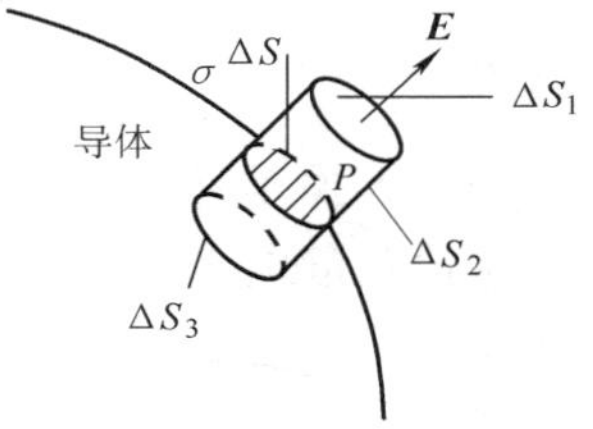

图 11-2　静电平衡时导体表面电场强度分布

所以，根据高斯定理有

$$\oint_S \boldsymbol{E}\cdot d\boldsymbol{S}=\int_{\Delta S_1}\boldsymbol{E}\cdot d\boldsymbol{S}+\int_{\Delta S_2}\boldsymbol{E}\cdot d\boldsymbol{S}+\int_{\Delta S_3}\boldsymbol{E}\cdot d\boldsymbol{S}=\frac{\sigma\Delta S}{\varepsilon_0}$$

$$E\Delta S=\frac{\sigma\Delta S}{\varepsilon_0}$$

因此

$$E=\frac{\sigma}{\varepsilon_0}$$

导体附近电场强度的矢量表示为

$$\boldsymbol{E}=\frac{\sigma}{\varepsilon_0}\boldsymbol{n} \tag{11-1}$$

式中，$\boldsymbol{n}$ 表示在导体上所取面元的法线方向。

$\sigma>0$，$\boldsymbol{E}$ 的方向垂直背离导体表面；$\sigma<0$，$\boldsymbol{E}$ 的方向垂直指向导体表面。根据高斯定理的物理含义，式（11-1）中的 $\boldsymbol{E}$ 应理解为合电场强度，是导体所有表面上的电荷以及导体外的电荷共同产生的，不要误解为仅仅是考察点 P 附近的导体表面处的电荷所贡献的电场强度。

2. 导体上的电势分布

静电平衡时，整个导体是一个等势体，而其表面是等势面。

若在导体内取任意两点 A 和 B，总可以在导体内部找到一条曲线将 A、B 两点连接起来，由于导体静电平衡时内部任何一点处的电场强度都为零，所以电场强度从 A 到 B 的线积分为零，即 $\int_A^B \boldsymbol{E}\cdot \mathrm{d}\boldsymbol{l} = 0$，而 $U_{AB} = U_A - U_B = \int_A^B \boldsymbol{E}\cdot \mathrm{d}\boldsymbol{l}$，因此 A、B 两点的电势相等，即 $U_A = U_B$。故导体静电平衡时，整个导体是一个等势体，而其表面是等势面。

3. 导体上的电荷分布

静电平衡时，导体内部没有净电荷，电荷只能分布在导体的外表面上。

（1）实心导体的电荷分布　设导体所带电荷量为 Q，图 11-3a 所示为静电平衡时导体上的电荷分布。在其内作一高斯面 S，由高斯定理得

$$\oint_S \boldsymbol{E}\cdot \mathrm{d}\boldsymbol{S} = \frac{1}{\varepsilon_0}\sum_{S内} q$$

由于静电平衡时，导体内部的电场强度 $\boldsymbol{E}=\boldsymbol{0}$，所以

$$\oint_S \boldsymbol{E}\cdot \mathrm{d}\boldsymbol{S} = 0$$

因此得

$$\sum_{S内} q = 0$$

因为 S 面是导体内部的任意一个闭合曲面，所以静电平衡时导体内无净电荷存在。

结论：静电平衡时，实心导体的净电荷仅仅分布在导体外表面上。

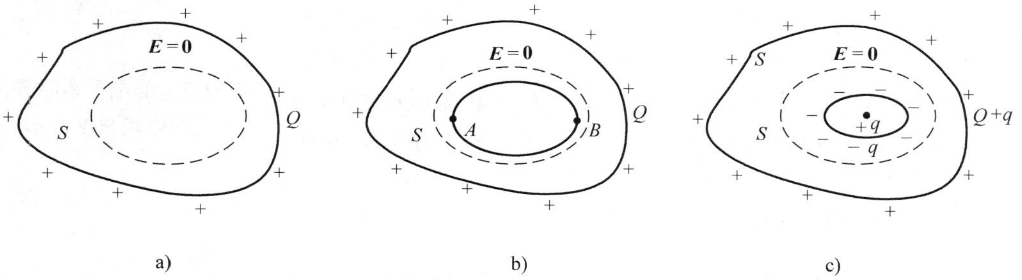

图 11-3　导体静电平衡时电荷只能分布在导体的表面

a）实心导体　b）空腔导体　c）空腔内有电荷

（2）空腔导体的电荷分布

1）空腔内无其他电荷的情况。设导体所带电荷量为 Q，图 11-3b 所示为静电平衡时导体上的电荷分布。在导体内作任一高斯面 S，由高斯定理得

$$\oint_S \boldsymbol{E}\cdot \mathrm{d}\boldsymbol{S} = \frac{1}{\varepsilon_0}\sum_{S内} q$$

因为静电平衡时，导体内部的电场强度 $\boldsymbol{E}=\boldsymbol{0}$，所以

$$\sum_{S内} q = 0$$

即 S 内无净电荷。

因为空腔内无其他电荷，静电平衡时，导体内又无净电荷，所以空腔内表面上的净电荷为 0。那么在空腔内表面上能否出现等量的异号电荷呢？我们设想存在这种可能，如图 11-

3b 所示，设在A点附近出现 $+q$，B 点附近出现 $-q$，这样在腔内就有始于正电荷终于负电荷的电力线，由此得到，$U_A > U_B$，这与静电平衡时导体为等势体相矛盾，因此，这个假设不成立。

结论：静电平衡时，空腔导体内表面无净电荷分布，净电荷只分布在导体的外表面上，空腔内电势与导体电势相同。

2）空腔内有点电荷的情况。设空腔导体原来带电荷量为 Q，图 11-3c 所示为静电平衡时导体上的电荷分布，在空腔中放入点电荷 $+q$，在空腔导体内作一高斯面 S，由高斯定理得

$$\oint_S \boldsymbol{E} \cdot \mathrm{d}\boldsymbol{S} = \frac{1}{\varepsilon_0}\sum_{S内} q$$

因为静电平衡时空腔导体内的 $\boldsymbol{E} = \boldsymbol{0}$，所以对于导体内任意闭合曲面有

$$\sum_{s内} q = 0$$

因为空腔内带电体带电 $+q$，所以静电平衡时，腔内表面应有感应负电荷 $-q$，外表面应出现感应正电荷 $+q$。

因此，当带电导体达到静电平衡时，无论是实心导体还是空腔导体，导体内部都没有净电荷（即没有未被抵消的正、负电荷）存在，电荷只能分布在导体的表面。

4. 导体表面电荷的分布情况

实验和理论都证明，对于孤立带电导体，在静电平衡下，其表面的电荷密度与表面曲率 $\frac{1}{R}$有关，导体表面曲率$\frac{1}{R}$越大（曲率半径越小）处，面电荷密度也越大。因此，导体表面尖端部分电荷分布得最多，平滑的地方电荷分布得较少，导体凹进去的地方电荷分布得最少。对于孤立球形带电导体，由于球面各部分的曲率相同，所以电荷均匀分布。因为导体表面上尖端部分电荷分布得最多，由 $E = \frac{\sigma}{\varepsilon_0}$知，尖端部分导体附近的电场就最强（见图 11-4）。

因为在带电导体的尖端附近电场最强，就导致周围空气中残留的离子在电场力作用下发生剧烈的运动，将碰到的中性原子中的电子打出去，使之也变为离子，称为空气的“电离”或“击穿”。与尖端上电荷同号的离子，因被排斥而急速地离开尖端，形成“电风”；与尖端上电荷异号的离子，

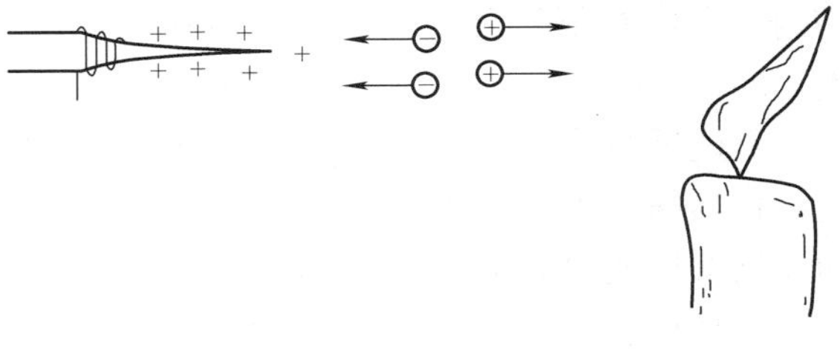

图 11-4　尖端放电现象

因相吸而趋向尖端，与尖端的电荷中和，而使尖端上的电荷逐渐漏失。急速运动的离子与中性原子碰撞时，还可使原子受激而发光，这就是尖端放电现象。尖端放电现象在高压输电线附近发生是很不利的，因为：一是要消耗电能，特别在远距离的输电过程中电能损耗更大；二是放电时发生的电波，还会干扰电视和射频。为了避免这一现象，应采用较粗的导线，并使导线表面平滑无毛刺。另外，为了避免高压电气设备中的电极因尖端放电而发生漏电现象，往往把电极做成光滑的球形。但尖端放电也有可利用之处，避雷针就是一个例子。当雷雨云接近地面时，在避雷针尖端处电荷聚集得最多，电场强度最大，首先把其周围空气击

穿，使来自地面上并集结于避雷针尖端的感应电荷，与雷雨云所带电荷持续中和，从而不至于积累成足以导致雷击的电荷。避雷针的另一作用是如果发生雷电时，使电流通过避雷针入地，避免危及旁边的建筑物。

11.1.3　静电屏蔽

综合上述内容，在导体空腔内无其他带电体的情况下，导体内部和导体的内表面上处处皆无电荷，电荷仅仅分布在导体外表面上，所以空腔内的电场强度和导体内部一样，也处处等于零，各点的电势均相等，而且与导体电势相等。因此，如果把空心的导体放在电场中时，电场线将垂直地终止于导体的外表面上，而不能穿过导体进入空腔内（见图11-5）。

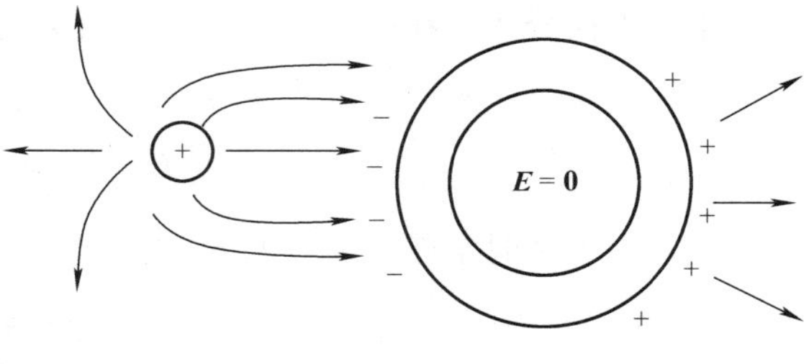

图11-5　用空腔导体屏蔽外电场

若把一个带电的物体放入原来不带电的导体空腔内，则导体的内表面上将感应出与带电体等量的异号电荷，而在外表面上将感应出等量的同号电荷，这样就会影响到导体以外的电场，电场线的分布如图11-6a所示；但如果把导体接地，则导体外表面的电荷将和大地的电荷中和，导体外的电场随之消失，如图11-6b所示，这样，空腔导体内的带电体就不会对导体外的电场产生影响了。

在静电平衡状态下，空腔导体外面的带电体不会影响空腔内部的电场分布，一个外壳接地的空腔导体，空腔内部的带电体不会影响空腔外部空间的电场分布。这种使导体空腔内部的电场不受外界的影响或者利用接地的空腔导体将空腔内带电体对外界隔绝的现象，叫作静电屏蔽。

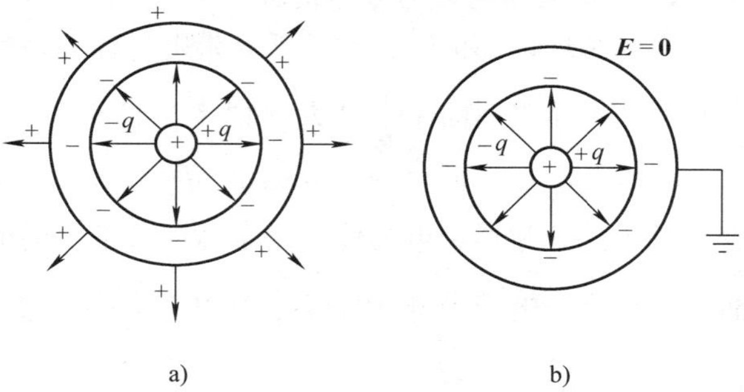

图11-6　接地的空腔导体的屏蔽内电场

静电屏蔽的原理在生产技术上有许多应用。例如：为了避免外界电场对设备中某些精密电磁仪器的干扰，或者为了避免一些高压设备的电场对外界的影响，一般都在这些设备的外边安装有接地的金属制外壳（网、罩）；传送弱信号的连接导线为了避免外界的干扰，往往在导线外包一层用金属丝编织的屏蔽线层。

11.1.4　应用举例

因为导体的静电学问题需要解决电荷分布的问题，所以导体的静电学问题比真空中的静电学问题要复杂一些。当静电场中有导体存在时，电场会影响导体上的电荷分布，同时导体上的电荷也会影响电场的分布，这种相互作用直到实现静电平衡为止，此后导体上的电荷和周围的电场分布将不再改变。分析此时的电荷分布需要正确地理解静电平衡条件，还要利用高斯定理、环路定理以及电荷守恒定律等基本规律。

【例11-1】　把一块原来不带电的金属板B向一块带有正电荷Q的金属板A移近，平行放置。设两板面积均为 S，板间距离为 d，忽略边缘效应。求两板上的电荷分布和两板间的电势差。

【解】 静电平衡时，两板上电荷分布如图 11-7 所示。由高斯定理可知

$$q_2=-q_3$$

再由电荷守恒定律得

$$q_1+q_2=Q$$
$$q_3+q_4=0$$

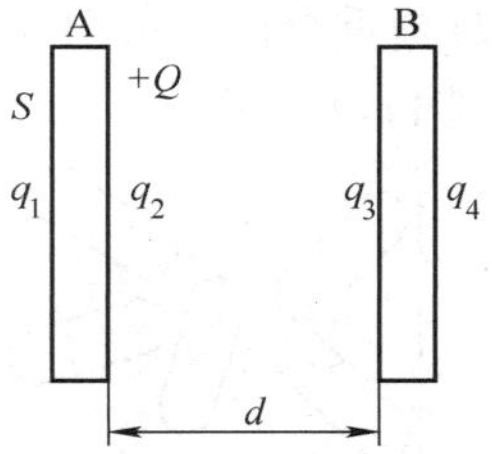

图 11-7　两板上的电荷分布

根据无限大平面周围任意点的电场强度 $E=\dfrac{\sigma}{2\varepsilon_0}$知，静电平衡时，在 B 板内任意一点的电场强度都是零，因此在 B 内任意点有

$$E=\frac{q_1}{2\varepsilon_0 S}+\frac{q_2}{2\varepsilon_0 S}+\frac{q_3}{2\varepsilon_0 S}-\frac{q_4}{2\varepsilon_0 S}=0$$

联立上面各式得

$$q_1=\frac{Q}{2},\quad q_2=\frac{Q}{2},\quad q_3=-\frac{Q}{2},\quad q_4=\frac{Q}{2}$$

两板间的电场强度大小为

$$E=\frac{\sigma}{\varepsilon_0}=\frac{Q}{2\varepsilon_0 S}$$

两板间的电势差为

$$U_{AB}=U_A-U_B=Ed=\frac{Qd}{2\varepsilon_0 S}$$

11.2　电介质的极化

11.2.1　两类电介质

两类电介质分别是：有极分子电介质和无极分子电介质。

从物质的电结构来看，导体能够很好地导电，乃是由于导体中存在着大量可以自由移动的电荷，即自由电子。这些自由电子在外电场的作用下可在金属中作定向运动。在达到静电平衡时，导体内的电场强度为零。而电介质的主要特征是它的分子中的电子被原子核束缚在一个很小的尺度之内（约 10^{-10}m），即使在外电场作用下，电子一般也只能相对于原子核有一微观的位移，而不像导体中的电子那样，能够脱离所属原子作宏观运动，因而电介质在宏观上几乎没有自由电荷，所以其导电性很差，亦称绝缘体。此外，在外电场作用下达到静电平衡时，电介质内部的电场强度也不等于零。在讨论电场与电介质的相互作用时，通常把电介质分子简化为电偶极子，电介质可以认为是由大量微小的电偶极子组成的。

从分子中正、负电荷中心的分布来看，各向同性的电介质可分为两类。一类电介质，如氯化氢（HCl）、水（H_2O）、氨（NH_3）、甲醇（CH_3OH）等，分子内正、负电荷的中心在无外电场时不重合，这类分子称为有极分子，其等效电偶极矩 $\boldsymbol{p}_e=q\boldsymbol{l}$（此处，$q$ 为分子中全部正电荷或负电荷的电荷量，$\boldsymbol{l}$ 为正电荷中心与负电荷中心之间的连线，方向自负电荷中心

指向正电荷中心)。整块的有极分子电介质可以看成大量电偶极子的集合体，如图 11-8 所示，在无外电场的情况下这些电偶极子的排列杂乱无章，对外呈现总的电偶极矩等于零。另一类电介质，如氦（He）、氢（H_2）、甲烷（CH_4）等，分子内正、负电荷中心在无外电场时是重合的，故分子等效电偶极矩为零，这类分子称为无极分子。整块的无极分子电介质如图 11-9 所示。

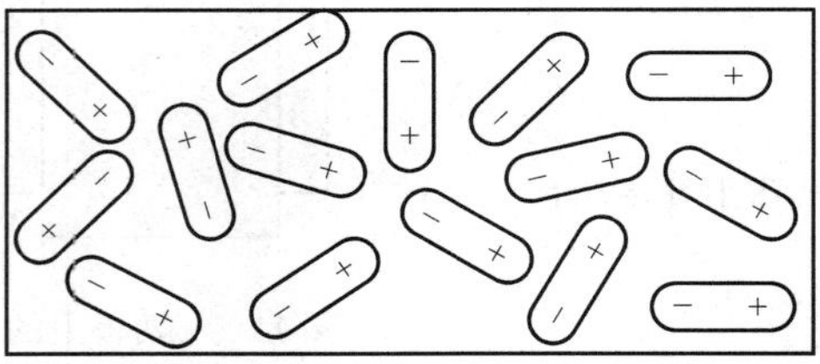

图 11-8　由有极分子组成的电介质

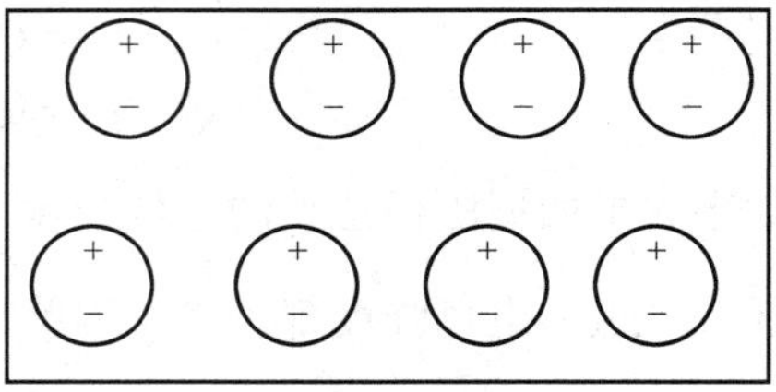

图 11-9　由无极分子组成的电介质

11.2.2　电介质的极化机理

在外电场的作用下，有极分子电介质和无极分子电介质都要发生变化，这种变化叫作电介质的极化。由于两类电介质的电结构不同，它们在外电场中的变化过程也不同，电介质极化方式分无极分子的位移极化和有极分子的取向极化两种。下面分别予以讨论。

1. 有极分子的取向极化

有极分子本身就相当于一个电偶极子，在没有外电场时，由于分子作不规则热运动，这些分子电偶极子的排列是杂乱无章的，所以电介质内部呈电中性，如图 11-10a 所示。在有外电场作用时，分子将受到一个力矩的作用而发生转动，使分子电矩的方向趋向于外电场的方向，如图 11-10b 所示。但由于分子热运动的干扰，并不能使各分子电矩都沿外电场的方向整齐排列，外电场越强，分子电矩的排列越趋向于整齐。对整块电介质而言，在垂直于外电场方向的两个表面上也出现束缚电荷，如图 11-10c 所示，这称为电介质的取向极化。若撤去外电场，分子电矩恢复无规则排列，极化消失，电介质重新回到电中性状态。分子热运动的无规则性与分子极化时的取向性是矛盾的，一般来说，电场越强，温度越低，则分子的排列越有序，极化的效应也越显著。

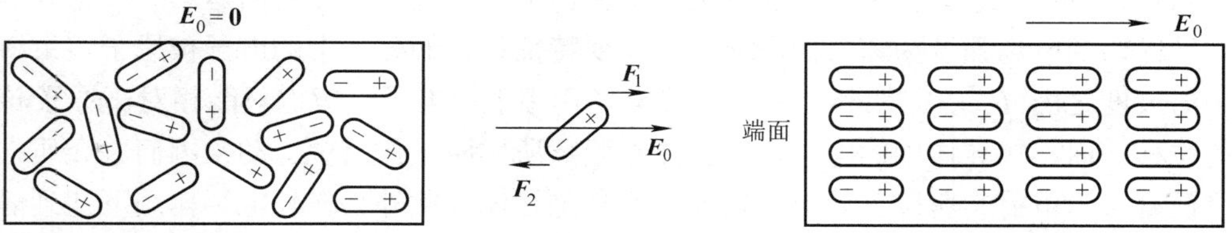

a)　　b)　　c)

图 11-10　有极分子电介质的取向极化

2. 无极分子的位移极化

无极分子在没有受到外电场作用时，它的正、负电荷的中心是重合的，因而没有电偶极矩，如图 11-11a 所示。但当外电场存在时，分子的正、负电荷中心受电场力作用而发生相对位移，形成一个电偶极子，产生电偶极矩，称为感生电矩，其偶极矩 $\boldsymbol{p}$ 方向沿外电场 $\boldsymbol{E}_0$ 方向，如图 11-11b 所示。感生电矩沿电场方向排列。在电介质内部，相邻电偶极子的正、负电荷相互靠近，如果电介质是均匀的，则在它的内部，正、负电荷的作用相互抵消，处处仍然保持电中性，但在电介质和外电场垂直的两侧表面上分别出现正、负电荷，如图 11-11c 所示。这两侧表面上分别出现的正电荷和负电荷仍在电介质分子之内，不能在电介质中自由移动，故称其为束缚电荷或极化电荷。在外电场作用下，电介质出现极化电荷的这种现象，称为电介质的极化。这种极化是由于分子正、负电荷中心发生相对位移实现的，故称为位移极化。对于无极分子构成的电介质，外电场越强，产生的感生电矩越大，表面极化电荷就越多，电介质的极化也就越强。若撤去外电场，无极分子的正、负电荷中心重新重合，极化消失，电介质恢复电中性状态。

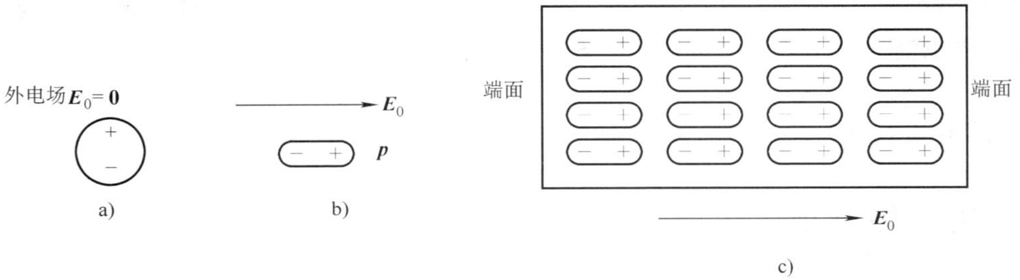

图 11-11　无极分子的位移极化

在静电场中，两种电介质极化的微观机理显然不同，但是宏观结果即在电介质中出现束缚电荷的效果却是一样的，故在宏观讨论中不必区分它们。

电荷一定会激发电场，不但自由电荷要激发电场，电介质中的极化电荷同样也要在它周围空间（无论电介质内部还是外部）激发电场。按电场强度叠加原理，在有电介质时的电场中，某点的总电场强度 $\boldsymbol{E}$ 应等于自由电荷和极化电荷分别在该点激发的电场强度 $\boldsymbol{E}_0$ 和 $\boldsymbol{E}'$ 的矢量和，即 $\boldsymbol{E} = \boldsymbol{E}_0 + \boldsymbol{E}'$。由于在电介质中，极化电荷的电场与自由电荷的电场方向总是相反的，所以电介质中的合电场强度 $\boldsymbol{E}$ 比外加电场 $\boldsymbol{E}_0$ 要小。

11.2.3　电极化强度及其与极化电荷的关系

电介质的极化程度可用其中分子电偶极矩的矢量和的大小和方向来表征。为此，我们在电介质中任取一宏观小体积 ΔV（其中仍包含有大量分子），在没有外电场时，ΔV 内的分子电偶极矩 $\boldsymbol{p}$ 的矢量和为零，即 $\sum \boldsymbol{p}_i = \boldsymbol{0}$；当存在外电场时，由于电介质的极化，$\sum \boldsymbol{p}_i$ 将不为零，外电场越强，分子电偶极矩的矢量和越大。于是，在宏观上我们便可以用单位体积中的分子电偶极矩的矢量和 $\sum \boldsymbol{p}_i / \Delta V$ 来描述电介质的极化程度，式中如果令 $\Delta V \to 0$，设其极限为 $\boldsymbol{P}$，则它可表述电介质中一点处的极化程度，称为电极化强度，即 $\boldsymbol{P} = \lim\limits_{\Delta V \to 0} \dfrac{\sum \boldsymbol{p}_i}{\Delta V}$。电极化强度的单位为 $\mathrm{C \cdot m^{-2}}$。

实验指出，对于各向同性的电介质，其中每一点的电极化强度 $\boldsymbol{P}$ 与该点的总电场强度 $\boldsymbol{E}$ 成正比，且方向相同，即 $\boldsymbol{P} = \chi_e \varepsilon_0 \boldsymbol{E}$。$\chi_e$ 称为电介质的电极化率，是无量纲的正数，它只与电介质中各点的极化性质有关。若χ_e是恒量，即电介质各点的极化性质相同，则称为均匀电介质。本书只讨论各向同性的均匀电介质。

电介质上所出现的极化电荷是电介质极化的结果，且电介质极化程度越高，极化电荷也就越多，所以电介质上的极化电荷q'和电极化强度$\boldsymbol{P}$必定有内在的联系。可以证明，穿过电介质中某一闭合曲面的电极化强度通量等于该闭合曲面内极化电荷总量的负值，即

$$\oint_S \boldsymbol{P} \cdot \mathrm{d}\boldsymbol{S} = -\sum_S q' \tag{11-2}$$

利用极化电荷总量与电极化强度的关系，我们可以推出，在两种媒质分界面上一点的极化电荷面密度

$$\sigma' = (\boldsymbol{P}_2 - \boldsymbol{P}_1) \cdot \boldsymbol{n} \tag{11-3}$$

式中，$\boldsymbol{P}_1$和$\boldsymbol{P}_2$分别为媒质1和媒质2内靠近界面处的极化强度；$\boldsymbol{n}$为媒质2指向媒质1的法向单位矢量。若媒质2为电介质，而媒质1是真空或金属，由于金属内的静电场为零，因此金属在静电情况下不会发生极化，即$\boldsymbol{P}_1=\boldsymbol{0}$，所以有

$$\sigma' = \boldsymbol{P}_2 \cdot \boldsymbol{n} \tag{11-4}$$

$\boldsymbol{n}$的方向从电介质指向真空或金属。当电容器内充满电介质时就是后一种情况。

11.3 电位移矢量 有电介质时的高斯定理

11.3.1 电位移矢量 有电介质时的高斯定理

我们已经知道，静电场的两个基本方程为$\oint_S \boldsymbol{E} \cdot \mathrm{d}\boldsymbol{S} = \frac{1}{\varepsilon_0}\sum_{S内} q$和$\oint_l \boldsymbol{E} \cdot \mathrm{d}\boldsymbol{l} = 0$。当电场中有电介质时，空间的电荷既有自由电荷，也有极化电荷，而极化电荷所激发的电场和自由电荷激发的电场具有相同的性质。由于静电场中的环路定理不涉及电荷，故有电介质存在时仍然成立。如果我们把静电场高斯定理中的$\sum q$理解为总电荷，即它是自由电荷$\sum q_0$与极化电荷$\sum q'$的总和，那么静电场中的高斯定理在有电介质存在时也成立，这时高斯定理可记作

$$\oint_S \boldsymbol{E} \cdot \mathrm{d}\boldsymbol{S} = \frac{1}{\varepsilon_0}\sum_S (q_0 + q') \tag{11-5}$$

式（11-5）中的极化电荷$\sum q'$一般情况下是一个未知量，并和电场强度$\boldsymbol{E}$之间相互影响，使极化电荷本身在求解电场强度时也是待求量，这在应用时很不方便，我们须设法把$\sum q'$从式（11-5）中消去。将式（11-2）代入式（11-5）得

$$\oint_S \varepsilon_0 \boldsymbol{E} \cdot \mathrm{d}\boldsymbol{S} = \sum_S q_0 + \sum_S q' = \sum_S q_0 - \oint_S \boldsymbol{P} \cdot \mathrm{d}\boldsymbol{S}$$

即

$$\oint_S (\varepsilon_0 \boldsymbol{E} + \boldsymbol{P}) \cdot \mathrm{d}\boldsymbol{S} = \sum_S q_0$$

为了简化方程，我们把式中的$\varepsilon_0\boldsymbol{E}+\boldsymbol{P}$定义为电位移矢量，用$\boldsymbol{D}$表示，即

$$\boldsymbol{D} = \varepsilon_0 \boldsymbol{E} + \boldsymbol{P} \tag{11-6}$$

则式（11-6）可写为

$$\oint_S \boldsymbol{D} \cdot \mathrm{d}\boldsymbol{S} = \sum_S q_0 \tag{11-7}$$

这就是有电介质存在时的高斯定理。应注意：式（11-7）中的$\boldsymbol{D}$是由空间所有的自由

电荷和极化电荷共同决定的，但只有闭合曲面内的自由电荷才对穿过曲面的电位移通量有贡献。可以证明，有电介质时的高斯定理对任意的电荷分布、任意的电介质分布都成立。若电介质就是“真空”或空气（极化强度很弱，可按真空处理），此时 $\boldsymbol{P}=\boldsymbol{0}$，有电介质时的高斯定理还原为真空中的高斯定理：$\oint_S \boldsymbol{E}\cdot \mathrm{d}\boldsymbol{S} = \frac{1}{\varepsilon_0}\sum_S q$。由式（11-6）所定义的 $\boldsymbol{D}$ 矢量，是表述有电介质时电场性质的一个辅助量。在电场中，每一点的电场强度都对应着一个电位移。因此，仿照电场线的画法，就可以作一系列电位移线（或称 $\boldsymbol{D}$ 线），线上每点的切线方向就是该点电位移矢量的方向，并令垂直于 $\boldsymbol{D}$ 线的单位面积上通过的 $\boldsymbol{D}$ 线数目，等于该点电位移 $\boldsymbol{D}$ 的大小；而 $\boldsymbol{D}\cdot\mathrm{d}\boldsymbol{S}$ 称为通过面积元 $\mathrm{d}\boldsymbol{S}$ 的电位移通量。因此，有电介质时静电场的高斯定理可表述为：通过静电场中任一闭合面的电位移通量，等于该闭合面所包围的自由电荷的代数和。这也表明电位移线从正的自由电荷发出，终止于负的自由电荷，而不像电场线那样，起止于包括自由电荷和束缚电荷在内的各种正、负电荷。电位移矢量的单位是库仑每平方米（$\mathrm{C\cdot m^{-2}}$）。

11.3.2　电容率　电介质的性质方程

理论和实验表明，对于各向同性的电介质中的任一点，极化强度和电场强度的方向相同，大小成正比关系。即

即
$$\boldsymbol{P}=\chi_e\varepsilon_0\boldsymbol{E}$$
故
$$\boldsymbol{D}=\varepsilon_0\boldsymbol{E}+\boldsymbol{P}=\varepsilon_0\boldsymbol{E}+\chi_e\varepsilon_0\boldsymbol{E}=\varepsilon_0(1+\chi_e)\boldsymbol{E}$$

定义电介质的相对电容率（亦称相对介电常数）为

$$\varepsilon_r=1+\chi_e \tag{11-8}$$

电介质的电容率（亦称介电常数）为

$$\varepsilon=\varepsilon_0\varepsilon_r \tag{11-9}$$

ε、ε_r 都是表征电介质性质的物理量。ε 与 ε_0 有相同的单位，ε_r 为无量纲量，是一个大于 1 的纯数。由以上两式可得

$$\boldsymbol{D}=\varepsilon_0\varepsilon_r\boldsymbol{E}=\varepsilon\boldsymbol{E} \tag{11-10}$$

式（11-10）称为电介质的性质方程。对于各向同性的均匀电介质，由于 χ_e 是正的恒量，从式（11-8）和式（11-9）可知，ε_r 及 ε 也是正的恒量。因此，电场中各点的 $\boldsymbol{D}$ 和 $\boldsymbol{E}$ 方向相同，大小成正比关系，即 $D=\varepsilon E$。

11.3.3　电介质中高斯定理的应用

电位移矢量 $\boldsymbol{D}$ 的引入，使得有电介质存在时的高斯定理中没有显示出极化电荷，这样我们就可以避开极化电荷未知的困难，在自由电荷和电介质的分布都具有一定对称性的条件下，利用有电介质时的高斯定理先求出电位移矢量 $\boldsymbol{D}$ 的分布，然后再通过电介质的性质方程求出电介质中的电场强度 $\boldsymbol{E}$ 的分布。

【例 11-2】　在半径为 R 的金属球外，有一外半径为 R' 的同心均匀电介质层，其相对介电常数为 ε_r，金属球电荷量为 q。试求：电介质内外的电场强度分布。

【解】　在没有电介质时，均匀分布在导体球表面上的自由电荷所激发的电场是球对称的。现在球的周围充满同心均匀电介质层，束缚电荷将均匀分布在与导体球表面相毗邻的介

质边界面上，它无疑是一个均匀的带异种电荷且与导体球半径相同的同心球面，因而它所激发的电场也是球对称的。因此，由自由电荷和束缚电荷共同激发的总电场是球对称的，可用高斯定理计算。

（1）求电介质内的电场强度分布。

如图 11-12 所示，设介质内一点 Q 到球心的距离为 r，过 Q 点作一个与金属球同心的闭合球面 S，由于电场是球对称的，各场点的电位移矢量均沿径向，故按有电介质时的高斯定理 $\oint_S \boldsymbol{D}\cdot \mathrm{d}\boldsymbol{S} = \sum_S q_0$ 得

$$D \cdot 4\pi r^2 = q$$

所以

$$D = \frac{q}{4\pi r^2}$$

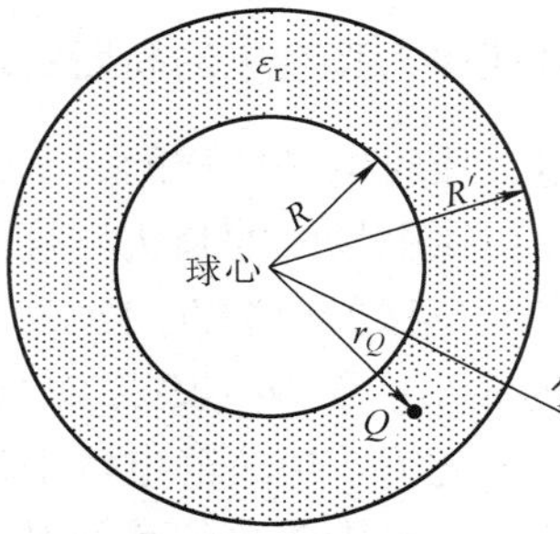

图 11-12 半径为 R 的金属球外有一外半径为 R' 的同心均匀电介质

设沿径向的单位矢量为 $\boldsymbol{r}_0$，则上式可表示为矢量式

$$\boldsymbol{D} = \frac{q}{4\pi r^2}\boldsymbol{r}_0$$

由电介质的性质方程，得电介质中任一点的电场强度为

$$\boldsymbol{E} = \frac{q}{4\pi\varepsilon_r\varepsilon_0 r^2}\boldsymbol{r}_0$$

（2）求电介质外的电场强度分布。

在电介质外 P 点到球心的距离为 r，过 P 点作一个与金属球同心的闭合球面 S，由于电场是球对称的，各场点的电位移矢量均沿径向，故按有电介质时的高斯定理 $\oint_S \boldsymbol{D}\cdot \mathrm{d}\boldsymbol{S} = \sum_S q_0$ 得

$$D \cdot 4\pi r^2 = q$$

所以

$$D = \frac{q}{4\pi r^2}$$

设沿径向的单位矢量为 $\boldsymbol{r}_0$，则上式可表示为矢量式

$$\boldsymbol{D} = \frac{q}{4\pi r^2}\boldsymbol{r}_0$$

由电介质的性质方程，得电介质外任一点的电场强度为

$$\boldsymbol{E} = \frac{q}{4\pi\varepsilon_0 r^2}\boldsymbol{r}_0$$

上面两种情况的结果表明，在相同的自由电荷分布下，与真空中的电场强度相比较，电介质中的电场强度只有真空中电场强度的 $1/\varepsilon_r$。这是由于电介质极化而出现的束缚电荷所激发的附加电场削弱了原来的电场，因而电介质中的总电场强度比没有电介质时的电场强度小。

11.4　电容　电容器

11.4.1　孤立导体的电容

所谓孤立导体是指在导体的附近没有其他带电体和导体。

在真空中设有一半径为 R 的孤立的球形导体，它的带电量为 q，那么它的电势为（取无限远处的电势为零）

$$U=\frac{q}{4\pi\varepsilon_0 R} \tag{11-11a}$$

对于给定的导体球，即 R 一定，当 q 变大时 U 也变大，q 变小时 U 也变小，但是$\frac{q}{U}$比值却不变，比值为$\frac{q}{U}=4\pi\varepsilon_0 R$。此结论虽然是对孤立球形导体而言的，但对一定形状的其他导体也是如此，$\frac{q}{U}$仅与导体大小、形状和周围的介质等有关，因而有下面的定义。

定义：孤立导体的电荷量 q 与该导体的电势 U 的比值称为孤立导体的电容，用 C 表示，记作

$$C=\frac{q}{U}$$

对于孤立导体球，其电容为

$$C=\frac{q}{U}=\frac{q}{\dfrac{q}{4\pi\varepsilon_0 R}}=4\pi\varepsilon_0 R \tag{11-11b}$$

由式（11-11b）知，电容的大小与电容器带不带电荷量无关。

C 的单位为法（F），1F = 1C/1V。在实用中 F 太大，故常用 μF 或 pF，它们之间换算关系为

$$1\text{F}=10^6\,\mu\text{F}=10^{12}\,\text{pF}$$

11.4.2　电容器与电容

实际上，孤立的导体是不存在的，周围总会有别的导体。当有其他导体存在时，则必然因静电感应而改变原来的电场分布，当然也会影响导体电容。接下来我们进一步认识电容器和电容。

电容器是可以储存电荷或者能量的容器。一般的，只要导体相距很近，即导体的线度远大于两者的距离，这时导体间的电场将不受外界的影响，像这样的两导体的组合称为电容器。

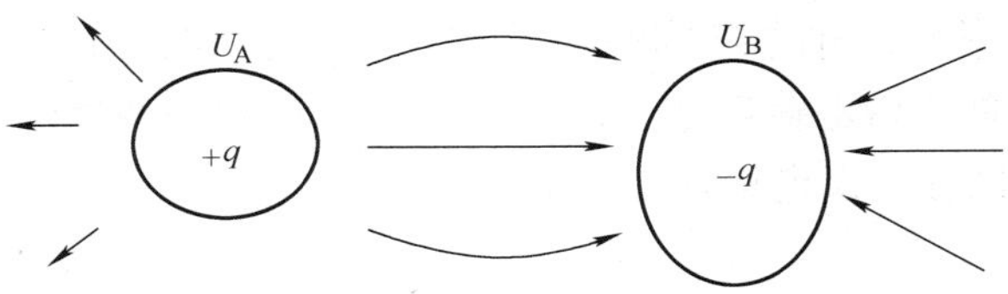

图 11-13　任意导体组成的电容器

电容是电容器容量的简称，用 C 表示。如图 11-13 所示，两个导体 A、B

放在真空中，它们所带的电荷量分别为 $+q$、$-q$，如果 A、B 电势分别为 U_A、U_B，那么两个导体 A、B 间的电势差为 U_A-U_B。电容定义为电容器任意极板上所带电荷量与两极板间电压的比值，定义式为

$$C=\frac{q}{U_A-U_B} \tag{11-11c}$$

由式（11-11c）可知，如果将 B 移至无限远处，$U_B=0$，则式（11-11c）就是孤立导体的电容公式。也就是说，孤立导体的电势相当于孤立导体与无限远处导体之间的电势差。而孤立导体的电容是将 B 导体放在无限远处时，公式 $C=\frac{q}{U_A-U_B}$ 的一种特殊情况。导体 A、B 常称为电容器的电极。

电容器是一种重要的电器元件，其种类繁多、外形不一，在无线电技术、科研和生产中用途极广。电容器按形状可分为平行板电容器、柱形电容器和球形电容器等；按极板间填充的介质来分，有空气电容器、云母电容器、陶瓷电容器等。

下面我们根据定义式来计算几种常用电容器的电容。

11.4.3 电容器电容的计算

1. 平行板电容器的电容

平行板电容器是由两个平行的金属极板构成，如图 11-14 所示。设 A、B 极板平行，其间充满相对电容率为 ε_r 的各向同性均匀电介质，面积均为 S，相距为 d，所带电荷量分别为 $+Q$、$-Q$，极板线度比 d 大得多，且不计边缘效应。由前面所学知识知，两板间的任意点的电场强度大小为

$$E=\frac{D}{\varepsilon}=\frac{\sigma}{\varepsilon_0\varepsilon_r}$$

电场强度方向由 A 板指向 B 板。

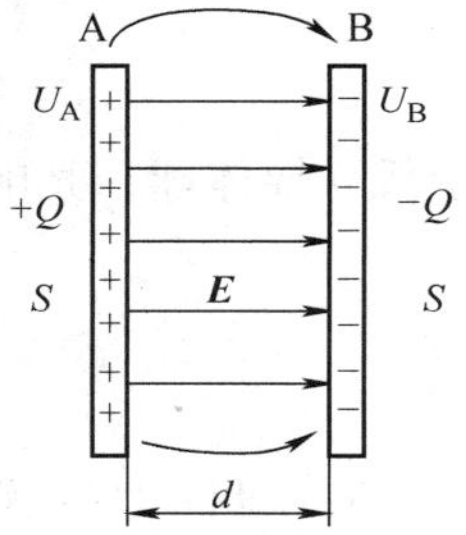

图 11-14　平行板电容器

两板间的电势差为

$$U_{AB}=\int_A^B \boldsymbol{E}\cdot \mathrm{d}\boldsymbol{l}=Ed=\frac{\sigma d}{\varepsilon_0\varepsilon_r}=\frac{Qd}{\varepsilon_0\varepsilon_r S}$$

故平行板电容器的电容为

$$C=\frac{Q}{U_{AB}}=\frac{\varepsilon_0\varepsilon_r S}{d}=\frac{\varepsilon S}{d} \tag{11-12}$$

显然，平行板电容器的电容取决于两板的面积（S）、相对位置（d）和电介质的性质（ε）。

2. 球形电容器

球形电容器是由两个同心的导体球面 A、B（极板）构成，如图 11-15 所示。设有均匀带电的两个球面 A、B，其间充满相对电容率为 ε_r 的各向同性均匀电介质，它们的半径分别是 R_A、R_B，两球面所带电荷量分别为 $+Q$、$-Q$。根据前面所学知识得两球面 A、B 间任一点电场强度大小为

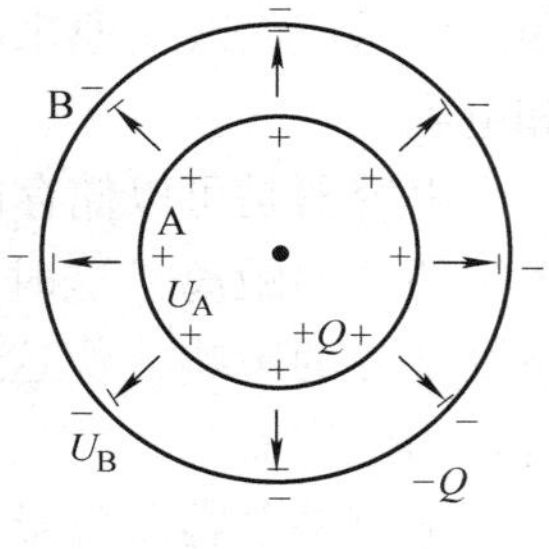

图 11-15　球形电容器

$$E=\frac{Q}{4\pi\varepsilon_r\varepsilon_0 r^2}$$

两球面间的电势差为

$$U_{\mathrm{A}} - U_{\mathrm{B}} = \int_{R_{\mathrm{A}}}^{R_{\mathrm{B}}} \boldsymbol{E} \cdot \mathrm{d}\boldsymbol{r} = \int_{R_{\mathrm{A}}}^{R_{\mathrm{B}}} E\mathrm{d}r = \int_{R_{\mathrm{A}}}^{R_{\mathrm{B}}} \frac{Q}{4\pi\varepsilon_{\mathrm{r}}\varepsilon_0 r^2}\mathrm{d}r$$

$$= \frac{Q}{4\pi\varepsilon_{\mathrm{r}}\varepsilon_0}\left(\frac{1}{R_{\mathrm{A}}} - \frac{1}{R_{\mathrm{B}}}\right) = \frac{Q(R_{\mathrm{B}} - R_{\mathrm{A}})}{4\pi\varepsilon_{\mathrm{r}}\varepsilon_0 R_{\mathrm{A}} R_{\mathrm{B}}}$$

则球形电容器的电容为

$$C = \frac{Q}{U_{\mathrm{A}} - U_{\mathrm{B}}} = \frac{Q}{\dfrac{Q(R_{\mathrm{B}} - R_{\mathrm{A}})}{4\pi\varepsilon_{\mathrm{r}}\varepsilon_0 R_{\mathrm{A}} R_{\mathrm{B}}}} = \frac{4\pi\varepsilon_{\mathrm{r}}\varepsilon_0 R_{\mathrm{A}} R_{\mathrm{B}}}{R_{\mathrm{B}} - R_{\mathrm{A}}} \tag{11-13a}$$

讨论:1)当 $R_{\mathrm{E}} - R_{\mathrm{A}} << R_{\mathrm{A}}$ 时,有 $R_{\mathrm{B}} \approx R_{\mathrm{A}}$,令 $R_{\mathrm{B}} - R_{\mathrm{A}} = d$,则 $C = \dfrac{Q}{U_{\mathrm{A}} - U_{\mathrm{B}}} = \dfrac{4\pi\varepsilon_{\mathrm{r}}\varepsilon_0 R_{\mathrm{A}}^2}{d} = \dfrac{\varepsilon_{\mathrm{r}}\varepsilon_0 S_{\mathrm{A}}}{d}$,得到平行板电容器的电容。

2)若 $R_{\mathrm{B}} >> R_{\mathrm{A}}$,则 $C = 4\pi\varepsilon_{\mathrm{r}}\varepsilon_0 R_{\mathrm{A}}$,得到孤立球形电容器的电容。

3. 圆柱形电容器

圆柱形电容器是两个同轴的导体柱面极板构成的，如图 11-16 所示。设柱面 A、B 的半径分别为 R_{A}、R_{B}，其间充满相对电容率为 ε_{r} 的各向同性均匀电介质，两柱面所带电荷量为 $+Q$、$-Q$,除边缘外，电荷均匀分布在内外两圆柱面上，单位长度柱面带电荷量为 $\lambda = \dfrac{Q}{l}$，l 是柱高。

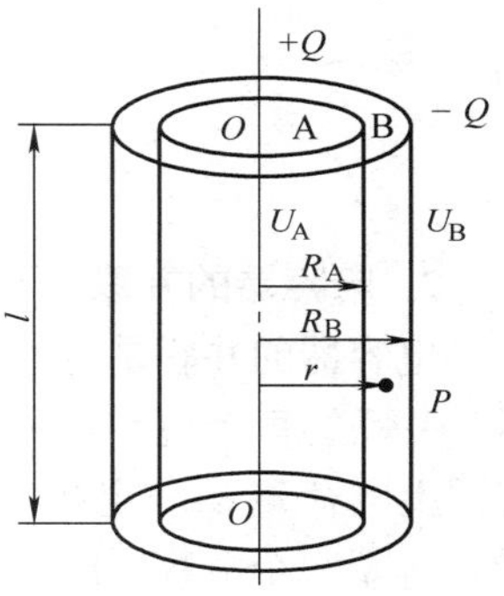

图 11-16　圆柱形电容器

由高斯定理知，A、B 内任一点 P 处电场强度 $\boldsymbol{E}$ 的大小为

$$E = \frac{\lambda}{2\pi\varepsilon_{\mathrm{r}}\varepsilon_0 r} = \frac{Q}{2\pi\varepsilon_{\mathrm{r}}\varepsilon_0 r l}$$

两柱面间的电势差为

$$U_{\mathrm{A}} - U_{\mathrm{B}} = \int_{R_{\mathrm{A}}}^{R_{\mathrm{B}}} \boldsymbol{E} \cdot \mathrm{d}\boldsymbol{r} = \int_{R_{\mathrm{A}}}^{R_{\mathrm{B}}} E\mathrm{d}r = \int_{R_{\mathrm{A}}}^{R_{\mathrm{B}}} \frac{\lambda}{2\pi\varepsilon_{\mathrm{r}}\varepsilon_0 r}\mathrm{d}r = \frac{Q}{2\pi\varepsilon_{\mathrm{r}}\varepsilon_0 l}\ln\frac{R_{\mathrm{B}}}{R_{\mathrm{A}}}$$

则圆柱形电容器的电容为

$$C = \frac{Q}{U_{\mathrm{A}} - U_{\mathrm{B}}} = \frac{Q}{\dfrac{Q}{2\pi\varepsilon_{\mathrm{r}}\varepsilon_0 l}\ln\dfrac{R_{\mathrm{B}}}{R_{\mathrm{A}}}} = \frac{2\pi\varepsilon_{\mathrm{r}}\varepsilon_0 l}{\ln\dfrac{R_{\mathrm{B}}}{R_{\mathrm{A}}}} \tag{11-13b}$$

由以上分析可知，计算电容值的关键是计算两电极间的电势差，电容器的电容与电容器所带电荷量无关，与电容器的形状大小以及周围的电介质等有关。

11.4.4　电容器的连接

在实际应用中，现成的电容器不一定能适合实际的要求，如电容大小不合适，或者电容器的耐压程度不合要求就有可能被击穿等原因。因此，有必要根据需要把若干电容器适当地连接起来。若干个电容器连接成电容器的组合，各种组合所容的总电荷量和两端电压之比，称为该电容器组合的等效电容。电容器的基本连接方式有串联和并联两种。接下来我们分别讨论这两种连接的特点。

1. 电容器的串联

电容器的串联是把若干个电容器按顺序将它们的极板首尾相接，设 A、B 为等效电容的两个电极，等效电容两电极 A、B 间的电压为 U_A-U_B，由于静电感应，各电容器所带电荷量是相同的，所以等效电容两端极板的电荷量分别为 $+q$、$-q$，如图 11-17 所示。等效电容两电极间的电压等于每个电容器两电极之间的电压的和，关系式为

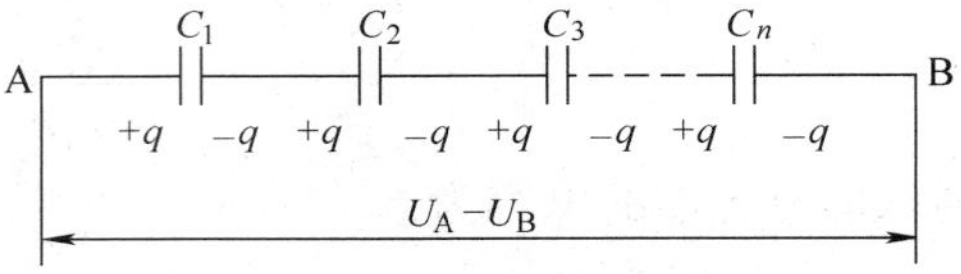

图 11-17　电容器的串联

$$U_A-U_B=\frac{q}{C_1}+\frac{q}{C_2}+\frac{q}{C_3}+\cdots+\frac{q}{C_n}$$

由电容的定义得串联电容器的等效电容为

$$C=\frac{q}{U_A-U_B}=\frac{1}{\dfrac{1}{C_1}+\dfrac{1}{C_2}+\dfrac{1}{C_3}+\cdots+\dfrac{1}{C_n}}$$

即

$$\frac{1}{C}=\frac{1}{C_1}+\frac{1}{C_2}+\frac{1}{C_3}+\cdots+\frac{1}{C_n} \tag{11-14}$$

2. 电容器的并联

电容器的并联是把若干个电容器极板的一端接在一起，另一端也接在一起，如图 11-18 所示。并联的每个电容器两端的电压相同，均为 U_A-U_B，但每个电容器上电荷量不一定相等，等效电容器所带总电荷量（等效电荷量）等于每个电容器所带电荷量的和。

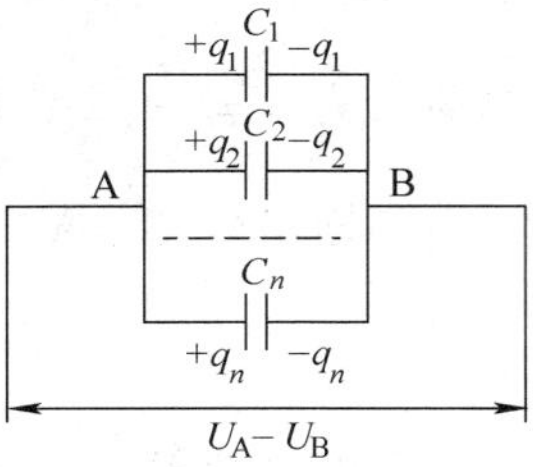

图 11-18　电容器的并联

关系式为

$$q=q_1+q_2+q_3+\cdots+q_n$$

由电容的定义得并联电容器的等效电容为

$$C=\frac{q}{U_A-U_B}=\frac{q_1+q_2+q_3+\cdots+q_n}{U_A-U_B}=C_1+C_2+C_3+\cdots+C_n$$

即

$$C=C_1+C_2+C_3+\cdots+C_n \tag{11-15}$$

由以上讨论得：如果是想得到比较大的电容，一般采取电容器的并联连接；如果是想得到比较小的电容，一般采取电容器的串联连接。有时根据需要还可以采取电容器的串、并联混联连接。

【例 11-3】　如图 11-19 所示，一圆柱形电容器由两个同轴圆筒组成，内、外圆筒半径分别是 $R_1=2\text{cm}$，$R_2=5\text{cm}$，其间充满相对电容率为 ε_r 的各向同性均匀电介质，把该电容器接在 $U=32\text{V}$ 的电源上，求距离轴线 $r=3.5\text{cm}$ 处 A 点的电场强度。

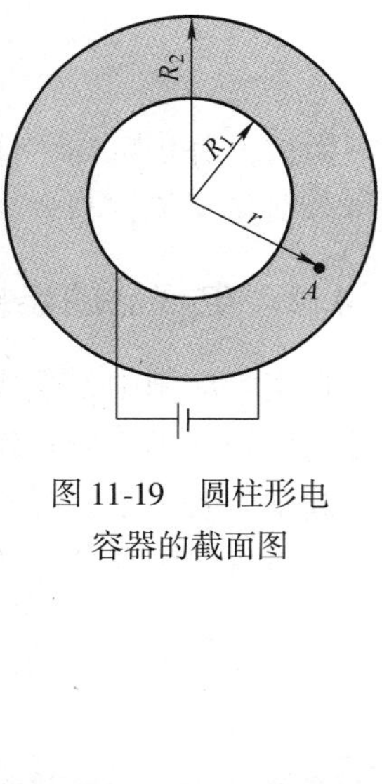

图 11-19　圆柱形电容器的截面图

【解】　设同轴薄圆桶长为 L，由圆柱形电容器的电容公式得

$$C=\frac{2\pi\varepsilon_r\varepsilon_0 L}{\ln\dfrac{R_2}{R_1}}$$

因为电容器充电后任意极板的电荷量为

$$Q = CU$$

根据前面的知识得两薄圆筒间的电场强度为

$$E = \frac{\lambda}{2\pi\varepsilon_r\varepsilon_0 r}$$

把 $\lambda = \frac{Q}{L}$ 代入得

$$E = \frac{\lambda}{2\pi\varepsilon_r\varepsilon_0 r} = \frac{U}{r\ln(R_2/R_1)}$$

把题中相关数据代入上式得

$$E = \frac{U}{r\ln(R_2/R_1)} = \frac{32}{3.5\times10^{-2}\ln\frac{5}{2}}\mathrm{V\cdot m^{-1}} = 998\mathrm{V\cdot m^{-1}}$$

11.5　静电场的能量

11.5.1　电容器的储能

带电系统带电的过程中，外力要克服电荷之间的静电力而做功，因此带电系统通过外力做功而获得一定的能量，这个能量是从外界能源传递给这一带电系统的。根据能量守恒定律，带电系统的电能在数值上等于外力所做的功，所以任何带电系统都具有一定的能量。

电容器充电的过程是把电荷从一个极板输送到另一个极板（见图 11-20），从而使两个极板带上等量异号的电荷。在这个过程中，外力要克服静电场力而做功，把其他形式的能量转化为电能。设在某一个微小过程中，有数量为 dq 的正电荷从负极 B 被输运到正极 A，若此时电容器带电荷量为 q，两极板间电势差为 U，则该微小过程中外力克服电场力做功为

$$\mathrm{d}A = U\mathrm{d}q = \frac{q}{C}\mathrm{d}q$$

若在整个充电过程中电容器上的电荷量由 0 变化到 Q，则外力做的总功为

$$A = \int_0^Q \mathrm{d}A = \int_0^Q \frac{q}{C}\mathrm{d}q = \frac{Q^2}{2C}$$

根据功是能量转化的量度，这个功全部转化为电容器内部的能量，于是我们得到，一个电荷量为 Q、电势差为 U 的电容器所储存的电能为

$$W_e = \frac{Q^2}{2C} = \frac{1}{2}CU^2 = \frac{1}{2}QU \quad (11\text{-}16)$$

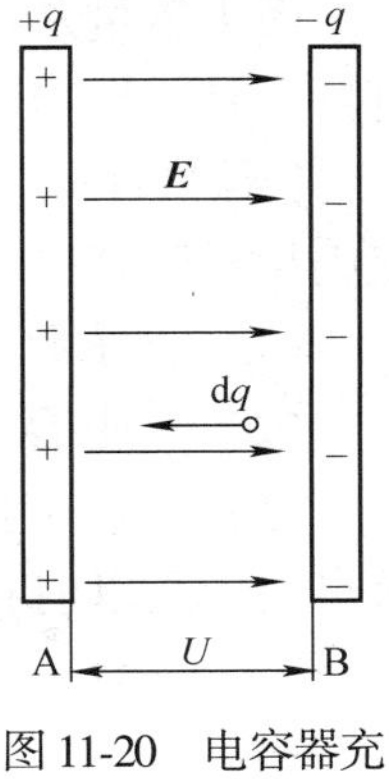

图 11-20　电容器充电时外力做功

图 11-20 所示是一个平行板电容器，而我们以上的讨论过程中是针对任意形状的电容器的，所以上面的表达式对于任意形状的电容器都是普遍成立的。

11.5.2　电场能量　电场能量密度

我们已经初步知道了带电系统在带电过程中是怎样从外界获得能量的，接下来我们讨论

这些能量是如何分布的。电容器中储存的能量究竟是由电荷携带还是储藏在电场之中，在静电学中是无法判断的，因为电场总是与电荷伴随而不能分开的。但实验证明，在电磁现象中，能量能够以电磁波的形式和有限的速度在空间传播，它表明带电系统所储藏的能量分布在它所激发的电场空间之中，即电场具有能量。电场中单位体积内的能量，称为电场的能量密度。现在我们以平行板电容器为例，导出电场能量密度公式。

设平行板电容器极板面积为 S，极板间距离为 d，两极板间充以电容率为 ε 的电介质，该电容器储存的电能为

$$W_e = \frac{1}{2}CU^2 = \frac{1}{2}\frac{\varepsilon S}{d}(Ed)^2 = \frac{1}{2}\varepsilon E^2 Sd$$

设极板间电场所占有的空间体积为 V，若不计边缘效应，则 $V = Sd$，所以上式可写为

$$W_e = \frac{1}{2}\varepsilon E^2 V$$

该结果对于任意均匀电场都适用，可以表达为：对均匀电介质中的均匀电场，电能与电场体积成正比，这与我们说电能是储存于电场中的结论是一致的。平行板电容器中的电场是均匀电场，因而电场能量的分布也应该是均匀的，所以可以求出单位体积内的电场能量，即电场能量密度的公式为

$$w_e = \frac{W_e}{V} = \frac{1}{2}\varepsilon E^2 = \frac{1}{2}DE \tag{11-17}$$

式（11-17）虽由平行板电容器这一特例推出，但是可以证明，它是普遍成立的。有了电场能量密度之后，对任意的电场，可以通过积分来求出它的总能量：在电场中取体积元 $\mathrm{d}V$，在 $\mathrm{d}V$ 内的电场能量密度可视为相同，于是 $\mathrm{d}V$ 内的电场能量为 $\mathrm{d}W_e = w_e \mathrm{d}V$，在整个体积 V 中的电场能量为

$$W_e = \int_V \mathrm{d}W_e = \int_V w_e \mathrm{d}V = \int_V \frac{1}{2}\varepsilon E^2 \mathrm{d}V \tag{11-18}$$

因为能量是物质的主要特性之一，它是不能和物质分割开的。电场具有能量，这就证明电场也是一种物质。

【例 11-4】 如图 11-21 所示，一球形电容器内、外球壳的半径分别为 R_A 和 R_B，两球间充满相对电容率为 ε_r 的电介质。

（1）试求此电容器带有电荷量 Q 时所储存的电能；

（2）从电容器储存的能量求电容器的电容。

【解】 （1）球形电容器充电后，内、外球壳分别带有电荷量 $+Q$ 和 $-Q$。由高斯定理可求出内球壳以内和外球壳以外的电场强度为零，两球壳之间的电场强度为

$$E = \frac{Q}{4\pi\varepsilon_0\varepsilon_r r^2} \quad (R_A < r < R_B)$$

在两球壳之间取一个半径为 r、厚度为 $\mathrm{d}r$ 的薄球壳，它的体积为

$$\mathrm{d}V = 4\pi r^2 \mathrm{d}r$$

薄球壳内的电场能量密度可看作是均匀的，故薄球壳内的电场能量为

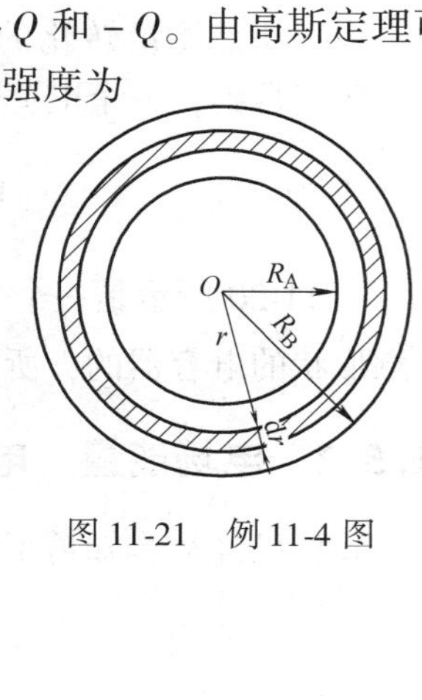

图 11-21 例 11-4 图

$$dW_e = w_e dV = \frac{Q^2}{8\pi\varepsilon_0\varepsilon_r r^2}dr$$

电容器储存的电能为各薄球壳所存电场能量的积分和，可以表示为

$$W_e = \int_V dW_e = \frac{Q^2}{8\pi\varepsilon_0\varepsilon_r}\int_{R_A}^{R_B}\frac{dr}{r^2} = \frac{Q^2}{8\pi\varepsilon_0\varepsilon_r}\left(\frac{1}{R_A} - \frac{1}{R_B}\right)$$

（2）从电容器储存的能量求电容器的电容。我们知道任意电容器的电场能量表达式为

$$W_e = \frac{Q^2}{2C}$$

而

$$W_e = \frac{Q^2}{8\pi\varepsilon_0\varepsilon_r}\left(\frac{1}{R_A} - \frac{1}{R_B}\right)$$

上面两式联立可得球形电容器的电容为

$$C = 4\pi\varepsilon_0\varepsilon_r\frac{R_A R_B}{R_B - R_A}$$

这是利用电容器的能量求电容的又一种方法，与前面根据电容的定义式求出的电容是一致的。

本章逻辑主线

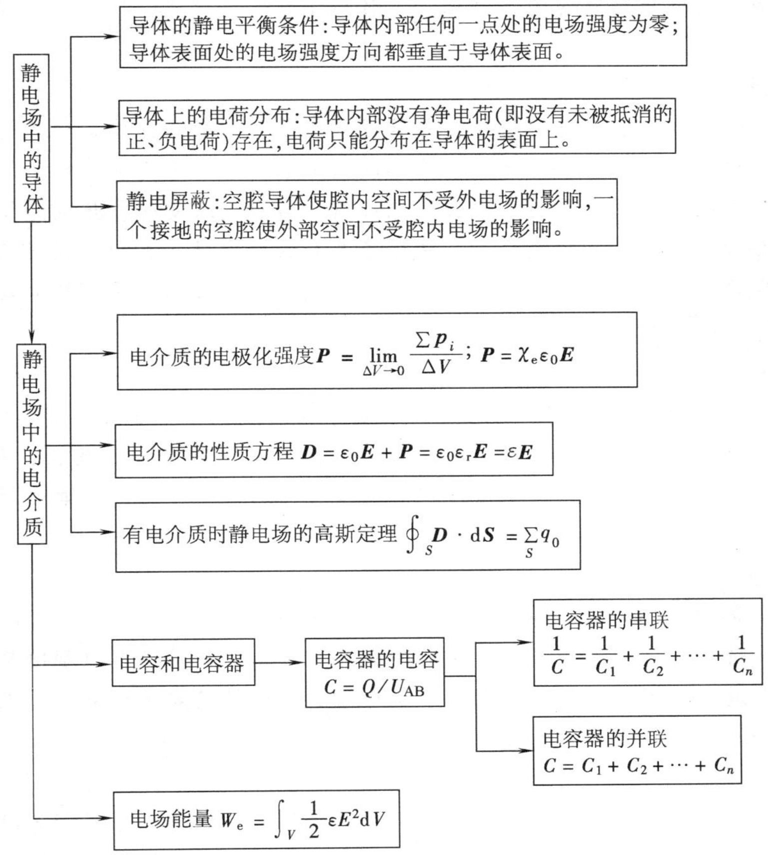

扩展思维

电介质的性质及其应用

电介质材料分布很广，可以有气态、固态和液态。电介质的电阻率一般都很高，被称为绝缘体；但有些电介质的电阻率并不很高，不能称为绝缘体，只是由于能发生极化过程，所以也被归入电介质。电介质材料的主要特性有以下几个方面：

1. 压电效应

一些晶体因受外力而产生形变时，会发生极化现象，在相对两面上形成异号束缚电荷，称为压电效应。压电晶体种类很多，常见的有石英、酒石酸钾钠（罗谢耳盐）、磷酸二氢钾（KDP）、磷酸二氢铵（ADP）、钛酸钡，以及砷化镓、硫化锌等半导体和压电陶瓷等。压电晶体的机械振动可转化为电振动，常用来制造晶体振荡器，其突出优点是振荡频率的高度稳定性，无线电技术中可用来稳定高频振荡的频率，这种振荡器已广泛用于石英钟。压电晶体还普遍用于传声器、电唱头等电声器件中。利用压电现象可测量各种情形下的压力、振动和加速度等。

2. 电致伸缩

它是压电效应的逆效应。一些晶体在电场作用下会发生伸长或缩短形变，若产生的内应力近似地正比于电场强度的平方，且应变与电场的方向无关，这一效应就称为电致伸缩。利用电致伸缩效应可将电振动转变为机械振动，常用于产生超声波的换能器，以及耳机和高音扬声器等。

3. 热电效应

具有自发极化造成的宏观电偶极矩，并具有较大热胀系数的晶体称为热电晶体。处于自发极化状态的热电晶体，在电偶极矩正、负端表面上本来存在着由极化形成的束缚电荷，但由于吸附了空气中的异号离子而不表现出带电性质。当温度改变时，热电晶体的体积发生显著变化，从而导致极化强度的明显改变，破坏了表面的电中性，表面所吸附的多余电荷将被释放出来，此现象称为热电效应。经人工极化的铁电体和驻极体都具有热电效应。热电效应已用于红外线探测和热成像技术。

4. 电热效应

它是热电效应的逆效应，具有电热效应的电介质（多为驻极体）称为电热体。在绝热条件下借助于外电场改变电热体的永久极化强度时，它的温度会发生变化，称为电热效应。绝热去极化可降低温度，与绝热去磁法一样可用来获得超低温。常用的电热材料有钛酸锶陶瓷和聚偏氟乙烯（PVF）等驻极体。

5. 光学特性

电介质在光学方面的特性很多，如光学折射率、双折射、光散射、热光性能、电光效应、非线性光学效应、光致折射效应、光致发光等。利用这些特性可以制造多种器件，如光调制器、高次谐波发生器、频率漂移器等。电介质的光学特性对发展激光技术、光集成技术和光通信技术等有着十分重要的意义。

6. 驻极体

除去外电场或外加机械作用后，仍能长时间保持极化状态的电介质称为驻极体。驻极体同时具有压电效应和热电效应。技术上大多采用极性高分子聚合物作为驻极体材料。驻极体能产生 30kV · cm^{-1}的强电场。驻极体能存储电荷的性能已被用于静电摄影术和吸附气体中微小颗粒的气体过滤器。

7. 铁电性

在一些电介质晶体中存在许多自发极化的小区域，称为铁电畴，其线度为微米数量级。同一铁电畴内各个电偶极矩取向相同，不同铁电畴的自发极化方向一般不同，因而宏观上总的电偶极矩为零。在外电场作用下各铁电畴的极化方向趋于一致，极化强度 P 与电场强度 E 有非线性关系。在峰值固定的交变电场反复作用下，P 与 E 的关系曲线类似于磁滞回线，称为电滞回线。以上性质称为铁电性，具有铁电性的电介质称铁电体。当温度升高到某一临界值 T_c 时，铁电畴瓦解，铁电性消失，铁电体转变为普通顺电性电介质，T_c 称为铁电居里温度。铁电体必定同时具有压电性和热电性。铁电体具有很高的电容率，且具有耐热、耐湿等特点，有很大的实用价值，可制作电容器、换能器等。另外，铁电体还具有奇特的光学特性，这些特性在现代激光技术、全息照相中都有着广泛的应用。

8. 铁弹性

一些晶体在其内部能形成自发应变的小区域，称为铁弹畴，同一铁弹畴内的自发应变方向（畴态）相同，任意两个铁弹畴的畴态相同或呈镜面对称。外加应力可使铁弹畴从一个畴态过渡到另一畴态。外加应力改变时，应变滞后于应力变化，且应力与应变是非线性关系。在周期性外加应力作用下，应变与应力的关系曲线类似于磁滞回线，称为力滞回线。以上性质称为铁弹性，具有铁弹性的电介质称为铁弹体。铁弹体的电容率、折射率、电导率、热胀系数、热导率、弹性模量和电致伸缩率等性质因方向而异，且这种方向性会随应力而变，利用这些特点在制造力敏器件上有着广泛的应用前景。

思考题

11.1　两个相距不远的带有同号电荷的金属球的相互作用力，为什么比带异号电荷时小？

11.2　真空中无限大均匀带电平面两侧的电场强度 $E=\sigma/2\varepsilon_0$，这个公式对于离有限大小带电面非常近的地方（且不在边缘附近）也适用。根据这个结果，真空中导体表面外紧靠它的地方的电场强度也应是 $\sigma/2\varepsilon_0$。但在静电平衡状态下，导体表面外附近空间的电场强度与该处导体的面电荷密度 σ 的关系为 $E=\sigma/\varepsilon_0$，比前者多了 1 倍，这是为什么？

11.3　如图 11-22 所示，中性封闭金属壳内有一个电荷量为 q 的正电荷，试分析壳内、外壁感应电荷的数量及电场的分布。若将正电荷在导体腔内移动，但保持与壳内壁不接触，壳内外电场是否会发生变化？

11.4　为什么高压电器设备上的金属部件的表面要尽可能不带棱角？

11.5　在不带电的导体球内有一任意形状的空腔（不包含球心），腔内放置一点电荷 $+q$，点电荷与球心 O 相距 a，如图 11-23 所示。试问导体上的感应电荷在球心处的电场强度是否为零？

11.6　电介质的极化和导体的静电感应，两者的微观过程有何不同？

11.7　在一点电荷 q 的附近有一细长的电介质棒，在图 11-24 中一点 P 的电位移的大小是否为 $D=\dfrac{q}{4\pi r^2}$？为什么？在这种情况下，能否找到一个合适的闭合曲面，可应用高斯定理求出闭合曲面上各点的电场强度？

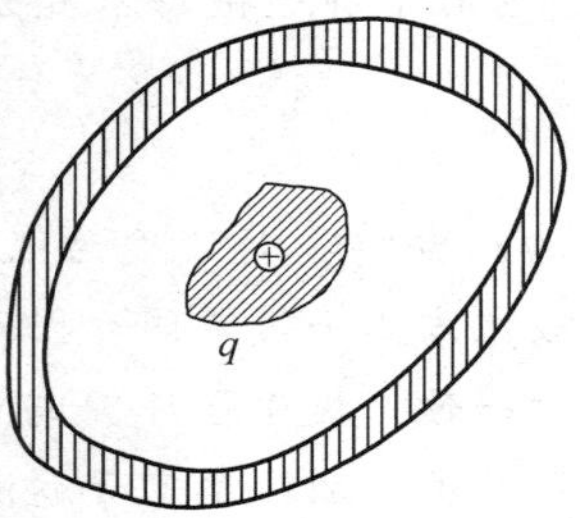

图 11-22　思考题 11.3 图

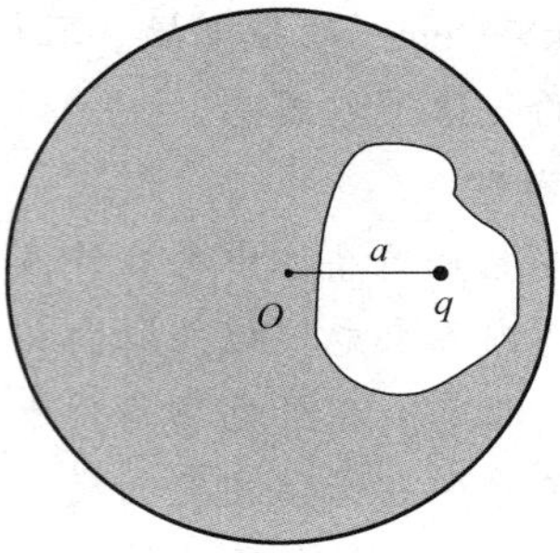

图 11-23　思考题 11.5 图

图 11-24　思考题 11.7 图

习　　题

一、选择题

11.1　如图 11-25 所示在电荷 Q 旁，放置一导体 B，B 的两端出现感应电荷 Q_1 和 Q_2，P 是导体外紧靠导体表面的一点，P 点附近导体表面上的电荷面密度为 σ，关于 E_P 以下说法正确的是（　　）。

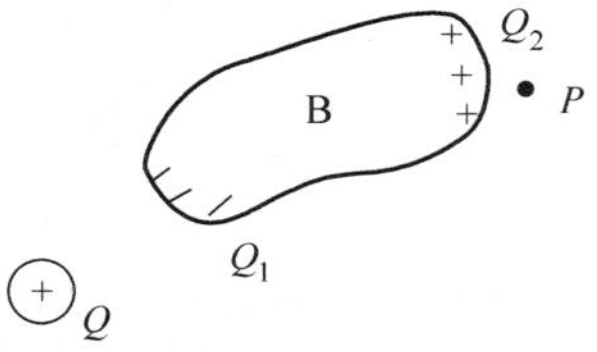

图 11-25　题 11.1 图

（A）$E_P = \dfrac{\sigma}{\varepsilon_0}$，由 Q_1 和 Q_2 共同激发；

（B）$E_P = \dfrac{\sigma}{\varepsilon_0}$，仅由 Q 激发；

（C）$E_P = \dfrac{\sigma}{\varepsilon_0}$，仅由 Q_2 激发；

（D）$E_P = \dfrac{\sigma}{\varepsilon_0}$，由 Q、Q_1、Q_2 共同激发。

11.2　真空中有一均匀带电球体和一均匀带电球面，如果它们的半径和所带电荷量都相等，则它们的静电能之间的关系是（　　）。

（A）球体的静电能等于球面的静电能；

（B）球体的静电能大于球面的静电能；

（C）球体的静电能小于球面的静电能；

（D）球体内的静电能大于球面内的静电能，球体外的静电能小于球面外的静电能。

11.3　在一点电荷产生的静电场中，一块电介质如图 11-26 所示以点电荷所在处为球心作一球形闭合面，则对此球形闭合面（　　）。

（A）高斯定理成立，且可以用它求出闭合面上各点的电场强度；

（B）高斯定理成立，但不能用它求出闭合面上各点的电场强度；

（C）因为介质在球面内的分布不均匀，高斯定理不成立；

（D）即使介质在球面内的分布均匀，高斯定理也不成立。

11.4　一长直导线横截面半径为 a，导线外同轴地套一半径为 b 的薄圆筒，两者互相绝缘，并且外筒接地，如图 11-27 所示。设导线单位长度的带电量为 $+\lambda$，并设地的电势为零，则两导体之间的 P 点（$OP=r$）的电场强度大小和电势分别为（　　）。

(A) $E=\dfrac{\lambda}{4\pi\varepsilon_C r^2}$，$U=\dfrac{\lambda}{2\pi\varepsilon_0}\ln\dfrac{b}{a}$；　(B) $E=\dfrac{\lambda}{4\pi\varepsilon_0 r^2}$，$U=\dfrac{\lambda}{2\pi\varepsilon_0}\ln\dfrac{b}{r}$；

(C) $E=\dfrac{\lambda}{2\pi\varepsilon_C r}$，$U=\dfrac{\lambda}{2\pi\varepsilon_0}\ln\dfrac{a}{r}$；　(D) $E=\dfrac{\lambda}{2\pi\varepsilon_0 r}$，$U=\dfrac{\lambda}{2\pi\varepsilon_0}\ln\dfrac{b}{r}$。

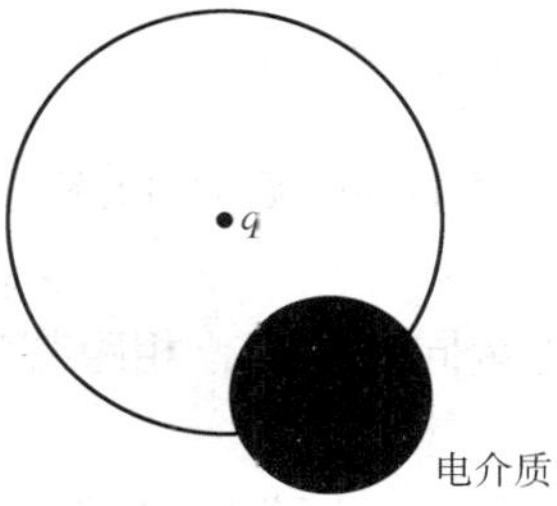

图 11-26　题 11.3 图

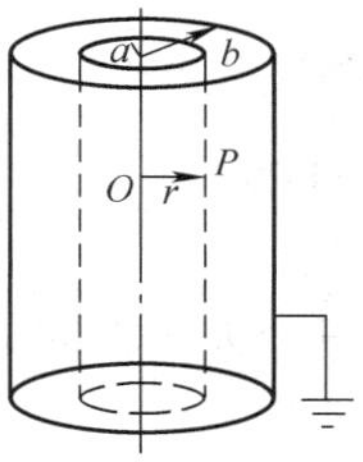

图 11-27　题 11.4 图

二、填空题

11.5　静电平衡时，导体内的电场强度__________；导体内的电势分布特点是__________；导体内的电荷分布特点是__________。导体表面的电场强度大小分布特点是__________；导体表面的电势分布特点是__________；导体表面的电荷分布的多少与__________有关。

11.6　按分子结构划分，电介质分为__________和__________两类。电介质的极化机制有__________种，分别是__________极化和__________极化。

11.7　一个电荷量为 Q、电势差为 U 的电容器所储存的电能为__________。

11.8　一平行板电容器，极板的面积为 S，极板间的距离为 d，两极板间充的电介质的电容率为 ε，那么该电容器的电容为__________。

11.9　空气平行板电容器充电后与电源断开，用均匀电介质充满极板间，则充电介质前后，两极板的电容比 $\dfrac{C}{C_0}=$__________，两极板间的电压比 $\dfrac{U}{U_0}=$__________，两极板间的电场强度比 $\dfrac{E}{E_0}=$__________，两极板间的能量比 $\dfrac{W}{W_0}=$__________。

三、计算题

11.10　三个平行金属板 A、B 和 C 的面积都是 200cm^2，A 与 B 相距 4.0mm，A 与 C 相距 2.0mm，B、C 都接地，如图 11-28 所示。如果使 A 板带正电荷 3.0×10^{-7}C，略去边缘效应，问 B 板和 C 板上的感应电荷各是多少？若地的电势为零，则 A 板的电势是多少？

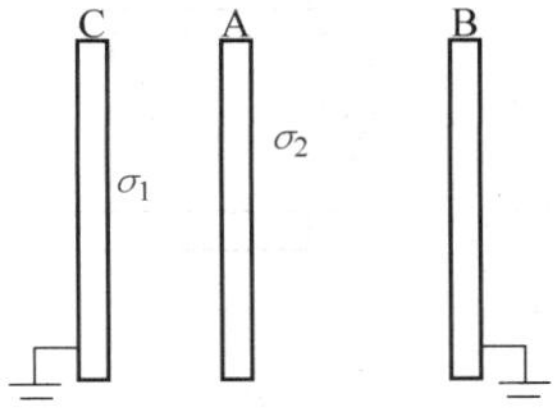

图 11-28　题 11.10 图

11.11　一电荷量为 q 的点电荷位于导体球壳中心，壳的内、外半径分别为 R_1、R_2，如图 11-29 所示。求球壳内外和球壳上电场强度和电势的分布。

11.12　如图 11-30 所示，在半径为 R 的导体球外与球心 O

相距为 a 的一点 A 处放置一点电荷 $+Q$，在球内有一点 B 位于 AO 的延长线上，$OB=r$，求：

（1）导体球处于静电平衡时导体内部各点的电场强度和内部各点的电势之间的关系；

（2）感应电荷在 B 点产生的电场强度及 B 点的电势。

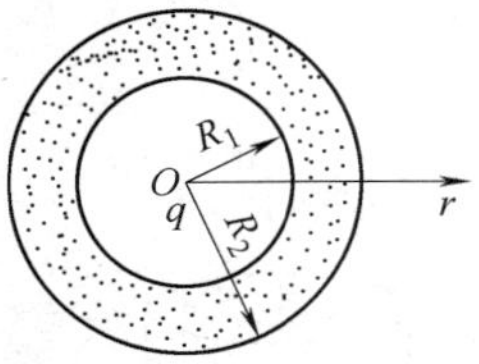

图 11-29　题 11. 11 图

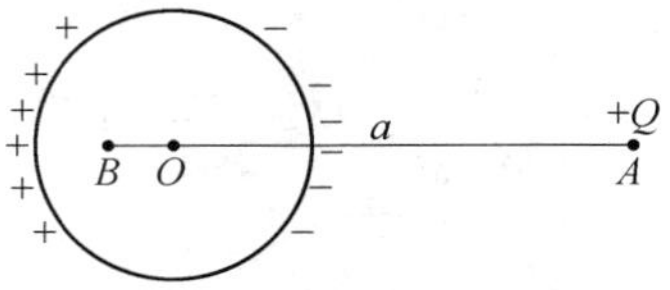

图 11-30　题 11. 12 图

11. 13　有三个大小相同的金属小球，小球 1、2 带有等量同号电荷，相距甚远，其间的库仑力为 F_0。试求：

（1）用带绝缘柄的不带电小球 3 先后分别接触 1、2 后移去，小球 1、2 之间的库仑力；

（2）小球 3 依次交替接触小球 1、2 很多次后移去，小球 1、2 之间的库仑力。

11. 14　在半径为 R_1 的金属球之外包有一层外半径为 R_2 的均匀电介质球壳，介质相对介电常数为 ε_r，金属球带电 Q。试求：

（1）电介质内、外的电场强度；

（2）电介质层内、外的电势；

（3）金属球的电势。

11. 15　两块带有异号电荷的金属板 A 和 B，相距 5. 0mm，两板面积都是 150 cm^2，电荷量分别为 $\pm 2.66\times10^{-8}$C，A 板接地，略去边缘效应，如图 11-31 所示。求：

（1）B 板的电势；

（2）A、B 间离 A 板 1. 0mm 处的电势。

11. 16　如图 11-32 所示，两个同轴的圆柱面，长度均为 l，半径分别为 R_1 和 R_2（$R_2>R_1$），且 $l\gg R_2-R_1$，两柱面之间充有介电常数 ε 的均匀电介质。当两圆柱面分别带等量异号电荷 Q 和 $-Q$ 时，试求：

（1）在半径 r 处（$R_1<r<R_2$），厚度为 dr，长为 l 的圆柱薄壳中任一点的电场能量密度和整个薄壳中的电场能量；

（2）电介质中的总电场能量；

（3）圆柱形电容器的电容。

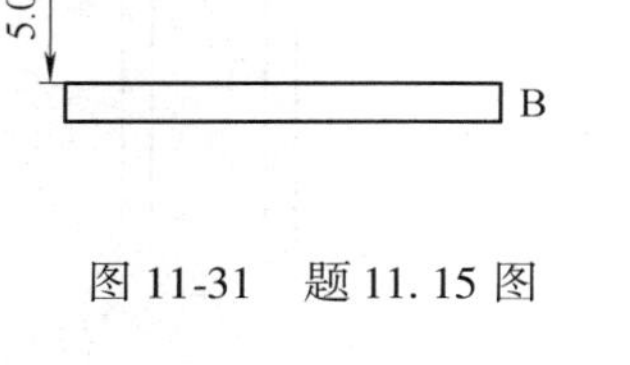

图 11-31　题 11. 15 图

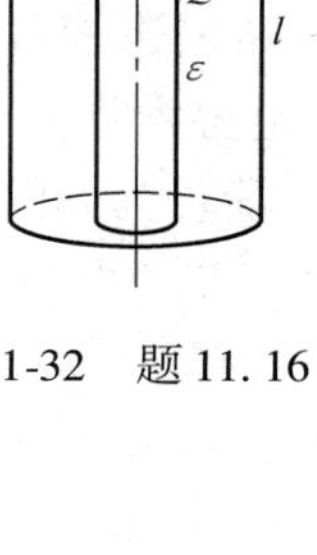

图 11-32　题 11. 16 图

11.17　金属球壳 A 和 B 的中心相距为 r，A 和 B 原来都不带电。现在 A 的中心放一点电荷 q_1，在 B 的中心放一点电荷 q_2，如图 11-33 所示。试求：

（1）q_1 对 q_2 作用的库仑力，q_2 有无加速度；

（2）去掉金属壳 B，求 q_1 作用在 q_2 上的库仑力，此时 q_2 有无加速度？

11.18　如图 11-34 所示，$C_1=0.25\mu F$，$C_2=0.15\mu F$，$C_3=0.20\mu F$，C_1 上电压为 50V。试求 U_{AB}。

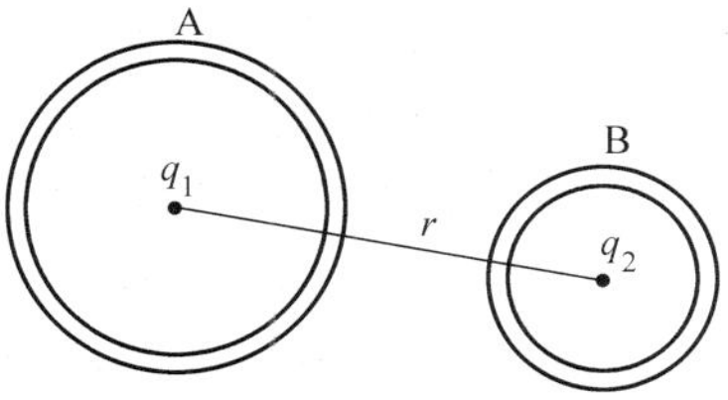

图 11-33　题 11.17 图

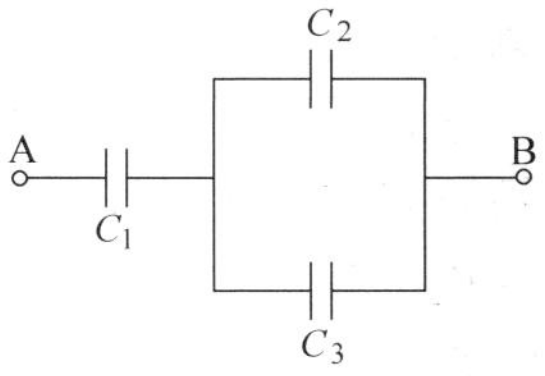

图 11-34　题 11.18 图

11.19　C_1 和 C_2 两电容器分别标明“200pF、500V”和“300pF、900V”，把它们串联起来后等值电容是多少？如果两端加上 1000V 的电压，是否会击穿？

11.20　如图 11-35 所示，将两个电容器 C_1 和 C_2 充电到相等的电压 U 以后切断电源，再将每一电容器的正极板与另一电容器的负极板相连。试求：

（1）每个电容器的最终电荷量；

（2）电场能量的损失。

11.21　有一外半径为 R_1、内半径为 R_2 的金属球壳，在壳内有一半径为 R_3 的金属球，球壳和内球均带电荷量 q，如图 11-36 所示，求球心的电势。

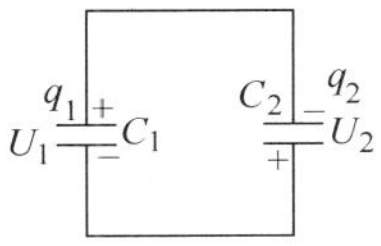

图 11-35　题 11.20 图

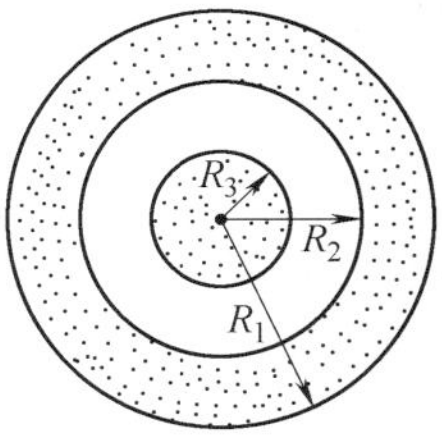

图 11-36　题 11.21 图

第 12 章　运动电荷的磁场

在静电荷的周围存在着电场，如果电荷在运动，那么在它的周围就不仅有电场，而且还有磁场。这就是说电荷在导体中作恒定流动时在它的周围将激发起恒定磁场。磁场也是物质的一种形态，它只对运动电荷或者电流施加作用，可用磁感应强度和磁场强度描述。如果磁场中有实物物质存在，在磁场作用下，其内部状态发生变化，并反过来影响磁场的分布，这就是物质的磁化过程。本章首先介绍恒定电流的描述及其产生条件，然后着重讨论电流激发磁场的基本定律毕奥-萨伐尔定律、描述磁场基本性质的磁场高斯定理和安培环路定理以及电流和运动电荷在磁场中的受力和运动规律。根据实物物质的电结构，简单说明各类磁介质的微观机制，并介绍有磁介质时磁场所遵循的普遍规律。

12.1　恒定电流

12.1.1　电流　电流密度

电荷的定向运动形成电流。电流可以分成两类，一类是带电粒子在导体中的定向运动形成的电流，叫作传导电流；另一类是电子或其他带电粒子，甚至是宏观带电体在空间作机械运动所形成的电流，叫作运流电流。本章主要讨论稳恒的传导电流。

在导体中形成传导电流的条件有两个，一是导体内有可以移动的电荷，二是导体两端有电势差。

在单位时间内通过导体横截面的电荷量，叫作电流，用 I 表示。规定正电荷定向运动的方向为电流的方向。在一段时间 Δt 内通过导体横截面的电荷量 Δq，则电流

$$I=\frac{\Delta q}{\Delta t}$$

若电流随时间变化，通常用瞬时电流表示电流的强弱

$$i=\lim_{\Delta t\to 0}\frac{\Delta q}{\Delta t}=\frac{\mathrm{d}q}{\mathrm{d}t} \tag{12-1}$$

若电流的大小和方向不随时间变化，则称为恒定电流（直流）。

在国际单位制中规定电流为基本量，单位是安培（A）。

在许多情况下电流沿着一均匀的导线流动。这时，电流在同一截面上各点的分布是均匀的。我们只需给出任一截面的电流就可以描述导体中电流的情况。但在另一些情况下，电流是在粗细不均匀的导线或者在大块的导体中通过。这时，如果在单位时间内通过某一粗细不均匀的导线各截面的电流 I 相同，那么在导体内任意点的电流情况将不同。因此，电流 I 这个物理量就不能详细反映出电流在导体中的分布情况了。为了详细描述导体内各点的电流分布情况，引入一个新的物理量——电流密度。

电流密度用 j 表示。电流密度的方向为该点正电荷运动的方向，电流密度的大小等于通

过垂直于电流方向的单位面积的电流，表示为

$$j = \frac{\mathrm{d}I}{\mathrm{d}S_{\perp}}$$

电流密度是空间的位置矢量函数，它能够精确地描述导体中电流的分布情况。

一般情况下，截面面元 dS 的法线方向与电流密度的夹角为 θ，如图 12-1 所示，此时通过任一截面的电流为

$$I = \int_S \boldsymbol{j} \cdot \mathrm{d}\boldsymbol{S} = \int_S j\mathrm{d}S\cos\theta \tag{12-2}$$

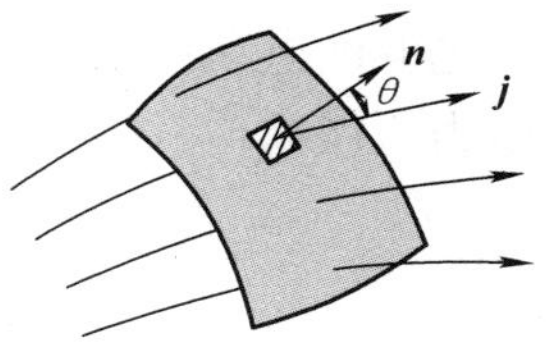

图 12-1　电流密度

12.1.2　电流的连续性方程　稳恒条件

设想在导体内任取一个封闭的曲面 S，在 S 面上处处法线正方向向外，根据式(12-2)通过封闭面的电流为

$$I = \oint_S \boldsymbol{j} \cdot \mathrm{d}\boldsymbol{S} \tag{12-3}$$

若 $I = \oint_S \boldsymbol{j} \cdot \mathrm{d}\boldsymbol{S} > 0$，表示有电荷通过封闭曲面向外迁移，单位时间内通过 S 面的迁移的电荷量为 I。根据电荷守恒定律，单位时间内通过封闭曲面 S 向外迁移的电荷量应该等于闭合曲面内单位时间所减少的电荷量。

若 $I = \oint_S \boldsymbol{j} \cdot \mathrm{d}\boldsymbol{S} < 0$，表示有电荷进入封闭曲面，单位时间内通过 S 面的电荷量为 I。根据电荷守恒定律，单位时间内进入封闭曲面 S 的电荷量应该等于闭合曲面内单位时间所增加的电荷量。

若以 $\frac{\mathrm{d}q}{\mathrm{d}t}$ 表示封闭面内电荷量随时间的变化率，则有

$$\oint_S \boldsymbol{j} \cdot \mathrm{d}\boldsymbol{S} = -\frac{\mathrm{d}q}{\mathrm{d}t} \tag{12-4}$$

若 dq <0，表示流出曲面的电荷多于流入曲面的电荷；若 dq >0，则相反。这与上面讨论是一致的。

这就是电流的连续性方程。

电流的连续性方程告诉我们，电流线是有头有尾的。凡是电流线出发的地方，那里的电荷必随时间减少；凡是电流线进入的地方，那里的电荷必随时间增加。

稳恒电流指电流的密度分布不随时间变化，这就要求电荷的分布不随时间变化，因而电荷产生的场是稳恒电场（它是不随时间变化的电荷所产生的电场，电场不随时间变化，是一种静态电场，同样服从前面学过的高斯定理、环路定理等）。在稳恒条件下因为电荷的分布不随时间变化，所以 $\frac{\mathrm{d}q}{\mathrm{d}t} = 0$，因此有

$$\oint_S \boldsymbol{j} \cdot \mathrm{d}\boldsymbol{S} = 0 \tag{12-5}$$

式(12-5)叫作电流的稳恒条件。它表示有多少电荷流进该曲面就有多少电荷从该曲面流出。也就是说电流线连续通过该曲面所包围的体积。因此，稳恒电流线是不会在任何地方中

断的连续曲线。

12.1.3 电源的电动势

电源的电动势用 ε 表示，定义为：把单位正电荷从负极通过电源内部移动到正极时，非静电力所做的功。用公式来表示，有

$$\varepsilon = \int_{-}^{+} \boldsymbol{E}_{\mathrm{k}} \cdot \mathrm{d}\boldsymbol{l} \tag{12-6}$$

电源的电动势大小表示电源把其他形式的能转化为电能的本领，也表示非静电力做功本领的大小。若电动势是整个闭合回路上产生的，那么有

$$\varepsilon = \oint \boldsymbol{E}_{\mathrm{k}} \cdot \mathrm{d}\boldsymbol{l} \tag{12-7}$$

式中，$\boldsymbol{E}_{\mathrm{k}}$ 表示非静电场，非静电场的电场强度沿闭合导体回路的环流不是零，等于电源的电动势。所以这个非静电场为非保守场。

12.1.4 闭合电路的欧姆定律

根据能量转化和守恒定律，对于一个闭合电路来说，电源的功率应等于电路上所有元件消耗的功率之和。对于只有电源和电阻的闭合电路，电源的功率应等于电路中所有电阻上的热功率之和。图12-2所示的电路中，电源的电动势为 ε，内阻为 r，外电路的总电阻为 R，当电路中有电流流过时，根据能量转化与守恒定律知

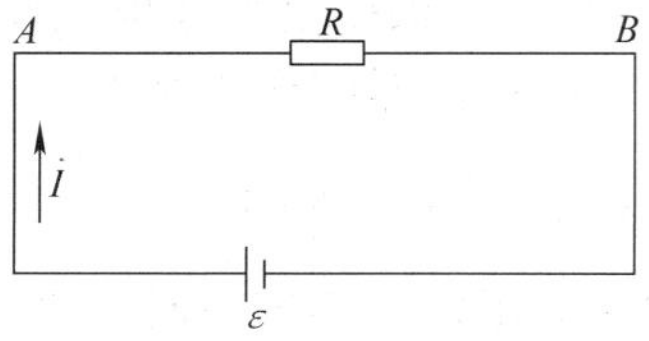

图 12-2 简单的闭合回路

$$I\varepsilon = I^2R + I^2r$$

所以

$$I = \frac{\varepsilon}{R + r} \tag{12-8}$$

此式称为闭合电路的欧姆定律。

电源两端的电压称为路端电压，表示为

$$U_A - U_B = IR = \varepsilon - Ir$$

当电路开路时，$I = 0$，路端电压就等于电源电动势，即 $U_A - U_B = \varepsilon$。

如果一个闭合电路里含有多个电源，如图 12-3 所示，当 ε_1 大于 ε_2 时，电流方向为逆时针。此时，ε_2 中的电流从正极流向负极，ε_2 中的非静电力做负功，消耗电能，相当于一个用电器，ε_2 称反电动势。电动机、被充电的电池等的电动势就是反电动势。对图 12-3 所示电路，根据能量转化与守恒定律可得

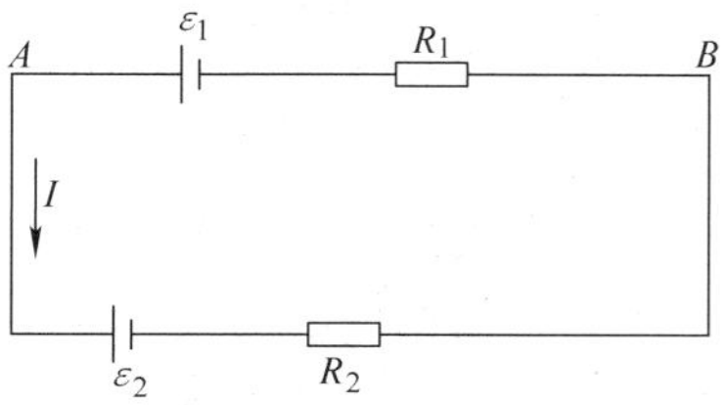

图 12-3 多电源的闭合回路

$$I\varepsilon_1 = I^2(R_1 + R_2 + r_1 + r_2) + I\varepsilon_2$$

所以

$$I = \frac{\varepsilon_1 - \varepsilon_2}{R_1 + R_2 + r_1 + r_2}$$

可见，此时 ε_2 相当于一个负电动势的电源。上式可写成更普遍的形式，即闭合电路的欧姆定律的普遍形式为

$$I=\frac{\sum(\pm\varepsilon)}{\sum R}\tag{12-9}$$

【例 12-1】 在图 12-3 所示的电路中，设电动势 $\varepsilon_1=24\text{V}$，$\varepsilon_2=12\text{V}$，内电阻 $r_1=2\Omega$，$r_2=1\Omega$，而外电阻 $R_1+R_2=3\Omega$。试计算电路中的电流。

【解】 应用闭合电路的欧姆定律，得

$$I=\frac{\varepsilon_1-\varepsilon_2}{R_1+R_2+r_1+r_2}=\frac{(24-12)\text{V}}{(3+2+1)\Omega}=2\text{A}$$

电流的方向如图中箭头所示。

12.2　磁通量　磁场中的高斯定理

12.2.1　基本磁现象　安培假说

人类在很早以前就发现了自然界中一些物质能够吸引铁的现象，它们主要是含四氧化三铁的矿石，我们将这些物质称为天然磁体。后来人们又用人工的方法制造了各种形状的人造磁铁，如针形、条形、马蹄形的磁铁等。无论是天然磁体或是人造磁铁，都具有吸引铁、钴、镍等物质的特性，这种性质被称为磁性。后来研究发现，磁铁的磁极之间存在着相互作用力，同号磁极之间相互排斥，异号磁极之间相互吸引。虽然两磁极之间的相互作用力的规律与两个点电荷之间的相互作用力相似，但两者却有着一个重要的区别，那就是在自然界中正负电荷可以独立存在，但没有观察到独立的 N 极和 S 极，即磁极总是成对出现的。

磁现象和电现象虽然早已被人们所发现，但是在很长时间内，磁学和静电学各自独立地发展着，直到 1819 年丹麦物理学家奥斯特（H. C. Oersted，1777—1851）在实验中发现，放在通电直导线附近的小磁针会受到力的作用而发生偏转，这就是历史上著名的奥斯特实验，它表明电流具有对磁针施加磁力的作用。同时，其他物理学家在实验过程中发现的一些现象则表明：磁铁也会对电流施加作用力，电流与电流之间也存在着相互作用力。

为了说明物质的磁性，1822 年安培提出了有关物质磁本性的假说，他认为一切磁现象的根源是电流，即电荷的运动。任何物体的分子中都存在着回路电流，称为分子电流。分子电流相当于基元磁铁，由此产生磁效应。安培假说与现代物质的电结构理论是符合的，分子中的电子除绕原子核运动外，电子本身还有自旋运动，分子中电子的这些运动相当于回路电流，这就是分子电流。

12.2.2　磁感应强度

电荷在其周围空间激发电场，而运动的电荷在周围空间还要激发磁场；在电磁场中，静止的电荷只受到电场力的作用，而运动的电荷除了受电场力作用外还受磁力的作用。电流或者运动电荷之间相互作用的磁力是通过磁场而作用的，故磁力还叫作磁场力。

电流与电流之间，电流与磁铁之间以及磁铁与磁铁之间的相互作用是通过磁场这个特殊的物质相互作用的，可以简单表示为

电流(或磁铁)⇔磁场⇔电流(或磁铁)

磁场的应用十分广泛。如：电子射线、回旋加速器、质谱仪、真空开关等都利用了磁

场。因此磁场是一个非常重要的物理量，下面我们来研究磁场。

电流的周围存在磁场，它对外的重要表现是：对引入磁场中的运动电荷、载流导体或永久磁体有磁场力的作用。在这里我们用磁场对运动电荷的作用来描述磁场，并引入磁感应强度 $\boldsymbol{B}$ 作为定量描述磁场中各点特性的基本物理量，其地位与电场中的电场强度 $\boldsymbol{E}$ 相当。$\boldsymbol{B}$ 不叫作磁场强度（磁场强度用 $\boldsymbol{H}$ 表示）。

下面我们从磁场对运动电荷的作用力角度来定义磁感应强度。实验表明：当运动的试验电荷以同一速率以不同的方位进入磁场某点时，电荷所受的磁场力的大小是不同的，但是磁场力的方向总与速度方向垂直，在某一特定方位运动时，试验电荷在该点受力最大，这个力叫作最大磁场力，用 F_{max} 表示，这个方位的速度方向与磁场方向垂直。这个最大磁场力与试验电荷的电荷量和运动速率成正比，但是比值 $\frac{F_{max}}{qv}$ 在磁场中确定的点是确定的，与最大磁场力、试验电荷的电荷量、试验电荷的运动速率无关。把这个比值定义为该点的磁感应强度。

因此磁场中任意点的磁感应强度大小表示为

$$B=\frac{F_{max}}{qv} \tag{12-10}$$

实验还表明，磁感应强度的方向沿 $\boldsymbol{F}_{max}\times\boldsymbol{v}$ 方向，和该点磁场方向一致。$\boldsymbol{B}$、$\boldsymbol{F}$、$\boldsymbol{v}$ 三者的方向符合右手螺旋法则，如图 12-4 所示。

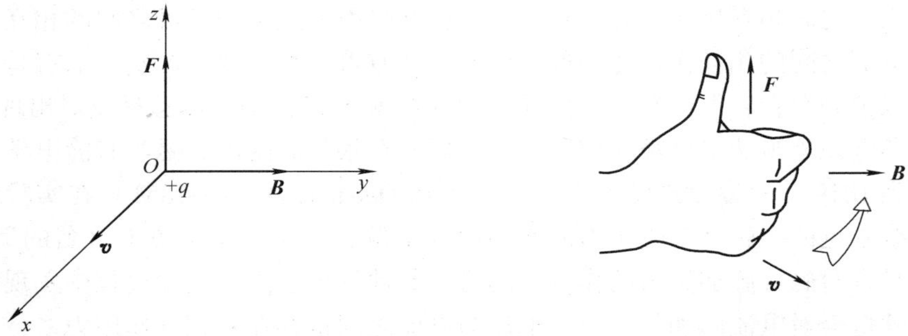

图 12-4 磁感应强度的方向

磁感应强度 $\boldsymbol{B}$ 是描绘磁场性质的物理量。在国际单位制中，$\boldsymbol{B}$ 单位为特斯拉，简称特，用符号 T 表示；或者为高斯，用 Gs 表示，$1\text{Gs}=10^{-4}\text{T}$。

地球磁场大约是 5×10^{-5}T，大型的电磁铁能激发大于 2T 的恒定磁场，超导磁体能激发高达 25T 的磁场，某些原子核附近的磁场可达 10^4T，而脉冲磁场更高可达 10^8T。人体内的生物电流也可以激发出微弱的磁场，例如心电激发的磁场为 3×10^{-8}T，测人体内的磁场分布已经成为医学中的高级诊断技术。

12.2.3 磁感线和磁通量

1. 磁感线（磁力线）

前面我们用电场线来描述电场的分布，同样，也可以用磁感线来描述磁场的分布。图 12-5 所示是几种不同形状的电流所激发的磁场的磁感线图。

从磁感线图像得出重要的结论：在任何磁场中，每一条磁感线都是和闭合电流相互套连的无头无尾的闭合线，磁感线的环绕方向和电流流向符合右手螺旋法则。

磁感线和磁感应强度的关系是：磁感线密的地方磁感应强度 $\boldsymbol{B}$ 大，磁感线疏的地方磁感应强度 $\boldsymbol{B}$ 小。某点磁感应强度 $\boldsymbol{B}$ 的大小为该点垂直于 $\boldsymbol{B}$ 矢量的单位面积磁感线的条数。磁感线上某点切向方向为该点 $\boldsymbol{B}$ 的方向。

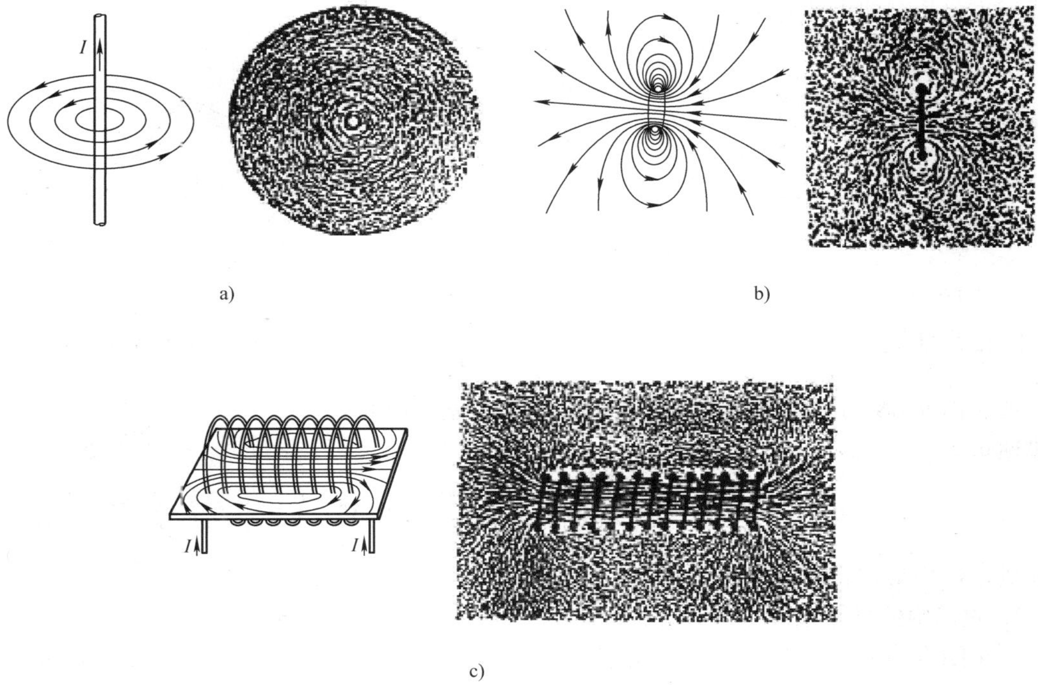

图 12-5　几种不同形状电流磁场的磁感线图

a）直电流　b）圆电流　c）螺线管电流

设 P 点面元 $\mathrm{d}\boldsymbol{S}$ 与 $\boldsymbol{B}$ 垂直，$\mathrm{d}\Phi_{\mathrm{m}}$ 为 $\mathrm{d}\boldsymbol{S}$ 上通过的磁感线数。则磁场中任意点的磁感应强度也可定义为

$$\boldsymbol{B}=\frac{\mathrm{d}\Phi_{\mathrm{m}}}{\mathrm{d}S_{\perp}} \tag{12-11}$$

可见，$\boldsymbol{B}$ 大处磁感线密；$\boldsymbol{B}$ 小处磁感线疏。

综合上述磁感线有以下性质：

1）磁感线是无头无尾的闭合曲线，磁场为涡旋场。

2）磁感线不能相交，因为各个场点 $\boldsymbol{B}$ 的方向是唯一的。

2. 磁通量

我们把通过一给定曲面的磁感线总条数，叫作通过该曲面的磁通量，用 Φ_{m} 表示。接下来我们讨论任意磁场的磁通量大小。

（1）在均匀磁场中　设平面的面积为 $\boldsymbol{S}$，位于均匀磁场 $\boldsymbol{B}$ 中。则穿过 $\boldsymbol{S}$ 面的磁通量为

$$\Phi_{\mathrm{m}}=\boldsymbol{B}\cdot\boldsymbol{S} \tag{12-12}$$

若平面 $\boldsymbol{S}$ 与 $\boldsymbol{B}$ 垂直，如图 12-6 所示，有

$$\Phi_m = \boldsymbol{B} \cdot \boldsymbol{S} = BS$$

若平面 $\boldsymbol{S}$ 与 $\boldsymbol{B}$ 夹角 θ，如图 12-7 所示，有

$$\Phi_m = \boldsymbol{B} \cdot \boldsymbol{S} = BS_{\perp} = BS\cos\theta$$

（2）在非均匀磁场中　如图 12-8 所示，在非均匀磁场中，在 $\boldsymbol{S}$ 上取面元 $\mathrm{d}\boldsymbol{S}$，虽然在 $\boldsymbol{S}$ 上不同位置 $\boldsymbol{B}$ 不相同，但在同一个面元 $\mathrm{d}\boldsymbol{S}$ 上 $\boldsymbol{B}$ 可视为均匀，$\boldsymbol{n}$ 为 $\mathrm{d}\boldsymbol{S}$ 法线方向的单位矢量，法线正方向指向曲面的外侧。

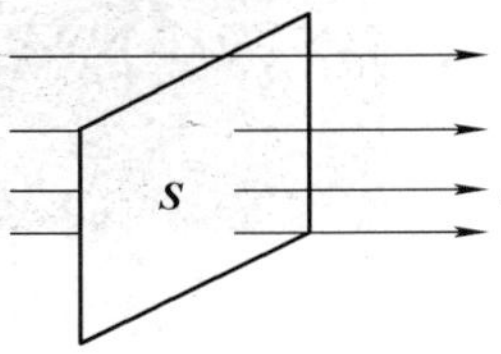

图 12-6　均匀磁场 $\boldsymbol{B}$ 和 $\boldsymbol{S}$ 垂直

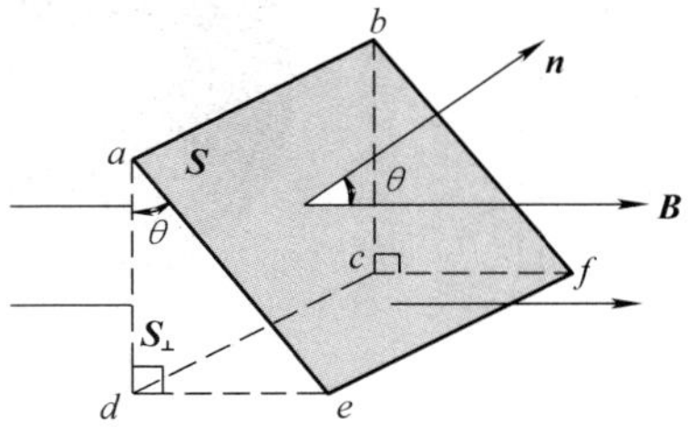

图 12-7　均匀磁场 $\boldsymbol{B}$ 和 $\boldsymbol{S}$ 不垂直

通过面元 $\mathrm{d}\boldsymbol{S}$ 的磁通量为 $\Phi_m = \boldsymbol{B} \cdot \mathrm{d}\boldsymbol{S}$。则通过整个曲面 $\boldsymbol{S}$ 的磁通量为

$$\Phi_m = \int \mathrm{d}\Phi_m = \int_S \boldsymbol{B} \cdot \mathrm{d}\boldsymbol{S} \tag{12-13}$$

磁通量单位为韦伯，用 Wb 表示。

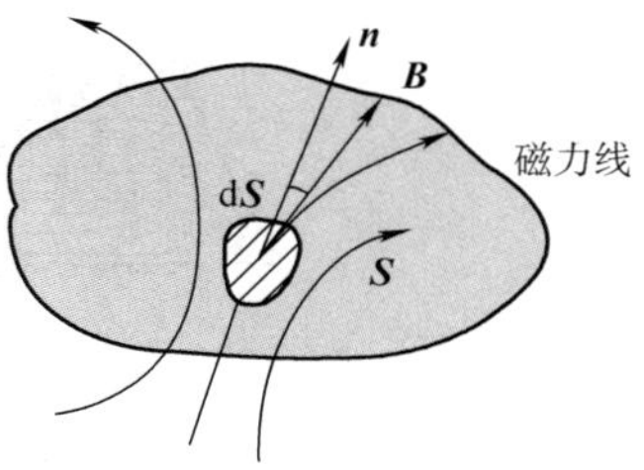

图 12-8　非均匀磁场

3. 磁场中的高斯定理

对于闭合曲面，因为磁感线的特点是无头无尾，且中途不会中断，所以穿入闭合面和穿出闭合面的磁感线条数相等，也就是说穿过闭合面磁通量的代数和为零。即

$$\oint_S \boldsymbol{B} \cdot \mathrm{d}\boldsymbol{S} = 0 \tag{12-14}$$

此式是表示磁场重要特性的公式，称为磁场中的高斯定理。可以表述为：**磁感应强度沿任意闭合曲面的积分值等于零**。表明了磁场是无源场。

12.3　毕奥-萨伐尔定律

恒定电流在它周围激发的磁场称为静磁场或稳恒磁场，这时场中任一点的磁感应强度都不随时间而变化，只是空间坐标的函数。如何求出电流周围的磁场呢？在研究带电体所激发的静电场时，我们采取的方法是先把带电体分割成许多电荷元 $\mathrm{d}q$，求出电荷元所激发的电场强度 $\mathrm{d}\boldsymbol{E}$，再应用叠加原理 $\boldsymbol{E} = \int \mathrm{d}\boldsymbol{E}$，便可得出任意带电体电场中各点的电场强度。求载流导线的磁感应强度的方法与此类似，把载流导线看作是由许多电流元组成的，如果知道电流元产生的磁感应强度，各电流元产生的磁感应强度的叠加，就是整个线电流的磁感应强度。电流元产生的磁感应强度由毕奥-萨伐尔定律给出。接下来我们来分析毕奥-萨伐尔定

律。

12.3.1　电流元　毕奥-萨伐尔定律

假设在导线上沿电流方向取 d$\boldsymbol{l}$，这个线元很短，可看作直线，又设导线中电流为 I，则 Id$\boldsymbol{l}$ 称为电流元，$\boldsymbol{r}$ 为电流元到场点的位矢，如图 12-9 所示。

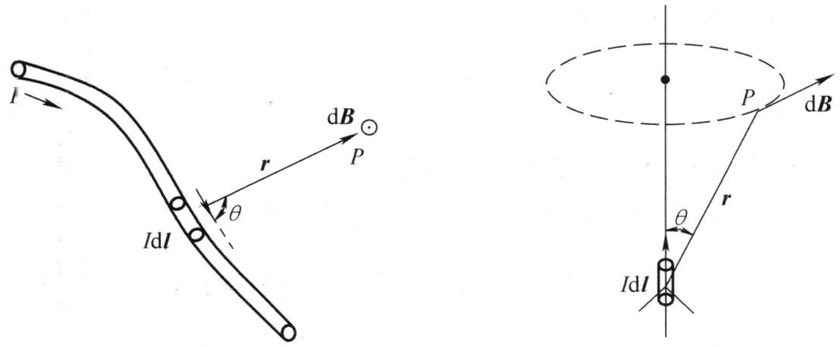

图 12-9　电流元的磁场

由大量的实验和实验结果分析得：电流元 Id$\boldsymbol{l}$ 在任意场点 P 点产生的磁感应强度 d$\boldsymbol{B}$ 大小与电流元 Id$\boldsymbol{l}$ 的值成正比，与 Id$\boldsymbol{l}$ 与 $\boldsymbol{r}$（从电流元到 P 点的矢量）的夹角正弦成正比，与电流元到场点的位矢 $\boldsymbol{r}$ 的平方成反比，这就是毕奥-萨伐尔定律。可表示为

$$\mathrm{d}B \propto \frac{I\mathrm{d}l\sin\theta}{r^2}$$

可写成等式

$$\mathrm{d}B = K\frac{I\mathrm{d}l\sin\theta}{r^2}$$

式中，K 与磁介质和单位制选取有关。对于真空和国际单位制，$K=\dfrac{\mu_0}{4\pi}$，其中 $\mu_0=4\pi\times10^{-7}$ N · A^{-2}（称为真空磁导率）。

因此

$$\mathrm{d}B = \frac{\mu_0}{4\pi}\frac{I\mathrm{d}l\sin\theta}{r^2} \tag{12-15}$$

矢量表示式

$$\mathrm{d}\boldsymbol{B} = \frac{\mu_0}{4\pi}\frac{I\mathrm{d}\boldsymbol{l}\times\boldsymbol{r}}{r^3} \tag{12-16}$$

或者

$$\mathrm{d}\boldsymbol{B} = \frac{\mu_0}{4\pi}\frac{I\mathrm{d}\boldsymbol{l}\times\boldsymbol{r}_0}{r^2} \tag{12-17}$$

此（12-17）是毕奥-萨伐尔定律的数学表达式。其中 $\boldsymbol{r}_0$ 为沿矢径 $\boldsymbol{r}$ 的方向的单位矢量。d$\boldsymbol{B}$ 方向沿 Id$\boldsymbol{l}\times\boldsymbol{r}$ 方向。可以由右手螺旋法则判定 d$\boldsymbol{B}$ 方向。

实验表明：叠加原理也可用于计算磁感应强度。任意形状的线电流激发的磁感应强度等于各段电流元激发磁感应强度的矢量和。导线电流在场点 P 点产生的磁感应强度 $\boldsymbol{B}$ 为

$$\boldsymbol{B} = \int \mathrm{d}\boldsymbol{B} = \int_l \frac{\mu_0}{4\pi}\frac{I\mathrm{d}\boldsymbol{l}\times\boldsymbol{r}}{r^3} \tag{12-18}$$

或者

$$\boldsymbol{B} = \int \mathrm{d}\boldsymbol{B} = \int_l \frac{\mu_0}{4\pi} \frac{I\mathrm{d}\boldsymbol{l} \times \boldsymbol{r}_0}{r^2} \tag{12-19}$$

12.3.2 应用举例

【例 12-2】 设有一段载流直导线，电流为 I，周围任意点 P 点距离导线为 a。

（1）试求 P 点的磁感应强度 $\boldsymbol{B}$；

（2）若导线为无限长，且 $I = 10\mathrm{A}$，P 点距离导线为 $a = 0.01\mathrm{m}$，求 P 点的磁感应强度 $\boldsymbol{B}$。

【解】（1）求任意点 P 点的磁感应强度 $\boldsymbol{B}$。

如图 12-10 所示，在 AB 上距 O 点为 l 处取电流元 $I\mathrm{d}\boldsymbol{l}$，$I\mathrm{d}\boldsymbol{l}$ 在 P 点产生的 $\mathrm{d}\boldsymbol{B}$ 的大小为 $\mathrm{d}B = \frac{\mu_0}{4\pi}\frac{I\mathrm{d}l\sin\theta}{r^2}$，$\mathrm{d}\boldsymbol{B}$ 方向垂直指向纸面（$I\mathrm{d}\boldsymbol{l} \times \boldsymbol{r}$ 方向）。经分析可知，导线 AB 上所有电流元在 P 点产生的 $\mathrm{d}\boldsymbol{B}$ 方向均相同，所以直线电流 AB 在 P 点产生总的磁感应强度 $\boldsymbol{B}$ 的大小等于各电流元在 P 点产生的 $\mathrm{d}\boldsymbol{B}$ 的积分和。可以表示为

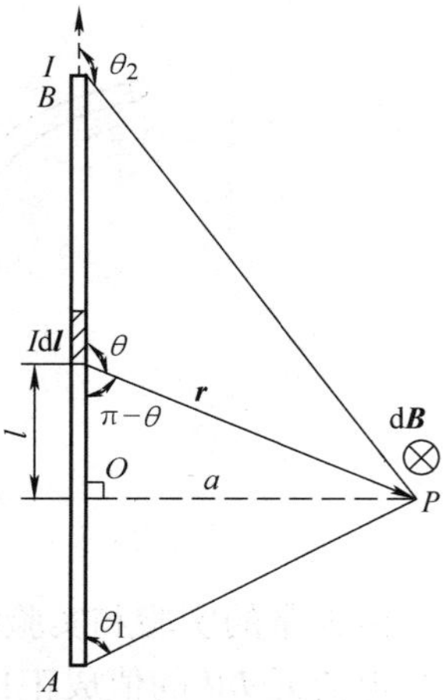

图 12-10 直线电流周围任意点的磁场

$$B = \int \mathrm{d}B = \int_{AB} \frac{\mu_0}{4\pi} \frac{I\mathrm{d}l\sin\theta}{r^2}$$

统一积分变量，为方便解题选 θ 为积分变量。由图 12-10 知

$$r = \frac{a}{\sin(\pi - \theta)} = \frac{a}{\sin\theta}$$

$$l = a\cot(\pi - \theta) = -a\cot\theta$$

$$\mathrm{d}l = -a \cdot (-\csc^2\theta)\mathrm{d}\theta = a\csc^2\theta\mathrm{d}\theta = \frac{a}{\sin^2\theta}\mathrm{d}\theta$$

于是

$$B = \int_{\theta_1}^{\theta_2} \frac{\mu_0}{4\pi} \frac{I\frac{a}{\sin^2\theta}\mathrm{d}\theta \cdot \sin\theta}{\frac{a^2}{\sin^2\theta}} = \frac{\mu_0 I}{4\pi a}\int_{\theta_1}^{\theta_2} \sin\theta\mathrm{d}\theta$$

因此得 P 点的磁感应强度 $\boldsymbol{B}$ 的大小为

$$B = \frac{\mu_0 I}{4\pi a}(\cos\theta_1 - \cos\theta_2)$$

P 点 $\boldsymbol{B}$ 的方向垂直指向纸面。

（2）若导线为无限长，且 $I = 10\mathrm{A}$，P 点距离导线为 $a = 0.01\mathrm{m}$ 时，求磁感应强度 $\boldsymbol{B}$。

把 $\theta_2 = \pi$，$\theta_1 = 0$ 代入上式得

$$B = \frac{\mu_0 I}{2\pi a} = \frac{4\pi \times 10^{-7} \times 10}{2\pi \times 0.01}\mathrm{T} = 2 \times 10^{-4}\mathrm{T}$$

P 点 $\boldsymbol{B}$ 的方向垂直指向纸面。

解题关键是找出 a、θ_1、θ_2，θ_1 和 θ_2 分别是电流方向与 P 点到 A、B 连线间夹角。

重要讨论结果：

1）对于无限长导线，$\theta_2=\pi$，$\theta_1=0$，故

$$B=\frac{\mu_0 I}{2\pi a} \tag{12-20}$$

以后求无限长载流导体产生的磁感应强度 $\boldsymbol{B}$ 时，或者场点在载流导体中间离载流导体很近时，可以直接用该公式。$\boldsymbol{B}$ 的方向用右手螺旋法则判定。

2）对半无限长导线，$\theta_1=\frac{\pi}{2}$，$\theta_2=\pi$，场点在靠近导线的端点的磁感应强度

$$B=\frac{\mu_0 I}{4\pi a} \tag{12-21}$$

$\boldsymbol{B}$ 的方向用右手螺旋法则判定。

【例 12-3】 如图 12-11 所示，半径为 R 的载流圆线圈，载电流为 I，求线圈轴线上任一点 P 的磁感应强度 $\boldsymbol{B}$。

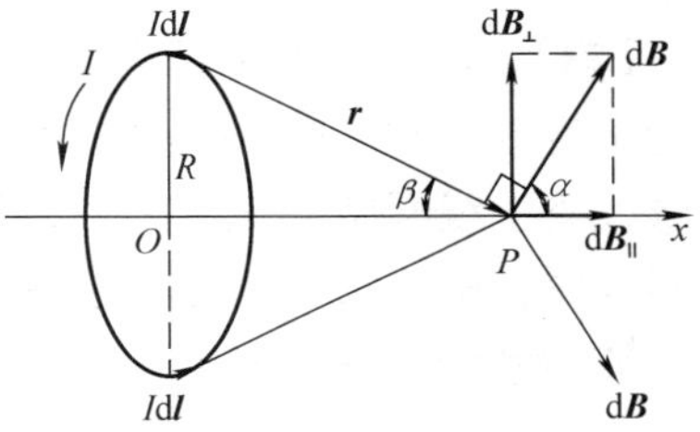

图 12-11　例 12-3 图

【解】 取 x 轴沿线圈的轴线，原点 O 在线圈中心，电流元 $I\mathrm{d}\boldsymbol{l}$ 在 P 点产生的 $\mathrm{d}\boldsymbol{B}$ 大小为

$$\mathrm{d}B=\frac{\mu_0}{4\pi}\frac{I\mathrm{d}l\sin\theta}{r^2}=\frac{\mu_0 I\mathrm{d}l}{4\pi r^2}\left(\theta=\frac{\pi}{2}\right)$$

θ 为电流元和矢经 $\boldsymbol{r}$ 间的夹角，$\mathrm{d}\boldsymbol{B}$ 的方向与 $\boldsymbol{r}$ 垂直。α 为 $\mathrm{d}\boldsymbol{B}$ 和 x 轴的正方向间的夹角。如图 12-11 所示，把 $\mathrm{d}\boldsymbol{B}$ 分解为平行于 x 轴的分量 $\mathrm{d}\boldsymbol{B}_{/\!/}$ 与垂直于 x 轴的分量 $\mathrm{d}\boldsymbol{B}_{\perp}$。由对称性分析得整个载流线圈在 P 点产生的 $\mathrm{d}\boldsymbol{B}$ 垂直于 x 轴方向的分量代数和为零。即

$$\boldsymbol{B}_{\perp}=\boldsymbol{0}$$

载流线圈在 P 点产生的 $\mathrm{d}\boldsymbol{B}$ 等于平行于 x 轴方向上分量的和，其大小为

$$B=B_{/\!/}=\int \mathrm{d}B\cos\alpha=\int_0^{2\pi R}\frac{\mu_0 I\mathrm{d}l}{4\pi r^2}\cos\alpha$$

$$=\frac{\mu_0 I}{4\pi}\int_0^{2\pi R}\frac{\mathrm{d}l}{r^2}\sin\beta=\frac{\mu_0 I}{4\pi}\int_0^{2\pi R}\frac{\mathrm{d}l}{r^2}\cdot\frac{R}{r}=\frac{\mu_0 IR}{4\pi r^3}\cdot 2\pi R=\frac{\mu_0 IR^2}{2(x^2+R^2)^{3/2}}$$

因此载流线圈在 P 点产生的磁感应强度 $\boldsymbol{B}$ 大小为

$$B=\frac{\mu_0 IR^2}{2(x^2+R^2)^{\frac{3}{2}}}$$

$\boldsymbol{B}$ 的方向沿 x 轴正向。

重要讨论结果：

1）当 $x=0$ 时，即载流圆环的圆心 O 位置，磁感应强度 $\boldsymbol{B}$ 大小为

$$B=\frac{\mu_0 I}{2R} \tag{12-22}$$

$\boldsymbol{B}$ 的方向遵从右手螺旋法则。

推论：任意一段载流圆弧形导线在圆心处激发的磁感应强度 $\boldsymbol{B}$ 大小为

$$B=\frac{\mu_0 \theta I}{4\pi R} \tag{12-23}$$

θ 为圆弧对应的圆心角，$\boldsymbol{B}$ 的方向遵从右手螺旋法则。

2）当 $x \gg R$ 时，即场点离圆心的距离比圆环半径大得多时，

$$B=\frac{\mu_0 R^2 I}{2x^3} \tag{12-24}$$

线圈左侧轴线上任一点 $\boldsymbol{B}$ 方向仍向右。

3）N 匝圆线圈在场点产生的总磁感应强度为

$$B=\frac{N\mu_0 I R^2}{2(x^2+R^2)^{\frac{3}{2}}} \tag{12-25}$$

【例 12-4】 载流螺线管的磁场。螺线管导线所载电流为 I，螺线管单位长度上圈匝数 n 匝，并且线圈密绕，求螺线管轴线上任一点的磁感应强度 $\boldsymbol{B}$。

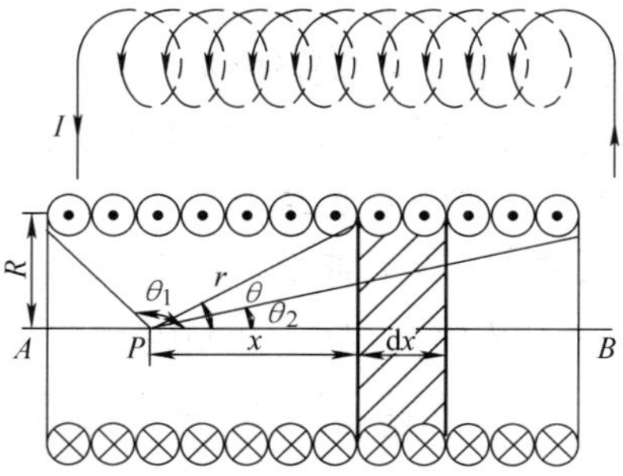

图 12-12　载流螺线管内部的磁场

【解】 图 12-12 所示为螺线管的纵剖图。在距 P 点为 x 处取线元 $\mathrm{d}x$，$\mathrm{d}x$ 上所含线圈总匝数为 $n\mathrm{d}x$。因为螺线管上线圈绕得很密，所以，$\mathrm{d}x$ 段相当于一个载流圆线圈，圆线圈上的电流为 $In\mathrm{d}x$。根据例 12-3 的结果，宽为 $\mathrm{d}x$ 的圆线圈在 P 点产生的磁感应强度 $\mathrm{d}\boldsymbol{B}$ 大小为

$$\mathrm{d}B=\frac{n\mathrm{d}x\mu_0 I R^2}{2(x^2+R^2)^{\frac{3}{2}}}=\frac{\mu_0 R^2 n I}{2(x^2+R^2)^{\frac{3}{2}}}\mathrm{d}x$$

方向沿轴线方向向右。

因为螺线管的各小段在 P 点所产生的磁感应强度 $\boldsymbol{B}$ 的方向相同，所以整个长直螺线管在 P 点产生的总的磁感应强度 $\boldsymbol{B}$ 的大小为

$$B=\int_A^B \mathrm{d}B=\int_A^B \frac{\mu_0 R^2 In}{2}\frac{\mathrm{d}x}{(x^2+R^2)^{\frac{3}{2}}}$$

$$=\frac{\mu_0 R^2 In}{2}\int_A^B \frac{\mathrm{d}x}{(x^2+R^2)^{\frac{3}{2}}}$$

为便于计算引入参变量 θ。

因为

$$\begin{cases} x=R\cot\theta \\ \mathrm{d}x=-R\csc^2\theta\mathrm{d}\theta \end{cases}$$

代入得

$$B=\frac{\mu_0 R^2 In}{2}\int_{\theta_1}^{\theta_2}\frac{-R\csc^2\theta\mathrm{d}\theta}{R^3\csc^3\theta}=\frac{\mu_0 R^2 In}{2}\cdot\frac{-1}{R^2}\int_{\theta_1}^{\theta_2}\sin\theta\mathrm{d}\theta$$

$$=\frac{\mu_0 In}{2}(\cos\theta_2-\cos\theta_1)$$

因此，载流螺线管轴线上任意一点的磁感应强度大小为

$$B=\frac{\mu_0 In}{2}(\cos\theta_2-\cos\theta_1)$$

θ_1、θ_2 分别为螺线管轴线上任意 P 点到端点的连线与 x 轴的夹角。磁感应强度方向沿轴线方向向右。

重要讨论结果：

1）当线管为无限长时，$\theta_1=\pi$，$\theta_2=0$ 有

$$B=\mu_0 nI \tag{12-26}$$

上式表明，在密绕的长螺线管的轴线上，磁场是均匀的，其大小与场点的位置无关，方向遵守右手螺旋法则。该式对整个长螺线管内部都是适用的。以后处理问题时可以直接用该结论。

2）螺线管为半无限长时，$\theta_1=\frac{\pi}{2}$，$\theta_2=0$，亦 B 端相当于在无穷远处，管内 A 端轴线附近任意一点的磁感应强度

$$B=\frac{1}{2}\mu_0 nI \tag{12-27}$$

即在半无限长螺线管端点轴线上的磁感应强度为其内部轴线上磁感应强度的一半。

【例 12-5】 如图 12-13a 所示，在纸面上有一通电流为 I 的闭合回路，它由半径分别为 R_1、R_2 的半圆及半圆直径上的两直线段组成。试求：

（1）圆心 O 处的磁感应强度 $\boldsymbol{B}_O$；

（2）若小半圆绕 AB 转过 180°，如图 12-13b 所示，此时 O 处的磁感应强度 $\boldsymbol{B}_O'$。

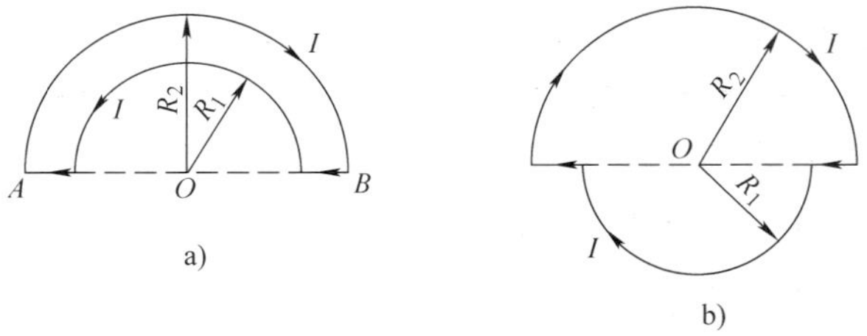

图 12-13　例 12-5 图

【解】 由磁场的叠加性知，任一点 $\boldsymbol{B}$ 是由两半圆及直线段部分在该点产生的磁感应强度矢量和。此题中，因为 O 点在两段载流直线段延长线上，故直线段在 O 处不产生磁场。O 处的磁场为两个载流半圆环产生的。

（1）如图 12-13a 所示，小环在 O 处产生的磁场大小为 $B_{O小}=\frac{1}{2}\frac{\mu_0 I}{2R_1}$；方向：垂直纸面向外。

大环在 O 处产生的磁场大小为 $B_{O大}=\frac{1}{2}\frac{\mu_0 I}{2R_2}$；方向：垂直纸面向里。

所以 O 处总的磁感应强度为

$$B_O=B_{O小}-B_{O大}=\frac{\mu_0 I}{4}\left(\frac{1}{R_1}-\frac{1}{R_2}\right)$$

方向：垂直纸面向外。

（2）由题意小半环转过180°后，所在的位置如图 12-13b 所示。两个载流半环在 O 处产生的磁感应强度 $\boldsymbol{B}_{O小}$、$\boldsymbol{B}_{O大}$ 均垂直纸面向里。

因此 O 处总的磁感应强度为

$$B_O' = B_{O小}' + B_{O大}' = \frac{\mu_0 I}{4}\left(\frac{1}{R_1} + \frac{1}{R_2}\right)$$

方向：垂直纸面向里。

12.4　运动电荷的磁场

我们知道，电流是一切磁现象的根源，而电流是由于电荷定向运动形成的。可见，电流的磁场本质上是运动电荷产生的。因此，我们可以从电流元所产生的磁场公式推导出运动电荷所产生的磁场公式。如图 12-14 所示，有一段粗细均匀的直导线，通过的电流为 I，横截面面积为 S，在其上取一电流元 $I\mathrm{d}\boldsymbol{l}$，它在空间某一点产生的磁感应强度为

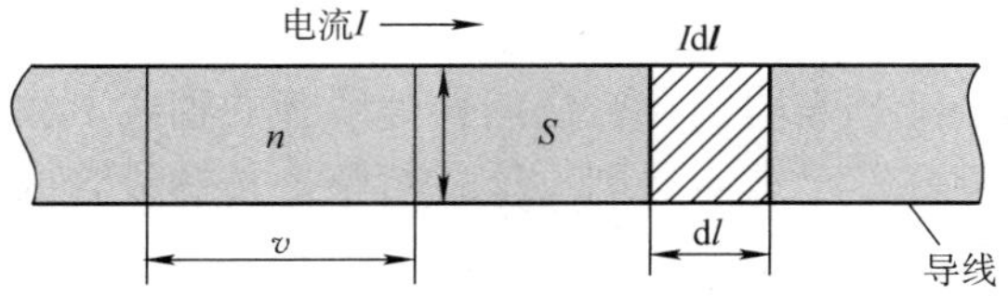

图 12-14　运动电荷产生的磁场分析

$$\mathrm{d}\boldsymbol{B} = \frac{\mu_0}{4\pi}\frac{I\mathrm{d}\boldsymbol{l} \times \boldsymbol{r}}{r^3}$$

$\boldsymbol{r}$ 为电流元到考察点的矢径。

按经典电子理论，金属导体中的电流是大量自由电子的定向运动形成的，为研究方便，我们可等效地认为该电流是正电荷产生的，正电荷的运动方向就是电流方向。设电荷（正电荷，下同）的电荷量为 q，单位体积内有 n 个作定向运动的电荷，它们的运动速度均为恒矢$\boldsymbol{v}$。在导线上取长为 $L = v$ 的一柱体如图 12-14 所示，那么，在单位时间内通过此柱体端面 S 的电荷数为 nvS。

单位时间内通过此面的电荷量为　$qnvS$

由电流定义有　$I = qnvS$

故　$I\mathrm{d}\boldsymbol{l} = qnvS\mathrm{d}\boldsymbol{l}$

因为$\boldsymbol{v}$与 $\mathrm{d}\boldsymbol{l}$ 同向，因此

$$I\mathrm{d}\boldsymbol{l} = qnS\mathrm{d}l\,\boldsymbol{v}$$

由毕奥-萨伐尔定律得电流元的磁场为

$$\mathrm{d}\boldsymbol{B} = \frac{\mu_0}{4\pi}\frac{qnS\mathrm{d}l\,\boldsymbol{v} \times \boldsymbol{r}}{r^3}$$

电流元内定向运动的电荷的总数目为

$$\mathrm{d}N = n \cdot (S\mathrm{d}l)$$

所以电流元内一个运动电荷产生的磁感应强度为

$$\boldsymbol{B} = \frac{\mathrm{d}\boldsymbol{B}}{\mathrm{d}N} = \frac{1}{nS\mathrm{d}l}\frac{\mu_0}{4\pi}\frac{qnS\mathrm{d}l\,\boldsymbol{v} \times \boldsymbol{r}}{r^3} = \frac{\mu_0}{4\pi}\frac{q\,\boldsymbol{v} \times \boldsymbol{r}}{r^3}$$

即

$$\boldsymbol{B} = \frac{\mu_0}{4\pi}\frac{q\,\boldsymbol{v} \times \boldsymbol{r}}{r^3} \tag{12-28a}$$

或者

$$\boldsymbol{B}=\frac{\mu_0}{4\pi}\frac{q\boldsymbol{v}\times\boldsymbol{r}_0}{r^2} \tag{12-28b}$$

可根据右手螺旋法则判定 **B** 的方向。

由上式中 **r** 是运动电荷到考察点的矢量，此式对正、负电荷均成立；研究运动电荷的磁场，在理论上就是研究毕奥-萨伐尔定律的微观意义；可以由右手螺旋法则确定 **B** 的方向，如图 12-15 所示。

$$\begin{cases} q>0\text{：}\boldsymbol{B}\text{ 与}\boldsymbol{v}\text{ 的方向符合右手螺旋法则} \\ q<0\text{：}\boldsymbol{B}\text{ 与}\boldsymbol{v}\text{ 的反方向符合右手螺旋法则} \end{cases}$$

【例 12-6】 设电荷量为 $+q$ 的粒子，以角速度 ω 作半径为 R 的匀速圆周运动，如图 12-16 所示，求在圆心处产生的磁感应强度 **B**。

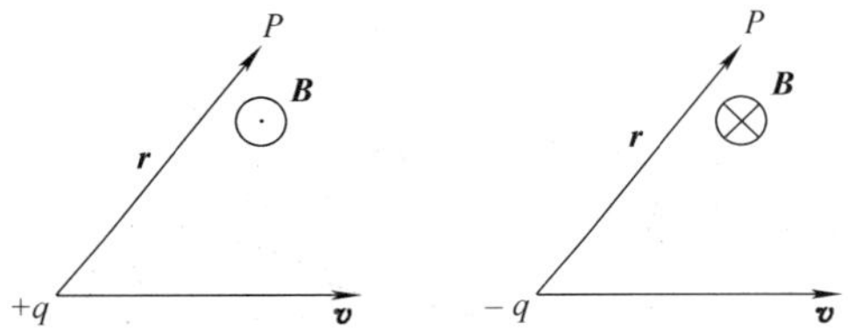

图 12-15　**B** 与 **v** 的方向

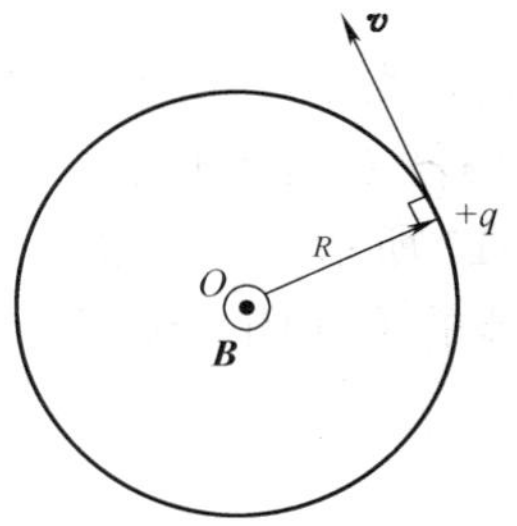

图 12-16　圆周运动电荷在圆心处产生的磁场

【解】 方法一：由 $\boldsymbol{B}=\frac{\mu_0}{4\pi}\frac{q\boldsymbol{v}\times\boldsymbol{r}}{r^3}$，运动电荷在 O 处产生的 **B** 大小为

$$B=\frac{\mu_0}{4\pi}\frac{qvr\sin\frac{\pi}{2}}{r^3}$$

由题意 $r=R$，$v=R\omega$，所以

$$B=\frac{\mu_0}{4\pi}\frac{q\omega}{R}$$

方向：垂直纸面向外。

方法二：用圆电流产生 **B** 的公式，由电荷运动，则形成电流。在此，$+q$ 形成的电流流线与 $+q$ 运动的轨迹（圆周）重合，且电流为逆时针方向，相当于一个平面圆形载流线圈。可知，**B** 的方向垂直纸面向外。根据平面圆形载流线圈在其中心产生 **B** 的大小公式，可求出 **B** 的大小。

设运动的周期为 T，有　$I=\frac{q}{T}=q\frac{\omega}{2\pi}$

所以

$$B=\frac{\mu_0 I}{2R}=\frac{\mu_0 q\omega}{4\pi R}$$

12.5 安培环路定理

在静电场中，电场强度的环流等于零，即 $\oint_L \boldsymbol{E}\cdot \mathrm{d}\boldsymbol{l}=0$，说明了静电场是保守场，现在我们研究恒定电流磁场的磁感应强度 $\boldsymbol{B}$ 沿任意闭合路径的积分值，即 $\oint_L \boldsymbol{B}\cdot \mathrm{d}\boldsymbol{l}$ 等于什么。

12.5.1 安培环路定理的表述

磁感应强度 $\boldsymbol{B}$ 沿任意闭合曲线的积分（也叫作 $\boldsymbol{B}$ 的环流）等于穿过这个闭合路径的所有电流代数和的 μ_0 倍，表达式为

$$\oint_L \boldsymbol{B}\cdot \mathrm{d}\boldsymbol{l}=\mu_0 \sum_{L内} I \tag{12-29}$$

接下来我们进行安培环路定理的验证。

1. 闭合路径 L 围绕电流 I

如图 12-17 所示，在无限长直电流产生的磁场中，设 L 为一包围电流的平面闭合路径，曲线上任意一点 P 的磁感应强度 $\boldsymbol{B}$ 的大小为 $B=\dfrac{\mu_0 I}{2\pi r}$，$\boldsymbol{B}$ 的方向是以 r 为半径的圆周的切线方向，$\mathrm{d}\boldsymbol{l}$ 为沿路径 L 发生的位移，发生 $\mathrm{d}\boldsymbol{l}$ 的位移转过的转角为 $\mathrm{d}\varphi$，$\boldsymbol{B}$ 和 $\mathrm{d}\boldsymbol{l}$ 间的夹角为 θ。而 $\mathrm{d}l\cos\theta=r\mathrm{d}\varphi$，所以有

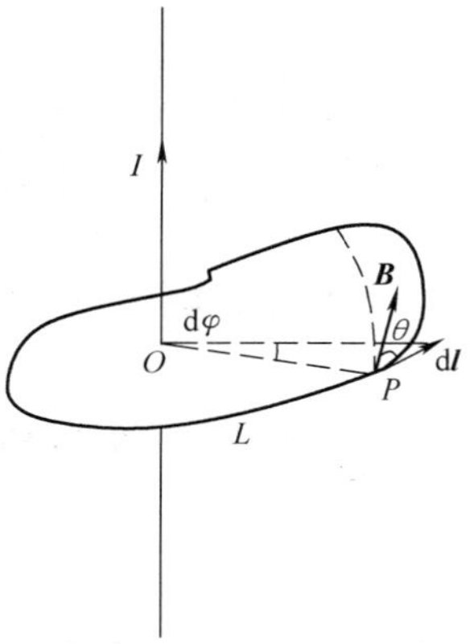

图 12-17　闭合回路包围电流 I

$$\begin{aligned}\oint_L \boldsymbol{B}\cdot \mathrm{d}\boldsymbol{l} &= \oint_L B\mathrm{d}l\cos\theta \\ &= \oint_L \boldsymbol{B}\cdot \mathrm{d}\boldsymbol{l} = \int_0^{2\pi} Br\mathrm{d}\varphi \\ &= \int_0^{2\pi}\frac{\mu_0 I}{2\pi r}\cdot r\mathrm{d}\varphi \\ &= \frac{\mu_0 I}{2\pi}\int_0^{2\pi}\mathrm{d}\varphi = \mu_0 I\end{aligned}$$

即当绕向和电流符合右手螺旋法则时，如图 12-17 所示，$\boldsymbol{B}$ 沿任意闭合曲线的线积分（安培环路定理）的形式为

$$\oint_L \boldsymbol{B}\cdot \mathrm{d}\boldsymbol{l} = \mu_0 I$$

而当积分绕向与电流方向不符合右手螺旋法则时应为 $\oint_L \boldsymbol{B}\cdot \mathrm{d}\boldsymbol{l} = \mu_0(-I)$。

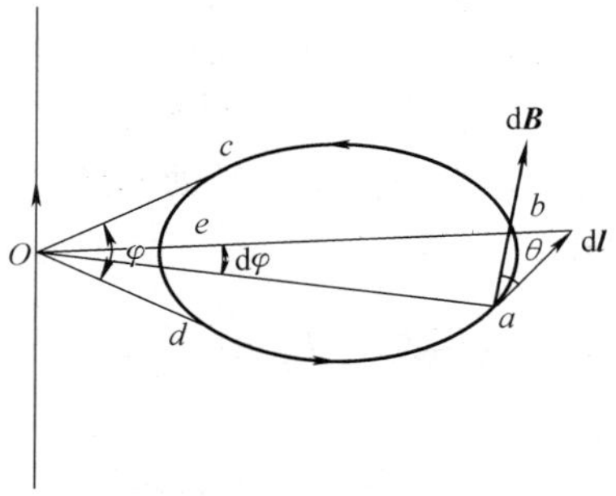

图 12-18　闭合回路不包围电流

2. 闭合路径 L 不围绕电流 I

如果闭合路径 L 不包围载流导线，如图 12-18 所示，取绕向为逆时针，从 O 点向闭合路径作切线 Od、Oc，设切线 Od、Oc 间的夹角为 φ，若由 d 经过 a 转到 c 对应的

转角为 φ，则由 c 经过 e 转到 d 对应的转角则为 $-\varphi$。

图中 $\mathrm{d}l\cos\theta = r\mathrm{d}\varphi$，则 $\boldsymbol{B}$ 沿该绕向的一周的线积分为

$$\oint_L \boldsymbol{B}\cdot\mathrm{d}\boldsymbol{l} = \int_L B\mathrm{d}l\cos\theta = \int_{转角} Br\mathrm{d}\varphi = \int_{转角}\frac{\mu_0 I}{2\pi r}r\mathrm{d}\varphi$$

$$= \frac{\mu_0 I}{2\pi}\int_{转角}\mathrm{d}\varphi = \frac{\mu_0 I}{2\pi}\left(\int_{转角 d\to a\to c}\mathrm{d}\varphi + \int_{转角 c\to e\to d}\mathrm{d}\varphi\right)$$

$$= \varphi - \varphi = 0$$

结论：L 不包围电流时，磁感应强度 $\boldsymbol{B}$ 沿任意闭合回路的线积分等于 0，即

$$\oint_L \boldsymbol{B}\cdot\mathrm{d}\boldsymbol{l} = 0$$

3. 多根载流导线穿过闭合路径

如图 12-19 所示，设有 n 根载流导线，通过的电流分别为 I_1，I_2，…，I_{n-1}，I_n，第 I_n 不穿过闭合路径。令各个电流在空间激发的磁感应强度分别为 $\boldsymbol{B}_1$，$\boldsymbol{B}_2$，…，$\boldsymbol{B}_{n-1}$，$\boldsymbol{B}_n$，曲线上各点总的磁感应强度为 $\boldsymbol{B}$。且

$$\boldsymbol{B} = \boldsymbol{B}_1 + \boldsymbol{B}_2 + \cdots + \boldsymbol{B}_{n-1} + \boldsymbol{B}_n$$

$$\oint_L \boldsymbol{B}\cdot\mathrm{d}\boldsymbol{l} = \oint_L(\boldsymbol{B}_1 + \boldsymbol{B}_2 + \cdots + \boldsymbol{B}_{n-1} + \boldsymbol{B}_n)\cdot\mathrm{d}\boldsymbol{l}$$

$$= \oint_L \boldsymbol{B}_1\cdot\mathrm{d}\boldsymbol{l} + \oint_L \boldsymbol{B}_2\cdot\mathrm{d}\boldsymbol{l} + \cdots + \oint_L \boldsymbol{B}_{n-1}\cdot\mathrm{d}\boldsymbol{l} + \oint_L \boldsymbol{B}_n\cdot\mathrm{d}\boldsymbol{l}$$

$$= \mu_0 I_1 + \mu_0 I_2 + \cdots + \mu_0 I_{n-1} + 0$$

$$= \mu_0 \sum_{L内} I$$

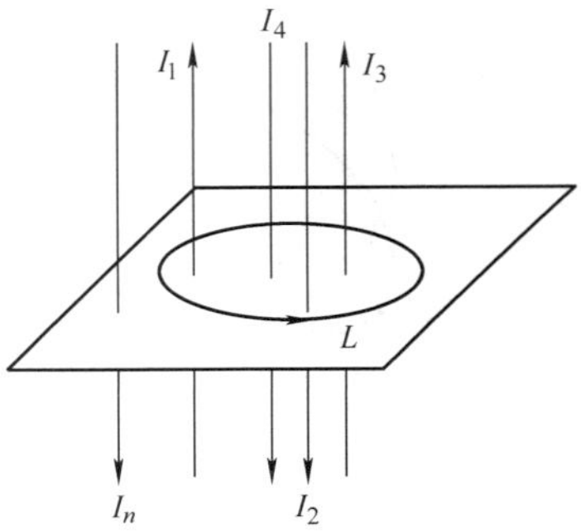

图 12-19　第 n 条载流导线不穿过回路

即

$$\oint_L \boldsymbol{B}\cdot\mathrm{d}\boldsymbol{l} = \mu_0 \sum_{L内} I$$

上式就是安培环路定理的表达式 $\left(其中 \sum_{L内} I = I_1 + I_2 + \cdots + I_{n-1}\right)$。

重点说明：

1）如果闭合路径 L 不是平面路径，载流导线不是直线，安培环路定理仍然成立。

2）$\oint_L \boldsymbol{B}\cdot\mathrm{d}\boldsymbol{l} = \mu_0 \sum_{L内} I$，说明了磁场为非保守场，即涡旋场。

3）安培环路定理只说明 $\oint_L \boldsymbol{B}\cdot\mathrm{d}\boldsymbol{l}$ 仅与闭合路径 L 内电流有关，而与闭合路径 L 外电流无关。而对于曲线上各点的 $\boldsymbol{B}$ 却是 L 内外所有电流共同产生的。

12.5.2　安培环路定理的应用

【例 12-7】　如图 12-20 所示，求 $\oint_L \boldsymbol{B}\cdot\mathrm{d}\boldsymbol{l} = ?$ 并讨论环路上的 $\boldsymbol{B}$ 与 I_1、I_2、I_3 的关系。根据计算结果得出什么结论？

【解】　由安培环路定理得

$$\oint_L \boldsymbol{B} \cdot \mathrm{d}\boldsymbol{l} = \mu_0 \sum_{L内} I = \mu_0(I_2 - 2I_1)$$

磁感应强度沿闭合路径 L 的线积分值与 L 所包围的电流有关，与 L 外的电流无关。而路径 L 上任意点的磁感应强度 $\boldsymbol{B}$ 是由 I_1、I_2、I_3 共同产生的。即由公式

$$\oint_L \boldsymbol{B} \cdot \mathrm{d}\boldsymbol{l} = \mu_0 \sum_{L内} I$$

得出结论：$\oint_L \boldsymbol{B} \cdot \mathrm{d}\boldsymbol{l}$ 项只与闭合路径 L 内的电流有关，与 L 外的电流无关。而 $\boldsymbol{B}$ 是 L 内外的电流共同产生的。

【例 12-8】 有一无限长均匀柱形载流直导体，半径为 R，电流 I 均匀分布在柱形导线的截面上，如图 12-21 所示，求磁感应强度 $\boldsymbol{B}$ 的空间分布。

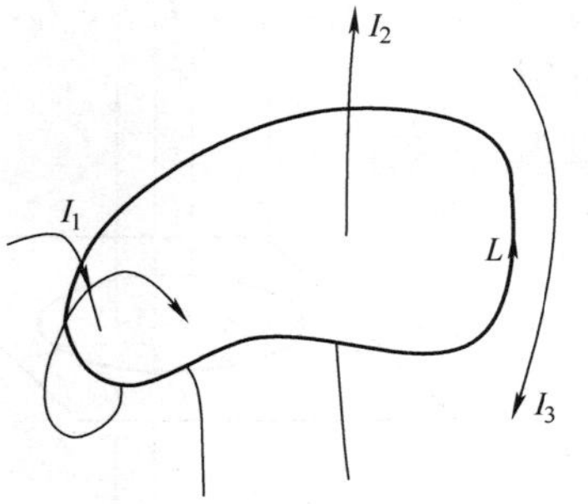

图 12-20 闭合曲线不包围 I_3

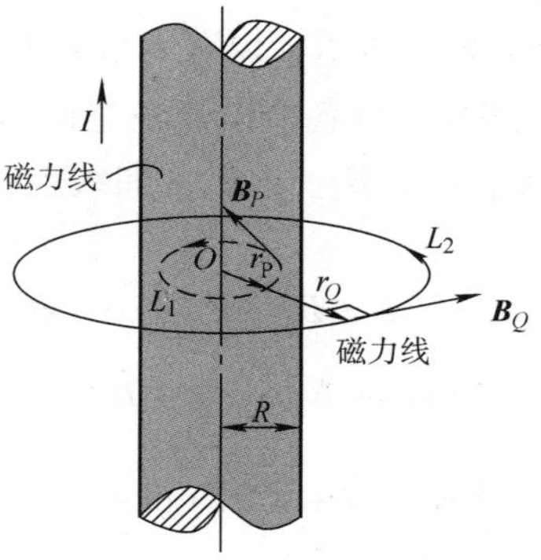

图 12-21 无限长圆柱体周围的磁场

【解】 由题意知，磁场是关于导体轴线对称的。磁力线是在垂直于该导体轴平面上以此轴为圆心的一系列同心圆周，在同一个圆周上 $\boldsymbol{B}$ 的大小是相同的。

(1) 计算柱体内任意一点 P 处的磁感应强度 $\boldsymbol{B}_P$。

设 P 点与轴线的距离为 r_P，以 r_P 为半径作闭合圆周回路，该圆周回路即为电流 I 产生的磁力线回路 L_1。

$\boldsymbol{B}$ 沿 L_1 的环流为

$$\oint_{L_1} \boldsymbol{B} \cdot \mathrm{d}\boldsymbol{l} = \oint_{L_1} B\mathrm{d}l\cos 0^\circ = \oint_{L_1} B\mathrm{d}l$$

$$= B\oint_{L_1} \mathrm{d}l = B \cdot 2\pi r_P$$

L_1 所包围的电流 $$\sum_{L_1内} I = \frac{I}{\pi R^2}\pi r_P^2 = \frac{I}{R^2}r_P^2$$

由安培环路定理 $$\oint_{L_1} \boldsymbol{B} \cdot \mathrm{d}\boldsymbol{l} = \mu_0 \sum_{L_1内} I$$

得 $$B \cdot 2\pi r_P = \mu_0 \sum_{L_1内} I = \frac{\mu_0 I}{R^2}r_P^2$$

因此柱体内任意一点 P 处的磁感应强度 $\boldsymbol{B}_P$ 为

$$B_P = \frac{\mu_0 I}{2\pi R^2} r_P$$

$\boldsymbol{B}$ 的方向如图 12-21 所示，沿以 r_P 为半径的圆周的切线方向。

（2）计算柱体外任一点 Q 处的磁感应强度 $\boldsymbol{B}_Q$。

同理，设 Q 点与轴线的距离为 r_Q，以 r_Q 为半径作闭合圆周回路，该圆周回路即为电流 I 产生的磁力线回路 L_2。

由安培环路定理

$$\oint_{L_2} \boldsymbol{B} \cdot \mathrm{d}\boldsymbol{l} = \mu_0 \sum_{L_2内} I$$

有

$$\oint_{L_2} \boldsymbol{B} \cdot \mathrm{d}\boldsymbol{l} = B \cdot 2\pi r_Q,\quad \mu_0 \sum_{L_2内} I = \mu_0 I$$

柱体外任一点 Q 处的磁感应强度 $\boldsymbol{B}_Q$ 为

$$B_Q = \frac{\mu_0 I}{2\pi r_Q}$$

B_Q 方向如图 12-21 所示，沿以 r_Q 为半径的圆周的切线方向。

【例 12-9】 如图 12-22 所示，均匀密绕在圆环上的一组圆形线圈，形成螺绕环，螺绕环的内外半径相差不大。设环上线圈共 $N = 500$ 匝，通过的电流为 $I = 2\mathrm{A}$，求环芯内 P 点（其半径为 $r = 0.10\mathrm{m}$）的磁感应强度。($\mu_0 = 4\pi \times 10^{-7} \mathrm{N \cdot A^{-2}}$)

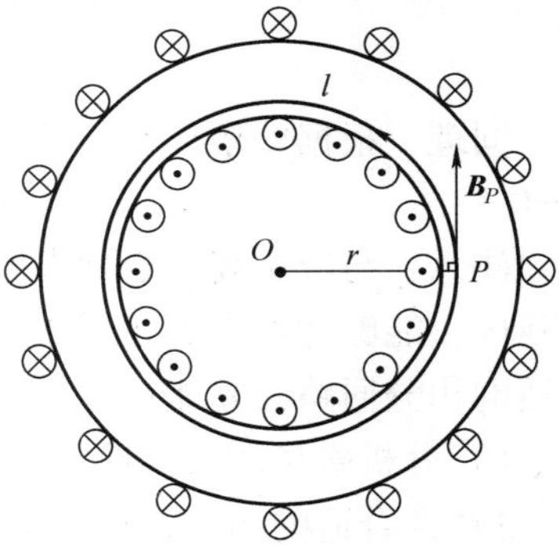

图 12-22　螺绕环内外的磁场

【解】 如果螺线管上导线绕得很密，可以看成全部磁场都集中在管内，磁力线是一系列圆周，圆心在螺线管的对称轴上。在同一磁力线上各点的 $\boldsymbol{B}$ 的大小是相同的，方向沿磁力线的切线方向。在管内任选一点 P，取过 P 点的磁力线闭合为闭合回路，并作为积分路径 l，选积分绕向为逆时针。

根据安培环路定理

$$\oint_{l} \boldsymbol{B} \cdot \mathrm{d}\boldsymbol{l} = \mu_0 \sum_{l内} I$$

因为

$$\oint_{l} \boldsymbol{B} \cdot \mathrm{d}\boldsymbol{l} = \oint_{l} B \mathrm{d}l \cos 0^\circ = B \int_{l} \mathrm{d}l = B \cdot 2\pi r$$

而

$$\mu_0 \sum_{l内} I = \mu_0 N I$$

所以

$$B \cdot 2\pi r = \mu_0 N I$$

环芯内任意 P 点的磁感应强度大小为

$$B = \frac{\mu_0 N I}{2\pi r}$$

已知条件代入得环芯内任意 P 点的磁感应强度大小为

$$B = \frac{4\pi \times 10^{-7} \times 500 \times 2}{2\pi \times 0.10}\text{T} = 2 \times 10^{-3}\text{T}$$

环芯内部各点的磁感应强度大小为 2×10^{-3}T，方向沿如图所示圆周的切线方向。

讨论结果：

1）若环芯的截面半径不能忽略，环内不同位置处 $\boldsymbol{B}$ 大小不同。

2）如果环外半径与内半径之差远小于环中心线的半径 R 时，则可认为环内为均匀磁场（大小），即大小均为 $B = \frac{\mu_0 NI}{2\pi R} = \mu_0 nI$。$n = \frac{N}{L}$为单位周长的匝数。

3）环形螺线管中的磁感应强度的大小结果与无限长直螺线管中心轴线上 $\boldsymbol{B}$ 的大小相同。

可以根据 $\oint_l \boldsymbol{B} \cdot \mathrm{d}\boldsymbol{l} = \mu_0 \sum\limits_{l内} I$ 求环芯外面的磁感应强度 $B=0$。

以螺绕环的圆心为圆心，在螺绕环的外部空间作一闭合圆周，根据安培环路定理，因为穿过该闭合路径的电流的代数和为零，所以

$$\oint_L \boldsymbol{B} \cdot \mathrm{d}\boldsymbol{l} = 0$$

因此在螺绕环外的磁感应强度

$$B = 0$$

同理，根据安培环路定理得在螺绕环内部，小于螺绕环内半径区域的任意点磁感应强度 $B=0$。

注意：与应用高斯定理求电场强度一样，并不能由安培环路定理求出任何情况下的磁感应强度，能够计算出 $\boldsymbol{B}$ 的情况要求磁场必须具有对称性。在具有一定对称性的条件下，选合适的积分回路，才能计算出 $\boldsymbol{B}$ 的值。运用安培环路定理时的思路如下：

1）分析磁场的对称性；

2）选合适的闭合路径（含绕向）；

3）求出 $\oint_L \boldsymbol{B} \cdot \mathrm{d}\boldsymbol{l}$，$\mu_0 \sum\limits_{L内} I$；

4）利用 $\oint_L \boldsymbol{B} \cdot \mathrm{d}\boldsymbol{l} = \mu_0 \sum\limits_{L内} I$，求出 $\boldsymbol{B}$ 的值。

12.6 磁场对载流导体的作用

12.6.1 安培定律

1. 安培定律

实验表明，载流导体在磁场中受磁场的作用力，而磁场对载流导体的这种作用规律是安培以实验总结出来的，故该力称为安培力，我们把载流导线在磁场中受磁力作用的规律，称为安培定律。

安培定律：**电流元在磁场中某点所受的磁场力** $\mathrm{d}F$ **的大小，与该点磁感应强度** $\boldsymbol{B}$ **的**

大小、电流元 Idl 的大小，以及电流元 Idl 与磁感应强度 $\boldsymbol{B}$ 的夹角 θ 的正弦成正比。

安培力的大小可以表示为

$$dF = IdlB\sin\theta \tag{12-30a}$$

安培定律的矢量表示式为

$$d\boldsymbol{F} = Id\boldsymbol{l} \times \boldsymbol{B} \tag{12-30b}$$

$d\boldsymbol{F}$ 的方向垂直于电流元 $Id\boldsymbol{l}$ 与磁感应强度 $\boldsymbol{B}$ 所确定的平面，由右手螺旋法则判定。

对于任意形状的导线所受的磁场力等于该导线上各段电流元所受安培力的矢量和，可表示为

$$\boldsymbol{F} = \int d\boldsymbol{F} = \int_L Id\boldsymbol{l} \times \boldsymbol{B} \tag{12-31a}$$

这就是我们在中学时学习过的安培力，不过中学学习的是这个公式的特殊情况，即载流直导线在均匀磁场中受的安培力，根据上述表达式得

$$F = \int_A^B IB\sin\theta dl = \int_0^L IB\sin\theta dl = BIL\sin\theta \tag{12-31b}$$

2. 两无限长平行载流直导线间的相互作用力

两无限长载流导线间的相互作用力，实质上是一载流导线在其周围空间激发的磁场对另一载流导线的作用力。设两条平行的载流直导线 AB 和 CD，两者间的垂直距离为 d，电流分别 I_1 和 I_2，方向相同，如图 12-23 所示。

首先计算载流导线 CD 所受的力。根据载流直导线的磁场公式（12-20），导线 AB 在导线 CD 处产生的磁场大小为

$$B_{AB} = \frac{\mu_0 I_1}{2\pi d}$$

$\boldsymbol{B}_{AB}$的方向垂直于导线 CD，即图 12-23 中 $\boldsymbol{B}_{21}$ 所示的方向。在 CD 上任取一电流元 I_2dl_2，按安培定律，该电流元所受的力 $d\boldsymbol{F}_{21} = I_2 d\boldsymbol{l}_2 \times \boldsymbol{B}_{AB} = I_2 d\boldsymbol{l}_2 \times \boldsymbol{B}_{21}$，其大小为

$$dF_{21} = B_{21} I_2 dl_2 \sin\theta = B_{21} I_2 dl_2 = \frac{\mu_0 I_1 I_2}{2\pi d} dl_2$$

$d\boldsymbol{F}_{21}$的方向在两平行载流直导线所决定的平面内，并垂直指向导线 AB。

同理，导线 CD 产生的磁场作用在导线 AB 的电流元 I_1dl_1 上的磁场力 $d\boldsymbol{F}_{12}$的大小为

$$dF_{12} = \frac{\mu_0 I_1 I_2}{2\pi d} dl_1$$

方向与 $d\boldsymbol{F}_{21}$的方向相反。

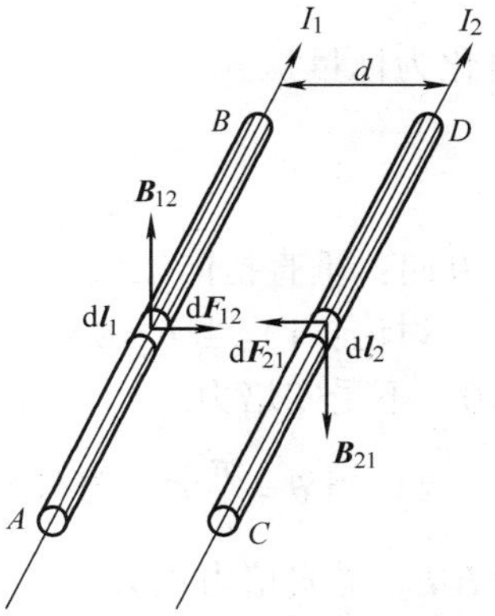

图 12-23　平行载流直导线之间的相互作用

因此，两载流导线 AB 和 CD 单位长度所受的力大小相等，即

$$\frac{dF_{21}}{dl_2} = \frac{dF_{12}}{dl_1} = \frac{\mu_0 I_1 I_2}{2\pi d} \tag{12-32}$$

上述讨论表明，当两平行载流长直导线中的电流为同向时，通过磁场的作用，将相互吸引。不难看出，两者通有反向电流时将相互排斥，而每一导线单位长度所受的斥力的大小与其电流同方向时的所受引力相等。

由于电流比电荷容易测量，在国际单位制中把安培定为基本单位。安培的定义如下：真空中相距 1m 的两无限长而圆截面极小的平行直导线中载有相等的电流时，若在每米长度导线上相互作用力等于 2×10^{-7}N，则导线中的电流定义为 1 安培（A）。

在国际单位制中，真空的磁导率 μ_0 是导出量。根据安培的定义，在式（12-32）中取 $d=1\text{m}$，$I_1=I_2=1\text{A}$，$\dfrac{\mathrm{d}F_{21}}{\mathrm{d}l_2}=2\times10^{-7}\text{N}\cdot\text{m}$，从而可得 $\mu_0=4\pi\times10^{-7}\text{N}\cdot\text{A}^{-2}$。

12.6.2 应用举例

【例 12-10】 如图 12-24 所示，一段长为 L 的载流直导线，置于磁感应强度为 $\boldsymbol{B}$ 的匀强磁场中，$\boldsymbol{B}$ 的方向如图所示，电流流向与 $\boldsymbol{B}$ 夹角为 θ，求载流导线受的安培力 $\boldsymbol{F}$。

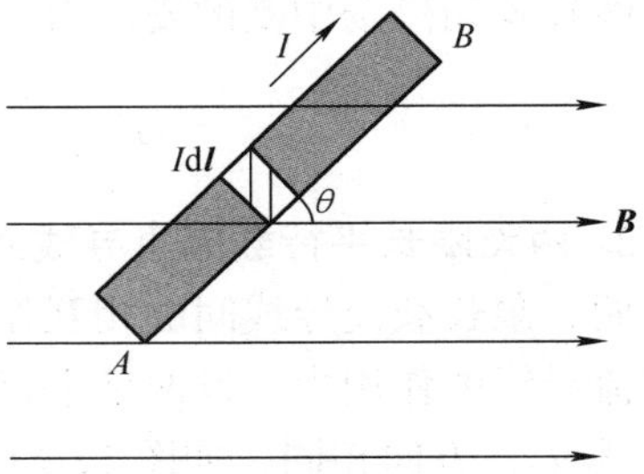

图 12-24 载流导线 AB 在均匀磁场中

【解】 在载流导线上任取一段电流元，如图 12-24所示，电流元受到的安培力为

$$\mathrm{d}\boldsymbol{F}=I\mathrm{d}\boldsymbol{l}\times\boldsymbol{B}$$

大小为

$$\mathrm{d}F=I\mathrm{d}lB\sin\theta$$

$\mathrm{d}\boldsymbol{F}$ 方向为：垂直指向纸面。

因为导线上所有电流元受力方向相同，所以整个导线受到安培力为

$$\boldsymbol{F}=\int\mathrm{d}\boldsymbol{F}$$

可化为标量积分

$$F=\int_A^B IB\sin\theta\mathrm{d}l=\int_0^L IB\sin\theta\mathrm{d}l=BIL\sin\theta$$

$\boldsymbol{F}$ 方向：垂直指向纸面。

讨论：1）当 $\theta=0$ 时，导体平行于磁场放置，$F=0$。不受安培力。

2）当 $\theta=\dfrac{\pi}{2}$时，导体垂直于磁场放置，$F=F_{\max}=BIL$。受安培力最大。

注意：AB 是闭合回路的一部分，孤立的一段载流导线是不存在的。

以上是载流直导线在匀强磁场中的受力情况，一般情况下，磁场是不均匀的，接着我们来看下例。

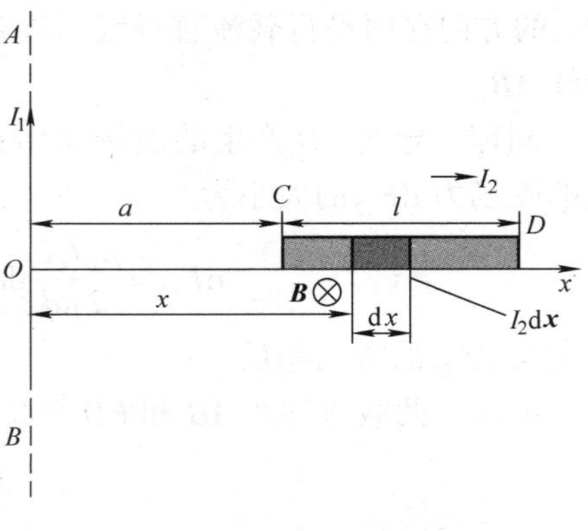

图 12-25 CD 在无限长直导线的磁场中

【例 12-11】 如图 12-25 所示，一无限长载流直导线 AB，载电流为 $I_1=5\text{A}$，在它的一侧有一长为 l

$=1\text{m}$ 的有限长载流导线 CD，其电流为$I_2=1\text{A}$，AB 与 CD 共面，且 $CD\perp AB$，C 端距 AB 为 $a=1\text{m}$。求导线 CD 受到的安培力。($\mu_0=4\pi\times10^{-7}\text{N}\cdot\text{A}^{-2}$)

【解】 取 x 轴与 CD 重合，原点在 AB 上。x 处电流元 $I_2\text{d}x$，在 x 处 $\boldsymbol{B}$ 的方向垂直纸面向里，大小为

$$B=\frac{\mu_0 I_1}{2\pi x}$$

$$\text{d}F=\frac{\mu_0 I_1 I_2}{2\pi x}\text{d}x\sin 90°=\frac{\mu_0 I_1 I_2}{2\pi x}\text{d}x$$

$\text{d}\boldsymbol{F}$ 的方向：垂直于 CD 向上。

因为 CD 上各电流元受到的安培力方向相同，所以 CD 段受到安培力 $\boldsymbol{F}=\int\text{d}\boldsymbol{F}$ 可化为标量积分，有

$$F=\int\text{d}F=\int_a^{a+l}\frac{\mu_0 I_1 I_2}{2\pi x}\text{d}x=\frac{\mu_0 I_1 I_2}{2\pi}\ln\frac{a+l}{a}$$

数据代入得

$$F=\left(\frac{4\pi\times10^{-7}\times5\times1}{2\pi}\ln\frac{1+1}{1}\right)\text{N}=\ln2\times10^{-6}\text{N}$$

$\boldsymbol{F}$ 方向：垂直于 CD 向上。

注意：因为本题 CD 处于非均匀磁场中，所以 CD 受到的磁场力不能用均匀磁场中的受力公式计算，即不能用 $F=BIL$ 计算。以上我们分析的是载流直导线在磁场中的受力情况，实际上，载流导线不全是直的，接下来分析下例。

【例 12-12】 图 12-26 表示在均匀磁场 $\boldsymbol{B}$ 中有一半径为 R 的半圆形导线，通有电流 I，磁场的方向与导线平面垂直，求磁场作用在半圆形导线上的力。

【解】 如图 12-26 所示，取坐标系 Oxy，在导线上任取一电流元 $I\text{d}\boldsymbol{l}$，它受到的安培力为

$$\text{d}\boldsymbol{F}=I\text{d}\boldsymbol{l}\times\boldsymbol{B}$$

大小为 $\text{d}F=BI\text{d}l$，方向沿半径背离圆心。

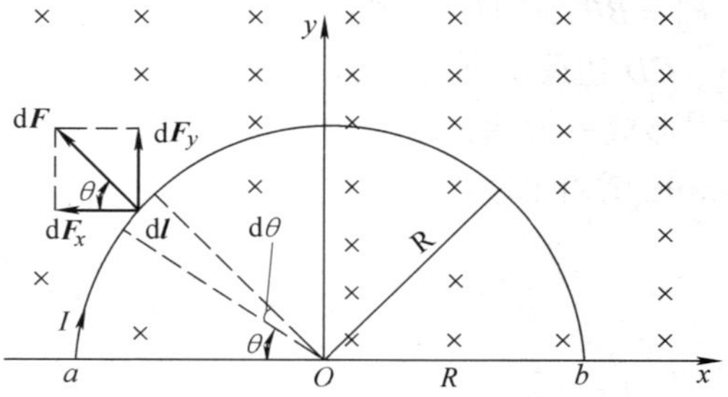

图 12-26　均匀磁场中的一段半圆形导线

由于各电流元所受力 $\text{d}\boldsymbol{F}$ 的方向不同，所以将 $\text{d}\boldsymbol{F}$ 分解为 x 方向和 y 方向的两个分矢量 $\text{d}\boldsymbol{F}_x$ 和 $\text{d}\boldsymbol{F}_y$。由电流分布的对称性可知，半圆形导线上各电流元在 x 方向上的分力相互抵消，其和为零，即

$$F_x=\int\text{d}F_x=0$$

只有 y 方向的分力对合力有贡献。所以合力 $\boldsymbol{F}$ 的大小为

$$F=F_y=\int\text{d}F\sin\theta=\int IB\text{d}l\sin\theta$$

将关系式 $\text{d}l=R\text{d}\theta$ 代入上式得

$$F = \int_0^{\pi} IBR\sin\theta \mathrm{d}\theta = 2IBR$$

显然，合力 $\boldsymbol{F}$ 的方向沿 y 轴正向。

不难看出，上述结果与连接半圆形导线的起点和终点的载流直导线 ab 所受磁力相同。这个结论具有普遍意义，即：一个任意形状的平面载流导线在均匀磁场中所受到的磁场力等于连接该导线的起点和终点的载流直导线所受到的力。

从上述结论可以推知：任意平面闭合载流线圈在均匀磁场中受安培力为0，这样，使某些问题计算得到了简化。

12.6.3 磁场对载流线圈的作用

实验表明，当通电线圈悬挂在磁场中时，可发生旋转，这说明线圈受到了磁场对它施加力矩的作用，磁场对线圈产生的力矩称为磁力矩，下面来推导磁力矩公式。

讨论匀强磁场的情况。设矩形线圈边长为 l_1、l_2，电流为 I，如图12-27所示，线圈法线方向为 $\boldsymbol{n}$（$\boldsymbol{n}$ 与电流流向满足右手螺旋法则），线圈平面与 $\boldsymbol{B}$ 的夹角为 θ，法线方向 $\boldsymbol{n}$ 与 $\boldsymbol{B}$ 夹角为 φ，$\varphi+\theta=\dfrac{\pi}{2}$，导线 AD、BC 受力情况分别为

$$F_1' = BIl_1\sin(\pi-\theta) = BIl_1\sin\theta,\ 方向向上$$

$$F_1 = BIl_1\sin\theta,\ 方向向下$$

由此可见，AD、BC 边受的力大小相等、方向相反，在一条直线上合力为0。而导线 AB 和 CD 与磁场垂直，它们所受的安培力分别为

$F_2 = BIl_2$，方向：垂直纸面向外

$F_2' = BIl_2$，方向：垂直纸面向里

AB、CD 边受力等值，反向平行，这对力形成一力偶，这一力偶的力臂为 $l_1\cos\theta$，产生的力矩大小为

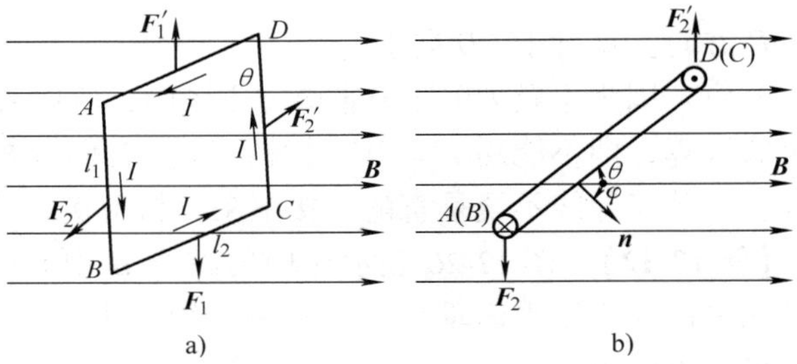

图12-27 平面载流线圈在匀强磁场中所受的力矩

a）立体图 b）俯视图

$$M = F_{AB}d = BIl_2l_1\cos\theta = BIS\cos\left(\frac{\pi}{2}-\varphi\right)$$

$$= BIS\sin\varphi$$

力矩 $\boldsymbol{M}$ 方向向上。

定义线圈的磁矩为 $$\boldsymbol{P}_{\mathrm{m}} = IS\boldsymbol{n} \tag{12-33a}$$

磁矩的大小 $$P_{\mathrm{m}} = IS \tag{12-33b}$$

磁矩的方向与线圈法线正方向一致，根据线圈上流过的电流 I 的方向，由右手螺旋定则确定线圈的法线正方向。

对 N 匝线圈的磁矩为 $$\boldsymbol{P}_{\mathrm{m}} = NIS\boldsymbol{n} \tag{12-33c}$$

由此可得出磁力矩 $\boldsymbol{M}$ 的矢量式为

$$\boldsymbol{M}=\boldsymbol{P}_{\mathrm{m}}\times\boldsymbol{B} \tag{12-34a}$$

磁力矩 **M** 的大小为

$$M=BIS\sin\varphi=P_{\mathrm{m}}B\sin\varphi \tag{12-34b}$$

M 的方向可以由右手螺旋法则判定。

以上表达式不仅对于矩形线圈成立，对于在均匀磁场中任意形状的线圈均成立，甚至对于带电粒子沿子闭合回路的运动以及带电粒子的自旋磁矩被看作载流线圈时所受的磁力矩也适用。

由
$$M=BIS\sin\varphi=P_{\mathrm{m}}B\sin\varphi$$
得出结论：

1）当 $\varphi=0$ 时，线圈平面与磁场垂直，$\boldsymbol{P}_{\mathrm{m}}$ 与 **B** 平行，磁力矩 $M=0$，线圈处于稳定平衡位置。

2）当 $\varphi=\frac{\pi}{2}$ 时，此时线圈平面与磁场平行，$\boldsymbol{P}_{\mathrm{m}}$ 与 **B** 垂直，磁力矩最大，大小为

$$M=M_{\max}=P_{\mathrm{m}}B \tag{12-34c}$$

3）当 $\varphi=\pi$ 时，此时线圈平面与磁场垂直，$\boldsymbol{P}_{\mathrm{m}}$ 与 **B** 平行，磁力矩 $M=0$，线圈处于非稳定平衡位置。所谓非稳定平衡，指线圈受某一扰动后会偏离此位置，此时线圈受到一力矩作用，结果是使线圈远离 $\theta=\pi$ 这一平衡位置，直到 $\boldsymbol{P}_{\mathrm{m}}$ 转向 **B** 的方向为止。因此，磁力矩作用下总是使线圈平面向着稳定平衡的位置偏转。

从上面讨论可知，平面刚性线圈在均匀磁场中，由于只受磁力矩的作用，所以只发生转动，而不会发生平动。

磁场对载流线圈作用力矩的规律是制成各种电动机和电流计的基本原理。

一般而言，计算 **M** 时需要按照下面步骤：

1）判断磁矩 $\boldsymbol{P}_{\mathrm{m}}$ 方向；

2）求磁矩 $\boldsymbol{P}_{\mathrm{m}}$ 与 **B** 夹角；

3）算出 $\boldsymbol{P}_{\mathrm{m}}$ 的大小，根据 $\boldsymbol{M}=\boldsymbol{P}_{\mathrm{m}}\times\boldsymbol{B}$，计算磁力矩 **M** 的大小 $M=P_{\mathrm{m}}B\sin\varphi$ 及确定磁力矩 **M** 的方向。

12.6.4　磁力的功

1. 载流导体在磁场中运动磁力做的功

设磁感应强度为 **B** 的均匀磁场中，有一载流的闭合回路 $abcda$ 如图 12-28 所示，电流 I 保持不变，电路中 ab 长度为 l，ab 可以沿导线轨道滑动，如图所示，由安培定律，ab 受到的磁力 **F** 大小为

$$F=BIl$$

方向如图 12-28 所示。

ab 由初始位置向右位移 Δx 的过程中，磁力所做的功为

$$A=F\Delta x=BIl\Delta x=BI\Delta S=I\Delta\Phi \tag{12-35}$$

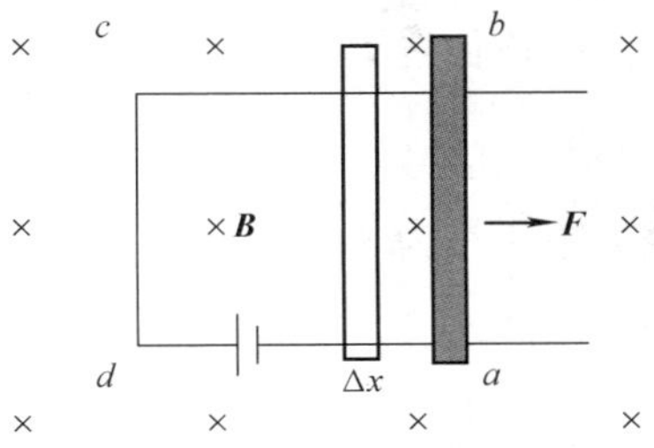

图 12-28　载流导体 ab 受磁力作用

上式说明，当载流导体在磁场中运动时，如果电

流保持不变，磁力所做的功等于电流乘以通过回路所环绕的面积内磁通量的增量。

2. 载流线圈在磁场中转动时磁力矩的功

设一面积为 S、通过的电流为 I 的线圈，处于磁感应强度为 $\boldsymbol{B}$ 的磁场中，现在我们来计算线圈转动时，磁力矩做的功。

如图 12-29 所示，设线圈转过极小角度 $\mathrm{d}\varphi$（线圈平面的法线方向 $\boldsymbol{n}$ 和磁场方向 $\boldsymbol{B}$ 间的夹角），在此过程中，$\boldsymbol{n}$ 和 $\boldsymbol{B}$ 间的夹角由 φ 增加为 $\varphi+\mathrm{d}\varphi$，所以力矩做负功。因为线圈向着 $\varphi=0$ 的方向转动时，力矩做正功。

$$\begin{aligned}\mathrm{d}A &= -M\mathrm{d}\varphi = -BIS\sin\varphi\mathrm{d}\varphi\\ &= I\mathrm{d}(BS\cos\varphi)\\ &= I\mathrm{d}\Phi\end{aligned}$$

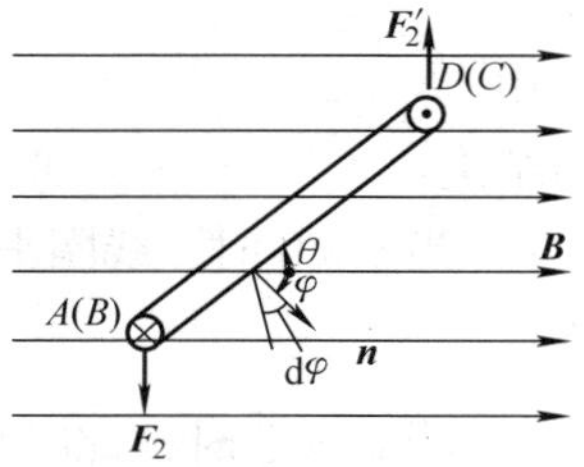

图 12-29　线圈平面转过 $\mathrm{d}\varphi$ 角

当线圈由初始位置 φ_1 转过 φ_2 时，磁力做的总功为

$$A=\int_{\Phi_1}^{\Phi_2} I\mathrm{d}\Phi = I(\Phi_2-\Phi_1)=I\Delta\Phi \tag{12-36}$$

可以证明，任何一个闭合回路在磁场中改变位置或者改变形状时，如果维持线圈上的电流不变，则磁力矩所做的功都可以按 $A=I\Delta\Phi$ 计算，因此得出结论：磁力和磁力矩做的功等于电流和通过载流线圈的磁通量增量的乘积。

如果线圈上的电流随时间改变，这时磁力所做的功为

$$A=\int_{\Phi_1}^{\Phi_2} I\mathrm{d}\Phi \tag{12-37}$$

【例 12-13】 一载有电流 $I=10\mathrm{A}$ 的半圆形闭合线圈，半径为 $R=0.01\mathrm{m}$，匝数为 $N=100$ 匝，位于 $B=10^{-3}\mathrm{T}$ 的均匀磁场中，$\boldsymbol{B}$ 的方向与线圈平面平行，如图 12-30 所示。求：

（1）此时线圈的磁矩以及力矩的大小和方向；

（2）在该力矩作用下，线圈平面转到与 $\boldsymbol{B}$ 垂直的位置时，磁力矩做的功。

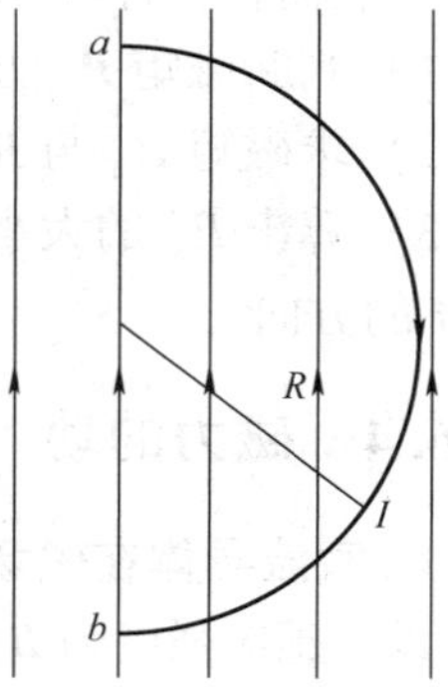

图 12-30　半圆形载流导线平行于磁场放置

【解】（1）线圈的磁矩

$$\boldsymbol{P}_{\mathrm{m}}=NIS\boldsymbol{n}=NI\frac{\pi}{2}R^2\boldsymbol{n}$$

已知条件代入得磁矩的大小为

$$P_{\mathrm{m}}=NI\frac{\pi}{2}R^2=\left(100\times10\times\frac{\pi}{2}\times0.01^{-2}\right)\mathrm{A}\cdot\mathrm{m}^2=\frac{\pi}{20}\mathrm{A}\cdot\mathrm{m}^2$$

磁矩的方向垂直向里。

因为该位置 $\boldsymbol{P}_{\mathrm{m}}$ 与 $\boldsymbol{B}$ 垂直，所以由式

$$\boldsymbol{M}=\boldsymbol{P}_{\mathrm{m}}\times\boldsymbol{B}$$

得磁力矩大小为

$$\begin{aligned}M &= P_{\mathrm{m}}B\sin\frac{\pi}{2}=N\frac{\pi}{2}IR^2B\\ &=\frac{\pi}{20}\times10^{-3}\mathrm{N}\cdot\mathrm{m}\end{aligned}$$

力矩的方向水平向右。

（2）计算磁力矩做的功

由已知　$\Phi_1 = 0, \quad \Phi_2 = BS = \frac{\pi}{2}NR^2B$

所以有　$A = I\Delta\Phi = I(\Phi_2 - \Phi_1) = \frac{\pi}{2}NIR^2B$

或者由　$A = \int_{\frac{\pi}{2}}^{0}(-M)\,\mathrm{d}\varphi = \int_{\frac{\pi}{2}}^{0}(-P_{\mathrm{m}}B\sin\varphi)\,\mathrm{d}\varphi = \frac{\pi}{2}NIR^2B = \frac{\pi}{20}\times 10^{-3}\mathrm{N\cdot m}$

12.7　磁场对运动电荷的作用

12.7.1　洛伦兹力（磁场对运动电荷的作用力）

我们把磁场对运动电荷的作用力叫作洛伦兹力。接下来我们根据前面学过的安培定律来推导运动电荷在磁场中所受的这个力——洛伦兹力。

由安培定律得，任意电流元 $I\mathrm{d}\boldsymbol{l}$ 在磁场 $\boldsymbol{B}$ 中受的安培力大小为

$$\mathrm{d}F = I\mathrm{d}lB\sin\theta$$

式中，θ 为 $I\mathrm{d}\boldsymbol{l}$ 与 $\boldsymbol{B}$ 间的夹角。

设 q 为在电流元内带电粒子的电荷量，n 为在载电流元内带电粒子的数密度，v 为在电流元内带电粒子的定向运动速率，S 为构成电流元的导体的截面积。

由电流的定义式，电流的大小为

$$I = qnvS$$

代入安培定律得

$$\mathrm{d}F = qnvS\mathrm{d}lB\sin\theta$$

在 $\mathrm{d}l$ 这段导体内包含的定向运动的带电粒子的数目为

$$\mathrm{d}N = nS\mathrm{d}l$$

因此每个带电粒子所受的磁力大小为

$$f = \frac{\mathrm{d}F}{\mathrm{d}N} = qvB\sin\theta \tag{12-38}$$

f 就是我们所讨论的洛伦兹力。

因为电流元 $I\mathrm{d}\boldsymbol{l}$ 的方向和电荷定向运动速度的方向 $\boldsymbol{v}$ 一致，而 θ 是 $\boldsymbol{v}$ 和 $\boldsymbol{B}$ 间的夹角。因此洛伦兹力的矢量表示式为

$$\boldsymbol{f} = q\,\boldsymbol{v}\times\boldsymbol{B} \tag{12-39}$$

$\boldsymbol{f}$ 的方向由右手螺旋法则判定。

该表达式与安培定律 $\mathrm{d}\boldsymbol{F} = I\mathrm{d}\boldsymbol{l}\times\boldsymbol{B}$ 公式相当，叫作洛伦兹力公式。它对正、负电荷都成立。$q>0$，$\boldsymbol{f}$ 沿 $\boldsymbol{v}\times\boldsymbol{B}$ 方向；$q<0$，$\boldsymbol{f}$ 沿 $\boldsymbol{v}\times\boldsymbol{B}$ 反方向。$\boldsymbol{v}\parallel\boldsymbol{B}$ 时，$f=0$；$\boldsymbol{v}\perp\boldsymbol{B}$ 时，$|\boldsymbol{f}| =$

$|q|vB=f_{max}$。

因为洛伦兹力$\boldsymbol{f}$始终与电荷运动的速度方向垂直，即$\boldsymbol{f}\perp\boldsymbol{v}$，所以洛伦兹力只改变速度的方向，不改变速度的大小，所以，洛伦兹力$\boldsymbol{f}$对带电粒子不做功。

如果带电粒子在同时存在的电场和磁场中运动，则带电粒子受的合力为

$$\boldsymbol{f}=q\,\boldsymbol{v}\times\boldsymbol{B}+q\boldsymbol{E}$$

即

$$\boldsymbol{f}=q(\boldsymbol{v}\times\boldsymbol{B}+\boldsymbol{E}) \tag{12-40}$$

该式叫作洛伦兹关系式。

12.7.2 带电粒子在匀强磁场中运动

设有一匀强磁场，磁感应强度为$\boldsymbol{B}$，一电荷量为q、质量为m的粒子以速度$\boldsymbol{v}$进入磁场，在磁场中粒子受到洛伦兹力，粒子的运动方程为

$$\boldsymbol{f}=q\,\boldsymbol{v}\times\boldsymbol{B}=m\frac{\mathrm{d}\boldsymbol{v}}{\mathrm{d}t}$$

接下来我们从三种情况讨论粒子在匀强磁场中的运动规律：

1）带电粒子运动方向与磁场方向平行（$\boldsymbol{v}/\!/\boldsymbol{B}$）。

由洛伦兹力公式$\boldsymbol{f}=q\boldsymbol{v}\times\boldsymbol{B}$，作用于带电粒子上的洛伦兹力等于零。由运动方程得粒子的运动速度等于恒矢量，所以带电粒子作匀速直线运动。

2）带电粒子运动方向与磁场方向垂直（$\boldsymbol{v}\perp\boldsymbol{B}$）。

当带电粒子以速度$\boldsymbol{v}$沿垂直于磁场的方向进入一均匀磁场$\boldsymbol{B}$时，洛伦兹力始终与速度垂直，因此带电粒子将在$\boldsymbol{f}$和$\boldsymbol{v}$确定的平面内作匀速圆周运动。

洛伦兹力提供向心力，运动方程为

$$qvB=m\frac{v^2}{R} \tag{12-41}$$

带电粒子作圆周运动的半径为（还叫作回旋半径）

$$R=\frac{mv}{qB} \tag{12-42}$$

由上式可知，对于一定的带电粒子，当它在磁场中运动时，其轨道半径与带电粒子的速率成正比。

根据上式带电粒子在圆周轨道上绕行一周的时间为

$$T=\frac{2\pi R}{v}=\frac{2\pi m}{qB} \tag{12-43}$$

也可以由$f=\frac{1}{T}$求出回旋频率。

周期和频率与速率和回旋半径无关，取决于$\boldsymbol{B}$及粒子本身的质量和电荷量。即同种粒子在相同的磁场中运动时，快速粒子在半径大的圆周上运动，慢速粒子在半径小的圆周上运动，但是绕行一周的时间是相同的。这是粒子在磁场中运动的明显特征。回旋加速器就是根据该特征制成的。

3）带电粒子与磁场成任意角进入磁场，如图 12-31 所示，$\boldsymbol{v}_0$ 与 $\boldsymbol{B}$ 成 θ 角。

可以把 $\boldsymbol{v}_0$ 分解为平行于磁场的分量 $\boldsymbol{v}_{/\!/}$ 和垂直于磁场的分量 $\boldsymbol{v}_{\perp}$。$v_{/\!/}=v_0\cos\theta$，$v_{\perp}=v_0\sin\theta$。在垂直于磁场方向受洛伦兹力作用，使粒子作匀速圆周运动，在平行于磁场方向不受力，粒子作匀速直线运动。带电粒子在磁场中的运动是这两种运动的合成，即带电粒子与磁场成任意角进入磁场，带电粒子作螺旋线运动。

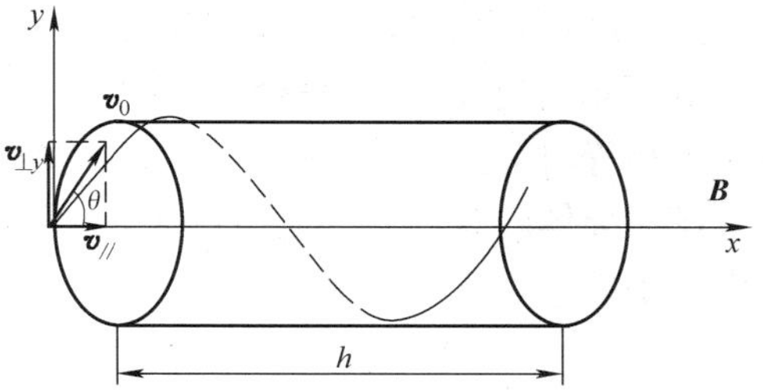

图 12-31　带电粒子在匀强磁场中的运动（初速度 $\boldsymbol{v}_0$ 与 $\boldsymbol{B}$ 斜交）

此时螺旋运动的半径为

$$R=\frac{mv_{\perp}}{qB}=\frac{mv_0\sin\theta}{qB} \tag{12-44}$$

螺旋运动的周期为

$$T=\frac{2\pi R}{v_{\perp}}=\frac{2\pi m}{qB} \tag{12-45}$$

螺距为

$$h=v_{/\!/}T=v_0\cos\theta T=\frac{2\pi m v_0\cos\theta}{qB} \tag{12-46}$$

12.7.3　带电粒子在磁场中运动的实例分析

1. 霍尔效应

将导体板垂直于磁场 $\boldsymbol{B}$ 放置，如图 12-32a 所示。

当电流 I 沿着垂直于 $\boldsymbol{B}$ 的方向通过金属板时，在金属板上下两个表面 M、N 之间就会出现横向电势差 U_H，这种现象是美国物理学家霍尔在 1879 年首先发现的，叫作霍尔效应。电势差 U_H 叫作霍尔电势差（霍尔电压）。实验表明，霍尔电势差与电流 I 以及磁感应强度 B 的大小成正比，与导体板的厚度 d 成反比。即

$$U_H=R_H\frac{IB}{d} \tag{12-47}$$

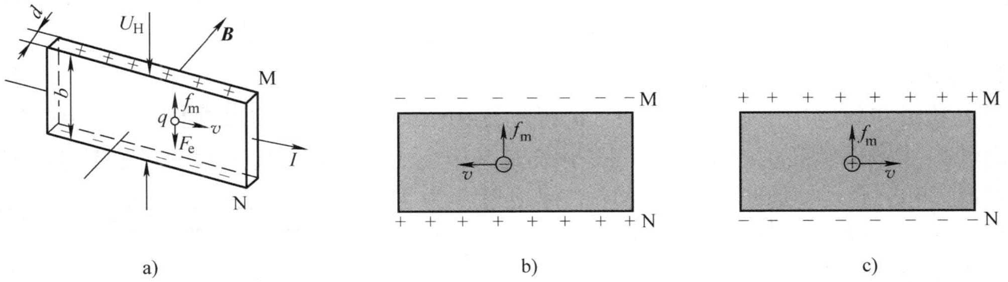

图 12-32　霍尔效应原理图

式中，R_H 叫作霍尔系数，是仅仅与导体材料有关的常数。

霍尔电势差的产生是由于运动电荷在磁场中受洛伦兹力作用的结果，因为导体的电流是载流子定向运动形成的。如果作定向运动的带电粒子是负电荷，如图 12-32b 所示，结果使

导体的上表面 M 聚集了大量的负电荷，下表面 N 聚集了大量的正电荷，在 N、M 中间形成了向上的电场；如果作定向运动的带电粒子是正电荷，如图 12-32c 所示，产生的结果与图 12-32b 所示情况相反。这两种情况中，粒子都要受电场力，当带电粒子受到的电场力与洛伦兹力相等时，达到稳定平衡状态，此时上下两个面之间的电势差就是霍尔电压 U_H。

设在导体内载流子的电荷量为 q，平均定向运动速率为 v，载流子在磁场中受到的洛伦兹力大小为

$$f_m = qvB$$

如果导体的宽度为 b，当导体上下表面间的电势差为 U_H 时，带电粒子所受的电场力大小为

$$f_e = qE = q\frac{U_H}{b}$$

当电场力和洛伦兹力相等时，有

$$qvB = q\frac{U_H}{b}$$

设导体内载流子的浓度为 n，于是 $I = nqvbd$，把求出的 v 代入上式得

$$U_H = \frac{1}{nq}\frac{IB}{d}$$

将上式与式(12-47)相比较，可得霍尔系数为

$$R_H = \frac{1}{nq} \tag{12-48}$$

上式表明，霍尔系数的数值决定于每个载流子所带的电荷量 q 和载流子的浓度 n，正负取决于载流子所带电荷的正负。若 q 为正，则 $R_H > 0$，$U_H > 0$；若 q 为负，则 $R_H < 0$，$U_H < 0$。由实验测定霍尔电势差或者霍尔系数后，就可以判定载流子带的是正电荷还是负电荷。进而判定半导体的类型，是空穴型半导体（P 型），还是电子型半导体（N 型）。根据霍尔系数还可以判定载流子的浓度。

一般金属导体中的载流子都是自由电子，其浓度很大，所以金属材料的霍尔系数很小，相应的霍尔电压也很弱。在半导体材料中，载流子浓度小，因而半导体材料的霍尔系数比较大，霍尔电压也比金属大得多，所以通常采用半导体产生霍尔效应。

2. 磁聚焦

带电粒子在磁场中的螺旋线运动，已经广泛用于磁聚焦、磁约束等技术中。图 12-33 所示是电子射线磁聚焦装置的示意图。图中 K 是发射电子的阴极，G 是控制极，A 是阳极，它们组成电子枪；C、C′是产生匀强磁场的螺线管，为了提高聚焦质量，阳极圆筒内装有小圆孔的共轴限制膜片。在控制板和阳极电压作用下，由阴极 K 发射出的电子将汇集于 P 点，可见 P 点相当于光学成像系统中的物点。电子束在 P 点以与 $\boldsymbol{B}$ 成 θ 角的速度 $\boldsymbol{v}$ 进入磁场，由于限制膜片的作用，使 $\boldsymbol{v}$ 与 $\boldsymbol{B}$ 所成的发射角很小，所以平行于磁场的分量 $\boldsymbol{v}_{/\!/}$ 和垂直于磁场的分量 $\boldsymbol{v}_{\perp}$ 大小分别为

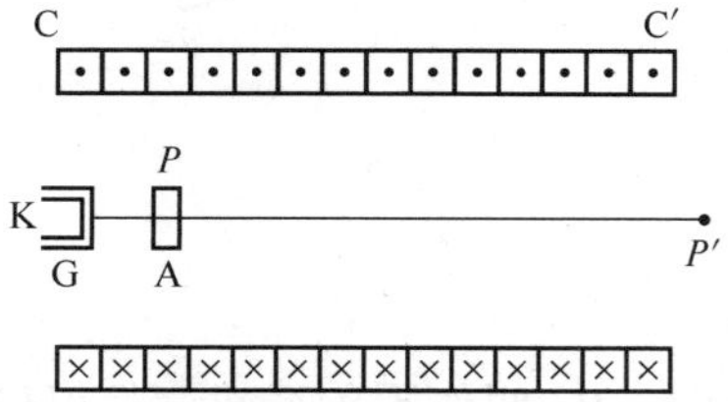

图 12-33　电子射线磁聚焦装置

$$v_{/\!/} = v\cos\theta \approx v \tag{12-49}$$

$$v_{\perp} = v\sin\theta \approx v\theta \tag{12-50}$$

因为电子速度的垂直分量$\boldsymbol{v}_{\perp}$各不相同，电子将沿不同半径的螺旋线前进，但是由于速度的水平分量近似相等，所以各电子经历的螺距近似相等，一个螺距的大小为 $h=\dfrac{2\pi m}{qB}v$。这样各个电子每经历一个螺距都会会聚在同一点，最后在 P'点会聚。P'点成为 P 点的像点。这与透镜将光束聚焦成像的作用十分相似。这就是磁聚焦原理。

3. 回旋加速器

回旋加速器是原子核物理、高能物理等实验中获得高能粒子的一种基本设备，图12-34所示是回旋加速器的结构示意图，D_1 和 D_2 是封在高度真空室中的两个半圆形铜盒，常称为 D 形电极。两个 D 形电极与高频振荡器连接，于是在电极之间的缝隙处就产生按一定频率变化的交变电场。把两个 D 形电极放在电磁铁的两个磁极之间，便有一恒定的均匀磁场垂直于电极平面。如果在两个缝隙中间的 P 处由离子源发射出带电粒子，这些粒子在磁场的作用下被加速而进入盒 D_1，当粒子在盒内运动时，因为盒内空间没有电场，粒子的速度将保持不变，但是由于受到垂直方向恒定磁场的作用而作半径为 R 的圆周运动，粒子在这半盒中运动的时间为 $t=\dfrac{\pi m}{qB}$，是一个恒量，与粒子的速度和半径无关。如果振荡器的频率为 $\nu=\dfrac{1}{2t}$，那么当粒子从 D_1 盒出来到达缝隙时，缝隙中的电场方向恰已反向因此粒子再次被加速，以较大的速度进入 D_2 盒，并在 D_2 盒内以相对较大半径作圆弧运动，再次经过相同的时间 t 后，又回到缝隙而再次被加速进入 D_1 盒。所以只要加在 D 型电极上高频振荡器的频率和粒子在 D 型盒中的旋转频率保持相等，便能保证带电粒子经过缝隙时受到电场力而加速。这样随着加速次数的增加，轨道半径也将逐渐增大，形成图示的螺旋形线的运动轨道。最后离子以很高的速度从致偏电极引出，从而获得高能粒子束。

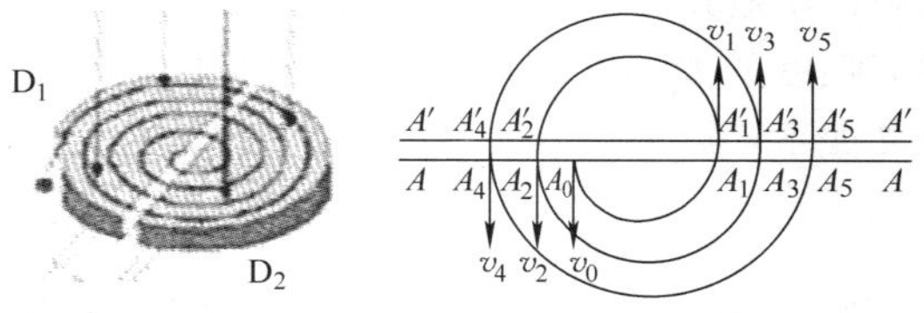

图 12-34　回旋加速器原理图

当粒子的速度被加速到接近光速时，必须考虑到相对论效应，粒子的质量将随速度的增加而增加，粒子在半盒内运动所需要的时间 t 也增加。因此为了使粒子每次穿过缝隙时仍能不断得到加速，必须使交变电场的角频率 ω 随着粒子的加速过程而同步降低，使之满足 $\omega m = qB$。根据这个原理设计的回旋加速器，叫作同步回旋加速器。

12.8　有磁介质时的安培环路定理

12.8.1　磁化

1. 磁介质的分类

如果磁场中有实物物质存在，这些物质受磁场的作用物质的分子的状态发生了变化，磁化后的物质反过来要对磁场产生影响，我们把能够影响磁场的物质叫作磁介质。把磁介质在磁场作用下内部状态的变化叫作磁化。设一电流分布在真空中激发的磁感应强度为 $\boldsymbol{B}_0$，当磁场中放入了某种磁介质后，磁化的磁介质激发附加磁场 $\boldsymbol{B}'$，这时磁场中任意一点的磁感应强度为 $\boldsymbol{B}$ 等于 $\boldsymbol{B}_0$ 和 $\boldsymbol{B}'$的矢量和，即

$$\boldsymbol{B}=\boldsymbol{B}_0+\boldsymbol{B}' \tag{12-51}$$

对于不同的磁介质，$\boldsymbol{B}'$的大小和方向可能有很大的差别，为讨论问题的方便，我们引入了相对磁导率 μ_r，当均匀磁介质充满整个磁场时，磁介质的相对磁导率为

$$\mu_r=\frac{B}{B_0} \tag{12-52}$$

式中，B 是介质中的总的磁场的磁感应强度的大小；B_0 为真空中的磁场或者说外磁场的磁感应强度的大小。μ_r 可以用来描述不同的磁介质对外磁场的影响。而磁介质的磁导率可以定义如下：

$$\mu=\mu_r\mu_0 \tag{12-53}$$

通常，按磁导率的不同可以把物质分为以下三类：

1）抗磁质：这类磁介质的相对磁导率 $\mu_r<1$，其附加的 $\boldsymbol{B}'$与 $\boldsymbol{B}_0$ 方向相反，因而总的磁场的磁感应强度的大小 $B<B_0$。例如汞、铜、锌、铅等。

2）顺磁质：这类磁介质的相对磁导率 $\mu_r>1$，其附加的 $\boldsymbol{B}'$与 $\boldsymbol{B}_0$ 方向相同，因而总的磁场的磁感应强度的大小 $B>B_0$。例如锰、铝、铂、氧等。

3）铁磁质：这类磁介质的相对磁导率 $\mu_r\gg1$，其附加的 $\boldsymbol{B}'$与 $\boldsymbol{B}_0$ 方向相同，因而总的磁场的磁感应强度的大小 $B\gg B_0$。例如铁、钴、镍等。

抗磁质和顺磁质的磁性都很弱，统称为弱磁质。它们的 μ_r 都很接近于 1，而 μ_r 都是与外磁场无关的常数。铁磁质的磁性都很强，而且还具有一些特殊的性质。

2. 顺磁质与抗磁质的磁化机理

在任何物质的分子中，每一个电子都同时参与两种运动，即绕原子核的运动和自旋运动。这两种运动都将形成微小的环形电流，因而具有一定的磁矩，称为轨道磁矩和自旋磁矩。一个分子中全部电子的轨道磁矩和自旋磁矩的矢量和叫作分子的固有磁矩，简称分子磁矩，用符号 $\boldsymbol{P}_M$ 表示。分子中各个电子对外界产生的磁效应的总和可等效于一个圆电流，称为分子电流。这种分子电流所具有的磁矩也叫作分子磁矩。

在外磁场 $\boldsymbol{B}_0$ 作用下，分子中每个电子的运动将更加复杂，除了保持上述两种运动外还要附加一种以外磁场方向为轴线的转动（运动），这种转动也相当于一个圆电流，因而引起一个附加磁矩，其方向总是与外磁场的方向相反，一个分子内所有电子的附加磁矩的矢量和称为分子在磁场中所产生的附加磁矩，用符号 $\Delta\boldsymbol{P}_M$ 表示。

顺磁质和抗磁质的区别在于两者的电结构不同。抗磁质分子中所有电子的轨道磁矩和自旋磁矩的矢量和为零，即分子的固有磁矩 $\boldsymbol{P}_M=\boldsymbol{0}$，只有在外磁场作用时才有附加磁矩 $\Delta\boldsymbol{P}_M$。而顺磁质分子的固有磁矩 $\boldsymbol{P}_M$ 不为零，虽然顺磁质分子在外磁场作用下也产生附加磁矩 $\Delta\boldsymbol{P}_M$，但它比分子的固有磁矩小得多，即对顺磁质而言，$P_M>\Delta P_M$，因为 $\Delta\boldsymbol{P}_M$ 可忽略，所以固有磁矩 $\boldsymbol{P}_M$ 是顺磁质产生磁效应的主要原因。对于抗磁质 $\boldsymbol{P}_M=\boldsymbol{0}$，只有 $\boldsymbol{B}_0\neq\boldsymbol{0}$ 时，才有附加磁场 $\Delta\boldsymbol{P}_M$，所以 $\Delta\boldsymbol{P}_M$ 是抗磁质产生磁效应的唯一原因。

铁磁质是顺磁质的一种特殊情况，有关铁磁质的特殊性质将在后面介绍。

没有外磁场时，由于分子的热运动使顺磁质的各分子固有磁矩的取向杂乱无章。它们相

互抵消，因而宏观上不显现磁性。有外磁场存在时，顺磁质分子的固有磁矩将受到外磁场的力矩作用。在磁力矩作用下，各分子磁矩将因受分子无规则热运动的阻碍不同程度地沿着外磁场 $\boldsymbol{B}_0$ 的方向排列起来，如图 12-35a 所示。对抗磁质而言，只有在外磁场作用下，它的分子才产生与外磁场方向相反的分子附加磁矩，如图 12-35b 所示。

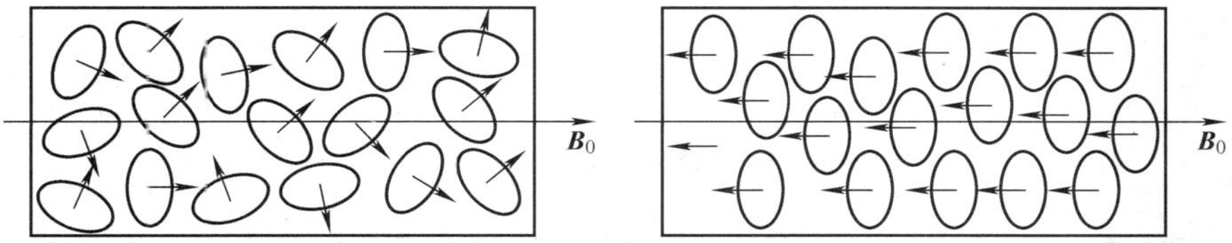

图 12-35 顺磁质和抗磁质

3. 磁化强度

与电介质中引入极化强度 P 来描述电介质的极化程度类似，我们用 M 来描绘磁介质的磁化程度。

我们把单位体积内分子磁矩的矢量和，叫作磁化强度。表达式为

$$\boldsymbol{M}=\frac{\sum \boldsymbol{P}_{\mathrm{M}}+\sum \Delta \boldsymbol{P}_{\mathrm{M}}}{\Delta V} \tag{12-54}$$

对于顺磁质，因为 $\Delta \boldsymbol{P}_{\mathrm{M}}=\mathbf{0}$。所以有

$$\boldsymbol{M}=\frac{\sum \boldsymbol{P}_{\mathrm{M}}}{\Delta V} \tag{12-55}$$

顺磁质 $\boldsymbol{M}$ 的方向与外磁场 $\boldsymbol{B}_0$ 的方向相同。

对于抗磁质，因为 $\boldsymbol{P}_{\mathrm{M}}=\mathbf{0}$。所以有

$$\boldsymbol{M}=\frac{\sum \Delta \boldsymbol{P}_{\mathrm{M}}}{\Delta V} \tag{12-56}$$

抗磁质 $\boldsymbol{M}$ 的方向与外磁场 $\boldsymbol{B}_0$ 的方向相反。

4. 磁化电流

电介质极化时，极化强度与极化电荷有着密切的关系，和电介质相似，磁化强度和磁化电流也有着密切的关系，讨论如下。

考虑一长直螺线管内部均匀充满某种磁介质的情形，设线圈中的电流在管内产生一均匀外磁场 $\boldsymbol{B}_0$，图 12-36a 所示为顺磁质的情况。这时，在磁力矩的作用下，顺磁质中每一个分子的磁矩将趋向于外磁场 $\boldsymbol{B}_0$ 的方向，与分子磁矩相对应的小圆电流（分子电流）的平面将趋向于与磁场方向相垂直，这个现象称为介质的磁化。图 12-36b 给出了磁介质内任一横截面上分子电流的排列情况（其他方向相互抵消，不再画出）。由图 12-36b 可以看出，在磁介质的内部任意一点处总有方向相反的分子电流流过，它们的效果相互抵消。只有在横截面的边缘上，各分子电流的外面部分未被抵消，它们沿相同方向流动，形成沿截面边缘的一个大环形电流，如图 12-36c 所示。由于在各个横截面的边缘都出现这种环形电流，宏观上相当于在介质圆柱体表面上有一层电流流过，这种电流称为磁化电流，也叫作束缚电流，用符号 I_{S} 表示。

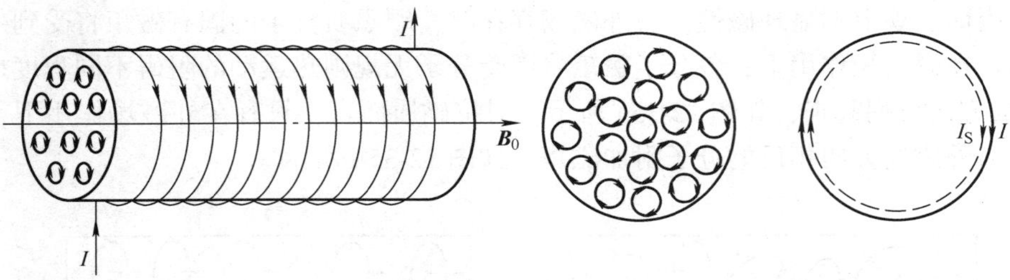

图 12-36　均匀磁化的磁介质中的分子电流

无论是哪一种磁介质的磁化，其宏观效果都是在磁介质的表面出现磁化电流。磁化电流和传导电流一样要激发磁场，顺磁质的磁化电流方向与磁介质中外磁场的方向成右手螺旋关系，它激发的磁场与外磁场方向相同，因而使磁介质中的磁场加强；抗磁质的磁化电流的方向与外磁场的方向成左手螺旋关系，它激发的磁场与外磁场方向相反，因而使磁介质中的磁场减弱。

在均匀磁介质内部任意位置通过的分子电流都是成对的，方向相反，结果相互抵消，只有边缘处，分子电流没有被抵消，形成与截面边缘重合的圆电流 I_S，对磁介质整体来说，分子电流沿着圆柱面垂直于其母线方向流动，称为磁化面电流。因为是顺磁质，磁化面电流与螺线管上导线中的 I 方向相同，如图 12-36c 所示。设 j_S 为圆柱形磁介质表面上每单位长度的分子面电流（即磁化面电流密度），S 为磁介质的截面，l 为所选的一段磁介质的长度，在 l 长度上，磁化电流 $I_S = j_S l$。

因为在这段磁介质总体积内的总磁矩为

$$\sum P_M = I_S S = j_S lS = j_S \Delta V$$

由磁化强度的定义式因此有

$$M = \frac{\sum P_M}{\Delta V} = j_S \tag{12-57}$$

上式表明，磁化强度 $\boldsymbol{M}$ 在量值上等于磁化面电流密度。$\boldsymbol{M}$ 和 $\boldsymbol{j}_S$ 矢量的关系是

$$\boldsymbol{j}_S = \boldsymbol{M} \times \boldsymbol{n}_0 \tag{12-58}$$

式中，$\boldsymbol{n}_0$ 为介质表面外法线方向的单位矢量。

接下来我们讨论磁化强度和磁化电流的关系，如图 12-37 所示，取一个长方形的闭合回路 $abdca$，cd 在介质内部，平行于柱体的轴线，长度为 l，bd、ac 两边和柱面垂直，ab 在柱体的外面。而在磁介质内部各点的 $\boldsymbol{M}$ 都沿 dc 方向，大小相等，在柱面外面各点 $\boldsymbol{M} = \boldsymbol{0}$。所以磁化强度 $\boldsymbol{M}$ 沿闭合回路 $abdca$ 的积分为

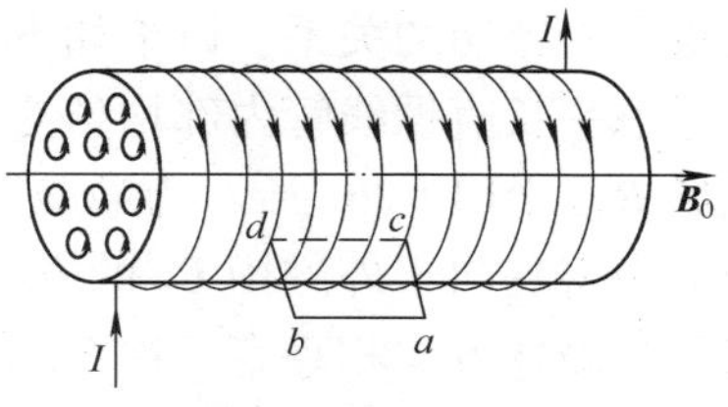

图 12-37　磁化电流与磁化强度的关系

$$\oint_L \boldsymbol{M} \cdot \mathrm{d}\boldsymbol{l} = \int_{ab} \boldsymbol{M} \cdot \mathrm{d}\boldsymbol{l} = M\,\overline{ab} = Ml$$

因为

$$M = j_S$$

所以

$$\oint_L \boldsymbol{M}\cdot \mathrm{d}\boldsymbol{l} = Ml = j_S l = I_S$$

$$\oint_L \boldsymbol{M}\cdot \mathrm{d}\boldsymbol{l} = I_S \tag{12-59}$$

式中，I_S 是通过闭合回路总的磁化电流。上式适用于任何情况。

上式表明，磁化强度对闭合回路的线积分等于通过回路所包围面积的总的磁化电流。

12.8.2　有磁介质时的安培环路定理

把真空中磁场的安培环路定理推广到有磁介质的稳恒磁场中去，当电流磁场中有磁介质时，由于介质的磁化，要产生磁化电流。考虑到磁化电流对磁场的贡献，因为磁现象的根源是电流，所以安培环路中 $\sum\limits_{L内} I$ 应是传导电流 I 与磁化电流 I_S 的总和，即

$$\oint_L \boldsymbol{B}\cdot \mathrm{d}\boldsymbol{l} = \mu_0\left(\sum I_0 + \sum I_S\right)$$

因为

$$\oint_L \boldsymbol{M}\cdot \mathrm{d}\boldsymbol{l} = I_S$$

所以

$$\oint_L \left(\frac{\boldsymbol{B}}{\mu_0} - \boldsymbol{M}\right)\cdot \mathrm{d}\boldsymbol{l} = \sum I_0$$

定义磁场强度为

$$\boldsymbol{H} = \frac{\boldsymbol{B}}{\mu_0} - \boldsymbol{M} \tag{12-60}$$

因此磁介质中的安培环路定理有以下简单的形式：

$$\oint_L \boldsymbol{H}\cdot \mathrm{d}\boldsymbol{l} = \sum I_0 \tag{12-61}$$

上式表述为：**在稳恒磁场中，磁场强度矢量沿任意闭合路径的线积分，等于包围在环路内各传导电流的代数和，与磁化电流无关**。这就是**有磁介质时的安培环路定理**。传导电流是自由电荷的定向移动形成的电流。

由前面的 $\boldsymbol{H} = \dfrac{\boldsymbol{B}}{\mu_0} - \boldsymbol{M}$，接下来我们推导 $\boldsymbol{B}$ 和 $\boldsymbol{H}$ 的关系。

设 $\boldsymbol{M} = \chi_m \boldsymbol{H}$，代入 $\boldsymbol{H} = \dfrac{\boldsymbol{B}}{\mu_0} - \boldsymbol{M}$ 得

$$\boldsymbol{B} = \mu_0 \boldsymbol{H} + \mu_0 \chi_m \boldsymbol{H} = \mu_0 (1 + \chi_m)\boldsymbol{H} \tag{12-62}$$

设

$$\mu_r = 1 + \chi_m$$

因此有

$$\boldsymbol{B} = \mu_0 \mu_r \boldsymbol{H}$$

设

$$\mu = \mu_r \mu_0$$

即有

$$\boldsymbol{B} = \mu \boldsymbol{H} \tag{12-63}$$

式中，μ 称为磁介质的磁导率；μ_r 叫作相对磁导率。

【例 12-14】　一半径为 R 的圆柱形导体，可以视为无限长，筒壁很薄，筒壁上均匀通过电流 I，筒外有一层厚度为 d、磁导率为 μ 的均匀顺磁性介质，介质外为真空。求磁场强度与磁感应强度的空间分布。

【解】　因为传导电流和磁介质具有轴对称性，所以磁场也具有轴对称性，$\boldsymbol{B}$ 和 $\boldsymbol{H}$ 线均是在垂直于轴线的平面内以轴线为中心的闭合圆。同一圆周上 $\boldsymbol{H}$（或者 $\boldsymbol{B}$）的大小相等，设 P 为空间任意点，与轴线的距离为 r，以 r 为半径作闭合环路，应用由磁场强度 $\boldsymbol{H}$ 表示的

安培环路定理

$$\oint_L \boldsymbol{H} \cdot \mathrm{d}\boldsymbol{l} = \sum I_0$$

当 $r<R$ 时，筒内空间，因为 $\sum I_0 =0$，所以

$$\oint_L \boldsymbol{H} \cdot \mathrm{d}\boldsymbol{l} = H \cdot 2\pi r =0$$

得
$$H=0，B=0$$

当 $R<r<R+d$ 时，介质空间，因为 $\sum I_0 =I$，所以

$$\oint_L \boldsymbol{H} \cdot \mathrm{d}\boldsymbol{l} = H \cdot 2\pi r =I$$

得
$$H=\frac{I}{2\pi r}$$

$$B=\mu H=\frac{\mu I}{2\pi r}$$

当 $r>R+d$ 时，该空间为真空。因为 $\sum I_0 =I$，所以

$$\oint_L \boldsymbol{H} \cdot \mathrm{d}\boldsymbol{l} = H \cdot 2\pi r =I$$

得
$$H=\frac{I}{2\pi r}$$

$$B=\mu_0 H=\frac{\mu_0 I}{2\pi r}$$

由计算结果得出结论：磁场强度 $\boldsymbol{H}$ 跟磁介质无关，磁感应强度 $\boldsymbol{B}$ 跟磁介质有关。

12.8.3 铁磁质

1. 铁磁质的磁化曲线、磁滞回线

铁磁质的性质和规律比顺磁质、抗磁质复杂，下面通过研究 $\boldsymbol{B}$、$\boldsymbol{H}$ 关系的实验来做一些简单介绍。实验是用图 12-38 所示的电路来进行的。

把待测的铁磁质做成圆环，在圆环上密绕线圈，这样就形成以铁磁质为芯的环形螺线管。线圈通电时，环内磁场强度为

$$H=nI$$

圆环内的 B 可用一个接在冲击电流计 BG 上的副线圈来测量。当原线圈（即环形螺线管）中电流变化甚至反向时，在副线圈中将产生一个感应电动势，由此可把环内的 B 测出来。实验结果得到如图 12-39 所示的 B-H 曲线。

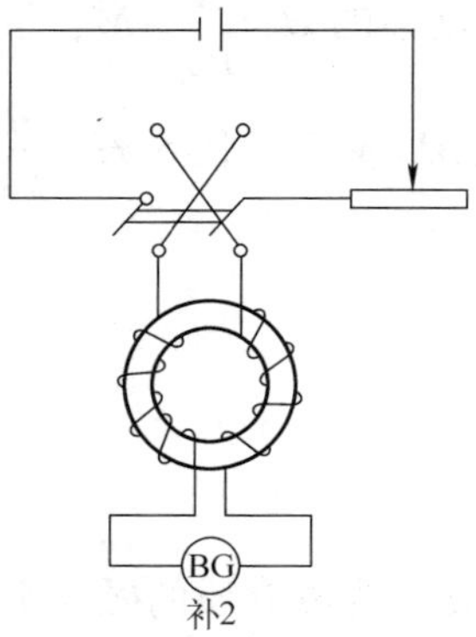

图 12-38 研究 $\boldsymbol{B}$、$\boldsymbol{H}$ 关系的实验图

Oa 称为起始磁化曲线，当 H 从零逐渐增加时，B 亦从零增加，当 H 增大到一定值时（图中 a 点）、B 几乎不再增加，这时磁化达到了饱和。由于磁化曲线不是直线，所以铁磁质的磁导率 $\mu=B/H$ 以及相对磁导率 $\mu_r=\mu/\mu_0$ 都不是恒量。在磁化达到饱和后，令 H 减小，则 B 亦减小，但不按 Oa 减小，而是沿曲线 ab 减小，当 H 等于零时，$B=B_r$，即磁化场减小到零时，介质的磁化状态并不恢复到原来的起点 O，而是保留一定的磁性，叫作剩磁现象，B_r 叫作剩余磁感应

强度。如果 H 的值等于 H_c 值，B 变为零，即介质完全退磁，使介质完全退磁所需的反向磁场强度 H_c 叫作矫顽力。当反向磁场 H 继续增加时，铁磁质将向反方向磁化，达到饱和后，若使反向磁场 H 的减小到零，然后再向正方向增加，B 将沿 $defa$ 曲线而变化，形成闭合曲线 $abcdefa$。曲线 $abcdefa$ 称为磁滞回线。各种铁磁性材料有不同的磁滞回线。它们的区别在于矫顽力的大小不同。铁磁材料按矫顽力的大小分为两类，即硬磁材料和软磁材料。

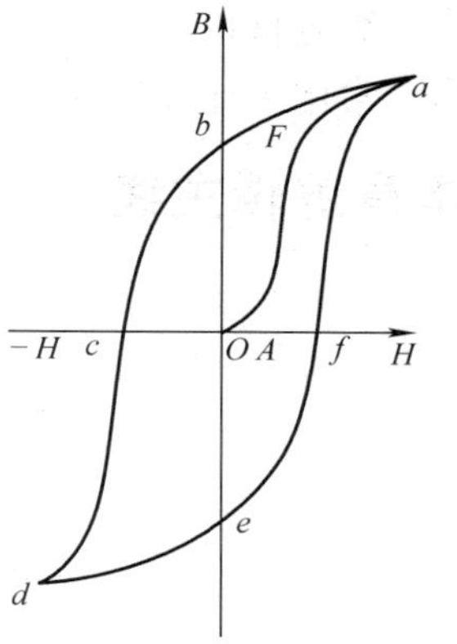

图 12-39　**B**、**H** 关系图

2. 铁磁质的磁化机理

现代理论和实验都证明在铁磁质内部有许多小区域，其体积约为 $10^{-12}m^3$，其中含有 $10^{12}\sim10^{15}$ 个原子，这些小区域内的原子间存在着非常强的电子交换耦合作用，使相邻原子的磁矩排列整齐，也就是说，这些小区域已自发磁化到饱和状态了，这种小区域叫作磁畴。无外场时，同一磁畴内的分子磁矩方向一致，各个磁畴的磁矩的方向杂乱无章，磁介质的总磁矩为零，宏观对外不显磁性。

为了讨论问题方便，特意画出四个体积相同的磁畴，如图 12-40a 所示。当各个磁畴的磁矩的方向杂乱无章各不相同，磁矩恰好抵消，对外不显磁性，如图 12-40b 所示。当有外场时，则铁磁质内自发磁化方向和外场相近的磁畴体积因外场的作用而扩大，自发磁化方向与外场有较大偏离的磁畴体积将缩小，如果外场继续增强，到一定值时，磁畴界壁就以相当快的速度跳跃性地移动，直到自发磁化方向与外场偏离较大的那些磁畴全部消失，如图 12-40c 所示，这个过程是不可逆过程（即便外场减弱后，磁畴也不能全部恢复原状了）。如果再继续增强外场，则存留的磁畴逐渐转向外场方向，如图 12-40d 所示，当所有磁畴的自发磁化方向全部转向外场时，磁化达到饱和。因为铁磁质内存在杂质和内应力，因此磁畴在磁化和退磁过程中作不连续的体积变化和转向时，磁畴不能按原来的变化规律逆着退回原状，因此出现了磁滞和剩磁。

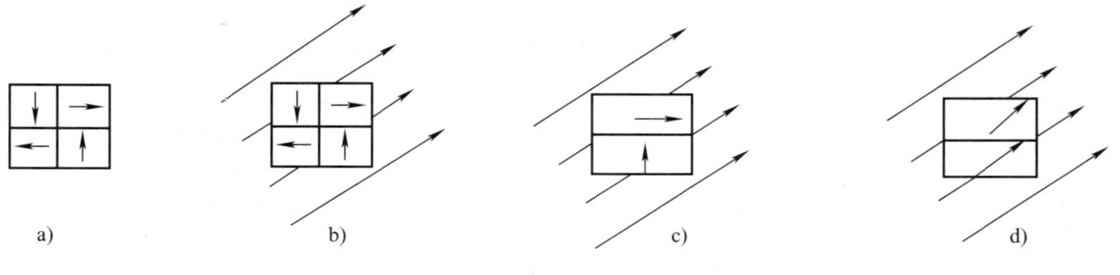

图 12-40　磁质的磁化机理图

3. 铁磁质的分类和应用

通常，可以按矫顽力的不同把铁磁物质分为软磁材料、硬磁材料和矩磁材料。

软磁材料：矫顽力较小，这种材料的特点，易磁化，也易退磁，适合在交变电磁场中使用，如各种电感元件、变压器、镇流器、继电器等。一旦断电剩磁很小，常用的金属软磁材料有工程纯铁、硅钢、坡莫合金等。非金属软磁材料有铁氧体、锰锌铁氧体、镍锌铁氧体等。

硬磁材料：矫顽力较大，这种材料的特点，一旦磁化后，会保留很大的磁性，不易退磁，因此适合用作永久性磁体。如磁电系电表、耳机、小型直流电机及雷达中的磁控管等用的永久磁铁都是硬磁材料做成的。常用的金属硬磁材料有碳钢、钨钢、铝镍钴第五号等。

矩磁材料：特点是剩磁很大，接近于饱和磁感应强度，矫顽力小，磁滞回线接近于矩形，常用于计算机的记忆元件。

本章逻辑主线

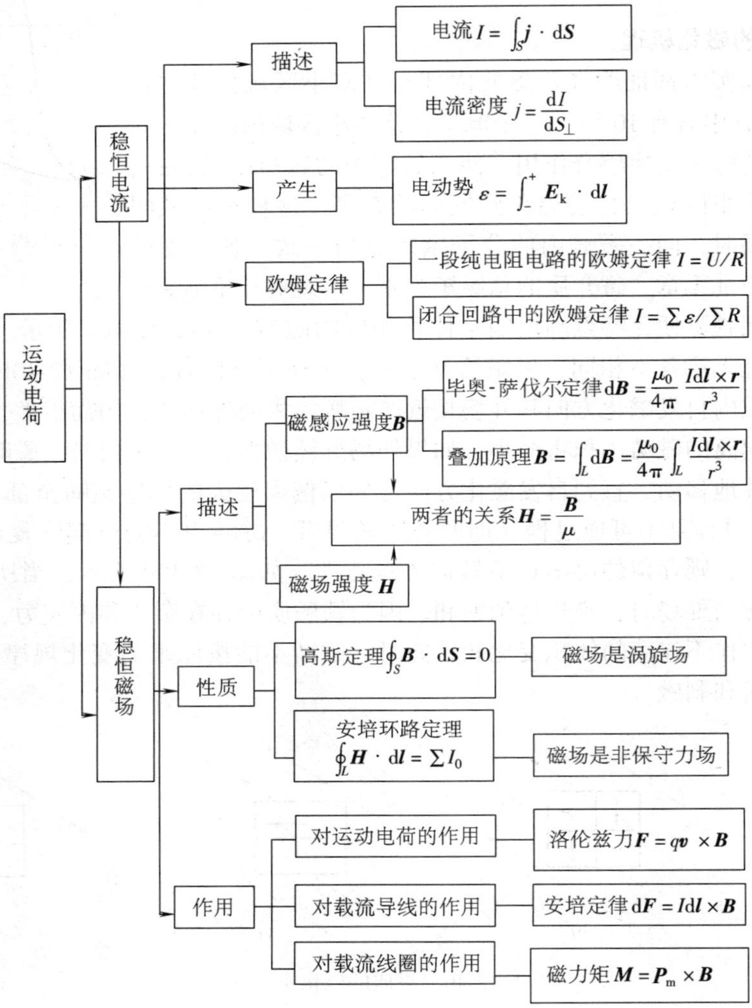

扩展思维

磁在生物学和医学上的应用　核磁共振成像

磁在生物学和医学方面的一项重要应用是原子核磁共振层析成像，简称核磁共振成像或核磁共振 CT（CT 是计算机化层析术的英文缩写）。这是利用核磁共振的方法和电子计算机的处理技术等来得到人体、生物体和物体内部一定剖面的某种原子核素（也即这种核素的化学元素）的浓度分布图像。目前应用的是氢元素的原子核核磁共振层析成像。这种层析成像比目前应用的 X 射线层析成像（又称 X 射线 CT）具有更多的优点。例如，X 射线层析成像得到的是成像物的密度分布图像，而核磁共振层析成像却是成像物的原子核密度的分布图像。目前虽然还仅限于氢原子核的密度分布图像，但氢元素是构成人体和生物体的主要化学元素。因此，从核磁共振层析成像得到的氢元素分布图像，可以提供比 X 射线密度分布图像所能提供的人体和生物体内的更多信息。例如，人体头部外层头骨的密度高，而内层脑组织的密度较低，因此从人头部的 X 射线层析成像难以得到人脑组织的清晰图像，但是从人头部的核磁共振层析成像却可以得到头内脑组织的氢原子核即氢元素分布的清晰图像，从而可以看出脑组织是否正常。又如，对于初期肿瘤患者，其组织同正常组织尚无明显差异时，从 X 射线层析成像尚看不出异常，但从核磁共振层析成像就可看出其异常了。目前核磁共振层析成像的应用虽然还只有氢核一种原子核素，但从科学技术的发展趋势来看，可以预言将会有更多的原子核素，如碳核和氮核等的核磁共振层析成像进入应用。

我们在体格检查或因心脏、脑部疾病去医院就医时，常常需要做心电图或脑电图的检查，由此了解心脏或脑部的生理和病理情况。这是因为人的心脏和脑部的活动会产生心电流和脑电流，而心、脑活动的正常与否便会反映在心、脑电流随时间的变化上。但是我们知道，电流会产生磁场，因此心、脑电流会产生心、脑磁场，原理上同心电图和脑电图一样也会有心磁图和脑磁图。那么为什么目前医院里还没有应用心磁图和脑磁图呢？这是因为心脏产生的心磁场和脑部产生的脑磁场都太微弱，不但需要高度灵敏的磁强计，例如在很低温度下才能使用的超导量子干涉磁强计，而且由于微弱的心脏磁场只有地球磁场的大约百万分之一（10^{-6}），更微弱的脑部磁场只有地球磁场的大约亿分之一（10^{-8}），因此在测量心脏磁场和脑部磁场时还必须排除地球磁场的干扰，这就需要在能把地球磁场显著减小的磁屏蔽室中进行，或者利用超导量子干涉磁场梯度计进行心、脑磁场的测量（因为磁场梯度计只测量不均匀的磁场，对均匀的磁场无反应，而在小的区域内地球磁场是均匀的）。所以，尽管目前国外和我国都已研制出超导量子干涉磁强计、大的磁屏蔽室和超导量子干涉磁场梯度计，但都还没有实际应用到心、脑磁场的测量上。

但是，同心、脑电图相比较，心、脑磁图在医学上却有许多特点和优点。例如，心电图只能测量交变的电流信号，不能测量直流（恒定）的电流信号，因而不能应用于只产生直流异常电信号的生理病理探测，而心、脑磁图却能同时测量交变和恒定的磁场信号。又如，心、脑电图的测量都需要使用同人体接触的电极片，而电极片的干湿程度及同人体接触的松紧程度都会影响测量的结果，同时因电极片不能离开人体，故只能是二维空间的测量。但是心、脑磁图却是使用可不与人体接触的测量线圈（磁探头），所以既没有接触的影响，又可以离开人体进行三维空间的测量，可得到比二维空间测量更多的信息。再如，实验研究结果表明，心、脑磁图比心、脑电图具有更高的分辨率。另外，除了心、脑磁图外，科学工作者还测量研究了人体的眼磁图、肌（肉）磁图、肺磁图和腹磁图等，取得了人体多方面的磁信息。

思考题

12.1　电流是电荷的流动，在电流密度 $j \neq 0$ 的地方，电荷的体密度 ρ 是否可能等于零？

12.2　两根截面不同而材料相同的金属导体串接在一起，两端加一定电压。问通过这两根导线的电流密度是否相同？两导体内的电场强度是否相同？如果两导体长度相等，则两导体上的电压是否相同？

12.3　静电力与非静电力有什么异同？电路中如果没有非静电力，电流能稳恒吗？为什么？

12.4　电源的电动势和端电压有什么区别？两者在什么情况下才相等？

12.5　我们为什么不把作用于运动电荷的磁力方向定义为磁感应强度 $\boldsymbol{B}$ 的方向？

12.6　有一正电荷在磁场中运动，已知其速度 $\boldsymbol{v}$ 沿着 x 轴方向，若它在磁场中所受的力有以下几种情况，试指出各种情况下磁感应强度 $\boldsymbol{B}$ 的方向。

（1）电荷不受力；

（2）受力的方向沿 z 轴方向，且此时磁力的值最大；

（3）受力的方向沿 z 轴的反方向，且此时磁力的值是最大值的一半。

12.7　一带电的质点以已知速度通过某磁场，只用一次测量能否确定磁场？如果同样的质点通过某电场空间，只用一次测量能否确定电场？

12.8　为什么磁铁靠近电视时，电视机的图形会变形？

12.9　一个半径为 R 的假想球面中心有一运动电荷，问：

（1）在球面上哪些点的磁场最强？

（2）在球面上哪些点的磁场为零？

（3）穿过球面的磁通量是多少？

12.10　电荷量为 q 的带电粒子，以速度 $\boldsymbol{v}$ 与匀强磁场 $\boldsymbol{B}$ 成 θ 角射入磁场，其轨迹为一螺旋线，若要改变：（1）螺旋线的半径；（2）螺旋线的螺距；（3）带电粒子回旋一周的时间。可通过哪些物理量来实现？

12.11　一个弯曲的载流导线在均匀磁场中如何放置才不受磁力作用？

12.12　在一均匀磁场中，有两个平行放置的面积相等，通有相同电流的线圈，一个是三角形，一个是圆形，这两个线圈所受的磁力矩是否相等？所受的最大磁力矩是否相等？所受磁力的合力是否相等？

12.13　用安培环路定理能否求出一段有限长的载流直导线周围的磁场？

12.14　为什么两根通有大小相等方向相反电流的导线扭在一起能减小杂散磁场？

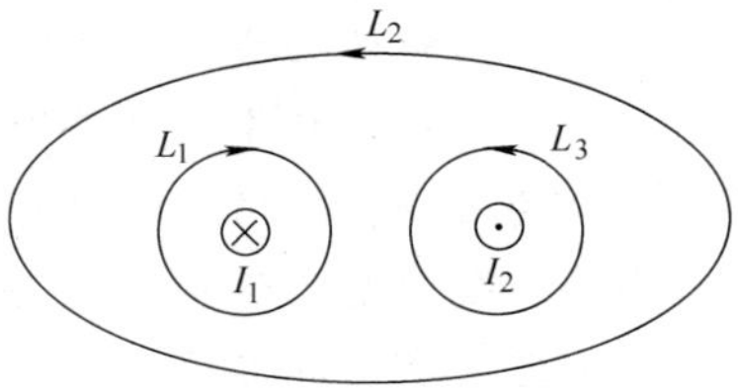

图 12-41　思考题 12.15 图

12.15　设图 12-41 中两导线中的电流 I_1 和 I_2 均为 8A，试分别求图中三个闭合曲线 L_1、L_2、L_3 的环路积分 $\oint \boldsymbol{H} \cdot \mathrm{d}\boldsymbol{l}$ 值。并讨论：

（1）在每个闭合曲线上各点的磁场强度 $\boldsymbol{H}$ 是否相等？

（2）在闭合曲线 L_2 上各点的磁场强度 $\boldsymbol{H}$ 是否为零？为什么？

12.16　一电荷 q 在均匀磁场中运动，判断下列的说法是否正确，并说明理由。

（1）只要电荷速度的大小不变，它朝任何方向运动时所受到的洛伦兹力都相等；

（2）在速度不变的前提下，电荷量 q 改变为 $-q$，它所受的力将反向，而力的大小不变；

（3）电荷量 q 改变为 $-q$，同时其速度反向，则它所受的力也反向，而大小则不变；

（4）$\boldsymbol{v}$、$\boldsymbol{B}$、$\boldsymbol{F}$ 三个矢量，已知任意两个矢量的大小和方向，就能确定第三个矢量的大小和方向；

（5）质量为 q 的运动带电粒子，在磁场中受洛伦兹力后动能和动量不变。

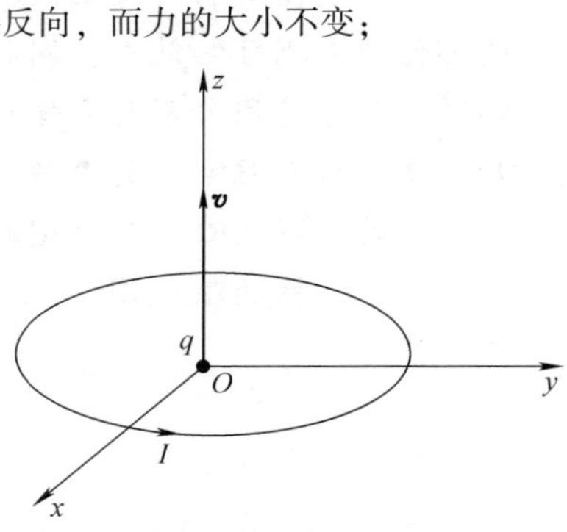

图 12-42　思考题 12.17 图

12.17　如图 12-42 所示，一载流圆形线圈放置在 xOy 平面内，电流流向如图所示，另一带正电荷的粒子以速度 $\boldsymbol{v}$ 沿 z 轴方向通过线圈中心，试讨论作用在粒子和载流线圈上的力。

12.18　试说明 $\boldsymbol{B}$ 和 $\boldsymbol{H}$ 的联系与区别。

12.19　有两根铁棒，其外形完全相同，其中一根为磁铁，而另一根则不是，你怎样辨别它们？不准将任何一根棒作为磁针而悬挂起来，也不准使用其他的仪器。

12.20　下面的几种说法是否正确，试说明理由。

（1）若闭合曲线内不包围传导电流，则曲线上各点的 $\boldsymbol{H}$ 必为零；

（2）若闭合曲线上各点的 $\boldsymbol{H}$ 为零，则该曲线所包围的传导电流的代数和为零；

（3）不论抗磁质与顺磁质，$\boldsymbol{B}$ 总是和 $\boldsymbol{H}$ 同向；

（4）通过以闭合回路 L 为边界的任意曲面的 $\boldsymbol{B}$ 通量均相等；

（5）通过以闭合回路 L 为边界的任意曲面的 $\boldsymbol{H}$ 通量均相等；

12.21　在强磁铁附近的光滑桌面上的一枚铁钉由静止释放，铁钉被磁铁吸引，试问当铁钉撞击磁铁时，其动能从何而来？

习　　题

一、选择题

12.1　如图 12-43 所示，在一圆形电流 I 所在的平面内，选取一个同心圆形闭合回路 L，则由安培环路定理可知（　　）。

（A）$\oint_L \boldsymbol{B}\cdot \mathrm{d}\boldsymbol{l} = 0$，且环路上任意一点 $B = 0$；

（B）$\oint_L \boldsymbol{B}\cdot \mathrm{d}\boldsymbol{l} = 0$，且环路上任意一点 $B \neq 0$；

（C）$\oint_L \boldsymbol{B}\cdot \mathrm{d}\boldsymbol{l} \neq 0$，且环路上任意一点 $B \neq 0$；

（D）$\oint_L \boldsymbol{B}\cdot \mathrm{d}\boldsymbol{l} \neq 0$，且环路上任意一点 $B =$ 常量。

12.2　一均匀磁场，其磁感应强度方向垂直于纸面，两带电粒子在磁场中的运动轨迹如图 12-44 所示，则（　　）。

（A）两粒子的电荷必然同号；　（B）粒子的电荷可以同号也可以异号；

（C）两粒子的动量大小必然不同；　（D）两粒子的运动周期必然不同。

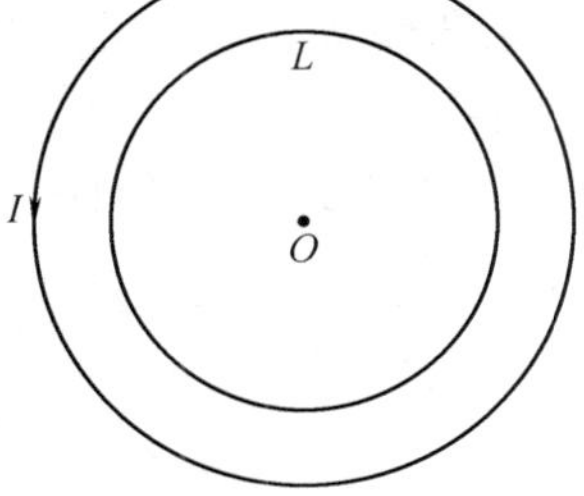

图 12-43　题 12.1 图

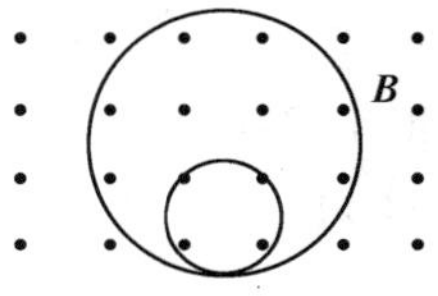

图 12-44　题 12.2 图

12.3　一带电粒子，垂直射入均匀磁场，如果粒子的质量增加为原来的 2 倍，入射速度增加为原来的 2 倍，磁场的磁感应强度增加为原来的 4 倍，则通过粒子运动轨道所包围范围的磁通量增加为原来的（　　）。

（A）2 倍；　（B）4 倍；　（C）$\frac{1}{2}$倍；　（D）$\frac{1}{4}$倍。

12.4　电流元 $I\mathrm{d}\boldsymbol{l}$ 是圆电流线圈的一部分，则电流元受圆电流线圈的磁力情况为（　　）。

（A）为0；　（B）不为0，方向沿半径向外；

（C）不为0，方向沿半径向圆心；　（D）不为0，方向沿垂直于圆电流平面。

二、填空题

12.5　半径为 R 的半圆形电流 I，处在如图12-45所示的均匀磁场 $\boldsymbol{B}$ 中，则半圆弧电流 acb 受到的磁场力 $F=$________，半圆形电流 $acba$ 回路的磁矩大小为________，方向为________。图示位置受到的磁力矩大小 $M=$________，方向为________。线圈平面由该位置转到与磁场方向垂直时磁力矩大小为________，磁力矩的功为________。

12.6　无限长载流导线周围任意点的磁感应强度大小表达式为________，方向由________确定。

12.7　均匀密绕空芯螺绕环环芯内部任意点的 $\boldsymbol{B}$ 大小为________，螺绕环外面任意点的 $\boldsymbol{B}$ 大小为________。

12.8　在磁感应强度为 $\boldsymbol{B}$ 的均匀磁场中，垂直于磁场方向的平面内有一段载流弯曲导线，电流为 I，如图12-46所示。载流弯曲导线所受的安培力为________。因此得出结论：任何垂直于磁场方向的平面载流线圈所受的安培力为________。

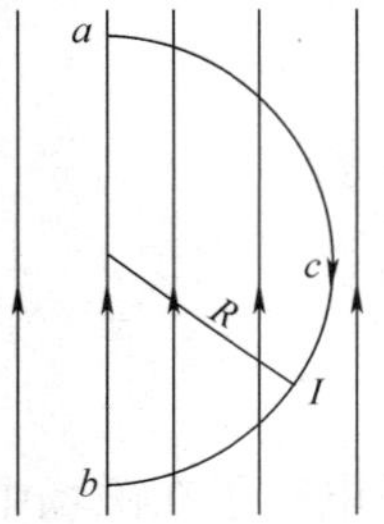

图12-45　题12.5图

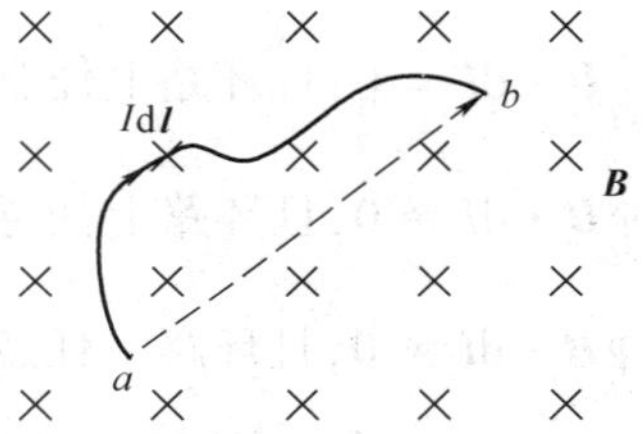

图12-46　题12.8图

12.9　载流圆环环芯位置的磁感应强度大小为________，任意段载流圆弧圆心位置的磁感应强度大小为________，方向都可以用________确定。

12.10　以速度 $\boldsymbol{v}$ 运动的电荷 q 在磁场 $\boldsymbol{B}$ 中所受的洛伦兹力矢量表示式为________，方向和速度方向________，所以洛伦兹力________功（填做还是不做）。

12.11　如图12-47所示，几种载流导线在平面内分布，电流均为 I，它们在 O 点的磁感应强度分别为（a）__________；（b）__________；（c）__________。

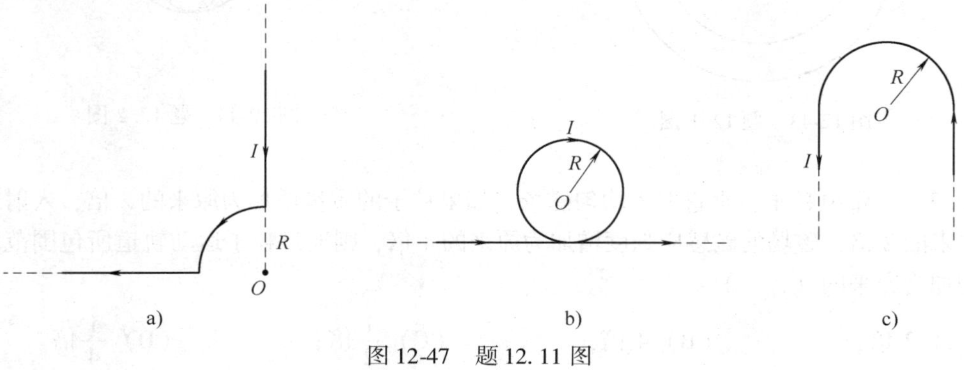

图12-47　题12.11图

三、计算题

12.12　已知磁感应强度 $B=2.0\text{Wb}\cdot\text{m}^{-2}$ 的均匀磁场，方向沿 x 轴正方向，如图 12-48 所示。试求：

（1）通过图中 $abcd$ 面的磁通量；

（2）通过图中 $befc$ 面的磁通量；

（3）通过图中 $aefd$ 面的磁通量。

12.13　如图 12-49 所示，AB、CD 为长直导线，$\overset{\frown}{BC}$ 为圆心在 O 点的一段圆弧形导线，其半径为 R。若通以电流 I，求 O 点的磁感应强度。

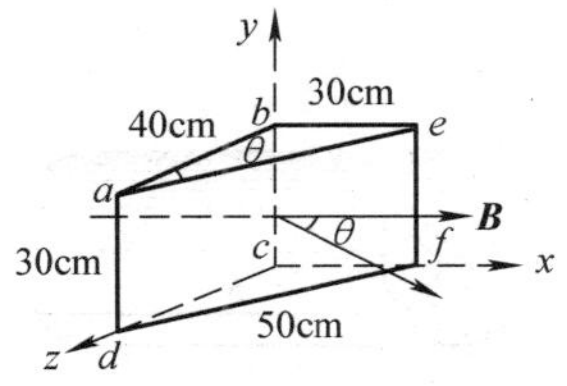

图 12-48　题 12.12 图

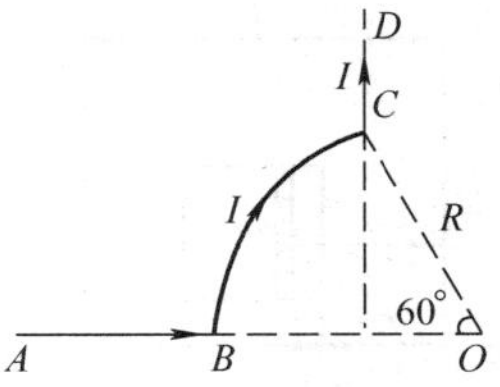

图 12-49　题 12.13 图

12.14　在真空中，有两根互相平行的无限长直导线 L_1 和 L_2，相距 0.1m，通有方向相反的电流，$I_1=20\text{A}$，$I_2=10\text{A}$，如图 12-50 所示。A、B 两点与导线在同一平面内。A 点与导线 L_2 的距离为 5.0cm。试求 A 点处的磁感应强度，以及磁感应强度为零的 B 点的位置。

12.15　如图 12-51 所示，两根导线沿半径方向引向铁环上的 A、B 两点，并在很远处与电源相连。已知圆环的粗细均匀，求环中心 O 的磁感应强度。

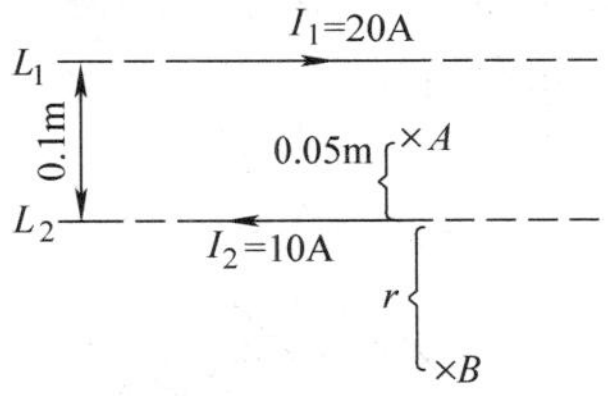

图 12-50　题 12.14 图

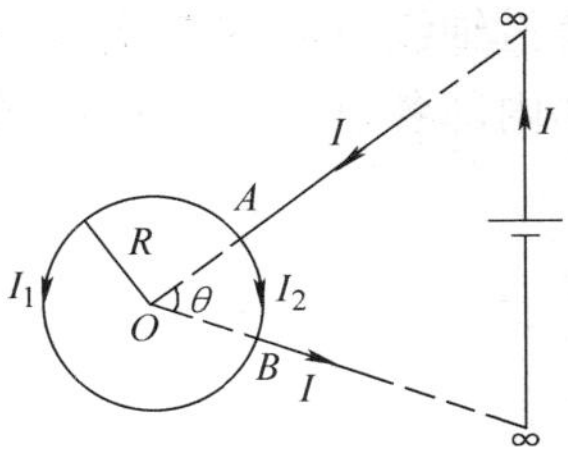

图 12-51　题 12.15 图

12.16　在一半径 $R=1.0\text{cm}$ 的无限长半圆柱形金属薄片中，自上而下地有电流 $I=5.0\text{A}$ 通过，电流分布均匀，如图 12-52 所示。试求圆柱轴线任一点 P 处的磁感应强度。

12.17　氢原子处在基态时，它的电子可看作是在半径 $a=0.52\times10^{-8}\text{cm}$ 的轨道上作匀速圆周运动，速率 $v=2.2\times10^{8}\text{cm}\cdot\text{s}^{-1}$，如图 12-53 所示。求电子在轨道中心所产生的磁感应强度和电子磁矩的值。

12.18　两平行长直导线相距 $d=40\text{cm}$，每根导线载有电流 $I_1=I_2=20\text{A}$，如图 12-54 所示。求：

（1）两导线所在平面内与该两导线等距的一点 A 处的磁感应强度；

（2）通过图中矩形所围面积的磁通量（$r_1=r_3=10\text{cm}$，$l=25\text{cm}$）。

12.19　一根很长的铜导线载有电流 10A，设电流均匀分布。在导线内部作一平面 S，如图 12-55 所示。试计算通过 S 平面的磁通量（沿导线长度方向取长为 1m 的一段作计算）。

铜的磁导率 $\mu = \mu_0$。

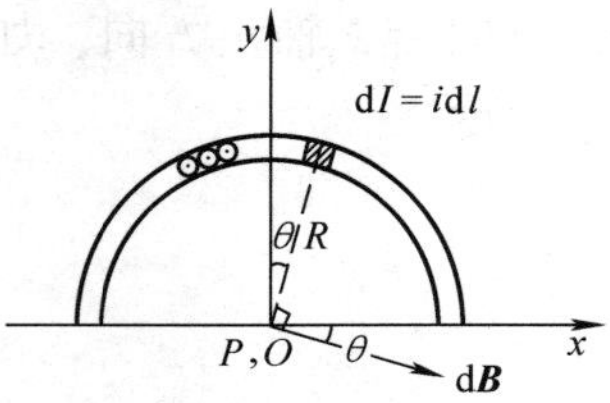

图 12-52　题 12.16 图

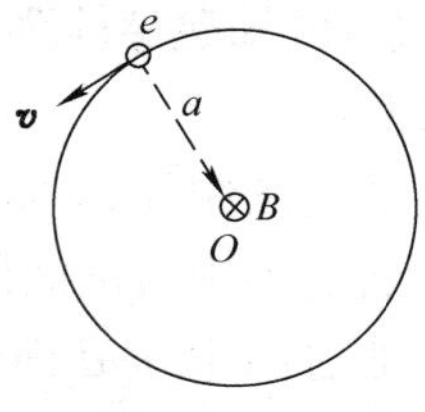

图 12-53　题 12.17 图

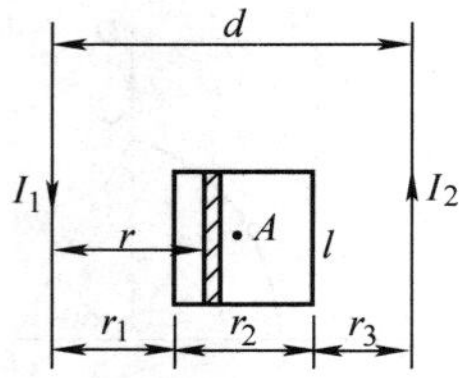

图 12-54　题 12.18 图

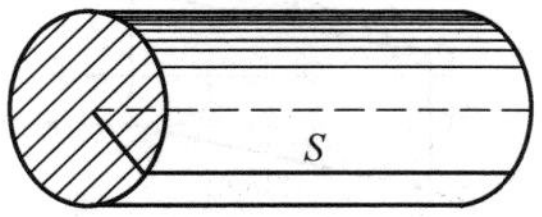

图 12-55　题 12.19 图

12.20　设图 12-56 中两导线中的电流均为 8A，对图示的三条闭合曲线 a、b、c，分别写出安培环路定理等式右边电流的代数和。并讨论：

（1）在各条闭合曲线上，各点的磁感应强度 $\boldsymbol{B}$ 的大小是否相等？

（2）在闭合曲线 c 上各点的 $\boldsymbol{B}$ 是否为零？为什么？

12.21　图 12-57 所示是一根很长的长直圆管形导体的横截面，内、外半径分别为 a、b，导体内载有沿轴线方向的电流 I，且 I 均匀地分布在管的横截面上。设导体的磁导率 $\mu \approx \mu_0$，试证明导体内部各点（$a < r < b$）的磁感应强度的大小由下式给出：

$$B = \frac{\mu_0 I}{2\pi(b^2 - a^2)} \frac{r^2 - a^2}{r}$$

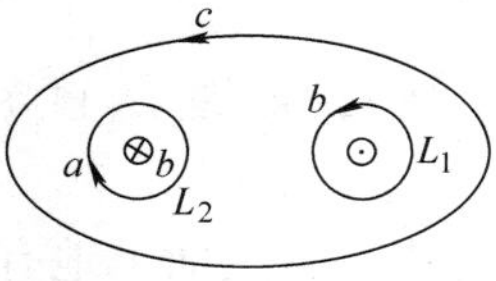

图 12-56　题 12.20 图

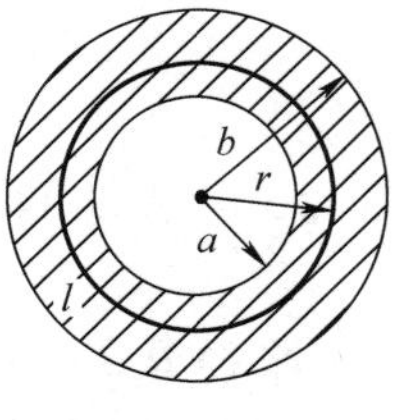

图 12-57　题 12.21 图

12.22　一根很长的同轴电缆，由一导体圆柱（半径为 a）和一同轴的导体圆管（内、外半径分别为 b、c）构成，如图 12-58 所示。使用时，电流 I 从一导体流去，从另一导体流回。设电流都是均匀地分布在导体的横截面上，求：

（1）导体圆柱内（$r < a$）各点处磁感应强度的大小；

（2）两导体之间（$a < r < b$）各点处磁感应强度的大小；

（3）导体圆筒内（$b < r < c$）各点处磁感应强度的大小；

（4）电缆外（$r > c$）各点处磁感应强度的大小。

12.23　在半径为 R 的长直圆柱形导体内部，与轴线平行地挖成一半径为 r 的长直圆柱形空腔，两轴间距离为 a，且 $a>r$，横截面如图 12-59 所示。现在电流 I 沿导体管流动，电流均匀分布在管的横截面上，而电流方向与管的轴线平行。求：

（1）圆柱轴线上的磁感应强度的大小；

（2）空心部分轴线上的磁感应强度的大小。

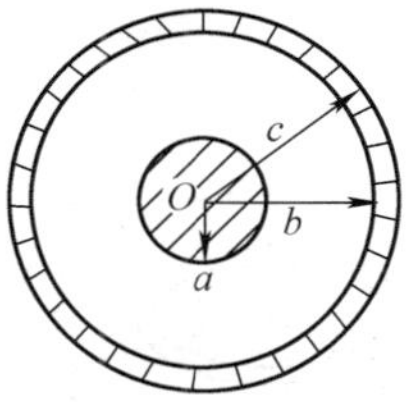

图 12-58　题 12.22 图

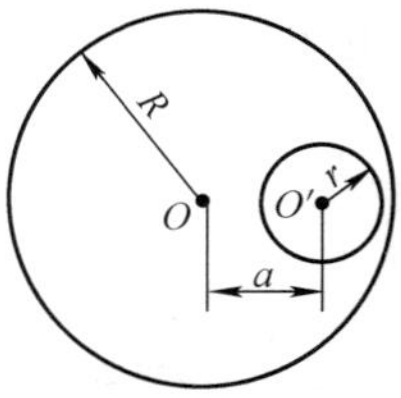

图 12-59　题 12.23 图

12.24　如图 12-60 所示，长直电流 I_1 附近有一等腰直角三角形线框，通以电流 I_2，二者共面。求△ABC 的各边所受的磁力。

12.25　如图 12-61 所示，在长直导线 AB 内通以电流 $I_1=20\mathrm{A}$，在矩形线圈 $CDEF$ 中通有电流 $I_2=10\mathrm{A}$，AB 与线圈共面，且 CD、EF 都与 AB 平行。已知 $a=9.0\mathrm{cm}$，$b=20.0\mathrm{cm}$，$d=1.0\mathrm{cm}$，求：

（1）导线 AB 的磁场对矩形线圈每边所作用的力；

（2）矩形线圈所受合力和合力矩。

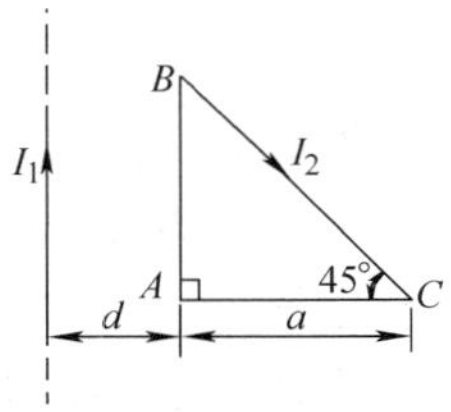

图 12-60　题 12.24 图

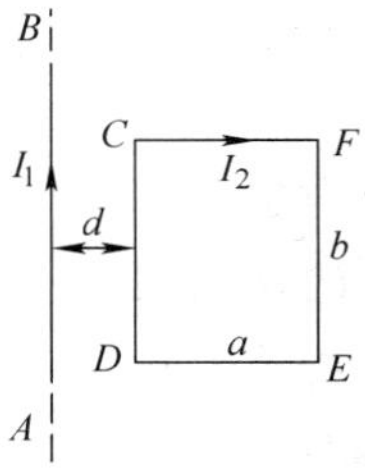

图 12-61　题 12.25 图

12.26　边长为 $l=0.1\mathrm{m}$ 的正三角形线圈放在磁感应强度 $B=1\mathrm{T}$ 的均匀磁场中，线圈平面与磁场方向平行。如图 12-62 所示，使线圈通以电流 $I=10\mathrm{A}$，求：

（1）线圈每边所受的安培力；

（2）对 OO' 轴的磁力矩大小；

（3）从所在位置转到线圈平面与磁场垂直时磁力所做的功。

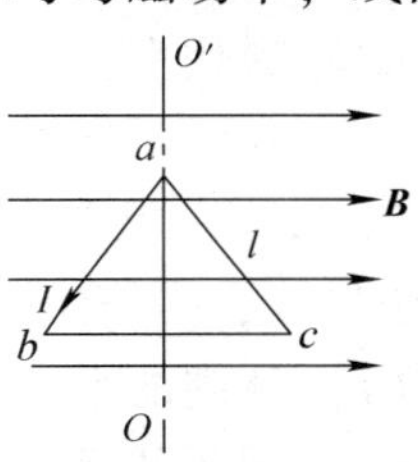

图 12-62　题 12.26 图

12.27　一正方形线圈，由细导线做成，边长为 a，共有 N 匝，可以绕通过其相对两边中点的一个竖直轴自由转动。现在线圈中通有电流 I，并把线圈放在均匀的水平外磁场 $\boldsymbol{B}$ 中，线圈对其转轴的转动惯量为 J。求线圈绕其平衡位置作微小振动时的振动周期 T。

12.28　一长直导线通有电流 $I_1=20\mathrm{A}$，旁边放一导线 ab，其中通有电流 $I_2=10\mathrm{A}$，且两

者共面，如图12-63所示。求导线 ab 所受作用力对 O 点的力矩。

12.29 电子在 $B=70\times10^{-4}$T 的匀强磁场中作圆周运动，圆周半径 $r=3.0$cm。已知 $\boldsymbol{B}$ 垂直于纸面向外，某时刻电子在 A 点，速度 $\boldsymbol{v}$ 向上，如图12-64所示。

（1）试画出这电子运动的轨道；

（2）求这电子速度 $\boldsymbol{v}$ 的大小；

（3）求这电子的动能 E_k。

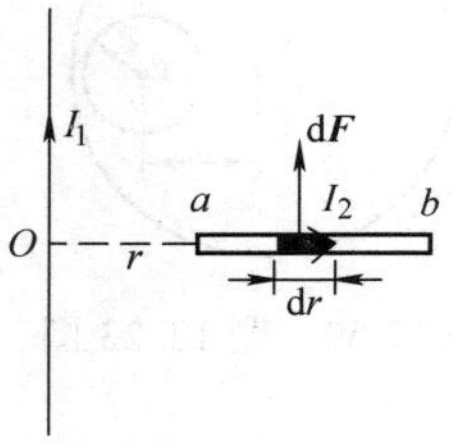

图12-63 题12.28图

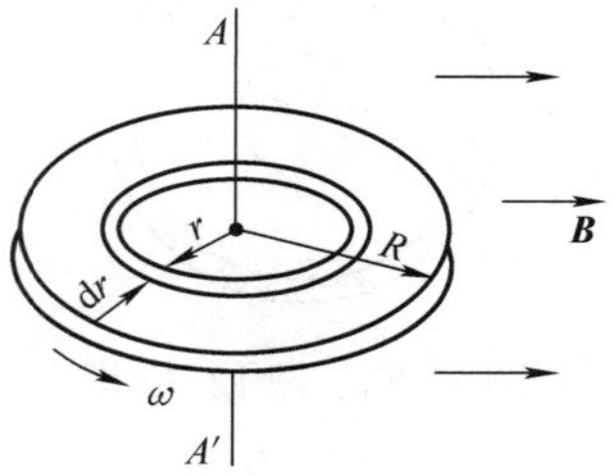

图12-64 题12.29图

12.30 在霍尔效应实验中，一宽1.0cm，长4.0cm，厚 1.0×10^{-3}cm 的导体，沿长度方向载有3.0A的电流，当磁感应强度大小为 $B=1.5$T 的磁场垂直地通过该导体时，产生 1.0×10^{-5}V 的横向电压。试求：

（1）载流子的漂移速度；

（2）每立方米的载流子数目。

12.31 螺绕环中心周长 $L=10$cm，环上线圈匝数 $N=200$ 匝，线圈中通有电流 $I=100$mA。

（1）当管内是真空时，求管中心的磁场强度 $\boldsymbol{H}$ 和磁感应强度 $\boldsymbol{B}_0$；

（2）若环内充满相对磁导率 $\mu_r=4200$ 的磁性物质，则管内的 $\boldsymbol{B}$ 和 $\boldsymbol{H}$ 各是多少？

*（3）磁性物质中心处由导线中传导电流产生的 $\boldsymbol{B}_0$ 和由磁化电流产生的 $\boldsymbol{B}'$ 各是多少？

12.32 螺绕环的导线内通有电流20A，利用冲击电流计测得环内磁感应强度的大小是 $1.0\text{Wb}\cdot\text{m}^{-2}$。已知环的平均周长是40cm，绕有导线400匝。试计算：

（1）磁场强度；

（2）磁化强度；

*（3）磁化率；

*（4）相对磁导率。

12.33 一铁制的螺绕环，其平均圆周长 $L=30$cm，截面积为 1.0cm^2，在环上均匀绕以300匝导线，当绕组内的电流为0.032A时，环内的磁通量为 2.0×10^{-6}Wb。试计算：

（1）环内的平均磁通量密度；

（2）圆环截面中心处的磁场强度。

第 13 章　电磁场统一理论

激发电场和磁场的根源——电荷和电流是相互关联的，这就启迪我们：电场和磁场之间也必然存在着相互联系、相互制约的关系。电磁感应定律的发现以及位移电流概念的提出，阐明了变化的磁场能够激发电场，变化的电场能够激发磁场，充分揭示了电场和磁场的内在联系及依存关系。在此基础上，麦克斯韦方程组的形式总结了普遍而完整的电磁场理论。电磁场理论不仅预言了电磁波的存在、揭示了光电磁本质，其辉煌的成就极大地推动了现代电工技术和无线电技术的发展，推动人类社会发展到了信息时代。

本章重点讨论电磁感应现象和规律，包括动生电动势、感生电动势、自感和互感、磁场的能量，最后论述了麦克斯韦方程组所揭示的电磁场理论。并简单介绍了电磁场的物质性、统一性、相对性。

13. 1　法拉第电磁感应定律

13. 1. 1　法拉第电磁感应定律

法拉第电磁感应定律是在实验的基础上得到的，大量的实验现象表明：当穿过一个闭合导体回路中所包围的磁通量发生变化时，不管这种变化是什么原因引起的，在导体回路中就会产生感应电流，这种现象叫作电磁感应现象。

电磁感应现象中产生的电流叫作感应电流。1833 年楞次概括了大量的实验结果，在此基础上得到了楞次定律，这就是：感应电流的磁场总是使它的磁场阻碍原磁场的变化。

法拉第不仅发现了电磁感应现象，并且作了深入的研究，提出了感应电动势的概念，为电磁感应定律的形成，做出了卓越的贡献。电磁感应定律可以表述为：通过回路包围面积的磁通量发生变化时，回路中产生的感应电动势与磁通量的变化率成正比。国际单位制中电磁感应定律的表达式为

$$\varepsilon = -\frac{\mathrm{d}\Phi}{\mathrm{d}t} \tag{13-1}$$

式中，负号反映了感应电动势的方向，是楞次定律的数学体现。

感应电动势的参考方向的确定：为了使 Φ 不出现负值，我们可以根据线圈中穿过的原磁场的方向，再由右手螺旋法则确定回路的绕行正方向，即感应电动势的参考方向。绕行正方向和回路所包围平面的法线方向也遵守右手螺旋法则。如图 13-1 所示，已知穿过线圈回路原磁场 $\boldsymbol{B}$ 的方向，由右手螺旋法则确定绕行正方向，由绕行正方向再确定线圈平面的法线法向 $\boldsymbol{n}$，即 $\boldsymbol{S}$ 面的正方向。

一般我们把感应电动势的参考方向设为绕行正方向。

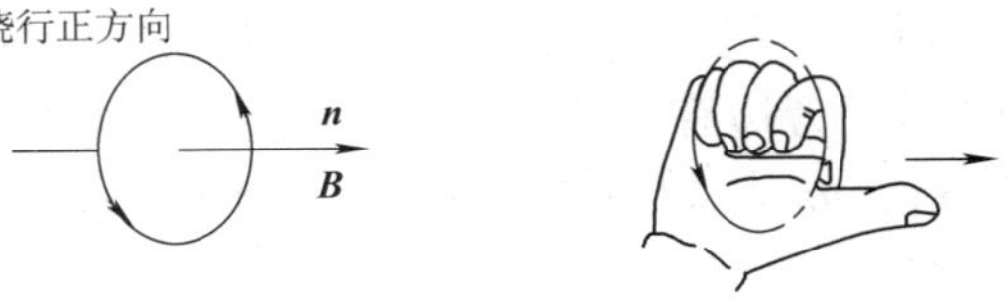

图 13-1　绕行正方向和原磁场方向的关系

当 Φ 增加时，$\frac{\mathrm{d}\Phi}{\mathrm{d}t}>0\Rightarrow\varepsilon_{\mathrm{i}}<0$，表示感应电动势的实际方向与参考方向相反；

当 Φ 减小时，$\frac{\mathrm{d}\Phi}{\mathrm{d}t}<0\Rightarrow\varepsilon_{\mathrm{i}}>0$，表示感应电动势的实际方向与参考方向相同。

如果回路是 N 匝线圈组成，则总的感应电动势为

$$\varepsilon_{\mathrm{i}} = -N\frac{\mathrm{d}\Phi}{\mathrm{d}t}$$

又 $$\Psi = N\Phi \text{（磁链）}$$

所以 $$\varepsilon_{\mathrm{i}} = -\frac{\mathrm{d}\Psi}{\mathrm{d}t} \tag{13-2}$$

设回路电阻为 R（视为常数），感应电流 $I_{\mathrm{i}}=\frac{\varepsilon_{\mathrm{i}}}{R}=-\frac{1}{R}\frac{\mathrm{d}\Phi}{\mathrm{d}t}$，则在 t_1-t_2 内通过回路任一横截面的电荷量为

$$q = \int_{t_1}^{t_2} I_{\mathrm{i}}\mathrm{d}t = \int_{t_1}^{t_2}\left(-\frac{1}{R}\frac{\mathrm{d}\Phi}{\mathrm{d}t}\right)\mathrm{d}t = -\frac{1}{R}\int_{\Phi(t_1)}^{\Phi(t_2)}\mathrm{d}\Phi$$
$$= -\frac{1}{R}[\Phi(t_2)-\Phi(t_1)]$$

可知 q 与 $\Phi(t_2)-\Phi(t_1)$ 成正比，与时间间隔无关。

13.1.2 应用举例

【例 13-1】 如图 13-2 所示，平面线圈面积为 S，共 N 匝，在匀强磁场 $\boldsymbol{B}$ 中绕轴 OO' 以速度 ω 匀速转动。OO' 轴与 $\boldsymbol{B}$ 垂直。当 $t=0$ 时，线圈平面法线方向 $\boldsymbol{n}$ 与 $\boldsymbol{B}$ 同向。求线圈中的感应电动势。若线圈电阻为 R，求线圈中的感应电流。

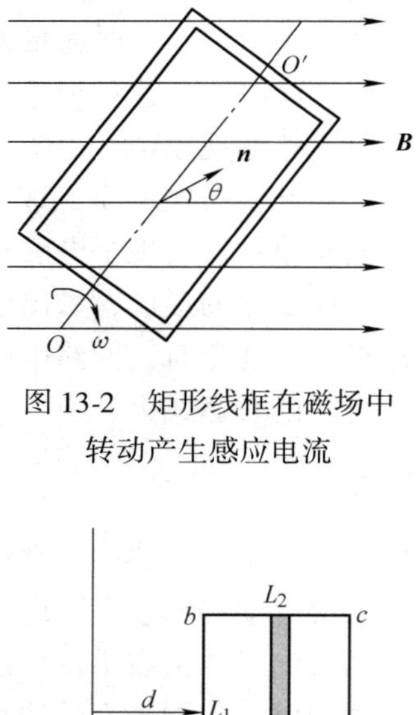

图 13-2 矩形线框在磁场中转动产生感应电流

【解】 （1）设 t 时刻，$\boldsymbol{n}$ 与 $\boldsymbol{B}$ 夹角为 θ，此时穿过线圈总的磁通量为

$$\Psi = N\Phi = N(\boldsymbol{B}\times\boldsymbol{S}) = NBS\cos\theta = NBS\cos\omega t$$

由法拉第电磁感应定律，线圈中感应电动势为

$$\varepsilon_{\mathrm{i}} = -\frac{\mathrm{d}\Psi}{\mathrm{d}t} = NBS\omega\sin\omega t = \varepsilon_{\mathrm{i\,max}}\sin\omega t \quad (\varepsilon_{\mathrm{i\,max}} = NBS\omega)$$

（2）线圈中的感应电流为

$$I_{\mathrm{i}} = \frac{\varepsilon_{\mathrm{i}}}{R} = \frac{\varepsilon_{\mathrm{i\,max}}}{R}\sin\omega t = I_{\mathrm{i\,max}}\sin\omega t$$

$$\left(I_{\mathrm{i\,max}} = \frac{\varepsilon_{\mathrm{i\,max}}}{R} = \frac{NBS\omega}{R}\right)$$

【例 13-2】 一长直导线中通有交变电流 $i=I_0\sin\omega t$，I_0 和 ω 是常量。旁边有一共面矩形线圈 $abcd$，如图 13-3 所示。$ab=L_1$，$bc=L_2$，ab 与导线平行且相距为 d。求：线圈中的感应电动势。

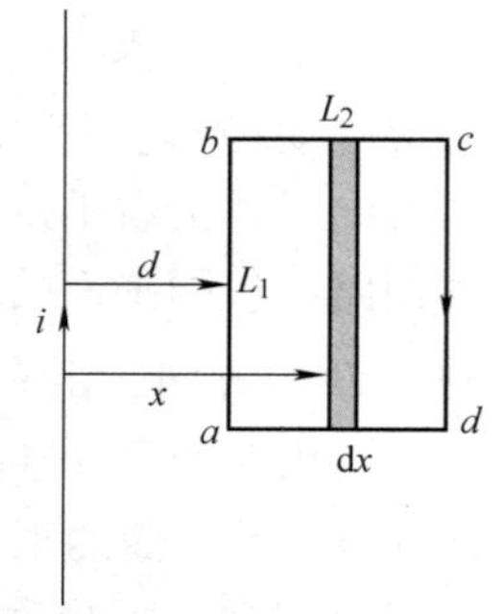

图 13-3 线圈和直线电流共面

【解】 设矩形线圈沿顺时针 $abcda$ 方向为绕行正方向。

建立坐标轴，在线框所包围面上取面元 d$\boldsymbol{S}$，而 d$S=L_1$dx，d$\boldsymbol{S}$ 所在位置的磁感应强度为 $\boldsymbol{B}=\dfrac{\mu_0 i}{2\pi x}$，如图 13-3 所示。

则穿过矩形线圈 $abcd$ 的磁通量为

$$\Phi=\int_S \boldsymbol{B}\cdot \mathrm{d}\boldsymbol{S}=\int_d^{d+L_2}\frac{\mu_0 i}{2\pi x}L_1\,\mathrm{d}x=\frac{\mu_0 i}{2\pi}L_1\ln\frac{d+L_2}{d}$$

所以闭合回路 $abcd$ 中的感应电动势为

$$\varepsilon_{\mathrm{i}}=-\frac{\mathrm{d}\Phi}{\mathrm{d}t}=-\frac{\mu_0\omega}{2\pi}L_1 I_0\ln\frac{d+L_2}{d}\cos\omega t$$

$\varepsilon_{\mathrm{i}}>0$ 时表示感应电动势沿顺时针方向；

$\varepsilon_{\mathrm{i}}<0$ 时表示感应电动势沿逆时针方向。

13.2　动生电动势和感生电动势

无论什么原因，当穿过一个闭合导体回路中的磁通量发生变化时，回路中都会产生感应电动势。实际中磁通量的变化大致分两种情况：一种是整个闭合导体或者闭合回路的一部分在稳恒磁场中运动，或者一段孤立导体在稳恒磁场中运动时，我们把这种情况下回路或者导体内产生的感应电动势叫作动生电动势；另一种是回路不动，磁场发生变化，这样产生的电动势叫作感生电动势。还有一种是磁场随时间变化且闭合回路也有运动，不难看出，这时的感应电动势是动生电动势和感生电动势的叠加。

下面我们分别讨论动生电动势和感生电动势产生的原因及其计算公式。

13.2.1　动生电动势

如图 13-4 所示，有一均匀的稳恒磁场，磁感应强度 $\boldsymbol{B}$ 的方向垂直纸面向里。一矩形导体线框放在纸面内，线框的 AB 边可以左右滑动，其长度为 L。设线框所围面积的法向正方向与磁感应强度的方向同向，由右手螺旋关系，回路的绕行正方向是顺时针的。当 AB 以速度 $\boldsymbol{v}$ 向右滑动时，线圈所围面积变大，穿过线框的磁通量也相应地增加，在 AB 边与线框左边相距为 x 时，穿过线框的磁通量为

$$\Phi=\boldsymbol{B}\cdot\boldsymbol{S}=BLx$$

线框中的产生的磁感应电动势为

$$\varepsilon_{\mathrm{i}}=-\frac{\mathrm{d}\Phi}{\mathrm{d}t}=-BL\frac{\mathrm{d}x}{\mathrm{d}t}=-BLv$$

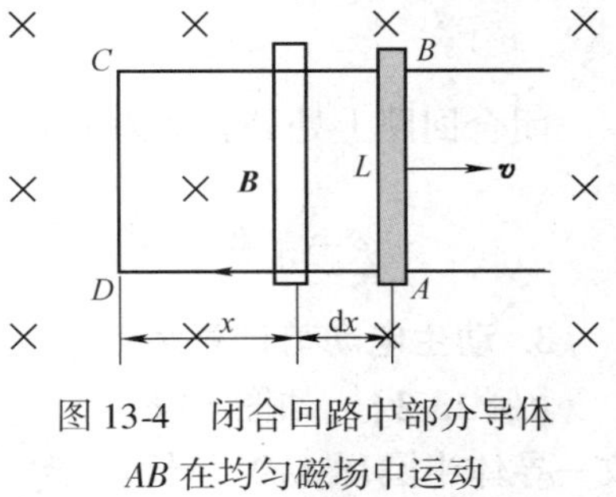

图 13-4　闭合回路中部分导体 AB 在均匀磁场中运动

如图 13-4 所示，感应电动势的参考正方向沿顺时针，负号表示感应电动势的实际方向与所选参考正方向相反沿逆时针。

实际上线框的另外三边没有动，只有导线 AB 横切磁场方向运动，所以动生电动势产生在 AB 上，方向由 A 端指向 B 端，AB 就相当于电源。

1. 动生电动势产生的原因

从本质上说，动生电动势的产生是运动的自由电荷在磁场中受洛伦兹力的结果。

我们现在以图 13-5 为例，分析动生电动势产生的原因，一均匀磁场垂直于纸面向里，长为 L 的导线 ab 竖直放置并以速度$\boldsymbol{v}$ 水平向右运动。金属导线内的自由电子在向右运动的过程中受到磁场施加的洛伦兹力为

$$\boldsymbol{f}=-e\boldsymbol{v}\times\boldsymbol{B}$$

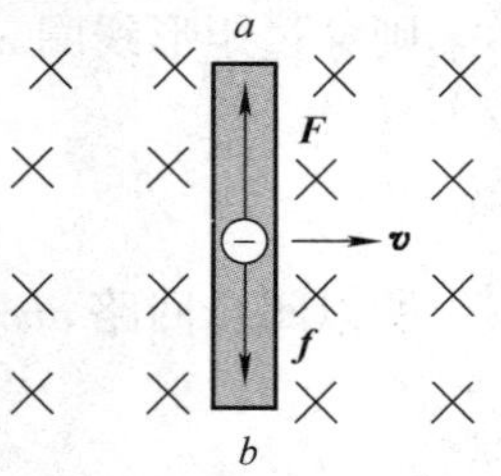

图 13-5　导体 ab 在均匀磁场中切割磁感线

洛伦兹力的方向竖直向下，驱使电子向 b 端积累，这样 b 端就显示了负电性，同时使 a 端显示出正电性，随着电荷的积累在 ab 两端形成了电势差，在导体内部形成一个静电场，电场强度的方向由 a 指向 b，电子同时还受一向上的电场力

$$\boldsymbol{F}=-e\boldsymbol{E}$$

电场力的方向竖直向上，随着电荷的积累电场不断加强。当电子受的洛伦兹力和电场力大小相等时，电荷停止积累，导体上保持稳定的电荷分布，形成稳定的动生电动势。因此，产生动生电动势的非静电力是洛伦兹力。

2. 动生电动势的计算公式

按照定义，单位正电荷从电源负极通过电源内部移动到电源正极的过程中，非静电力所做的功，叫作电源的电动势。

对于单位正电荷受的洛伦兹力（非静电力）为

$$\boldsymbol{f}=\boldsymbol{v}\times\boldsymbol{B}=\boldsymbol{E}_{\mathrm{k}}\quad(\boldsymbol{E}_{\mathrm{k}}:\text{非静电场场强})$$

由电动势的定义得动生电动势的表达式为

$$\varepsilon_{\mathrm{i}}=\int_{-}^{+}\boldsymbol{E}_{\mathrm{k}}\cdot\mathrm{d}\boldsymbol{l}$$

动生电动势的大小反映了洛伦兹力做功本领大小，通常表示为

$$\varepsilon_{\mathrm{i}}=\int_{-}^{+}(\boldsymbol{v}\times\boldsymbol{B})\cdot\mathrm{d}\boldsymbol{l}\tag{13-3}$$

闭合回路上处处有非静电力时，整个回路都是电源，这时电动势用普遍式表示：

$$\varepsilon=\oint_{l}\boldsymbol{E}_{\mathrm{k}}\cdot\mathrm{d}\boldsymbol{l}\quad(\boldsymbol{E}_{\mathrm{k}}:\text{非静电场场强})\tag{13-4}$$

3. 动生电动势计算举例

【例 13-3】 如图 13-6 所示，载有电流 I 的长直导线附近，放一导体半圆环 MeN 与长直导线共面，且端点 MN 的连线与长直导线垂直。半圆环的半径为 b，环心 O 与导线相距 a，设半圆环以速度$\boldsymbol{v}$ 平行导线平移。求半圆环上感应电动势的大小和方向及 MN 两端的电压。

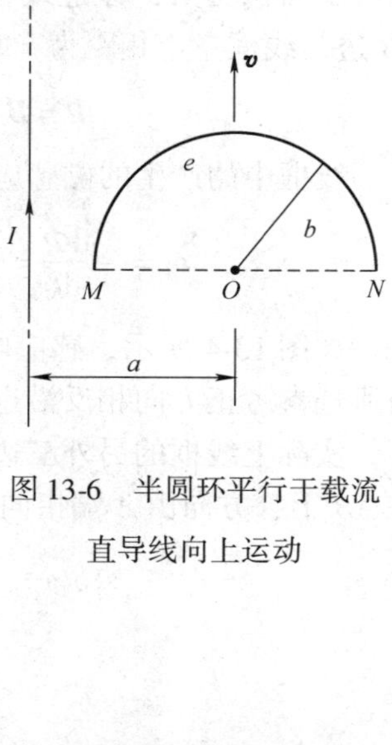

图 13-6　半圆环平行于载流直导线向上运动

【解】 作辅助线 MN，则在 $MeNOM$ 回路沿$\boldsymbol{v}$ 方向运动时，穿过闭合回路的磁通量没有发生变化，即 $\mathrm{d}\Phi_{\mathrm{m}}=0$。由法拉第电磁感应定律得整个回路产生电动势为 0，即

$$\varepsilon_{MeNOM}=0$$

$$\varepsilon_{MeN}+\varepsilon_{NOM}=0$$

因此 $\varepsilon_{MeN}=\varepsilon_{MN}$。由动生电动势公式

$$\varepsilon_i=\int_-^+(\boldsymbol{v}\times\boldsymbol{B})\cdot \mathrm{d}\boldsymbol{l}$$

得 MeN 段的电动势大小为

$$\varepsilon_{MeN}=\varepsilon_{MN}=\int_{a-b}^{a+b}vB\cos\pi\mathrm{d}l=\frac{\mu_0 Iv}{2\pi}\ln\frac{a-b}{a+b}<0$$

所以，ε_{MeN}沿 NeM 方向。

MN 两端的电压大小为　　$U_{MN}=\dfrac{\mu_0 Iv}{2\pi}\ln\dfrac{a+b}{a-b}$

M 点电势高于 N 点电势。

【例 13-4】 如图 13-7 所示，长为 l 的细导体棒在匀强磁场中，绕过 A 处垂直于纸面的轴以角速度 ω 匀速转动。求 AB 上产生的感应电动势的大小和方向。

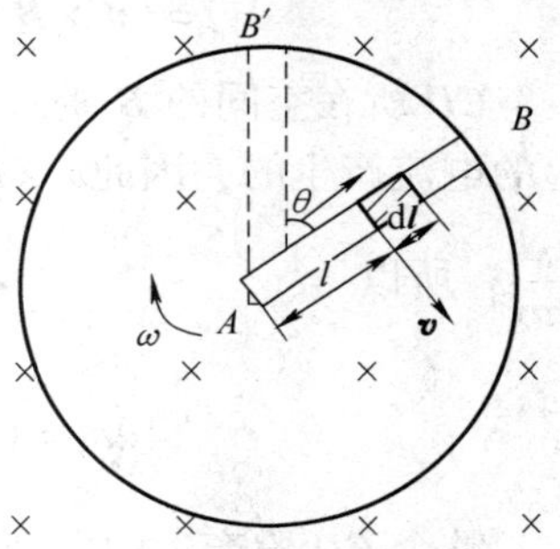

图 13-7　导体 AB 在均匀磁场中转动

【解】 方法一：用 $\varepsilon_i=\int_A^B(\boldsymbol{v}\times\boldsymbol{B})\cdot\mathrm{d}\boldsymbol{l}$ 解（选线元 $\mathrm{d}\boldsymbol{l}$ 沿 AB 方向）。

$\mathrm{d}\boldsymbol{l}$ 段产生的动生电动势为

$$\mathrm{d}\varepsilon_i=(\boldsymbol{v}\times\boldsymbol{B})\cdot\mathrm{d}\boldsymbol{l}$$

因为$\boldsymbol{v}$ 和 $\boldsymbol{B}$ 垂直，$v=l\omega$，而$\boldsymbol{v}\times\boldsymbol{B}$ 与 $\mathrm{d}\boldsymbol{l}$ 同向，所以有

$$\mathrm{d}\varepsilon_i=vB\mathrm{d}l=\omega Bl\mathrm{d}l$$

AB 棒产生的总电动势为

$$\varepsilon_{ab}=\int_A^B\mathrm{d}\varepsilon_i=\int_A^B(\boldsymbol{v}\times\boldsymbol{B})\cdot\mathrm{d}\boldsymbol{l}=\int_0^l\omega Bl\mathrm{d}l=\frac{1}{2}\omega Bl^2$$

因为 $\varepsilon_i>0$，所以 ε_i 沿 $A\to B$ 方向。

即 B 点的电位比 A 点电位高。

方法二：用 $\varepsilon_i=-\dfrac{\mathrm{d}\Phi}{\mathrm{d}t}$求解。

设 $t=0$ 时，AB 位于 AB'位置，t 时刻转到实线位置这段时间转过的面积为 S，且 $S=\dfrac{1}{2}\omega tl^2$，由已知选顺时针为绕行正方向（感应电动势的参考方向），S 面积上穿过的磁通量为

$$\Phi=\boldsymbol{B}\cdot\boldsymbol{S}=BS\cos0^\circ=\frac{1}{2}B\omega tl^2$$

上式代入 $\varepsilon_i=-\dfrac{\mathrm{d}\Phi}{\mathrm{d}t}$得

$$\varepsilon_i=-\frac{1}{2}\omega Bl^2$$

$\varepsilon_i<0$，表明实际方向与参考方向相反，所以 ε_i 的实际方向沿逆时针方向，即 $A\to B\to B'\to A$ 方向。

因为转过面积 S 的过程中，只有 AB 在切割磁力线，所以整个回路上的电动势就是 AB 上产生的电动势。

AB 上的电动势值为
$$\varepsilon_{AB}=\frac{1}{2}\omega Bl^2$$
方向沿 $A\to B$ 方向。

【例 13-5】 如图 13-8 所示，一无限长载流导线 AB，通过的电流为 $I=20\text{A}$，导体细棒 CD 与 AB 共面，并互相垂直，CD 长为 $l=0.02\text{m}$，C 端距 AB 为 $a=0.01\text{m}$，CD 以匀速度 $v=10\text{m}\cdot\text{s}^{-1}$ 的大小沿 $A\to B$ 方向运动，求 CD 中产生的感应电动势。

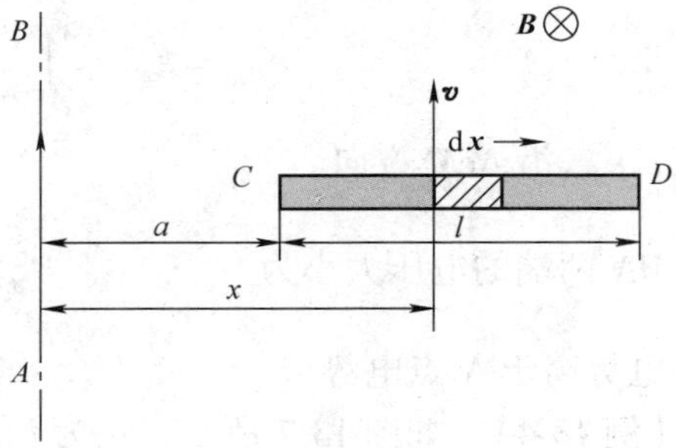

图 13-8　导体 CD 平行于无限长载流导线运动

【解】 $\mathrm{d}\boldsymbol{x}$ 段产生的动生电动势为
$$\mathrm{d}\varepsilon_i=(\boldsymbol{v}\times\boldsymbol{B})\cdot\mathrm{d}\boldsymbol{x}$$

CD 所在空间的 $\boldsymbol{B}$ 垂直指向纸面，是由 AB 上的电流产生的，因此 $\boldsymbol{v}\times\boldsymbol{B}$ 的方向由 $D\to C$ 方向，即与 $\mathrm{d}\boldsymbol{x}$ 反向，$\boldsymbol{v}\times\boldsymbol{B}$ 大小为 vB，而 $B=\dfrac{\mu_0 I}{2\pi x}$，所以

$$\mathrm{d}\varepsilon_i=(\boldsymbol{v}\times\boldsymbol{B})\cdot\mathrm{d}\boldsymbol{x}=vB\mathrm{d}x\cos\pi=-vB\mathrm{d}x=-v\frac{\mu_0 I}{2\pi x}\mathrm{d}x$$

整个 CD 段产生的电动势 ε_{CD} 为

$$\varepsilon_{CD}=\int_C^D\mathrm{d}\varepsilon_i=-\int_a^{a+l}v\frac{\mu_0 I}{2\pi x}\mathrm{d}x=-\frac{\mu_0 Iv}{2\pi}\ln\frac{a+l}{a}$$

代入已知条件得

$$\varepsilon_{CD}=-\frac{\mu_0 Iv}{2\pi}\ln\frac{a+l}{a}=-\frac{4\pi\times10^{-7}\times20\times10}{2\pi}\ln3\text{ V}=-4\ln3\times10^{-5}\text{ V}$$

因为 $\varepsilon_{CD}<0$，所以 CD 上电动势的实际方向沿 $D\to C$，即 C 点比 D 点电势高。

13.2.2　感生电动势　涡旋电场

1. 感生电动势产生的原因

前面已经提到：如果回路不动而是回路所在空间的磁场发生变化，这样产生的电动势叫作感生电动势。我们知道一个电动势的产生，必须以非静电场 $\boldsymbol{E}_k$ 或非静电力 $\boldsymbol{F}_k$ 的存在作为前提，产生动生电动势的非静电力是洛伦兹力，但产生感生电动势的非静电力显然不是洛伦兹力（因为回路不动），那么，与感生电动势相应的非静电力是什么呢？

既然导体不动而磁场 $\boldsymbol{B}$ 变化时出现感生电动势，可见导体中的电子必然由于 $\boldsymbol{B}$ 的变化而受到一个力。迄今为止，关于电荷所受的力，我们已经认识了两种：①电荷受到其他电荷激发的电场对它的库仑力——静电场力；②运动电荷受到磁场对它的洛伦兹力——磁场力。

现在又看到，静止电荷在变化磁场中也要受到一个力的作用，但这个力既不是洛伦兹力，也不是库仑力（因为库仑力与磁场无关），而是一种我们尚未认识的力。既然一个任意形状的、由任意金属材料制成的静止导体内的电子在变化磁场中都要受到这种力，可以推想，取走导体而在变化的磁场中放一个静止电子（或其他带电粒子），也会受到这样一种力。麦克斯韦分析和研究了这类电磁感应现象，提出了以下假说：不论有无导体或导体回路，变化的磁场都将在其周围空间产生具有闭合电场线的电场，并称此电场为感生电场或涡旋电场。用 $\boldsymbol{E}_{\mathrm{r}}$ 表示。大量的实验都证实了麦克斯韦这一假说是正确的。

综上所述，在自然界中存在两种电场：由自由电荷激发的静电场和由变化磁场激发的涡旋电场。涡旋电场和静电场的相同之处是都能对场中的电荷（无论静止与否）施加作用力，这个力就是电场力。如果在感生电场中放入导体，则导体中的电子在感生电场力的作用下将发生定向运动，在导体中形成电动势；如果导体构成闭合回路，就产生感应电流。因此，产生感生电动势的非静电力就是感生电场力或者涡旋电场力，它是形成感生电动势的起因和本质。

因为静电场是电荷产生的，电力线起始于正电荷而终止于负电荷，静电场是有源场，静电场也是保守场。

我们已经知道真空中反映静电场性质的数学表达式为

$$\oint_S \boldsymbol{E} \cdot \mathrm{d}\boldsymbol{S} = \frac{q}{\varepsilon_0}$$

$$\oint_l \boldsymbol{E} \cdot \mathrm{d}\boldsymbol{l} = 0$$

因为涡旋电场是变化磁场产生的，涡旋电场是无源场，电场线是闭合的，涡旋电场为非保守场。因此得真空中反映涡旋电场性质的数学表达式为

$$\oint_S \boldsymbol{E}_{\mathrm{r}} \cdot \mathrm{d}\boldsymbol{S} = 0$$

$$\oint_l \boldsymbol{E}_{\mathrm{r}} \cdot \mathrm{d}\boldsymbol{l} \neq 0$$

那么不等于零的 $\oint_l \boldsymbol{E}_{\mathrm{r}} \cdot \mathrm{d}\boldsymbol{l}$ 项到底等于什么呢？下面来讨论感生电动势的计算。

2. 感生电动势计算公式

既然产生感生电动势的非静电力是涡旋电场力，单位正电荷受到的涡旋电场力是 $\boldsymbol{f}_{涡} = q\boldsymbol{E}_{\mathrm{r}} = \boldsymbol{E}_{\mathrm{r}}$。根据电动势的定义，得导体上产生的电动势为

$$\varepsilon_{\mathrm{i}} = \int_{-}^{+} \boldsymbol{E}_{\mathrm{r}} \cdot \mathrm{d}\boldsymbol{l}$$

若导体是闭合的，感生电动势的表达式为

$$\varepsilon_{\mathrm{i}} = \oint_l \boldsymbol{E}_{\mathrm{r}} \cdot \mathrm{d}\boldsymbol{l}$$

感生电动势的大小，反映了涡旋电场力做功本领的大小。
再根据法拉第电磁感应定律，可有

$$\varepsilon_i = \oint_l \boldsymbol{E}_r \cdot d\boldsymbol{l} = -\frac{d\Phi}{dt} \tag{13-5}$$

法拉第建立的电磁感应定律的原始形式 $\varepsilon_i = -\frac{d\Phi}{dt}$ 只适用于导体构成的闭合回路情形；而麦克斯韦关于感应电场的假设所建立的电磁感应定律 $\varepsilon_i = \oint_l \boldsymbol{E}_r \cdot d\boldsymbol{l} = -\frac{d\Phi}{dt}$，闭合回路是否由导体组成都成立，闭合回路在真空中还是在介质中都适用。这就是说，只要通过某一闭合回路的磁通量发生变化，那么感生电场沿此闭合回路的环流总是满足 $\varepsilon_i = \oint_l \boldsymbol{E}_r \cdot d\boldsymbol{l} = -\frac{d\Phi}{dt}$。只不过，对导体回路来说，有电荷定向运动，而形成感生电流和感生电动势；而对于非导体回路虽然无感生电流，感生电场和感生电动势还是存在的。

3. 感生电动势计算举例

【例 13-6】 如图 13-9 所示，均匀磁场 $\boldsymbol{B}$ 被局限在半径为 $R=0.50\text{m}$ 的圆筒内，$\boldsymbol{B}$ 与筒轴平行，磁感应强度也以恒定变化率 $\frac{dB}{dt}=1.0\times10^{-4}\text{T}\cdot\text{s}^{-1}$ 增加，求距离轴心的半径为 $r=0.10\text{m}$ 和 $r=1.00\text{m}$ 的圆周上电场强度各是多少？电场强度的最大值是多少？画出电场强度随半径的变化关系图。

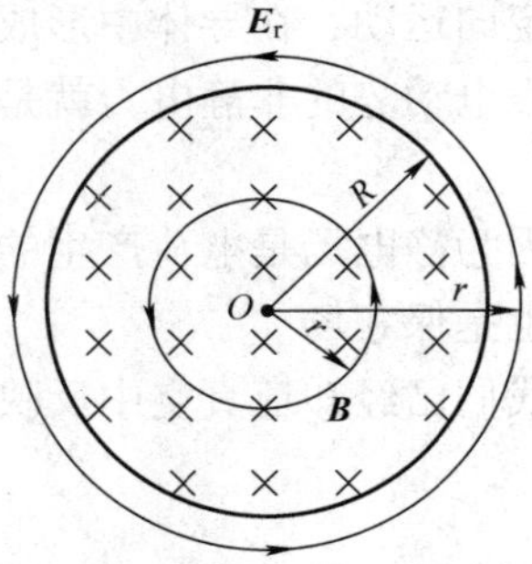

图 13-9 柱形磁场空间的电场分布

【解】 根据磁场分布的对称性可知，变化的磁场产生感应电场，电力线是一系列以筒轴线为圆心的同心圆。圆周上各点的切线方向为 $\boldsymbol{E}_r$ 的方向。

（1）距离轴心为 $r=0.10\text{m}$ 位置（$r<R$）的感应电场强度的计算：

以 O 点为圆心以 r 为半径，作闭合圆周回路 l，即闭合电力线回路，回路的绕行方向取顺时针，由麦克斯韦建立的电磁感应定律方程

$$\oint_l \boldsymbol{E}_r \cdot d\boldsymbol{l} = -\frac{d\Phi}{dt}$$

因为

$$\oint_l \boldsymbol{E}_r \cdot d\boldsymbol{l} = \oint_l E_r dl = E_r \oint_l dl = E_r \cdot 2\pi r$$

$$\frac{d\Phi}{dt} = \frac{d}{dt}(\boldsymbol{B}\cdot\boldsymbol{S}) = \frac{d}{dt}(BS) = \pi r^2 \frac{dB}{dt}$$

所以有

$$E_r \cdot 2\pi r = -\pi r^2 \frac{dB}{dt}$$

$$E_r = -\frac{1}{2} r \frac{dB}{dt}$$

因为 $\frac{dB}{dt}>0$，所以 $E_r<0$。代入已知条件得 $r=0.10\text{m}$ 时的感生电场强度为

$$E_r = -\frac{1}{2} r \frac{dB}{dt} = \left(-\frac{1}{2}\times0.10\times1.0\times10^{-4}\right)\text{N}\cdot\text{C}^{-1} = -5\times10^{-6}\text{N}\cdot\text{C}^{-1}$$

电场强度 $\boldsymbol{E}_{\mathrm{r}}$ 的方向如图 13-9 所示，沿圆周切线方向，与假定绕行方向相反。

（2）半径 $r=1.00\mathrm{m}$（$r>R$）的圆周上各点电场强度的计算。

以 O 点为圆心，以 r 为半径，作闭合圆周回路 l，即闭合电力线回路，回路的绕行方向取顺时针，由麦克斯韦建立的电磁感应定律方程求解。

因为

$$\oint_l \boldsymbol{E}_{\mathrm{r}} \cdot \mathrm{d}\boldsymbol{l} = \oint_l E_{\mathrm{r}}\mathrm{d}l = E_{\mathrm{r}}\oint_l \mathrm{d}l = E_{\mathrm{r}} \cdot 2\pi r$$

而

$$\frac{\mathrm{d}\Phi}{\mathrm{d}t} = \frac{\mathrm{d}}{\mathrm{d}t}(\boldsymbol{B} \cdot \boldsymbol{S}) = \frac{\mathrm{d}}{\mathrm{d}t}(BS) = \pi R^2 \frac{\mathrm{d}B}{\mathrm{d}t}$$

代入

$$\oint_l \boldsymbol{E}_{\mathrm{r}} \cdot \mathrm{d}\boldsymbol{l} = -\frac{\mathrm{d}\Phi}{\mathrm{d}t}$$

$$E_{\mathrm{r}} \cdot 2\pi r = -\pi R^2 \frac{\mathrm{d}B}{\mathrm{d}t}$$

$$E_{\mathrm{r}} = -\frac{R^2}{2r}\frac{\mathrm{d}B}{\mathrm{d}t}$$

因为$\frac{\mathrm{d}B}{\mathrm{d}t}>0$，所以 $E_{\mathrm{r}}<0$。代入已知条件得 $r=1.00\mathrm{m}$ 时的电场强度为

$$\begin{aligned} E_{\mathrm{r}} &= -\frac{R^2}{2r}\frac{\mathrm{d}B}{\mathrm{d}t} = \left(-\frac{0.50^2}{2\times1.00}\times1.0\times10^{-4}\right)\mathrm{N}\cdot\mathrm{C}^{-1} \\ &= -1.25\times10^{-5}\mathrm{N}\cdot\mathrm{C}^{-1} \end{aligned}$$

电场强度 $\boldsymbol{E}_{\mathrm{r}}$ 的方向如图 13-9 所示，沿圆周的切线方向与假定绕行方向相反。

（3）由 $E_{\mathrm{r}}=\frac{1}{2}r\frac{\mathrm{d}B}{\mathrm{d}t}$得在 $r=R$ 处，电场强度 $\boldsymbol{E}_{\mathrm{r}}$ 最大。$\boldsymbol{E}_{\mathrm{r}}$ 最大值为

$$E_{\mathrm{r}} = \frac{1}{2}R\frac{\mathrm{d}B}{\mathrm{d}t} = \left(\frac{1}{2}\times0.50\times1.0\times10^{-4}\right)\mathrm{N}\cdot\mathrm{C}^{-1} = 2.5\times10^{-5}\mathrm{N}\cdot\mathrm{C}^{-1}$$

涡旋电场强度 $\boldsymbol{E}_{\mathrm{r}}$ 的方向如图 13-9 所示，沿圆周的切线方向与假定绕行方向相反。涡旋电场强度 $\boldsymbol{E}_{\mathrm{r}}$ 的大小与半径 r 的变化关系如图 13-10 所示。

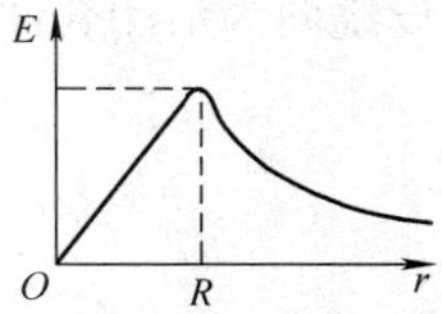

图 13-10　$\boldsymbol{E}_{\mathrm{r}}$ 与 r 的变化关系图

通过该题得出结论：电场不仅存在于筒形磁场内，也存在于筒形磁场外；筒形磁场内的感应电场 $\boldsymbol{E}_{\mathrm{r}}$ 的大小与半径成正比，筒形磁场外的涡旋电场 $\boldsymbol{E}_{\mathrm{r}}$ 的大小与半径成反比，涡旋电场 $\boldsymbol{E}_{\mathrm{r}}$ 的方向可以方便地用楞次定律判定；方法是根据原磁场的方向，再根据原磁场的变化情况，最后由右手螺旋法则（具体由增反减同），弯曲的四指指向为感应电场的方向。即便是回路中没有导线只要磁场变化，感应电场仍然存在。

【例 13-7】　半径为 R 的无限长直螺线管的电流随时间线性增加$\left(\frac{\mathrm{d}I}{\mathrm{d}t}=\text{常数}\right)$时，其内部的磁感应强度也以恒定变化率$\frac{\mathrm{d}B}{\mathrm{d}t}$增加，图 13-11 所示为无限长直螺线管的一个横截面。将长为 l 的金属棒 ab 垂直于磁场放置在该横截面内，求棒两端的感生电动势的大小及方向。

【解】 由于$\frac{dB}{dt} \neq 0$，在空间将激发涡旋电场，根据磁场分布的轴对称性及涡旋电场的场线是闭合曲线这两个特点，可以断定涡旋电场的场线在垂直螺线管轴线的平面内是以螺线管轴线为圆心的一系列同心圆。因为$\frac{dB}{dt}$增加，根据楞次定律判定出涡旋电场的场线方向如图13-11所示，沿逆时针方向。

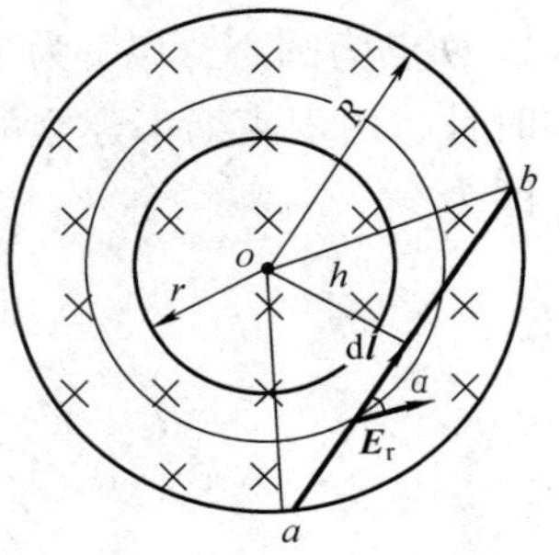

图13-11 导体ab在变化的磁场中产生感应电动势

方法一：用$\varepsilon_{ab} = \int_a^b \boldsymbol{E}_r \cdot d\boldsymbol{l}$求解。

沿金属棒ab取线元$d\boldsymbol{l}$，$\boldsymbol{E}_r$与$d\boldsymbol{l}$的夹角为α，则有

$$\varepsilon_{ab} = \int_a^b \boldsymbol{E}_r \cdot d\boldsymbol{l} = \int_a^b E_r dl\cos\alpha$$

因为根据上例的结论，在$r<R$区域内，涡旋电场$E_r = \frac{1}{2} r \frac{dB}{dt}$，又因$\cos\alpha = \frac{h}{r}$，代入感应电动势表达式，所以有

$$\varepsilon_{ab} = \int_a^b \boldsymbol{E}_r \cdot d\boldsymbol{l} = \int_a^b E_r dl\cos\alpha$$
$$= \int_a^b \frac{r}{2} \frac{dB}{dt} \frac{h}{r} dl = \frac{h}{2} \frac{dB}{dt} \int_a^b dl = \frac{hl}{2} \frac{dB}{dt}$$

其中，h为$\triangle oab$中ab边上的高，大小为$h = \sqrt{R^2 - \frac{l^2}{4}}$。

因为$\varepsilon_{ab}>0$，所以感生电动势的方向由a指向b，即b点的电势比a点的高。

方法二：用法拉第电磁感应定律求解。

作辅助线oa、ob（见图13-11）。因$\boldsymbol{E}_r$沿同心圆周的切向，任意点的$\boldsymbol{E}_r$都和该点的半径方向垂直，所以$\boldsymbol{E}_r$沿oa及ob的线积分为零，即oa、ob段的感生电动势为零，所以闭合曲线$aboa$上的感生电动势就是ab段产生的感生电动势。

设绕向为沿闭合曲线$aboa$，即逆时针，即$\varepsilon_i = \varepsilon_{aboa} = \varepsilon_{ab} + \varepsilon_{bo} + \varepsilon_{oa} = \varepsilon_{ab}$。而$aboa$所围面积为

$$S = \frac{1}{2} hl$$

因为我们假设绕向沿逆时针，根据绕向方向，由右手螺旋法则，确定出$\boldsymbol{S}$的法向正方向向外，所以穿过S面的磁通量为

$$\Phi = \boldsymbol{B} \cdot \boldsymbol{S} = -BS = -\frac{1}{2} hlB$$

代入法拉第电磁感应定律表达式 $\varepsilon_i = -\frac{d\Phi}{dt}$

根据上面分析得ab上的感生电动势为

$$\varepsilon_i = \varepsilon_{ab} = -\frac{d\Phi}{dt} = \frac{1}{2} hl \frac{dB}{dt}$$

其中 h 为 $\triangle oab$ 中 ab 边上的高，大小为 $h=\sqrt{R^2-\frac{l^2}{4}}$。

与方法一的结果相同。

13.3　电磁感应现象的具体应用

13.3.1　自感现象

1. 自感现象

当一回路中有电流时，必然要在自身回路中有磁通量，当电流变化时，磁通量也发生变化，由法拉第电磁感应定律可知，在回路中一定会产生感应电动势。由于回路中电流发生变化，或者回路形状改变，而在本身回路中引起感应电动势的现象称为自感现象。自感现象中产生的电动势叫作自感电动势。

2. 自感系数

（1）定义　设通过回路电流为 I，由毕奥-萨伐尔定律可知，这电流在空间任意一点产生的 $\boldsymbol{B}$ 其大小与 I 成正比，所以通过回路本身的磁通量与 I 成正比，即

$$\Phi = LI \tag{13-6}$$

式中，L 定义为自感系数或自感，与回路的大小、形状、磁介质有关。在 SI 中，L 单位为亨利，记作 H。若回路周围没有铁磁性物质，L 的大小与电流 I 无关。若回路中有铁磁性物质，L 和电流 I 不呈线性关系。L 不再是常量。

（2）自感电动势与 L 的意义　自感电动势记为 ε_L，可以表达为

$$\varepsilon_L = -\frac{\mathrm{d}\Phi}{\mathrm{d}t} = -\left(L\frac{\mathrm{d}I}{\mathrm{d}t}+I\frac{\mathrm{d}L}{\mathrm{d}t}\right)$$

当回路的形状、大小、磁介质不变时，且回路中没有铁磁性物质时，$L=$常数，所以$\frac{\mathrm{d}L}{\mathrm{d}t}=0$。因此

$$\varepsilon_L = -L\frac{\mathrm{d}I}{\mathrm{d}t} \tag{13-7}$$

当线圈有 N 匝时，$\Psi = N\Phi = LI$，Ψ 称为磁通链匝数。

$$\varepsilon_L = -\frac{\mathrm{d}\Psi}{\mathrm{d}t} = -\left(L\frac{\mathrm{d}I}{\mathrm{d}t}+I\frac{\mathrm{d}L}{\mathrm{d}t}\right)$$

$$\varepsilon_L = -L\frac{\mathrm{d}I}{\mathrm{d}t}$$

【例 13-8】 如图 13-12 所示，长直螺线管长为 l，横截面面积为 S，共 N 匝，介质磁导率为 μ（均匀介质）。求线圈的自感系数。

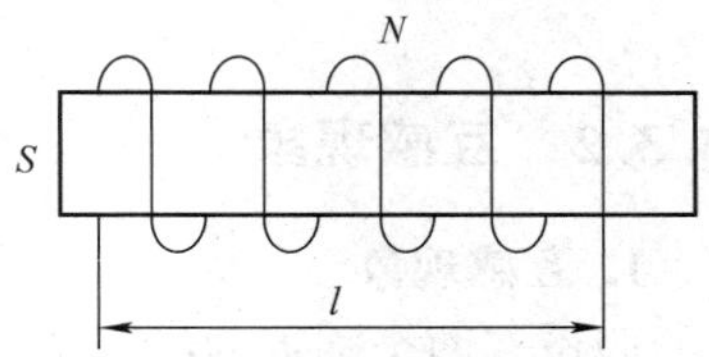

图 13-12　长 l 匝数为 N 的线圈

【解】 设线圈电流为 I，通过单位长度线圈的磁通量为

$$\Phi = BS = \mu nIS$$

通过 N 匝线圈磁通链数为

$$\Psi = N\Phi = N\mu nIS$$

因为 $\Psi = LI$，所以有

$$L = N\mu nS = \frac{N}{l}\mu n(lS) = \mu n^2 V$$

式中，V 为螺线管的体积。

【例 13-9】 如图 13-13 所示，同轴电缆半径分别为 a、b，电流从内筒端流入，经外筒端流出，筒间充满磁导率为 μ 的介质，电流为 I。求单位长度同轴电缆的自感系数。

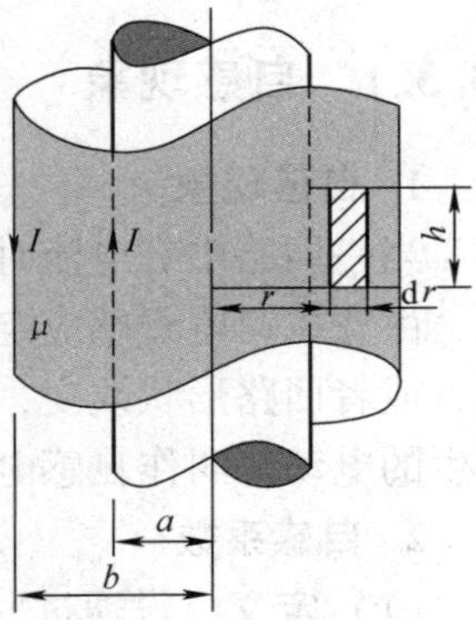

图 13-13　同轴电缆

【解】 由安培环路定理知，筒间距轴 r 处 $\boldsymbol{H}$ 大小为 $H = \dfrac{I}{2\pi r}$，因此

$$B = \frac{\mu I}{2\pi r} \quad (B = \mu H)$$

取长为 h 一段电缆来考虑，穿过阴影面积磁通量为（取 d$\boldsymbol{S}$ 向里）

$$\mathrm{d}\Phi = \boldsymbol{B} \cdot \mathrm{d}\boldsymbol{S} = B\mathrm{d}S = Bh\mathrm{d}r$$

穿过长为 h 部分两筒间的总的磁通量为

$$\Phi = \int \mathrm{d}\Phi = \int_a^b \frac{\mu Ih}{2\pi r}\mathrm{d}r = \frac{\mu Ih}{2\pi}\ln\frac{b}{a}$$

所以长 h 部分电缆的自感系数为

$$L = \frac{\Phi}{I} = \frac{\mu h}{2\pi}\ln\frac{b}{a}$$

单位长度同轴电缆的自感系数为

$$L_0 = \frac{L}{h} = \frac{\mu}{2\pi}\ln\frac{b}{a}$$

由于计算中忽略了边缘效应，所以计算值是近似的，实际测量值比它小些。L 只与线圈大小、形状、匝数、磁介质有关。

自感现象在电工、电子技术中有广泛的应用。荧光灯镇流器是自感用在电子技术中最简单的例子。在电子线路中广泛使用自感，如线圈与电容组成的谐振电路和滤波器等。在供电系统中切断载有强大电流的电路时，由于电路中自感元件的作用，开关触头处会出现强烈的电弧，容易危及人身安全。为避免事故，必须使用带有灭弧结构的特殊开关，如油断路器等。

13.3.2　互感现象

1. 互感现象

假设有两个临近的线圈 1、2，如图 13-14 所示，它们通过电流分别为 I_1、I_2。I_1 产生的磁场，其部分磁力线（实线）通过线圈 2，磁通量用 Φ_{21} 表示，当 I_1 变化时，在线圈 2 中要

激发感应电动势 ε_{21}，同理，I_2 变化时，它产生的磁场通过线圈 1 的磁通量 Φ_{12} 也变化，在回路 1 中也要激发感应电动势 ε_{12}。如上所述，一个回路的电流发生变化时，在另外一个回路中激发感应电动势的现象称为互感现象，该电动势称为互感电动势。

2. 互感系数

（1）定义　根据毕奥-萨伐尔定律，I_1 在空间任一点产生的磁感应强度大小与 I_1 成正比，所以，I_1 产生的磁通量通过线圈 2 的磁通量 Φ_{21} 也与 I_1 成正比，即

$$\Phi_{21}=M_{21}I_1 \tag{13-8a}$$

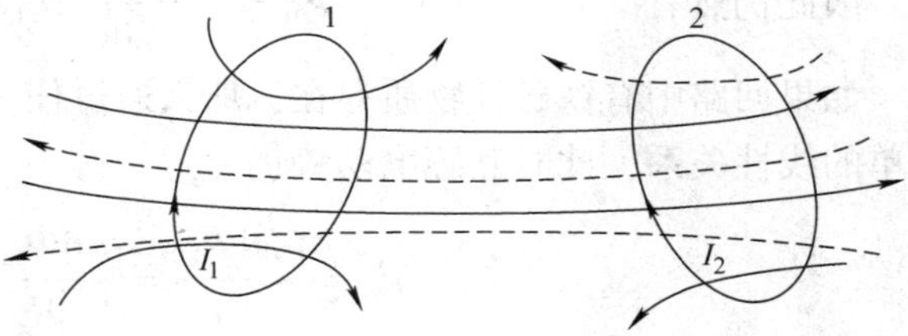

图 13-14　两个靠近的线圈

同理：I_2 产生的部分穿过线圈 1 的磁通量 Φ_{12} 也与 I_2 成正比，即

$$\Phi_{12}=M_{12}I_2 \tag{13-8b}$$

如果两个回路的相对位置不变，而且在周围没有铁磁性物质时，则两个回路的互感等于其中一个回路中单位电流激发的磁场通过另一个回路所包围面积的磁链可以表示为

$$M_{21}=M_{12}=M=\frac{\Phi_{21}}{I_1}=\frac{\Phi_{12}}{I_2}$$

或者

$$\Phi_{21}=MI_1 \tag{13-8c}$$

$$\Phi_{12}=MI_2 \tag{13-8d}$$

也可以说当两个线圈相对位置固定不变，而且周围没有铁磁物质时，M 和电流的大小无关。式中，M 定义为互感系数，或互感。M 与回路的大小、形状、磁介质及二者相对位置有关。在 SI 中，M 单位为亨利（H）。

（2）互感电动势与 M 意义　由法拉第电磁感应定律知

$$\varepsilon_{21}=-\frac{\mathrm{d}\Phi_{21}}{\mathrm{d}t}=-\left(M\frac{\mathrm{d}I_1}{\mathrm{d}t}+I_1\frac{\mathrm{d}M}{\mathrm{d}t}\right)$$

$$\varepsilon_{12}=-\frac{\mathrm{d}\Phi_{12}}{\mathrm{d}t}=-\left(M\frac{\mathrm{d}I_2}{\mathrm{d}t}+I_2\frac{\mathrm{d}M}{\mathrm{d}t}\right)$$

当回路大小、形状、磁介质、线圈相对位置不变时，M = 常数，即

$$\frac{\mathrm{d}M}{\mathrm{d}t}=0$$

因此线圈 2 上的感应电动势为

$$\varepsilon_{21}=-M\frac{\mathrm{d}I_1}{\mathrm{d}t} \tag{13-9a}$$

同理得线圈 1 上的感应电动势为

$$\varepsilon_{12}=-M\frac{\mathrm{d}I_2}{\mathrm{d}t} \tag{13-9b}$$

当线圈 1、2 分别有 N_1、N_2 匝数，则穿过 1、2 线圈的磁通链数分别为

$$\left.\begin{aligned}\Psi_{21}=N_2\Phi_{21}=M_{21}I_1=MI_1\\ \Psi_{12}=N_1\Phi_{12}=M_{12}I_2=MI_2\end{aligned}\right\}\quad(\Phi\text{ 是一匝线圈的磁通量})$$

因此仍然有 $$\varepsilon_{21}=-M\frac{\mathrm{d}I_1}{\mathrm{d}t},\ \varepsilon_{12}=-M\frac{\mathrm{d}I_2}{\mathrm{d}t}$$

如果回路中有铁磁性物质存在，那么通过任一回路的磁链和另一个回路中的电流不再是简单的线性关系，此时互感电动势仍为

$$\varepsilon_{12}=-\frac{\mathrm{d}\Phi_{12}}{\mathrm{d}t}=-\frac{\mathrm{d}\Phi_{12}}{\mathrm{d}I_2}\frac{\mathrm{d}I_2}{\mathrm{d}t}=-M\frac{\mathrm{d}I_2}{\mathrm{d}t}$$

$$\varepsilon_{21}=-\frac{\mathrm{d}\Phi_{21}}{\mathrm{d}t}=-\frac{\mathrm{d}\Phi_{21}}{\mathrm{d}I_1}\frac{\mathrm{d}I_1}{\mathrm{d}t}=-M\frac{\mathrm{d}I_1}{\mathrm{d}t}$$

其中 $M=\dfrac{\mathrm{d}\Phi_{21}}{\mathrm{d}I_1}=\dfrac{\mathrm{d}\Phi_{12}}{\mathrm{d}I_2}$，$M$ 除了和两个回路的相对位置有关外，还和电流有关不再是常量。

【例 13-10】 如图 13-15 所示，一螺线管长为 l，横截面面积为 S，密绕导线 N 匝，在其中部再绕 N_2 匝另一导线线圈。管内介质的磁导率为 μ，求此两线圈间的互感系数。

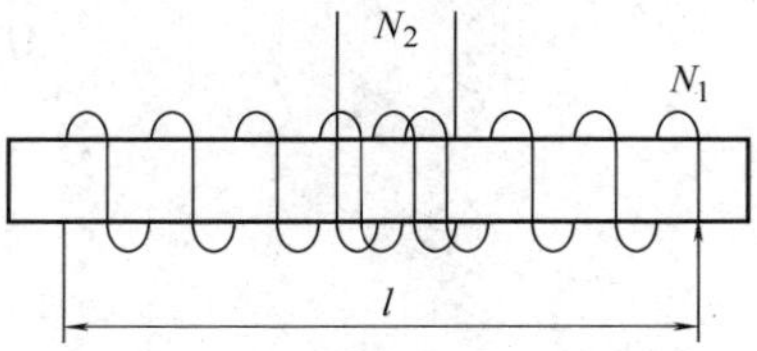

图 13-15 两个线圈绕在同一个柱形框架上

【解】 设长螺线管导线中电流为 I_1，它在中部产生 $\boldsymbol{B}_1$ 的大小为

$$B_1=\mu\frac{N_1}{l}I_1$$

I_1 产生的磁场通过第二个线圈磁通链数为

$$\Psi_{21}=N_2B_1S_2=N_2S\mu\frac{N_1}{l}I_1$$

依互感定义 $$M=\frac{\Psi_{21}}{I_1}$$

有 $$M=\mu\frac{N_1N_2}{l}S$$

【例 13-11】 如图 13-16 所示，两圆形线圈共面，半径依次为 R_1、R_2，$R_1>>R_2$，匝数分别为 N_1、N_2。求互感系数。

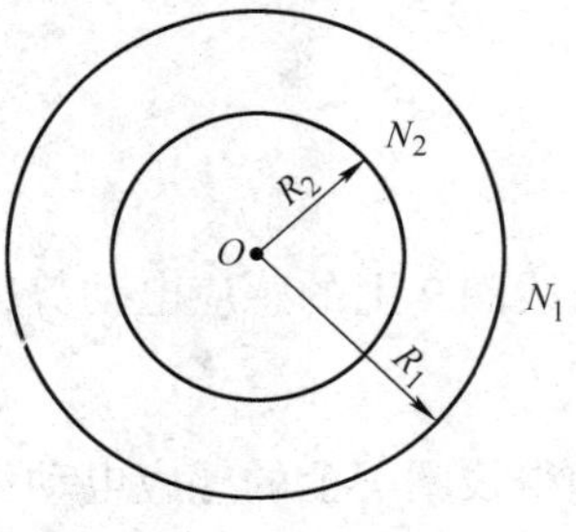

图 13-16 两个同心的圆形线圈

【解】 设大线圈通有电流 I_1，在其中心处产生磁场 $\boldsymbol{B}$ 大小为

$$B_1=\frac{\mu_0I_1N_1}{2R_1}$$

因为 $R_1>>R_2$，所以小线圈所在的空间可视为匀强磁场，小线圈所处的磁场 $\boldsymbol{B}$ 为大线圈在圆心 O 处产生的 $\boldsymbol{B}_1$，通过小线圈的磁通链数为

$$\Psi_{21} = N_2\Phi_{21} = N_2\boldsymbol{B}_1 \cdot \boldsymbol{S}_2 = N_2B_1S_2(\text{取 } \boldsymbol{B}_1 \text{ 与 } \boldsymbol{S}_2 \text{ 同向})$$
$$= N_2\frac{\mu_0 I_1 N_1}{2R_1}\pi R_2^2$$

由 $M=\dfrac{\Psi_{21}}{I_1}$，把上面结果代入得

$$M=\frac{\mu_0 N_1 N_2}{2R_1}\pi R_2^2$$

互感现象在电工、电子技术工农业生产生活中有广泛的应用。各类变压器就是利用互感的原理工作的。常见的有电力变压器、输入输出变压器、电压互感器和电流互感器。互感现象已被广泛地应用于无线电技术、电磁测量技术及传感器中。通过互感线圈能够使能量或信号由一个线圈方便地传递到另一个线圈。

13.3.3　电子感应加速器　涡电流

1. 电子感应加速器

作为感应电动势的一个重要的应用，我们讨论电子感应加速器。它的结构如图 13-17 所示，在电磁铁的两个磁极间放置一个环形的真空室。电磁铁线圈中通以交变电流，在两极间产生交变磁场。交变磁场又在真空室激发涡旋电场。电子由电子枪注入环形真空室时，在洛伦兹力和涡旋电场力的共同作用下电子作加速圆周运动。由于涡旋电场和磁场都是周期性变化的，只有在涡旋电场的方向与电子绕行方向相反时，电子才能得到加速，所以每次电子束注入并得到加速后，要在涡旋电场的方向改变之前把电子束引出使用。容易分析出，电子得到的加速时间最长只有交变电流周期 T 的四分之一。这个时间虽短，但由于电子束注入真空室时初速度相当大，所以在加速的极短时间内，电子束已在环内加速绕行了几十万圈。小型电子感应加速器可把电子加速到 0.1～1MeV，用来产生 X 射线。大型的加速器能量可以达数百兆电子伏特，用于科学研究。

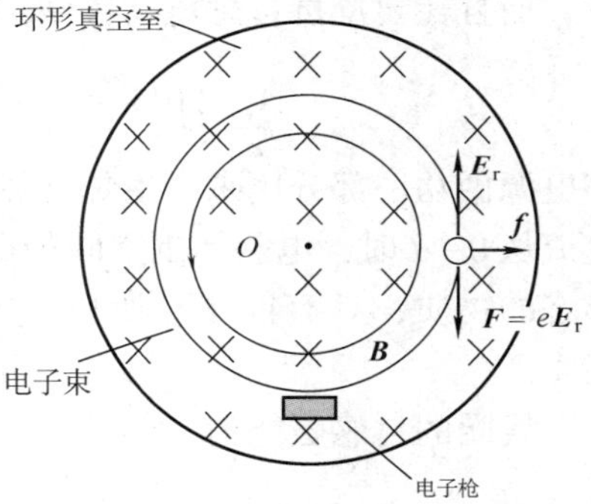

图 13-17　电子感应加速器

2. 涡电流

在一些电器设备中，常常遇到大块的金属导体在磁场中运动或者处在变化的磁场中，此时，金属内部也会有感生电流，这种在金属导体内部自成闭合回路的电流叫作涡电流。由于在大块金属导体中电流流经的横截面面积很大，电阻很小，所以涡电流可能达到很大的数值。利用涡电流的热效应可以使金属导体被加热。例如，高频感应冶金炉就是把难熔或贵重的金属放在陶瓷坩埚里，坩埚外面套上线圈，线圈中通以高频电流，利用高频电流激发的交变磁场在金属中产生的涡电流的热效应把金属熔化。在真空技术方面，也广泛利用涡电流给待抽真空仪器内部的金属部分加热，以清除附在其表面的气体。

当大块金属导体在磁场中运动时，导体上产生涡电流。反过来，有涡电流的导体又受到磁场的安培力的作用。根据楞次定律，安培力阻碍金属导体在磁场中的运动，这就是电磁阻尼原理。一般的电磁测量仪器中，都设计有电磁阻尼装置。

涡电流的产生当然要消耗能量最后变成焦耳热。在发电机和变压器的铁心中就有这种能量损失，称为涡流损耗。为了减少这种损失，我们可以把铁心做成层状，层与层之间用绝缘材料隔开，以减少涡电流，一般变压器铁心均做成叠片式就是这个道理。另外，为减小涡电流，应增加铁心的电阻，所以常用电阻率比较大的硅钢做铁心材料。

一段柱状的均匀导体通过直流电流时，电流在导体的横截面上是均匀分布的，然而，交变电流通过柱状导线时，由于交变电流激发的交变磁场会在导体中产生涡电流，涡电流使得交变电流在导体的横截面上不再均匀分布，而是越靠近导体的外表面电流密度越大。这种交变电流集中于导体表面的现象叫作趋肤效应。由于趋肤效应，使得在高频电路中可以用空心导线代替实心导线。

13.3.4 磁场能量

1. 自感磁能

自感为 L 的线圈与电源接通，线圈中的电流 i 将由零增加到恒定值 I。这一电流变化在线圈中所产生的自感电动势与电流的方向相反，起着阻碍电流增大的作用，因此自感电动势 $\varepsilon_L = -L\dfrac{\mathrm{d}i}{\mathrm{d}t}$ 做负功。在建立电流 I 的整个过程中，外电源不仅要供给电路中产生焦耳热的能量，而且还要反抗自感电动势做功 A，即

$$A = \int \mathrm{d}A = \int_0^{\infty}(-\varepsilon)i\mathrm{d}t = \int_0^{\infty} Li\frac{\mathrm{d}i}{\mathrm{d}t}\mathrm{d}t = \int_0^{I} Li\mathrm{d}i = \frac{1}{2}LI^2$$

即电源做功一部分用来产生焦耳热，一部分用来克服自感电动势做功。我们知道，当电路上电流从 $0 \to I$ 时，电路周围空间的磁场随电流的增加而增强，磁场与电场类似，是一种特殊形态的物质，具有能量。所以，电源反抗自感电动势做的功，必然转变为线圈的自感磁能。

线圈的自感磁能为

$$W_{\mathrm{m}} = \frac{1}{2}LI^2 \tag{13-10}$$

2. 磁场能量

下面以长直螺线管为例，求出磁场能量密度表达式。一很长的长直螺线管，管内充满磁导率为 μ 的均匀磁介质，当螺线管通有电流时，管中磁场近似看成均匀，而且把磁场看成全部集中在管内。因为管内的 $B=\mu nI$，它的自感 $L=\mu n^2V$，其中 V 为螺线管的空间体积，n 为螺线管的单位长度的匝数。把 L 和 I 代入 $W_{\mathrm{m}} = \dfrac{1}{2}LI^2$，得螺线管磁场能量为

$$W_{\mathrm{m}} = \frac{1}{2}LI^2 = \frac{1}{2}\mu n^2 VI^2 = \frac{1}{2}\frac{B^2}{\mu}V$$

两边同除以 V，可得

$$w_{\mathrm{m}} = \frac{W_{\mathrm{m}}}{V} = \frac{1}{2}\frac{B^2}{\mu} = \frac{1}{2}BH \quad (B=\mu H)$$

即磁场能量密度函数为

$$w_m = \frac{1}{2}BH = \frac{B^2}{2\mu} \tag{13-11}$$

任意磁场中，磁场能量可表示为

$$W_m = \int_V w_m \mathrm{d}V = \int_V \frac{B^2}{2\mu}\mathrm{d}V = \int_V \frac{1}{2}BH\mathrm{d}V \tag{13-12}$$

【例 13-12】 如图 13-18 所示，同轴电缆半径分别为 a、b，电流从内筒端流入，经外筒端流出，筒间充满磁导率为 μ 的介质，电流为 I。求单位长度电缆的自感系数。

【解】 由安培环路定理知

$$B = \begin{cases} 0 & r < a \\ \dfrac{\mu I}{2\pi r} & a < r < b \\ 0 & r > b \end{cases}$$

所以磁场能量仅仅存在于两筒之间。在筒间距轴线为 r 处，磁场能量密度 w_m 为

$$w_m = \frac{1}{2\mu}B^2 = \frac{\mu I^2}{8\pi^2 r^2}$$

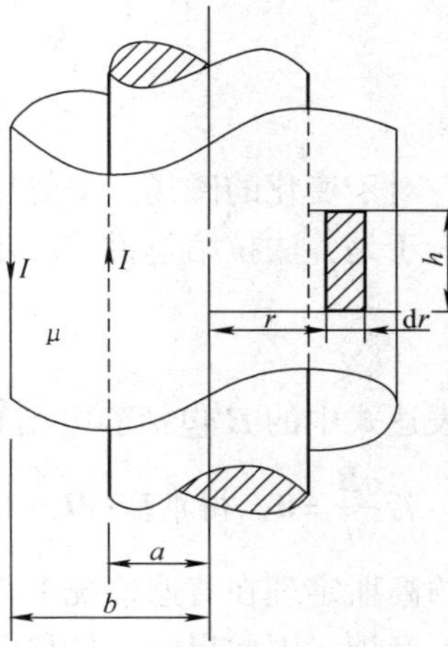

图 13-18　同轴电缆

在半径为 r 处、厚为 $\mathrm{d}r$、高为 h 的薄圆筒内的能量为

$$\mathrm{d}W_m = w_m \mathrm{d}V = \frac{\mu I^2}{8\pi^2 r^2} \cdot 2\pi r \cdot \mathrm{d}r \cdot h = \frac{\mu h I^2}{4\pi r}\mathrm{d}r$$

在两筒中间的总能量为

$$W_m = \int \mathrm{d}W_m = \int_a^b \frac{\mu h I^2}{4\pi r}\mathrm{d}r = \frac{\mu h I^2}{4\pi}\ln\frac{b}{a}$$

因为 $W_m = \dfrac{1}{2}LI^2$，代入上式得

$$L = \frac{\mu h}{2\pi}\ln\frac{b}{a}$$

单位长同轴电缆的自感系数为

$$L_0 = \frac{L}{h} = \frac{\mu}{2\pi}\ln\frac{b}{a}$$

13.4　位移电流　麦克斯韦方程组

13.4.1　位移电流

1. 电磁场的基本规律

对于静电场，库仑定律和磁场叠加原理，可以导出描述电场性质的高斯定理和静电场环路定理

$$\oint_S \boldsymbol{D} \cdot \mathrm{d}\boldsymbol{S} = \sum q_0$$

$$\oint_l \boldsymbol{E} \cdot \mathrm{d}\boldsymbol{l} = 0$$

对于稳恒磁场，由毕奥-萨伐尔定律和磁场叠加原理，可以导出描述稳恒磁场性质的高斯定理和安培环路定理

$$\oint_S \boldsymbol{B} \cdot \mathrm{d}\boldsymbol{S} = 0$$

$$\oint_l \boldsymbol{H} \cdot \mathrm{d}\boldsymbol{l} = \sum I_0$$

对于变化的磁场，麦克斯韦提出，感生电动势现象预示着变化的磁场周围产生了涡旋电场。于是，法拉第电磁感应定律就表明了，在普遍情况下，电场的环路定理应该是

$$\oint_l \boldsymbol{E} \cdot \mathrm{d}\boldsymbol{l} = -\frac{\mathrm{d}\Phi}{\mathrm{d}t} = -\int_S \frac{\partial \boldsymbol{B}}{\partial t} \cdot \mathrm{d}\boldsymbol{S} \tag{13-13}$$

该表达式中的 $\boldsymbol{E}$ 包括静电场和非稳恒电场的总和。

若 $\dfrac{\partial \boldsymbol{B}}{\partial t} = \boldsymbol{0}$，得 $\oint_l \boldsymbol{E} \cdot \mathrm{d}\boldsymbol{l} = 0$，即静电场的环路定理。麦克斯韦假定了电场的高斯定理和磁场的高斯定理在普遍情况下仍然成立，然而却发现在安培环路定理用于分析非稳恒磁场时遇到了麻烦，因此提出了位移电流。

2. 位移电流

在稳恒条件下，无论回路周围有没有磁介质，安培环路定理都可以写成

$$\oint_l \boldsymbol{H} \cdot \mathrm{d}\boldsymbol{l} = \sum I_0 = \int_S \boldsymbol{j}_0 \cdot \mathrm{d}\boldsymbol{S} \tag{13-14}$$

式中，$\sum I_0$ 是穿过以 l 为边界的任意曲面 $\boldsymbol{S}$ 的传导电流的代数和；$\int_S \boldsymbol{j}_0 \cdot \mathrm{d}\boldsymbol{S}$ 是传导电流密度 $\boldsymbol{j}_0$ 在 $\boldsymbol{S}$ 面上通量。为了考察非稳恒条件下，安培环路定理是否成立，接下来我们分析下面电容器充放电的电路图。如图13-19所示，不论充电还是放电，在同一时刻通过导体回路中任何闭合回路中的电流相等，但是这种在金属导体中的传导电流不能在电容器的两极之间的真空或者电介质中流动，因而对整个电路来说传导电流是不连续的。在传导电流不连续的情况下，将安培环路定理用在同一个闭合回路 L 为边界的不同曲面时，对于传导电流来说就出现了下面结果。

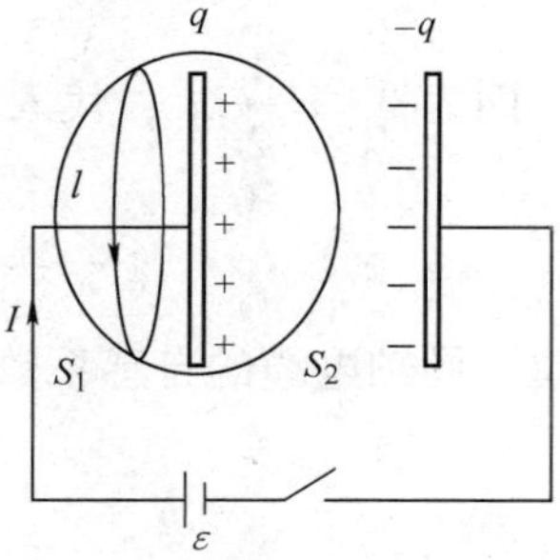

图 13-19　电容器的充放电回路

对 S_1 面得到

$$\oint_l \boldsymbol{H} \cdot \mathrm{d}\boldsymbol{l} = I = \int_{S_1} \boldsymbol{j}_0 \cdot \mathrm{d}\boldsymbol{S}$$

对 S_2 面有

$$\oint_l \boldsymbol{H} \cdot \mathrm{d}\boldsymbol{l} = 0$$

显然这两个式子就出现了矛盾的结果，在稳恒情况下的安培环路定理在非稳恒情况下就出现了问题，原因是在非稳恒情况下，传导电流不再连续。

在非稳恒情况下安培环路定理的形式又是怎样的呢？原来，电容器在充电或者放电时，导体中的电流 I 在电容器极板处被截断了。但是，电容器两极板上的电荷 q 和电荷密度 σ 发生了变化，充电时增加，放电时减少。其间的电位移 D 和通过整个截面的电位移通量 $\Phi = SD$ 也随时间而变化。

设平行板电容器极板的面积为 S，极板上的电荷面密度为 σ。在充放电过程中的任意瞬间，按照电荷守恒定律，导线中的电流应等于电荷量的变化率

$$I = S\frac{\mathrm{d}\sigma}{\mathrm{d}t}$$

因为两极板的电荷量发生了变化，所以两极板间的电场也随时间发生变化。设极板上该时刻的电荷面密度为 σ，则 $D=\sigma$，代入上式有

$$I = S\frac{\mathrm{d}\sigma}{\mathrm{d}t} = S\frac{\mathrm{d}D}{\mathrm{d}t}$$

式中，$S\frac{\mathrm{d}\sigma}{\mathrm{d}t}$为导线上的电流；$S\frac{\mathrm{d}D}{\mathrm{d}t}$为两极板间的电流。麦克斯韦认为，可以把电位移通量对时间的变化率看成一种电流，叫作位移电流，用 I_d 表示。

和电通量一样，电位移通量还可以表示为

$$\Phi_D = \int_S \boldsymbol{D}\cdot \mathrm{d}\boldsymbol{S} \tag{13-15}$$

因此位移电流为

$$I_\mathrm{d} = \frac{\mathrm{d}\Phi_D}{\mathrm{d}t} \quad 或 \quad I_\mathrm{d} = S\frac{\mathrm{d}D}{\mathrm{d}t} \tag{13-16}$$

导线上的电流和极板间的电流始终大小相等，方向相同。

相应的位移电流密度为

$$j_\mathrm{d} = \frac{\mathrm{d}D}{\mathrm{d}t} \tag{13-17}$$

3. 全电流定律

位移电流的引入，使安培环路定理在非稳恒电路里得到推广。在此引入了全电流的概念，电路中的全电流等于传导电流和位移电流的和，即

$$I = I_\mathrm{d} + I_0 \tag{13-18}$$

位移电流的引入，使得在传导电流 I_0 不连续时，电路中的总电流却是连续的。

在非稳恒电路中安培环路定理可以表示为：在磁场中 $\boldsymbol{H}$ 沿任一闭合回路的线积分，在数值上等于穿过该闭合回路为边界的任意曲面的全电流，即

$$\oint_l \boldsymbol{H}\cdot \mathrm{d}\boldsymbol{l} = \sum(I_0 + I_\mathrm{d})$$

或者

$$\oint_l \boldsymbol{H}\cdot \mathrm{d}\boldsymbol{l} = \int_S \boldsymbol{j}_0\cdot \mathrm{d}\boldsymbol{S} + \int \frac{\partial \boldsymbol{D}}{\partial t}\cdot \mathrm{d}\boldsymbol{S} \tag{13-19}$$

还可以表示为

$$\oint_l \boldsymbol{H}\cdot \mathrm{d}\boldsymbol{l} = \sum I_0 + \frac{\mathrm{d}\Phi_D}{\mathrm{d}t}$$

上式又叫作全电流定律。

用上式再次分析，如图 13-19 所示，对于 S_1 面得到

$$\oint_l \boldsymbol{H} \cdot \mathrm{d}\boldsymbol{l} = I$$

对 S_2 面有

$$\oint_l \boldsymbol{H} \cdot \mathrm{d}\boldsymbol{l} = \frac{\mathrm{d}\Phi_D}{\mathrm{d}t} = \frac{\mathrm{d}q}{\mathrm{d}t} = I$$

因此解决了上面问题的矛盾。

位移电流的引入揭示了电场和磁场间的内在联系和依存关系，反映了自然现象的统一性。法拉第电磁感应定律说明了变化的磁场能激发涡旋电场，位移电流的论点说明了变化的电场能激发涡旋磁场。两种变化的场相互产生，形成了统一的电磁场。通常情况下导体中主要表现为传导电流，而电介质中主要表现为位移电流。

13.4.2 麦克斯韦方程组

自从确立了电荷、电流和磁场之间的普遍关系后，麦克斯韦又进一步建立了统一的电磁场理论。他指出，除了静止的电荷激发无旋电场外，变化的磁场也将激发涡旋电场；变化的电场和传导电流一样会激发涡旋磁场。变化的磁场和电场相互联系相互激发组成一个统一的电磁场。接下来我们根据麦克斯韦的这些理念，认识他的电磁场方程。我们重点学习他的积分形式。

1. 电场

自由电荷激发的电场和变化的磁场激发的电场性质不同，但高斯定理普遍适用。也就是说，高斯定理不仅适用于静电场，也适用于运动电荷的电场。而变化磁场激发的电场是涡旋场，涡旋电场对封闭的曲面产生的总通量为零。

无论对于自由电荷的电场还是变化磁场激发的电场，如果用 D 表示总的电位移，根据前面的阐述，得出电场中有介质时的高斯定理为

$$\oint_S \boldsymbol{D} \cdot \mathrm{d}\boldsymbol{S} = \sum q_0 \tag{13-20}$$

任意闭合曲面上穿过的总的电位移通量等于该闭合曲面所包围的自由电荷的代数和。

2. 磁场

磁场可以有不同的激发方式，如由传导电流、磁化电流、变化的电场激发等方式，但是任何方式激发的磁场都是涡旋场。因此，在任何磁场中，通过任何曲面的磁通量总和都是零，表达式为

$$\oint_S \boldsymbol{B} \cdot \mathrm{d}\boldsymbol{S} = 0 \tag{13-21}$$

3. 变化的电场和磁场的关系

$$\oint_l \boldsymbol{H} \cdot \mathrm{d}\boldsymbol{l} = \sum(I_0 + I_\mathrm{d}) = \sum I_0 + \int \frac{\partial \boldsymbol{D}}{\partial t} \cdot \mathrm{d}\boldsymbol{S} \tag{13-22}$$

式（13-22）揭示了传导电流的磁场和变化的电场激发的磁场之间的规律。磁场强度 $\boldsymbol{H}$ 沿任一闭合回路的线积分等于通过该闭合回路为边界的任意曲面的全电流。$\boldsymbol{H}$ 是传导电流

和变化的电场共同产生的。

4. 变化的磁场和电场的关系

我们前面所讲的法拉第电磁感应定律，就是变化的磁场和电场之间的关系：

$$\oint_l \boldsymbol{E} \cdot \mathrm{d}\boldsymbol{l} = -\frac{\mathrm{d}\Phi}{\mathrm{d}t} = -\int_S \frac{\partial \boldsymbol{B}}{\partial t} \cdot \mathrm{d}\boldsymbol{S} \tag{13-23}$$

式中，$\boldsymbol{E}$ 是由电荷的静电场和变化的磁场激发的合电场强度。可以表达为：电场强度沿任意闭合曲线的积分等于通过该曲线包围的磁通量对时间变化率的负值。

所以，综合以上分析，可得麦克斯韦方程组的积分形式为

$$\oint_S \boldsymbol{D} \cdot \mathrm{d}\boldsymbol{S} = \sum q_0$$

$$\oint_S \boldsymbol{B} \cdot \mathrm{d}\boldsymbol{S} = 0$$

$$\oint_l \boldsymbol{H} \cdot \mathrm{d}\boldsymbol{l} = \int_S \boldsymbol{j}_0 \cdot \mathrm{d}\boldsymbol{S} + \int \frac{\partial \boldsymbol{D}}{\partial t} \cdot \mathrm{d}\boldsymbol{S}$$

$$\oint_l \boldsymbol{E} \cdot \mathrm{d}\boldsymbol{l} = -\frac{\mathrm{d}\Phi}{\mathrm{d}t} = -\int_S \frac{\partial \boldsymbol{B}}{\partial t} \cdot \mathrm{d}\boldsymbol{S}$$

麦克斯韦方程组描述的是在某有限区域内，以积分形式把各点的电场量（$\boldsymbol{E}$、$\boldsymbol{D}$、$\boldsymbol{B}$、$\boldsymbol{H}$）和电荷、电流之间的依存关系，而不能直接表示某一点上各电场量和电荷、电流的相互联系。

13.5　电磁波

13.5.1　振荡电偶极子产生的电磁波

由麦克斯韦方程组可知，当空间某区域内存在一个非线性变化的电场时，在邻近区域内将产生变化的磁场；这个变化的磁场在较远的区域产生新的变化电场……这种变化的电场和磁场交替产生，由近及远，以有限的速度在空间传播的过程称为电磁波。

我们把产生电磁波的装置叫作波源。电磁波波源的基本单元为振荡电偶极子。即电矩做周期性变化的电偶极子，其振荡电偶极矩为

$$p = ql\cos\omega t = p_0\cos\omega t \tag{13-24}$$

式中，$p_0 = ql$ 是电矩振幅；ω 为圆频率。上式表明，振荡的电偶极子中的正负电荷相对其中心处作简谐振动。由于真空中电磁场是以有限速度传播，因此空间各点电场的变化滞后电荷位置的变化，即空间某点 P 处在 t 时刻的电力线应该与 $t+\Delta t$ 时刻电荷位置决定的该处的场强相对应。

如图 13-20 所示，图中过 P 点的电力线与图 13-20a 中电荷位置所决定的 O 点的场强相对应，因此，在正负电荷靠近的 t 时刻，空间的电力线形状如图 13-20b 所示。当两个电荷相重合时，电力线闭合，如图 13-20c 所示。此后，闭合的电力线便脱离振子，而正负电荷向相反方向运动，如图 13-20d 所示。偶极子不断振荡形成的涡旋状电力线不断向外传播。同

时，由于振荡电偶极子随时间变化的非线性关系，必然激起变化的涡旋磁场。后者又会激起新的涡旋电场，彼此相互激发，形成偶极子周围的电磁场。由麦克斯韦方程组推导可得：振荡的电偶极子在各向同性介质中辐射的电磁波，在远离电偶极子的空间任一点处，t 时刻的电场 $\boldsymbol{E}$ 和磁场 $\boldsymbol{H}$ 方向垂直。

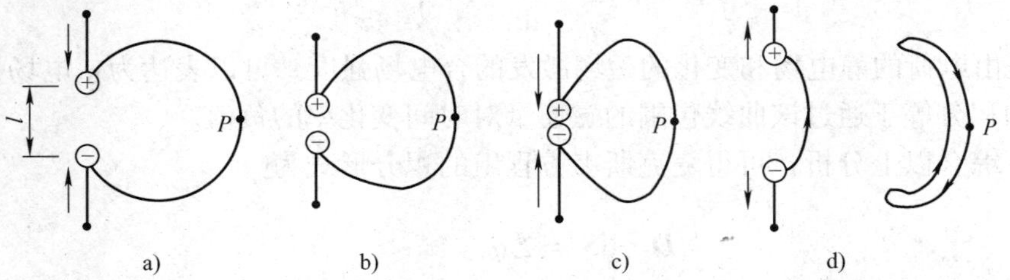

图 13-20　振荡电偶极子产生的电磁波

13.5.2　平面电磁波

在更加远离电偶极子的地方，因 r 很大，在通常研究的范围内 θ 角的变化很小，$\boldsymbol{E}$ 与 $\boldsymbol{H}$ 可看成振幅恒定的矢量。因此得到

$$E = E_0 \cos\omega\left(t - \frac{r}{u}\right) \tag{13-25}$$

$$H = H_0 \cos\omega\left(t - \frac{r}{u}\right) \tag{13-26}$$

即在远离电偶极子的地方，电磁波可以看作平面电磁波。平面电磁波的性质如下：

1）$\boldsymbol{E}$ 与 $\boldsymbol{H}$ 相互垂直，且与传播方向垂直。都与传播方向垂直，所以是横波。

2）$\boldsymbol{E}$ 和 $\boldsymbol{H}$ 分别在各自平面上振动，这一特性叫作偏振性。电偶极子辐射的波是偏振波。

3）$\boldsymbol{E}$ 和 $\boldsymbol{H}$ 同相位，且 $\boldsymbol{E}\times\boldsymbol{H}$ 的方向为波速 $\boldsymbol{u}$ 的方向。

4）同一时刻 $\boldsymbol{E}$ 和 $\boldsymbol{H}$ 的量值关系为

$$\sqrt{\varepsilon}E = \sqrt{u}H \tag{13-27}$$

5）电磁波的波速为

$$u = \frac{1}{\sqrt{\varepsilon\mu}} \tag{13-28}$$

ε 和 μ 为媒质的介电系数和磁导率。即 u 只由媒质的介电常数和磁导率决定。在真空中

$$u = c = \frac{1}{\sqrt{\varepsilon_0\mu_0}} = 2.9979\times10^8\,\mathrm{m\cdot s^{-1}} \approx 3\times10^8\,\mathrm{m\cdot s^{-1}}$$

由于理论计算结果和实验测定的真空中的光速相符，因此可以肯定光是一种电磁波。

13.5.3　电磁波的能量和能流密度

电场和磁场都具有能量，已知电场和磁场的能量密度分别为

$$w_e = \frac{1}{2}\varepsilon E^2 = \frac{1}{2}\frac{D^2}{\varepsilon} = \frac{1}{2}ED \tag{13-29}$$

$$w_m = \frac{1}{2}\frac{B^2}{\mu} = \frac{1}{2}\mu H^2 = \frac{1}{2}BH \tag{13-30}$$

所以，电磁场的能量密度

$$w = w_e + w_m = \frac{1}{2}(\varepsilon E^2 + \mu H^2) \tag{13-31}$$

或

$$w = \frac{1}{2}(\boldsymbol{E}\cdot\boldsymbol{D} + \boldsymbol{B}\cdot\boldsymbol{H}) \tag{13-32}$$

当电磁场以波的形式向外传播时，必然有能量随之向外传播。单位时间内穿过任一面积 A 的能量叫作能流，记为 P，单位是瓦特（W）。单位时间内穿过与波的传播方向垂直的单位面积的能量称为电磁波的能流密度或辐射强度，也称坡印亭（Poynting）矢量，是描述电磁波能量传播的重要物理量，记为 $\boldsymbol{S}$。根据 $\boldsymbol{S}$ 的定义，它的单位是瓦/米²（$W\cdot m^{-2}$）。

为求能流密度，设想在空间有一与波传播方向垂直的小面元 dA，在 $t \sim t+dt$ 这段时间内，有 $dW = w dA u dt$ 的能量穿过面元 dA。根据能流密度的定义，电磁波的能流密度的量值

$$S = \frac{dW}{dt\cdot dA} = wu \tag{13-33}$$

即电磁波的能流密度在量值上等于电磁场的能量密度乘以波传播的速度。

而 $u = 1/\sqrt{\varepsilon\mu}$，$\sqrt{\varepsilon}E = \sqrt{\mu}H$，所以

$$S = \frac{1}{2}(\varepsilon E^2 + \mu H^2)\frac{1}{\sqrt{\varepsilon\mu}} = \frac{1}{2}(\sqrt{\varepsilon}E\sqrt{\mu}H + \sqrt{\mu}H\sqrt{\varepsilon}E)\frac{1}{\sqrt{\varepsilon\mu}} = EH$$

即能流密度的量值为

$$S = EH \tag{13-34}$$

能流密度 $\boldsymbol{S}$ 的方向就是波传播的方向，即 $\boldsymbol{E}\times\boldsymbol{H}$ 的方向，所以能流密度可以写为

$$\boldsymbol{S} = \boldsymbol{E}\times\boldsymbol{H} \tag{13-35}$$

13.5.4　电磁波谱

自 1888 年赫兹用实验证明了电磁波的存在以后，人们陆续发现，不仅可见光是电磁波，红外线、紫外线、X 射线、γ 射线等也都是电磁波，电磁波是一个大家族。所有这些电磁波仅在波长 λ（或频率 ν）上有所差别，而在本质上是完全相同的，且波长不同的电磁波在真空中的传播速度都是相同的。

因为波的频率和波长满足关系式 $\nu\lambda = c$（真空中），所以电磁波的频率越高，相应的波长就越短。目前，人类通过各种方式已产生或观测到的电磁波的最低频率为 $\nu = 10^{-2}$Hz，其波长为地球半径的 5×10^3 倍，而最高频率为 $\nu = 10^{25}$Hz，它来自于宇宙的 γ 射线。电磁波按波长由长到短的排序依次是：

无线电波→微波→红外线→可见光→紫外线→X 射线→γ 射线

频率不同的电磁波，其用途不同。微波波长范围在 $0.1\times10^{-2} \sim 1$m 之间，主要用于电视、雷达和导航；红外线波长范围在 $0.76\times10^{-6} \sim 6\times10^{-4}$m 之间，有显著的热效应，常用于夜视镜、红外雷达和通信等军事目的；可见光波长范围在 $0.4\times10^{-6} \sim 0.76 \sim 10^{-6}$m 之间；

紫外线波长范围在 $0.5\times10^{-8}\sim0.4\times10^{-6}$m 之间，有明显的杀菌作用，主要用在医疗方面；X 射线又称伦琴射线，其波长范围在 $0.4\times10^{-10}\sim0.5\times10^{-8}$m 之间，与晶体中原子间的线度相近，主要用于分析晶体的结构，另外还用于人体透视；γ 射线波长范围在 10^{-10}m 以下，用于研究原子核的结构、金属探伤等，宇宙中存在大量 γ 射线，为地球上人类带来宇宙中的信息。随着科学技术的不断进步，相信电磁波谱的两端还将不断扩展，电磁波的应用也将进一步扩大。

本章逻辑主线

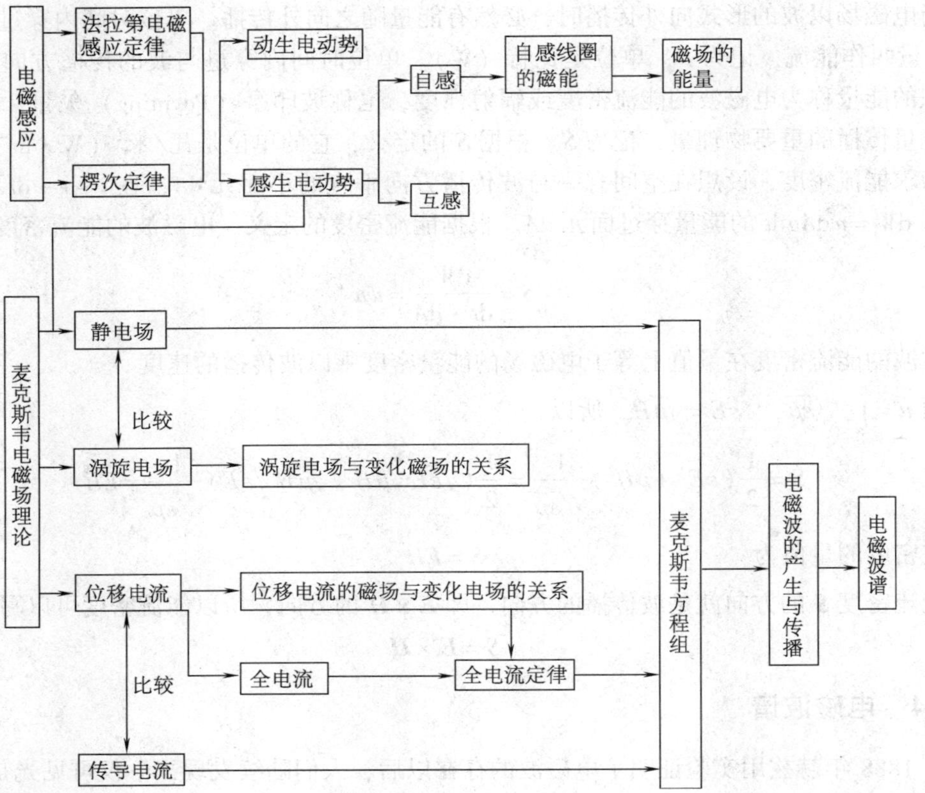

扩展思维

电磁辐射在遥感技术方面的应用

一、遥感技术概述

地球上每一个物体都在不停地吸收、发射和反射电磁波，并且不同物体的电磁波特性是不同的。遥感就是根据这个原理来探测地表物体对电磁波的发射特性及其对电磁波的反射特征，从而提取这些地物的信息。遥感技术是从远距离感知目标反射或自身辐射的电磁波、可见光、红外线对目标进行探测和识别的技术。例如，航空摄影就是一种遥感技术。人造地球卫星发射成功，大大推动了遥感技术的发展。现代遥感技术主要包括信息的获取、传输、存储和处理等环节（图 13-21）。完成上述功能的全套系统称为遥感系统，其核心组成部分是获取信息的遥感器。遥感器的种类很多，主要有照相机、电视摄像机、多光谱扫描仪、成像光谱仪、微波辐射计、合成孔径雷达等。传输设备用于将遥感信息从远距离平台（如卫星）传回地面站。信息处理设备包括彩色合成仪、图像判读仪和数字图像处理机等。

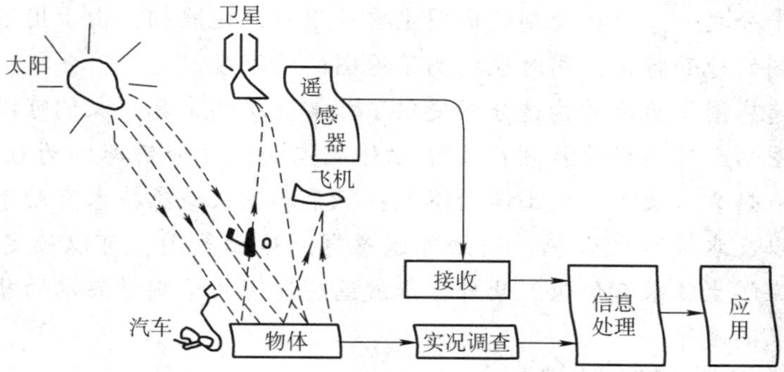

图 13-21　遥感技术系统的组成

二、遥感技术工作的物理基础

遥感按工作方式分类，有主动遥感和被动遥感。主动遥感是由自身发射电磁波，如侧视雷达。接收的就是它被反射的回波。被动遥感指直接接收太阳光的反射及目标物和环境本身所辐射出来的电磁波。被动遥感的主要辐射源是太阳。太阳可以看成一个 6000K 的黑体，入射到地表上的太阳辐射最强部分在可见光部分，波长为 0.47μm。地球也是一个重要的辐射源，可以看成一个 300K 的黑体，峰值波长为 10μm。

无论电磁波从太阳射向地球，还是从地球射向遥感器，都要穿过大气层，从物理角度看，电磁波经过大气层时，都要被吸收和散射，其强度、传播方向及偏振方向均要改变。因此在应用遥感技术研究地面波的状况以及通信时，工作波段必须选择在大气窗口内，按电磁波的频段进行分类，遥感所用的波段有：

可见光（0.40～0.76μm）。利用目标反射的太阳光靠胶片感光照相。迄今为止，从卫星上获得最高的地面分辨率是用可见光照相得到的。但在阳光照射不到的地方，如地球的黑夜或云层覆盖区域，可见光遥感就无能为力了。

红外波段的一部分（0.75～15μm），辐射源是目标物，白天黑夜都能工作，而且红外波段比较宽。能得到较多的地面目标物的信息。但是探测器灵敏度较差，红外辐射不能穿透云雾，处于云层覆盖下的地面情况也无法探测。在近红外区（0.75～3μm），太阳辐射比较强，仍可利用反射的太阳辐射来进行探测。

微波（1mm～1m），辐射也属于热辐射范畴，与红外辐射具有十分相似的性质，其不同点主要表现在：

1）通常温度下，地表发射微波的能力很弱，一般要比红外低 5～6 个数量级，相对来说，低温状态下物体的微波特征比较明显，常温状态下物体的红外特征比较明显。

2）微波段穿过大气、云雾、雨雪的性能比可见光、红外波段好得多，因而微波遥感能全天候工作，对于微波来说，由于波长较长，大气的散射作用很小。

3）微波对于地表层有较强的穿透能力，如波长 10cm 的微波，对铜只能透入 10^{-4}cm，而对于冰雪层却能透入 15m 以上。所以，运用微波技术可以探测地表下的地质结构。

三、遥感的应用

1. 遥感技术在地学方面的应用

利用卫星遥感绘制小比例尺地图是一个多快好省的方法，与航空制图相比，拍摄照片的数量可以减少到千分之一。以往绘制的地图主要是用可见光照相，由于用了红外遥感可以获得更多人眼看不到的地面特征，同时也提高了地图的清晰度。

航空和卫星遥感图像为地质构造分析提供了非常直观的工具。人们可以利用拍摄的照片得到准确的地质图形，从而指导找矿；由于红外成像的温度分辨率约为0.1°，通过地面温差图，可以确定地热分布及了解火山活动情况；卫星和飞机遥感技术有助于掌握高山、沙漠的河流湖泊分布以及水质水文资料；用红外遥感得到地面热图，可以确定大海温度变化情况，这对于研究海洋生物很有价值。此外，微波遥感器可用于测量海水的盐度，也可测量海风速度、风向波浪高度等。

2. 遥感技术在其他方面的应用

遥感技术还广泛用于军事侦察、导弹预警、军事测绘、海洋监视、气象观测等。在民用方面，遥感技术广泛用于地球资源普查、土地利用规划、农作物病虫害和作物产量调查、环境污染监测、海洋的研发、地震监测等方面。遥感技术总的发展趋势是：提高遥感器的分辨率和综合利用信息的能力，研制先进遥感器、信息传输和处理设备以实现遥感系统全天候工作和实时获取信息，以及增强遥感系统的抗干扰能力。

思 考 题

13.1　将尺寸完全相同的铜环和木环适当放置，使通过两环中的磁通量的变化率相等。问在两环中是否产生相同的感应电场和感应电流？

13.2　一条形磁铁在空中竖直下落，途中穿过一闭合金属环，如图13-22所示，环中会因此产生感应电流，试分析在此过程中磁铁受力情况和加速度的变化。

13.3　如图13-23所示的两个同心共面的圆形闭合回路，问当S合上的瞬间，小回路各段上受力方向如何？

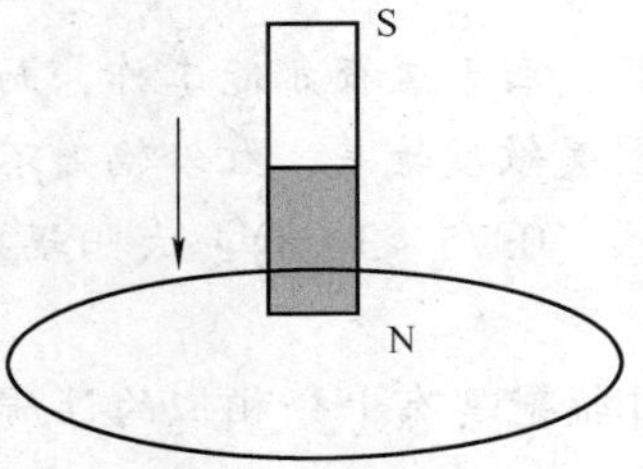

图13-22　思考题13.2图

图13-23　思考题13.3图

13.4　试讨论动生电动势与感生电动势的共同点和不同点。

13.5　在一个电子感应加速器中从上向下看，电子沿逆时针方向旋转，试问在该加速器中磁场的方向为何？当电子正在受加速器作用时，这个磁场随时间如何变化？

13.6　有人说：“因为自感系数$L=\Phi/I$，所以通过线圈中的电流越大，自感系数越小。”这种说法对吗？

13.7　$\varepsilon_L = -L\dfrac{\mathrm{d}I}{\mathrm{d}t}$与$\varepsilon_M = -M\dfrac{\mathrm{d}I}{\mathrm{d}t}$两式的形式相似，试说明它们各自的物理含义。

13.8　一个线圈自感的大小由哪些因素决定？怎样绕制一个自感为零的线圈？

13.9　你能举出证明麦克斯韦的两个基本假设是正确的事实吗？

13.10　真空中静电场的高斯定理$\oint \boldsymbol{E}\cdot \mathrm{d}\boldsymbol{S} = \dfrac{1}{\varepsilon_0}\sum q$和用于真空中电磁场的高斯定理$\oint \boldsymbol{E}\cdot \mathrm{d}\boldsymbol{S} = \dfrac{1}{\varepsilon_0}\sum q$在形式上是相同的，但理解上述两式时有何区别？对于真空中稳恒电流的磁场，$\oint \boldsymbol{B}\cdot \mathrm{d}\boldsymbol{S} = 0$，对于一般的电磁场又有$\oint \boldsymbol{B}\cdot \mathrm{d}\boldsymbol{S} = 0$这个式子，在这两种情况下，对矢量$\boldsymbol{B}$的理解上有哪些区别？

13.11　同步辐射是怎样产生的？有哪些特点？

习　　题

一、选择题

13.1　对位移电流，下述说法正确的是（　　）。

（A）位移电流的实质是变化的电场；

（B）位移电流和传导电流一样是定向运动的电荷；

（C）位移电流服从传导电流遵循的所有定律；

（D）位移电流的磁效应不服从安培环路定理。

13.2　相互靠近的面积为S和$2S$的两个圆线圈1和2如图13-24所示，通有相同的电流I，线圈1中的电流所产生的通过2线圈的磁通量为Φ_{21}，线圈2中的电流所产生的通过1线圈的磁通量为Φ_{12}，则Φ_{12}和Φ_{21}的关系为（　　）。

（A）$\Phi_{12} = \Phi_{21}$；　（B）$\Phi_{12} = 2\Phi_{21}$；　（C）$\Phi_{12} < \Phi_{21}$；　（D）$\Phi_{21} = \dfrac{1}{2}\Phi_{12}$。

13.3　如图13-25所示，在圆柱形空间内有一磁感应强度为$\boldsymbol{B}$的均匀磁场，$\boldsymbol{B}$的变化率为$\dfrac{\mathrm{d}B}{\mathrm{d}t}>0$，相同长为$l$的三个导体分别在磁场中的不同位置，如图$O$位置过圆心所示，在三段导体上产生的感应电动势的关系为（　　）。

（A）$\varepsilon_A > \varepsilon_B > \varepsilon_O$；　（B）$\varepsilon_O > \varepsilon_B > \varepsilon_A$；　（C）$\varepsilon_A = \varepsilon_B = \varepsilon_O$；　（D）$\varepsilon_B > \varepsilon_A > \varepsilon_O$。

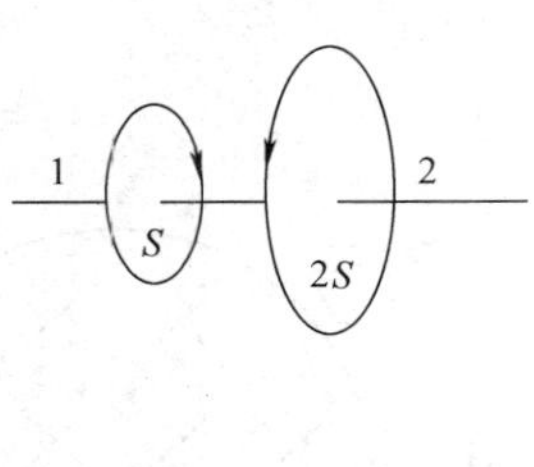

图 13-24　题 13.2 图

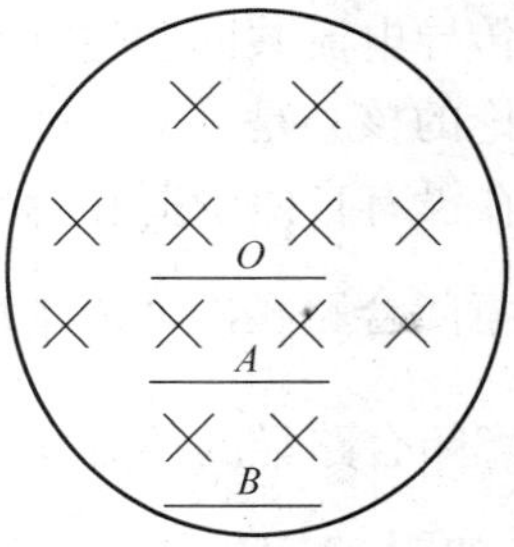

图 13-25　题 13.3 图

13.4　一交变磁场被限制在一半径为R的圆柱体中，在柱内外分别有两个静止的点电荷q_A和q_B，则（　　）。

（A）q_A受力，q_B不受力；　　（B）q_A、q_B都不受力；

（C）q_A、q_B 都受力； （D）q_A 不受力，q_B 受力。

13.5 一根无限长直导线载有 I，一矩形线圈位于导线平面内沿垂直于载流导线方向以恒定速率 v 运动，如图 13-26 所示，则（ ）。

（A）线圈中无感应电流；

（B）线圈中感应电流为顺时针方向；

（C）线圈中感应电流为逆时针方向；

（D）线圈中感应电流方向无法确定。

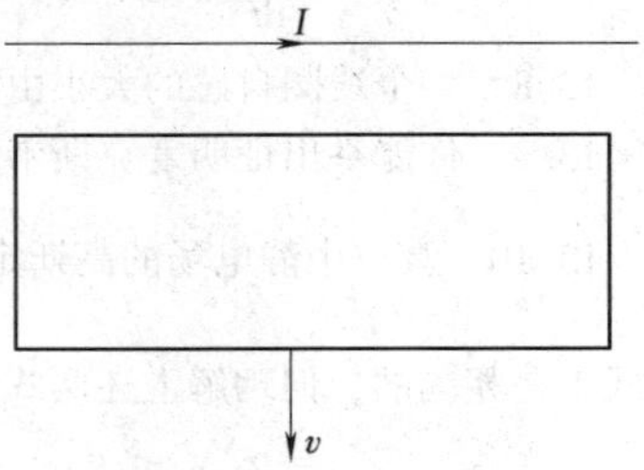

图 13-26 题 13.5 图

二、填空题

13.6 电场产生的根源是________和________。产生动生电动势的非静电力是________。产生感生电动势的非静电力是________。已知垂直通过一平面线圈的磁通量随时间变化的规律为 $\Phi_m = 6t^2 + 7t + 1 = (\mathrm{SI})$，则 t 时刻线圈中的感应电动势的大小为 $\varepsilon_i =$ ________ V，它表明 ε_i 是随时间 t 变化的。

13.7 如图 13-27 所示，金属圆环半径为 R，位于磁感应强度为 $\boldsymbol{B}$ 的均匀磁场中，圆环平面与磁场方向垂直。当圆环以恒定速度 $\boldsymbol{v}$ 在环所在平面内运动时，环中的感应电动势为________，a、b 两点间的电势差为________。

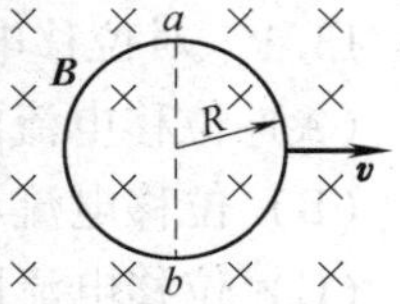

图 13-27 题 13.7 图

13.8 反映电磁场基本性质和规律的积分形式的麦克斯韦方程组为

$$\oint_S \boldsymbol{D} \cdot \mathrm{d}\boldsymbol{S} = \sum_{i=1}^{n} q_0 \quad ①$$

$$\oint_L \boldsymbol{E} \cdot \mathrm{d}\boldsymbol{l} = -\mathrm{d}\Phi_m/\mathrm{d}t \quad ②$$

$$\oint_S \boldsymbol{B} \cdot \mathrm{d}\boldsymbol{S} = 0 \quad ③$$

$$\oint_L \boldsymbol{H} \cdot \mathrm{d}\boldsymbol{l} = \sum_{i=1}^{n} I_0 + \mathrm{d}\Phi_D/\mathrm{d}t \quad ④$$

式__________可反映出变化的磁场一定伴随有电场；式__________可反映出磁感线是无头无尾的；式__________可反映出电荷总伴随有电场；式__________可反映出磁场有变化的电场和传导电流共同产生（将你确定的方程用代号填在相应结论后的空白处）。你认为麦克斯韦理论的核心是__________。

13.9 在没有自由电荷和传导电流的变化的电磁场中：

$\boldsymbol{H}$ 沿任意闭合路径的环流 $\oint_l \boldsymbol{H} \cdot \mathrm{d}\boldsymbol{l} =$ __________。

$\boldsymbol{E}$ 沿任意闭合路径的环流 $\oint_l \boldsymbol{E} \cdot \mathrm{d}\boldsymbol{l} =$ __________。

13.10 如图 13-28 所示，在柱形空间分布均匀电场 $\boldsymbol{B}$，$\boldsymbol{B}$ 的变化率为 $\dfrac{\mathrm{d}\boldsymbol{B}}{\mathrm{d}t} > 0$，则 $\boldsymbol{B}$ 所在空间的涡旋电场可以表示为________；OA 段导线上的感应电动势为________；以 O 点为圆心、r 为半径所作的弧 BC 长为 L，则圆弧上的感应电动势为________。

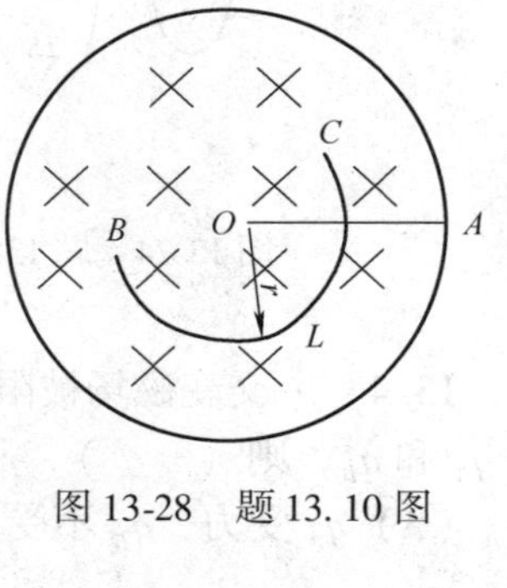

图 13-28 题 13.10 图

三、计算题

13.11　一半径 $r=10\text{cm}$ 的圆形回路放在 $B=0.8\text{T}$ 的均匀磁场中，回路平面与 $\boldsymbol{B}$ 垂直，如图 13-29 所示。当回路半径以恒定速率 $\frac{\mathrm{d}r}{\mathrm{d}t}=80\text{cm}\cdot\text{s}^{-1}$ 收缩时，求回路中感应电动势的大小。

13.12　一对互相垂直的相等的半圆形导线构成回路，半径 $R=5\text{cm}$，如图 13-30 所示。均匀磁场 $B=80\times10^{-3}\text{T}$，$\boldsymbol{B}$ 的方向与两半圆的公共直径（在 Oz 轴上）垂直，且与两个半圆构成相等的角 α，当磁场在 5ms 内均匀降为零时，求回路中的感应电动势的大小及方向。

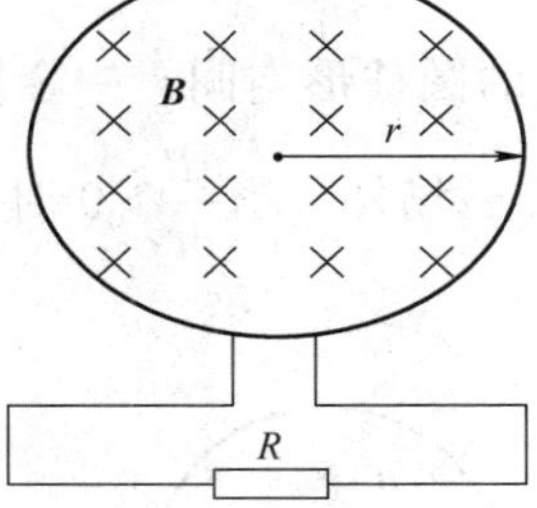

图 13-29　题 13.11 图

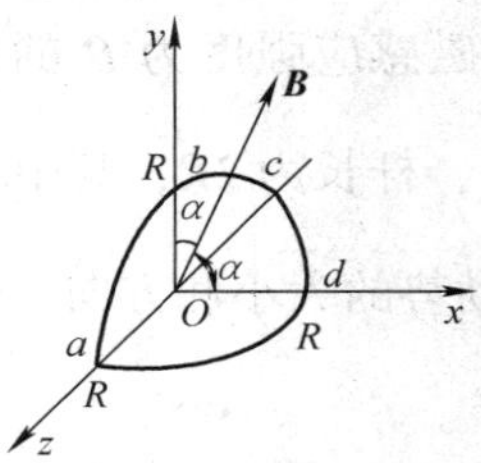

图 13-30　题 13.12 图

13.13　如图 13-31 所示，在两平行载流的无限长直导线的平面内有一矩形线圈。两导线中的电流方向相反、大小相等，且电流以 $\frac{\mathrm{d}I}{\mathrm{d}t}$ 的变化率增大，求：

(1) 任一时刻线圈内所通过的磁通量；

(2) 线圈中的感应电动势。

13.14　如图 13-32 所示，用一根硬导线弯成半径为 r 的一个半圆。令这半圆形导线在磁场中以频率 f 绕图中半圆的直径旋转，整个电路的电阻为 R。求：感应电流的最大值。

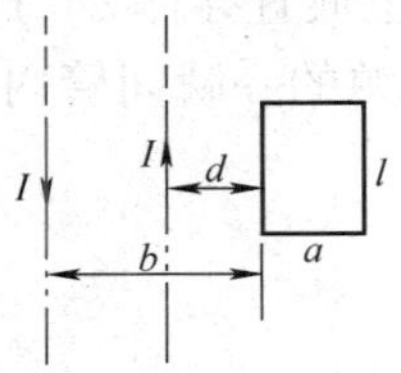

图 13-31　题 13.13 图

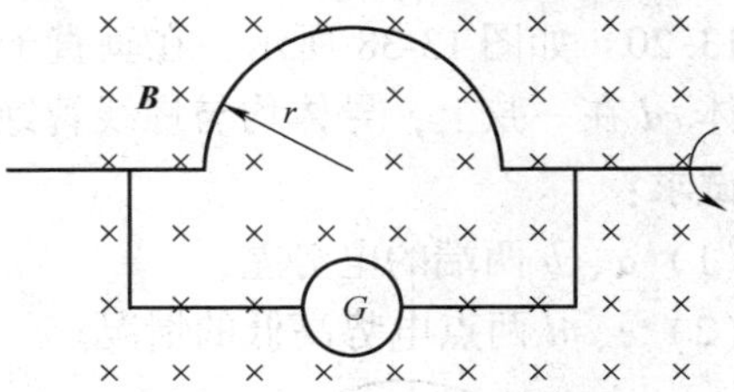

图 13-32　题 13.14 图

13.15　如图 13-33 所示，长直导线通以电流 $I=5\text{A}$，在其右方放一长方形线圈，两者共面。线圈长 $b=0.06\text{m}$，宽 $a=0.04\text{m}$，线圈以速度 $v=0.03\text{m}\cdot\text{s}^{-1}$ 垂直于直线平移远离。求：$d=0.05\text{m}$ 时线圈中感应电动势的大小和方向。

13.16　长度为 l 的金属杆 ab 以速率 v 在导电轨道 $abcd$ 上平行移动。已知导轨处于均匀磁场 $\boldsymbol{B}$ 中，$\boldsymbol{B}$ 的方向与回路的法线成 60°角，如图 13-34 所示，$\boldsymbol{B}$ 的大小为 $B=kt$（k 为常数）。设 $t=0$ 时杆位于 cd 处，求：任一时刻 t 导线回路中感应电动势的大小和方向。

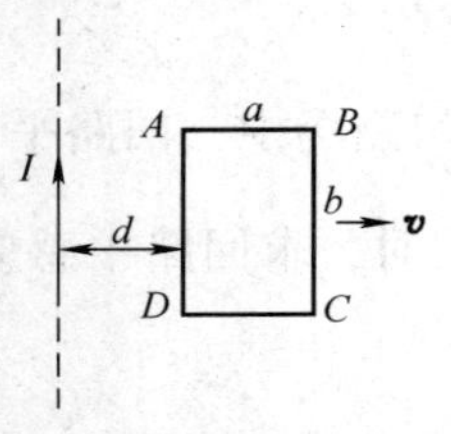

图 13-33　题 13.15 图

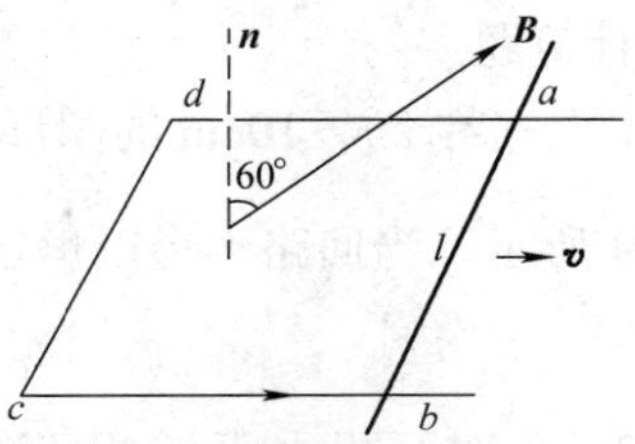

图 13-34　题 13.16 图

13.17　如图 13-35 所示，长度为 $2b$ 的金属杆位于两无限长直导线所在平面的正中间，并以速度 $\boldsymbol{v}$ 平行于两直导线运动。两直导线通以大小相等、方向相反的电流 I，两导线相距 $2a$。试求：金属杆两端的电势差及其方向。

13.18　磁感应强度为 $\boldsymbol{B}$ 的均匀磁场充满一半径为 R 的圆柱形空间，一金属杆放在图 13-36 中位置，杆长为 $2R$，其中一半位于磁场内、另一半在磁场外。当 $\frac{\mathrm{d}B}{\mathrm{d}t}>0$ 时，求：杆两端的感应电动势的大小和方向。

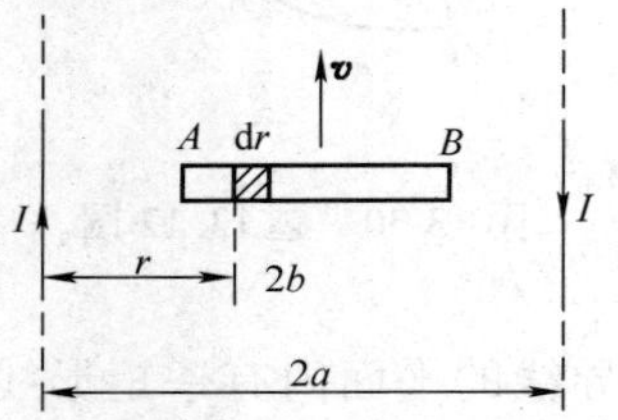

图 13-35　题 13.17 图

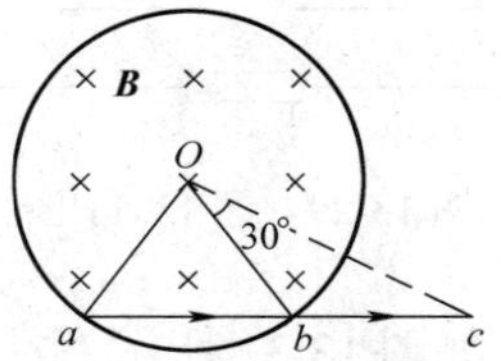

图 13-36　题 13.18 图

13.19　半径为 R 的直螺线管中，有 $\frac{\mathrm{d}B}{\mathrm{d}t}>0$ 的磁场，一任意闭合导线 $abca$，一部分在螺线管内绷直成 ab 弦，a、b 点与螺线管绝缘，如图 13-37 所示。设 $ab=R$，试求：闭合导线中的感应电动势。

13.20　如图 13-38 所示，在垂直于直螺线管管轴的平面上放置导体 ab 于直径位置，另一导体 cd 在一弦上，导体均与螺线管绝缘。当螺线管接通电源的一瞬间管内磁场如图示方向。试求：

（1）a、b 两端的电势差；

（2）c、d 两点电势高低的情况。

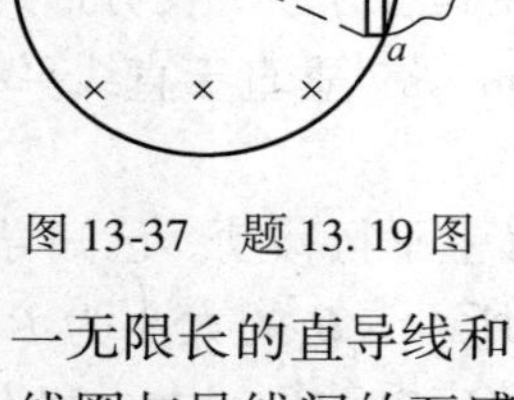

图 13-37　题 13.19 图

图 13-38　题 13.20 图

13.21　一无限长的直导线和一正方形的线圈如图 13-39 所示放置（导线与线圈接触处绝缘）。求：线圈与导线间的互感系数。

13.22　一矩形线圈长为 $a=20\text{cm}$，宽为 $b=10\text{cm}$，由 100 匝表面绝缘的导线绕成，放在一无限长导线的旁边且与线圈共面，如图 13-40 所示。求：图 13-40a、b 两种情况下，线圈与长直导线间的互感。

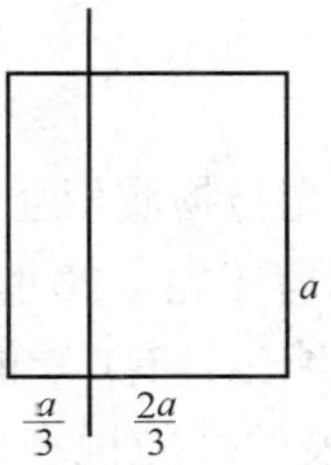

图 13-39　题 13.21 图

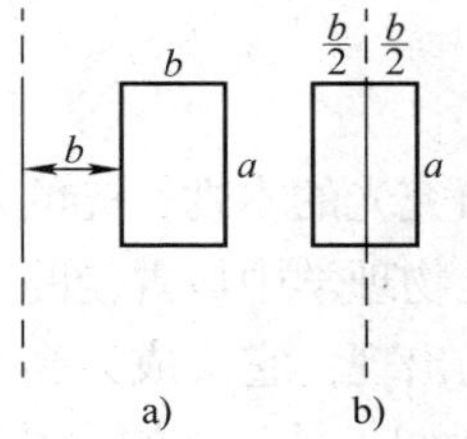

图 13-40　题 13.22 图

13.23　圆柱形电容器内、外导体截面半径分别为 R_1 和 R_2（$R_1<R_2$），中间充满介电常数为 ε 的电介质，如图 13-41 所示。当两极板间的电压随时间的变化 $\dfrac{dU}{dt}=k$ 时（k 为常数），求介质内距圆柱轴线为 r 处的位移电流密度。

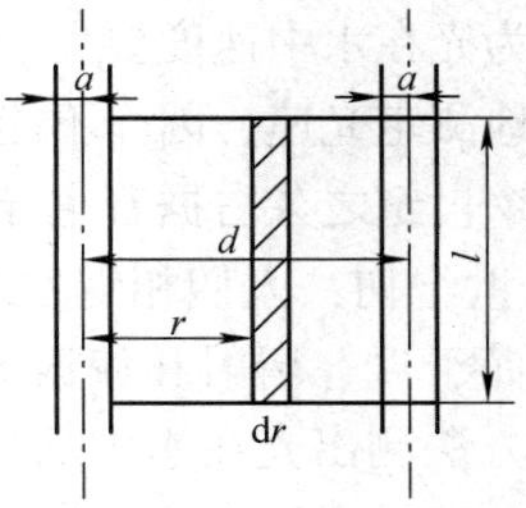

图 13-41　题 13.23 图

13.24　试证：平行板电容器的位移电流可写成 $I_d=C\dfrac{dU}{dt}$，式中 C 为电容器的电容，U 是电容器两极板的电势差。如果不是平板电容器，以上关系还适用吗？

13.25　半径为 $R=0.10\text{m}$ 的两块圆板构成平行板电容器，放在真空中。今对电容器匀速充电，使两极板间电场的变化率为 $\dfrac{dE}{dt}=1.0\times10^{13}\text{V}\cdot\text{m}^{-1}\cdot\text{s}^{-1}$。求两极板间的位移电流，并计算电容器内离两圆板中心连线 r（$r<R$）处的磁感应强度 B_r 以及 $r=R$ 处的磁感应强度 B_R。

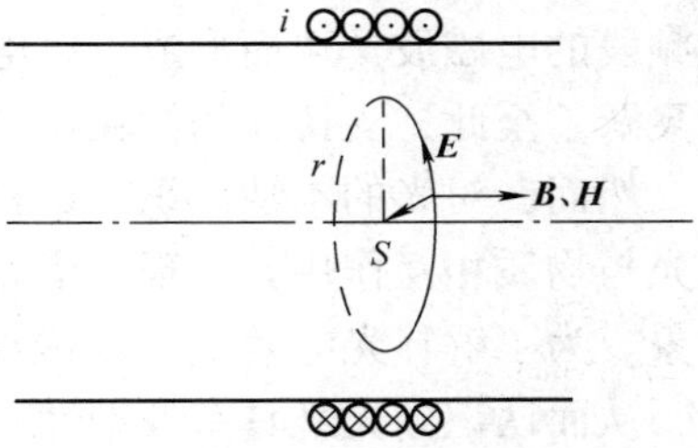

图 13-42　题 13.26 图

*13.26　一个很长的螺线管，每单位长度有 n 匝，截面半径为 a，载有一增加的电流 i，如图 13-42 所示。求：

（1）在螺线管内距轴线为 r 处一点的感应电场；

（2）在这点的坡印矢量的大小和方向。

第14章 光的干涉

光学是研究光的本性，光的发射、传播和吸收的规律，以及光与物质相互作用及其应用的学科。光学是物理学中最古老的基础学科之一，它历史悠久、内容丰富。20世纪60年代，随着激光光源的出现，它又成为当今科学领域中非常活跃的前沿阵地，具有广阔的发展前景。

17、18世纪，关于光的本性的问题，就存在着以牛顿为代表的微粒说和以惠更斯为代表的波动说。微粒说认为光是从发光体发出的、沿着直线传播的微粒流；波动说认为光是在一种特殊介质（以太）中传播的机械波。两种学说都能解释光的直线传播、反射和折射等现象，但在光通过光疏和光密介质时，哪种情况下速度更大的问题上却得出两种截然不同的结果：微粒说认为光在水中速度要大于在空气中的速度，波动说的结论则恰恰相反。由于当时人们还不能准确地测定光速，因而不能判断两种学说的优劣，加之牛顿崇高的个人威望，使得微粒说在长达一个世纪之久占据着主导地位，而波动说处于被压抑的地位，几乎被冷落达百年之久。

19世纪初，人们相继发现了光的干涉、衍射和偏振等现象，偏振性说明了光波是一种横波，而干涉、衍射和偏振等现象都是波动的特性，这与微粒说不相容。1862年，傅科又用实验方法测出光在水中的速度小于在空气中的速度，这为光的波动说提供了重要的实验证据，光的波动说被人们普遍接受。到了19世纪60年代，麦克斯韦建立了电磁场理论，指出光是一种电磁波，赫兹用实验证实了该理论，使得人们进一步认识到光不是机械波，而是一定频段的电磁波，从而形成了以电磁波理论为基础的波动光学，光的波动理论产生了一个新的飞跃。至此，支持光的微粒说的人就很少了，光的波动说几乎取得了决定性的胜利。

然而，对光的本性认识并未就此结束。从19世纪末到20世纪初期，人们又开始深入研究光与物质相互作用，发现了诸如光电效应、康普顿效应等一系列光的波动理论无法解释的现象。为了解释光电效应，爱因斯坦提出了光子说，认为光是具有一定能量和动量的光子流，从而认识到光既具有波动性，又具有粒子性，也就是光具有波粒二象性，这就是今天我们对光的本性的认识。

光学通常分为几何光学和物理光学，物理光学又分为波动光学和量子光学两个分支。本篇主要介绍光的干涉、衍射和偏振现象，这是波动光学的主要内容。关于光的量子性将在第16章讨论。光学在现代科学技术中，尤其在精密测量、晶体结构研究、光谱分析等方面有着广泛的应用。

本章主要是讲述关于光的干涉的知识，介绍相干光的概念，着重研究杨氏双缝干涉、薄膜的等倾干涉、等厚干涉（劈尖干涉和牛顿环干涉）、迈克耳孙干涉仪等。

14.1 光的相干性

14.1.1 光的电磁理论 光矢量 光强

1865年，麦克斯韦（Maxwell）成功地总结出了电磁现象普遍遵从的规律——麦克斯韦方程组，从理论上预言了电磁波的存在。根据麦克斯韦电磁理论：光波是一种电磁波，可见光的波长范围在400～760nm之间。电磁波是横波，由两个互相垂直的振动矢量即电场强度 $\boldsymbol{E}$ 和磁场强度 $\boldsymbol{H}$ 来表征。对于诸如光电池、光电倍增管、感光片等许多检测光的元件来说，它们对光的响应主要由电磁波中的电场引起。此外，光化学作用、光合作用以及眼睛的视觉效应也主要是由电场所致。正是由于在光波中，能够产生感光作用与生理作用的主要是电场强度 $\boldsymbol{E}$，所以在光学中，我们用电矢量 $\boldsymbol{E}$ 表示光场，并把电矢量叫作光矢量。

麦克斯韦推导出电磁波在真空中传播的速度为

$$c=\frac{1}{\sqrt{\varepsilon_0\mu_0}} \tag{14-1}$$

式中，ε_0 和 μ_0 是真空的介电常数和磁导率。据此算出的 c 值与当时测得的光速十分接近。1888年赫兹（Hertz）又用实验证实了电磁波的存在，并证明了电磁波的速度等于光速。光波是一种具有极高频率的电磁波，而其传播过程中的各种现象，如干涉、衍射、偏振等，都可按照光的电磁理论获得正确的解释。

光是电磁波，它在真空中的传播速率为

$$c=2.99792458\times10^8\mathrm{m\cdot s^{-1}}$$

在介质中，光波的速度 v 为真空中的 $1/\sqrt{\varepsilon_r\mu_r}$ 倍，即

$$v=\frac{c}{\sqrt{\varepsilon_r\mu_r}} \tag{14-2}$$

式中，ε_r 和 μ_r 分别为介质的相对介电常数和相对磁导率。所以介质的折射率为

$$n=\frac{c}{v}=\sqrt{\varepsilon_r\mu_r} \tag{14-3}$$

我们知道：波的能量传递一般用能流密度来描述，它的大小代表单位时间内通过垂直于波的传播方向的单位面积的能量。由于光波中的电场强度 $\boldsymbol{E}$ 和能流密度以极快的频率（$10^{14}\mathrm{s^{-1}}$，量级）振荡，现有的接收器的反应速度远远跟不上光波的变化速度，无法直接测量能流密度的瞬时值。例如，人眼需要大于0.1s的时间才能反应，快速光电接收器约为 10^{-9}s。所以接收器接收到的是观察仪器在响应时间内的平均能流密度。在光学中，常称它为光强，符号为 I，有

$$I\propto A^2 \tag{14-4}$$

通常我们所关心的是同一种介质中不同位置光强的相对大小，所以，可将式（14-4）写成

$$I=A^2 \tag{14-5}$$

14.1.2　光源的发光机理

1. 光源的发光机理

一提到光波，有些人可能会误认为它是如图14-1a所示的一列无限连续的单色平面余弦波；其实，光源的发光是由大量的分子或原子进行的一种微观过程所决定的，因而，实际的光波如图14-1b所示，它是由一个个波列构成的。

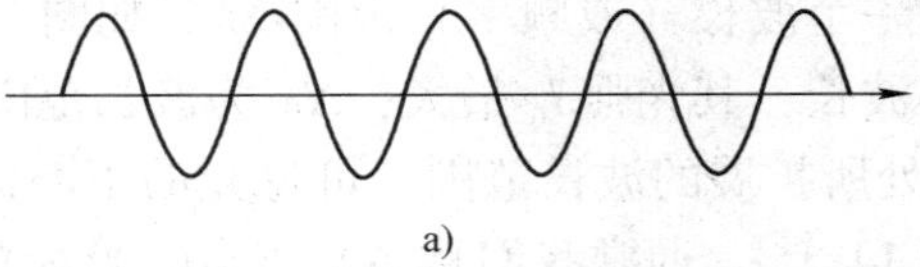

a)

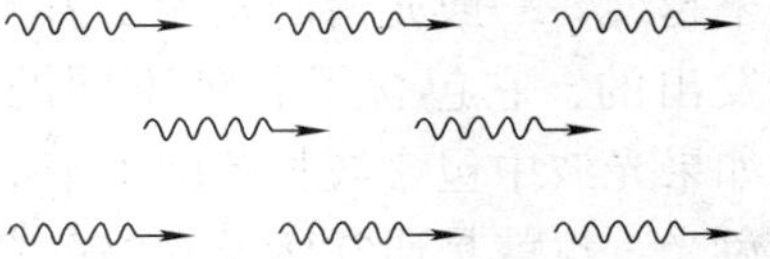

b)

图14-1　持续时间约为 10^{-8}s 的波列，彼此完全独立波列

光源就是能发射光的物体。常用的光源有两类：普通光源和激光光源。普通光源有热光源（由热能激发，如白炽灯、太阳），冷光源（由化学能、电能或光能激发，如日光灯、气体放电管）等。由于各种光源的激发方式不同，辐射机理也不相同。近代物理学理论和实验已完全肯定了分子或原子的能量只能具有某些离散的值，即能量是量子化的。这些不连续的能量值称为能级，如图 14-2 所示。高能级 M（激发态）的能量为 E_M，低能级 N 的能量为 E_N。当处于高能级的原子跃迁到低能级时，原子的能量要减少，并向外辐射电磁波。这些电磁波携带的能量就是原子所减少的那一部分能量。通常以 $h\nu$ 表示电磁波的能量，其中 $h=6.63\times10^{-34}\text{J}\cdot\text{s}$，称为普朗克常量，它与真空光速 c 一样，是近代物理学中的两个重要恒量；ν 为电磁波的频率，如果 ν 恰好在可见光范围内，那么，这种跃迁就发射可见光。这就是原子因能级跃迁而发光的机理。在热光源中，大量分子和原子在热能的激发下从高能量的激发态返回较低能量状态时，就把多余的能量以光波的形式辐射出来，导致这些分子或原子间歇地向外发光，一个原子经过一次发光后，只有重新获得能量后才能再次发光。因而它们发光的光波是在时间上很短、约为 10^{-8}s，在空间中为有限长的一串串波列（图 14-1b）。由于各个分子或原子的发光参差不齐，彼此独立，互不相关，因而在同一时刻，各个分子或原子发出波列的频率、振动方向和相位都不相同。即使是同一个分子或原子，在不同时刻所发出的波列的频率、振动方向和相位也不尽相同。

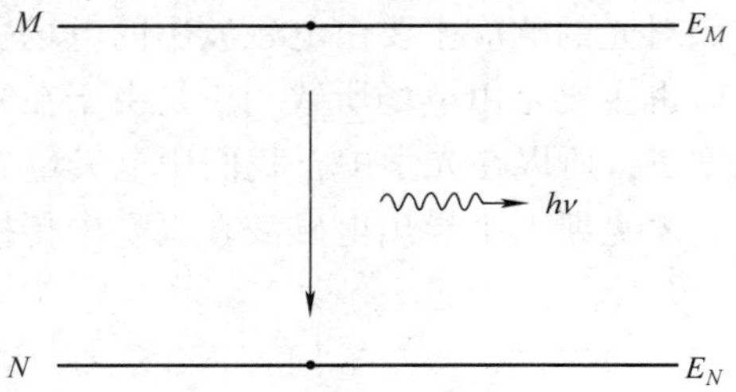

图 14-2　能级跃迁

2. 光的颜色和光谱

光源发出电磁波的频率如果在 $7.5\times10^{14}\sim3.9\times10^{14}$Hz 之间，是可以引起视觉的，这一频率范围是可见光的频率范围，它在真空中与其对应的波长范围是 400 ~ 760nm。表 14.1 是可见光范围内各光色与频率（或真空中波长）的对照表。由表中可以看出，波长从小到大呈现出从紫到红等各种颜色。广义而言，光波还包括不能引起视觉的红外线和紫外线，它们可以用一定的方法探测到。

只含单一波长的光，称为单色光。然而，严格的单色光在实际中是不存在的。平时讲的“单色光”，实际上都有一个波长（或频率）范围 $\Delta\lambda$，如图 14-3 所示，λ_0 为中心波长，其光强 I_0 最大，$\Delta\lambda$ 为波长范围，指光强度为 $I_0/2$ 处所扩展的波长范围。可见光的中心波长与波长范围见表 14.1[㊀]。通常我们称 $\Delta\lambda$ 越小的光为单色性越好，或者说频率越纯。一般光源的发光是由大量分子或原子在同一时刻发出的，它包含了各种不同的波长成分，称为复色光。如果光波中包含波长范围很窄的成分，则这种光称为准单色光，也就是通常所说的单色光。波长范围越窄，其单色性越好。例如，用滤光片从白光中得到的色光，其波长范围约为 10nm 左右；在气体原子发出的光中，每一种成分的光的

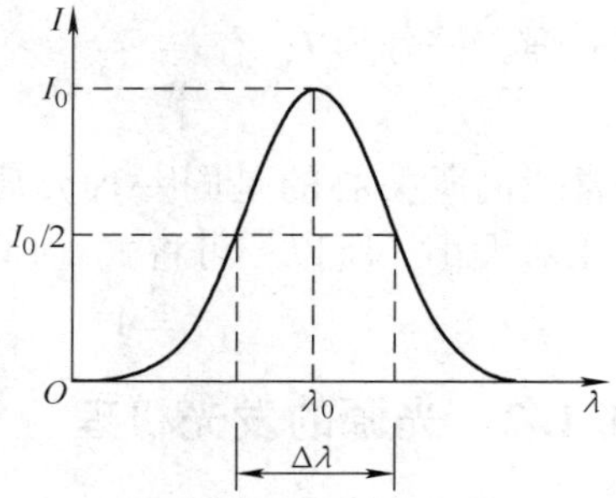

图 14-3　中心波长与波长范围

㊀　该表数据参考了《中国大百科全书》物理卷 P676 的资料。

波长范围在 $10^2 \sim 10$nm；即使是单色性很好的激光，也有一定的波长范围，例如 10^{-9}nm。利用光谱仪可以把光源所发出的光中波长不同的成分彼此分开，所有的波长成分就组成了所谓光谱。光谱中每一波长成分所对应的亮线或暗线，称为光谱线，它们都有一定的宽度，每种光源都有自己特定的光谱结构，利用它可以对化学元素进行分析，或对原子和分子的内部结构进行研究。

表 14.1　可见光的波长与频率范围

颜色	中心波长/nm	波长范围/nm	中心频率/Hz	频率范围/Hz
红	660	760 ~ 647	4.5×10^{14}	$(3.9 \sim 4.8) \times 10^{14}$
橙	610	647 ~ 585	4.9×10^{14}	$(4.8 \sim 5.0) \times 10^{14}$
黄	580	585 ~ 575	5.3×10^{14}	$(5.0 \sim 5.4) \times 10^{14}$
绿	540	575 ~ 492	5.5×10^{14}	$(5.4 \sim 6.1) \times 10^{14}$
青	480	492 ~ 470	6.3×10^{14}	$(6.1 \sim 6.4) \times 10^{14}$
蓝	430	470 ~ 424	6.5×10^{14}	$(6.4 \sim 6.6) \times 10^{14}$
紫	410	424 ~ 400	7.0×10^{14}	$(6.6 \sim 7.5) \times 10^{14}$

14.1.3　光的相干性

1. 相干光的获得

光波既然是一种波动过程，应能产生干涉现象，但教室里两盏同时开着的灯，为什么在桌面上没有产生干涉条纹？

对于机械波或无线电波来说，相干条件较易满足，而对于光波，只能在一些特定的条件下才能观察到干涉条纹。

对于光波来说，两束光或多束光的相干条件是：

1）光矢量存在相互平行的分量；

2）频率相同；

3）在观察时间内各光波间的相位差保持恒定。

结合前述的光源的发光机制：可见原子发射的光波是一段频率一定、振动方向一定、有限长的波列。各原子的每次发光是完全独立的，如图 14-4 中的 a 与 b 波列，是同一原子先后发的光波列，b 与 d 是不同原子所发的光波列，这些波列的频率和振动方向可能不同，而且它们每次何时发光也是不确定的。在实验中我们所观察到的光是由光源中的许多原子所发出的、许许多多相互独立的波列组成的。尽管用单色光源可以使这些波列的频率基本相同，但是两个相同的单色光源或同一光源的两部分发的光叠加时，波列的振动方向不可能相同，特别是相位差不可能保持恒定，因而合振幅不可能稳定，也就不可能产生空间上稳定光强分布的干涉现象了。

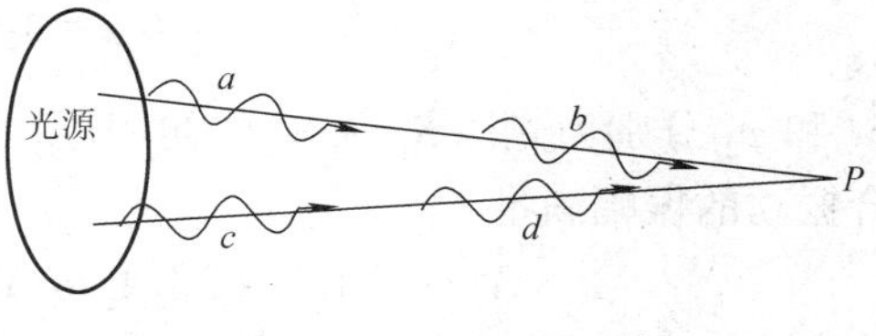

图 14-4　普通光源

虽然普通光源发出的光是不相干的，但是我们可以采用某些方法把光源上同一点所发出的光分成两部分，然后再使这两部分经过不同的路径相叠加。由于这两部分光中的各相应波列都来自于同一发光原子的同一波列，满足相干条件，即频率相同、振动方向相同、相位差恒定，这两个波列是相干光，在相遇区域中能产生干涉现象。简而言之：同出一点、一分为

二、各行其路、合二为一，这是实现光干涉的基本原则。

具体而言，实现光波干涉的装置基本上分成两大类：分波面干涉和分振幅干涉，都符合这一基本原则。例如，本章 14.2 节所讲杨氏双缝干涉实验的相干光是从同一个波面分出的，属于典型的分波面干涉法，如图 14-5 所示；我们在日常生活中看到油膜、肥皂膜上呈现五颜六色的花纹、色彩绚丽的图样，这是光在薄膜上干涉的结果，是同一束入射光经不同表面反射或折射分成的两个不同部分干涉形成，属于典型的分振幅干涉法。如图 14-6 所示，利用光的反射和折射可以将同一列光波分成两束相干光，当一列光波 a 射到透明薄膜上时分成两部分，一部分在薄膜上表面被反射形成光束 a'，另一部分折入膜内在下表面反射经上表面折出形成光束 a''，光束 a' 与 a'' 都是从光束 a 中分出来的。由于反射光和透射光的能量来自于入射光的能量，而光波的能量（光强）和振幅有关，所以这种产生相干光的方法称为分振幅法。详见本章 14.4 节。

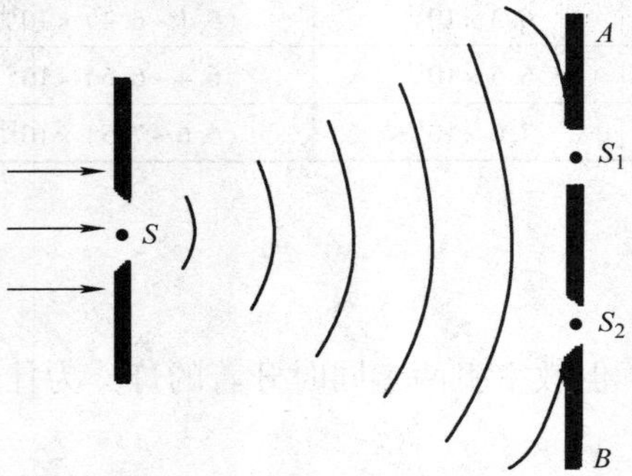

图 14-5　分波面法杨氏干涉图

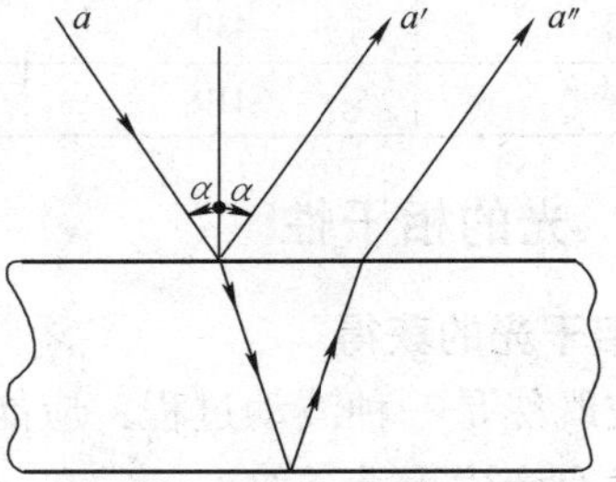

图 14-6　分振幅法薄膜干涉图

2. 相干叠加

如图 14-7 所示，考虑两束频率相同、振动方向相同的光波传播到 P 点处的叠加

$$E_{1P}=A_1\cos\left(\omega t-\frac{2\pi}{\lambda}r_1+\varphi_1\right)$$

$$E_{2P}=A_2\cos\left(\omega t-\frac{2\pi}{\lambda}r_2+\varphi_2\right)$$

φ_1 和 φ_2 分别为光源 S_1 和 S_2 的初相位。根据同方向同频率简谐振动的合成公式，可得 P 点合振动的振幅满足

$$A^2=A_1^2+A_2^2+2A_1A_2\cos\Delta\varphi \tag{14-6}$$

式中，$\Delta\varphi$ 为两分振动的相位差，且

$$\Delta\varphi=\frac{2\pi}{\lambda}(r_2-r_1)+\varphi_1-\varphi_2 \tag{14-7}$$

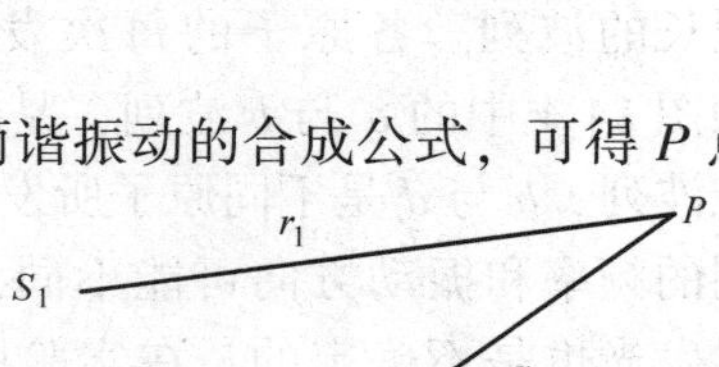

图 14-7　光波的叠加

由于光强与振幅平方成正比，根据式（14-6），在观察时间间隔 τ 内，P 点的光强为

$$I=I_1+I_2+2\sqrt{I_1I_2}\frac{1}{\tau}\int_0^{\tau}\cos\Delta\varphi\mathrm{d}t \tag{14-8}$$

I_1 和 I_2 分别为两束光单独在 P 点处的光强。由于两光波的相位差瞬息万变，并以相同的概率取 0 到 2π 间的一切数值，所以

$$\int_0^{\tau}\cos\Delta\varphi\mathrm{d}t = 0$$

即

$$I = I_1 + I_2 \tag{14-9}$$

由此可看出，两非相干光在相遇处的总光强等于两束光单独存在时在该点的光强之和。

然而对两相干光的叠加，它在不同位置的相位差是不随时间变化的，由式（14-8）知

$$I = I_1 + I_2 + 2\sqrt{I_1 I_2}\cos\Delta\varphi \tag{14-10}$$

随相遇点的不同，$\Delta\varphi$ 不同，光强有不同值，显示出光的干涉现象。但若相遇处 A_1 和 A_2 相差过大，这种随空间而改变的光强起伏将不明显。所以，要观察到明显的干涉现象，相遇处的两光矢量的振幅要近似相等。若 $I_1 = I_2$，则式（14-10）写为

$$I = 4I_1\cos^2\frac{\Delta\varphi}{2} \tag{14-11}$$

由式（14-11）知，当相位差

$$\Delta\varphi = \pm 2k\pi,\ k = 0,1,2,\cdots \tag{14-12}$$

$I = 4I_1$，光强达到极大，称干涉相长，k 为干涉级次。而当相位差

$$\Delta\varphi = \pm(2k+1)\pi,\ k = 0,1,2,\cdots \tag{14-13}$$

$I = 0$，光强达到极小，称干涉相消。

3. 相干长度

两束相干光波相遇，就一定能产生干涉现象吗？实际上，要产生干涉，对发光光源还是有一定要求的。前面我们讲述过，由于原子发光是断续的，每次跃迁所经历的时间 Δt 极短（约为 10^{-8}s）。也就是说，一个原子每一次发光，只能发出一段长度（Δl）有限，频率（ν）一定和振动方向一定的光波（横波），这一段光波就是图 14-1b 中所示的一个波列。可见，波列的长度 Δl 为

$$\Delta l = c\Delta t \tag{14-14}$$

式中，c 为真空中的光速。从干涉的角度来说，我们通常把 Δl 称为相干长度，Δt 称为相干时间。正因为光波是由一个个断续的波列所构成的，而且，每一波列又有自己的振动方向和初相位。因此，相干时间 Δt 越长，相干长度 Δl 就越大，这样的光波在空间相遇产生干涉的可能性就越大，即相干性好。

通常情况下，光的单色性可以用谱线宽度 $\Delta\lambda$ 来衡量。用傅里叶积分公式可以证明相干长度与谱线宽度 $\Delta\lambda$ 成反比，因此，单色性越好，其相干长度就大，相干性就好。如 He-Ne 激光 Δl 有几十千米之长，是相干性非常好的新型光源。

14.2 杨氏双缝干涉

14.2.1 杨氏双缝干涉实验

托马斯·杨（T. Young）在 1801 年做了杨氏干涉实验，并在历史上第一次测定了光的波长，为光的波动说奠定了基础。

如图 14-8a 所示，在实际的单色光源前面放一个小孔 S，S 即为一个很好的发射球面波的点光源。AB 是挡板，S_1 和 S_2 为对称放置的两个相距为 d 的小孔。当光波传到 S_1 和 S_2 处时，根据惠更斯原理，S_1 和 S_2 可以看作是发射子波的两个新的波源，由于两者处于同一波阵面上，所以 S_1 和 S_2 是两个相干波源，从它们发出的光满足相干条件。这种从一点光源发出的同一波阵面上取出两部分作为相干光源的方法，称为分波阵面法。

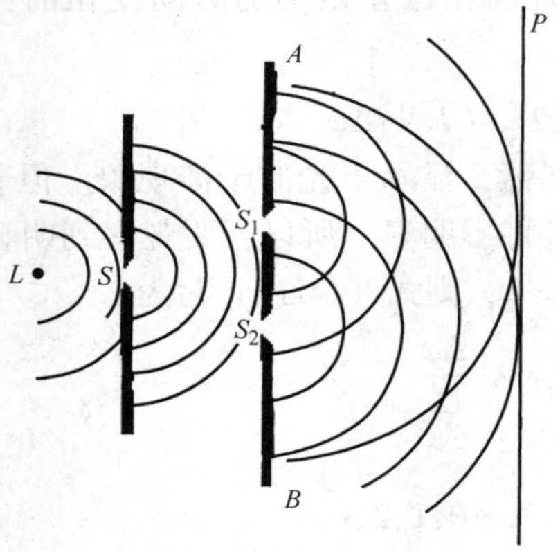

a)

b)

图 14-8　杨氏干涉实验

a）干涉实验示意图　b）干涉图样

为了提高干涉条纹的亮度，常用几条相互平行的狭缝代替杨氏实验中的小孔 S、S_1 和 S_2，并称为杨氏双缝干涉实验。在激光出现以后，利用它的相干性和高亮度，人们直接用激光照明双缝，在屏幕上可获得一组相当明显的干涉条纹，如图 14-8b 所示。

为了具体分析杨氏双缝干涉实验干涉图像特点，我们画出其具体光路，如图 14-9 所示。由式（14-11）知，屏幕上任一点 P 的光强取决于 S_1、S_2 发出的光波传播到 P 点引起振动的相位差 $\Delta\varphi$。由式（14-7）可知

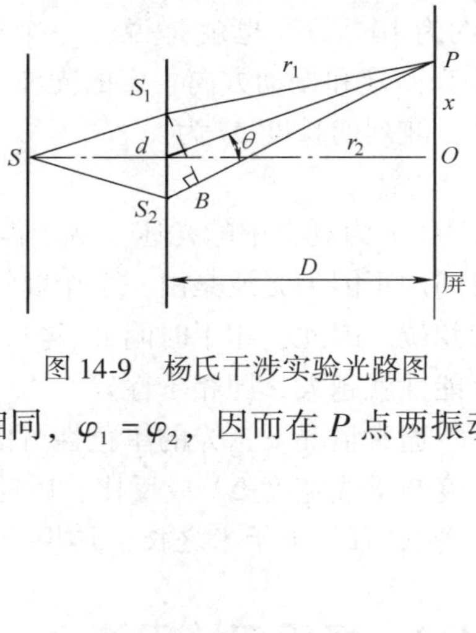

图 14-9　杨氏干涉实验光路图

$$\Delta\varphi = \frac{2\pi}{\lambda}(r_2 - r_1) + \varphi_1 - \varphi_2$$

而 S_1 和 S_2 是同一波面上的两部分，所以它们的振动相位相同，$\varphi_1 = \varphi_2$，因而在 P 点两振动的相位差为

$$\Delta\varphi = \frac{2\pi}{\lambda}(r_2 - r_1)$$

当 $\Delta\varphi = \pm 2k\pi$ 时，即

$$r_2 - r_1 = \pm k\lambda,\ k = 0, 1, 2, \cdots \qquad (14\text{-}15)$$

屏幕上该处为干涉加强处，由式（14-11）知，$I = 4I_1$，为亮纹。

当 $\Delta\varphi = \pm(2k+1)\pi$ 时，即

$$r_2 - r_1 = \pm(2k+1)\frac{\lambda}{2},\ k = 0, 1, 2, \cdots \qquad (14\text{-}16)$$

屏幕上该处为干涉减弱处，$I = 0$，为暗纹。

为具体计算亮纹和暗纹的位置，需要计算波程差 $r_2 - r_1$，由图 14-9 可知，在 $D >> d$ 情况下，有

$$r_2 - r_1 \approx d\sin\theta \approx d\tan\theta = d\,\frac{x}{D}$$

再利用式（14-15）和式（14-16），可得：

明纹中心的位置为

$$x = \pm k\,\frac{D}{d}\lambda,\ k = 0,1,2,\cdots \tag{14-17}$$

暗纹中心的位置为

$$x = \pm(2k-1)\frac{D\lambda}{2d},\ k = 1,2,\cdots \tag{14-18}$$

相邻两明纹或相邻两暗纹间的距离

$$\Delta x = x_{k+1} - x_k = \Delta x = \frac{D}{d}\lambda$$

由此可见，杨氏双缝干涉实验干涉图像具有如下特点：Δx 与级次无关，干涉条纹是等间隔排列的；Δx 与 D 成正比，与 d 成反比，与波长成正比；若用白光进行实验，除零级明纹仍是白色外，其他各明纹将分解为彩色光带。

实验上常根据测得的 Δx 值和 D、d 的值求出所用光源的波长，不过这种测量精度不高，因为上述公式是在满足 $D >> d$ 时近似推出的。在实际可测量的干涉图像中，当 d 很小而 D 较大，通常 D 达到 10m 以上这种近似才不影响计算结果的精确性。

【例 14-1】 用单色光照射相距 0.2mm 的双缝，双缝与屏幕的垂直距离为 10m，试：

（1）从第 1 条明纹到同侧第 4 条明纹的间距为 90mm，求此单色光的波长；

（2）若入射光波长为 500nm，求相邻明纹的间距。

【解】（1）由干涉明纹条件 $x = \frac{D}{d}k\lambda$，得

$$\Delta x_{41} = x_4 - x_1 = \frac{D}{d}(k_4 - k_1)\lambda$$

所以

$$\lambda = \frac{d\cdot\Delta x_{41}}{D(k_4 - k_1)} = \frac{0.2\times10^{-3}\times90\times10^{-3}}{10\times(4-1)}\text{m} = 6.0\times10^{-7}\text{m} = 600\text{nm}$$

也可这样求解

$$\Delta x = \frac{90}{3}\text{mm} = 30\text{mm}$$

由 $\Delta x = \frac{D}{d}\lambda$ 得

$$\lambda = \frac{d\Delta x}{D} = \frac{0.2\times10^{-3}\times30\times10^{-3}}{10}\text{m} = 6.0\times10^{-7}\text{m} = 600\text{nm}$$

（2）相邻两明纹的间距为

$$\Delta x = \frac{D}{d}\lambda = \frac{10}{0.2\times10^{-3}}\times500\times10^{-9}\text{m} = 25\times10^{-3}\text{m} = 25\text{mm}$$

14.2.2 洛埃镜实验

洛埃（H. Lloyd）镜实验也是一个利用分波面产生相干光的实验。如图 14-10 所示，洛埃镜是一个平面镜，S 为狭缝光源，它与平面镜平行且与纸面垂直，由它发出的一部分光直接照射到观察屏 P 上，另一部分光以掠射角（即入射角接近 90°）照射在平面镜上，经平面镜反射后再射到屏 P 上。这两部分光也是相干光，在屏上的重叠区域也能产生干涉条纹。如果把反射光看作是由虚光源 S' 发出的，则 S 和 S' 构成一对相干光源，相当于杨氏双缝干涉实验中的双缝。在图中的阴影区域，两部分光相干叠加，仿照杨氏双缝干涉实验的条纹计算公式可以确定条纹宽度。

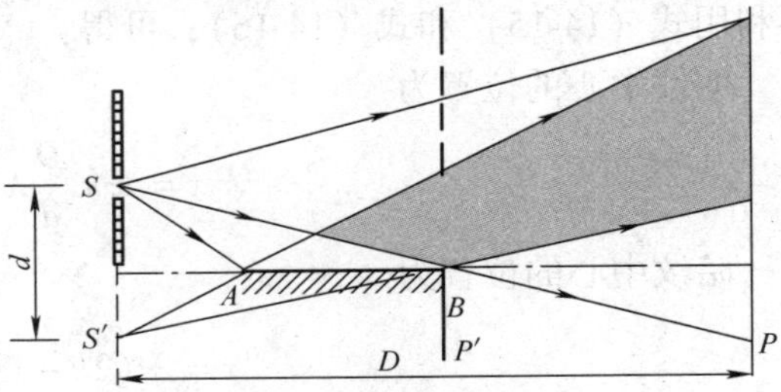

图 14-10　洛埃镜实验示意图

关于洛埃镜实验，更有意思的是其明暗条纹位置的确定。当我们把屏向平面镜移动到和镜面右端 B 相接触的 P' 时，按照杨氏双缝干涉实验，在与镜面接触处的 B 点，应该出现零级明纹，但实验中发现该处出现的不是明纹而是暗纹。洛埃镜实验明暗条纹位置与杨氏双缝干涉实验正好相反。只有两相干光在 B 点的光振动反相才能在 B 点形成暗纹，S 和 S' 相当于两个反相的相干光源。这说明光在掠入射到镜面上反射时，反射光振动与入射光相比相位发生了变化，称为"π 相突变"。这一变化导致反射光的波程在反射过程中附加了半个波长，故又叫作"半波损失"。反过来，洛埃镜实验中观察到 B 点的干涉暗纹，是光从光疏介质掠入射到光密介质时，反射光产生半波损失的明证。

14.3 光程与光程差

14.3.1 光程和光程差

研究光的干涉规律，重要的是分析两相干光在相遇处的相位差，从而确定该处是干涉相长还是干涉相消。当两相干光在同一均匀介质（例如空气）中相遇时的干涉情况，仅取决于两束光的几何路程差（波程差）Δr。实际上在研究光的干涉问题时，两相遇光波往往要通过不同的介质，例如从空气透射入薄膜，这时，两相干光的相位差就不单纯由其几何路程差决定。为了方便地比较和计算光经过不同介质时引起的相位差，我们引入光程的概念。

光在介质中传播时，以 λ_n 表示光在介质中的波长，则通过路程 r 时，相位的变化量为

$$\Delta\varphi = \frac{2\pi}{\lambda_n}r$$

以 λ 表示光在真空中的波长，以 n 表示介质的折射率，有

$$\lambda_n = \frac{\lambda}{n}$$

得

$$\Delta\varphi = \frac{2\pi}{\lambda}nr$$

可见，在介质中传播的光波其相位变化量不但与几何路程 r 及真空中的波长 λ 有关，而且还与介质的折射率 n 有关。显然，在折射率为 n 的介质中，光传播距离为 r 的相位变化量和在真空中传播 nr 距离引起的相位变化量相等，这时 nr 就叫作与路程 r 相应的光程。当光的传播过程中经历几种介质时，

$$光程 = \sum n_i r_i$$

借助于光程概念可将光在不同介质中所走的路程折算为光在真空中的路程，从而方便地用真空中波长来研究干涉现象。为更进一步理解光程概念，下面举一个简单例子。

如图14-11所示，设 S_1 和 S_2 分别为在不同介质中的两个相干光源，它们的初相位相同，介质的折射率分别为 n_1 和 n_2，两束光分别经不同路程 r_1 和 r_2 在 P 点相遇。则两束光在 P 点的振动为

$$E_{1P} = A_1 \cos\left(\omega t - \frac{2\pi}{\lambda_1} r_1 + \varphi\right)$$

$$E_{2P} = A_2 \cos\left(\omega t - \frac{2\pi}{\lambda_2} r_2 + \varphi\right)$$

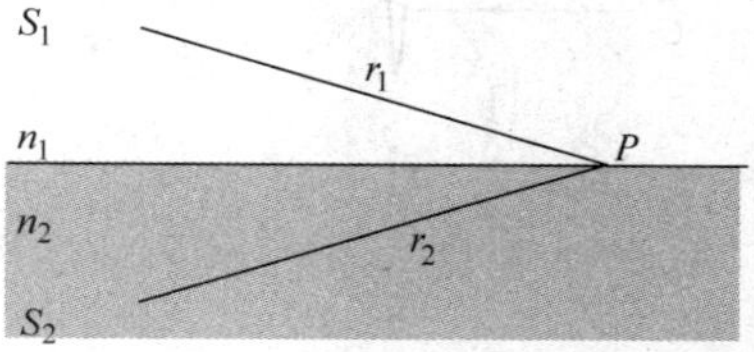

图14-11　光程差

在 P 点的相位差为

$$\Delta\varphi = \frac{2\pi}{\lambda_2} r_2 - \frac{2\pi}{\lambda_1} r_1 = \frac{2\pi}{\lambda}(n_2 r_2 - n_1 r_1)$$

由此可见，两相干光波在相遇点的相位差不是决定于它们的波程差，而是决定于它们的光程差，常用 Δ 表示光程差。相位差与光程差的关系是

$$\Delta\varphi = \frac{2\pi}{\lambda}\Delta \tag{14-19}$$

在考虑光相遇时的干涉问题时，通常要考虑上式，但需注意的是：引进光程之后，不论光在什么介质中传播，上式中的 λ 均指光在真空中的波长。另外，上式仅考虑了光经历不同介质引起的相位差，如果发出光线的两相干光源不是同相位的，则上式中还应加上两相干光源的初相位差才代表两束光在 P 点相遇的相位差。这样，以同相点算起的两束相干光相遇产生干涉时，对相位差的分析就可转换为对光程差的分析，由式（14-12）和式（14-13）知，决定明暗的条件为

$$\Delta = \pm k\lambda, \quad k = 0, 1, 2, \cdots, \quad 干涉加强 \tag{14-20}$$

$$\Delta = \pm(2k+1)\frac{\lambda}{2}, \quad k = 0, 1, 2, \cdots, \quad 干涉减弱 \tag{14-21}$$

前面在杨氏双缝干涉实验中，由于光波在真空中传播，所以它的波程差恰恰就是它的光程差。可以说光程和光程差是波动光学中的特征物理量。

14.3.2　透镜的等光程性

在干涉和衍射实验中，经常需要用到薄透镜。光线通过透镜可以改变传播方向，会不会引起附加的光程差呢？

如图14-12所示，在图14-12a、b中，平行光通过透镜后，会聚于焦平面上，形成一亮点。这是由于平行光束的波面与光线垂直，其上各点（如图中 A、B、C 各点）的相位相同，到达焦平面上相位仍然相同，因而相互加强，说明 AF、BF、CF 三条光线等光程，AP、BP、

CP 三条光线等光程。图 14-12c 中，物点 S 发出的光经透镜成像于 S'点，说明物点和像点之间各光线也是等光程的。所以，可以认为，透镜可以改变各光线的传播方向，但不引起附加的光程差。对薄透镜的等光程性可以做如下解释：图 14-12a 中虽然光线 AF（或 CF）比 BF 经历的几何路程长，但 BF 在透镜中经过的路程比 AF（或 CF）要长，由于透镜的折射率大于空气的折射率，所以折算成光程后，AF（或 CF）与 BF 的光程相等。

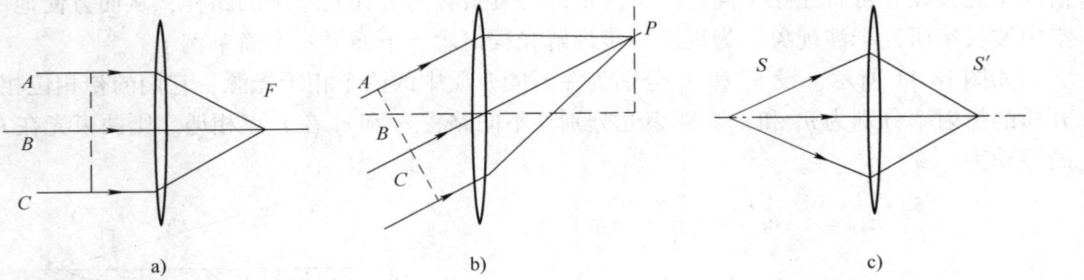

图 14-12 透镜等光程性

【例 14-2】 在杨氏双缝干涉实验中，入射光波长为 λ，现在 S_1 缝后放置一片厚度为 e 透明介质薄膜（$r_1 >> e$），如图 14-13 所示。试问原来的零级明纹将如何移动？如果观测到零级明纹移到了原来的第 k 级明纹处，求该透明介质的折射率。

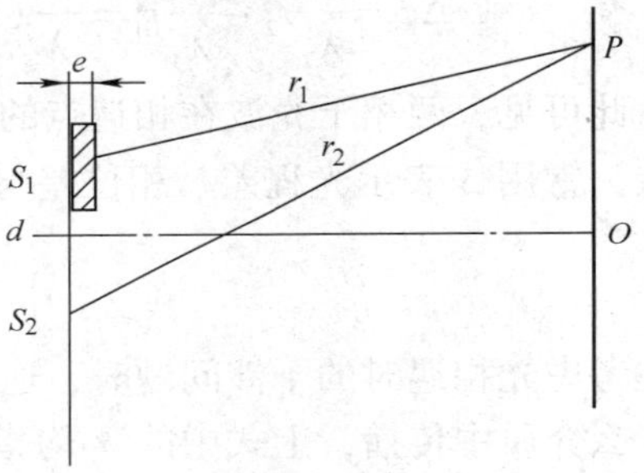

图 14-13 例 14-2 图

【解】 零级明纹处的光程差 $\Delta = 0$。由于在 r_1 光路中其介质膜部分可以折算成大于其几何路程的光程，所以图 14-13 的装置中，原来的零级明纹将往上方移动。

设在 S_1 缝后放置透明介质的情况下，P 为此时的零级明纹处（两束相干光的光程差为零），则有

$$r_2 - (r_1 - e + ne) = 0$$

然而在未加透明介质时，P 处为其第 k 级明纹处，两束光的光程差满足

$$r_2 - r_1 = k\lambda$$

由以上两式得

$$n = \frac{k\lambda}{e} + 1$$

讨论：若把透明介质薄膜放置在 S_2 缝后，则上述结论会发生怎样的变化？此题为我们提供了一种测量透明介质折射率的方法。

14.4 薄膜干涉

薄膜干涉现象在日常生活和工业技术中经常遇到，例如：雨天马路表面上的油膜、我们小时候吹过的肥皂泡、照相机镜面上呈现的彩色花纹都属于薄膜干涉，它是光波在薄油膜或薄肥皂膜两表面的反射光相互叠加所形成的干涉现象。与前面讨论的杨氏双缝干涉实验为代表的分波面干涉不同，从光的产生方法上来说，它属于分振幅干涉现象。

对薄膜干涉现象的详细分析比较复杂，但实际应用较多而且较简单的为平行平面薄膜产生的等倾干涉条纹和厚度不均匀薄膜产生的等厚干涉条纹。

14.4.1 薄膜干涉

如图14-14所示，一束入射光在透明薄膜的上、下两表面反射或折射，反射光1、2、3、…或透射光1′、2′、3′、…都是相干光束。这是一种分振幅法产生的光的干涉现象。对于一般的透明介质，反射光束中只有前两束的振幅相近，其余各束反射光的振幅都小到可以忽略不计，这时的干涉可按双光束干涉处理。当用白光照射介质膜时，其表面呈现彩色条纹，这说明某些波长光线在反射光中干涉加强。下面用光程差概念来分析薄膜干涉加强和减弱的条件。

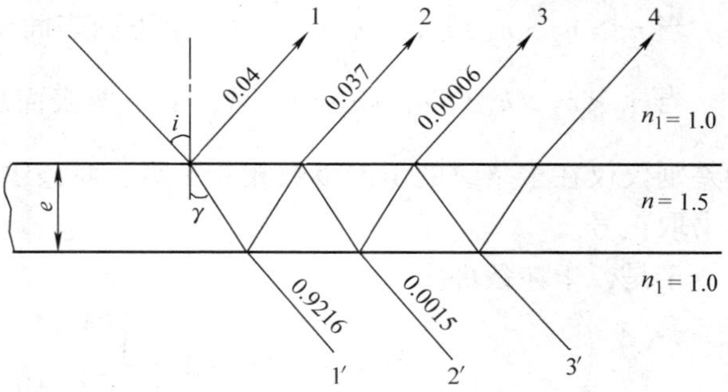

图14-14 薄膜的反射和折射

如图14-15所示，有厚度为e、折射率为n_2的均匀薄膜，与其表面相接触的上、下方介质的折射率分别为n_1和n_3。入射光线a以入射角i射到薄膜上，在薄膜的上表面A处产生反射光1，而另一部分折射入膜内，折射角为γ，在薄膜的下表面C处反射至B后，折回到薄膜上方成为光线2。光线1、光线2汇聚于透镜焦平面上P点，这一点究竟是亮是暗，要由两相干光束的光程差来决定。

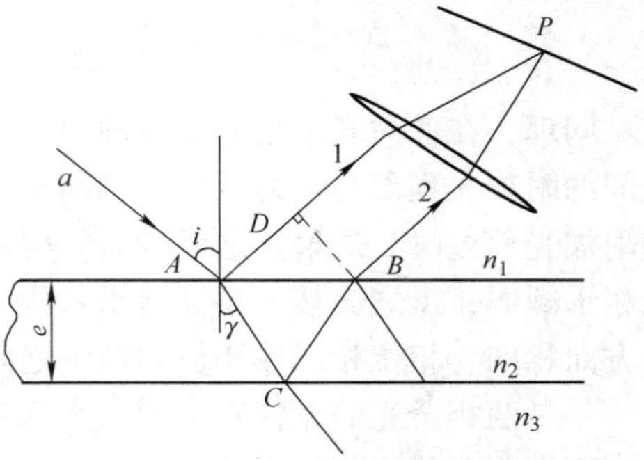

图14-15 薄膜干涉

为了计算经薄膜上下表面产生的两束反射光1和2的光程差，我们作辅助线DB垂直于反射光线1、2，由于透镜不引起附加的光程差，光线1从D点射到P与光线2从B点射到P经过的光程相同，所以由于传播距离不同而引起的这两光线之间的光程差可以表示为

$$\Delta = n_2(AC+CB) - n_1 AD$$

由图14-15可知$AC=BC=\dfrac{e}{\cos\gamma}$，$AD=AB\cdot\sin i=2e\cdot\tan\gamma\cdot\sin i$，代入上式，得到

$$\Delta = \frac{2n_2 e}{\cos\gamma} - 2e\cdot\tan\gamma\cdot n_1\sin i$$

由折射定律$n_1\sin i=n_2\sin\gamma$，得

$$\Delta = 2e\sqrt{n_2^2 - n_1^2\sin^2 i}$$

或

$$\Delta = 2n_2 e\cos\gamma$$

除了由于传播距离不同而引起的光程差外，光在薄膜上、下表面反射时还会产生附加光程差。例如，在上表面是由光疏介质到光密介质反射，而在下表面是由光密介质到光疏介质反射；或在上表面是由光密介质到光疏介质反射，在下表面是由光疏介质到光密介质反射，

两反射光线 1、2 之间存在 π 的附加相位差，即存在额外的光程差 $\lambda/2$。若光在薄膜上下表面反射情况相同，两反射光之间不存在附加的光程差。所以

$$\Delta = 2n_2 e\cos\gamma + \Delta' \tag{14-22}$$

Δ'为附加的光程差。例如，当 $n_1 < n_2 < n_3$ 时，上下两表面反射的光束 1 和 2 与入射光相比都有半波损失，光束 1 和 2 之间不会因反射而有附加光程差 Δ'。因此可以总结出如下结论：

当 $n_1 > n_2 > n_3$ 或 $n_1 < n_2 < n_3$ 时，上下两表面反射情况相同，$\Delta' = 0$；

当 $n_1 < n_2 > n_3$ 或 $n_1 > n_2 < n_3$ 时，上下两表面反射情况不相同，$\Delta' = \pm\dfrac{\lambda}{2}$，$\Delta'$取正取负的差别仅仅在于条纹的干涉级数相差 1 级，对条纹的其他特征（形状、间距等）并无影响，本书取正号。

于是，干涉条件为

$$\Delta = 2ne\cos\gamma + \Delta' = \begin{cases} k\lambda & \text{干涉加强} \\ (2k+1)\dfrac{\lambda}{2} & \text{干涉减弱} \end{cases} \tag{14-23}$$

干涉级数 $k = 1, 2, 3, \cdots$能否取零，取决于光程差是否能等于零。

例如，当光线垂直照射到空气中厚度为 e 的介质膜时，此时，$i = \gamma = 0$，$n_1 < n_2$，$n_2 > n_3$，则干涉条件为

$$\Delta = 2ne + \frac{\lambda}{2} = \begin{cases} k\lambda & k = 1,2,3,\cdots \text{干涉加强} \\ (2k+1)\dfrac{\lambda}{2} & k = 0,1,2,3,\cdots \text{干涉减弱} \end{cases} \tag{14-24}$$

同理，在透射光中也有干涉现象，式（14-23）对透射光仍然适用。但应注意，透射光之间的附加光程差与反射光之间的附加光程差 Δ'产生的条件恰恰相反。当反射光之间有 $\lambda/2$ 的附加光程差时，透射光之间没有。所以对同样的入射光来说，当反射光相干加强时，透射光相干减弱；反之亦然。还需指出：两光相干除满足上述干涉的必要条件，即频率相同、振动方向相同、相位相同或相位差恒定之外，还必须满足两个附加条件：

一是两相干光的振幅不可相差太大，否则会使加强 $A_1 + A_2$ 与减弱 $A_1 - A_2$ 效果不悬殊，显示不出明显的明暗区别。

二是两相干光的光程差不能太大，否则由于光的波列长度有限，在考察点，一束光的波列已经通过，另一束光的波列尚未到达，两者不能相遇，当然不可能产生叠加干涉。

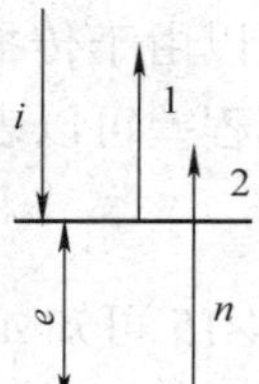

图 14-16 例 14-3 图

【例 14-3】 如图 14-16 所示，白光垂直射到空气中一厚度为 3800Å 的肥皂水膜上。试问：

（1）水正面呈何颜色？

（2）背面呈何颜色？（肥皂水的折射率为 1.33）

【解】 光线垂直入射，入射角 $i = 0$，折射角 $\gamma = 0$，由题意知，油膜上下表面的反射情况不同，即上表面是由光疏介质到光密介质反射，而下表面是由光密介质向光疏介质反射，所以 $\Delta' = \dfrac{\lambda}{2}$。

（1）对正面，反射光干涉加强时，有

$$\Delta = 2ne + \frac{\lambda}{2} = k\lambda\ (k = 1, 2, \cdots)$$

$$\lambda = \frac{2ne}{k - \frac{1}{2}} = \frac{2 \times 1.33 \times 3800}{k - \frac{1}{2}} \doteq \frac{10108}{k - \frac{1}{2}} = \begin{cases} 20216\text{Å}\ (k = 1) \\ 6739\text{Å}\ (k = 2) \\ 4043\text{Å}\ (k = 3) \\ 2888\text{Å}\ (k = 4) \end{cases}$$

因为可见光范围为4000～7600Å，所以，反射光中 $\lambda_2 = 6739$Å 和 $\lambda_3 = 4043$Å 的光得到加强，前者为红光，后者为紫光，即膜正面呈红色和紫色。

（2）对背面，当透射最强时，其反射必定最弱，因此透射光干涉加强的条件与反射光减弱的条件一样，应为

$$2ne + \frac{\lambda}{2} = (2k + 1)\frac{\lambda}{2}\ (k = 1, 2, \cdots) \Rightarrow 2ne = k\lambda$$

有

$$\lambda = \frac{2ne}{k} = \frac{10108}{k} = \begin{cases} 10108\text{Å}\ (k = 1) \\ 5054\text{Å}\ (k = 2) \\ 3369\text{Å}\ (k = 3) \end{cases}$$

可知，透射光中 $\lambda_2 = 5054$Å 的光得到加强，此光为绿光，即膜背面呈绿色。

14.4.2 等厚干涉——劈尖、牛顿环

1. 劈尖干涉

如图14-17所示，将两块光学平面玻璃叠放在一起，一端彼此接触，另一端垫入一薄纸片或一细丝，则在两玻璃片间就形成一个劈尖状的空气薄膜，叫作空气劈尖。两玻璃板相接触的一端称劈尖的棱边。当平行的单色光垂直照射玻璃片时，就可在劈尖表面附近观察到与棱边平行的明暗相间的干涉条纹，这是由于空气膜的上下表面的反射光相干叠加形成的。由式（14-23）知，当以相同的入射角照射薄膜时，光程差仅随薄膜的厚度而变化，同一厚度处上下表面的反射光的光程差相同，对应于同一级干涉条纹，所以叫作等厚干涉。在劈尖上，平行于棱边的直线上的各点，其空气膜的厚度相同，因此劈尖表面观察到的干涉条纹与棱边平行。常见的等厚干涉装置除劈尖外还有牛顿环。

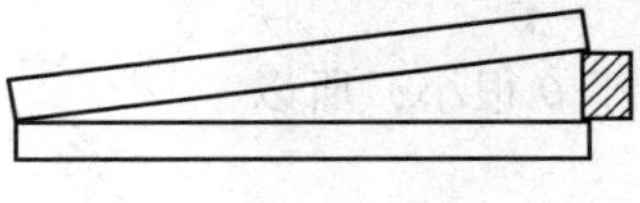

图14-17 劈尖

在实验室观察劈尖干涉的装置如图14-18所示，L为透镜，M为半反半透玻璃片，T为显微镜。由于空气膜的 θ 角极小，式（14-23）可近似成立。空气的折射率为1，在膜内的折射角 $\gamma \approx 0$，可得劈尖上下表面反射的两相干光的光程差为

$$\Delta = 2e + \frac{\lambda}{2}$$

式中，$\lambda/2$ 附加光程差是由于空气膜的上表面是由玻璃到空气反射，而下表面是由空气到玻璃反射所产生的附加光程差。

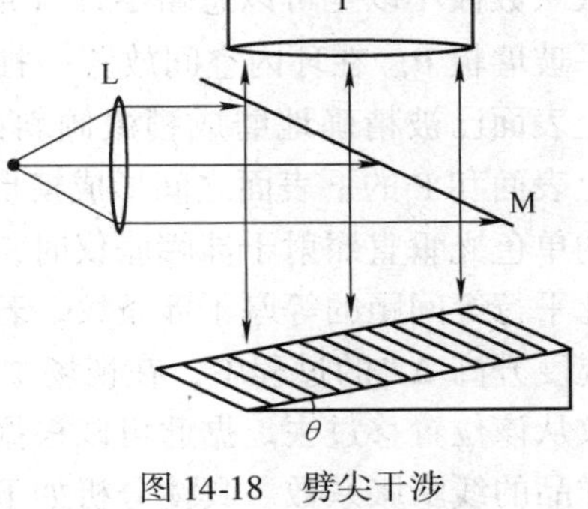

图14-18 劈尖干涉

由于各处膜的厚度 e 不同，所以光程差也不同，因而会产生明暗条纹，明纹满足

$$2e+\frac{\lambda}{2}=k\lambda,\ k=1,2,3,\cdots$$

暗纹满足

$$2e+\frac{\lambda}{2}=(2k+1)\frac{\lambda}{2},\ k=0,1,2,3,\cdots$$

以上两式表明，空气膜厚度相同地方，对应于同一级明或暗条纹，所以等厚条纹是一些与棱边平行的明暗相间的直条纹。在棱边处 $e=0$，其光程差满足暗纹条件，所以形成暗纹。

用 l 表示相邻明纹或暗纹间的距离，相邻明纹或暗纹的厚度差为 Δe，由图 14-19 可知

$$l=\frac{\Delta e}{\sin\theta} \tag{14-25}$$

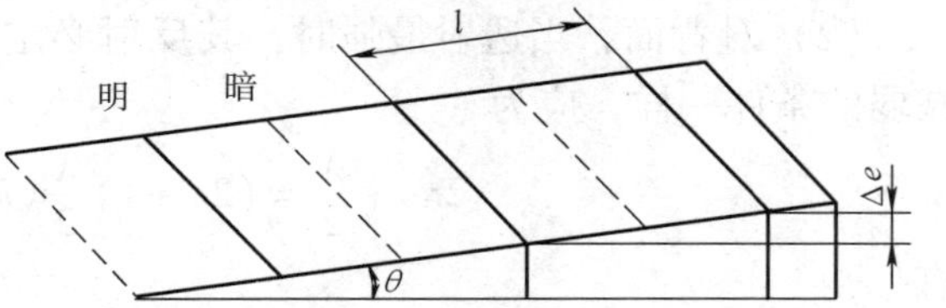

图 14-19 计算用图

对第 k 级及第 $k+1$ 级明纹有

$$2e_k+\frac{\lambda}{2}=k\lambda$$

$$2e_{k+1}+\frac{\lambda}{2}=(k+1)\lambda$$

两式相减得

$$\Delta e=\frac{\lambda}{2} \tag{14-26}$$

即相邻明纹的空气膜厚度差为$\frac{\lambda}{2}$。

代入式（14-25）得

$$l=\frac{\lambda}{2\sin\theta}$$

由于 θ 很小，所以

$$l=\frac{\lambda}{2\theta} \tag{14-27}$$

上式表明，空气膜上的等厚条纹是等间距的，θ 越大，条纹越密，当 θ 大到一定程度时，条纹就密不可分了。所以干涉条纹只能在劈尖角度很小时才能观察到。

在生产中，劈尖干涉有很多具体应用，下面举几个典型例子。例如，利用等厚干涉原理制成干涉膨胀仪测量样品材料的线膨胀系数；测定薄膜的厚度；检验光学元件表面的平整度（能检查出不超过 $\lambda/4$ 的凹凸缺陷）等。

（1）用干涉膨胀仪测量固体线胀系数　图 14-20 所示是干涉膨胀仪的结构图，一个线膨胀系数极小以至可以忽略不计（或已精确测定过）的石英圆柱环 B 放在平台上，环上放一平玻璃板 P。在环内空间放置一柱形待测样品 R，样品的上表面已被精确地磨成稍微倾斜的劈型平面，于是 R 的上表面和 P 的下表面之间形成楔形空气膜。当用波长为 λ 的单色光垂直照射干涉膨胀仪时，可以在垂直方向看到彼此平行等间距的等厚干涉条纹。若将干涉膨胀仪加热，在温度升高 ΔT 的过程中，在视场中某标志线处看到 N 级条纹从该位置移过去。据此可以根据劈尖等厚干涉原理求出样品的线膨胀系数。具体分析如下：

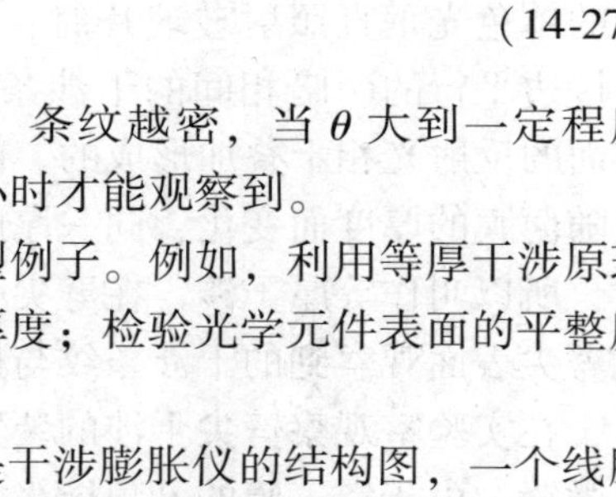

图 14-20 干涉膨胀仪的结构图

在整个升温过程中，石英圆柱环B的膨胀量可以忽略不计，每当样品材料升高 $\Delta e=\dfrac{\lambda}{2}$ 时，就可以在视场中看到一级条纹从标志线处移过去，因此当看到 N 级条纹从该位置移过去时，意味着样品长度变化了

$$\Delta l=N\frac{\lambda}{2}$$

根据线膨胀系数定义

$$\Delta l=\alpha l\Delta T$$

可得到样品的线膨胀系数为

$$\alpha=\frac{\Delta l}{l\Delta T}=\frac{N\lambda}{2l\Delta T}$$

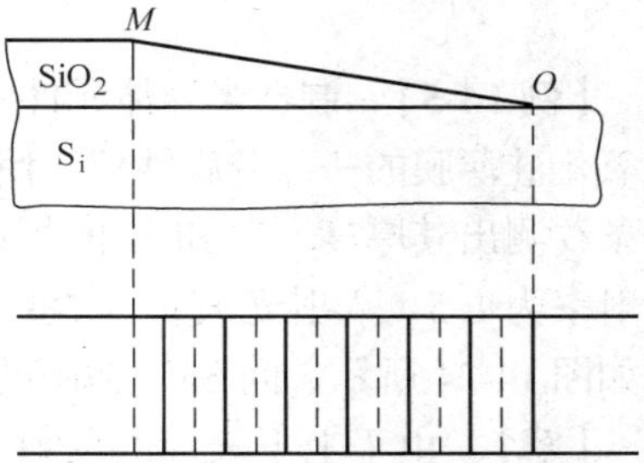

图14-21　膜厚测定

（2）薄膜厚度的测定　在生产半导体元件时，为测定硅（Si）片上的二氧化硅（SiO_2）薄膜的厚度，可将该膜的一端削成劈尖状，如图14-21所示。SiO_2 的折射率约为 $n=1.46$，Si的折射率为3.42，用已知波长的单色光照射，观测 SiO_2 劈尖薄膜上出现的干涉条纹的情况，就可以求出 SiO_2 薄膜的厚度。

（3）光学元件表面平整度的检查　劈尖干涉的每一明纹或暗纹，都代表着一条等厚线，因此可以用来检查光学元件表面的平整度。这种光学测量方法的精度远远高于机械方法的测量精度，可以达到波长的十分之一，即 10^{-8}m的量级。

【例14-4】　如图14-22a所示，在一待检验的光学元件（工件）上放一标准平板玻璃，使其间形成一空气劈尖，今观察到干涉条纹如图14-22b所示。试根据条纹纹路弯曲方向，判断工件表面是凹还是凸？并求其深度或高度。

【解】　如果工件是平的，干涉条纹则是平行于棱边的直条纹。观察到如图14-22b所示的弯曲条纹，是由于工件表面不平造成的。我们知道同一条等厚条纹对应相同的空气厚度，所以在同一条纹上，弯向棱边的部分和直的部分对应的空气膜的厚度应相等，而越靠棱边，空气膜厚度应越小，所以工件上有凹陷。

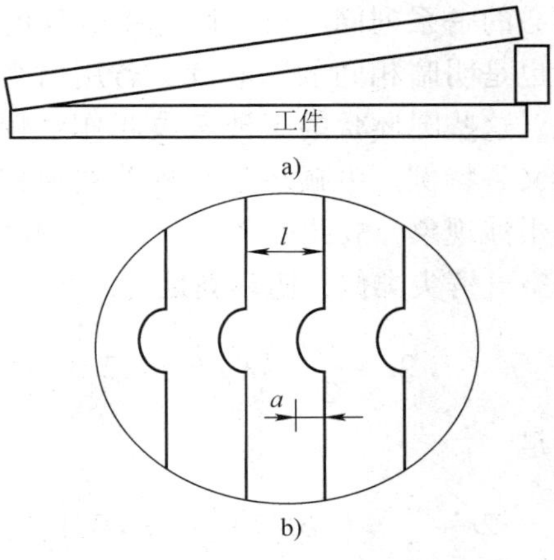

图14-22　例14-4图

如图14-23所示，由几何关系得

$$\Delta e=l\cdot\sin\theta$$

$$h=a\cdot\sin\theta$$

得

$$h=\frac{a\cdot\Delta e}{l}$$

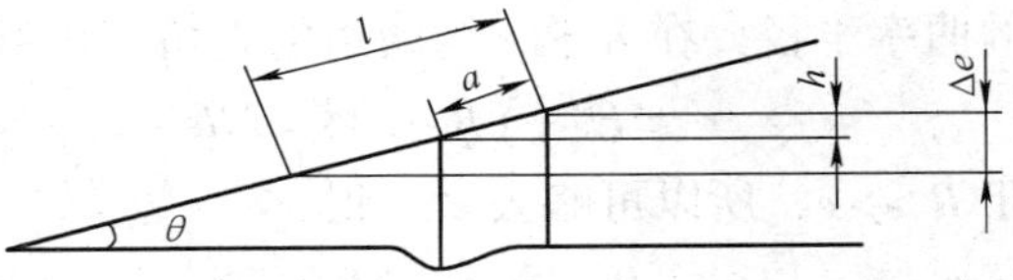

图14-23　例14-4计算用图

由式（14-26）知空气膜相邻明纹的厚度差为

$$\Delta e=\frac{\lambda}{2}$$

所以

$$h=\frac{a\lambda}{2l}$$

【例 14-5】 制造半导体元件时，常常要精确测定硅片上二氧化硅薄膜的厚度，这时可把二氧化硅薄膜的一部分腐蚀掉，使其形成劈尖，利用等厚条纹测出其厚度。已知 Si 的折射率为 3.42，SiO_2 的折射率为 1.5，入射光波长为 589.3nm，观察到 7 条暗纹如图 14-24 所示。问 SiO_2 薄膜的厚度 h 是多少？

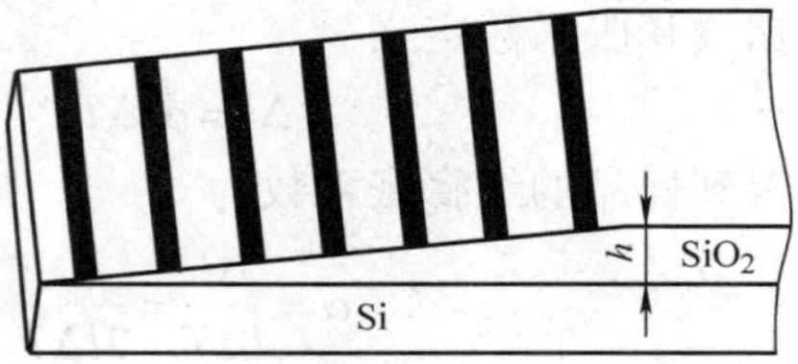

图 14-24　例 14-5 图

【解】 由于上下表面的反射光都有半波损失，暗纹处需满足

$$2nh=\frac{(2k+1)\lambda}{2}$$

$$h=\frac{(2k+1)\lambda}{4n}=\frac{(2\times 6+1)\times 589.3\times 10^{-9}}{4\times 1.5}\text{m}=1.28\times 10^{-6}\text{m}=1.28\mu\text{m}$$

注意，$k=0$ 时对应第一条暗纹，第 7 条暗纹处 $k=6$。

2. 牛顿环

如图 14-25 所示，将一曲率半径很大的平凸透镜放在一平面玻璃上，透镜和玻璃之间形成一厚度不均匀的空气层，M 为半反半透的玻璃片，T 为显微镜。设接触点为 O，平行单色光垂直入射，显然在反射方向观察，由于这里空气膜的等厚轨迹是以接触点为圆心的一系列同心圆，因此牛顿环的等厚干涉条纹的形状也是明暗相间的同心圆。若用白光照射，则条纹呈彩色。这些圆环状的干涉条纹叫作牛顿环。它是等厚条纹的又一特例。牛顿环是牛顿首先观察到并加以描述的等厚干涉现象，故此得名。

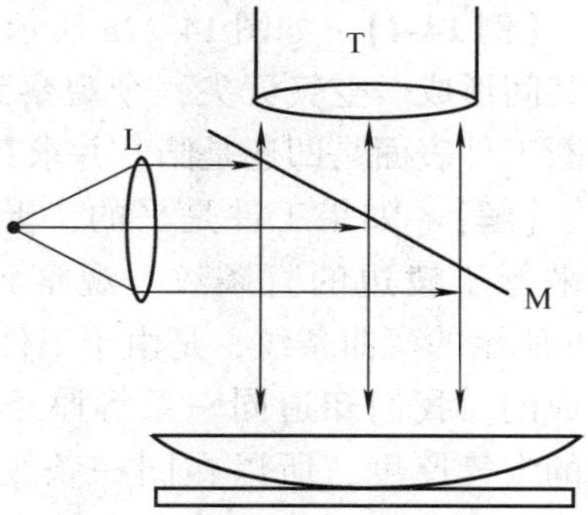

图 14-25　牛顿环

与空气劈尖类似，明环满足

$$2e+\frac{\lambda}{2}=k\lambda,\ k=1,2,3,\cdots \qquad (14\text{-}28)$$

暗环满足

$$2e+\frac{\lambda}{2}=(2k+1)\frac{\lambda}{2},\ k=0,1,2,3,\cdots \qquad (14\text{-}29)$$

为了求牛顿环的半径 r，参照图 14-26，R 为平凸透镜的曲率半径，在 R 和 r 为两边的直角三角形中，

$$r^2=R^2-(R-e)^2=2Re-e^2$$

由于 $R>>e$，所以可略去 e^2，得

$$r^2=2Re$$

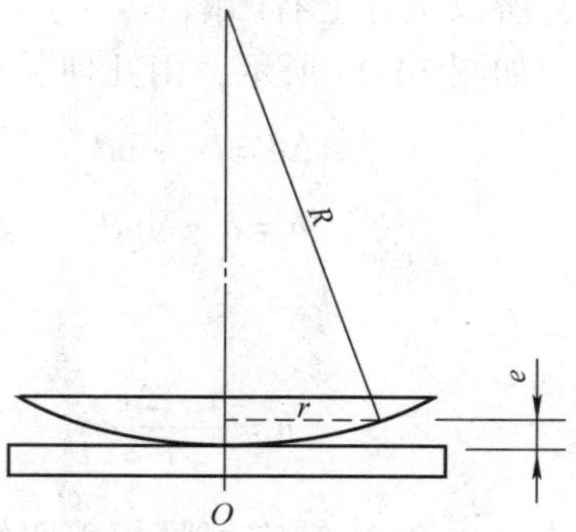

图 14-26　计算用图

代入式（14-28）和式（14-29），可得明环半径为

$$r=\sqrt{\frac{(2k+1)R\lambda}{2}},\ k=0,1,2,\cdots \tag{14-30}$$

暗环半径为

$$r=\sqrt{kR\lambda},\ k=0,1,2,3,\cdots \tag{14-31}$$

由上式可看出，在透镜与平板玻璃的中心 O 点，$r=0$，膜厚 $e=0$，光程差 $\Delta=\frac{\lambda}{2}$（由于光在空气与平板玻璃相交的表面反射时产生的相位突变造成的），反射式牛顿环接触点 O 为一暗点。

由式（14-30）可知，明环半径 $r=\sqrt{R\lambda/2}$，$\sqrt{3R\lambda/2}$，$\sqrt{5R\lambda/2}$，…，由式（14-31）可知，暗环半径 $r=\sqrt{R\lambda}$，$\sqrt{2R\lambda}$，$\sqrt{3R\lambda}$，…，说明 k 越大，相邻条纹间距越小，条纹的分布是不均匀的。其干涉级次即 k 值内小外大，条纹间距内疏外密。

【例14-6】 在牛顿环实验中，所用波长为589.3nm的单色光，测得从中心向外数第 k 个暗环的直径为8.45mm，第 $k+10$ 个暗环直径为12.20mm，求平凸透镜的曲率半径。

【解】 由式（14-31）知

$$D_k^2=4kR\lambda$$
$$D_{k+10}^2=4(k+10)R\lambda$$

可得

$$R=\frac{D_{k+10}^2-D_k^2}{40\lambda}=\frac{(12.20^2-8.45^2)\times10^{-6}}{40\times589.3\times10^{-9}}\text{m}=3.29\text{m}$$

14.4.3 增透膜与增反膜

在生产实践中薄膜干涉有很多具体的应用，如可以利用它来测定薄膜的厚度和波长，还能利用干涉原理制成增透膜、高反射膜和干涉滤光片。近代光学仪器中，透镜等元件的表面上镀有透明的薄膜，虽然反射光的能量只占入射光能量的极小部分，但一台光学仪器常常有许多透镜和其他透光元件，反射损失使参与成像的透射光大大减弱。例如，对于一个具有四个玻璃-空气界面的透镜组来说，由于反射损失的光能，约为入射光的20%，随着界面数目的增多，因反射而损失的光能更多。更为不利的是这些反射光还会被反射到像附近，严重减低像的清晰度。所以，通过在其表面镀一定厚度的介质薄膜，使某一波长的反射光干涉相消，而使透射光增强，这样的薄膜常称为增透膜。对于照相机或助视光学仪器，常选人眼最敏感的 $\lambda=550$nm 的反射光干涉减弱，透射光增强，相比之下，远离此波长的红光和蓝光反射较强，因此，透镜表面略显紫红色，这就是我们平常所看到的照相机镜头的颜色。

另外，在某些情况下，我们又要求某些光学系统具有较高的反射本领。这时也可以镀适当厚度的高反射率的透明介质膜，使某些波长的光线在薄膜上下表面反射光的光程差满足干涉相长的条件，从而使其反射增强，透射减弱，这种薄膜叫作增反膜。例如，紫外防护镜上涂的就是增反膜。由于反射光一般较弱，只占入射光能量的5%，所以常在玻璃表面交替镀上折射率高低不同的多层介质膜。例如，He-Ne激光器中的谐振腔的反射镜就是采用镀多层反射膜（15~17层）的办法，使它对6328Å的激光的反射率达到99%以上（一般最多镀15~17层，因为顾虑到吸收问题）；再如，宇航员头盔和面罩上也涂有多层膜以避免宇宙空间中极强的红外线照射。薄膜干涉的实际应用很多，可以说，没有光学薄膜，大部分近代光学系统就不能正常工作。

【例 14-7】 在一光学元件的玻璃表面上镀一层厚度为 e、折射率为 $n_2=1.38$ 的氟化镁薄膜，已知玻璃折射率为 1.60。为了使正入射白光中对人眼最敏感的黄绿光（$\lambda=550\text{nm}$）反射最小，试求薄膜的最小厚度。

【解】 如图 14-27 所示，由于氟化镁薄膜的上下表面反射情况相同，所以附加光程差 $\Delta'=0$。要使黄绿光反射最小，满足

$$2n_2e=(2k+1)\frac{\lambda}{2},\ k=0,1,2,\cdots$$

控制镀膜厚度，使

$$e=\frac{(2k+1)\lambda}{4n_2}$$

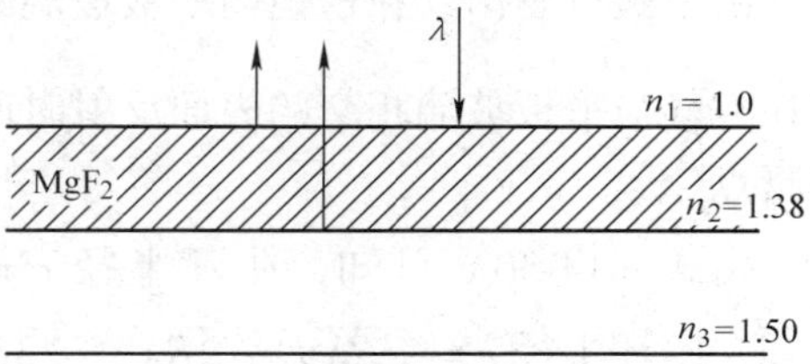

图 14-27 例 14-7 图

其中，取最小厚度，使 $k=0$

$$e_{\min}=\frac{\lambda}{4n_2}=\frac{550\times10^{-9}}{4\times1.38}\text{m}=9.96\times10^{-8}\text{m}=99.6\text{nm}$$

根据能量守恒定律，反射光减少，透射的黄绿光就增强了。

14.4.4 等倾干涉

在薄膜干涉中，由式（14-23）知，当薄膜为平行膜时，对给定的波长，上下两表面反射光的光程差仅随薄膜内折射角 γ 而变化，也就是说，光程差是由入射角 i 决定的，则同一干涉条纹对应同一入射角的一切光线，从而对应于干涉图样中的同一级条纹（k 值），所以叫作等倾干涉。

观察等倾干涉条纹的实验装置如图 14-28a、b 所示，其中 S_1 是面光源上一点，L 为透镜，其光轴与薄膜表面垂直，屏幕放在透镜的焦平面上。如图 14-28a 所示，考虑从面光源（如钠光灯或由它照射的毛玻璃）上 S_1 点发出的光线。图中 M 是半透半反射玻璃体，它让 S_1 所发出的光线反射后，照射到薄膜上，对于薄膜上任一点来说，具有同一入射角 i 的光线，就分布在以该点为顶点的圆锥面上，这些光线在薄膜上下表面反射后，又由 M 再反射经透镜 L 会聚后分别相交于屏幕上的同一圆周上，形成等倾干涉条纹。等倾干涉条纹的同一干涉级次对应于同样的入射角 i 。通常情况下，形成的等倾干涉条纹是一组明暗相间的同心圆环，如图 14-28c 所示。把式（14-23）中的折射角用入射角表示，可得等倾干涉条纹应满足下式

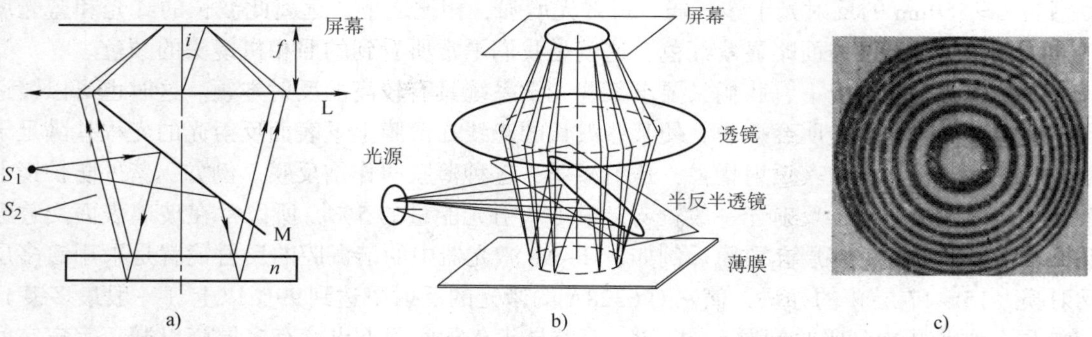

图 14-28 等倾干涉

$$\Delta = 2e\sqrt{n_2^2 - n_1^2\sin^2 i} + \Delta' = \begin{cases} k\lambda & \text{干涉加强} \\ (2k+1)\dfrac{\lambda}{2} & \text{干涉减弱} \end{cases} \tag{14-32}$$

光源上每一点发出的光束都产生一组相应的同心干涉圆环。由于方向相同的平行光线将被透镜会聚到屏幕上同一点，而与光线来自于何处无关，所以，由光源上不同点发出的光线，凡是相同倾角的，它们形成的干涉圆环都将重叠在一起，总光强为各个干涉环光强的非相干叠加，因面明暗对比更为强烈，这也是观察等倾干涉条纹使用面光源的道理。

由式（14-32）可以看出，k 值大即级次高的亮环，其对应膜内的折射角 γ 和入射角 i 都小，所以，上述等倾干涉圆环的干涉级次里高外低，这点与牛顿环的等厚干涉图像相反。将式（14-23）对折射角 γ 求微分，可以证明：同心的等倾干涉条纹分布里疏外密。

对一定干涉级数的条纹，其光程差是一定的。因此薄膜厚度改变时，干涉条纹的移动可依据光程差保持一定的点如何移动来判断。由式（14-23）知，若薄膜厚度 e 增加，要维持光程差一定，只有减小 $\cos\gamma$，即 γ 增加，也就是说，当薄膜厚度增加时，干涉条纹一个一个从中心冒出来；反之，当薄膜厚度减小时，干涉条纹一个一个缩向中心消失。

空气中的薄膜，等倾干涉圆环中心处的折射角 γ 等于零，若出现明斑，有

$$2ne_1 + \frac{\lambda}{2} = k\lambda$$

厚度慢慢增加时，第 k 级明斑扩大成明环，中心逐渐变暗，但渐渐又一次变亮，当中心出现第 $k+1$ 级明斑时，有

$$2ne_2 + \frac{\lambda}{2} = (k+1)\lambda$$

得

$$2n(e_2 - e_1) = 2n\Delta e = \lambda$$

意味着冒出一个亮斑，薄膜厚度增加了

$$\Delta e = \frac{\lambda}{2n} \tag{14-33}$$

14.5　迈克耳孙干涉仪

迈克耳孙（A. A. Michelson，1852—1931），美国物理学家，主要从事光学和光谱学方面的研究。1881 年，利用分振幅法产生双光束干涉，他设计了一种高精度的干涉仪。1887 年，迈克耳孙和他的合作者莫雷应用此干涉仪进行了测量“以太风”的著名实验，被称之为“迈克耳孙-莫雷实验”，这个实验否定了“以太”的存在，为狭义相对论的建立奠定了实验基础；此外，他还用迈克耳孙干涉仪研究了光谱的精细结构，并第一次以光的波长为基准对标准米尺进行了测定。由于他创制了这种精密的光学仪器并利用这些仪器完成了一些重要的光谱学和基本度量学研究，迈克耳孙于 1907 年获得了诺贝尔物理学奖。后人又根据这种干涉仪的基本原理研制出各种具有实用价值的干涉仪。因此，迈克耳孙干涉仪在近代物理和近代计量技术发展中起着重要的作用。

迈克耳孙干涉仪的光路如图 14-29 所示。M_1 和 M_2 是两块精密磨光的平面反射镜，分别安装在相互垂直的两臂上。M_2 固定不动，M_1 通过精密丝杠的带动，可以沿臂轴方向移动，M_1 的位置可以精确定位，其位置的读数方法与螺旋测微计相似，但侧面比螺旋测微计多一微调手轮，其上的最小分度值为 10^{-5}mm，和可见光的波长在同一量级。G_1 和 G_2 是两块厚度相同、折射率相同、相互平行，并与 M_1 和 M_2 成 45°角的平面玻璃板。其中 G_1 板靠近反射镜那面镀有半透明、半反射的薄银膜，它可使入射光分成强度相等的反射光 1 和透射光 2，故 G_1 称为分光板；由图 14-29 看出，经 G_1 反射后光束 1 来回两次穿过玻璃板 G_1，设置玻璃板 G_2 的目的是使光束 2 穿过玻璃板同样的次数，以避免两束光有较大的光程差而不能产生干涉，因此 G_2 称为补偿板。在使用复色光（尤其是白光）作光源时，因为玻璃和空气的色散不同，补偿板更不可缺少。

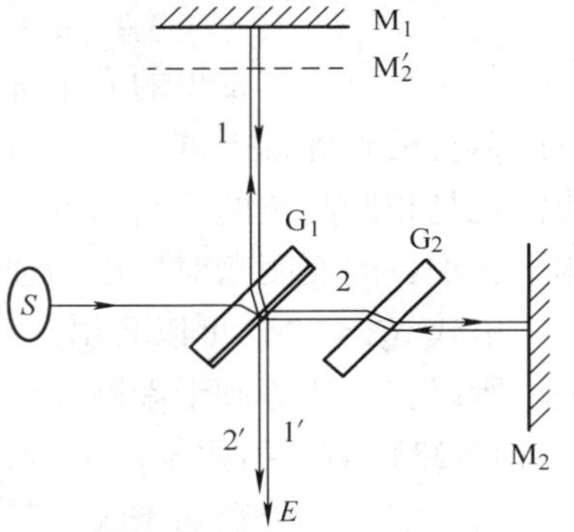

图 14-29　光路图

自光源 S 发出的单色光，经 G_1 板分成光束 1 和光束 2 后分别入射到 M_1 和 M_2 上，经 M_1 反射的光束回到分光板后，一部分透过分光板成为光束 1′；而透过 G_2 板并由 M_2 镜反射的光束回到分光板后，其中一部分被反射成为光束 2′。显然，光束 1′和 2′是相干光。因此，当它们在 E 处相遇时，便发生干涉现象。

由于 G_1 的反射，在 E 处看来，使 M_2 在 M_1 附近形成一个虚像 M_2'，因此光波 1′和光波 2′的干涉等效于由 M_1、M_2'之间空气薄膜产生的干涉。M_1、M_2 镜的背面有螺钉，用来调节它们的方位。

调节 M_1 和 M_2 相互精确垂直，则两反射面 M_1 和 M_2'就严格平行。若光源为面光源，就能观察到如图 14-28c 所示的等倾干涉条纹。假设这时中心为亮点，由式（14-23）可知中心处满足

$$\Delta = 2ne\cos\gamma + \Delta' = 2e = k\lambda$$

式中，中心处折射角 γ 等于零。由于 M_1、M_2 两表面反射情况相同，所以 $\Delta' = 0$。

移动 M_1，即改变空气膜的厚度 e，当中心“冒出”或“吞入”一个条纹时，原中心处的干涉级次就增加或减少 1，此时 e 增加或减少 $\lambda/2$。若在实验中移动 M_1 镜时，有 N 个条纹“冒出”或“吞入”，则 M_1 移动的距离为

$$\Delta e = N\frac{\lambda}{2} \tag{14-34}$$

上式表明，在波长 λ 一定的情况下，若记录条纹的变化数 N，便可计算出 M_1 移动的微小距离，这就是激光干涉测长仪的原理。反之，也可以借助标准长度来测量光波的波长，这就是迈克耳孙干涉仪测量波长的原理。

如果 M_1 和 M_2 不严格垂直，则 M_1 和 M_2'有一定的夹角，此时用垂直于 M_2 的平行光照明，则反射系统等价于一个“空气劈尖”，在视场中可看到等厚干涉条纹。

1893 年，迈克耳孙利用干涉仪测定了镉（Cd）红线的波长。在 $t = 15℃$ 的干燥空气中，在一标准大气压下，所测镉（Cd）红线的波长为 $\lambda_{Cd} = 643.84696$nm。他还用该谱线为光源，测量了标准米尺的长度，其结果是 1m 等于镉红线波长的 1553164.13 倍，其精度差小于

10^{-9}m。

由于迈克耳孙干涉仪设计精巧，特别是它光路的两臂分得很开，便于在光路中安置被测量的样品，而且两束相干光的光程差可由移动一个反射镜来改变，调节十分容易，测量结果可以精确到光波波长数量级，所以应用广泛。例如，在某一光路上加入待测物质后，相干光的光程差就发生了变化，观测相应的条纹变化，即可测量待测物质的性质（如厚度、折射率、光学元件的质量等），它还可用于光谱的精细结构分析等。迈克耳孙干涉仪至今仍是许多光学仪器的核心。

本章逻辑主线

光波的电磁本性

1. 光是电磁波，电场强度 $\boldsymbol{E}$ 为光矢量。
2. 真空中的光速 $c=1/\sqrt{\varepsilon_0\mu_0}$，在介质中的光速为 c/n。
3. 光强 $I=A^2$（A 为光矢量 $\boldsymbol{E}$ 的振幅）。

光的干涉

相干光：

1. 相干条件：振动方向相同或有方向相同的振动分量，频率相等，相位差恒定。
2. 相干光的获得：分波面法、分振幅法。
3. 相干叠加的光强 $I=I_1+I_2+2\sqrt{I_1I_2}\cos\Delta\varphi$

   $\Delta\varphi=2\pi(n_2r_2-n_1r_1)/\lambda=2\pi\Delta/\lambda$

   $\Delta=\pm k\lambda$，$k=0, 1, 2, 3, \cdots$　干涉加强

   $\Delta=\pm(2k+1)\lambda/2$，$k=0, 1, 2, 3, \cdots$　干涉减弱

分波面法

杨氏双缝干涉：

明纹中心 $x=\pm k\lambda D/d$，$k=0, 1, 2, \cdots$

暗纹中心 $x=\pm(2k+1)\lambda D/2d$，$k=0, 1, 2, \cdots$

明（暗）纹间距 $\Delta x=\lambda D/d$

洛埃镜干涉：仿上，因反射光有半波损失，明、暗纹位置与双缝干涉相反。

分振幅法

薄膜干涉：又可分为等厚干涉和等倾干涉。

$$\left.\begin{array}{l}\text{干涉加强}\\\text{干涉减弱}\end{array}\right\}\Delta=2ne\cos\gamma+\Delta'=\begin{cases}k\lambda\\(2k+1)\dfrac{\lambda}{2}\end{cases}$$

Δ'为上下反射面处的附加光程差。

牛顿环干涉：（等厚干涉）

明环半径 $r=\sqrt{(2k+1)R\lambda/2}$，$k=0, 1, 2, \cdots$

暗环半径 $r=\sqrt{kR\lambda}$，$k=0,1,2,3,\cdots$

扩展思维

红外线与紫外线

在自然界，有不少动物具有能接收红外线信息的结构，如雌蚊虫的红外线探测器是它的触角，呈环毛状。雌蚊虫觅食时，不断地转动一对触角，当两条触角接收到的辐射热相同时，就知道可被吮血的温血动物就在正前方，蚊虫就朝目标飞去。根据离热源越近所接收到辐射热越多的原理，蚊虫就能准确地测知辐射热源的方位。

蛇类中有一些蛇，如产于美洲的响尾蛇，广泛分布于我国的蝮蛇、吻鼻部向上翘起的五步蛇、美丽的竹叶青蛇和头似烙铁的烙铁头等，在眼与鼻孔之间的一个凹陷的“颊窝”，如图 14-30、图 14-31 所示。在图 14-30、图 14-31 中：明确标了响尾蛇的颊窝位置，它就是响尾蛇的红外传感器。

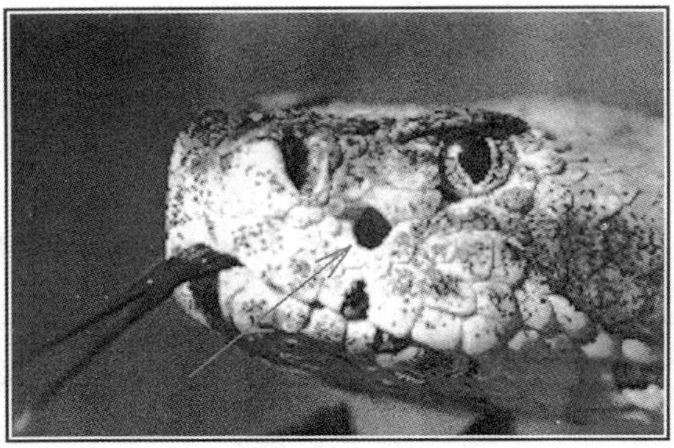

图 14-30

图 14-31

一、红外线的产生与吸收

1. 红外线的产生

1800 年 4 月 24 日英国伦敦皇家学院的威廉·赫歇尔（William Herschel）指出太阳光在可见光谱的红光之外还有一种不可见的延伸光谱，具有热效应。他所使用的方法很简单，用一支温度计测量经过棱镜分光后的各色光线温度，结果发现从紫光到红光其热效应逐渐增大，而产生最大热效应的辐射竟位于红光之外。可以推知：在太阳光谱中，红光的外侧必定存在看不见的光线，后被称为红外光或红外线。

红外线的波长在780nm至1mm之间。按其波长的大小，可分为三段：0.78～3μm为近红外的光；3～30μm为中红外区；30～1000μm为远红外区。红外线可分为三部分，即近红外线，波长为0.75～1.50μm之间；中红外线，波长为1.50～6.0μm之间；远红外线，波长为6.0～1000μm之间。因为红外线具有很强热效应，并易于被物体吸收，通常被作为热源。另外，因其透过云雾能力比可见光强，故在通信、探测、医疗、军事等方面有广泛的用途。

红外辐射亦称热辐射，它是可见光谱中红光端以外的电磁辐射，是热的一种传递方式。这种不依赖物质的接触而由热源自身的温度作用向外发射能量的传热方式叫作“热辐射”。它和热的传导、对流不同。它不依靠媒质而把热直接从一个系统传给另一个系统。例如，太阳表面温度为6000℃，它是以热辐射的形式，经宇宙空间传给地球的。这是热辐射远距离传热的主要方式。近距离的热源，除对流、传导外，亦将以辐射的方式传递热量。热辐射是以电磁波辐射的形式发射出能量，温度的高低决定辐射的强弱。温度较低时，主要以不可见的红外光进行辐射，当温度为300℃（573K）时，热辐射中最强的波长在5 μm左右，即在红外区。当物体的温度在500℃（773K）至800℃（1073K）时，热辐射中最强的波长成分在可见光区。

因此，在全部电磁波频谱中，产生红外线是最容易的，只需加热物体就行。人体就是温度为310K的热源，不断地辐射波长在9μm附近的红外线。红外线光子的能量大体上对应于许多分子的振动或转动能级的间隔，振动能级间隔较转动的大，所以振动谱对应近红外，转动谱对应远红外。所以，不论用什么办法，如用热激发的办法，把分子激发到高的振动或转动能级上，它便会很快地往低能级跃迁，并放出相应的红外光子来。

温血动物的辐射热其实是一种红外线，它是一种肉眼看不见的光，但是有显著的热效应。

2. 光子吸收与激发态寿命

然而，吸收光子却不一定很容易或很简单。作为一个量子过程，它既有能量上的匹配问题，又有概率大小的问题。例如，物质中存在两个定态能级：一个是基态，一个激发态，其间隔为E。当光子能量$h\nu$比E大得多或小得多时，当然不能引起能级间的跃迁并吸收这个光子；但即使能量差不多够了，$h\nu\approx E$，光子可能被吸收，还有概率大小的问题；再者，当分子（原子）跃迁到上能级后，在它还没有放出光子之前，必须存在某种机制使它“退激”，即把能量以热能形式转移出去，否则如分子（原子）又跃迁迁回到下一能级并放出与原来同样能量的光子的话，结果便只是散射而不是吸收了。

按振子模型，辐射功率与波长λ的四次方成反比，辐射越强，振子的振幅$A(t)$随时间t衰减得越快，用指数函数描写这一衰减过程，便有

$$A(t)=A_0\exp(-\gamma_0/2) \tag{a}$$

可证明这个阻尼常数γ_0等于

$$\gamma_0=\frac{2\pi e^2}{3\varepsilon_0 Mc}\left(\frac{1}{\lambda^2}\right) \tag{b}$$

M是振子的质量，当讨论原子放射紫外或可见光时，M应以电子质量$m=9.1\times10^{-31}$kg去代替；对$\lambda=0.5\mu$m的可见光，$\gamma_0\sim10\text{s}^{-1}$，这是原子处于激发态的典型时间，对红外线辐射

来说，M 是原子质量，比 m 大几千倍，又大于1μm，这样 γ_0 估计要减小到 $10^4 s^{-1}$ 左右；或者说，单有辐射一种过程时，停留在激发态的时间将变得很长（$\geqslant 10^{-4}$s 左右），假如在这时存在另一种退激的机制，如与离子晶体振动的强烈耦合，以 γ' 表示它的概率，而 $\gamma' > \gamma_0$ 的话，激发态的总衰变概率应等于两者之和：

$$\gamma = \gamma_0 + \gamma' >> \gamma_0 \tag{c}$$

于是，激发态寿命 $\tau = 1/\gamma$ 也将比 l/γ_0 大大地缩短。

3. 大气的红外吸收

上面只是一般讨论，具体分析起来，气体中的分子如 N_2 和 O_2 等对红外线几乎没有吸收，原因是它们没有极性，与电磁波的耦合太弱，而极性分子如 HF、HCl、CO、CO_2 和 H_2O 等，却有各自的红外吸收带，不过在物质中当红外吸收发生时，实验上测到的并不是一条狭窄的谱线，而往往是展布为一相当宽阔的吸收带。水汽的红外吸收带位于 1.1μm、1.38μm、1.87μm、2.7μm 和 6.3μm 处，在大于 18μm 的中、远红外区还有些吸收带。CO_2 则在 2.7μm、4.3μm 和 15μm 处各有一较强的吸收带。这同 20 世纪以来地球日益严重的“温室效应”有密切关系。

让具有连续谱的红外辐射穿过一定距离的大气，测量其不同波长的强度与原始强度之比，即透射率作为波长的函数，如图 14-32 所示。

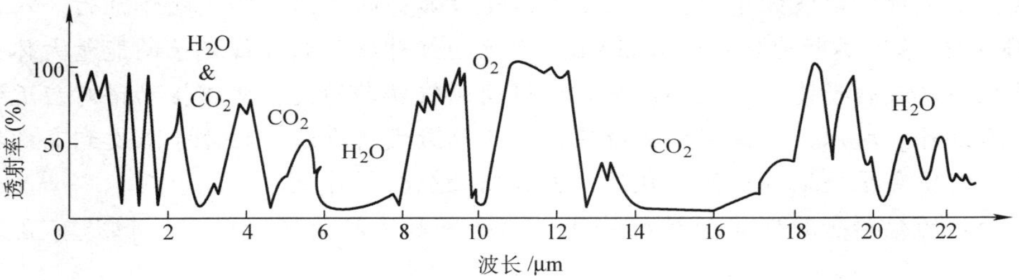

图 14-32 大气的红外光谱透射特性

从这个谱可见，在许多波长附近，透射率下降为零，表明红外吸收带的存在。在它们之间，又有许多透射率达 80% 左右的“高地”或“山峰”，表示这些波长的红外线被大气分子和尘埃等吸收很弱，能够透过大气，它们大致被分割为三个波段范围，即 1 ~ 2.5μm、3.5 ~ 5.5μm 和 8 ~ 13μm，常被称为三个“红外的大气窗口”。

二、红外线的探测及其应用

1. 红外探测的应用

红外线用作加热、干燥等用途历史悠久，但在高新技术上应用却是第二次世界大战以后的事。它在军事上的潜力是显而易见的，例如制成“响尾蛇”红外空对空导弹，或做成红外“夜视镜”或“夜视仪”后使敌方在明处而我方则在暗处。接着，在医疗、地球资源勘测和气象监测等许多方面也开始广泛采用红外线。

（1）远红外线加热干燥　当远红外线辐射到一个物体上时，可发生吸收、反射和透过。但是，不是所有的分子都能吸收远红外线，只有对那些显示出电性的极性分子才行。水、有机物质和高分子物质具有强烈的吸收远红外线的性能。当这些物质吸收远红外线辐射能量并使其分子、原子固有的振动和转动的频率与远红外线辐射的频率相一致时，极容易发生分子、原子的共振或转动，导致运动大大加剧，所转换成的热能使内部温度升高，从而使得物质迅速得到软化或干燥。

远红外线加热或干燥的好处主要体现在两个方面：①加热速度快、效率高。一般的加热方法是利用热的传导和对流，需要通过媒质传播，速度慢，能耗大，而远红外线加热是用热辐射，中间无须媒质传播。同时，由于辐射能与发热体温度的4次方成正比，因此，不仅节约能源而且速度快、效率高。②对加热物质损伤和改变很小。远红外线具有一定的穿透能力，由于被加热干燥的物质在一定深度的内部和表层分子同时吸收远红外辐射能，产生自发热效应，使溶剂或水分子蒸发，发热均匀，从而避免了由于热胀程度不同而产生的形变和质变，使物质外观、物理机械性能、牢度和色泽等保持完好。

(2) “响尾蛇”红外空对空导弹　科学家模仿响尾蛇捕捉小动物的方法，研制出一种与响尾蛇捕获猎物所用方法相同的空战武器，这就是当今闻名遐尔的“响尾蛇”红外空对空导弹。这是一种红外线自动跟踪装置，它不仅可以凭着由对红外线敏感的硫化铅制成的“热眼”，发现因发动机散热而产生热源的飞机与舰艇，而且还能根据目标在空中或水下留下的“热痕”，跟踪追击，直至击中目标。在此以后，性能更好的锑化铟替代了硫化铅材料，使“响尾蛇”导弹的威力进一步加强。这种导弹就是将红外探测器配备在歼击机的弹头上，它可以追踪敌机发动机散发热和喷出废气时所发出的红外线而准确地击中敌机。AIM-9X型空空导弹是美国“响尾蛇”导弹家族中最新改进型，属于“响尾蛇”导弹系列的第四代，如图14-33所示。“响尾蛇”导弹是美国福特航宇通信公司和雷锡恩公司从1949年开始研制的一种近距空空导弹，就是根据响尾蛇捕捉目标的本领研制出来的。

图14-33　美国第四代“响尾蛇”AIM-9X

(3) 红外线透视和夜视　红外线透视和夜视是分别利用了红外线的不同性质。红外线照相是通过接收各种物质发出的红外线，再把它们展现出来，但是其本身不是通过发出红外线来照相的。太阳光到了晚上的确是几乎没有了，但是地球上的物质都会辐射红外线，有的强烈有的平静。虽然人的肉眼看不见红外线，但特殊设计的照相机和夜视仪却专门接收红外线，所以会出现我们觉得一片漆黑，而相机却能拍到东西，因为实际上到处都是红外线，对于红外照相机和夜视仪来讲是一片光明。透视则是利用红外线的波长比可见光要长，可以穿过一些可见光不能通过的面料（如混棉和尼龙），所以通过一定的选择滤波，可以得到这些面料后面的图像。

(4) 红外热像仪　在公共场所用红外热像仪检测温度。通常说人体温度为37℃，实际上不同部位皮肤的温度并不相同，鼻部与头顶部温度较低。当人体患病时，全身或局部的热平衡遭到破坏，便在相应部位的皮肤温度上反映出来。红外热像仪可像电视摄像机一样拍摄温度分布图像。分辨率高达0.1℃。特别适用于机场、码头、车站、商场、宾馆等人群集中的公共场合的体温排查。一方面，检测方便，即使人群在不停地走动，也可在1s内测出数十人中的高温者，做到了尊重被测试者人权；另一方面，测试者可远离被测试者或坐于远离的玻璃房内进行操作，保证了测试者的安全。

此外，红外热像仪可以对肿瘤作早期诊断，特别是对浅表性的乳腺癌和皮肤癌更有效。在冶金工业上对炉面温度的快速探测，核电站内为监测反应堆建筑物有无温度异常等都可用热像仪。在1991年海湾战争中，装在人造卫星上的红外遥感器成功地监视了地面上导弹的发射情况。

(5) 机载成像光谱遥感和地球资源卫星　地球表面温度不但随昼夜变化，而且与地面一定厚度层内物质的物理性质有关。因此，测量地表温度分布及其变化，可对地质构造、地热和火山活动、地面覆盖物等有所了解。一般来说，在高空测到地表发射的红外线，波长在3μm以下是从太阳光反射回去的，3～5μm既有反射的又有地表自己发射的，大于12.5μm的则都是自己发射的。碳酸岩在2.35μm处有明显的吸收峰，大部分矿是蚀变岩，其吸收谱在2.2μm处，这一差别在“机载成像光谱遥感”中能够区分。

(6) 在气象卫星上安装多光谱扫描辐射计等遥感装置，利用卫星运行速度快、视场面积大的特点，在短时间内就可以取得全球性的气象和地质资料。在各种电磁波段的遥感中，红外遥感占有重要的地位，如它能摄制云图，特别是地球背着太阳部分的云图（可见光就无能为力），收集地面温度垂直分布（晴空时测量CO_2的15μm或4.3μm的红外光谱，有云时则改测O_2的5mm微波辐射）、大气中水气分布（测H_2O的6.3μm红外光谱）、臭氧含量（测O_3的9.6μm红外光谱）及大气环流等宝贵的气象资料。

(7) 红外无损检测　自然界中的任何物体都是红外辐射源。辐射能量的主波长是温度的函数，并与表面状态有关。红外无损检测是利用红外辐射原理对材料表面进行检测。如果被测材料内部存在缺陷（裂纹、空洞、夹杂、脱粘等），将会导致材料的热传导性改变。进而反映在材料表面温度的差别，即材料的局部区域产生温度梯度，导致材料表面红外辐射能力发生差异，温度场随时间变化的信息中包含了样品缺陷的信息。利用显示器将其显示出来，便可推断材料内部的缺陷。

红外检测不用接触实物，这样可将测试装置远离被测物，从而实现无损检测。同时红外检测具有反应速度快、灵敏度高的特点。速度之快取决于扫描时间，即十几分之一秒左右。温度变化灵敏度可达0.1℃。复合材料的无损检测和寿命监测是重大的研究课题，但由于复合材料制造过程复杂，且在各种环境条件下又极易受到损伤，所以缺陷的发生发展是不可避免的，希望通过无损检测来判定材料是否合格。常用的超声和射线等无损检测方法能提供一定的缺陷信息，但速度慢或者不能全场检测，而红外无损检测可以大面积快速进行。

(8) 红外技术其他应用　如红外通信、红外安全、报警、文物鉴定和红外防伪等。家用电视机或空调器的遥控器，也是一个小功率的红外发射器，由于红外线被墙壁吸收，不会像无线电波那样去干扰邻室的电器。

2. 红外探测的技术困难

种类繁多的生物界经过长期的进化过程，使它们能适应环境的变化，从而得到生存和发展。鱼儿在水中有自由来去的本领，人们就模仿鱼类的形体造船，以木桨仿鳍；鸟儿展翅可在空中自由飞翔，鲁班用竹木作鸟“成而飞之，三日不下”。以上这些模仿生物构造和功能的发明与尝试，可以认为是人类仿生的先驱。经过多年的改进，现代飞机和轮船在速度、行动距离上很多方面超过了鸟和鱼，显示了人类的智慧和才能。但是有时候，人类就会碰到了一个又一个的难题。例如，人造雷达来源于对蝙蝠的模仿。时至今日，人造雷达在效率、体积、灵敏度等方面都不及蝙蝠的雷达。红外探测技术的发展，也是人类仿生学的一个伟大实践。深奥的仿生学与人类认识的有限性，决定了我们要使人造的红外探测器在灵敏度方面达到响尾蛇的灵敏度，还有很多工作要做，有一系列材料和技术等方面的困难要克服：

（1）红外透光材料的选用　在仪器上用作红外“窗口”和聚焦红外线的透镜，它们只能按波段来选用材料。对于1～3μm的近红外线，与可见光一样，可采用多种光学玻璃或石英玻璃；3～5μm的红外线，虽有几种红外玻璃，但更多采用硅（Si）、氧化铝（Al_2O_3）、氟化钙（CaF_2）等的单晶和多晶；至于8～13μm以及更远的红外线波段，合适材料并不多，常用的有锗（Ge）、硅等单晶和碲化镉（CdTe）、硫化锌（ZnS）、砷化镓（GaAs）等。

（2）寻找合适的红外敏感材料　为制造探测红外信号的元器件，必须寻找对红外线敏感的材料。

对红外敏感的无机材料，经过大约五十年的努力，人们先后找到了硫化铅（PbS）、锑化铟（InSb）、碲镉汞（HgCdTe）等窄禁带半导体材料，它们在红外光照的条件下能够产生明显的光电导效应或光伏效应。目前，HgCdTe这种对红外敏感的无机材料，已经广泛地被应用于制作红外定位器，并被成功地用于军事工业。除HgCdTe之外，其他种类的无机红外敏感材料也引起了人们的极大关注，如量子阱、超晶格等。对于量子阱、超晶格的研究，可阅读相关文献。

（3）探测红外的方法　可以按红外引起的效应分为两类：①“热效应”引起温度升高或体积膨胀，再转变为电信号的记录。具体有“温差电偶型探测器”和“热敏电阻型探测器”等。②“光电效应”。绝大多数材料需可见光甚至紫外线的照射才能发出光电子，只有少数材料如银氧铯（AgOCs）、砷镓铟（InGaAs）等才能在波长约为1.1μm的近红外线照射下发出光电子。但是可以改用“内光电效应”即利用红外辐射引起的半导体材料电导率的变化或在PN结等“结型器件”上产生电动势（所谓光生伏特型探测器），然后再放大和记录下来。

3. 红外线污染

我们知道，热产生的原因，是组成物质的粒子作不规则运动，这个运动同时也辐射出电磁波，这些电磁波大部分都是红外线。一般的生物都会辐射出红外线，体现出来的宏观效应就是热度。因此红外线在自然界中广泛存在，也可以人为制造，在焊接过程中也会产生红外线，会危害焊工眼部健康。

随着近年来红外线在军事、人造卫星以及工业、卫生、科研等方面的日益广泛的应用，红外线污染问题也随之产生。较强的红外线可造成皮肤伤害，其情况与烫伤相似，最初是灼痛，然后是造成烧伤。红外线对眼的伤害有几种不同情况，波长为7500～13000Å的红外线对眼角膜的透过率较高，可造成眼底视网膜的伤害。尤其是11000Å附近的红外线，可使眼的前部介质（角膜晶体等）不受损害而直接造成眼底视网膜烧伤。波长19000Å以上的红外线，几乎全部被角膜吸收，会造成角膜烧伤（混浊、白斑）。波长大于14000Å的红外线的能量绝大部分被角膜和眼内液所吸收，透不到虹膜。只是13000Å以下的红外线才能透到虹膜，造成虹膜伤害。人眼如果长期暴露于红外线可能引起白内障。

三、紫外线的性质、应用及其防护

1801 年德国科学家里特（Ritte）首先发现，在可见光谱紫色的外侧存在一种能使含有氯化银的照相底片感光的不可见辐射，以后就称为紫外光或紫外线。

在电磁波谱上，紫外线占波长从 0.4μm 到 10nm 的一段，相应的光子能量 $h\nu$，从 3.17eV 到 124eV，对应于原子中电子能级间的跃迁能量，所以在气体放电或电弧中除可见光外，同时还产生大量紫外线。反之，对可见光透明的物质，如空气、水、玻璃等，对紫外线有强烈的吸收。如波长 $\lambda<0.2\mu m$ 的紫外线被空气强烈吸收，必须在真空中应用，因此这一波段也叫作真空紫外。一般如医院中用作杀菌消毒时的紫外线光源，在空气中使用，其波长范围是 0.25～0.39μm，而放电管常用石英制成，因为石英只吸收 $\lambda<0.2\mu m$ 的紫外线，而一般玻璃却会强烈吸收 $\lambda<0.35\mu m$ 的紫外线。

紫外线有强的荧光作用。由于紫外线光量子具有较大的能量，所以当紫外线照射到很多物质上时使分子受激而发射荧光。这些物质辐射荧光的现象就称为紫外线的荧光效应。紫外线的荧光效应是一种光致发光。某些物质，如煤油、含有氧化铀的玻璃或含有稀土元素的纸币，甚至人的牙齿、指甲和皮肤，在紫外线照射下，都会发出微弱的可见光。移去紫外光源后，在极短时间内，可见光也立即消失，这种“余辉”时间不超过 10^{-8}s 的发光现象称为荧光。实际上，当紫外线照射到荧光物质上时，会发生 3 种情况：一部分紫外线被反射，一部分被荧光物质吸收，另一部分透射出去。其中只有被荧光物质吸收的这部分紫外线才对发光起作用。当荧光物质吸收了紫外线后，内部的分子会发生能量状态的变化，在不同能级间跃迁，发射出荧光。它的机制如下（见图 14-34a）：

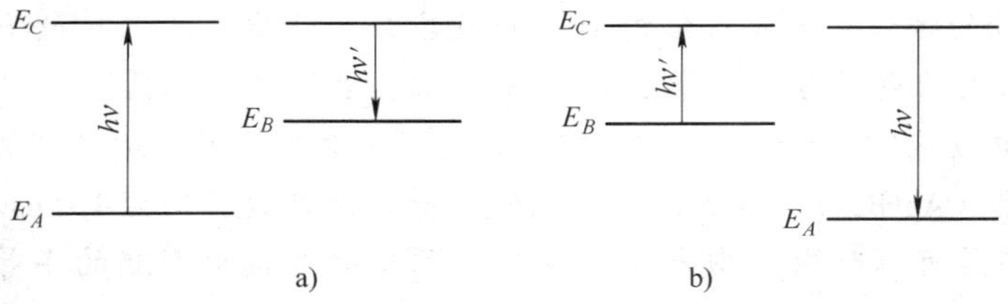

图 14-34　荧光现象的解释

a）斯托克斯线　b）反斯托克斯线

设固体中原子处于基态 E_A，吸收紫外光子 $h\nu$ 后激发到 E_C 态，如果在 E_A 和 E_C 间存在另一（空着的）激发态 E_B，则原子退激时可能跃迁到 E_B 态，那时发出的光子能量 $h\nu'$ 将小于 $h\nu$，即

$$h\nu'=h\nu-(E_B-E_A) \tag{d}$$

如果 $h\nu'$ 是可见光，就是上述的荧光现象，波长变长的 $h\nu'$ 谱线称为斯托克斯线。顺便指出另一情形，如果原子开始时处在激发态 E_B，入射 $h\nu'$ 光子可能使它激发到 E_C 态，当它再回到基态 E_A 时便会发生能量较高的光子 $h\nu$，实验上称为反斯托克斯线（见图 14-34b）。

物质表面所发射的荧光能反映该物质的特性，凭此可对该物质进行定性和定量分析。在机械制造工业中，以前对零件的探伤常采用超声波、X 光等方法，但都不如用荧光法简便。荧光探伤就是把被检测的零件在荧光物质的溶液中浸泡一定时间，取出后用毛刷把零件表面的荧光物质刷掉。由于浸入零件裂缝中的荧光物质不可能被刷掉，经过这样处理的零件放入暗室里，用不透明玻壳的紫外线高压汞灯照射零件表面，残存在裂缝内部的荧光物质将发射出荧光来，这样就可以找出有伤痕的零件。

虽然紫外线在一年四季都存在，冬季的紫外线仅仅比夏天弱约20%，仍然会对人体皮肤和眼睛等部位造成很大危害，所以冬季仍需避免紫外线照射。长期紫外线照射最易造成皮肤产生各种色斑。所以，即使是在寒冷的冬天，户外活动时也应注意防晒。

利用荧光来照明的光源中，最常见的是热阴极弧光放电型低压汞灯，即所谓荧光灯，在玻璃管内壁涂有荧光粉，一般是卤磷酸钙，汞的蒸气在放电时，将电功率的2%转变为可见光，60%转变为紫外线，其余变为热能，紫外线为荧光粉吸收后再变为可见光，这样使荧光灯的发光效率为同功率白炽灯的5倍以上。不同的荧光粉可发不同颜色的光，如钨酸钙是蓝色、硼酸钙是粉红色、硫化锌是绿色。还有一种人眼看不见的“黑光灯”，它能把汞发出的0.2537μm的紫外线转变为0.3~0.4μm的近紫外线来诱杀昆虫。

紫外线之所以能杀虫杀菌，是因为它的光子能量刚好能破坏细胞等生命物质，因此，人若受紫外线的长期照射，将损害人的免疫系统，诱发眼睛的白内障。同时，紫外线的长期照射，对海洋和陆地生态系统也将产生有害影响，抑制农作物生长，使粮食减产；损害海洋生物，破坏海洋食物链。可以说，我们今天能活着来讨论这个问题，全靠地球上的一顶保护伞。在离地面15~50km的大气平流层中，臭氧（O_3）的浓度最大，达10^{-6}数量级。臭氧本身就是大气中氧气吸收太阳光中0.24μm的紫外线通过如下的光化学过程产生的：

$$O_2 + h\nu \rightarrow 2O \tag{e}$$

$$O + O_2 \rightarrow O_3 \tag{f}$$

臭氧层形成后，能强烈吸收0.2~0.32μm波段的紫外线，使来自太阳的紫外线只有不到1%能到达地面。

近年来，大量化学物质破坏了大气层中的臭氧层，破坏了这道保护人类健康的天然屏障。1985年，英国南极考察队在南极上空发现臭氧层出现了一个面积达数百万平方公里的空洞，起屏蔽作用的保护伞被破坏了，这引起了科学家的重视。根据卫星观测资料分析发现，每年9月~11月南极上空臭氧空洞中的臭氧含量仅为正常值的60%~70%，且空洞面积还在扩大。近年来，科学家于每年2月份，在北极上空也发现了臭氧空洞，面积为南极臭氧空洞的1/3，北半球中纬度地区冬季臭氧耗损已超过12%，射入地面的紫外线已增强了11%。由于北极臭氧空洞更接近人类生活区，引起了欧美发达国家的强烈反响。谁是罪魁祸首呢？科学家马林纳（M. Molina）等指出，它就是人类生活中越来越大量使用的制冷剂如氟里昂等氯氟烃物质，它们包括有氟氯化碳（以简式F-C-Cl代表），排放到大气到达平流层后，在太阳紫外辐射下会分解出氯自由基

$$\text{F-C-Cl} + h\nu \rightarrow \text{F-C}\cdot + \text{Cl} \tag{g}$$

右端产物是氟碳自由基和氯自由基，后者反应能力极强，导致臭氧迅速分解

$$\text{Cl}\cdot + O_3 \rightarrow \text{ClO}\cdot + O_2 \tag{h}$$

右端产物ClO又会把过程的中间产物自由氧原子夺过去发生反应

$$\text{ClO}\cdot + O \rightarrow \text{Cl}\cdot + O_2 \tag{i}$$

它不但破坏了式（e）中臭氧的形成，式（g）右端所产生的Cl又会发生式（h）的反应，进一步破坏已存在的臭氧。这是一个链式反应：一个氯自由基可以破坏10万个臭氧分子，最终导致臭氧层空洞的出现！

据国家气象中心提供的报告显示，1979年以来我国大气臭氧层总量逐年减少，在20年

间臭氧层减少了 14%。据科学家估计，大气中臭氧每减少 1%，照到地面的紫外线将增加 1%，皮肤癌的发生率则可能要增加约 3%，白内障患者将增加 1%。危机迫在眉睫，1987 年国际会议已拟定公约，各国都要逐步停止含氯氟烃制冷剂的生产，改用代用品来制造无氟（无氯）的所谓绿色冰箱。事关人类的命运，我们一定要密切关心。

我国是氯氟烃的主要排放国之一。近年来，在大气臭氧探测研究方面也取得了不少进展，发展了相应的探测技术。北京市在 1998 年提出了要使首都率先成为中国第一个无氯氟烃城市的目标，并且氯氟烃替代工程已同时开始。上海市自 1999 年起，开始预报“紫外线指数”。目前，很多城市都已发布当地紫外线指数，以帮助人们适当预防紫外线辐射。

思考题

14.1　在计算由增透膜产生的光程差时，并没有加上半波损失，为什么？

14.2　（1）当缝间距 d（见图 14-35）不断增大时，干涉条纹如何变化？为什么？

（2）当缝光源 S（见图 14-35）垂直于轴线向下或向上移动时，干涉条纹将如何变化？

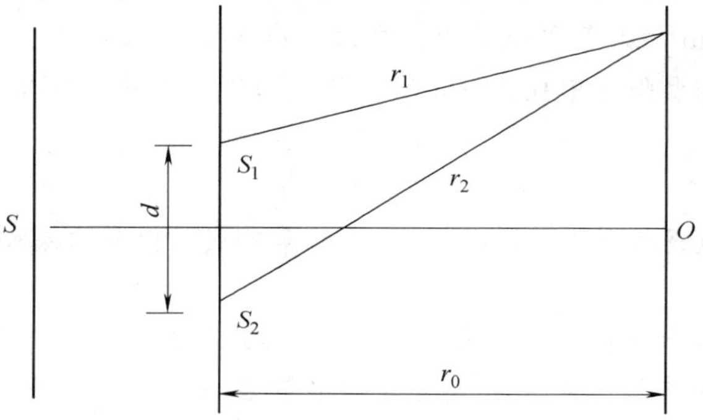

图 14-35　思考题 14.2 图

14.3　窗玻璃也是一块介质板，但在通常日光照射下，为什么观察不到干涉现象？

14.4　观察肥皂液膜的干涉时，先看到彩色图样，然后图样随膜厚度的变化而改变。当彩色图样消失呈现黑色时，肥皂液膜破裂，为什么？

14.5　图 14-36 所示为一干涉膨胀仪示意图，上下两平行玻璃板用一对热膨胀系数极小的石英柱支撑着，被测样品 W 在两玻璃板之间，样品上表面与玻璃板下表面间形成一空气劈尖，在以波长为 λ 的单色光照射下，可以看到平行的等厚干涉条纹。当 W 受热膨胀时，条纹将怎样变化？

14.6　如图 14-37 所示，在一块光学平玻璃片 B 上，端正地放一锥顶角很大的圆锥形平凸透镜 A，在 A、B 间形成劈尖角 φ 很小的空气薄层。当波长为 λ 的单色平行光垂直地射向平凸透镜时，可以观察到在透镜锥面上出现干涉条纹。若平凸透镜稍向左倾斜，干涉条纹有何变化？

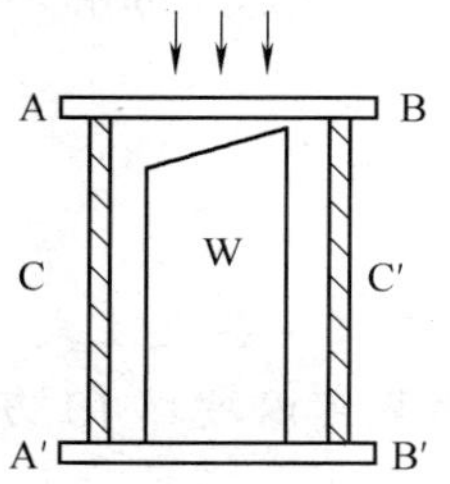

图 14-36　思考题 14.5 图

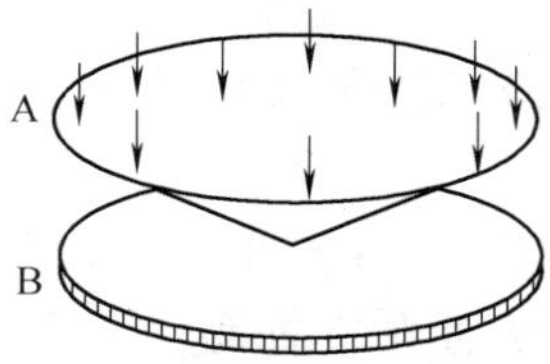

图 14-37　思考题 14.6 图

14.7 图 14-38a 所示为检查块规的装置，G_0 为标准块规，G 为上端面待测的块规，用波长为 λ 的平行光垂直照射，测得平晶与块规之间空气劈尖的干涉条纹如图 14-38b 所示，对于 G_0 和 G 的条纹间距分别为 l_0 和 l，且 $l_0 < l$。若将 G 转过 180°，两侧条纹均比原来密。判断并在图 14-38c 中画出 G 块规上端面的形貌示意图。

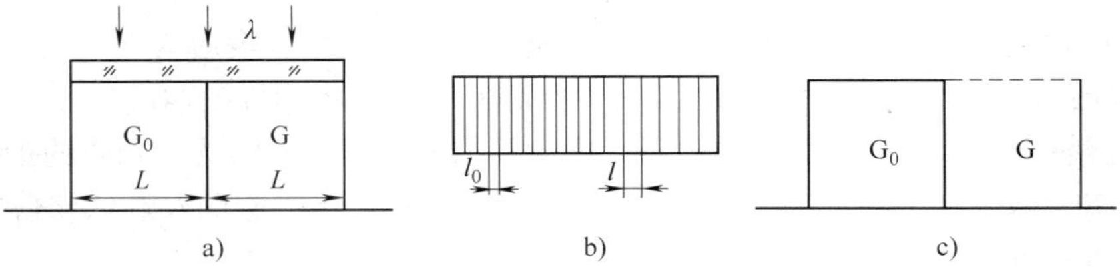

图 14-38 思考题 14.7 图

14.8 如图 14-39 所示，牛顿环装置中平凸透镜与平板玻璃间留有一厚度为 e_0 的气隙，若已知观测所用的单色光波长为 λ，平凸透镜的曲率半径为 R。若调节平凸透镜与平板玻璃靠近，试述此过程中牛顿环将如何变化？

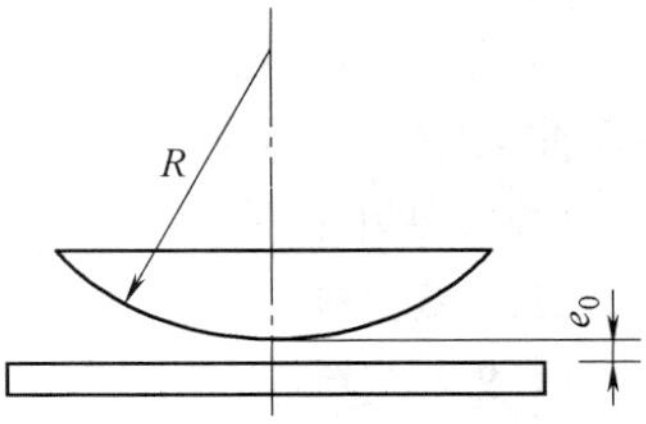

图 14-39 思考题 14.8 图

14.9 隐形飞机之所以很难为敌方雷达发现，是由于飞机表面覆盖了一层电介质（如塑料或橡胶），从而使入射的雷达波反射极微。试说明这层电介质是怎样减弱反射波的？

14.10 为什么照相机镜头表面看起来呈蓝紫色？

习 题

一、选择题

14.1 两束手电筒发出的光照射在同一区域内，是不能产生干涉图样的，这是由于（ ）。

（A）白光是由不同波长的光构成的；

（B）两光源发出不同强度的光；

（C）两个光源是独立的，不是相干光源；

（D）不同波长的光速是不同的。

14.2 在相同的时间内，一束波长为 λ 的单色光在空气中和在玻璃中（ ）。

（A）传播的路程相等，走过的光程相等；

（B）传播的路程相等，走过的光程不相等；

（C）传播的路程不相等，走过的光程相等；

（D）传播的路程不相等，走过的光程不相等。

14.3 光在真空中和介质中传播时，正确的描述是（ ）。

（A）波长不变，介质中的波速减小；

（B）介质中的波长变短，波速不变；

（C）频率不变，介质中的波速减小；

（D）介质中的频率减小，波速不变。

14.4 杨氏双缝干涉实验中，以下叙述错误的是（ ）。

（A）减小入射光强度，则条纹间距不变；

（B）增大缝到观察屏之间的距离，干涉条纹间距增大；

（C）若将双缝干涉实验放在水中进行，则干涉条纹间距将比在空气中小；

（D）频率小的可见光产生的干涉条纹间距较小。

14.5 在照相机镜头的玻璃片上均匀镀有一层折射率 n 小于玻璃的介质薄膜，以增强某一波长 λ 的透射光能量。假设光线垂直入射，则介质膜的最小厚度应为（　　）。

（A）λ/n；　（B）$\lambda/2n$；　（C）$\lambda/3n$；　（D）$\lambda/4n$。

14.6 折射率为 n_2、厚度为 e 的透明介质薄膜的上方和下方的透明介质的折射率分别为 n_1 和 n_3，已知 $n_1<n_2$，且 $n_2>n_3$，若用波长为 λ 的单色平行光垂直入射到该薄膜上，则从薄膜上、下两表面反射光束的光程差是（　　）。

（A）$2n_2e$；　（B）$2n_2e-\lambda/(2n_2)$；

（C）$2n_2e-\lambda$；　（D）$2n_2e-\lambda/2$。

14.7 严格地说，空气的折射率大于1，因此在牛顿环实验中，若将玻璃夹层中的空气逐渐抽去时，干涉圆环的半径将（　　）。

（A）变小；　（B）不变；　（C）变大；　（D）消失。

二、填空题

14.8 在劈尖的干涉实验中，相邻明纹的间距________（填相等或不等），当劈尖的角度增加时，相邻明纹的间距将________（填增加或减小），当劈尖内介质的折射率增加时，相邻明纹的间距将________（填增加或减小）。

14.9 一束波长为 λ 的光，投射到一双缝上，在屏幕上形成明、暗相间的干涉条纹，那么对应于第一级暗纹的光程差为________。

14.10 在双缝干涉实验中，为使屏上的干涉条纹间距变大，可以采取的办法是________。

14.11 光在折射率为 n 的介质中传播的几何路程为 r，则光程为________。

14.12 若把牛顿环装置由空气搬入水中，则干涉条纹________。

14.13 若待测透镜的表面已确定是球面，可用观察等厚干涉条纹半径变化的方法来确定透镜球面半径比标准样规所要求的半径是大还是小。如图14-40所示，若轻轻地从上面往下按样规，则图________中的条纹半径将缩小，而图________中的条纹半径将增大。

14.14 在薄膜干涉实验中，观察到反射光的等倾干涉条纹的中心是亮斑，则此时透射光的等倾干涉条纹中心是________。

14.15 在迈克耳孙干涉仪的一支光路中，放入一片折射率为 n 的透明薄膜后，测出两束光的光程差改变量为一个波长 λ，则薄膜的厚度是________。

14.16 单色光垂直照射空气劈尖，观察到的条纹宽度为 $\dfrac{\lambda}{2\theta}$，则相邻两暗条纹处劈尖的厚度差为________。

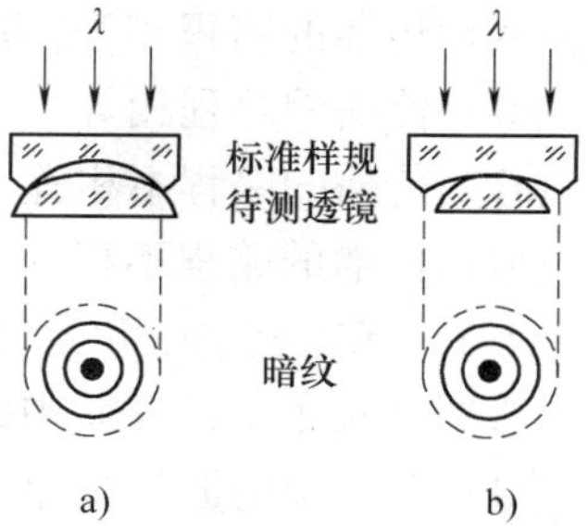

图14-40　题14.13图

14.17 用迈克耳孙干涉仪测反射镜的位移，如入射光波波长 $\lambda=628.9\text{nm}$，当移动活动反射镜时，干涉条纹移动了2048条，反射镜移动的距离为________。

三、计算题

14.18　在双缝实验中，两缝间的距离为0.3mm，用单色光照射；在离屏1.2m远的屏上测得相邻10条暗纹的总宽度为22.78mm，问所用光的波长是多少？

14.19　用有两个波长成分的光束做杨氏双缝干涉实验，其中一种波长为$\lambda_1=550$mm，已知两缝间距为0.600mm，观察屏与缝之间的距离为1.20m，屏上λ_1的第6级明纹中心与未知波长的光的第5级明纹中心重合，求：

（1）屏上λ_1的第3级明纹中心的位置；

（2）未知光的波长。

14.20　如图14-41所示，P点是杨氏双缝实验中第5级明条纹的位置，现将折射率为1.65的玻璃片插入一光路中，则P点成为0级明条纹，若光波长为600nm，求玻璃片厚度。

14.21　在杨氏双缝实验中，采用加有蓝绿色滤光片的白色光源，其波长范围$\Delta\lambda=100$nm，平均波长$\overline{\lambda}=490$nm，试估算从第几级开始，条纹将变得无法分辨？

14.22　图14-42所示为用双缝干涉来测定空气折射率n的装置。实验前，在长度为l的两个相同密封玻璃管内都充以一个标准大气压的空气。现将上管中的空气逐渐抽去，

（1）则光屏上的干涉条纹将向什么方向移动；

（2）当上管中空气完全抽到真空时，发现屏上波长为λ的干涉条纹移过N条。计算空气的折射率。

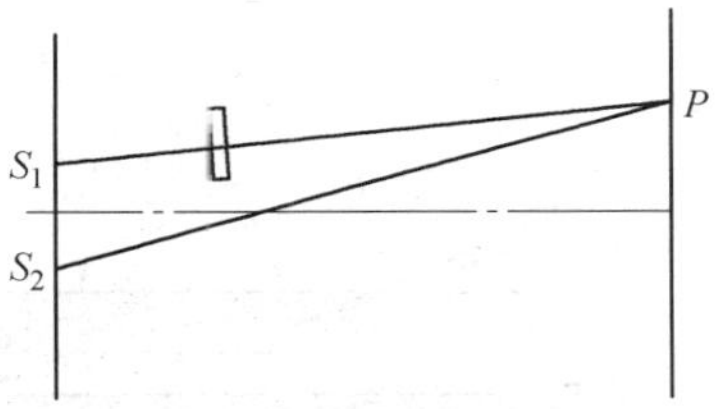

图14-41　题14.20图

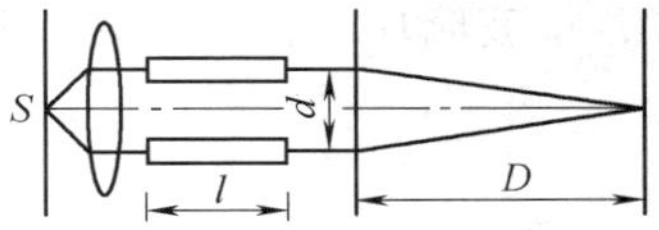

图14-42　题14.22图

14.23　一平行单色光垂直照射在厚度均匀的薄油膜上，油膜覆盖在玻璃板上，已知油的折射率为1.30，玻璃的折射率为1.50，若单色光的波长由连续可调光源产生，观察到500nm与700nm这两个波长的单色光在反射中消失，试求油膜的厚度。

14.24　波长为$\lambda=600$nm的单色光垂直入射到置于空气中的平行薄膜上，已知膜的折射率$n=1.54$，求：

（1）反射光最强时膜的最小厚度；

（2）透射光最强时膜的最小厚度。

14.25　一块厚1.2μm、折射率为1.50的透明膜片，设以波长介于400～700nm的可见光垂直入射，求反射光中哪些波长的光最强。

14.26　由两平玻璃板构成的一密封空气劈尖，在单色光照射下，形成4001条暗纹的等厚干涉，若将劈尖中的空气抽空，则留下4000条暗纹。求空气的折射率。

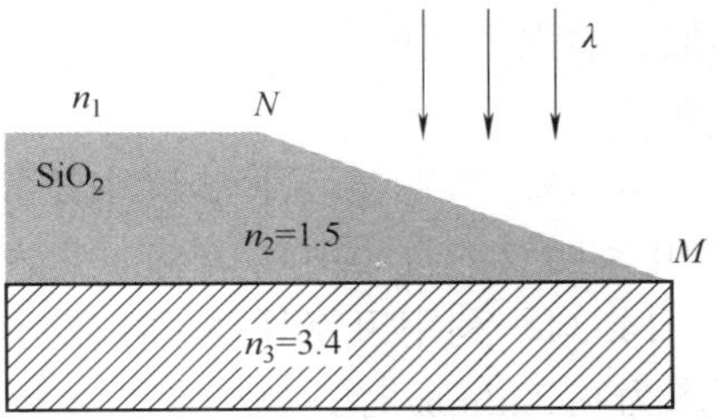

图14-43　题14.27图

14.27　欲测定SiO_2的厚度，通常将其磨成图14-43所示劈尖状，然后用光的干涉方法测量。若以$\lambda=$

590nm 的光垂直入射，看到 7 条暗纹，且第 7 条位于 N 处，问该膜厚为多少？

14.28　如图 14-44 所示，利用空气劈尖测量金属丝直径，用单色光垂直照射。已知 $\lambda=589.3\text{nm}$，$L=28.88\text{mm}$，测得 30 条暗纹的距离为 4.29mm，求金属丝的直径 d。

14.29　在阳光照射下，沿着与肥皂膜法线成 30°方向观察时，见膜呈绿色（$\lambda=550\text{nm}$），设肥皂液的折射率为 1.33。求：

（1）膜的最小厚度；

（2）沿法线方向观察时，肥皂膜是什么颜色？

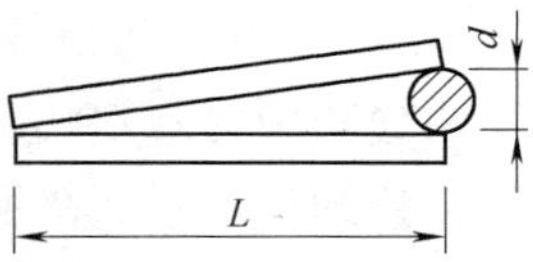

图 14-44　题 14.28 图

14.30　牛顿环装置中平凸透镜与平板玻璃间留有一厚度为 e_0 的气隙，若已知观测所用的单色光波长为 λ，平凸透镜的曲率半径为 R，如图 14-45 所示。

（1）试导出 k 级明纹和暗纹的公式。

（2）若调节平凸透镜与平板玻璃靠近，试述此过程中牛顿环将如何变化？

（3）试判别在调节过程中，在离开中心 r 处的牛顿环某干涉条纹宽度 Δr_k 与 e 的厚度有无关系？叙述简明理由，并算出在该处的条纹宽度。

14.31　柱面平凹透镜 A，曲率半径为 R，放在平玻璃片 B 上，如图 14-46 所示。现用波长为 λ 的平行单色光自上方垂直往下照射，观察 A 和 B 间空气薄膜的反射光的干涉条纹。设空气膜的最大厚度 $d=2\lambda$。

（1）求明、暗条纹的位置（用 r 表示）；

（2）共能看到多少级明纹；

（3）若将玻璃片 B 向下平移，条纹如何移动？

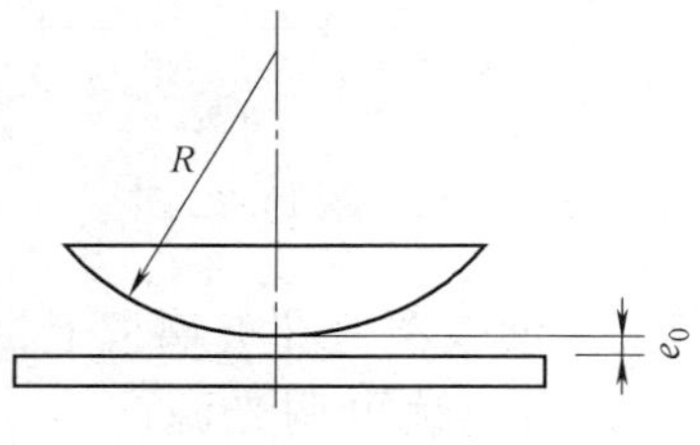

图 14-45　题 14.30 图

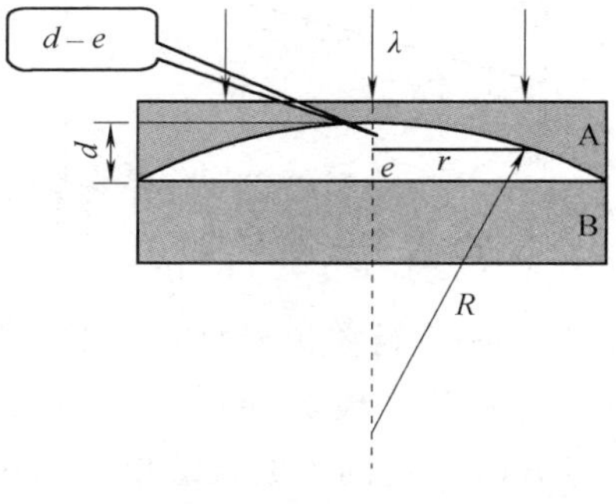

图 14-46　题 14.31 图

14.32　如图 14-47 所示，一玻璃平板置于边长为 2cm 的玻璃立方体上，使两者之间形成一层薄的空气膜 AB，若波长为 400nm 到 1150nm 之间的光波垂直投射到平板上，经空气膜 AB 的上下表面的反射而形成干涉，在此波段中只有两种波长取得最大增强，其中之一是 $\lambda_1=400\text{nm}$，试求空气膜的厚度和另一波长 λ_2。

14.33　当牛顿环干涉仪中透镜与玻璃之间充以某种介质时，第 10 条明纹的直径由 0.0140m 变为 0.0127m。求液体的折射率。

14.34　利用迈克耳孙干涉仪可测得单色光的波长。当 M_1 移动距离为 0.322mm 时，观察到干涉条纹移动数为 1024 条，求所用单色光的波长。

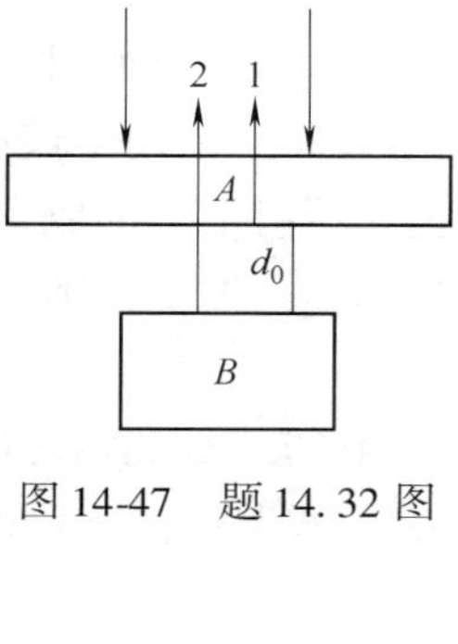

图 14-47　题 14.32 图

14.35　把折射率为 $n=1.632$ 的玻璃片放入迈克耳孙干涉仪的一条光路中，观察到有 150 条干涉条纹向一方移动。若所用单色光的波长为 $\lambda=500\text{nm}$，求此玻璃片的厚度。

14.36　用氦氖激光照射迈克耳孙干涉仪，通过望远镜看到视场内有 20 个亮环，且中心是亮斑。移动 M_1 镜，看到环向中心收缩，并在中心消失了 20 环，此时视场内只有 10 个亮环。试求：

（1）M_1 镜移动前中心亮斑的干涉级；

（2）M_1 镜移动后第 5 亮环的角半径。

第 15 章　光的衍射与偏振

衍射和干涉一样，也是光的波动性的重要特征之一。实际上，衍射现象是更为复杂的子波干涉。通常的实验中，既有干涉现象又有衍射现象。从计算上讲，衍射的理论计算更为复杂。光的偏振现象表明了光的横波特性，也是对光的电磁理论的有力证明。本章在介绍惠更斯-菲涅耳原理的基础上，主要研究夫琅禾费单缝衍射、光栅衍射的特点和规律，介绍夫琅禾费圆孔衍射、光学仪器的分辨率，并对光的偏振现象及偏振光的干涉加以讨论。

15.1　光的衍射　惠更斯-菲涅耳原理

15.1.1　光的衍射现象

当波传播过程中遇到障碍物时，波就不再是沿直线传播，它可以到达沿直线传播所不能达到的区域，这种现象称为波的衍射现象。在日常生活中，水波、声波、无线电波的波长较长，可以明显地觉察到它们的衍射现象。

光波的波长与水波等相比较短，只有当障碍物尺度与光的波长可以比较时，才能观察到光的衍射现象。当一束平行光通过狭缝时，当缝宽比波长大得多时，屏幕上的光斑和狭缝形状几乎完全相同，这时我们可以认为光沿直线传播。然而，若把缝宽缩小到与光波波长可比较时，在屏幕上可以观测到明暗相间的衍射条纹。这种光在传播过程中，能绕过障碍物的边缘、偏离直线传播的现象叫作光的衍射。

衍射系统由光源、障碍物和接收屏组成。通常根据三者的相对位置远近，把光的衍射现象分成两类：一类是光源和接收屏（或两者之一）距障碍物为有限远的衍射，称为菲涅耳（Fresnel）衍射或近场衍射，如图 15-1a 所示；另一类是光源和接收屏距障碍物为无限远的衍射，称为夫琅禾费（Fraunhofer）衍射或远场衍射，如图 15-1b 所示。在实验室中，常用透镜来实现夫琅禾费衍射，如图 15-1c 所示，在借助两个透镜之后，光源和接收屏相对于单缝都可以认为无限远。本章主要讨论夫琅禾费衍射。

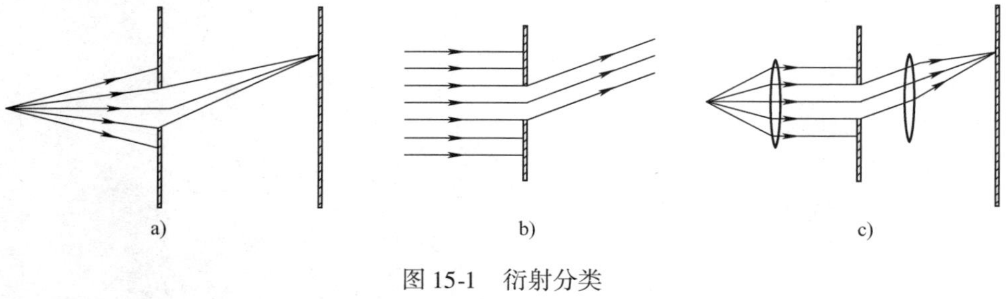

a)　　b)　　c)

图 15-1　衍射分类

15.1.2　惠更斯-菲涅耳原理

在机械振动与机械波一章中，我们曾介绍过惠更斯原理：波在介质中传播时，波前上每一点都可看作发射球面子波的波源，这些子波的包络面就是下一时刻的波前。根据这一原理，可以解释光的反射、折射和晶体中的双折射现象，但它只能定性地解释衍射现象中光的传播方向问题，不能定量计算衍射中的条纹位置及衍射光强分布。一百多年以后，1818 年，菲涅耳用“子波相干叠加”思想发展了惠更斯原理，为衍射理论奠定了理论基础。惠更斯-菲涅耳原理：**从同一波面上各点发出的子波都是相干波，波传播到空间中任一点时，该点的振动是所有这些子波在该点的相干叠加。**

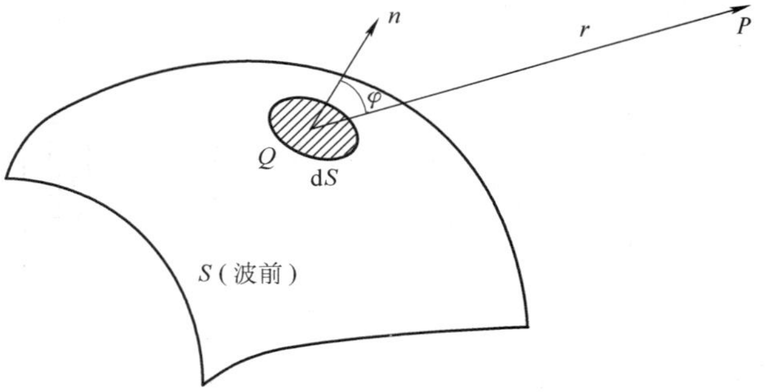

图 15-2　惠更斯-菲涅耳原理用图

如图 15-2 所示，波前 S 上各点相位相同，设其初相位为零。

菲涅耳假定：波前 S 上 Q 面元所发出的子波，传播到 P 点的振幅正比于面元面积 dS，与面元 Q 到 P 点的距离 r 成反比（子波是球面波），还与面元法线 $\boldsymbol{n}$ 和 $\boldsymbol{r}$ 的夹角 φ 有关。所以

$$\mathrm{d}E = C\frac{K(\varphi)\,\mathrm{d}S}{r}\cos\left(\omega t - \frac{2\pi}{\lambda}r\right)$$

式中，C 为比例系数；$K(\varphi)$ 为随 φ 角增大而缓慢减小的函数，叫作倾斜因子。当 $\varphi=0$ 时，$K(\varphi)$ 最大，而当 $\varphi\geqslant\frac{\pi}{2}$ 时，$K(\varphi)=0$，因而子波叠加后振幅为零，由此可以说明为什么子波不能向后传播。

于是，按照叠加原理，波阵面上所用点在 P 点引起的合振动为

$$E = \int_S C\frac{K(\varphi)}{r}\cos\left(\omega t - \frac{2\pi}{\lambda}\right)\mathrm{d}S \tag{15-1}$$

这是惠更斯-菲涅耳原理的数学表示式。所以，只要知道了 S 波前上的振幅分布，就可求出传播到任意一点 P 的振幅，从而求出接收屏上的衍射光强分布。

但是，用惠更斯-菲涅耳原理的数学表示式求解衍射场的分布是相当复杂的，下面我们采用较为简单的菲涅耳半波带法来讨论夫琅禾费衍射现象，这种方法可以避免复杂的计算。

15.2　单缝夫琅禾费衍射

15.2.1　单缝夫琅禾费衍射实验装置

单缝夫琅禾费衍射装置如图 15-3 所示，位于透镜 L_1 焦平面上的点光源 S 所发出的光，经透镜 L_1 后，变成平行光入射单缝，单缝处波面上每一点都是发射子波的波源，向各个方向衍射，同一方向的衍射光会聚于透镜 L_2 焦平面处的屏幕同一点上。当 S 为点光源时，衍射图样沿 x 方向扩展，在屏幕上出现一系列衍射斑点，如图 15-4a 所示。若把光源 S 换为一平行于单缝的线光源，则在屏幕上出现一系列平行于单缝的明暗相间的衍射条纹，如图 15-4b 所示。

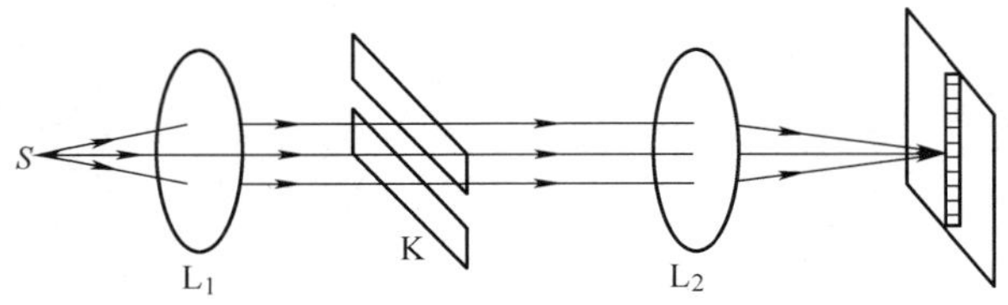

图 15-3 单缝夫琅禾费衍射实验装置

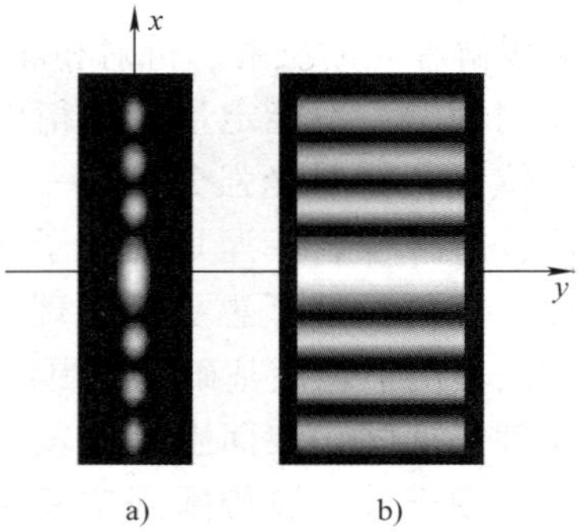

图 15-4 单缝夫琅禾费衍射图

15.2.2 菲涅耳半波带法

下面我们用菲涅耳半波带法来讨论单缝夫琅禾费衍射条纹现象。如图 15-5 所示，一束平行光垂直入射到缝宽为 a 的单缝平面上，此时单缝处波面上各点，都可以看作同相位的发射子波的波源。当衍射角 $\varphi=0$ 时，这些子波从 AB 面发出时是同相位的，经过透镜不引起附加的光程差 φ，因而在 O 点相遇时其振动相位还是相同的，各子波在 O 点处的振动相互加强，O 点出现明条纹，这是单缝衍射的中央亮纹。

接下来考虑单缝处衍射角 $\varphi\neq0$ 的衍射光在屏幕上 P 点的相干叠加情况。光线会聚在 P 点，φ 角不同，P 的位置就不同，在屏幕上可出现衍射图样。为了研究明暗条纹位置，下面考虑相位差问题。如图 15-6 所示，作平面 AC 垂直 BC，由 AC 上各点达到 P 点的光线光程都相等，这样从 AB 发出的光线在 P 点的相位差就等于它们在 AC 面上的相位差，衍射角为 φ 的各衍射光线之间的最大光程差为 $BC=a\sin\varphi$。假想用一系列平行于 AC 面且间距为 $\lambda/2$ 的平面分割 BC，相应地也把单缝处的波面分成许多等宽的条带，这些条带称为半波带。由于这些波带的面积相同，所以波带上子波源的数目也相等，任何相邻波带上的相应两点（如 A 点和 A_1 点、波带 AA_1 的中点和波带 A_1B 的中点）所发出的子波到达 P 点的光程差都是 $\lambda/2$，即相位差为 π，所以任何相邻的两个波带所发出的光波在 P 处将完全相互抵消。

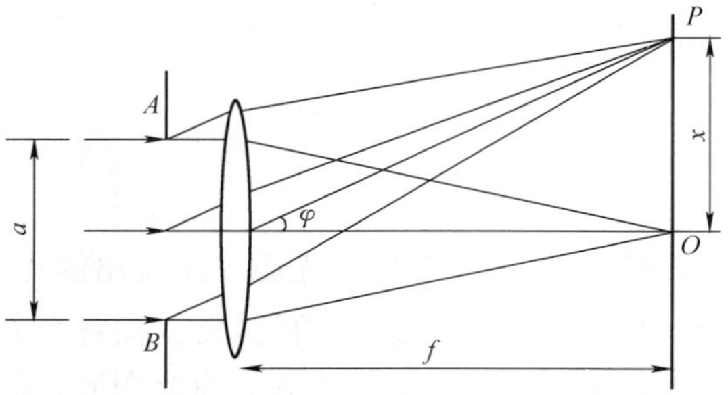

图 15-5 单缝夫琅禾费衍射条纹

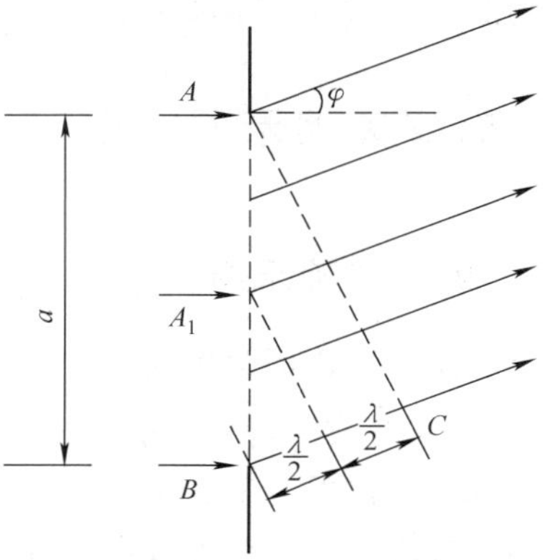

图 15-6 半波带法

具体讨论如下：如果衍射角 φ 满足

$$BC = a\sin\varphi = 2 \cdot \frac{\lambda}{2}$$

即 BC 恰等于两个半波长时，我们可以将单缝上波阵面分为面积相等的两部分 AA_1、A_1B，每一部分叫作一个半波带，每一个波带上各点发出的子波在 P 点产生的振动可认为近似相等。两波带上的对应点（如 AA_1 的中点与 A_1B 的中点）所发出的子波光线到达 AC 面上时光程差为$\frac{\lambda}{2}$，即相位差为 π，可知在 P 点它们的相位差为 π。所以，产生干涉相消。结果由 AA_1 及 A_1B 两个半波带上发出的光在 P 点完全抵消，所以，P 点将出现暗纹，我们称之为一级暗纹。

一般而言，如果 BC 是半波长的偶数倍，即在该衍射角 φ 下将单缝处的波面分成偶数个半波带，相邻波带发出的子波皆成对抵消，从而在 P 处出现暗条纹。这样就得到了单缝衍射的暗纹位置公式

$$a\sin\varphi = \pm 2k\frac{\lambda}{2} = \pm k\lambda \quad （暗条纹）$$

式中，k 为单缝衍射暗条纹的级数。

下面我们接着分析除中央明纹外的其他明条纹。明条纹的位置就是其四周临近区域光强极大值的位置，次级明纹相对中央明纹来说亮度很弱且宽度较窄不易分辨和准确定位。通常我们可以将相邻暗条纹的中间位置近似看作是中央明纹的中心位置，这样由暗纹位置公式可以求出明纹位置公式。

第 k 级明纹位于第 k 级暗纹和第 $k+1$ 级暗纹中间，则其对应的衍射角满足

$$a\sin\varphi = \pm\frac{k\lambda + (k+1)\lambda}{2} = \pm(2k+1)\frac{\lambda}{2} \quad （明条纹）$$

当衍射角较小时，条纹在屏上的位置

$$x = f\tan\varphi \approx f\sin\varphi \approx f\varphi$$

容易证明此时 k 级明纹位于 k 级暗纹和 $k+1$ 级暗纹正中间。

从划分半波带的角度来看，如果 BC 正好是半波长的奇数倍，即在该衍射角 φ 下将单缝处的波面恰好分成奇数个半波带，于是除了其中相邻波带发出的子波两两抵消外，必然剩下一个波带发出的子波未被抵消，故在 P 处出现明条纹，其光强只是奇数个波带中剩下来的一个波带上所发出的子波在 P 处的合成。例如，当 $BC = a\sin\varphi = 3 \cdot \frac{\lambda}{2}$时，$BC$ 恰为三个半波长。如图 15-6 所示，将 BC 分成三等份，过等分点作平行于 AC 面的平面，这两个平面将单缝 AB 上的波阵面分成三个半波带 AA_1、A_1A_2、A_2B。依照以上解释，相邻两波带发出的光在 P 点互相干涉抵消，剩下一个波带发出的光束未被抵消，所以 P 处出现的是第一级明条纹。

综上所述，当平行单色光垂直入射时，单缝衍射明、暗条纹的条件为

$$a\sin\varphi = \begin{cases} 0 & （中央明纹中心） \\ \pm 2k\frac{\lambda}{2} 或 \pm k\lambda & （暗条纹中心, k=1,2,3,\cdots） \\ \pm(2k+1)\frac{\lambda}{2} & （明条纹中心, k=1,2,3,\cdots） \end{cases} \tag{15-2}$$

式中，k 为干涉条纹级次；$2k$ 和 $2k+1$ 是单缝被划分的半波带数目；正、负号表示各级明暗条纹对称分布在中央明纹两侧。从前述分析可知，当用菲涅耳半波带法求得暗纹位置的公式是准确的，而明纹条件公式则是近似的。

对于其他衍射角 φ，BC 一般不是半波长的整数倍，相应地，单缝处的波面不能分成整数个半波带。此时，P 处于半明半暗的区域。

单缝衍射光强分布如图 15-7 所示，由图表明，单缝衍射图样中各明纹的光强是不同的。中央明纹光强最大，其他明纹的光强随级次的升高迅速下降。

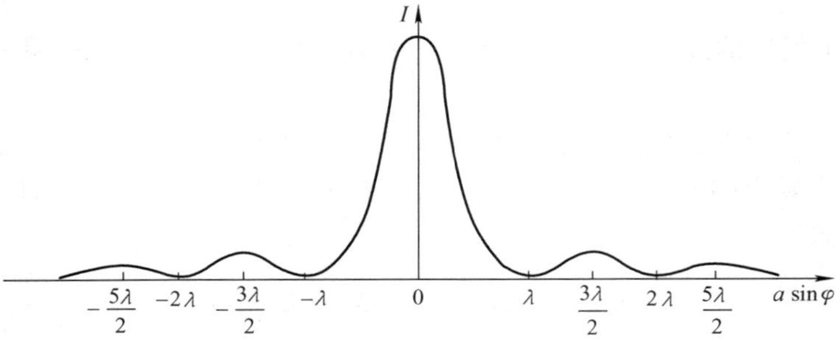

图 15-7 单缝衍射光强分布

15.2.3 衍射图样

用菲涅耳半波带法可以说明单缝衍射图样分布情况，并定性讨论单缝衍射光强分布特征：单缝衍射条纹是关于中央明纹对称分布的。中央明纹是单缝上所有子波在该点干涉加强形成的，因此其光强最大。

1. 中央明纹宽度及半角宽度的表示

两个第一级暗纹所夹区域为中央明纹，由 $a\sin\varphi=\lambda$ 得中央明纹的半角宽度为

$$\varphi_1=\arcsin\frac{\lambda}{a}$$

当第一级暗纹的衍射角很小时，有

$$\varphi_1=\frac{\lambda}{a} \tag{15-3}$$

这一关系称衍射反比定律。表明缝越窄，衍射越显著；缝越宽，衍射越不明显。当缝宽 $a\gg\lambda$时，各级衍射条纹向中央靠拢，密集得无法分辨，只显示出单一的明条纹。实际上这明条纹就是光源通过透镜所成的几何光学的像。由此可见，光的直线传播现象，是光的波长比障碍物小很多时，衍射现象不显著的情形。所以几何光学是波动光学在 $\lambda/a\to0$ 时的极限情况。通常我们把 $\varphi_1=\arcsin\frac{\lambda}{a}\approx\frac{\lambda}{a}$（$\varphi_1$ 很小）叫作半角宽度；而把两个第一级暗纹间距离叫作中央明纹宽度。如图 15-8 所示，其中央明纹宽度应为

$$l_0=2x_1=2f\tan\varphi_1\approx2f\varphi_1=\frac{2\lambda f}{a} \tag{15-4}$$

中央亮纹所在区域的衍射角满足：$-\lambda<a\sin\varphi<\lambda$。

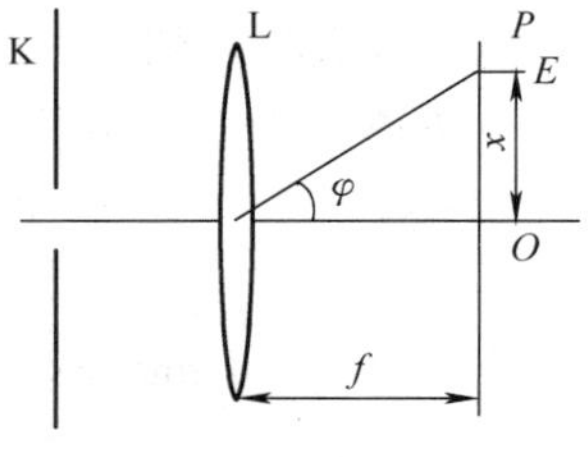

图 15-8 中央明纹宽度计算用图

衍射角较小时次级明纹宽度（相邻暗纹之距）应为

$$e = x_{k+1} - x_k = f\tan\varphi_{k+1} - f\tan\varphi_k \approx f\sin\varphi_{k+1} - f\sin\varphi_k = \frac{\lambda f}{a} \tag{15-5}$$

即中央明纹宽度约为次级明纹宽度的 2 倍。

2. 明纹亮度

各级明纹亮度随着级次的增加而减弱。k 级明纹对应 $(2k+1)$ 个半波带，k 级暗纹对应 $2k$ 个半波带。运用菲涅耳半波带法时，k 越大，AB 上波阵面分成的波带数就越多，所以每个波带的面积就越小，在 P 点引起的光强就越弱。因此，次级明纹的亮度随着衍射级次的增加而减弱。

当用白光作光源时，由于 O 处各种波长的光均加强，它们的位置在 O 处重合，所以 O 处为白色条纹，在其他明纹中，同一级次条纹紫光距 O 近，红光距 O 远。

当单缝 K 向上平移时，屏上图样不变。因为单缝位置平移时，不影响透镜 L 会聚光的作用，此时会聚位置不变。

综上所述，单缝夫琅禾费衍射图样的特点主要有：中央明纹最亮，它的宽度是次级明纹宽度的 2 倍；缝越窄，条纹分散得越开，衍射效应越显著，但相应明纹亮度会变弱，反之，条纹向中央靠拢；衍射条纹宽度随波长减小而降低，若用白光照射，中央明纹仍为白色，而在其他级明纹中，同一级次条纹紫光衍射角小，红光衍射角大。

【例 15-1】 如图 15-9 所示，用波长为 λ 的单色光垂直入射到单缝 AB 上，

（1）若 $BP - AP = 2\lambda$，问对 P 点而言，狭缝可分几个半波带？P 点是明是暗？

（2）若 $BP - AP = 1.5\lambda$，则 P 点又是怎样？对另一点 Q 来说，$BQ - AQ = 2.5\lambda$，则 Q 点是明是暗？P、Q 点相比哪点较亮？

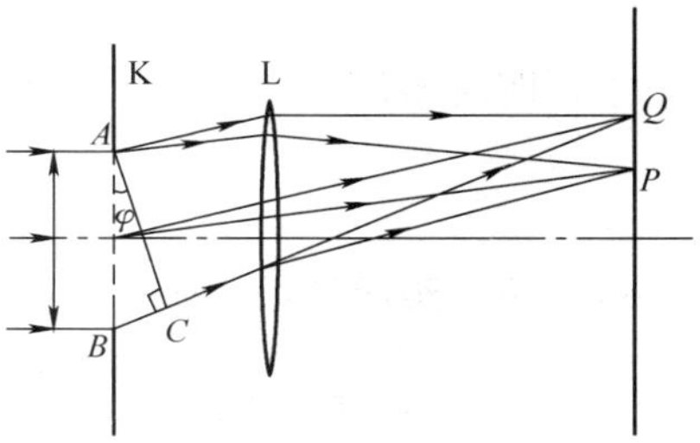

图 15-9　例 15-1 图

【解】（1）AB 可分成 4 个半波带，P 为暗点（$2k$ 个）。

（2）P 点对应 AB 上的半波带数为 3，P 为亮点。

Q 点对应 AB 上半波带数为 5，Q 为亮点。

因为
$$2k_Q + 1 = 5, 2k_P + 1 = 3$$
所以
$$k_Q = 2, k_P = 1$$
所以 P 点较亮。

【例 15-2】 单缝夫琅禾费衍射中，缝宽为 a，缝后透镜焦距为 f，一波长为 λ 的平行光垂直入射，求中央明纹宽度及其他明纹的宽度。

【解】 中央明纹宽度为两个一级暗纹中心间的距离，对第一级暗纹中心有

$$a\sin\varphi_1 = \lambda$$

由 $x = f\tan\varphi \approx f\sin\varphi$，得中央明纹宽度为

$$\Delta x_0 = 2f\sin\varphi_1 = 2f\frac{\lambda}{a}$$

第 k 级明纹的宽度为第 $k+1$ 级和第 k 级暗纹中心间的距离

$$a\sin\varphi_{k+1}=(k+1)\lambda$$
$$a\sin\varphi_k=k\lambda$$

所以第 k 级明纹宽度为

$$\Delta x_k=f(\sin\varphi_{k+1}-\sin\varphi_k)=f\left(\frac{k+1}{a}\lambda-\frac{k}{a}\lambda\right)=f\frac{\lambda}{a}$$

即其他明纹的宽度为中央明纹宽度的一半。

【例 15-3】 波长为 500nm 的平行光垂直照射宽为 1mm 的狭缝，缝后放一个焦距为 100cm 的薄透镜，在焦平面上获得衍射条纹。求：

（1）第一级暗条纹到衍射图样中心的距离；

（2）第一级明条纹到衍射图样中心的距离；

（3）中央明纹的宽度。

【解】（1）暗纹条件

$$a\sin\varphi=k\lambda$$

暗纹到衍射图样中心的距离为

$$x=f\tan\varphi\approx f\sin\varphi$$

令 $k=1$，由上两式，得

$$x\approx f\sin\varphi=f\frac{\lambda}{a}=\frac{100\times10\times500\times10^{-6}}{1}\text{mm}=0.5\text{mm}$$

（2）明纹条件

$$a\sin\varphi=(2k+1)\frac{\lambda}{2}$$

令 $k=1$，第一级明纹中心到衍射图样中心的距离为

$$x\approx f\sin\varphi=f\frac{(2k+1)\lambda}{2a}=\frac{100\times10\times3\times500\times10^{-6}}{2\times1}\text{mm}=0.75\text{mm}$$

（3）两个第一级暗纹之间的区域为中央明纹，有

$$\Delta x=(2\times0.5)\text{mm}=1.0\text{mm}$$

用菲涅耳积分公式，式（15-1）可以较为精确地计算出单缝衍射的光强分布，下面仅给出计算结果。由于光强与振幅的平方成正比，所以，夫琅禾费单缝衍射的光强分布公式为

$$I=I_0\left(\frac{\sin\alpha}{\alpha}\right)^2 \tag{15-6}$$

式中，$\alpha=\dfrac{\pi a\sin\varphi}{\lambda}$；$I_0$ 是中央明纹中心的光强。

对式（15-6）求极值，可得明、暗纹特征：

1）$\varphi=0$ 处为中央明纹中心，其光强 $I=I_0$；

2）$a\sin\varphi=\pm1.43\lambda,\pm2.46\lambda,\pm3.47\lambda,\cdots$为其他明纹中心，其光强为

$$I=0.0471I_0,0.0165I_0,0.00834I_0,\cdots$$

3）$a\sin\varphi=\pm\lambda,\ \pm2\lambda,\ \pm3\lambda,\ \cdots$为暗纹中心，其光强 $I=0$。

由上可知，由半波带法导出的式（15-2）中的明纹条件只是近似成立，实际的明纹中心都要向中央明纹移近少许。

15.3　光栅衍射

从上节的讨论我们知道：对于单缝夫琅禾费衍射而言，单缝宽，条纹亮，但条纹太密，并且不易分辨；若单缝变窄，虽条纹间距增大，但条纹变暗，也不易分辨。要想得到亮度大、宽度窄、间距大的明纹来进行精确测量，常利用光栅来实现。

由大量等间距、等宽度的平行狭缝所组成的光学元件称为衍射光栅。它是现代科技中常用的重要光学元件。用于透射光衍射的光栅叫作透射光栅。例如，在一块透明平板上均匀刻划出一系列等宽、等间隔的平行刻线，入射光只能从未刻的透明部分通过，在刻痕上因漫反射而不能通过。这就形成了一个相当于由一系列等宽、等间隔的平行狭缝构成的平面透射光栅。用于反射光衍射的光栅叫作反射光栅。例如，在光洁程度很高的金属平面上刻划一系列等间隔的平行槽纹，就可以构成反射光栅。图 15-10a 所示为透射光栅，图 15-10b 所示为反射式的闪耀光栅。此外，晶体内部周期性排列的原子或分子，可构成天然的三维光栅。

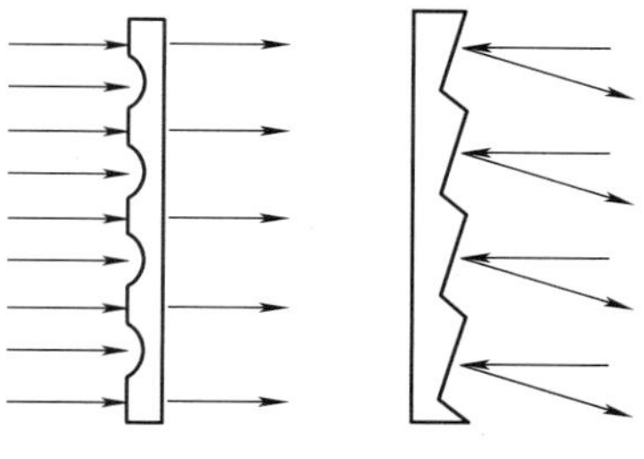

图 15-10　光栅

下面以透射式光栅为例，来讨论光栅的衍射规律。

如图 15-11 所示，设透射光栅的总缝数为 N，缝宽为 a，不透光部分的宽度为 b，则 $d=a+b$ 称为光栅常数，它是光栅空间周期性的表示。现代用的衍射光栅，在 1cm 内可刻上 $10^3 \sim 10^4$ 条缝，所以一般的光栅常数约为 $10^{-5} \sim 10^{-6}$m 的数量级。

在夫琅禾费单缝衍射中，凡是衍射角 φ 相同的平行光，经过透镜都将会聚于屏幕上同一点，与单缝在垂直于透镜光轴方向上的位置无关。如图 15-12 所示，透射光栅是由一系列平行的狭缝组成，它们分布在垂直于透镜光轴的同一平面上，每一狭缝都将产生自己的单缝夫琅禾费衍射图样，不同狭缝在屏幕上形成的衍射图样完全相同且彼此重合；又由于 N 个狭缝是同相的相同间隔的相干子波源，所以，屏幕上将产生 N 个狭缝衍射光的相干叠加。

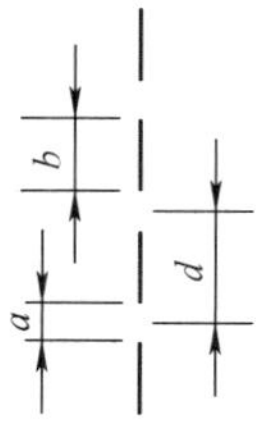

图 15-11　光栅常数

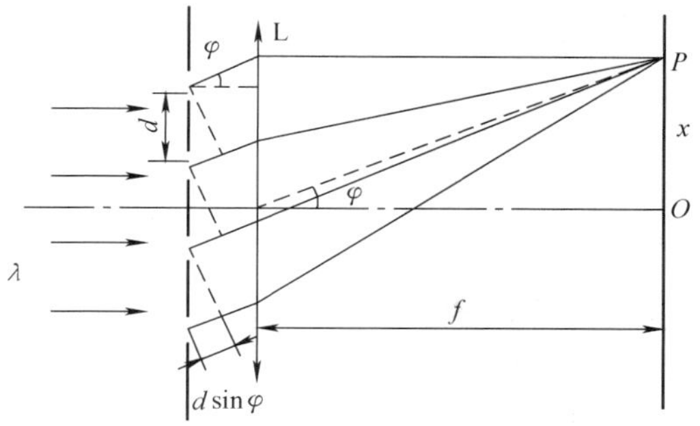

图 15-12　光栅光路

衍射和干涉从本质上讲，并无区别。习惯上说，干涉是指有限多个（分立的）光束的相干叠加，如杨氏双缝干涉实验；而衍射总是指波前上发出的无穷多个（连续的）子波的相干叠加。所以，光栅衍射图样是单缝衍射和多缝干涉的综合效果。

当平行光垂直入射光栅时，各个狭缝同一衍射角 φ 的衍射光经 L 后将会聚于图 15-13 中的 P 点。在此方向上，任两个相邻狭缝的衍射光的光程差都相同，均为 $d\sin\varphi$ 或写成 $(a+b)\sin\varphi$，如果此值恰好为入射光波长 λ 的整数倍，则任意两个狭缝的衍射光在 P 点都将满足相干加强条件，于是所有各缝沿该衍射方向的衍射光将相互加强，形成明条纹。由此可知，光栅衍射的明条纹满足条件

$$\delta = d\sin\varphi = \pm k\lambda,\ k=0,1,2,\cdots \tag{15-7}$$

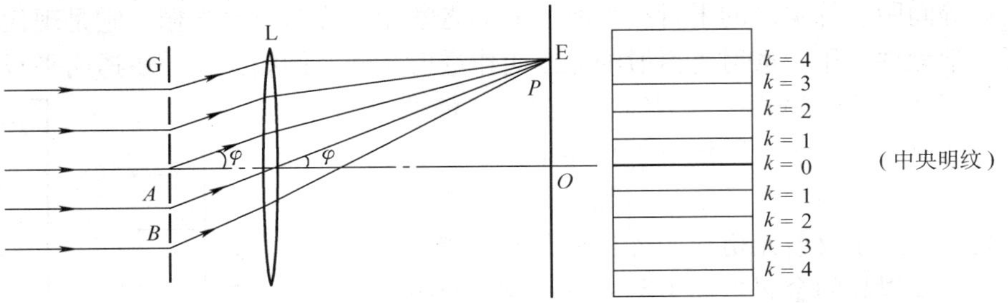

图 15-13　光栅衍射

式（15-7）称为**光栅方程**，k 为明条纹级数，由该式决定的位置是明条纹光强的极大值位置，所以这些明条纹相应的光强的极大值叫作主极大。这时在 P 点的合振幅应是来自一条缝在 P 点振幅的 N 倍，总光强将是来自一条缝光强的 N^2 倍。所以，光栅衍射明纹的光强要比一条缝衍射明纹的光强大得多，光栅缝数越多，则明条纹越亮。

关于光栅衍射，需要说明的是：①光栅方程中 $k=0$ 称为零级明纹，$k=1$，2，…称为第一、二级明纹，如图 15-13 所示。②衍射图样关于中央明纹是上下对称的。③用白光照射时，中央明纹为白色，其他各级明纹为彩色，同一级明纹中，紫光在内，红光在外。④由光栅方程知，d 越小，则对给定波长的各级条纹，衍射角的绝对值 $|\varphi|$ 就越大，条纹间距分得越开。光栅缝数很多，所以条纹亮度大，缝越多则明纹越细。

如果平行光以入射角 θ 斜入射到透射光栅上，则光栅方程应为

$$d(\sin\theta \pm \sin\varphi) = \pm k\lambda,\ k=0,1,2,3,\cdots \tag{15-8}$$

φ、θ 均取正值。当 φ 和 θ 在光栅平面法线同侧时，取正号，在异侧时，取负号。

当各狭缝的衍射光在 P 点相消干涉时，形成暗条纹，满足条件

$$d\sin\varphi = \pm\left(k+\frac{m}{N}\right)\lambda,\ m=1,2,3,\cdots,N-1 \tag{15-9}$$

由式（15-9）知，在两个主极大之间，有 $N-1$ 个暗纹。又由于相邻暗纹之间，存在一个光强比主极大小得多的明纹，称为次极大，那么两个主极大之间有 $N-1$ 个暗纹和 $N-2$ 个次极大。通常光栅的缝数 N 非常多，例如可以达到 10^5 数量级。因此，次极大光强很弱，几乎观察不到，所以，两个主极大之间是一片连续的暗区。缝数 N 越多，暗条纹也越多，暗区越宽，亮纹越锐利。

如果满足光栅方程 $d\sin\varphi = \pm k\lambda$ 的 φ 角同时又满足单缝时暗纹公式 $a\sin\varphi = \pm k'\lambda\ (k'=1,2,\cdots)$，即 φ 角方向既是光栅的某个主极大出现的方向又是单缝衍射的光强为零的方向，亦即屏上光栅衍射的某一级主极大恰好同时满足了单缝衍射暗纹的条件（光强为零），则光栅衍射图样上便缺少这一级明纹，这一现象称为缺级。如何理解当光栅衍射的某一级主极大

刚好落在单缝的光强为零处就可以产生缺级？这是因为光栅上所有缝的衍射图样是彼此重合的，考虑过 L 光轴的缝，它有一衍射图样，它上边的缝可看作是由它平移而得到的，当平移缝时不改变条纹位置，则各缝都有相同的衍射图样，它们是重合的，即在某一处一个缝衍射极小时，其他各缝在此也都是衍射极小，这样就造成缺级现象。由于单缝衍射的作用，各主极大的强度是不同的，单缝衍射光强较大的方向，主极大的光强也大；单缝衍射光弱的方向，主极大的光强也小。当缺级时，在这一方向上，

$$d\sin\varphi = \pm k\lambda$$

$$a\sin\varphi = \pm k'\lambda$$

则光栅明纹所缺级次 k 为

$$\frac{d}{a}=\frac{k}{k'},\ k'=1,2,3,\cdots \tag{15-10}$$

例如，当 $d/a=4$ 时，则光栅明纹缺级 $k=\pm4$，±8，…，图 15-14 所示就是这种情况。图 15-14a 所示为单缝衍射光强图，图 15-14b 所示为经单缝衍射调制的多缝干涉的光强分布图（该图的光强应为图 15-14a 中的光强的 4^2 倍），两个明纹之间有 3 个暗纹和 2 个次极大，第四级、第八级明纹缺级。

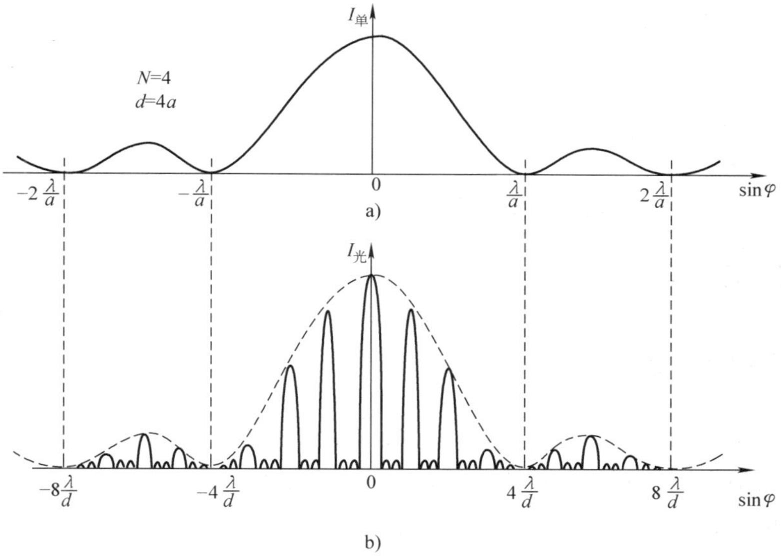

图 15-14　光栅缺级

由光栅方程知，当光栅常数 d 一定时，同一级明纹对应的衍射角 φ 随波长 λ 的增大而增大。如果入射光源中包含几种不同波长的光，则除零级明纹外其他级次的各色明纹的位置不同，在衍射图样中有几组不同颜色的亮线，它们各自对应一个波长，这些亮线就是谱线。各种波长的同级谱线集合起来构成光源的一套光谱。光栅衍射产生的这种按波长排列的谱线，称为光栅光谱。如果光源是白光源，则光栅光谱中除零级仍近似为一条白色亮线外，其他级各色亮线排列成连续的光谱带，对称地分布在白色亮线两侧，靠近白色亮线的是紫色的谱线，远离白色亮线的为红色谱线。级数越高，相邻级次光谱发生重叠的现象越严重。

光栅除零级以外，可将光源中不同色光分开的现象称为光栅的色散现象。利用光栅的色散本领，可用来作光谱分析，分析物质的成分和分子、原子的结构。光谱分析是现代物理学研究的重要手段，在工程技术中也广泛应用于分析、鉴定等方面。

【例 15-4】 波长为 600nm 的单色光垂直照射在一平面光栅上，第二级明条纹出现在 $\sin\varphi=0.20$ 处，第四级缺级。试问：

（1）光栅的光栅常数为多少？

（2）光栅上透光缝的宽度有多大？

（3）该光栅能呈现的谱线级数？

（4）若单色光以入射角 30°入射时，能呈现的谱线级数？

【解】（1）利用光栅方程

$$d\sin\varphi=k\lambda$$

得光栅常数

$$d=\frac{k\lambda}{\sin\varphi}=\frac{2\times600\times10^{-9}}{0.20}\text{m}=6.0\times10^{-6}\text{m}$$

（2）第四级缺级，应同时满足

$$d\sin\varphi=4\lambda$$

$$a\sin\varphi=k'\lambda$$

令 $k'=1$，有

$$\frac{d}{a}=\frac{4}{1}$$

$$a=\frac{d}{4}=\frac{6.0\times10^{-6}}{4}\text{m}=1.5\times10^{-6}\text{m}$$

（3）利用光栅方程

$$d\sin\varphi=k\lambda$$

令 $\varphi=90°$，代入上式，有

$$k=\frac{d\sin\varphi}{\lambda}=\frac{6.0\times10^{-6}}{600\times10^{-9}}=10$$

说明级数的最大值是 10，屏上只能出现级数小于 10 的谱线。

由于缺级的存在，则

$$\frac{k}{k'}=\frac{d}{a}=\frac{6.0\times10^{-6}}{1.5\times10^{-6}}=4$$

令 $k'=\pm1,\ \pm2,\ \pm3,\ \cdots$，则 $k=\pm4,\ \pm8,\ \pm12,\ \cdots$时缺级。

综上所述，光栅能呈现的谱线级数为 $k=0,\ \pm1,\ \pm2,\ \pm3,\ \pm5,\ \pm6,\ \pm7,\ \pm9$。

（4）单色光斜入射光栅，光栅方程为

$$d(\sin\theta\pm\sin\varphi)=k\lambda$$

令 $\theta=30°$，一侧有

$$k=\frac{d(\sin\theta+\sin\varphi)}{\lambda}=\frac{6.0\times10^{-6}\times(0.5+1)}{600\times10^{-9}}=15$$

另一侧，有

$$k=\frac{d(\sin\theta-\sin\varphi)}{\lambda}=\frac{6.0\times10^{-6}\times(0.5-1)}{600\times10^{-9}}=-5$$

考虑缺级，则一侧光谱级数为 0，1，2，3，5，6，7，9，10，11，13，14；另一侧光谱级数为 1，2，3。

15.4　夫琅禾费圆孔衍射　光学仪器的分辨率

15.4.1　夫琅禾费圆孔衍射

在图 15-3 所示的夫琅禾费单缝衍射实验装置中，可以看到光在某一个方向上受到限制，衍射图样沿该方向扩展。若用一个小圆孔代替单缝，则入射光在圆孔平面上的各个方向上都受到限制，因此，在衍射屏上看到中央为一明亮的圆斑，外围为一些明暗相间的同心亮环组成的衍射图样，如图 15-15 所示。中央圆斑称为艾里斑，它的强度约占整个入射光强的 84%。夫琅禾费圆孔衍射的光强分布可根据惠更斯-菲涅耳原理进行计算，不过运算比较复杂，结果用一阶贝塞尔函数表示，其强度分布曲线如图 15-16 所示。

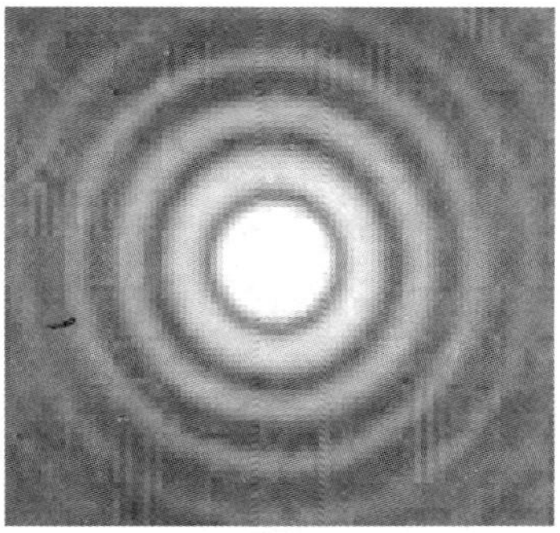

图 15-15　圆孔衍射图样

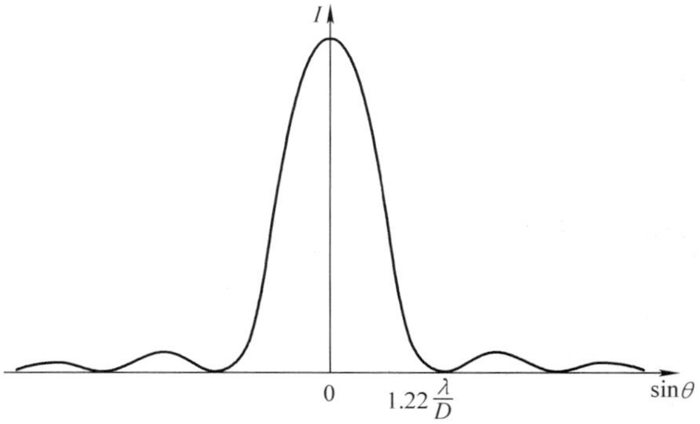

图 15-16　强度分布曲线

第一光强极小的位置出现在

$$\sin\theta_1=1.22\frac{\lambda}{D} \tag{15-11}$$

式中，D 为圆孔的直径。也就是说中央亮斑的半角宽度为

$$\theta_1=1.22\frac{\lambda}{D} \tag{15-12}$$

由上式可以看出，圆孔直径越小，则艾里斑越大，衍射越显著；反之，圆孔直径越大，则艾里斑越小，衍射越弱。当圆孔直径比波长大得多时，圆孔衍射图样向中心缩小为一个点，这正是几何光学的结果。

15.4.2　光学仪器的分辨率

光学成像仪器的物镜都有圆形边框，都会产生圆孔夫琅禾费衍射，这就使它们所成的像不再是理想的几何像点的集合，而是由一系列艾里斑组成，这必然会影响像的清晰度。两个物点还是同一物体上的两点由于衍射作用，在成像时会形成两个艾里斑，如果两物点的像相距很近，其对应的艾里斑可能发生重叠以至于被看成一个像点，也就无法分辨这是两个物点还是同一物体上的两点。所以说衍射限制了光学成像仪器的分辨能力。

怎样才能算能分辨？通常采用瑞利（Rayleigh）判据。这个判据规定，当一个艾里斑的中心正好落在另一个艾里斑的边缘（即第一级暗环）处，就认为这两个艾里斑恰好能被分辨。计算表明，满足瑞利判据时，两个非相干艾里斑重叠中心的光强，约为每个艾里斑中心最亮处光强的 80%，对于大多数人来说恰能分辨这种差别。图 15-17 中，从左向右依次为两个物点的像能分辨、恰能分辨、不能分辨三种衍射图样。

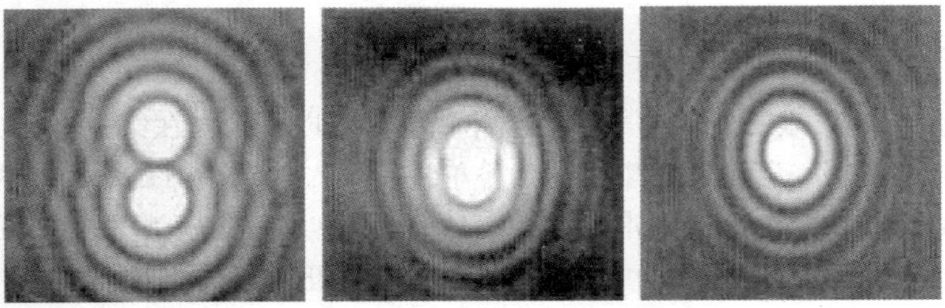

图 15-17　瑞利判据

以透镜为例，恰能分辨时，两物点在透镜处的张角称为最小分辨角，用 $\delta\theta$ 表示，如图 15-18 所示，它恰好等于艾里斑的半角宽度

$$\delta\theta = \theta_1 = 1.22\frac{\lambda}{D} \tag{15-13}$$

最小分辨角的倒数称为光学仪器的分辨率。

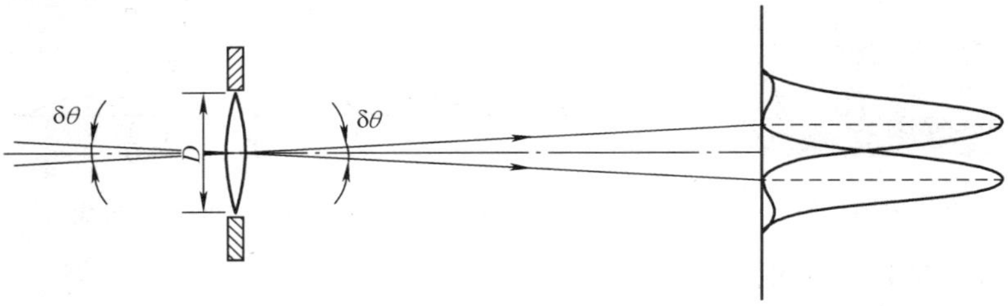

图 15-18　最小分辨角

由式（15-13）可知，提高分辨本领的途径有二：一是增大物镜的直径，二是用短波长观察物体。所以，采用大口径物镜的天文望远镜，利用短波长的紫外光显微镜、电子显微镜，正是利用了这一原理。

【例 15-5】 若人眼瞳孔的直径为 3mm，求：

（1）人眼对可见光最敏感的黄绿光（$\lambda = 550$nm）的最小分辨角；

（2）在明视距离（离眼约 25cm）处可分辨的两物点的最小距离。

【解】（1）由式（15-13）知，人眼的最小分辨角

$$\delta\theta = 1.22\frac{\lambda}{D} = \left(1.22 \times \frac{550 \times 10^{-9}}{3 \times 10^{-3}}\right)\text{rad} = 2.24 \times 10^{-4}\text{rad}$$

（2）最小分辨距离 Δx

$$\Delta x \approx l\delta\theta = (25\times10^{-2}\times2.24\times10^{-4})\text{m} = 5.6\times10^{-5}\text{m}$$

15.5　晶体对 X 射线的衍射

15.5.1　X 射线（伦琴射线）

X 射线是一种波长极短的电磁波，其波长范围为 0.001～10nm，比可见光波长小得多。普通的光学光栅虽然可以用来测定光波波长，但因光栅常数限制，对波长极短的电磁波无法测定。

15.5.2　劳厄实验

1912 年，德国物理学家劳厄想到天然晶体本身可利用作为光栅，他进行了实验，圆满地获得了 X 射线的衍射图样，证实了 X 射线的波动性，开创了伦琴射线作晶体结构分析的重大应用。劳厄实验装置如图 15-19 所示。

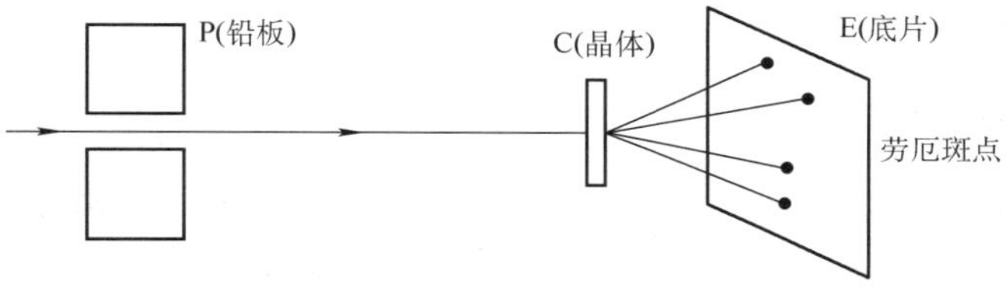

图 15-19　劳厄实验装置

15.5.3　布拉格方程

在劳厄实验不久，前苏联物理学家于利夫和英国物理学家布拉格父子分别提出另一种研究 X 射线的方法。为简单起见，假设晶体是由一种原子组成的，图 15-20 中（1）（2）（3）……表示一组互相平行的原子层（或晶面），各层之间的距离（晶面间距）为 d，设有一细束平行、相干、波长为 λ 的 X 射线投射在晶体上，发生散射。X 射线的散射与可见光不同，可见光只在物体表面上被散射，而 X 射线的散射一部分在表面原子层上被反射外，其余部分进入晶体内部，被内部各原子所散射，X 射线在晶体表面原子层上的散射和可见光一样，强度最大的散射方向是按反射定律反射的方向。设 φ 为入射 X 射线与晶面之间夹角，则强度最大的散射线与晶面的夹角也为 φ。这个结果对于其他各原子层上的散射线也适用，但来自于原子层反射线之间有光程差。如：来自（1）（2）两层反射线的光程差为

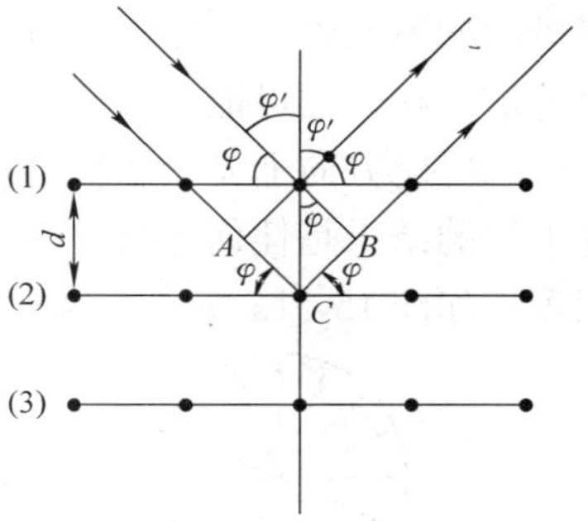

图 15-20　晶体对 X 射线的衍射

$$\delta = AC + CB = 2d\sin\varphi$$

这个结果对于任何两相邻原子层的反射线都适用，如果

$$2d\sin\varphi = k\lambda \quad (k=1,2,\cdots) \tag{15-14}$$

则各层反射线将互相加强，形成亮点。式（15-14）称为布拉格方程。

由布拉格方程看出，如果晶体结构（晶面间距为 d）为已知，则可测定 X 射线的波长。反之，如果 X 射线波长 λ 为已知，在晶体上衍射，则可测出晶面间距 d，从而可推出晶体结构。这种研究已经发展为一门独立的学科，叫作 X 射线结构分析。

由于发现 X 射线在晶体中的衍射现像，劳厄获得了 1914 年的诺贝尔物理学奖，而 1915 年度的诺贝尔物理学奖则授予了亨利·布拉格和劳伦斯·布拉格父子。

15.6 自然光与偏振光　马吕斯定律

光的干涉和衍射现象揭示了光的波动性，但还不能由此确定光是横波还是纵波，光的偏振现象证实了光的横波性。这些都是对光是电磁波的有力证明。

从光源的发光特点得知，光波由大量的光波列组成。仅对一列光波而言，光矢量 $\boldsymbol{E}$ 具有确定的振动方向，即具有偏振性。但是，由于光源内的不同原子或同一原子在不同时刻发出的光波列是彼此独立的，使得一束光中大量光波列的振动方向是随机的。一束光中 $\boldsymbol{E}$ 的振动方向的分布情况不同，称光处于不同的偏振态。根据光的偏振态大致分为三类，即自然光、部分偏振光和线偏振光。

15.6.1 自然光与偏振光

我们知道，在光波中每一点都有一振动的电场强度矢量 $\boldsymbol{E}$ 和磁场强度矢量 $\boldsymbol{H}$。$\boldsymbol{E}$、$\boldsymbol{H}$ 及光波传播方向是互相垂直的，我们通常把电场强度矢量 $\boldsymbol{E}$ 叫作光矢量。

1. 自然光

在垂直于波传播方向平面内的一切可能的方向上都具有光振动，而各个方向的光矢量振动均相等，这样的光称为自然光。

在除激光外的普通光源中，光是由构成光源的大量分子或原子发出的光波的合成。由于发光的原子或分子很多，不可能把一个原子或分子所发射的光波分离出来。因为每个分子或原子发射的光波是独立的，所以从振动方向上看，所有光矢量不可能保持一定的方向，而是以极快的不规则的次序取所有可能的方向，每个分子或原子发光是间歇的，不是连续的。一般地讲，在一切可能的方向上，都有光振动，并且没有一个方向比另外一个方向占优势，即在一切可能方向上光矢量振动都相等。因此，普通光源发出的光中含有各种方向的振动，统计平均的结果是任何方向上的光矢量 $\boldsymbol{E}$ 都不占优势，在所有可能方向上的光矢量的振幅都相等，如图 15-21a 所示。这种光称为自然光，又称为非偏振光，如太阳光、白炽灯光等。

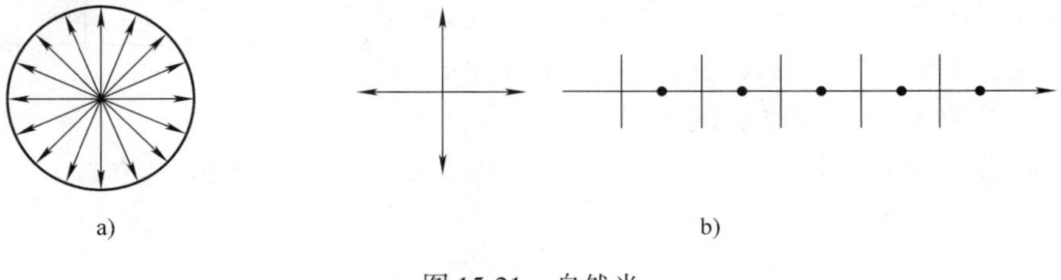

a)　　b)

图 15-21　自然光

自然光可用任意两个无固定相位关系的相互垂直而等幅的振动来表示，如图 15-21b 所示。图 15-21b 中短线和点分别表示平行和垂直于纸面方向的振动，对自然光，短线和点均等分布，表示两者对应的振动相等和能量相等。

2. 线偏振光和部分偏振光

由上可知，自然光可表示成两互相垂直的独立的光振动。实验指出，自然光经过某些物质反射、折射或吸收后，只保留沿某一方向的光振动。

通常我们把偏振光的振动方向与传播方向组成的平面称为振动面。

如果采用某种方法使一束光中只有一个方向的振动，则这样的光称为线偏振光或完全偏振光。由于线偏振光的光矢量 $\boldsymbol{E}$ 始终保持在一固定的振动面内，故线偏振光也称为平面偏振光，如图 15-22 所示。

如果一束光中虽然包含有各种方向的振动，但某一方向的光振动比与之互相垂直的方向的光振动占优势，这种光称为部分偏振光，如图 15-23 所示。一般地讲，部分偏振光可看成是自然光和线偏振光的混合。自然界中，天空中的散射光和湖面的反射光都是部分偏振光。

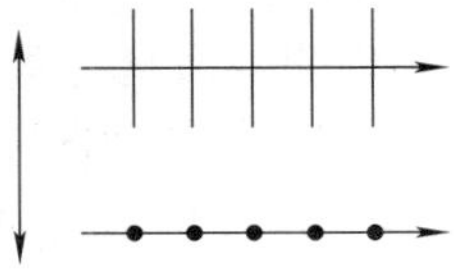

图 15-22　线偏振光

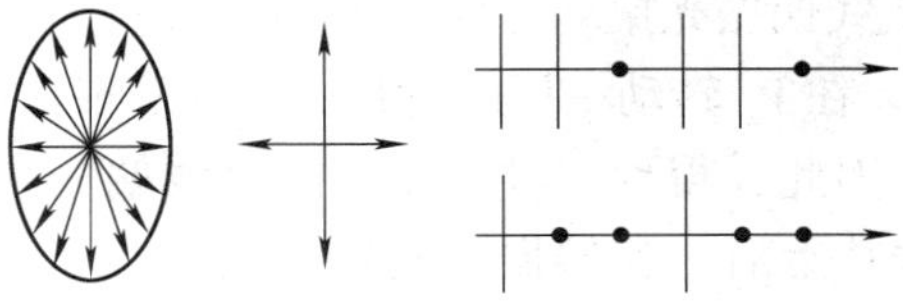

图 15-23　部分偏振光

需要说明的是：①线偏振光不只是包含一个分子或原子发出的波列，而会有众多分子或原子的波列中光振动方向都互相平行的成分；②偏振光不一定为单色光。

15.6.2　起偏和检偏　马吕斯定律

光是横波。在自然光中，由于一切可能的方向都有光振动，因此产生了以传播方向为轴的对称性。为了考虑光振动的本性，我们设法从自然光中分离出沿某一特定方向的偏振光，也就是把自然光改变为线偏振光。

1. 偏振片

某些晶体物质对不同方向的光振动有选择吸收的性能，即只允许沿某一特定方向的光振动通过，而与该方向垂直的所有振动或振动分量都不能通过，透过该物质的光便成为线偏振光。利用这种性质制成的光学元件，称为偏振片。允许光振动通过的那个特定方向称为偏振片的偏振化方向或透光轴方向，常用“↕”符号表示。如图 15-24 所示，自然光经偏振片 P 变成了线偏振光。

用偏振片获得线偏振光的过程，称为起偏。检验光波偏振态的过程，称为检偏。用于起偏或检偏的装置分别称为起偏器和检偏器。

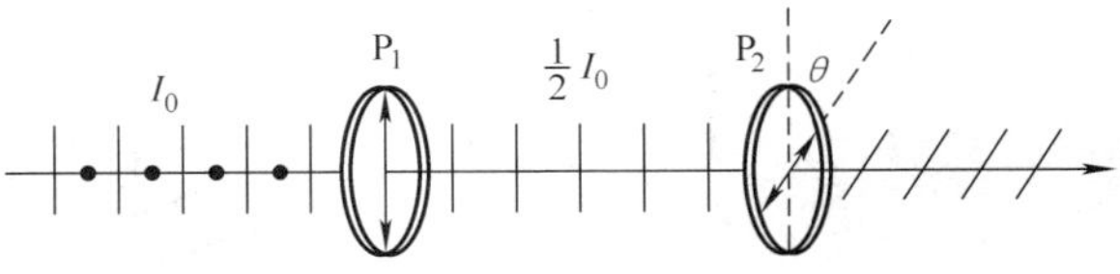

图 15-24　偏振片的起偏和检偏

偏振片可以作为起偏器，即无论入射光是自然光还是部分偏振光，透过偏振片的光均为线偏振光。如图 15-24 所示，P_1 为起偏器，它将自然光变成了线偏振光。由于自然光中两个相互垂直方向上的振动振幅相等，因此自然光通过 P_1 后光强变为原来的一半，即 $I_1 = I_0/2$。

2. 起偏和检偏

通常把能够使自然光成为线偏振光的装置称为起偏器。如图 15-24 中的偏振片 P_1 就属于起偏器。用来检验一束光是否为线偏振光的装置通常称为检偏器，偏振片也可以作为检偏器使用，例如：图 15-24 中 P_2 为检偏器。当以光的传播方向为轴旋转 P_2 时，则透射光将随偏振片的旋转作明暗变化，即：当偏振化方向与入射线偏振光的光振动方向平行时，透射光强最强；当偏振化方向与入射线偏振光的光振动方向垂直时，透射光强为零，称为消光。只有在线偏振光入射到偏振片上时，才会发生消光现象，因而这也就成为检验线偏振光的依据。

具体分析如图 15-25 所示。让一束线偏振光入射到偏振片 P_2 上，当 P_2 的偏振化方向与入射线偏振光的光振动方向相同时，则该线偏振光仍可继续经过 P_2 而射出，此时在屏幕 K 上可观察到最明情况；把 P_2 以入射光线为轴转动 α 角（$0<\alpha<\pi/2$）时，线偏振光的光矢量在 P_2 的偏振化方向有一分量能通过 P_2，可观测到明的情况（非最明）；当 P_2 转动 $\pi/2$ 时，则入射 P_2 上线偏振光振动方向与 P_2 偏振化方向垂直，故无光通过 P_2，此时可观测到最暗情况（消光）。在 P_2 转动一周的过程中，可发现：最明→最暗（消光）→最明→最暗（消光）。

因此，得到一种检验和区分线偏振光、自然光和部分偏振光的方法：当线偏振光入射到偏振片上后，在偏振片旋转一周（以入射光线为轴）的过程中，发现透射光两次最明和两次消光。但是，若是自然光入射到偏振片上，则以入射光线为轴转动一周，则透射光光强不变。若入射的为部分偏振光，则在以入射光线为轴转动一周的过程中，透射光有两次最明和两次最暗（但不消光）。

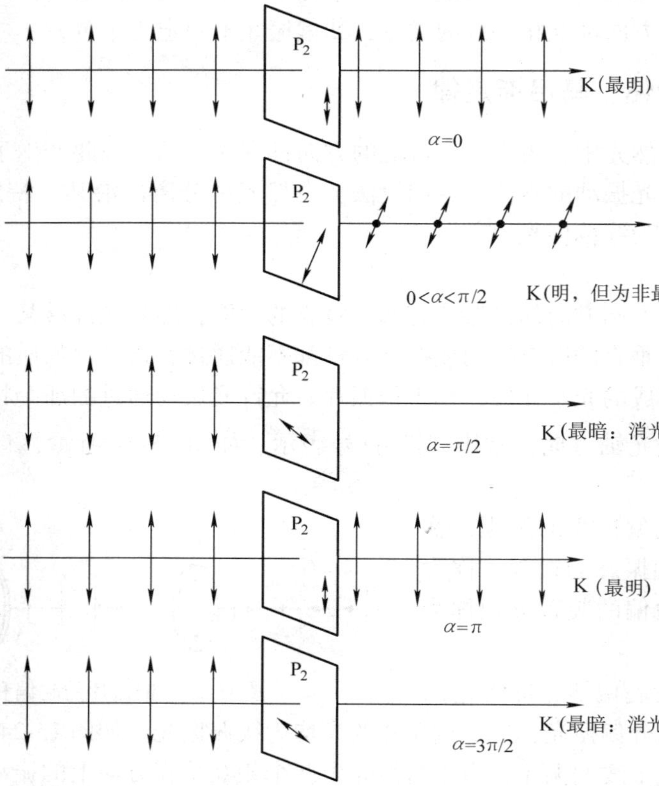

图 15-25 线偏振光检验

3. 马吕斯定律

如图 15-26 所示，当线偏振光入射到检偏器时，透过检偏器（P_2）的线偏振光强（I）与透过检偏器前线偏振光强（I_0）的关系如何？这就是马吕斯定律要研究的内容。

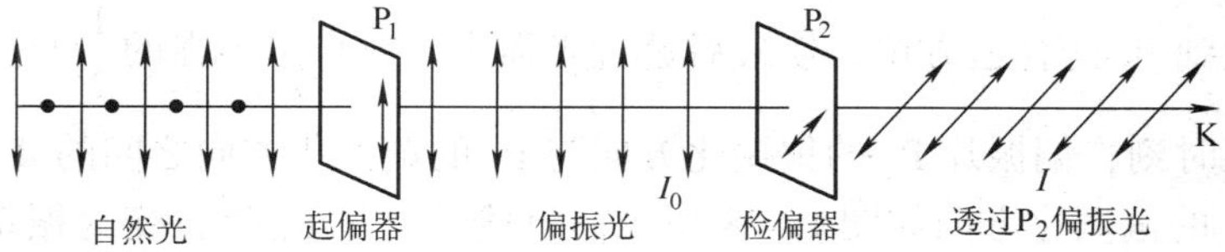

图 15-26　马吕斯定律光路

马吕斯定律是 1808 年由法国科学家马吕斯（E. L. Malus）从实验中发现的。该定律的内容是：强度为 I_0 的线偏振光入射到偏振片上，如果线偏振光的光振动方向与偏振片的偏振化方向的夹角为 α，则透过偏振片的线偏振光的强度为

$$I = I_0\cos^2\alpha \tag{15-15}$$

马吕斯定律表明：**透过一偏振片的光强等于入射线偏振光光强乘以入射偏振光的光振动方向与偏振片偏振化方向夹角余弦的平方。**

这个定律可证明如下：在图 15-27 中，自然光经 P_1 后变成线偏振光，光强为 I_0，光矢量振幅为 E_0。如图 15-27 所示，设 $\boldsymbol{E}_0$ 为入射线偏振光的光矢量，P 为偏振片的偏振化方向，两者夹角为 α。光振动 $\boldsymbol{E}_0$ 分解成与 P 平行及垂直的两个分矢量，标量形式分量为

$$\begin{cases} E_{/\!/} = E_0\cos\alpha \\ E_{\perp} = E_0\sin\alpha \end{cases}$$

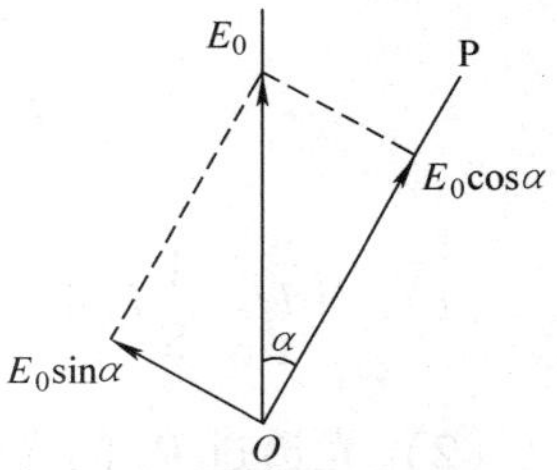

图 15-27　马吕斯定律推导

根据偏振片的特性，则透过偏振片的光振幅为 $E_0\cos\alpha$。设入射到 P 上的线偏振光光强为 I_0，透射光光强为 I，由于光强正比于光振动振幅的平方，因而有

$$I = E_0^2\cos^2\alpha = I_0\cos^2\alpha$$

当 $\alpha = 0°$或 180°时，$I = I_0$，透射光强最大；当 $\alpha = 90°$或 270°时，$I = 0$，透射光强为零；当 α 为其他值时，透过光强在最大和零之间。

偏振片的应用很广，可用于照相机的偏光镜，也可用于太阳镜，可制成观看立体电影的偏光眼镜，也可作为许多光学仪器中的起偏和检偏装置。

【例 15-6】　如图 15-28 所示，三个偏振片平行放置，P_1、P_3 偏振化方向垂直，自然光垂直入射到偏振片 P_1、P_2、P_3 上。问：

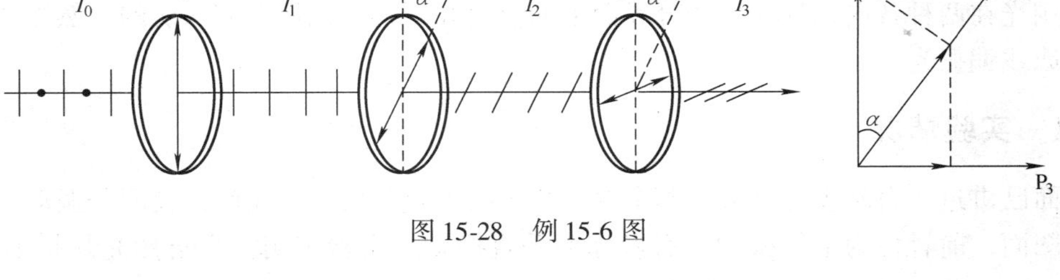

图 15-28　例 15-6 图

（1）当透过 P_3 光光强为入射自然光光强的$\frac{1}{8}$时，P_2 与 P_1 偏振化方向夹角为多少？

（2）透过 P_3 光的光强为零时，P_2 如何放置？

（3）能否找到 P_2 的合适方位，使最后透过光强为入射自然光强的$\frac{1}{2}$？

【解】 设某时刻，偏振片 P_2 的偏振化方向与 P_1 的偏振化方向之间的夹角为 α，此时偏振片 P_1、P_2、P_3 的偏振化方向如图 15-28 所示。自然光通过 P_1 后，变为振动方向平行于 P_1 的线偏振光，设光强为 I_1，则

$$I_1 = \frac{1}{2}I_0$$

根据马吕斯定律，光通过 P_2 后，其光强为

$$I_2 = I_1\cos^2\alpha = \frac{1}{2}I_0\cos^2\alpha$$

光通过 P_3 后，其光强为

$$I_3 = I_2\cos^2\left(\frac{\pi}{2} - \alpha\right) = \frac{1}{2}I_0\cos^2\alpha\sin^2\alpha = \frac{1}{8}I_0\sin^2 2\alpha$$

（1）当 $I_3 = \frac{1}{8}I_0$ 时，$\sin^2 2\alpha = 1 \Rightarrow \alpha = 45°$；

（2）光透过 P_3 的光强为零（$I_3 = 0$）时，P_2 的放置方位为

$$I_3 = \frac{1}{8}I_0\sin^2 2\alpha = 0 \text{ 时}，\sin^2 2\alpha = 0 \Rightarrow \alpha = 0° \text{或} 90°；$$

（3）$I_3 = \frac{1}{8}I_0\sin^2 2\alpha$，$I_3 = \frac{1}{2}I_0$ 时，$\sin^2 2\alpha = 4$，无意义。

所以找不到 P_2 的合适方位，使 $I_3 = \frac{1}{2}I_0$。

实际上，$I_3 = \frac{1}{8}I_0\sin^2 2\alpha$ 公式中，当 $\sin^2 2\alpha = 1$，即 $\alpha = 45°$时是最大光强 $I_{3\max} = \frac{1}{8}I_0$。

15.7 反射和折射时光的偏振　布儒斯特定律

利用光在两种各向同性介质的分界面上的反射和折射，也可以使入射的自然光变成部分偏振光或线偏振光。

15.7.1 实验情况

前面已讲过，自然光可分解为两个振幅相等的垂直分振动。在此，设两分振动在图面内及垂直图面，前者称为平行振动，后者称为垂直振动。实验表明，当自然光从折射率为 n_1

的介质以入射角 i 入射到折射率为 n_2 的介质表面上时，一般情况下，反射光和折射光都是部分偏振光，如图 15-29a 所示。在入射光线中，短线与点均等分布。反射光中垂直入射面的光振动多于平行入射面的光振动，而折射光中平行入射面的光振动多于垂直入射面的光振动，或者说，垂直于入射面的光振动比平行于入射面的光振动更容易发生反射。

15.7.2　布儒斯特定律

1812 年布儒斯特（D. Brewster）发现，反射光和折射光的偏振程度将随入射角的改变而改变。当入射角 i 等于某一特定值 i_0 且满足

$$\tan i_0 = \frac{n_2}{n_1} \tag{15-16}$$

时，反射光变成线偏振光，如图 15-29b 所示，光振动全部为垂直于入射面的振动，这表明平行于入射面的振动完全不能反射回第一种媒质中。式（15-16）称为布儒斯特定律。i_0 称为布儒斯特角或起偏振角。

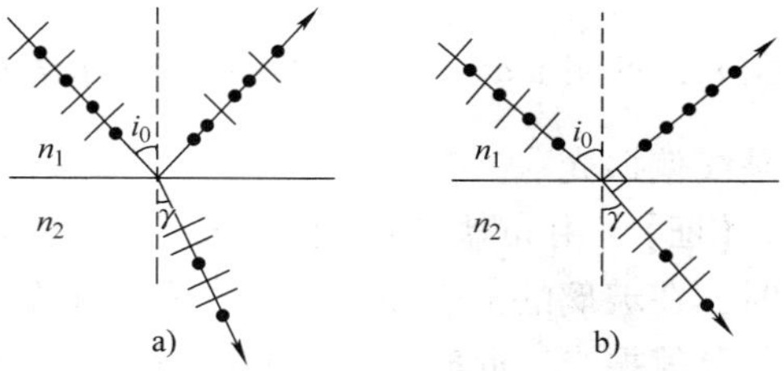

图 15-29　反射光和折射光的偏振

当光以布儒斯特角入射时，根据折射定律，入射角 i_0 满足

$$\frac{\sin i_0}{\sin\gamma} = \frac{n_2}{n_1}$$

或写成

$$n_1 \sin i_0 = n_2 \sin\gamma \tag{15-17}$$

式（5-17）与式（15-16）联立，可得

$$i_0 + \gamma = \frac{\pi}{2} \tag{15-18}$$

即当光以布儒斯特角入射时，反射光与折射光垂直。显然这一结论与布儒斯特公式是一致的，可以作为布儒斯特定律的另一种表述。此时，反射光为垂直入射面振动的线偏振光，而折射光仍为部分偏振光。折射光中平行入射面振动占优势，此时偏振化程度最高。外腔式气体激光器在两端有布儒斯特窗，其输出的激光就是线偏振光。

【例 15-7】　某一物质对空气的临界角为 45°，光从该物质向空气入射。求 i_0 = ?

【解】　设 n_1 为该物质折射率，n_2 为空气折射率，可有全反射定律为

$$\frac{\sin 45^\circ}{\sin 90^\circ} = \frac{n_2}{n_1}$$

又

$$\tan i_0 = \frac{n_2}{n_1}$$

所以

$$\tan i_0 = \frac{\sin 45^\circ}{\sin 90^\circ} = \frac{\sqrt{2}}{2},\ i_0 = 35.3^\circ$$

15.7.3　玻璃堆法（获得偏振光方法）

前面讲过，当 $i = i_0$ 时，折射光的偏振化程度最大（相对 $i \neq i_0$ 而言）。实际上，$i = i_0$

时，反射光为线偏振光，但折射光与线偏振光还相差很远。如：当自然光从空气射向普通玻璃上时，入射光中垂直振动的能量仅有15%被反射，其余85%以及全部平行振动的能量都折射到玻璃中，可见通过单个玻璃的折射光，其偏振化程度不高。为了获得偏振化程度很高的折射光，可令自然光通过多块平行玻璃（称为玻璃堆），使 $i=i_0$ 入射，因射到各玻璃表面的入射线均为起偏角，入射光中垂直振动的能量就有15%被反射，而平行振动能量全部通过。所以，每通过一个面，折射光的偏振化程度就均加一次，如果玻璃数目足够多，则最后折射光就接近于线偏振光。

【例15-8】 一束自然光自空气射向一块平板玻璃，如图15-30所示。设入射角为布儒斯特角 i_0，证明 $\tan\gamma=\dfrac{n_1}{n_2}$，即在玻璃的下表面的反射光也是线偏振光。

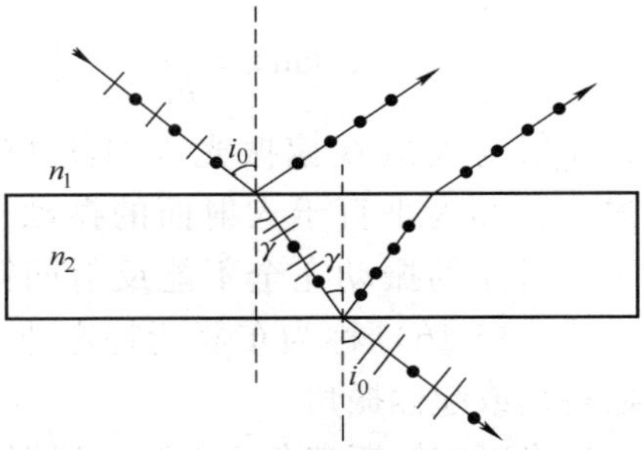

图15-30 例15-8图

【证】 由布儒斯特定律知，当以布儒斯特角入射时，在玻璃的上表面的反射光为线偏振光，折射光为部分偏振光，此时反射光和折射光相互垂直，即有

$$i_0+\gamma=\frac{\pi}{2}$$

而在平板玻璃的下表面也会出现反射光和折射光，此时的入射角为 γ，而折射角为 i_0，显然上式仍然成立，即在玻璃下表面的反射光也是线偏振光。

此结论亦可通过布儒斯特公式证明：

由式（15-18）可得

$$\tan i_0=\tan\left(\frac{\pi}{2}-\gamma\right)=\frac{1}{\tan\gamma}=\frac{n_2}{n_1}$$

即

$$\tan\gamma=\frac{n_1}{n_2}$$

可见，γ 是光从玻璃中向空气界面入射时的起偏角，仍然满足布儒斯特定律，由此证明在平板玻璃的下表面的反射光也是线偏振光。

由上面的例题可获得在透射光中得到线偏振光的方法。如图15-31所示，当自然光以 i_0 入射到平行玻璃堆时，所有反射光均为完全偏振光。对透射光而言，由于每次均有一定量的垂直于入射面的振动被反射掉，则当光经过足够多层的平板玻璃后，透射光就非常接近于光振动平行于入射面的线偏振光了。

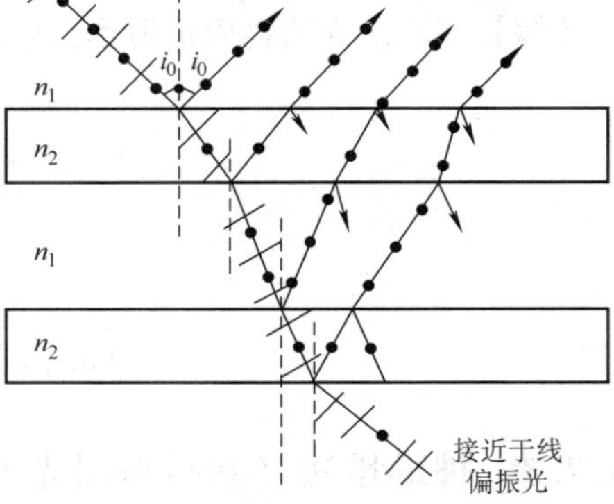

图15-31 玻璃堆法

【例15-9】 如图15-32所示，用自然光或偏振光分别以起偏角 i_0 或其他角 i（$i\neq i_0$）射到某一玻璃表面上，试用点或短线表明反射光和折射光光矢

量的振动方向。

【解】 结果如图 15-32 所示。

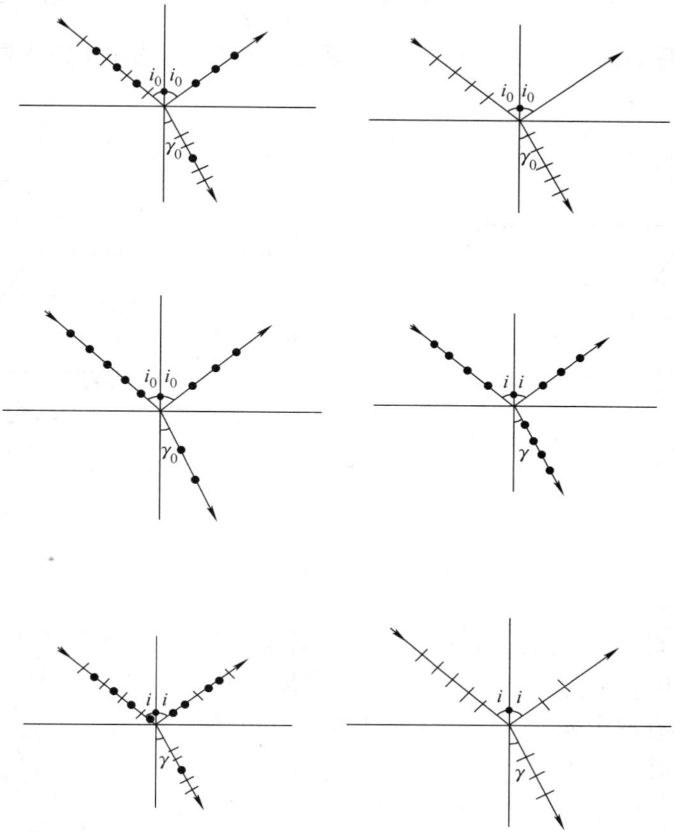

图 15-32　例 15-9 图

*15.8　光的双折射

15.8.1　光的双折射现象

1. 双折射现象

当一束光在两种同性介质（如玻璃、水等）的分界面上折射时，折射光只有一束，这是为人们所熟知的，并且满足光的折射定律。当一束光射入各向异性的介质（如方解石晶体，其化学成分为碳酸钙 $CaCO_3$）中，折射光为两束，此种现象称为双折射现象，如图 15-33 所示。如果入射光束足够细，晶体足够厚，折射光束完全可以分开。（立方晶系是各向同性的，不可能产生双折射，如 NaCl 晶体）

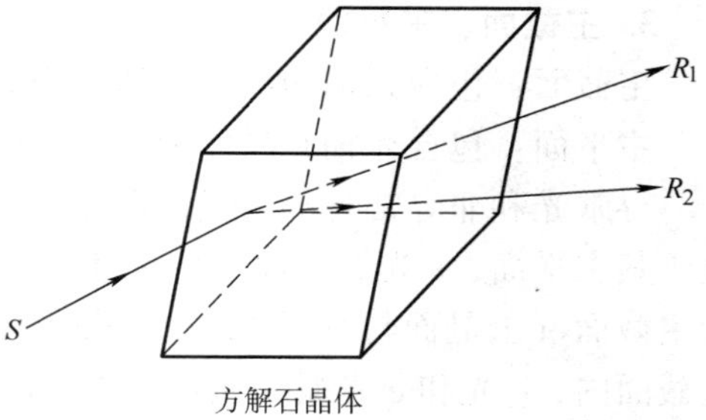

图 15-33　双折射现象

2. 寻常光和非寻常光

实验表明，当改变入射角 i 时，两束折射光之一恒满足折射定律，这束光称为寻常光，通常用 o 表示，简称 o 光；另一束光不遵从折射定律，它不一定在入射面内，且入射角 i 改变时，$\frac{\sin i}{\cos\gamma}$也不是一个常数，这束光称为非寻常光，用 e 表示，简称 e 光。如图 15-34 所示，即使 $i=0$ 时，e 光也不沿入射光方向。

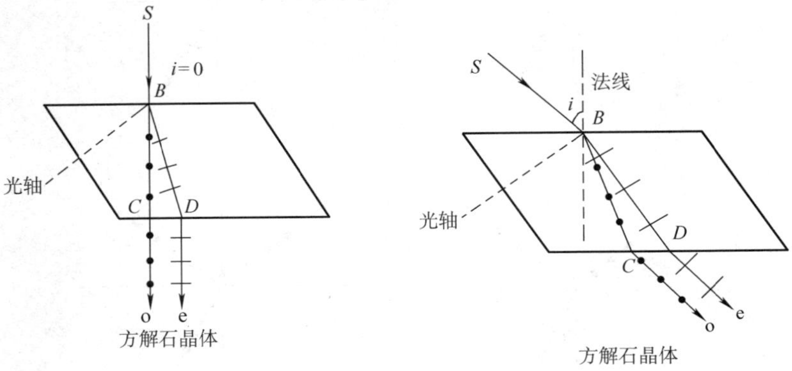

图 15-34　o 光和 e 光

产生双折射的原因：o 光和 e 光在晶体中传播速度不同，o 光在晶体中各个方向的传播速度相等，而 e 光传播速度却随方向而变化。在各向异性晶体中每一方向都有两个光速，一是 o 光速度，另一是 e 光速度。在一般情况下，这两个速度不相等。但是，晶体中有这样一个方向，沿此方向，o、e 两光速度相等，该方向称为晶体的光轴。如：方解石的天然结构平行六面体，它的每个面上的锐角都是 78°，每个面上的钝角为 102°（更精确的是 78°7′和 101°53′）。当各棱边长度相等时，则 A、B 两顶点的直线方向就是光轴方向，如图 15-35 所示。注意：光轴不是唯一的一条直线，是代表一个方向，与 A、B 连线平行的所有直线都可代表光轴方向。只有一个光轴的晶体（如方解石、石英）称为单轴晶体，有些晶体（如云母、硫黄等）具有两个光轴，称双轴晶体。为简单起见，在此仅讨论单轴晶体。

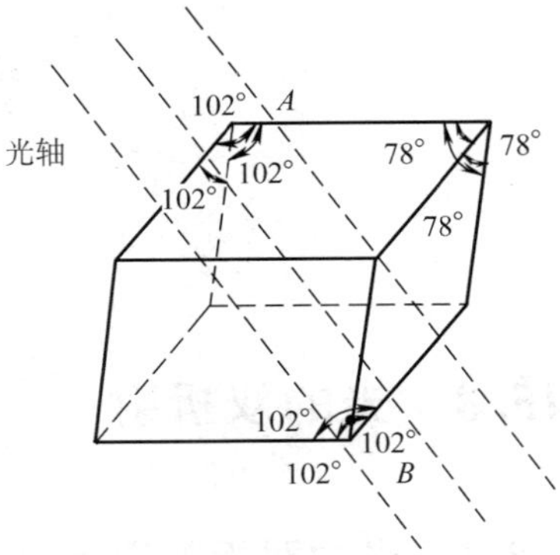

图 15-35　光轴方向

3. 主截面、主平面

主截面：包含光轴和任一天然晶面法线的平面。

主平面：包含光轴和晶体中任一光线（o 光或 e 光）的平面。

寻常光和非寻常光都是线偏振光，这可用检偏器来验证。检验结果发现，o 光振动面垂直于其主平面，e 光振动面平行于其主平面。如图 15-34 所示，当光轴与纸面垂直时，纸面为主截面（上晶面与纸面垂直），此时入射面与主截面重合，此时 o 光和 e 光的主平面都在主截面内，o 光和 e 光振动互相垂直。注意：在一般情况下，o 光和 e 光的主截面有一个不大的夹角，因此，o 光和 e 光的振动不完全垂直。

15.8.2　惠更斯原理在双折射中的应用

o 光在单轴晶体中传播速度相同，所以从晶体中一点光源发出的 o 光的波阵面是球面；e 光传播速度随方向而变，所以它的波阵面不是球面，可以证明是椭球面，如图 15-36 所示。因为在光轴上 o 光和 e 光的传播速度相同，所以球面与椭球面相切于光轴 A、B 两点。AB 就是椭球面的旋转轴。假设图中球面和椭球面是从 A 点发出的光传播的。从图中可知，在垂直光轴方向 o 光与 e 光速度差最大。对有些晶体 $v_o > v_e$，称正轴晶体（如石英）；对另一些晶体 $v_o < v_e$，称负轴晶体（如方解石）。设 c 为光速（真空中），则晶体的主折射率可以定义为

$$n_o = \frac{c}{v_o}\text{:晶体对 o 光折射率} \tag{15-19}$$

$$n_e = \frac{c}{v_e}\text{:晶体对垂直光轴方向的 e 光折射率} \tag{15-20}$$

因此，对于石英这样的正轴晶体 $v_o > v_e$，$n_o < n_e$；而对于方解石这样的负轴晶体 $v_o < v_e$，$n_o > n_e$。

当 $i = 0$、垂直光轴入射时，o、e 光重合，但速度不同，如图 15-37 所示。

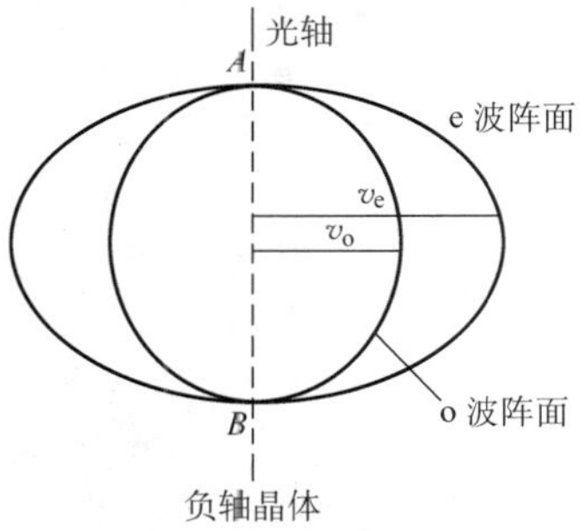

图 15-36　正轴晶体与负轴晶体

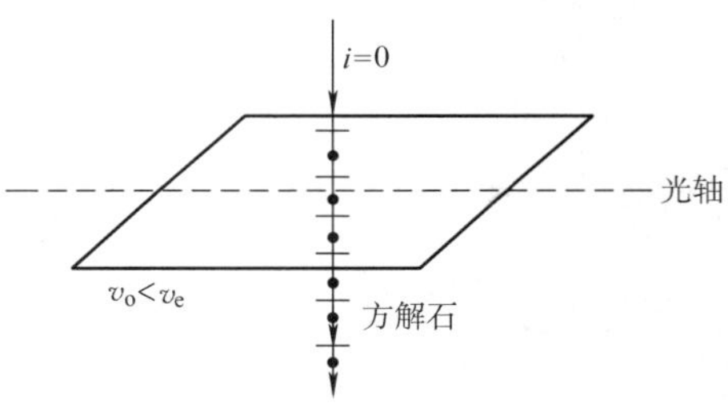

图 15-37　垂直光轴入射

15.8.3　尼科耳棱镜原理

尼科耳棱镜（简称尼科耳）和偏振片一样，用来起偏和检偏，是一种光学仪器，结构和原理如下：如图 15-38 所示，取一方解石晶体，它的长度约等于其厚度的 3 倍，天然方解石的两个端面与底面成 71°角，即平行四边形 $A'CN'M$ 的两对角为 71°，把两端面磨掉一部分，使与底边成 68°角，即平行四边形 $A'CN'M$ 成为 $ACNM$，然后将晶体沿垂直于 $ACNM$ 及两端面剖面磨光并用加拿大树胶黏合起来，即成为尼科耳棱镜。光轴在 $ACNM$ 平面内，与 AC 成 48°角。入射光 SI 平行于棱镜的边长 CN，入射面为 $ACNM$，入射光进入棱镜后分解为 o 光和 e 光，因为入射面和主截面重合，所以 o 光和 e 光的主平面都在主截面内。图 15-39 所示是光射入尼科耳棱镜后的情形，对于 o 光而言，它在加拿大树胶上入射角为 76°，加拿大树胶折射率 $n = 1.550$，而方解石对 o 光的折射率 $n_o = 1.658$，此时 o 光

是从光密到光疏入射，而入射角 76°又大于临界角 69.15°，所以 o 光在加拿大树胶层上受到全反射，反射到 CN 面上，此面涂墨，可以把它吸收掉。但是对于 e 光而言，因为方解石对 e 光的折射率为 1.4864，小于加拿大树胶的折射率 1.550，所以 e 光在加拿大树胶层上不能全反射，故它通过树胶从棱镜射出，所以从尼科耳棱镜射出的光是线偏振光，其振动面就是主截面。

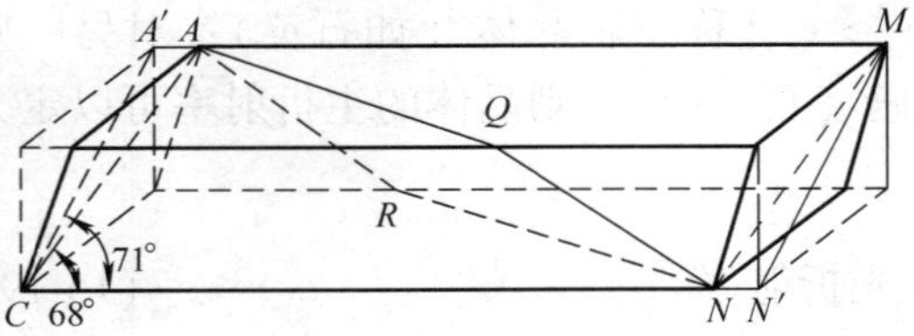

图 15-38 尼科耳棱镜结构

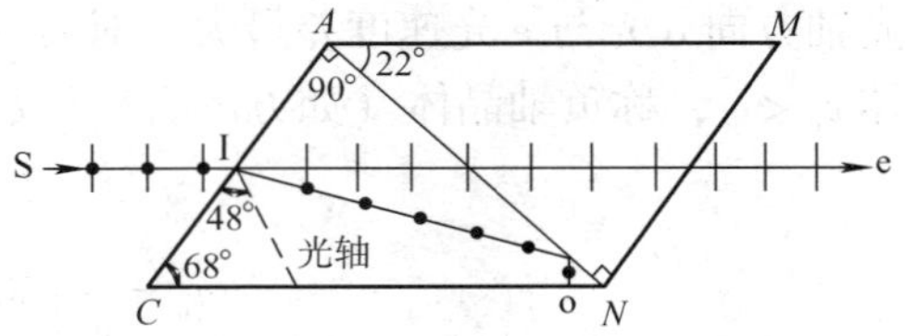

图 15-39 尼科耳棱镜对光的折射

尼科耳棱镜和偏振片一样，不仅可以作为起偏器，而且可以作为检偏器，如图 15-40 所示。

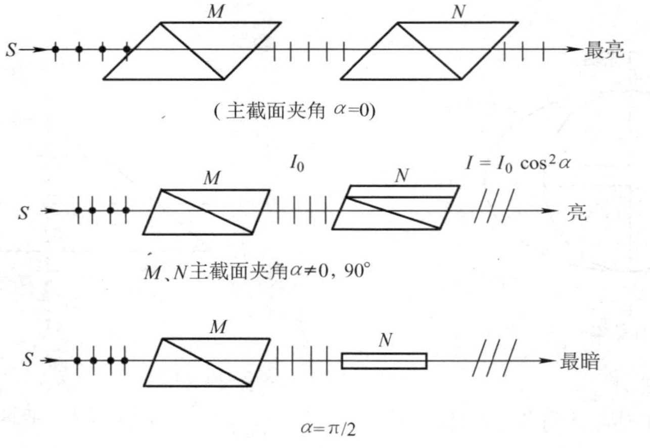

图 15-40 尼科耳棱镜检偏

15.8.4 二向色性

对 o 光和 e 光有选择性吸收，这种性能称为二向色性。

有的矿物在白光照射下，从某一方向看去透射光是一种颜色，从另一方向看去则是另一种的颜色，此即二向色性。这些矿物或有机化合物有吸收自然光的两种垂直振动之一的本领，可作起偏器用。但此种物体往往也要吸收一部分透射光，故出来的光是有颜色的，这种晶体即二向色性晶体。例如，蓝宝石晶体顺其柱体延长方向呈蓝绿色，垂直延长方向呈蓝色。

本章逻辑主线

惠更斯－菲涅耳原理

波在介质中传播时，波前上每一点都是发射球面子波的波源，空间任一点的振动是所有这些子波在该点的相干叠加，其合振幅为

$$E = \int_S C \frac{K(\varphi)}{r} \cos\left(\omega t - \frac{2\pi}{\lambda}\right) \mathrm{d}S$$

光的衍射

夫琅禾费单缝衍射：

$$a\sin\varphi = \begin{cases} 0 & \text{中央明纹中心} \\ \pm k\lambda & \text{暗条纹中心} \\ \pm(2k+1)\dfrac{\lambda}{2} & \text{明条纹中心} \end{cases}$$

光栅衍射：

光栅公式：$d\sin\varphi = \pm k\lambda$，$k = 0, 1, 2, 3, \cdots$明纹

光栅明纹缺级的 k 满足

$$k = \pm \frac{d}{a} k', \quad k' = 1, 2, 3, \cdots$$

夫琅禾费圆孔衍射：

艾里斑衍射半角宽度为 $\theta_1 = 1.22 \dfrac{\lambda}{D}$

仪器分辨本领的瑞利判据：当一个艾里斑的中心正好落在另一个艾里斑的边缘（即第一级暗环）处，就认为这两个艾里斑恰好能被分辨。最小分辨角 $\delta\theta = 1.22 \dfrac{\lambda}{D}$

光的偏振性

1. 光矢量相对于光的传播方向的非对称性称为光的偏振性。
2. 根据光的偏振性可将光分为自然光、部分偏振光、椭圆偏振光和线偏振光。
3. 马吕斯定律：$I = I_0 \cos^2 \alpha$
4. 布儒斯特定律：$\tan i_0 = \dfrac{n_2}{n_1}$

扩展思维

液　晶

一、液晶（liquid crystal）概述

液晶态或介晶态是晶体固体与正常的各向同性液体之间的中间态，它具有两者的一些特

性，即具有类似晶态的分子排布的较高程度的有序性，又具有类似液态的可流动性。可以出现液晶态的主要是一些有机高分子材料，实践和理论表明那些具有不对称几何形状分子(如细长棒状、平板状装或盘状分子)，分子又具有一定的刚性（如分子中含有多重键、苯环等)，且分子之间具有适当大小的相互作用力（一般含有极性或易极化的基团等）的一类有机高分子材料在从晶态向液态转化的过程中，分子之间的长程有序排列很难立即转化为短程有序排列，因此会出现一个过渡状态——液晶态。

据统计，大约有5%的有机物中可呈现液晶态。这类化合物的晶体被加热时，达到熔点后首先形成混浊的液体，当温度进一步升高到熔点之上的某一温度时熔体突变为各向同性的透明液体，其相应的转变温度称为清亮点。在熔点和清亮点之间的温度范围内，物质为各向异性的熔体，即液晶态。清亮点的高低和熔点到清亮点之间的温度范围对不同物质是不同的。

在熔点到清亮点的温度范围内，物质处于不同于各向同性液体的中介相，物质在中介相具有强烈的各向异性的物理性质，同时又能像普通液体那样具有流动性，我们把这种中介相称为液晶相。具有液晶相的物质被称为液晶。液晶物质并不是总处于液晶相，只有在一定的物理条件下，才能显示出液晶的物理特性。

液晶显示材料最常见的用途是电子表和计算器的显示板。为什么会显示数字呢？原来这种液态光电显示材料，利用液晶的光电效应把电信号转换成字符、图像等可见信号。液晶在正常情况下，其分子排列有序，显得清澈透明，一旦加上直流电场后，分子的排列被打乱，一部分液晶变得不透明，颜色加深，因而能显示数字和图像。

液晶的光电效应是指它的干涉、散射、衍射、旋光、吸收等受电场调制的光学现象。

一些有机化合物和高分子聚合物，在一定温度或浓度的溶液中，既具有液体的流动性，又具有晶体的各向异性，这就是液晶。液晶光电效应受温度条件控制的液晶称为热致液晶；溶致液晶则受控于浓度条件。显示用液晶一般是低分子热致液晶。

根据液晶会变色的特点，人们利用它来进行温度指示、毒气报警等。例如，液晶能随着温度的变化，使颜色从红变绿、蓝。这样可以指示出某个实验中的温度。液晶遇上氯化氢、氢氰酸之类的有毒气体也会变色。

液晶种类很多，通常按液晶分子的中心桥键和环的特征进行分类。目前已合成了一万多种液晶材料，其中常用的液晶显示材料有上千种，主要有联苯液晶、苯基环已烷液晶及酯类液晶等。液晶显示材料具有明显的优点：驱动电压低，功耗微小，可靠性高，显示信息量大，彩色显示，无闪烁，对人体无危害，生产过程自动化，成本低廉，可以制成各种规格和类型的液晶显示器，便于携带等。由于这些优点，用液晶材料制成的计算机终端和电视可以大幅度减小体积。液晶显示技术对显像产品的结构产生了深刻影响，促进了微电子技术和光电信息技术的发展。

二、液晶的历史

早在1850年，普鲁士医生鲁道夫·菲尔绍（Rudolf Virchow）等人就发现神经纤维的萃取物中含有一种不寻常的物质。1877年，德国物理学家奥托·雷曼（Otto Lehmann）运用偏光显微镜首次观察到了液晶化的现象，但他对此现象的成因并不了解。

1888年，奥地利植物学家斐德烈·莱尼泽（Friedrich Reinitzer）加热了安息香酸胆固醇脂（Cholesteryl Benzoate)，意图研究胆固醇在植物内的角色，他意外发现此化合物有两个熔点。当加热至 145.5℃时，固体会熔化，呈现出带有光彩的混浊物，而一切纯净物质熔化时却是透明的。温度升到 178.5℃后，光彩消失，液体透明，此澄清液体稍微冷却，混浊又复出现，瞬间呈现蓝色，又在结晶开始的前一刻，颜色是蓝紫的。

莱尼泽反复确定他的发现后，向德国物理学家雷曼（O. Lehmann）请教。当时雷曼建造了一座具有加热功能的显微镜去探讨液晶降温结晶的过程，后来更加上了偏光镜，正是深入研究莱尼泽的化合物的最佳仪器。而从那时开始，雷曼的精力完全集中在该类物质。他发现，此黏稠的半流动性乳白色液体化合物，具有各向异性结晶所特有的双折射率（birefringence）的光学性质，即光学各向异性（optical anisotropic）。这种具有晶体性质的处于“中间地带”的混浊液体，好比是既不像马又不像驴的骡子，所以有人称它为有机界的“骡子”。雷曼初时称之为软晶体，然后改称晶态流体，最后深信偏振光性质是结晶特有，流动晶体的名字才正确。此后，科学家将此新发现的相态，称为物质的第四态——液晶（liquid crystal）。它在某一特定温度的范围内，会同时具有液体及固体的特性。莱尼泽和雷曼后来被誉为液晶之父。液晶自被发现后，人们并不知道它有何用途，直到 1968 年，人们才把它作为电子工业的材料。

由嘉德曼（L. gattermann）、利区克（A. Ristschke）合成的氧偶氮醚，也是被雷曼鉴定为液晶的。但在 20 世纪，有名的科学家如坦曼（G. tammann）都以为雷曼等的观察，只是极微细晶体悬浮在液体形成胶体的现象。涅斯特（W. Nernst）则认为液晶只是化合物的互变异构物的混合物。

三、液晶的物理特性

当通电时导通，排列变得有秩序，使光线容易通过；不通电时排列混乱，阻止光线通过。让液晶如闸门般地阻隔或让光线穿透，从技术上简单地说，液晶面板包含了两片相当精致的无钠玻璃素材，中间夹着一层液晶。当光束通过这层液晶时，液晶本身会排排站立或扭转呈不规则状，因而阻隔或使光束顺利通过。大多数液晶都属于有机聚合物，由长棒状的分子构成。在自然状态下，这些棒状分子的长轴大致平行。将液晶倒入一个加工精良的开槽平面，液晶分子会顺着槽排列，所以假如那些槽非常平行，则各分子也是完全平行的。

四、液晶的分类

液晶的分类有很多种，如可依照分子量的高低、生成条件或分子排列的方式来划分。

（一）依照分子量的高低划分

如果依分子量的高低来分，可以分成高分子液晶（polymer liquid crystal，聚合许多液晶分子而成）与低分子液晶两种。

（二）依照液晶的生成条件划分

根据液晶的生成条件，可把它分为两类：溶致液晶和热致液晶。

1. 溶致液晶

溶致液晶是一种包含溶剂化合物在内的两种或多种化合物形成的液晶，是在溶液中溶质分子浓度处于一定范围内时出现液晶相，它的溶剂主要是水或其他极性分子液剂。溶致液晶中的长棒形溶质分子的长宽比在 15 左右。这种液晶中引起分子排列长程有序的主要原因是溶质与溶剂分子之间的相互作用，而溶质分子之间的相互作用是次要的。生物膜具有溶质液晶的特征。

当溶致液晶的分子溶于溶剂中时，如果浓度很低，分子便杂乱地分布于溶剂中而形成各向同性的溶液，不过当浓度升高大于某一临界浓度时，由于分子已没有足够的空间来形成杂乱的分布，部分分子开始聚集形成较规则的排列，以减少空间的阻碍，因此形成各向异性（anisotropic）的溶液。所以溶致液晶的产生就是液晶分子在适当溶剂中达到某一临界浓度时，便会形成液晶态。溶致液晶有一个最好的例子，就是肥皂。当肥皂泡在水中并不会立刻便成液态，而其在水中泡久了之后，所形成的乳白状物质，就是它的液晶态。

2. 热致液晶

热致液晶在温度和压力变化时，将发生相变。主要因温度的变化而在单元系中出现的液晶称之为热致液晶。其特点是，在温度由低向高变化时，在从固态转变为液态之前，经历了一个或多个的中间态。热致液晶可通过温度改变而获得。

热致液晶是指由单一化合物或由少数化合物的均匀混合物形成的液晶。典型的长棒形热致液晶的摩尔量一般在 $200\sim500\mathrm{g\cdot mol^{-1}}$，分子的长宽比在 $4\sim8$ 之间。

（三）依照液晶态中分子聚集排列的方式划分

根据液晶态中分子聚集排列的方式不同，液晶的结构大体上可划分为以下三种类型：层状相液晶、丝状相液晶、螺状相液晶。

（1）层状相（sematic phase）液晶　近晶相液晶分子呈棒状，如图 15-41 所示，其结构非常近似于晶体，所以称作近晶相。其分子排列成层，每层分子长轴方向是一致的，但分子长轴与层面都成一定的角度，所以又称层状液晶。层的厚度约等于分子的长度，各层之间的距离可以变动。由于层与层间键的结合力弱，会因为温度而断裂，所以层与层间较易滑动。但是每一层内的分子键的结合力较强，不易被打断，因此就其单层来看，其排列不仅有序而且黏度较大。

近晶相液晶具有正性双折射性，因此，近晶相液晶显示器件比向列相液晶显示器件的特性更优越。

（2）丝状相（nematic phase）液晶　Nematic 这个词是希腊文，代表的意思与英文的 thread 是一样的。主要是因为用肉眼观察这种液晶时，看起来会有像丝线一般的图像。这种液晶分子在空间上具有一维的规则性排列，如图 15-42 所示，所有棒状液晶分子长轴会选择某一特定方向（也就是指向矢）作为主轴并相互平行排列，而且不像层状液晶一样具有分层结构。这种丝状液晶的排列比较无序，其有序参数 S 比层状型液晶小。另外，分子短程相互作用比较弱，其排列和运动比较自由，分子这种排列状态使其黏度小、流动性强。

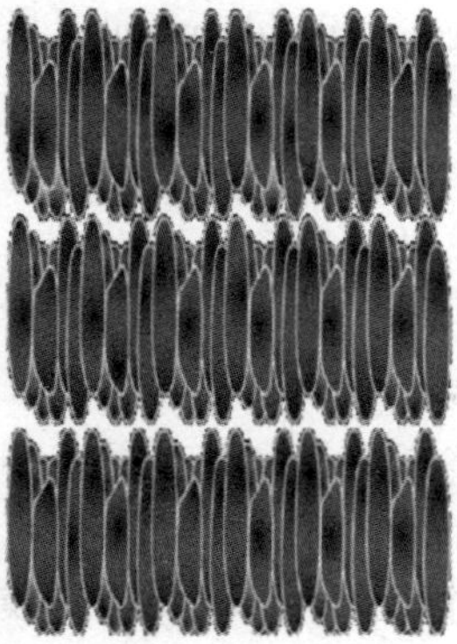

图 15-41　近晶相液晶结构示意图

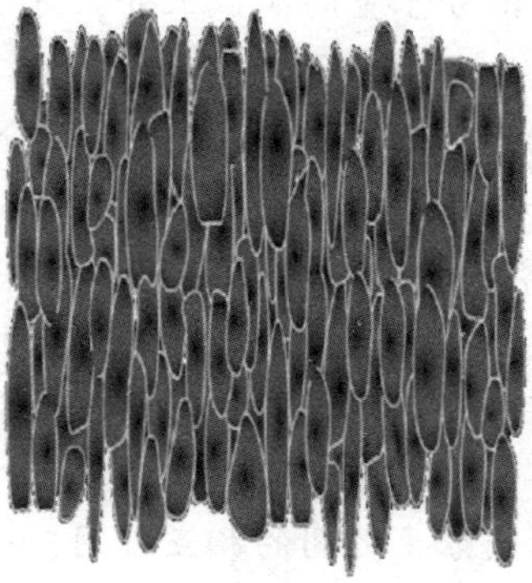

图 15-42　向列相液晶结构示意图

向列相液晶的主要特点是具有单轴晶体的光学性质，对外界作用非常敏感，是液晶显示器件的主要材料。

（3）螺状相（cholesteric phase）液晶 如图 15-43 所示，它的分子呈扁平层状排列，分子长轴平行层平面，层内各分子长轴互相平行（对应方向），相邻两层内的分子长轴方向有微小扭转角，各层分子指向矢沿着层的法线方向连续均匀旋转，使液晶整体结构形成螺旋结构，螺旋扭转 360°的两个层面的距离叫作螺距（pitch），用 P 表示，通常 P 为 102nm 的数量级。因为胆固醇液晶具有手征性，且它的每一层都跟丝状液晶很像，所以也叫作手性丝状相（chiral nematic phase）。对胆固醇液晶而言，垂直于指向矢方向分布的液晶分子，由于其指向矢的不同，就会有不同的光电特性。

这种螺旋状结构的胆甾相液晶具有明显的旋光性、圆偏振光二向色性以及选择性光散射等特殊光学性质。因此，常将胆甾相液晶作为控制液晶分子排列的添加剂或直接作为变色液晶膜。

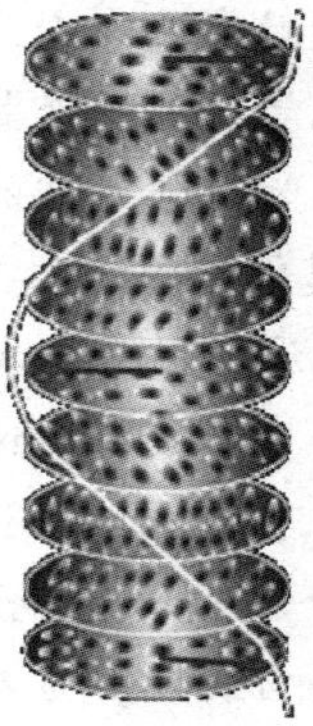

图 15-43 胆甾相液晶结构示意图

五、液晶的光电特性

由于液晶分子的结构为各向异性，所以所引起的光电效应就会因为方向不同而有所差异，简单地说也就是液晶分子在介电系数及折射系数等光电特性方面都具有各向异性，因而我们可以利用这些性质来改变入射光的强度，以便形成灰阶，应用于显示器组件上。下面我们讨论液晶的光电特性。

1. 介电常数 ε（permittivity）

我们可以将介电系数分成两个方向的分量：$\varepsilon_{/\!/}$（与指向矢平行的分量）与 $\varepsilon_{\perp}$（与指向矢垂直的分量）。当 $\varepsilon_{/\!/}>\varepsilon_{\perp}$ 时，称这种液晶为正型液晶，可以用在平行配位。而 $\varepsilon_{/\!/}<\varepsilon_{\perp}$，则称之为负型液晶，只可用在垂直配位才能有所需要的光电效应。当有外加电场时，液晶分子会因介电常数各向异性为正或是负值，来决定液晶分子的转向是平行还是垂直于电场，进而决定光的穿透与否。现在薄膜场效应晶体管液晶显示器（TFTLCD）上常用的 TN 型液晶大多是属于介电常数正型的液晶。当介电常数异方性 $\Delta\varepsilon(=\varepsilon_{/\!/}-\varepsilon_{\perp})$ 越大的时候，则液晶的临界电压（threshold voltage）就会越小。这样一来液晶便可以在较低的电压下操作。

2. 折射率（refractive index）

由于液晶分子大多由棒状或是碟状分子所形成，因此跟分子长轴平行或垂直方向上的物理特性会有一些差异，所以液晶分子也被称作是异方性晶体。与介电常数一样，折射率也依照与指向矢垂直与平行的方向，分成两个方向的向量，分别为 $n_{/\!/}$ 与 $n_{\perp}$。

此外对单光轴（uniaxial）的晶体来说，原本就有两个不同折射系数的定义。一个为 n_o，它是寻常光（ordinary ray）的折射率，所以简写成 n_o，寻常光光波的电场分量是垂直于光轴的。另一个则是 n_e，是非寻常光（extraordinary ray）的折射系数，非寻常光光波的电场分量是平行于光轴的。双折射率（birefrigence）为上述的两个折射率的差值：$\Delta n=n_e-n_o$。

依照上面所述，对近晶相液晶、向列相液晶及胆甾相液晶而言，由于其液晶分子长得像棒状，所以其指向矢的方向与分子长轴平行。再参照单光轴晶体的折射率定义，它会有两个折射率，分别为垂直于液晶长轴方向 $n_{\perp}$（$=n_e$）及平行液晶长轴方向 $n_{/\!/}$（$=n_o$）两种，所以当光入射液晶时，便会受到两个折射率的影响，造成在垂直液晶长轴与平行液晶长轴方向上的光速会有所不同。

当光的行进方向与分子长轴平行时的速度小于垂直于分子长轴方向的速度时，平行分子长轴方向的折射率大于垂直方向的折射率（因为折射率与光速成反比），也就是 $n_e - n_o > 0$。所以双折射率 $\Delta n > 0$，我们把它称作是光学正型的液晶，而近晶相液晶与向列相液晶几乎都是属于光学正型的液晶。反之，双折射率 $\Delta n < 0$ 时，我们称之为光学负型的液晶，而胆甾相液晶多为光学负型的液晶。

3. 其他特性

对于液晶的光电特性来说，除了上述的两个重要特性之外，还有许多不同的特性。比如弹性常数（elastic constant），它包含了三个主要的常数，分别是：κ_{11}，斜展（splay）弹性常数；κ_{22}，扭曲（twist）弹性常数；κ_{33}，弯曲（bend）弹性常数。另外像黏度（viscosity η），则会影响液晶分子的转动速度与反应时间（response time），其值越小越好。此特性受温度的影响最大。另外还有磁化率（magnetic susceptibility），也因为液晶的异方性关系，分成 $c_{/\!/}$ 与 $c_{\perp}$。而磁化率异方性则定义成 $\Delta c = c_{/\!/} - c_{\perp}$。此外还有电导率（conductivity）等光电特性。

液晶特性中最重要的就是液晶的介电常数与折射率。介电常数是液晶受电场的影响决定液晶分子转向的特性，而折射系数则是光线穿透液晶时影响光线行进路线的重要参数。液晶显示器利用液晶本身的这些特性，适当的利用电压来控制液晶分子的转动，进而影响光线的行进方向，来形成不同的灰阶，作为显示影像的工具。

六、液晶显示器

液晶显示器，或称 LCD（Liquid Crystal Display），为平面超薄的显示设备，它由一定数量的彩色或黑白像素组成，放置于光源或者反射面前方。第一台可操作的 LCD 是基于动态散射模式（Dynamic Scattering Mode，DSM）由乔治·海尔曼小组研究开发的。海尔曼创建了奥普泰公司，生产了一系列基于这种技术的 LCD。1970 年 12 月，液晶的旋转向列场效应在瑞士被仙特和赫尔弗里希霍夫曼-勒罗克中央实验室注册为专利。1969 年，詹姆士·福格森在美国俄亥俄州肯特州立大学（Kent State University）发现了液晶的旋转向列场效应并于 1971 年 2 月在美国注册了相同的专利。1971 年他的公司（ILIXCO）生产了第一台基于这种特性的 LCD，很快取代了性能较差的 DSM 型 LCD。

液晶显示的基本原理：在液晶显示器中，每个像素由以下几个部分构成：悬浮于两个透明电极（氧化铟锡）间的一列液晶分子，两个偏振方向互相垂直的偏振过滤片，如果没有电极间的液晶，光通过其中一个过滤片势必被另一个阻挡，通过一个过滤片的光线偏振方向被液晶旋转，从而能够通过另一个。

液晶分子本身带有电荷，将少量的电荷加到每个像素或者子像素的透明电极，则液晶的分子将被静电力旋转，通过的光线同时仍被旋转，改变一定的角度，从而能够通过偏振过滤片。

在将电荷加到透明电极之前，液晶分子处于无约束状态，分子上的电荷使得这些分子组成了螺旋形或者环形（晶体状），在有些 LCD 中，电极的化学物质表面可作为晶体的晶种，因此分子按照需要的角度结晶，通过一个过滤片的光线在通过液晶芯片后偏振光线发生旋转，从而使光线能够通过另一个偏振片，一小部分光线被偏振片吸收，但其余的设备都是透明的。

将电荷加到透明电极上后，液晶分子将顺着电场方向排列，因此限制了透过光线偏振方向的旋转，假如液晶分子被完全打散，通过光线的偏振方向将和第二个偏振片完全垂直，因此被光线完全阻挡了，此时像素不发光，通过控制每个像素中液晶的旋转方向，我们可以控制照亮画素的光线，可多可少。

许多 LCD 在交流电作用下变黑，交流电破坏了液晶的螺旋效应，而关闭电流后，LCD 会变亮或者透明。

为了省电，LCD 显示采用复用的方法，在复用模式下，一端的电极分组连接在一起，每一组电极连接到一个电源，另一端的电极也分组连接，每一组连接到电源另一端，分组设计保证每个画素由一个独立的电源控制，电子设备或者驱动电子设备的软件通过控制电源的开/关序列，从而控制像素的显示。

LCD 的主要优点是：①功耗很低，节能优势明显。对于传统 17 寸的 CRT 来讲，其功耗几乎都在 80W 以上，而 17 寸液晶的功耗大多数在 40W 上下。②无辐射、十分环保，这是因为液晶显示器内部不存在像 CRT 那样的高压元器件，所以不至出现由于高压导致的 X 射线超标的情况，所以其辐射指标普遍比 CRT 要低一些。③由于 CRT 显示器是靠偏转线圈产生的电磁场来控制电子束的，往往会存在不同程度的失真。而液晶显示器由于其原理问题不会出现任何的失真。因此液晶显示器备受工程师青睐，得到广泛应用。

思 考 题

15.1　在日常经验中，为什么声波的衍射比光波的衍射更加显著？

15.2　衍射的本质是什么？干涉和衍射有什么区别和联系？

15.3　单缝夫琅禾费衍射实验装置中作如下变动，衍射图样有什么变化？

(1) 将点光源向下平移少许；

(2) 将单狭缝沿入射光传播方向移动少许；

(3) 增大缝宽。

15.4　晚间通过放在眼前的手帕去观看远处的白炽灯或高压水银灯，将会看到什么现象？

15.5　在白光照射下夫琅禾费衍射的中央明纹中心是什么颜色？中央明纹外围呈什么颜色？

15.6　要分辨出天空遥远的双星，为什么要用直径很大的天文望远镜？

15.7　使用蓝色激光在光盘上进行数据读写较红色激光有何优越性？

15.8　光栅形成的光谱较玻璃棱镜形成的色散光谱有何不同？

15.9　孔径相同的微波望远镜和光学望远镜相比较，哪个分辨本领大？为什么？

15.10　登月宇航员称，在月球上唯独能够用肉眼分辨的地球上的人工建筑是中国的长城。你依据什么可以判断这句话的真实性？需要哪些数据？

15.11　试指出当衍射光栅的光栅常数为下述三种情况时，哪些级次的衍射明条纹缺级？

(1) $a+b=2a$；

(2) $a+b=3a$；

(3) $a+b=4a$

15.12　在衍射光栅实验中，把光栅遮掉一半，衍射图样会发生什么变化？

15.13　某束光可能是自然光、部分偏振光和线偏振光。你如何用实验确定这束光是哪一种光？

15.14　一束光入射到两种透明介质的分界面上时，发现只有透射光而无反射光，试说明这束光是怎样入射的？其偏振状态如何？

15.15 图15-44所示为自然光分别以布儒斯特角 i_0 或任一入射角 i 入射到一玻璃面时的情况，试画出反射光和折射光的偏振状态。

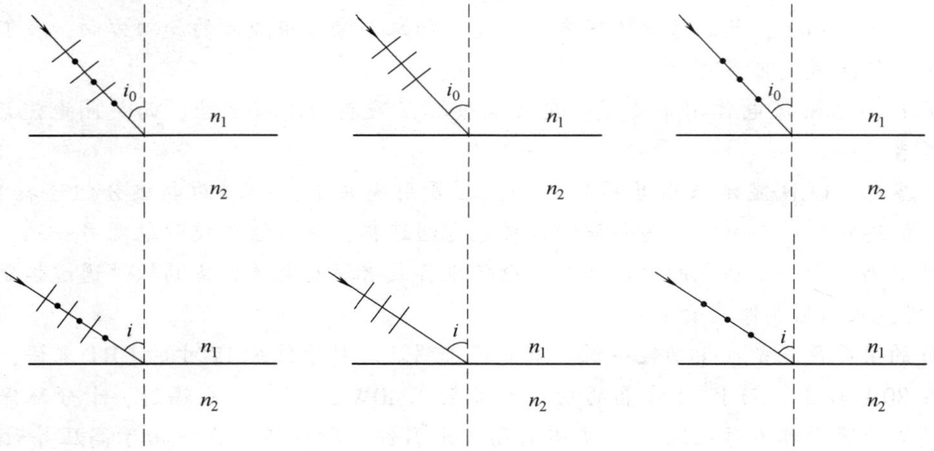

图15-44 思考题15.15图

15.16 在夏天，炙热的阳光照射柏油路发出刺眼的反光（炫光），驾驶员需要戴一墨镜来遮挡，是否可用偏振片作眼镜，这比墨镜有什么优点？

15.17 为什么通过平面平行的双折射晶片观察远方物体时只看到一个像，而不是如同物体放在近处那样看到两个像？

习　　题

一、选择题

15.1 夫琅禾费单缝衍射中，中央亮纹的宽度是其他条纹宽度的（　　）。

(A) $\frac{1}{2}$倍；　(B) 1倍；　(C) 2倍；　(D) 4倍。

15.2 波长为 λ 的平行光垂直照射在缝宽为 a 的单缝上，a 为何值时，衍射条纹在 $\theta=30°$处出现第一级暗纹。（　　）

(A) $\frac{\lambda}{2}$；　(B) λ；　(C) 2λ；　(D) 4λ。

15.3 如果某一波带片对考察点露出前5个奇数半波带，那么这些带在该点所产生振动的振幅和光强分别是不用光阑时的（　　）倍。

(A) 5，10；　(B) 10，50；　(C) 10，100；　(D) 50，100。

15.4 在菲涅耳圆屏衍射的几何阴影中心处（　　）。

(A) 永远是个亮点，其强度只与入射光强有关；

(B) 永远是个亮点，其强度随着圆屏的大小而变；

(C) 有时是亮点，有时是暗点；

(D) 以上说法都不对。

15.5 汽车两前灯间距为1.22m，发出中心波长为500nm光，人眼瞳孔在夜间时的直径为 5mm，则该人刚能分辨两灯的最远距离是（　　）km。

（A）1；　（B）3；　（C）10；　（D）30。

15.6　一束单色光垂直入射在平面光栅上，衍射光谱中共出现了 5 条明纹，若已知此光栅缝宽度与不透明宽度相等，那么在中央明纹一侧的第 2 条明纹是第（　　）级。

（A）1；　（B）2；　（C）3；　（D）4。

15.7　一束白光垂直照射在光栅上，在形成的同一级光栅光谱中，偏离中央明纹最远的是（　　）。

（A）紫光；　（B）绿光；　（C）黄光；　（D）红光。

15.8　测量单色光的波长时，下列方法中哪一种最为准确？（　　）

（A）光栅衍射；　（B）单缝衍射；　（C）双缝干涉；　（D）牛顿环。

15.9　光栅衍射中，若缝的间距为 $d=0.12\text{mm}$，缝的宽度为 $a=0.02\text{mm}$，则缺级级数为（　　）。

（A）第 1 级缺级；　（B）第 3 级缺级；　（C）第 6 级缺级；　（D）第 9 级缺级。

15.10　波长为 λ 的单色平行光垂直入射平面透射光栅，已知光栅常数 d 为光波长的 7 倍，为缝宽 b 的 3 倍，则光屏上最多可出现的光谱线条数为（　　）。

（A）5；　（B）9；　（C）11；　（D）13。

15.11　一束自然光自空气射向一块平板玻璃，如图 15-45 所示，设入射角等于布儒斯特角，则在界面 2 的反射光是（　　）。

（A）自然光；

（B）部分偏振光；

（C）线偏振光且光矢量的振动方向平行于入射面；

（D）线偏振光且光矢量的振动方向垂直于入射面。

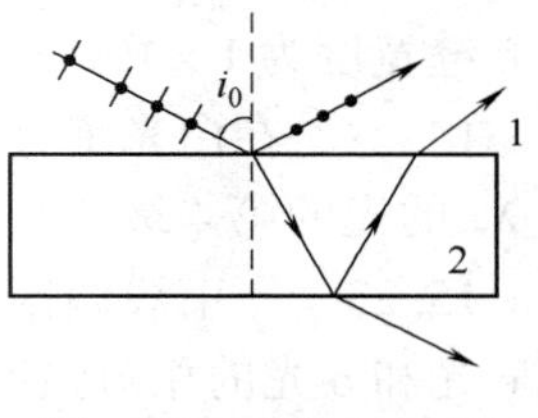

图 15-45　题 15.11 图

15.12　自然光从空气入射到折射率为 1.732 的玻璃上，入射角为 60°，则反射光线的偏振度是（　　）。

（A）1；　（B）0.8；　（C）0.5；　（D）0。

15.13　将检偏器绕着光的传播方向转动一周，出射光强无变化；在检偏器前插入入射光波长的四分之一波片，再将检偏器绕着光的传播方向转动一周，发现出射光强两明、两消光，则原入射光是（　　）。

（A）自然光；　（B）部分偏振光；　（C）圆偏振光；　（D）椭圆偏振光。

二、填空题

15.14　在单缝夫琅禾费衍射实验中，波长为 λ 的单色光垂直入射在宽度为 $a=4\lambda$ 的单缝上，对应于衍射角为 30°的方向，单缝处的波阵面可划分为________个半波带，对应的屏上条纹为________纹。

15.15　用半波带法讨论单缝衍射暗条纹中心的条件时，与中央明条纹旁第二个暗条纹中心相对应的半波带的数目是________。

15.16　在研究衍射时，可按光源和所研究的点到障碍物的距离，将衍射分为菲涅耳衍射和夫琅禾费衍射两类，其中夫琅禾费衍射为________。

15.17　一束波长为 λ 的平行单色光垂直入射到一单缝 AB 上，装置如图 15-46 所示。在屏幕 D 上形成衍射图样，如果 P 是中央亮纹一侧第 1 个暗纹所在的位置，则 $\overline{BC}$ 的长度为____________。

15.18 如图15-47所示，在单缝夫琅禾费衍射实验中，将单缝沿着透镜光轴方向向透镜平移，则屏幕上的衍射条纹____________。

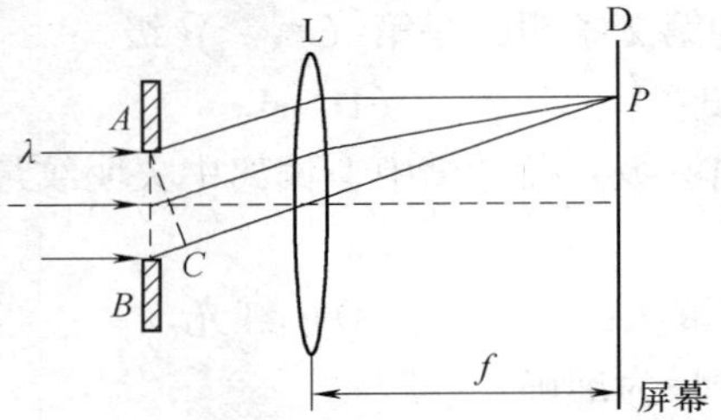

图15-46 题15.17图

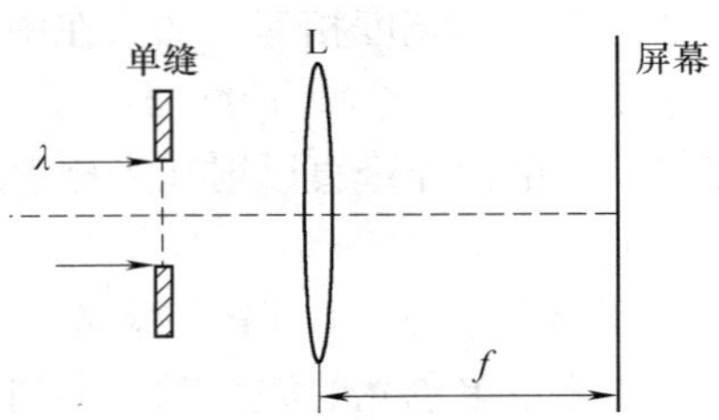

图15-47 题15.18图

15.19 在夫琅禾费单缝衍射实验中，对于给定的入射单色光，当缝宽度变小时，除中央亮纹的中心位置不变外，各级衍射条纹____________。

15.20 一单色平行光束垂直照射在宽度为1.0mm的单缝上，在缝后放一焦距为2.0m的会聚透镜。已知位于透镜焦平面处的屏幕上的中央明条纹宽度为2.0mm，则入射光波长约为____________。

15.21 波长为500nm的平行单色光垂直照射在光栅常数为2×10^{-3}mm的光栅上，光栅透光缝宽度为1×10^{-3}mm，则第____级主极大缺级，屏上将出现____________条明条纹。

15.22 在白光垂直照射单缝而产生的衍射图样中，波长为λ_1的光的第3级明纹与波长为λ_2的光的第4级明纹相重合，则这两种光的波长之比λ_1/λ_2为____________。

15.23 一束线偏振光垂直入射到一块方解石晶体上，光振动面与晶体主截面成20°角，则e光和o光的相对强度为____________。

15.24 试述马吕斯定律的意义，并讨论：

(1) 如图15-48所示，M为起偏器，N为检偏器，一束自然光通过M后，其光强$I_1=$____________I_0；

(2) 若N的偏振化方向与M相同，即夹角$\alpha=0$，则$I_2=$____________I_0；

(3) 若N的偏振化方向与M垂直，即$\alpha=90°$，则$I_2=$____________I_0；

(4) 若$\alpha=60°$，则$I_2=$____________I_0。

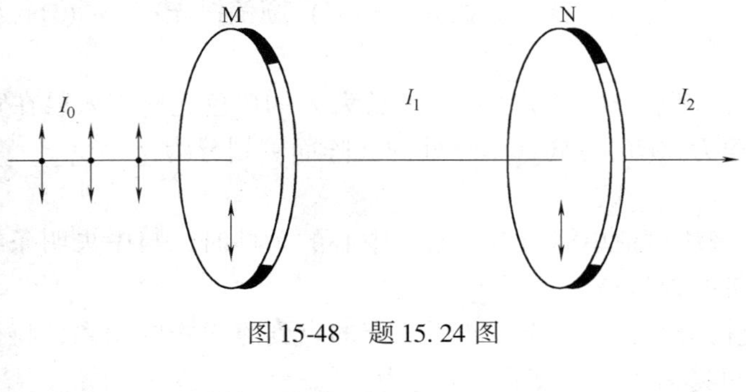

图15-48 题15.24图

15.25 强度为I_0的自然光，通过偏振化方向互成30°角的起偏器和检偏器后，光强度变为____________。

15.26　将厚度为 1mm、沿垂直光轴方向切出的石英片放在两正交的偏振片之间，则晶片后的光斑是____________。

15.27　产生双折射现象的原因，是由于晶体对寻常光线与非寻常光线具有不同的________；传播方向改变时，非寻常光线的传播速度____________。

三、计算题

15.28　用汞灯发出波长为 546nm 的绿色光垂直照射宽度为 0.437mm 的单缝，缝后放一个焦距为 40cm 的透镜，求中央明纹宽度。如果把这个装置放入折射率为 1.33 的水中，中央明纹的角宽度为多少？

15.29　在夫琅禾费单缝衍射实验中，如果缝宽 a 与入射光波长的比值分别为（1）1；（2）10；（3）100。试分别计算中央明条纹边缘的衍射角。再讨论计算结果说明什么问题。

15.30　用橙黄色的平行光垂直照射一宽为 $a=0.60\text{mm}$ 的单缝，缝后凸透镜的焦距 $f=40.0\text{cm}$，观察屏幕上形成的衍射条纹。若屏上离中央明条纹中心 1.40mm 处的 P 点为一明条纹，求：

（1）入射光的波长；

（2）P 点处条纹的级数；

（3）从 P 点看，对该光波而言，狭缝处的波面可分成几个半波带？

15.31　一单色平行光垂直照射一单缝，若其第三级明条纹位置正好与 6000Å 的单色平行光的第二级明条纹位置重合，求前一种单色光的波长。

15.32　用波长 $\lambda_1=400\text{nm}$ 和 $\lambda_2=700\text{nm}$ 的混合光垂直照射单缝。在衍射图样中，λ_1 的第 k_1 级明条纹中心位置恰好与 λ_2 的第 k_2 级暗条纹中心位置重合。求 k_1 和 k_2。试问 λ_1 的暗条纹中心位置能否与 λ_2 的暗条纹中心位置重合？

15.33　用 $\lambda=5900\text{Å}$ 的钠黄光垂直入射到每毫米有 500 条刻痕的光栅上，问最多能看到第几级明条纹？

15.34　波长为 600nm 的单色光正入射到一衍射平面光栅上，第 2、3 级明条纹分别出现在 $\sin\varphi=0.20$ 和 $\sin\varphi=0.30$ 处，第 4 级为缺级. 试求：

（1）光栅常数；

（2）光栅上狭缝的宽度；

（3）$-90°<\varphi<90°$范围内，光屏上实际呈现的全部级数。

15.35　在某个单缝衍射实验中，光源发出的光含有两种波长 λ_1 和 λ_2，垂直入射于单缝上。假如 λ_1 的第一级衍射极小与 λ_2 的第二级衍射极小相重合，试问：

（1）这两种波长之间有何关系？

（2）在这两种波长的光所形成的衍射图样中，是否还有其他极小相重合？

15.36　如图 15-49 所示，复色光由波长为 $\lambda_1=600\text{nm}$ 和 $\lambda_2=400\text{nm}$ 的单色光组成，垂直入射到光栅上，测得屏幕上距离中央明纹中心 5cm 处 λ_1 的 m 级谱线与 λ_2 的 $m+1$ 级谱线重合，若会聚透镜的焦距 $f=50\text{cm}$，求 m 的值和光栅常数 d。

15.37　用可见光（400 ~ 760nm）照射光栅，一级光谱和二级光谱是否重叠？二级和三级又怎样？

15.38　已知天空中两颗星相对于一望远镜的角距离为 $4.84\times10^{-6}\text{rad}$，它们都发出波长为 5500Å 的光，试问望远镜的口径至少要多大，才能分辨出这两颗星？

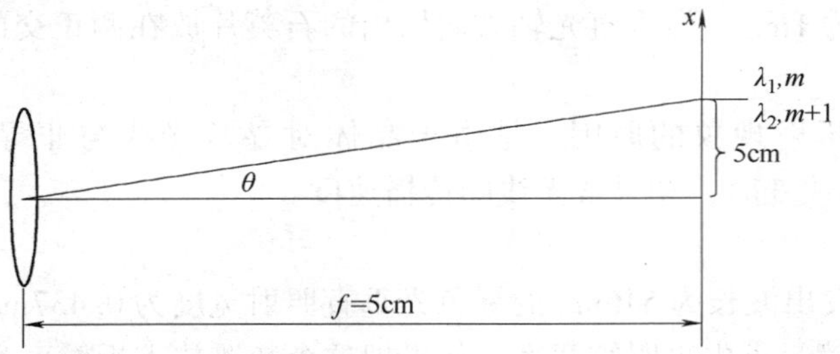

图 15-49 题 15.36 图

15.39 在通常的环境中，人眼的瞳孔直径为 3mm。设人眼最敏感的光波长为 λ = 550nm，人眼最小分辨角为多大？如果窗纱上两根细丝之间的距离为 2.0mm，人在多远处恰能分辨？

15.40 一束直径为 2mm 的氦氖激光（λ = 632.8nm）自地面射向月球。已知月球离地面的距离为 3.76×10^5km，问在月球上得到的光斑有多大（不计大气的影响）？若把这样的激光束经扩束器分别扩大到直径为 2m 和 5m 后再发射，月球上的光斑各有多大？从中说明了什么道理？

15.41 据说间谍卫星上照相机能够清楚识别地面上汽车的牌照号码。

（1）如果需要识别的牌照上的字间距离为 5cm，在 160km 高空的卫星上的照相机，其分辨角应多大？

（2）此照相机的孔径需要多大？（光的波长按 500nm 计算）

15.42 已知入射 X 射线束含有从 0.95 ~ 1.30Å 范围内的各种波长，晶体的晶格常数为 2.75Å，当 X 射线以 45°角入射到晶体时，问对哪些波长的 X 射线能产生强反射？

15.43 使自然光通过两个偏振化方向相交 60°的偏振片，透射光强为 I_1，今在这两个偏振片之间插入另一偏振片，它的偏振化方向与前两个偏振片偏振化方向均成 30°角，则透射光强为多少？

15.44 一束光是自然光和线偏振光的混合。当它通过一偏振片时发现光的强度取决于偏振片的取向，其强度可以变化 5 倍。求入射光中自然光和线偏振光的强度各占总入射光强度的百分之几？

15.45 一束光强为 I_0 的自然光，相继通过三个偏振片 P_1、P_2、P_3 后，出射光的光强为 $I_0/8$。已知 P_1 和 P_3 的偏振化方向相互垂直，若以入射光线为轴旋转 P_2，要使出射光强为零，P_2 最少要转过的角度是多少？

15.46 水的折射率为 1.33，玻璃的折射率为 1.50。当光由水中向玻璃而反射时，起偏角为多少？当光由玻璃射向水面反射时，起偏角又是多少？

15.47 利用布儒斯特定律，可以测定不透明电介质的折射率，今测到某一电介质在空气中的起偏角为 57°，试求这一电介质的折射率。

第 16 章　量子物理学基础

20 世纪以来，以相对论和量子力学为支柱的近代物理学的建立，带动了整个自然科学和技术的革命。

近代物理是相对于经典物理而言的，一般是以 1900 年前后为界予以划分的。1900 年前后，由于力学、电磁场理论和经典统计物理学相继建立，整个经典物理学取得了辉煌的成就。当时人们所达到的认识水平，可概括几点：

1）世间万物都是由 80 几种元素的原子所组成的。

2）原子是不可再分的最小微粒，它的运动服从牛顿力学定律。

3）热就是大量分子作杂乱机械运动的表现。利用牛顿力学规律性加上统计规律性及其处理方法，就可能解释气体、固体和液体等凝聚态物质的性质。

4）存在正、负两种电荷，它们可能是某种流体样的东西。电荷产生电场，电荷的运动又产生磁场。电磁场可以脱离电荷而运动，这就是电磁波。热辐射（红外线）、可见光和紫外线等，都是不同波长的电磁波。

5）无论力、热、声、光、电等现象如何复杂，一切过程都遵从能量守恒定律和动量守恒定律。

任何一门学科都有其理论和哲学基础，经典物理所依据的主要理论基础包括：

1）原子是组成物质的最小单元；

2）时间、空间是绝对的，与物质运动无关，即绝对时空观；

3）能量是连续的。

面对这些成就，不少物理学家认为，物理学的大厦已基本建成，物理理论的一些基本的、原则的问题已经解决，今后的任务只不过是把已有的实验做得更精密一些，使测量数据的小数点后面增加几位有效数字而已。

但是，正当物理学家们在“物理的晴朗天空”中畅叙经典物理的成就时，远处却出现了“两朵小小的、令人不安的乌云”和“三个事件”。这两朵乌云指的是当时经典物理学无法解释的两个实验：一个是与光速 c 有关的迈克耳孙-莫雷实验的零结果，另一个是热辐射实验的“紫外灾难”。正是这两朵乌云，引发了 20 世纪物理学的伟大革命，诞生了狭义相对论（1905 年）、广义相对论（1916 年）、量子论（1900 年）、量子力学（1924 年）。三个事件指的是电子（1897 年）、X 射线（1895 年）、放射性现象（1896 年）的发现，它们同样动摇了经典物理学的理论基础，促进了对物质结构的深层次研究。

关于相对论的基本概念，我们已在前面作了讨论，本篇主要讨论量子物理部分。量子物理是 20 世纪最辉煌的理论，它不仅促进了现代物理学的发展，使人们对微观世界的认识发生了深刻的变化，同时，作为自然科学的带头学科，在近代科学技术的发展中也发挥了极其重要的作用，并且这种积极作用将会延续至 21 世纪。

本篇将具体讨论光的量子性、量子力学的基本概念以及量子理论和应用科学相结合的成果，如激光、固体的能带理论、超导电性等内容。在这一部分的学习中，我们不仅要注重掌握量子物理学的基本概念和观念，还要注意研究科学家们是怎样探索科学真理的，以学习他们科学的世界观、方法论和科学的创新与进取精神。

如前所述，在19世纪末，经典物理学已经建立了较为完善的理论体系，并在应用上取得了巨大的成功。但是，也正是在这一时期，经典理论遇到了无法逾越的困难，迫使物理学家们不得不挣脱经典理论框架和观念的束缚，努力去探索新的解决问题的途径，建立新的理论体系。量子理论就是在这一背景下诞生的。

量子概念的提出和确认，是围绕着光的辐射、传播和与物质的相互作用等问题的研究而完成的。1900年，普朗克为了解决用经典理论解释黑体辐射规律所出现的“紫外灾难”，提出了能量子概念，打破了能量只能连续变化的思维框架，宣告了量子物理的诞生。1905年，爱因斯坦发展了普朗克能量子假设，针对用经典理论无法解释光电效应实验规律的困难，提出了光量子的假设，揭示了光的波粒二象性，为量子物理的发展开创了新的局面。

1926年，用光量子对康普顿效应的成功解释，进一步确立了光量子理论的正确性。同时，玻尔的氢原子理论将量子概念拓展到了物质的内部结构，架起了从光量子通往量子力学理论的桥梁，为量子力学理论的形成奠定了基础。

本章将讨论普朗克量子论、光电效应、爱因斯坦光子理论、康普顿效应及玻尔的氢原子理论。

16.1 普朗克量子论

16.1.1 黑体辐射

1. 热辐射

任何物体无论处在什么过程中，在任何温度下都会依靠其内能而向外发射电磁波，即向外辐射能量，这种现象称为热辐射。例如，太阳离地球的距离约为1.5×10^{11}m，中间大部分是真空，太阳的光和热既不是靠介质的传导，也不是靠空气对流，而是靠热辐射传向地球的。

物体在向外辐射的同时，又不断地从周围环境中吸收外来的辐射，从而构成了一个发射和吸收并存的过程。如果发射多于吸收，则其温度必下降，反之，温度升高。显然经过一定的时间以后，辐射过程将会达到平衡热交换的状况，此时称为平衡热辐射。

实验指出，物体的温度越高，热辐射越强烈。同时，辐射中含有多种波长的电磁波，称为连续谱。但各波长成分的辐射能量并不相同能量按波长的分布也随温度而异，温度越高，短波区电磁波辐射的能量越高。例如，物体在室温下主要辐射波长很长的红外线，随着温度升高，就会由发红光逐步转到发青白色的光。其次，不同物体在同一温度下所辐射的能量也是不同的，与其表面状况（如颜色、粗糙度等）有关，如黑色物体的吸收本领和辐射本领就比白色物体强。对同一物体，若它在某频率范围内辐射本领越强，那么它吸收该频率范围内的辐射本领也越强。生活中常会遇到这种情形：白天在室外看一个小窗户，只见里边黑洞洞的，房子里什么东西也看不见，原因是进入小窗口的光线经墙壁等多次反射，绝大部分均被吸收了，再通过小窗户射出来的可能性（概率）几乎为零。而晚上开了灯，只见这扇窗户比旁边分外明亮，就是这个道理。

综上所述，物体热辐射的能量，乃是波长λ和温度T的函数。于是当物体的温度为T

时，单位时间从物体单位表面积上所辐射的单位波长范围内的电磁波能量称为**单色辐出度**，以 $M_\lambda(T)$ 表示。那么，在单位时间内，从温度为 T 的物体的单位表面积上，所辐射出的各种波长的电磁波能量之总和，就称为**辐出度**，以 $M(T)$ 表示，显然有

$$M(T) = \int_0^\infty M_\lambda(T)\,\mathrm{d}\lambda \tag{16-1}$$

2. 黑体辐射规律

某物体在任何温度下，对任何波长的热辐射能量都能够百分之百吸收，称其为**绝对黑体**。

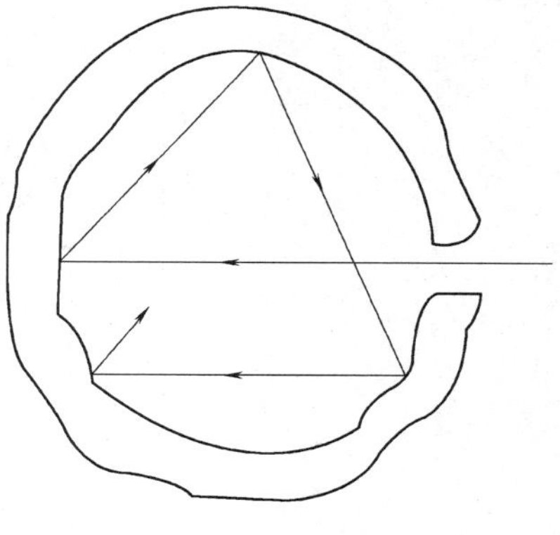

图 16-1　绝对黑体模型

19 世纪后期，人们构造了一个绝对黑体的理想模型（见图 16-1），它实际上就是一个用某种材料做成的空腔壁上所开的小孔，类似于前面提到的“小窗户”，用它来研究在一定温度下，单色辐出度与波长的关系。

实验原理图如图 16-2 所示。图中 A 是一个用不透明材料做成的温度为 T 的空腔，S 是一个小孔。作为绝对黑体，从小孔辐射出的各种波长的电磁波经透镜 L_1 聚焦后进入平行光管 B_1，从 B_1 射出的平行辐射波投射到分光棱镜 P 上，经棱镜分光后，不同波长的电磁波沿不同方向射到透镜 L_2 上，并沿不同方向将各种波长的电磁波聚焦在探测器 C（光电管、热电偶等）上，即可测得单色辐出度 $M_\lambda(T)$ 随波长 λ 分布的曲线（见图 16-3）。

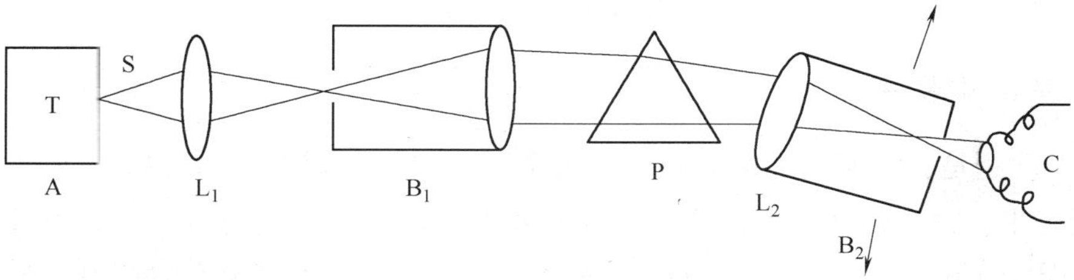

图 16-2　测定绝对黑体单色辐出度的实验原理图

通过对分布曲线的分析，得到了两条黑体辐射定律。

（1）斯特藩-玻耳兹曼定律　在图 16-3 中，两条曲线分别对应相应温度下材料的单色辐出度与波长的分布规律。显然，曲线下的面积应是该温度下绝对黑体的辐出度。斯特藩、玻耳兹曼分别得到了如下结论，即

$$M(T) = \int_0^\infty M_\lambda(T)\,\mathrm{d}\lambda = \sigma T^4 \tag{16-2}$$

称为**斯特藩-玻耳兹曼定律**。式中，$\sigma = 5.67\times10^{-8}\,\mathrm{W\cdot m^{-2}\cdot K^{-4}}$，称为斯特藩-玻耳兹曼常量。

（2）维恩位移定律　由图 16-3 可以看出，曲线的峰值对应的波长 λ_m 随温度 T 的升高而减小。1893 年，维恩找到了如下关系，即

$$\lambda_m T = b \tag{16-3}$$

此式称为**维恩位移定律**。式中，常量 $b = 2.898\times10^{-3}\,\mathrm{m\cdot K}$。式（16-3）表明，当温度升高时，单色辐出度的峰值对应的波长向短波方向移动。

维恩位移定律有许多实际应用。由颜色来测定炉温的光测高温计就是应用了这个定律。太阳辐射谱的 $\lambda_m = 438\text{nm}$，由式（16-3）可估计太阳表面温度 $T = b\lambda_m \approx 6000\text{K}$。还可用此定律，通过比较物体表面不同区域的颜色变化情况，来确定物体表面的温度分布。这种方法广泛用于遥感技术来探测森林火灾，监测导弹发射及核爆炸；应用于热像仪来检测人体器官的病变等。

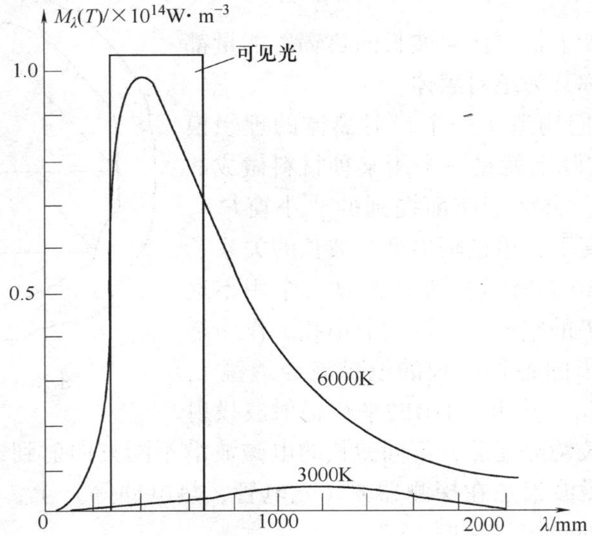

图 16-3　热辐射曲线

16.1.2　普朗克量子论

剩下的问题是，如何从理论上来解释这个实验规律，即找出 $M_\lambda(T)$ 的具体函数表达式。19 世纪末，许多物理学家在经典物理的基础上作了相当大的努力，其中最典型的有维恩表达式和瑞利-金斯表达式，如图 16-4 所示，前者在短波部分符合很好，而在长波部分与曲线相差较大；后者在长波部分符合较好，而在短波（紫区外）却出现了∞！这表明该表达式是失败的，物理学史上称之为“紫外灾难”。之所以称谓“灾难”是因为瑞利和金斯在运用经典物理的理论和规律方面，如经典统计的规律、能量连续分布规律等完全没有错误，但却出现了失败的局面，看来，这个灾难意味着是当时认为很完整的经典物理的灾难。

面对“紫外灾难”，物理学家们有两种选择：一种是紧紧抱住经典物理的框框，修修补补，寻找突破，但一个个都以失败而告终；另一种是承认事实，突破经典旧框框的约束，创造新的未来。普朗克正是选择了后一条路，取得了成功。

1900 年，德国物理学家普朗克提出了一个与经典概念格格不入的革命性假设：黑体空腔壁中的电子的振动，可视为一维谐振子，其发射或吸收电磁辐射能量时，并不像经典物理所述的那样连续吸收或发射具有任意值的能量，而是以与振子的频率 ν 成正比的能量子

$$\varepsilon = h\nu \tag{16-4}$$

为能量单元来吸收或辐射能量的，也就是说，它所吸收或发射的能量不是连续的，而只能是能量子 $h\nu$ 的整数倍，即

$$E = nh\nu \tag{16-5}$$

式中，$n=1$，2，3，…，是正整数，称为量子数；比例系数 h 称为普朗克常量，其值为

$$h = 6.63 \times 10^{-34}\,\text{J} \cdot \text{s}$$

于是，普朗克按照他的能量子假设，得到了在单位时间内，从温度为 T 的黑体单位面积上，波长在 $\lambda \sim \lambda + \mathrm{d}\lambda$ 范围内所辐射的能量为

$$M_\lambda(T)\,\mathrm{d}\lambda = 2\pi hc^2\lambda^{-5}\frac{\mathrm{d}\lambda}{\mathrm{e}^{\frac{bc}{k\lambda T}}-1} \tag{16-6}$$

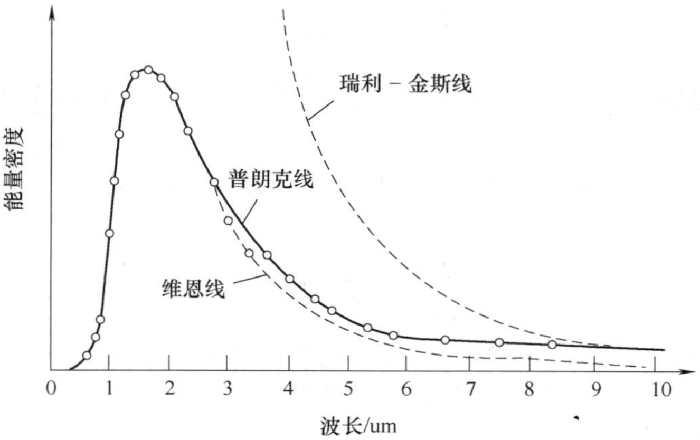

图 16-4　“紫外灾难”

这就是**普朗克公式**。此式与实验曲线完全吻合，如图 16-4 所示。它不仅圆满解决了所谓热辐射的“紫外灾难”的问题，以后还被其他物理学家发展推广，逐渐形成了近代物理中极为重要的量子理论。为此，普朗克获得了 1918 年诺贝尔物理学奖。

在能量概念上，普朗克的量子假设与经典物理有着本质上的区别。在经典的热力学理论和电磁波理论中，能量是连续的，物体辐射或吸收的能量可以是任意的量值。按照普朗克的量子假设，能量却是不连续的，存在着能量的最小单元（能量子 $h\nu$），物体辐射或吸收能量是这个最小单元的整数倍，而且是一份一份地按不连续的方式进行的。人们把振子具有这些不连续能量中的某一值，称为振子处于某个能量状态，并形象地称为处于某个能级，如图 16-5 所示，在辐射或吸收能量时，振子从某个能量状态（能级）跃迁到另一能量状态。

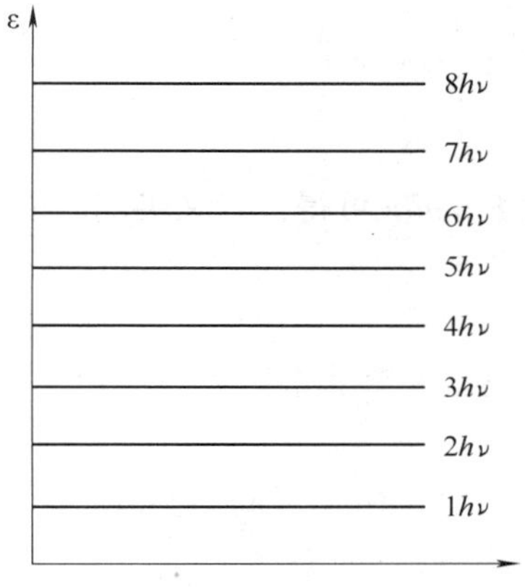

图 16-5　能级

从上面的讨论中可以看出，在人们认识能量概念的过程中，一个常数起着关键的作用，那就是普朗克常量 h。普朗克常量 h 虽然数值很小，但意义重大。它宣告了经典物理无限连续的观念破产了，h 成了不连续性的象征。其实，经典物理的能量连续区实际上还是一组分立的能级，只是它们靠得实在太近，无法分辨罢了。下面的例子可以说明这个问题。

【例 16-1】　质量为 0.3kg 的物体悬挂在一个劲度系数为 $k=3.0\,\text{N}\cdot\text{m}^{-1}$ 的弹簧上组成一个弹簧振子，这系统以

振幅 $A=0.1\text{m}$ 开始振动。由于黏滞和摩擦阻尼，振动逐渐衰减，系统的能量也逐渐耗散。

（1）问观察到的能量减少是连续的还是不连续的？

（2）计算宏观振子初始能量状态的量子数 n。

【解】（1）弹簧振子振动频率为

$$\nu=\frac{1}{2\pi}\sqrt{\frac{k}{m}}=\frac{1}{2\pi}\sqrt{\frac{3.0}{0.3}}\text{Hz}=0.5\text{Hz} \tag{a}$$

系统最初的总能量为

$$E=\frac{1}{2}kA^2=\left(\frac{1}{2}\times0.3\times0.1^2\right)\text{J}=1.5\times10^{-2}\text{J} \tag{b}$$

现假定系统的能量是量子化的，所以能量消失时，它为最小单元作不连续的跃迁变化，可算出

$$\Delta E=h\nu=(6.63\times10^{-34}\times0.5)\text{J}=3.3\times10^{-34}\text{J} \tag{c}$$

于是

$$\frac{\Delta E}{E}=2.2\times10^{-32} \tag{d}$$

显然，要测量能量减少中的不连续性，测量能量时的精确度要高于 10^{-32}，而目前的仪器设备是不可能做到的，所以，实验观测到的能量是连续减少的。

（2）根据普朗克量子假设 $E=nh\nu$，有

$$n=\frac{E}{\Delta E}=45\times10^{30}$$

这是一个巨大的数字，在能级图上只能得到一片连续区。由此可见，能量量子化可以看成是能量连续区中一个非常狭窄的能带区的一个放大分辨图。能量量子化实际上是自然界的普遍规律，只是在宏观领域内显示不出这种性质罢了。

【例 16-2】 有一个音叉其尖端部分的质量为 $m=0.05\text{kg}$，振动频率 $\nu=480\text{Hz}$，振幅为 $A=1.0\text{mm}$。试求：

（1）尖端振动的量子数；

（2）当量子数由 n 增加到 $n+1$ 时，振幅的变化是多少？

【解】（1）由振动学知识可知，音叉尖端的振动能量为

$$E=\frac{1}{2}kA^2=\frac{1}{2}m\omega^2A^2=\frac{1}{2}m(2\pi\nu)^2A^2=\left[\frac{1}{2}\times0.05\times(2\pi\times480)^2\times(1.0\times10^{-3})^2\right]\text{J}=0.227\text{J} \tag{a}$$

由 $E=nh\nu$ 可得，音叉尖端的能量为 E 时的量子数为

$$n=\frac{E}{h\nu}=7.13\times10^{29} \tag{b}$$

这也是一个非常巨大的数目。反过来也表明，基元能量（能量子）$h\nu$ 是非常小的。即

$$\varepsilon=h\nu=(6.63\times10^{-34}\times480)\text{J}=3.18\times10^{-31}\text{J} \tag{c}$$

（2）由式（a）可得

$$A^2=\frac{E}{2\pi^2m\nu^2}=\frac{nh}{2\pi^2\text{m}\nu} \tag{d}$$

对上式取微分，有

$$2A\mathrm{d}A = \frac{h}{2\pi^2 m\nu}\mathrm{d}n$$

两边同除以 A^2，并改为有限变化的情形，则

$$\Delta A = \frac{\Delta n}{n}\frac{A}{2} \tag{e}$$

将 A、n、Δn 等题设数据代入式（e），即得振幅变化量为

$$\Delta A = \left(\frac{1}{7.13\times 10^{29}}\times\frac{1.0\times 10^{-3}}{2}\right)\mathrm{m} = 7.01\times 10^{-34}\mathrm{m}$$

足见此变化量根本无法觉察。这也表明，在宏观领域内，能量量子化现象极不明显，完全可以视为是连续的。

M. 普朗克（见图 16-6）是近代伟大的物理学家，量子论的奠基人，被德国科学界誉为“帝国的科学首相”。

M. 普朗克于 1858 年 4 月 23 日生于德国基尔。从小就在音乐、文学及数学等方面显露了才华，但最终选择了科学。1877 年在柏林大学获取博士学位，先后在多所大学任教。1889 年接替导师基尔霍夫继任柏林大学科学讲座教授，直到 1926 年退休。

图 16-6　M. 普朗克（1858—1947）

M. 普朗克在热力学研究方面做出了重大贡献，并促进了热力学和电动力学的和谐统一，从而在 1900 年创立了量子论，开辟了近代物理的新纪元。为此，他于 1918 年获诺贝尔物理学奖。

M. 普朗克作为一位科学巨人，站在新旧世纪的分界点上，始终保持着一个正直学者的高风亮节。他的一生经历了两次世界大战，在 1909 年至 1944 年期间，他的妻子和 4 个儿女先后病逝或被希特勒处死，但丝毫没有动摇他献身科学的决心，并以他的地位保护了一批犹太籍科学家免遭法西斯迫害。同时，他不仅是一位令人尊敬的科学泰斗，还是一位杰出的执著教坛数十年的闪光的“红烛”。讲每一门课，他都要经过深思熟虑，精心安排，讲课时重点突出，思路清晰，深入浅出，给学生留下了深刻的印象，还培养了像劳厄等诺贝尔奖获得者。

M. 普朗克的一生与音乐结下了不解之缘，他是钢琴家、风琴手，又是音乐指挥家。直到他逝世的当天，仍像平时那样每天弹一小时钢琴。音乐促进了他的创造性思维的发展。

1947 年 10 月 4 日，他在哥廷根逝世，享年 89 岁。他的坟墓上只有一块长方形条石，条石上部刻了他的名字，下部刻了“$h = 6.62\times 10^{-27}\mathrm{erg\cdot s}$”的字样㊀。

㊀ erg 是非法定计量单位，称为尔格，$1\mathrm{erg} = 10^{-7}\mathrm{J}$。

16.2 爱因斯坦的光子学说

1887年前后，赫兹、斯托列托夫等先后发现了光电效应现象，但是，按照经典物理的观点却无法给予解释。1905年，爱因斯坦发展了普朗克的量子假设，提出了光量子概念，从理论上成功解释了光电效应的实验规律，同时，光的波粒二象性为进一步认识实物粒子的二象性开辟了道路。为此，爱因斯坦获得了1921年诺贝尔物理学奖。

16.2.1 光电效应的实验规律

当光照射到金属表面时，有电子（光电子）从金属表面逸出的现象，称为光电效应。

研究光电效应的实验装置如图16-7所示，K是光电阴极，A是阳极，两者封在真空玻璃管内，光束通过窗口照射在阴极上（如果用紫外线，窗口必须用石英来做）。实验结果表明，光电效应有如下基本规律。

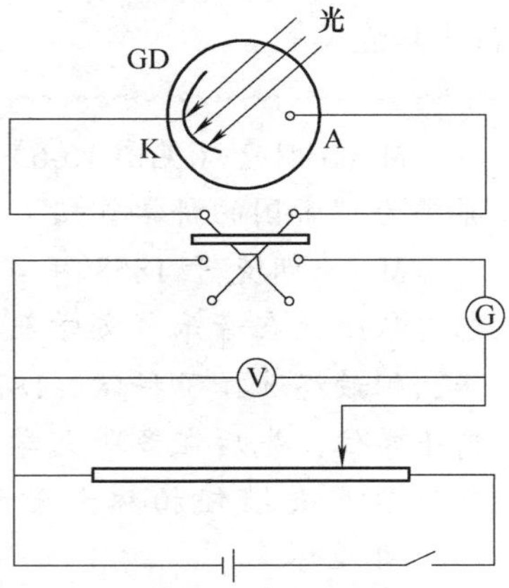

图16-7 研究光电效应的实验装置

1. 饱和电流

光电流 I 随加在光电管两端电压 U 变化的曲线，称为光电伏安特性曲线，在一定强度的入射光照射下，随着 U 的增大，光电流 I 趋近一个饱和值（见图16-7）。实验表明，饱和电流与光强度成正比。电流达到饱和意味着单位时间到达阳极的电子数等于单位时间内由阴极发出的电子数。因此上述实验表明，单位时间内由阴极发出的光电子数与光强度成正比。

2. 截止电压

如果将电源反向，两极间将形成使电子减速的电场。实验表明，当反向电压不太大时，仍存在一定的光电流。这说明从阴极发出的光电子有一定的初速，它们可以克服减速电场的阻碍到达阳极，当反向电压大到一定数值 U_c 时，光电流完全减少到零。U_c 称为截止电压。实验还表明了截止电压 U_c 与光强度无关，例如图16-8中所示的两条曲线，a、b对应的光强虽不同，但光电流在同一反向电压 U_c 下被完全遏止。

截止电压的存在，表明光电子的初速有一上限 v_0，与此相应的动能也有一上限，它等于

$$\frac{1}{2}mv_0^2 = eU_0 \tag{16-7}$$

式中，m 是电子的质量；e 是电子电荷的绝对值。

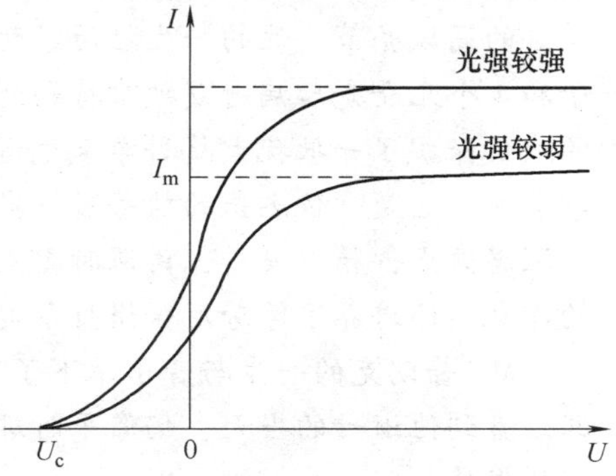

图16-8 光电伏安特性曲线

3. 截止频率（红限）

当我们改变入射光束的频率 ν 时，截止电压 U_c 随之改变。实验表明，U_c 与 ν 呈线性关系（见图16-9）。ν 减小时 U_c 也减小；当 ν 低于某阈频率 ν_0 时，U_c 减到零。这时不论光强度有多大，光电效应不再发生，这个阈频率 ν_0 称为光电效应的截止频率或红限频率。截止

频率 ν_0 是光电阴极上感光物质的属性，也与光强度无关。有时也用波长来表示红限，红限波长 $\lambda_0 = c/\nu_0$。

4. 弛豫时间

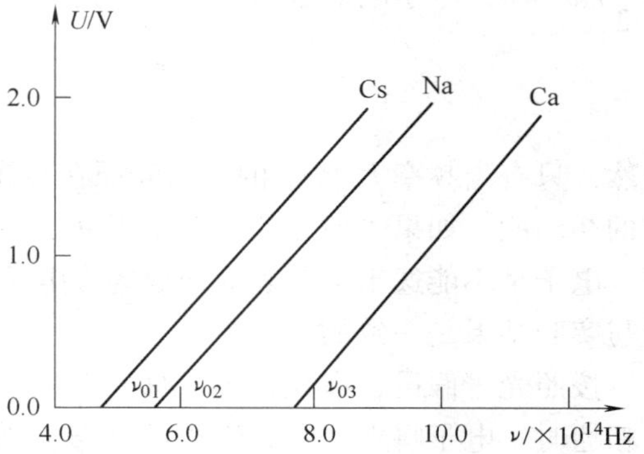

图 16-9　截止频率

当入射光束照射在光电阴极上时，无论光强怎样微弱，几乎在开始照射的同时就产生了光电子，弛豫时间最多不超过 10^{-9}s。用经典的电磁波理论说明光电效应的以上实验规律时，遇到了很大困难。这主要表现在，按照经典理论，无论何种频率的入射光，只要其强度足够大，就能产生光电效应。然而光电效应的实验却指出，若入射光的频率小于截止频率，无论其强度有多大，都不能产生光电效应。此外，按照经典理论，光电子逸出金属表面所需的能量，是直接吸收照射到金属表面上的光的能量。当入射光的强度很微弱时，电子需要有一定的时间来积累能量，因此，光照射到表面上以后，应经历一段时间后才有光电子从金属表面逸出来，在这段时间内，电子从光束中不断地吸收能量，一直积累到足以使电子逸出金属表面为止。然而，光电效应的实验却指出，光的照射和光电子的释放，几乎是同时发生的。此外，还有一个根本问题难以解释，光是“波”而电子是“粒子”，它们两者到底是如何作用的？……

看来，需要用新的理论和思路来解决这个问题了。

16.2.2　爱因斯坦的光子学说

爱因斯坦从普朗克的能量子学说中得到了重要启发，并进一步发展了它。1905 年，他提出了光量子学说，即光（电磁辐射）不仅是一份一份地被吸收，而且它本身的能量也是一份一份地在空间传播，也就是说，能量也是量子化的。光就是由一个个光量子（后来就称为光子）组成的粒子流，每个频率为 ν 的光子所具有的能量为

$$\varepsilon = h\nu \tag{16-8}$$

式中，h 为普朗克常量。按照爱因斯坦的光子学说，频率为 ν 的光束可看成是由许多能量均等于 $h\nu$ 的光子所构成；频率 ν 越高的光束，其光子能量越大；对给定频率的光束来说，光的强度越大，就表示光子的数目越多。

爱因斯坦根据光子学说成功地解释了光电效应的实验规律。

光电效应可以看作为入射光子与电子的碰撞，光子的能量被电子吸收，并存在两种概率：完全吸收与完全不吸收。

当光照射到金属表面时，金属中电子一次吸收一个光子的全部能量是 $h\nu$。这个能量一部分用于克服功函数（亦称逸出功）A，另一部分成为光电子的初动能，即

$$h\nu = \frac{1}{2}mv^2 + A \tag{16-9}$$

此式称为**爱因斯坦的光电效应方程**。功函数 A 与组成金属的材料性质有关。从爱因斯坦方程可以看出，频率不同的光，光子的能量是不同的，频率越高（即波长越短）的光，光子

的能量越大。当光子的频率增加到特定的阈值 ν_0，使其能量 $h\nu_0$ 等于 A 时，这时电子的初动能 $\frac{1}{2}mv^2=0$，电子刚能逸出金属表面，ν_0 即为前述的截止频率，其值为

$$\nu_0=\frac{A}{h} \tag{16-10}$$

显然，只有当频率大于 ν_0 的入射光照在金属上，电子才能从金属表面上逸出来，并具有一定的初动能。如果入射光的频率小于 ν_0，电子吸收光子的能量则小于功函数 A。在这个情况下，电子是不能逸出金属表面而成为光电子的。这就说明了光电效应具有一定的截止频率，这与实验结果是一致的。

按照光子假设，在光束中，每一个光子所携带的能量均为 $h\nu$。当金属中自由电子与光子相遇时，电子将立即吸收光子的能量，而且只要 $\nu>\nu_0$，电子就立即从金属中释放出来，成为光电子。所以，电子从金属中释放出来不需要积累能量时间，光电子的释放和光的照射几乎是同时发生的，是"瞬时的"，不会有滞后现象，这与实验结果也是一致的。

此外，按照光子假设还可以知道，光的强度越大，光束中所含光子数目就越多。光的强度增加两倍，光子数也增加两倍。如果入射光的频率大于截止频率，那么，随着光子数的增加，单位时间内吸收光子的光电子数也增多，光电流就增大。所以说，光电流与入射光的强度成正比，这些也与实验结果相符合。

至此，我们可以说，原先由经典理论出发解释光电效应实验所遇到的困难，在爱因斯坦光子假设提出后，都顺利地得到了解决。不仅如此，爱因斯坦的光子学说对光的本性的认识有了新的飞跃，光不仅有波动性（即相干叠加性，如光的干涉、衍射等），还有粒子性，即光具有波粒二象性。根据光子学说，其能量为

$$E=h\nu=mc^2 \tag{16-11}$$

又根据相对论的能量与动量关系，即

$$E^2=p^2c^2+E_0^2$$

可知，由于光子的静止能量 $E_0=0$。所以，光子的能量可写成

$$E=pc$$

其动量为

$$p=\frac{E}{c}=\frac{mc^2}{c}=mc$$

或

$$p=\frac{E}{c}=\frac{h\nu}{c}=\frac{h}{\lambda}$$

因此，对于频率为 ν 的光子，有

$$\left.\begin{aligned} E&=h\nu\\ m&=\frac{h\nu}{c^2}\\ p&=\frac{h\nu}{c}=\frac{h}{\lambda}\end{aligned}\right\} \tag{16-12}$$

不难看出，在上式（16-12）中，左边两个表征粒子性的量 E 和 p，是通过右边两个表征波动性的量 ν 和 λ 来描述的，反过来说也是一样。在这里，h 起着联系波动性和粒子性的作

用。可见，所谓的波粒二象性，并不是波和粒子两种经典图像的机械撮合，而是相互渗透在一起的统一图像。一般来说，单独只使用一种图像来描述光的行为，势必不可能解释已知的全部光学现象，最多不过能解释其中的一部分而已。

光的波粒二象性虽是统一在同一客体上，但依条件不同，有时显波动性有时显粒子性。这种现象，可粗略地分为下列两种情形来说明。

其一，光的干涉、衍射等事实告诉我们，光在传播过程中是以波动性为主的。而辐射、吸收、光电效应，以及下一节要讨论的康普顿效应等微观过程却又表明，当与实物物质相互作用时，光又是以粒子性为主的。

其二，即使在干涉、衍射等现象中，λ 大（ν 小）的光，其衍射显著，故此时是以波性为主的。反之，对于 λ 小（ν 大）的光来说，其粒子性并不亚于一个电子。可见，高能光子流表现得像是粒子流，而低能光子流则像是波动。这是因为，由于 h 甚小，若 λ 大（ν 小），则 $p(E)$ 值小，粒子性就不显著。这里再次显示了 h 的作用，只有小的 λ 才会有大的 p 值；也就是说，h 不仅是联系二象性的桥梁，而且也是衡量波粒二象性中何者为主的一把尺子。

应该重申，波粒二象性中的任何一个都不是纯粹的经典图像了，人们之所以仍然沿用老的名称，无非便于想象、比喻而已。从上述分析可以看出，说光是粒子，其运动却又不服从经典力学的规律，而服从光束传播的规律，即电磁波的波动方程。另一方面，若说光是波动，但其能量的发射和吸收却又是一份一份的，即光能量的转换并不遵从波动规律，而是遵从量子化的、相对论性的规律。这就是前面所说的，波粒二象性是相互渗透着的，波动性中有粒子性，而粒子性中又有波动性的意思。

总之，通过分析和总结现有的事实和理论，人们从光的各种现象中，得出了二象性的观念，这不能不说是认识上的一大飞跃。这种认识，在近代物理的发展中，也为进一步认识实物粒子的二象性开辟了道路。

【例 16-3】 波长为 450nm 的单色光射到纯钠的表面上，求：

（1）这种光的光子的能量和动量；

（2）光电子逸出钠表面时的动能（钠的功能函数 $A = 2.29\text{eV}$）；

（3）若光子的能量为 2.40eV，其波长为多少？

【解】（1）已知光的波长与频率的关系为 $\nu = \dfrac{c}{\lambda}$，所以光子的能量为

$$E = h\nu = \frac{hc}{\lambda} \tag{a}$$

将已知数据代入上式，得

$$E = \frac{6.63 \times 10^{-34} \times 3.00 \times 10^{8}}{450 \times 10^{-9}}\text{J} = 4.42 \times 10^{-19}\text{J} \tag{b}$$

如以 eV 为能量单位，则

$$E = \frac{4.42 \times 10^{-19}}{1.60 \times 10^{-19}}\text{eV} = 2.76\text{eV} \tag{c}$$

光子的动量为

$$p=\frac{h}{\lambda}=\frac{E}{c}=\frac{4.42\times10^{-19}}{3\times10^{8}}\text{kg}\cdot\text{m}\cdot\text{s}^{-1}=1.47\times10^{-27}\text{kg}\cdot\text{m}\cdot\text{s}^{-1}\tag{d}$$

如以 eV/c 来表示动量，则

$$p=\frac{E}{c}=2.76\text{eV}/c\tag{e}$$

（2）由爱因斯坦方程，有

$$E_k=E-A$$

又钠的功能函数 $A=2.29\text{eV}$，所以

$$E_k=(2.76-2.29)\text{eV}=0.47\text{eV}\tag{f}$$

（3）光子的能量为 2.40eV 时，其波长为

$$\lambda=\frac{hc}{E}=\frac{6.63\times10^{-34}\times3.00\times10^{8}}{2.40\times1.60\times10^{-19}}\text{m}=5.18\times10^{-7}\text{m}=518\text{nm}\tag{g}$$

【例 16-4】 设有一半径为 1.0×10^{-3}m 的薄圆片，它距光源为 1m。此光源的功率为 1W，发射波长为 589nm 的单色光。试计算在单位时间内落在薄圆片上的光子数。假定光源向各个方向发射的能量是相同的。

【解】 从题意知，圆片的面积为 $S=\pi R^2=\pi\times10^{-6}\text{m}^2$。由于光源发射出来的能量在各个方向是相同的，故单位时间内落在圆片上的能量为

$$E=P\frac{S}{4\pi r^2}\tag{a}$$

式中，r 为光源到圆片的距离，即 $r=1$m；P 为光源的功率，即 $P=1\text{W}=1\text{J}\cdot\text{s}^{-1}$。于是有

$$E=\left(1\times\frac{\pi\times10^{-6}}{4\pi\times1}\right)\text{J}\cdot\text{s}^{-1}=2.5\times10^{-7}\text{J}\cdot\text{s}^{-1}\tag{b}$$

故单位时间落在圆片上的光子数为

$$N=\frac{E}{h\nu}=\frac{E\lambda}{hc}=\frac{2.5\times10^{-7}\times5890\times10^{-10}}{6.63\times10^{-34}\times3\times10^{8}}\text{s}^{-1}=7.4\times10^{11}\text{s}^{-1}\tag{c}$$

即每秒钟有 7.4×10^{11} 个光子落在圆片上。

【例 16-5】 在某次光电效应实验中，测得某金属的截止电压 U_c 和入射光频率的对应数据如下表：

U_c/V	0.541	0.637	0.714	0.800	0.878
$\nu/\times10^{14}$Hz	5.644	5.888	6.098	6.303	6.501

试用作图法求：

（1）该金属光电效应的红限频率；

（2）普朗克常量。

【解】 以频率 ν 为横轴，以截止电压 U_c 为纵轴选取适当的比例画出曲线，如图 16-10 所示。

（1）曲线与横轴的交点即该金属的红限频率，由图可读出 $\nu_0=4.267\times10^{14}$Hz。

（2）由图求得直线的斜率为

$$k=\frac{\Delta U_c}{\Delta\nu}=3.91\times10^{-15}\text{V}\cdot\text{s}$$

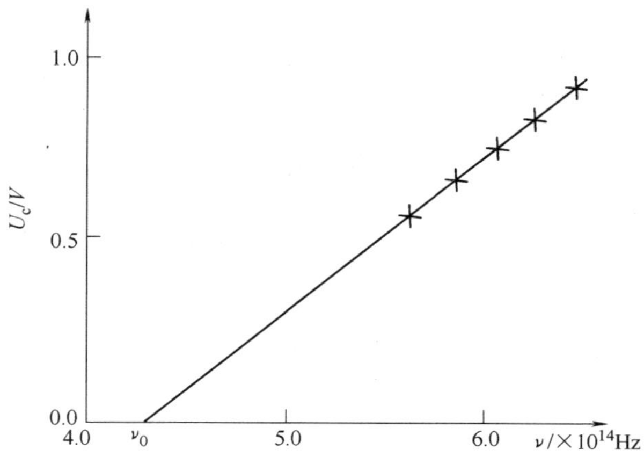

图 16-10　U_c-ν 实验曲线

根据爱因斯坦光电效应方程，即

$$h\nu = \frac{1}{2}mv^2 + A = eU_c + A$$

由于对给定金属而言，A 是常数，于是由上式可得

$$\frac{\Delta U_c}{\Delta \nu} = \frac{h}{e} = k$$

故得

$$h = ek = 6.26\times10^{-34}\text{J}\cdot\text{s}$$

【例 16-6】 求：（1）$\lambda = 7000\times10^{-10}$m 的红光；（2）$\lambda = 0.71\times10^{-10}$m 的 X 射线；（3）$\lambda = 124\times10^{-14}$m 的 γ 射线等的光子的能量、动量和质量；并与经 $U = 100$V 电压加速后的电子的动能、动量和质量相比较。

【解】 光子的能量、动量和质量可由式（16-12）求得。至于电子的动能、动量等的计算，由于经 100V 电压加速后，电子的速度不大，所以可以不考虑相对论效应。这样可得电子的动能为

$$E_e = eU = 100\text{eV}$$

电子的质量近似于其静止质量，为

$$m_e = 9.11\times10^{-31}\text{kg}$$

电子的动量为

$$p_e = m_e\nu = \sqrt{2m_eE_e} = \sqrt{2\times9.11\times10^{-31}\times100\times1.6\times10^{-19}}\text{kg}\cdot\text{m}\cdot\text{s}^{-1}$$
$$= 5.40\times10^{-24}\text{kg}\cdot\text{m}\cdot\text{s}^{-1}$$

经过计算可得本题要求结果如下：

（1）对 $\lambda = 7000\times10^{-10}$m 的光子（可见光）：

$$E_1 = \frac{hc}{\lambda} = 1.78\text{eV},\qquad \frac{E_1}{E_e} = \frac{1.78}{100} \approx 0.02$$

$$p_1 = \frac{h}{\lambda} = 9.47\times10^{-28}\text{kg}\cdot\text{m}\cdot\text{s}^{-1},\qquad \frac{p_1}{p_e} = \frac{9.47\times10^{-28}}{5.40\times10^{-24}} \approx 2\times10^{-4}$$

$m_1 = \frac{E}{c^2} = 3.16 \times 10^{-36}\text{kg}$, $\frac{m_1}{m_e} = \frac{3.16 \times 10^{-36}}{9.11 \times 10^{-31}} \approx 3 \times 10^{-6}$

（2）对 $\lambda = 0.71 \times 10^{-10}\text{m}$ 的光子(X 射线)：

$E_2 = 1.75 \times 10^4\text{eV}$, $\frac{E_2}{E_e} = \frac{1.75 \times 10^4}{100} = 175$

$p_2 = 9.34 \times 10^{-34}\text{kg} \cdot \text{m} \cdot \text{s}^{-1}$, $\frac{p_2}{p_e} = \frac{9.34 \times 10^{-24}}{5.40 \times 10^{-24}} \approx 2$

$m_2 = 3.11 \times 10^{-32}\text{kg}$, $\frac{m_2}{m_e} = \frac{3.11 \times 10^{-32}}{9.11 \times 10^{-31}} \approx 0.03$

（3）对 $\lambda = 124 \times 10^{-14}\text{m}$ 的光子：

$E_3 = 1.00 \times 10^6\text{eV}$, $\frac{E_3}{E_e} = \frac{1.00 \times 10^6}{100} = 10^4$

$p_3 = 5.35 \times 10^{-22}\text{kg} \cdot \text{m} \cdot \text{s}^{-1}$, $\frac{p_3}{p_e} = \frac{5.35 \times 10^{-22}}{5.40 \times 10^{-24}} = 99$

$m_3 = 1.78 \times 10^{-30}\text{kg}$, $\frac{m_3}{m_e} = \frac{1.78 \times 10^{-30}}{9.11 \times 10^{-31}} \approx 2$

以上计算给出了关于光的粒子性质的一些数量概念。这表明：波长越长（即频率越小），其相应光子的能量、动量和质量越小。

16.3 康普顿效应

在爱因斯坦公式提出后的 10 余年，1916 年光量子理论被密立根的精密实验证实了。密立根研究了 Na、Mg、Al、Cu 等金属，得到 U_c 与 ν 之间严格的线性关系，由直线的斜率测得了普朗克常量 h 的精确数值，并与热辐射或其他实验中测得的 h 值符合得很好。密立根因他在测量电子电荷和光电效应方面的研究而获得 1923 年诺贝尔物理学奖。

除光电效应外，证实光量子理论的另一个重要实验证据是康普顿效应。

1923 年，美国物理学家康普顿在观察 X 射线通过物质散射时发现散射线的波长发生变化的现象。图 16-11 所示是康普顿实验装置的示意图。由单色 X 射线源 R 发出的波长为 λ 的 X 射线，通过光阑 D 成为一束狭窄的 X 射线，这束 X 射线投射到散射物质 C（如石墨）上，用摄谱仪 S 可探测到不同方向的散射 X 射线的波长。

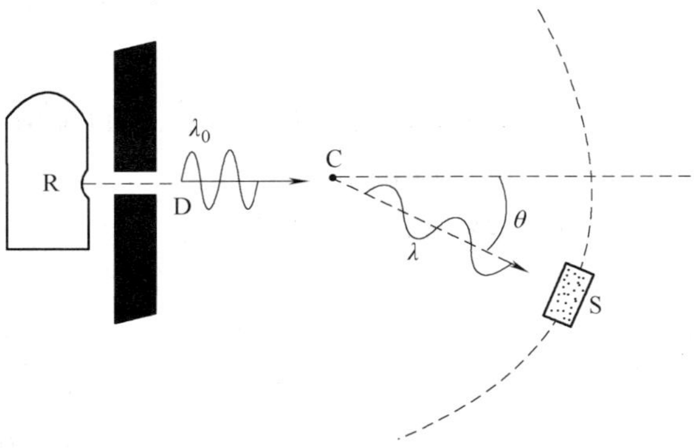

图 16-11 康普顿散射实验装置示意图

图 16-12 所示是康普顿实验的结果。从实验结果中我们可以看到，在散射 X 射线中除有与入射线波长相同的射线外，还有比入射线波长更长的射线，这种现象就称为**康普顿效应**。从图 16-12 中还可以看到，散射 X 射线中有两个峰值，其中一个

峰值所对应的波长与入射 X 射线的波长 λ 相同，另一个峰值所对应的波长 λ'则大于入射 X 射线的波长 λ，而且 λ'的值与散射角 θ 有关。我国物理学家吴有训当时正是康普顿的研究生，他在康普顿效应的实验技术和理论分析等方面，均做出了卓有成效的贡献。

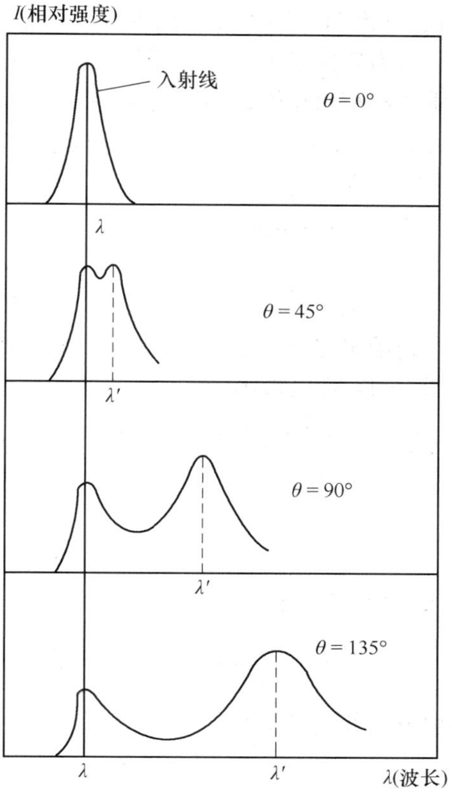

图 16-12　石墨的康普顿效应

如何解释这个实验规律？经典物理的理论显得无能为力，但用光子学说来解释却取得了圆满成功。

按照光子学说，频率为 ν 的 X 射线可看成是由一些能量 $\varepsilon = h\nu$ 的光子组成的，并假设光子与自由电子之间的碰撞类似于完全弹性碰撞。依照这个观点对康普顿效应可作如下解释：当能量为 $\varepsilon(h\nu)$ 的入射光子与散射物质中的自由电子发生弹性碰撞时，电子要获得一部分能量，所以，碰撞后发生散射的光子，其能量 $\varepsilon'(h\nu')$ 比入射光子的能量 ε 要小。因而散射光的频率 ν'比入射光的频率 ν 要小，即散射光的波长 λ'比入射光的波长 λ 要长一些。这就定性地说明了散射光中为什么会出现大于入射光波长的原因。

此外，在散射线中还观察到有与原波长相同的射线。这可解释如下：散射物质中还有许多被原子核束缚得很紧的电子，光子与它们的碰撞应看作是光子和整个原子的碰撞。

由于原子的质量远大于光子的质量，所以，在弹性碰撞中光子的能量几乎没有改变，因而散射光子的能量仍为 $h\nu$，它的波长也就和入射线的波长相同了。正因为这样，由于轻原子中电子束缚较弱，重原子中内层电子束缚很紧，因此，原子量越小的物质康普顿效应越显著，原子量越大的物质康普顿效应越不明显。这与结果也是一致的。

图 16-13 表示一个光子和一个自由电子作弹性碰撞的情形。由于电子的热运动平均动能（约百分之几电子伏特）与 X 射线光子的能量（$10^4 \sim 10^5$eV）相比，可以略去不计。因此，自由电子的速度远小于光子的速度。所以，可设碰撞前自由电子是静止的，即 $v_0 = 0$，并设

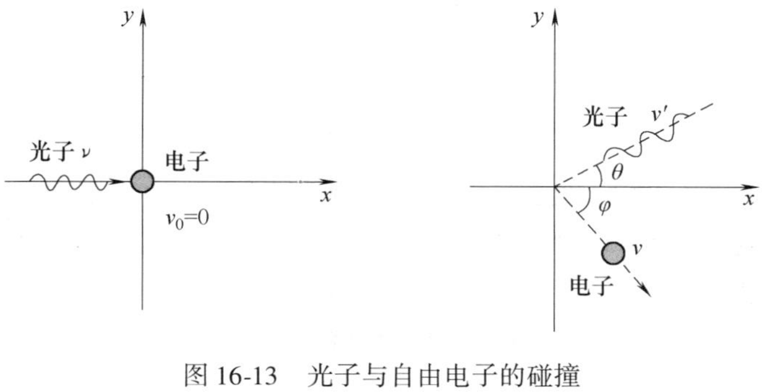

图 16-13　光子与自由电子的碰撞

频率为 ν 的光子沿 x 轴方向入射。碰撞后，光子沿着 θ 角的方向散射出去，电子则获得了速率 v，并沿与 x 轴成 φ 角的方向运动，这个电子称作反冲电子。

因为碰撞是弹性的，所以应同时满足能量守恒定律和动量守恒定律，设电子碰撞前后的静质量和相对论性动质量分别为 m_0 和 m，由狭义相对论的质能关系可知，其相应的能量分别为 m_0c^2 和 mc^2。所以，在碰撞过程中，根据能量守恒定律有

$$h\nu + m_0c^2 = h\nu' + mc^2$$

即

$$mc^2 = h(\nu - \nu') + m_0c^2 \quad (16\text{-}13)$$

考虑到动量是矢量，根据动量守恒定律，由图 16-14 可以得出

$$(mv)^2 = \left(\frac{h\nu}{c}\right)^2 + \left(\frac{h\nu'}{c}\right)^2 - 2\frac{h\nu}{c}\frac{h\nu'}{c}\cos\theta$$

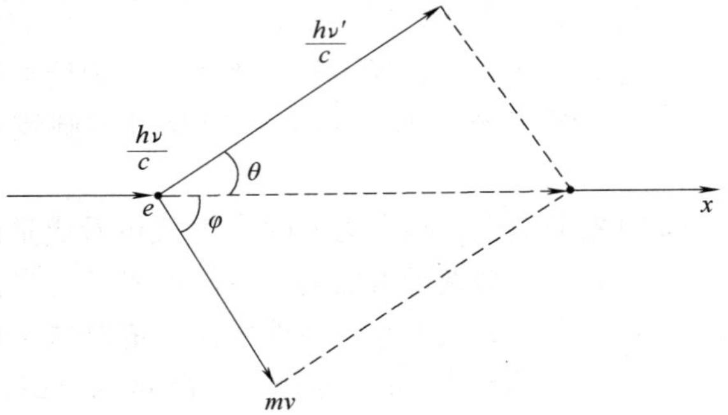

图 16-14　光子与静止电子碰撞时的动量变化

即

$$m^2c^2v^2 = h^2\nu^2 + h^2\nu'^2 - 2h^2\nu\nu'\cos\theta \quad (16\text{-}14)$$

将式（16-13）平方后减去式（16-14）得

$$m^2c^4\left(1 - \frac{v^2}{c^2}\right) = m_0^2c^4 - 2h^2\nu\nu'(1 - \cos\theta) + 2m_0c^2h(\nu - \nu')$$

根据狭义相对论的质量与速度关系

$$m = \frac{m_0}{\sqrt{1 - \frac{v^2}{c^2}}}$$

上式为

$$m_0^2c^4 = m_0^2c^4 - 2h^2\nu\nu'(1 - \cos\theta) + 2m_0c^2h(\nu - \nu')$$

有

$$\frac{c(\nu - \nu')}{\nu\nu'} = \frac{h}{m_0c}(1 - \cos\theta)$$

即

$$\frac{c}{\nu'} - \frac{c}{\nu} = \frac{h}{m_0c}(1 - \cos\theta) \quad (16\text{-}15)$$

或

$$\lambda' - \lambda = \frac{2h}{m_0c}\sin^2\frac{\theta}{2} \quad (16\text{-}16)$$

式中，λ 为入射光的波长；λ'为散射光的波长。式（16-16）给出了光波波长的变化与散射角 θ 之间的函数关系。当 $\theta = 0$ 时，波长不变；当 θ 增大时，$\lambda' - \lambda$ 也随之增加；当 $\theta = \pi$ 时，波长的改变量最大。这个结论与实验结果是相符的。

式（16-16）中，h/m_0c 是一个常量，称为康普顿波长，用 λ_e 表示。电子的康普顿波长值为

$$\lambda_e = \frac{h}{m_0 c} = \frac{6.63\times10^{-34}}{9.11\times10^{-31}\times3\times10^{8}}\text{m} = 2.43\times10^{-12}\text{m}$$

可见，散射波长改变量 $\Delta\lambda$ 的数量级为 10^{-12}m。对于波长较长的可见光（波长的数量级为 10^{-7}m），以及无线电波等波长更长些的波来说，波长的改变量 $\Delta\lambda$ 与入射光的波长 λ 相比小得多。例如，$\lambda=10$cm 的微波，$\frac{\Delta\lambda}{\lambda}\approx2.43\times10^{-11}$，因此，观察不到康普顿效应，这时，量子结果与经典结果是一致的。只有波长较短的光（如 X 射线的波长数量级为 10^{-10}m），$\frac{\Delta\lambda}{\lambda}\approx2.43\times10^{-2}$，这时才能观察到康普顿效应。在这种情况下，经典理论就失效了，也就是说，波长比较短的波，其量子效应较为显著，这也是和实验相符合的。

康普顿散射的理论和实验的结果完全相符，曾在量子论的发展中起过重要的作用。它不仅有力地证明了光具有波粒二象性，而且还证明了光子和微观粒子的相互作用过程也是严格地遵守动量守恒定律和能量守恒定律的。为此，康普顿于 1927 年获得了诺贝尔物理学奖。

【例 16-7】 设有波长 λ 为 1.00×10^{-10}m 的 X 散射的光子与自由电子作弹性碰撞，散射 X 射线的散射角 θ 为 90°。试问：

（1）散射波长与入射波长的改变量 $\Delta\lambda$ 为多少？

（2）反冲电子得到多少动能？

（3）在碰撞中，光子的能量损失为多少？

【解】（1）由式（16-16）知，$\Delta\lambda$ 为

$$\Delta\lambda = \frac{h}{m_0 c}(1-\cos\theta)$$

代入已知数据，可得

$$\Delta\lambda = \left[\frac{6.63\times10^{-34}}{9.11\times10^{-31}\times3.00\times10^{8}}\times(1-\cos90°)\right]\text{m} = 2.43\times10^{-12}\text{m}$$

（2）由式（16-13），有

$$mc^2 - m_0c^2 = h\nu - h\nu'$$

式中，$mc^2-m_0c^2$ 即为反冲电子的动能 E_k，故可得

$$E_k = h\nu - h\nu' = \frac{hc}{\lambda} - \frac{hc}{\lambda'}$$

即

$$E_k = hc\left(\frac{1}{\lambda} + \frac{1}{\lambda+\Delta\lambda}\right) = \frac{hc\Delta\lambda}{\lambda(\lambda+\Delta\lambda)}$$

将已知数据代入上式，得

$$E_k = \frac{(6.63\times10^{-34})\times(3.00\times10^{8})\times(2.43\times10^{-12})}{(1.00\times10^{-10})\times(1.00+0.0243)\times10^{-10}}\text{J} = 4.72\times10^{-17}\text{J} = 295\text{eV}$$

（3）光子损失的能量等于反冲电子所获得的动能，即 295eV。

【例 16-8】 在一次康普顿散射中，传递给电子的最大能量为 $E'=0.045$MeV，试求入射光子的波长。已知电子的静能量

$$E_0 = m_0c^2 = 0.511\text{MeV},\quad hc = 12.4\times10^{-7}\text{eV}\cdot\text{m}$$

【解】 按题设，要使一个电子的反冲能量具有最大值，入射光子必定是反向散射的。设入射光子的能量为 E，散射光子的能量为 E'，电子的初能量为 m_0c^2，反冲能量为 m_0c^2 + 0.045MeV。由能量守恒定律，则有

$$E + m_0c^2 = E' + (m_0c^2 + 0.045\text{MeV}) \tag{a}$$

即

$$E - E' = 0.045\text{MeV} \tag{b}$$

由能量守恒定律,则有

$$\frac{E}{c} = \frac{-E'}{c} + p_e \tag{c}$$

考虑到电子能量与动量的相对论关系式，有

$$(m_0c^2 + 0.045\text{MeV})^2 = (p_ec)^2 + (m_0c^2)^2 \tag{d}$$

由式（d）可求反冲电子的动量为

$$p_e = 0.219\text{MeV}/c \tag{e}$$

将式（e）代入式（c），得

$$E + E' = cp_e = 0.219\text{MeV} \tag{f}$$

由式（b）和式（f），可解得入射光子的能量 E 为

$$E = \frac{0.045\text{MeV} + cp_e}{2} = 0.132\text{MeV}$$

根据式（16-12），$E = h\nu = hc/\lambda$，则入射光的波长为

$$\lambda = \frac{hc}{E} = \frac{0.0124 \times 10^{-10}\text{MeV} \cdot \text{m}}{0.132\text{MeV}} = 9.39 \times 10^{-12}\text{m}$$

16.4 玻尔氢原子理论

前面已经提到，19 世纪末期，在经典物理学取得辉煌成就的同时，有“两朵乌云”和“三个事件”动摇了经典物理学的理论基础，促进了近代物理的诞生和发展。关于“两朵乌云”的问题，我们已在爱因斯坦相对论和普朗克量子论部分，分别作了讨论。

所谓“三个事件”是指：1895 年伦琴发现了 X 射线，1896 年贝克勒尔发现了天然放射性现象以及 1897 年汤姆逊发现了电子。此外，还有 1885 年瑞士物理学家巴耳末把氢原子线光谱归结成有规律的公式等。这些发现表明，原子并不是组成物质的最小单元，原子内部可能还有更深的结构层次。这就引导物理学家们去探索原子内部的结构和规律。

16.4.1 氢原子光谱规律

1885 年，瑞士科学家巴耳末（当时是一所女子中学的教师）发现了氢原子的线光谱在可见光部分的 4 条分立谱线，如图 16-15 所示，并归纳了一个计算波长的公式，称为巴耳末公式。

1890 年瑞典物理学家里德伯、里兹用波长的倒数替代巴耳末公式中的波长，并把它称为波数，从而得到光谱学中常用的形式，即

$$\sigma=\frac{1}{\lambda}=R\left(\frac{1}{2^2}-\frac{1}{n^2}\right),\ n=3,4,5,\cdots \tag{16-17a}$$

式中，R 称为里德伯常量，其计算值为 $R=1.097\times10^7\mathrm{m}^{-1}$。把此式表示的一组谱线，称为巴耳末谱系，它有 4 条谱线处于可见光区，分别为 $H_\alpha=656.2\mathrm{nm}$，$H_\beta=486.1\mathrm{nm}$，$H_\gamma=434.0\mathrm{nm}$，$H_\delta=410.1\mathrm{nm}$。用式（16-17a）求得的波长与实验结果符合得很好。

除此以外，在红外和紫外区，还发现有其他光谱系：

图 16-15　氢光谱中可见光区的谱线

莱曼系（1916 年）　$\sigma=R\left(\frac{1}{1^2}-\frac{1}{n^2}\right),\ n=2,3,4,\cdots$　（16-17b）

在红外区有：

帕邢系（1908 年）　$\sigma=R\left(\frac{1}{3^2}-\frac{1}{n^2}\right),\ n=4,5,6,\cdots$　（16-17c）

布拉开系（1922 年）　$\sigma=R\left(\frac{1}{4^2}-\frac{1}{n^2}\right),\ n=5,6,7,\cdots$　（16-17d）

普丰德系（1924 年）　$\sigma=R\left(\frac{1}{5^2}-\frac{1}{n^2}\right),\ n=6,7,8,\cdots$　（16-17e）

汉弗莱系（1953 年）　$\sigma=R\left(\frac{1}{6^2}-\frac{1}{n^2}\right),\ n=7,8,9,\cdots$　（16-17f）

至此，原先人们觉得十分零乱而无序的光谱线，经过巴耳末、里德伯、里兹等人的归纳整理，显现出了简明的规律性，这些规律实际上反映了原子内部的固有规律性。

16.4.2　玻尔氢原子理论

1911 年，英国物理学家卢瑟福在分析 α 粒子散射实验结果的基础上，提出了一个有价值的模型，即原子的行星模型（也称核型结构）。这个模型认为：原子的中心有一个带正电的原子核，它几乎集中了原子的全部质量，其线度在 $10^{-14}\sim10^{-15}\mathrm{m}$ 范围内，而电子在原子核周围绕核旋转，正如行星绕太阳运转一样（见图 16-16）。

氢原子是最简单的情形，它由原子核和一个核外电子组成，原子核的质量约为电子质量的 1837 倍。原子线度的数量级约为 $10^{-10}\mathrm{m}$。卢瑟福模型的成功之处在于，他大胆地将宇模型成功地引入了微观领域，奠定了核型结构的基础。但是，它也存在致命的缺陷：首先，电子绕原子核作加速运动，必然要不断以辐射的形式发射出能量，电子运动轨道的曲率半径也就要不断减小，最后将导致电子落到原子核中去，这样，就破坏了原子的稳定性，这与事实不符；其次，加速电子所产生的辐射，其频率是连续分布的，因此，原子光谱应是连续光谱，但实际的原

图 16-16　卢瑟福及原子的行星模型

子光谱是分立的谱线。

为了解决卢瑟福模型的困难，1913 年，玻尔在巴耳末光谱规律、普朗克量子论和爱因斯坦光子学说的启发下，建立了玻尔氢原子模型。他在卢瑟福模型的基础上，加进了量子论观点，提出了三点重要假定。

（1）定态　原子中的电子只能在一些特定的圆轨道上运动，且不辐射电磁波，此时，原子处于稳定状态（定态），并具有一定的能量。

（2）量子条件　电子以速度 v 在半径为 r 的圆周上绕核运动时，只有电子的角动量满足下列条件的那些轨道才是稳定的，即

$$L = mvr = n\frac{h}{2\pi} \tag{16-18}$$

式中，$n = 1, 2, \cdots$ 为主量子数；h 为普朗克常量。

（3）辐射跃迁　当原子从高能量的定态跃迁到低能量的定态，亦即电子从高能量 E_1 的轨道跃迁到低能量 E_f 的轨道上时，要辐射频率为 ν 的光子，且满足

$$h\nu = E_1 - E_f \tag{16-19}$$

此式也称为频率条件。

按照玻尔的以上三条假定，可以很方便地推算出电子运动可能的那些轨道的半径 r 以及相应的速度 v 和定态能量 E。

由于电子是在库仑场中作圆周运动，根据牛顿运动定律有

$$\frac{1}{4\pi\varepsilon_0}\frac{e^2}{r^2} = m\frac{v^2}{r}$$

考虑到式（16-18）中 $mvr = nh/2\pi$，故电子在相应 n 的轨道上的运动速度 v 为

$$v = \frac{e^2}{2\varepsilon_0 nh} \tag{16-20}$$

以此式代入上式，电子对应轨道的半径 r 为

$$r = \frac{\varepsilon_0 n^2 h^2}{\pi m e^2} \tag{16-21}$$

由于电子在第 n 个轨道上的总能量 E 应为动能与电势能之和，即

$$E = \frac{1}{2}mv^2 - \frac{1}{4\pi\varepsilon_0}\frac{e^2}{r}$$

将式（16-20）和式（16-21）的结果代入上式，得相应轨道的能量 E 为

$$E = -\frac{me^4}{8\varepsilon_0^2 n^2 h^2} \tag{16-22}$$

从式中的负号可以看出，原子能量都是负值，它表明原子中的电子受原子核的束缚，若没有足够的能量，就不能脱离原子核对它的束缚。

对式（16-20）~式（16-22）有如下的结论：

1）氢原子中电子运动的轨道及相应的速度和能量都是量子化的。

2）当 $n=1$ 时，由式（16-22）得到 $E_1=-13.6\text{eV}=-21.76\times10^{-19}\text{J}$，称为基态能量。相应的轨道半径为 $r_1=0.53\times10^{-10}\text{m}$，称为玻尔半径。此时电子的运动速度为 $v_1=\dfrac{c}{137}$（c 为真空中的光速）。由此就可知道 $n=2$，3，4，…各定态的 E_n、r_n、v_n，详见表 16.1。

表 16.1　氢原子的基态与激发态参量关系

n	1	2	3	4	…
r_n	n	$4n$	$9n$	$16n$	…
v_n	v_1	$\dfrac{v_1}{2}$	$\dfrac{v_1}{3}$	$\dfrac{v_1}{4}$	…
E_n	E_1	$\dfrac{E_1}{4}$	$\dfrac{E_1}{9}$	$\dfrac{E_1}{16}$	…

3）由于与 n 对应的各轨道定态能量只能有分立的数值，通常就把这一系列不连续的能量值称为能级。图 16-17 所示是氢原子对应不同量子数 n 时的能级，每条横线代表一个能级，两横线间的距离表示能级的间隔即能量差。在正常情况下，氢原子处于最低能级 E_1，也就是电子处于第一轨道上，这个最低能级对应的状态称为基态。当电子受到外界激发时，可从基态跃迁到较高能量的激发态能级 E_2，E_3，…上，这些能级对应的状态称为激发态。把电子从 $n=1$ 的轨道移到 $n=\infty$ 时所需的能量值 $\Delta E=13.6\text{eV}$。

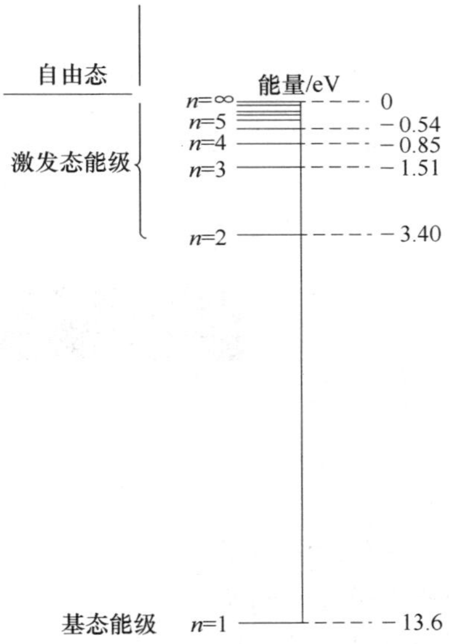

图 16-17　氢原子能级

当电子从较高能级 E_1 跃迁到较低能级 E_f 时，原子辐射的单色光的光子能量就是式（16-19）表示的频率条件，即

$$h\nu=E_1-E_f$$

将式（16-22）代入上式，则辐射光子的可能频率 ν 为

$$\nu=\frac{me^4}{8\varepsilon_0^2h^3}\left(\frac{1}{n'^2}-\frac{1}{n^2}\right) \tag{16-23a}$$

式中，n' 和 n 分别是对应较高和较低能级的量子数。其中 $me^4/(8\varepsilon_0^2h^3)=13.6\text{eV}$，则上式也可改写为如下形式，即

$$\nu=13.6\left(\frac{1}{n'^2}-\frac{1}{n^2}\right)\text{eV} \tag{16-23b}$$

4）一个氢原子可以和外界交换能量，这种交换总伴随着电子的运动状态在各能级之间的变化，这种能量交换可能以吸收或放出光子的方式进行。吸收光子时，氢原子从低能态 E_f 跃迁到高能态 E_1，而当从高能态 E_1 跃迁到低能态 E_f 时，则放出光子，这就是原子发光的机理。

将式（16-23）改用光谱学中常用的波数 σ 来表示，则氢原子发光的可能波数为

$$\sigma=\frac{1}{\lambda}=\frac{\nu}{c}=\frac{me^4}{8\varepsilon_0^2h^3c}\left(\frac{1}{n_f^2}-\frac{1}{n_1^2}\right) \tag{16-24a}$$

将式中 $me^4/(8\varepsilon_0^2h^3c)$ 以常量 R 表示，有

$$R=\frac{me^4}{8\varepsilon_0^2h^3c}=1.097373\times10^7\text{m}^{-1}$$

这就是前面提到的里德伯常量。于是，式（16-24a）可写成

$$\sigma=R\left(\frac{1}{n_f^2}-\frac{1}{n_1^2}\right) \tag{16-24b}$$

可见与式（16-17）各式是一致的。当 $n_f=1$，$n_1=2$，3，4，…时，就是前述的莱曼系；当 $n_f=2$，$n_1=3$，4，5，…时，就是巴耳末系；当 $n_f=3$，$n_1=4$，5，6，…时，就是帕邢系等，如图 16-18 所示。

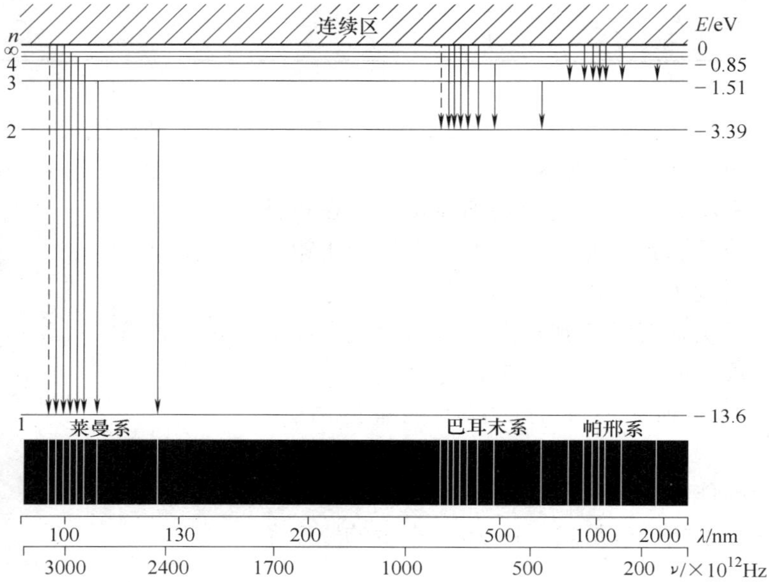

图 16-18 氢原子的光谱系

玻尔的氢原子假定，由于引入了普朗克的量子化概念，从而成功地解决了原子的稳定性和分立谱线的问题，至今仍有重大的价值，故后人都把它称为氢原子理论。

但是，玻尔理论所获得的成功，却掩盖不了它的根本缺陷。这个理论缺少完整的理论体系，基本上是经典理论与量子论的混合物，虽然它引入了量子论，但把微观粒子仍看作是经典力学中的质点，从而原封不动地把经典力学的规律用在微观粒子上。人们习惯称它为半经典半量子的理论。因此，尽管它能解释氢原子和只有一个价电子的一些原子（称为类氢原子）的光谱规律，但对多电子原子如氦原子就无能为力。同时，它也不能解释谱线的精细结构。直至 20 世纪 70 年代，在波粒二象性基础上建立起来的量子力学，才以更科学的概念和理论圆满地解决了这些问题。

玻尔（见图 16-19）是丹麦理论物理学家，现代物理学的创始人之一，1885 年 10 月出生于哥本哈根。他的父亲是一位富有才华的生理学家，这使他在幼年受到了良好的家庭熏陶。

1911 年，玻尔在哥本哈根大学获得博士学位，并已经开始领悟到经典电动力学在描述原子问题时遇到的困难，在物理学方面展露了出众的才华。

图 16-19　物理学家 N. 玻尔（1885—1962）

1912 年，玻尔来到卢瑟福的实验室。在这里，他被深深地吸引到原子结构及其稳定性问题上来，并在工作中和卢瑟福建立了深厚的友谊。这段经历奠定了他在物理学上取得突破性成就的基础，使他深刻地认识到，在原子世界里必须背离经典电动力学而采用全新的观念才能有所突破。

1913 年，玻尔回到哥本哈根，着手研究原子辐射问题。玻尔深信作用量子 h 是解决原子结构问题的关键。但是，直到当年的 2 月份，玻尔在他的一个朋友处得知氢原子光谱的巴耳末经验公式，才使他感到思路豁然开朗。他说："我一看到巴耳末公式，整个问题对我来说就全部清楚了。"当年玻尔就以"原子和分子的结构"为题，完成了他的具有划时代意义的论文，提出了著名的玻尔量子论。在导师卢瑟福的推荐下，该论文分三次发表在伦敦皇家学会的《哲学杂志》上，引起了物理学界的注意。

1916 年，玻尔针对经典体系的行为和量子体系的关系，提出了"对应原理"。

1920 年，玻尔在丹麦建并由其领导的"玻尔实验室"，很快成为青年物理学家研究原子和微观世界的中心，曾吸引了如海森伯、泡利、狄拉克等一批杰出的科学家来此工作。

1922 年，玻尔因他在"原子结构和原子光谱"领域里划时代的贡献，获得了该年度的诺贝尔物理学奖。这一年正是诺贝尔诞辰 100 周年。

此后的十几年时间里，玻尔一直在量子理论的研究领域里继续着他的工作。20 世纪 30 年代，他又深入到核物理的研究领域。在第二次世界大战期间，玻尔参与了制造原子弹的"曼哈顿计划"，但他一直坚决反对将原子弹用于战争。1952 年欧洲核子研究中心成立，玻尔出任主任。

玻尔一生中获得了很高的荣誉并享有崇高的威望。1937 年，玻尔还到访中国，表达了对中国人民的友好感情。1947 年，丹麦国王决定授予玻尔宫廷勋章，请玻尔自己设计图案，玻尔采用了中国古代的太极图，形象地表示了他的互补思想。

【例 16-9】 按照玻尔理论，处于第一激发态的氢原子，如果寿命是 10^{-8}s，问其中的电子能绕核旋转多少圈？

【解】 由于第一激发态的 $n=2$。参照表 16.1 可知相应的轨道半径与速度分别为 $r_2=4r_1=(4\times0.53\times10^{-10})\text{m}=2.12\times10^{-10}\text{m}$

$$v_2=\frac{v_1}{2}=\frac{1}{2}\times\frac{c}{137}=1.1\times10^{6}\text{m}\cdot\text{s}^{-1}$$

从而求得其角速度为

$$\omega_2=\frac{v_2}{r_2}=0.52\times10^{16}\text{rad}\cdot\text{s}^{-1}$$

于是，总的旋转圈数 N 为

$$N=\frac{\omega_2 t}{2\pi}=\frac{0.52\times10^{16}\times10^{-8}}{6.28}=8.3\times10^6$$

【例 16-10】 试计算氢光谱中巴耳末系的最短波长和最长波长。

【解】 巴耳末系的波长由下式确定，即

$$\sigma=\frac{1}{\lambda}=R\left(\frac{1}{2^2}-\frac{1}{n^2}\right),\ n=3,\ 4,\ 5,\ \cdots$$

可见，$n=3$ 时对应的频率最小，波长最长，即

$$\frac{1}{\lambda_{\max}}=R\left(\frac{1}{4}-\frac{1}{9}\right)$$

$$\lambda_{\max}=\frac{1}{1.097\times10^7\times\left(\frac{1}{4}-\frac{1}{9}\right)}\text{m}=6563\times10^{-10}\text{m}$$

同理，$n=\infty$时，对应的波长最短，即

$$\lambda_{\min}=\frac{1}{1.097\times10^7\times\left(\frac{1}{4}-\frac{1}{\infty}\right)}\text{m}=3646\times10^{-10}\text{m}$$

16.5　实物粒子的波粒二象性

继 1990 年普朗克提出能量子假设之后，1905 年，爱因斯坦把量子概论引进了光学的领域，提出了光（量）子学说，并建立了光的波粒二象性图像。1913 年，玻尔又将这一假设推广为自然界的一条量子化原理，即自然界的某些变量的量值只能取一系列分立值。从此，人们着手建立探索微观粒子及其相互作用的量子力学的理论大厦。

在科学发展的长河中，任何一个新理论的确立，必须要满足三个条件：

1）旧理论能说明的问题和现象，新理论必须能够说明；

2）旧理论不能说明的问题，新理论要能够说明；

3）新理论还要具有预见性，即能预见到尚未发现，但未来一定会被发现的物理现象。

新理论诞生和发展的过程，往往是在认识论上充满矛盾和斗争的过程。量子力学的发展也不例外。新现象的发现暴露了微观过程内部的矛盾，推动了人们突破经典物理的限制，提出新的思想、新的理论，从而促使科学技术从一个发展阶段进入到另一新的发展阶段；与此同时，不少人的思想不完全能随变化了的客观情况而前进，不愿承认经典物理理论的局限性，总是千方百计地企图把新发现的现象以及为说明这些现象而提出的新观点，纳入经典物理理论的框架之内。但是，科学的发展总是遵循着“实践是检验真理的唯一标准”这一准则的。前面已经谈及，19 世纪末期，在经典物理学取得重大成就的同时，人们发现了一些新的物理现象（主要是“两朵乌云”和“三个事件”），都是经典物理理论无法解释的，这

些现象揭露了经典理论的局限性，突出了经典物理学与高速领域和微观世界规律性的矛盾，从而为发现新理论打下了基础，也为量子力学的诞生准备了条件。量子力学是反映微观粒子（分子、原子、原子核、基本粒子等）运动规律的理论，它是 20 世纪 20 年代在总结大量实验事实和量子论的基础上建立和发展起来的。随着量子力学的出现，人类对于物质微观结构的认识日益深入，从而能较深刻地掌握物质的物理、化学性能及其变化规律，为在科学技术中利用这些规律开辟了广阔的途径，固体、激光、原子、原子核等的性质都能从以量子力学为基础的现代理论中得到阐明。量子力学不仅是物理学中的基础理论之一，而且在化学、材料科学和微电子学等有关学科和许多近代技术中也开始得到了广泛的应用和重视。本章同时也将侧重介绍量子力学的一些基本思想和基本概念，包括实物粒子的波粒二象性、波函数、不确定（性）关系、薛定谔方程及其简单应用等。

在 1923—1924 年期间，当时已确立光是电磁波，但同时能量又是量子化的，其能量单元为 $h\nu$。光的这种波动和粒子两重性，使许多著名的物理学家感到困惑。而年轻的德布罗意却由此得到启发，大胆地把这种两重性推广到物质客体上去。

16.5.1　德布罗意波

物理学家 L. 德布罗意（见图 16-20）于 1892 年 8 月 15 日出生于法国塞纳河畔的迪耶普一个贵族家庭。德布罗意在中学时代就显示出了文学才华，1910 年获巴黎大学文学学士学位，后转向理论物理，并于 1913 年又获理学学士学位。他具有较高的人文修养，善于用历史的观点，用对比的方法分析问题，为在物理学上的突破和成功打下了良好的素质基础。

第一次世界大战期间，德布罗意在埃菲尔铁塔上的军用无线电报站服役。战后，他重新钻研物理学，一方面在他的哥哥 M. 德布罗意的实验室工作，一方面研究理论物理，特别是有关量子的问题。1924 年在郎之万的指导下，德布罗意获得博士学位，他在博士论文《量子论的研究》中提出了“物质波”的概念，得到了答辩委员会的高度评价。爱因斯坦说：“德布罗意先生提出了一个物质粒子或物质粒子系可以怎样与一个波场相对应”，并誉之为“揭开了一幅大幕的一角”。薛定谔在发表他的波动力学论文时，曾明确表示：“我的这些考虑的灵感，主要归因于德布罗意先生的独创性的论文。”1927 年，电子衍射实验验实了电子确实具有波动性。1929 年，德布罗意成为有史以来第一位以学位论文获得诺贝尔物理学奖的年轻物理学家。

图 16-20　L. 德布罗意（1892—1987）

德布罗意是一位善于用历史的观点，用对比的方法分析问题的物理学家，他受光的波粒二象性的启发，且考虑到自然界在诸多方面都是明显地表现出对称性的，于是，产生了把波和粒子相结合的思想。既然光具有波粒二象性，那么，实物粒子如电子是否也应具有波粒二象性呢？他提出这样的问题：“整个世纪以来，在辐射理论上，比起波动的研究方法来，是过于忽略了粒子的研究方法；在实物理论上，是否发生了相反的错误呢？是不是我们关于‘粒子’的图像想得太多，而过分地忽略了波的图像呢？”1924 年，他作为博士研究生，在学位论文中提出了大胆的假设：实物粒子也具有波粒二象性。他把对光的波粒二象性的描述，应用到了实物粒子上，并指出：一个静止质量为 m_0、速度为 v 的粒子，也具有波的性质，可以同时用波的图像（λ，ν）来描述。并且他把爱因斯坦对光子的能量-频率和动量-波长的关系式借来，认为：一个实物粒子的能量 E 和动量 p 同与它相联系的波的频率 ν 和波长 λ 的定量关系也如光子一样，则有

$$E = mc^2 = h\nu \tag{16-25}$$

$$p = mv = \frac{h}{\lambda} \tag{16-26}$$

这些公式称为德布罗意公式或德布罗意假设。所以，对具有静止质量 m_0 的实物粒子来说，当粒子以速度 v 运动时，则与该粒子缔合在一起的平面单色波的波长为

$$\lambda = \frac{h}{p} = \frac{h}{mv} = \frac{h}{m_0 v}\sqrt{1 - \frac{v^2}{c^2}} \tag{16-27a}$$

这种与物质缔合在一起的波通常称为德布罗意波或物质波。如果 $v \ll c$，那么

$$\lambda = \frac{h}{m_0 v} \tag{16-27b}$$

德布罗意是采用类比法提出他的假设的。以上关系式是与光的二象性对比而得来的。但要注意，实物粒子与光子的差别在于 E 与 p 的关系不同。对光来说，$E = cp$；而对粒子来说，$E^2 = c^2p^2 + m_0^2c^4$。在非相对论的情况下，通常只利用动能 E_k 与 p 的关系，即 $E_k = p^2/2m$。

总之，按照德布罗意的观点，我们对光的二象性认识，完全可以用于实物粒子。实物粒子的运动，既可用动量、能量来描述，也可用波长、频率来描述，联系实物粒子波粒二象性的桥梁依然是普朗克常量 h。结合式（16-25）和式（16-26）不难看出，如果以普朗克常量 h 作为标准，当粒子的能量、动量在数量级上比 h 大得多时，则粒子性显著；反之，则波动性显著。显然，宏观粒子的质量大，能量、动量也大，就不易显示出波动性，而微观粒子的质量小得多，就可能更容易显示出波动性。

德布罗意在提出实物粒子波粒二象性的同时，对电子的波动性进行了理论计算。在电子经加速电压为 U 的电场加速后，速度将由关系式

$$\frac{1}{2}m_0 v^2 = eU \quad 或 \quad v = \sqrt{\frac{2eU}{m_0}}$$

决定，代入式（16-27b），得

$$\lambda = \frac{h}{\sqrt{2em_0}}\frac{1}{\sqrt{U}} \tag{16-28}$$

将 $h = 6.63 \times 10^{-34}\,\mathrm{J\cdot s}$，$e = 1.60 \times 10^{-19}\,\mathrm{C}$，$m_0 = 9.11 \times 10^{-31}\,\mathrm{kg}$ 等数据代入后，得

$$\lambda = \sqrt{\frac{150}{U}} \times 10^{-10}\,\mathrm{m} = \frac{12.25}{\sqrt{U}} \times 10^{-10}\,\mathrm{m}$$

德布罗意作了进一步推算，欲用 150V 的电压加速电子，则按上式可得到电子的德布罗意波长为 0.1nm。这与 1895 年伦琴发现的 X 射线的波长（0.04 ~ 0.1nm）相当，也与晶体的晶格常数 d 的数量级相近。于是 1912 年，劳厄的 X 射线衍射实验和 1913 年布拉格父子的 X 射线在晶体表面的散射实验又给予德布罗意新的启发，并使他提出了大胆的预见：一束电子穿过晶体也会出现衍射图像。

16.5.2　物质波的实验验证

德布罗意物质波假设终究是一项理论成果，是否符合实际，尚需获得直接的实验验证才行。

1. 戴维逊-革末实验

1925 年，戴维逊-革末根据德布罗意的预见，采取了布拉格 X 射线衍射实验的思路来验证电子的波动性，1927 年发表了肯定性的结论。实验装置如图 16-21a 所示。用一定的电位差 U 把自热阴极发出的电子加速后经狭缝 D 形成细束平行电子射线投射到镍单晶体 M 上，经晶面反射后用集电器 B 收集，进入集电器的电子流强度 I，可用与 B 相连的电流计 G 来量度。若电子具有波动性，那就应像 X 射线一样，会被晶体所衍射，并符合乌利夫-布拉格公式。

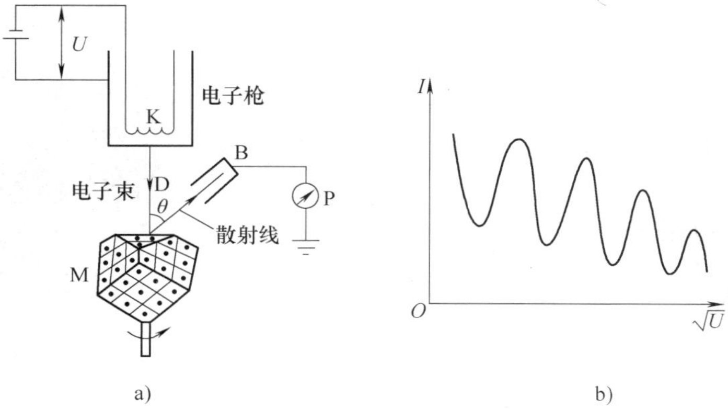

图 16-21　戴维逊-革末实验示意图

戴维逊、革末在实验时，保持 d（晶格常数）和 θ 不变，通过改变加速电压 U 来改变电子波的波长 λ，这样，只有当 λ 符合布拉格衍射条件时，才会使集电器接收到的电子束最强，即 I 最大。图 16-21b 所示是集电器中电子束强度 I 与 $\sqrt{U}$ 的实验关系，很清楚，曲线上出现了一系列峰值，反映出确有电子的布拉格衍射存在。当 $d=0.9\times10^{-10}$m，$\theta=65°$，$U=54$V，按乌利夫-布拉格公式可算得电子的德布罗意波长为 $\lambda=0.165$nm，而按德布罗意公式算得的 $\lambda=0.167$nm，两者符合得很好，表明电子确实具有波动性。

2. G. 汤姆逊电子衍射实验

前面已提到，1897 年英国物理学家 J. 汤姆逊发现了电子，为此，于 1906 年获得了诺贝尔物理学奖。有趣的是，他的儿子 G. 汤姆逊在 1927 年完成了电子衍射实验，证实了电子的波动性，并于 1937 年与戴维逊、革末一起也获得了诺贝尔物理学奖。图 16-22a 所示是 G. 汤姆逊的实验装置和衍射图样。电子

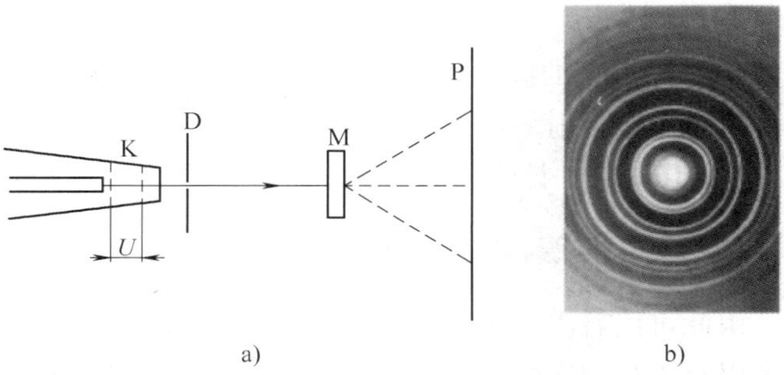

图 16-22　电子束透过多晶薄片的衍射

从灯丝K逸出后，经过加速电场，再通过小孔D，形成一束很细的平行电子束。穿过一多晶薄片M（如金箔、铝箔）后，射到照相底片P上，就得到如图16-22b所示的衍射图像。

3. C. 约恩逊实验

证实电子波动性的最直观的实验是电子通过狭缝的衍射实验。1961年，C. 约恩逊制造了长为50μm、宽约0.3μm、缝间距为1.0μm的多缝，用50kV的加速电压加速电子，使电子束分别通过单缝、双缝，均可得到衍射图像。图16-23a～f所示是不同数目的电子通过双缝的衍射图像。可以看出，当电子数很少时，底片上只有一些随机的感光点，在大量电子通过双缝后，出现了明显的衍射条纹。

迄今，不仅是电子，其他实物粒子，如质子、中子、氦原子等都已证实有衍射现象，因此，德布罗意物质波理论的普适性已无可置疑。为此，德布罗意获得了1929年度诺贝尔物理学奖。

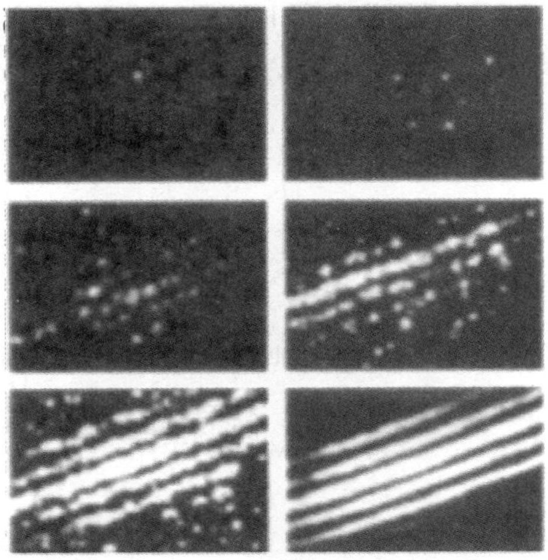

图16-23　电子通过双缝的衍射图样的形成

【例16-11】 计算电子经过 $U_1=100\text{V}$ 和 $U_2=10000\text{V}$ 的电压加速后的德布罗意波长 λ_1 和 λ_2。

【解】 由前面的推证可知，经过加速电场后的电子速度为 $v=\sqrt{\dfrac{2eU}{m}}$，代入已知数据可知，$v_1=0.59\times10^7\text{m}\cdot\text{s}^{-1}$，$v_2=0.59\times10^8\text{m}\cdot\text{s}^{-1}\approx0.2c$。则根据德布罗意公式，电子波的波长 $\lambda_1=\dfrac{h}{m_0v_1}=1.23\times10^{-10}\text{m}$；因为 $v_2=0.2c$，则 λ_2 应考虑相对论效应，故 $\lambda_2=\dfrac{h}{m_0v}\sqrt{1-\dfrac{v^2}{c^2}}=0.127\times10^{-10}\text{m}$。

【例16-12】 试计算动能为0.05eV的（热）中子的德布罗意波长。

【解】 由于中子的能量较小，可采用非相对论性计算，有 $p=\sqrt{2m_nE_k}$，故

$$\lambda=\frac{h}{p}=\frac{h}{\sqrt{2m_nE_k}}=\frac{hc}{\sqrt{2(m_nc^2)E_k}}$$

把 $hc=12.4\times10^{-7}\text{eV}\cdot\text{m}$，$m_nc^2=940\times10^6\text{eV}$，$E_k=0.05\text{eV}$ 代入上式，得 $\lambda=0.128\text{nm}$。这个波长与 X 射线的波长处于同一数量级，与晶体的晶格常数 d 也相近，可见中子通过晶体也会发生中子衍射效应。

【例16-13】 计算质量 $m=0.01\text{kg}$、速率 $v=300\text{m}\cdot\text{s}^{-1}$ 的子弹的德布罗意波长。

【解】 根据德布罗意公式，则有 $\lambda=\dfrac{h}{mv}=\dfrac{6.63\times10^{-34}}{0.01\times300}\text{m}=2.21\times10^{-34}\text{m}$。

由此可以看出，由于普朗克常量是极其微小的量，所以，宏观物体的波长是非常非常小的，以至于达到实验无法测量的程度，因此，宏观物体仅表现出粒子性。通过上面几个例题的讨论，我们看到普朗克常量 h 在微观领域所起的重要作用，它把两个相互矛盾的概念——

波动性（ν 或 λ）和粒子性（E 或 p）联系在一起，从而反映了微观客体的波粒二象性，由于 h 极为微小，以至于在实验上掩盖了客观物体波动性或粒子性的一面，只有当所考虑系统的尺度小到可以和普朗克常量 h 相比时，才能显示出问题的另一方面来。例如，辐射的粒子性只在 X 射线和 γ 射线范围内才在实验中强烈地显现出来；而实物粒子在运动中的波动性也只有在原子尺度的微观领域范围才能在实验上观察到。所以，正像前面指出过的那样，仅当物体的速度可以和光速 c 相比时，我们才必须考虑相对论效应。h 也可以作为经典理论到量子理论过渡的一个判据。

【例 16-14】 电子在铝箔上散射时，第一级最大（$k=1$）的偏转角 θ 为 2°，铝的晶格常数 d 为 4.05×10^{-10}m，求电子的速度。

【解】 与反射光栅相似，参看图 16-24，第一级最大的条件为

$$d\sin\theta = k\lambda\,,\quad k=1$$

按德布罗意公式

$$\lambda = \frac{h}{mv}$$

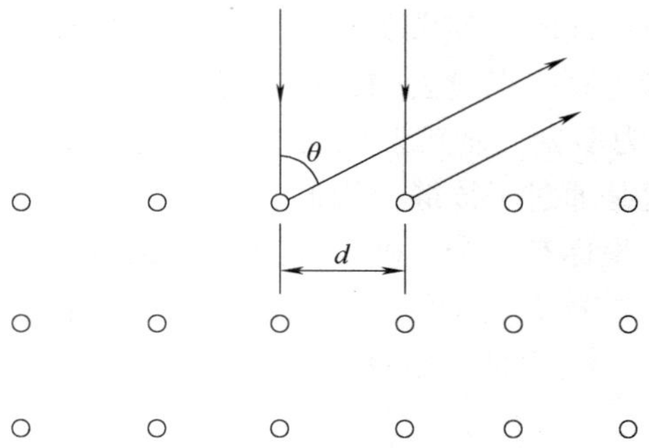

图 16-24　电子束在铝箔上散射

得

$$v=\frac{h}{m\lambda}=\frac{h}{md\sin\theta}=\frac{6.63\times10^{-34}}{9.11\times10^{-31}\times4.05\times10^{-10}\sin2^\circ}\text{m}\cdot\text{s}^{-1}=5.14\times10^{7}\text{m}\cdot\text{s}^{-1}$$

可见这个速度已接近光速，因此上式中的 m 不应再用电子的静止质量 $m_0=9.11\times10^{-31}$kg，而应该用$\dfrac{m_0}{\sqrt{1-\dfrac{v^2}{c^2}}}$，因此

$$v=\frac{h}{m_0 d\sin\theta}\sqrt{1-\frac{v^2}{c^2}}$$

解之得 $v=5.07\times10^{7}\text{m}\cdot\text{s}^{-1}$。

16.6　不确定（度）关系

物质的波动性和粒子性何者显著，是用 h 来衡量的。当波动性不显著的时候，粒子的运动规律就由统计规律退化为经典的轨道规律，粒子就可以用质点的图像来描述。否则，经典的质点图像是不适用的。现在，我们就来对此进行定量的论证，这便是海森伯在 1927 年提出的不确定（度）关系。我们知道，在经典力学里，宏观粒子（质点）均沿一定的轨道运动，在某时刻的运动状态，是由两个物理量（位置与速度）来表述的，知道了这两个物理量，那两个量便是相互依存并能够同时准确测定的。对于微观粒子则不然，由于其粒子性，可以谈论它的位置和动量，但由于其波动性，意味着在任一时刻粒子不具有确定的位置，与此相联系，粒子在各时刻也不具有确定的动量。这也可以说，由于二象性，在任意时刻粒子的位置和动量都有一个不确定量。量子力学理论证明，在某一方向，例如 x 方向上，粒子的

位置不确定量 Δx 和在该方向上的动量不确定量 Δp_x 有一简单而奇特的关系，这就是1927年海森伯提出的不确定（度）关系。

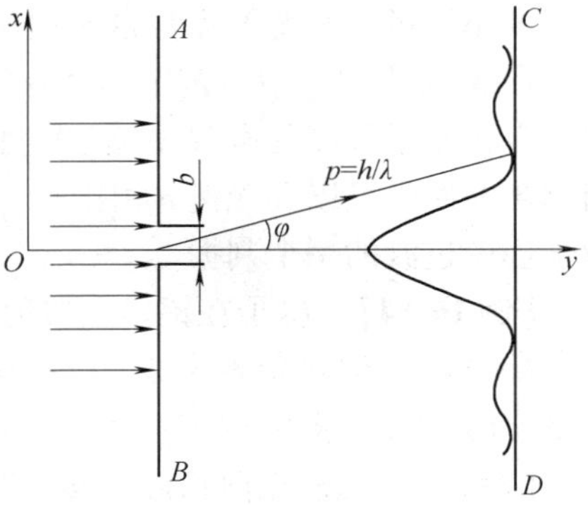

图16-25 电子的单缝衍射

现在，我们以电子通过单缝衍射为例来讨论这个关系。

如图16-25所示，一束电子沿 Oy 方向射向缝宽为 b 的单缝发生衍射，在 CD 屏上呈现图示的衍射图像。现在，我们仍用坐标 x 和动量 p 来描述电子的运动状态。此时，如果要问任一个电子在通过单缝时，是从缝上哪一点过去的，也就是说，电子通过缝时的坐标 x 为多少，显然谁也无法准确地回答。但是，电子毕竟是通过了该缝，因此，我们可以认为电子通过缝时的坐标有一个不确定范围，以 Δx 表示。（注意：这里的符号 Δ 表示的是不确定范围，并不是通常所说的增量）很明显，Δx 就是缝宽，即

$$\Delta x = b \tag{16-29}$$

另一方面，由于衍射的缘故，电子通过缝后，虽然其动量的大小没有发生变化，但动量的方向却发生了变化，若在图16-25中，我们只考虑第一级（$k=1$）衍射图像，则电子被限制在一级最小的衍射角范围内，有 $\sin\varphi = \dfrac{\lambda}{b}$。因此，电子动量沿 Ox 轴方向的分量的不确定范围为

$$\Delta p_x = p\sin\varphi = p\,\frac{\lambda}{b} \tag{16-30a}$$

由德布罗意公式

$$\lambda = \frac{h}{p}$$

代入式（16-30a），得

$$\Delta p_x = \frac{h}{b} \tag{16-30b}$$

这样，当电子通过缝的瞬时，坐标和动量都存在着各自的不确定范围，而且，两者还是相互关联着的。缝越窄（b 越小），则 Δx 越小而 Δp_x 越大，反之亦然，因此，存在下述关系：

$$\Delta x \Delta p_x = h$$

如果把衍射图像的次级条纹也考虑进去，上式应改写为

$$\Delta x \Delta p_x \geqslant h \tag{16-31}$$

这就是著名的**海森伯不确定（度）关系**。它表明位置和动量（或速度）这两个构成了作用量的量，是不可能同时准确测定的。由此可以推论，对构成作用量的一对物理量来说，若一个越准确，则另一个必然越不准确，两个不准确量的乘积不能小于 h。这就是不确定（度）关系。

关于不确定（度）关系，有几点再强调阐述一下。

1）不确定关系表明：粒子的位置和动量是不可能同时准确测定的，并不是说粒子的位置和动量不能准确测定，这里的关键是“不可能同时准确测定”。由式（16-31）可知，当 $\Delta x=0$ 时，即精确确定了粒子的位置，则 $\Delta p_x \to \infty$，表明无法确定其动量及它要朝什么方向运动；反之，$\Delta p_x=0$，即动量准确确定了，但 $\Delta x \to \infty$，也就无法确定粒子在什么位置。

2）正如上面说过的，式（16-31）的导出完全来自物质的二象性。不确定（度）关系是由物质的本性所决定的，与实验技术或仪器的精度无关。换言之，无论将来的测量技术进步到什么程度，式（16-31）仍然成立。

3）这里又一次显示了 h 的作用。由于 h 甚小，故式（16-31）实际上只在微观世界中起作用。对宏观低速物体（质点）来说，m 通常不随 v 而变，$\Delta p_x = m\Delta v_x$，于是有

$$\Delta x \Delta v_x \geqslant \frac{h}{m}$$

而由于 $m>>h$，故 Δx 和 Δv_x 实际上均可同时达到相当小的地步，远远超过目前最优良仪器的精度。同时，我们说质点的行为完全遵从经典理论，是不会导致可察觉的误差的。可见，h 的确是粒子和波、宏观和微观、经典与近代的分界线。因此，这个原理的意义在于，决不能把微观领域中的粒子，当作经典的质点来看待。因为微观粒子不存在确定的运动轨迹（即轨道概念）。

4）最后可以指出，仿照式（16-31）的形式，就能写出其他作用量的不确定（度）关系了。例如，由 $p^2=2mE$，得到 $\Delta E = p\Delta p/m$，及 $\Delta t = \Delta x/v$，代入式（16-31）即可得到能量、时间的不确定关系，即

$$\Delta E \Delta t \geqslant h \tag{16-32}$$

当应用于原子时，式（16-32）说明，原子中处在某一能级的电子，其能量有一个不确定的范围，也就是能级都会有一定的自然宽度 ΔE。而电子停留在同一能级上的时间，也有一个不确定的范围，即停留时间的长短不一，其平均值便称为该能级的平均寿命 Δt。显然，式（16-32）告诉我们，平均寿命长的能级自然宽度小，电子处在这样的能级上就比较稳定；反之，平均寿命短的能级自然宽度大，其稳定性也就差些。这些概念，对于了解激光的产生、谱线的自然宽度等，都是非常重要的。

图 16-26　物理学家 W. 海森伯（1901—1976）

W. 海森伯是德国理论物理学家，量子力学创始人之一。1901 年 12 月 5 日生于维尔兹堡的一个中学教师家庭。在大学期间，已初露才华，很受名师索末菲赏识。1922 年，索末菲应邀参加玻尔的报告会，并带了海森伯一同参加，年仅 20 岁的海森伯竟站起来对玻尔的某些论点提出异议，并勇敢地进行辩论。会后玻尔约他一同散步并讨论问题，对海森伯启发很大，无怪乎他说：“这次散步是他在科学上成长的起点。”

1925 年，海森伯与导师玻恩创立了矩阵力学，1927 年又得出了不确定关系，它和玻恩的物质波概率解释，一起奠定了量子力学诠释的物理基础。为表彰他在建立量子力学方面的重大贡献，海森伯获得了 1932 年诺贝尔物理学奖，并

获得了 M. 普朗克奖章。

海森伯的治学之道是直觉，善于抓住现象的本质，善于用哲学的思维来分析问题，并用非同一般的语言来阐述，而把数学的严格性放在其次，因而显得生动而富有活力。

他为人善良，性格活泼、乐观，爱好音乐，被誉为业余的钢琴家，经常举行家庭音乐会。他也很爱运动，打乒乓球也是独霸一方，直到遇到中国的博士后周培源以后才首尝败绩。

1976 年 2 月 1 日，海森伯在慕尼黑家中逝世。杨振宁曾这样来评价他："海森伯非常富有独创性，他的论文必须仔细地读，他总是出其不意，有深入的见解，当然也常有错误的讲法，因为他总是沿着别人没有想的方向去走。"

【例 16-15】 设子弹的质量为 0.01kg，枪口的直径为 0.5cm，试用不确定性关系计算子弹射出枪口时的横向速度。

【解】 枪口直径可以当作子弹射出枪口时的位置不确定量 Δx，由于 $\Delta p_x = m\Delta v_x$，所以由式（16-31）有

$$\Delta x m \Delta v_x \geqslant h$$

取等号计算，可得

$$\Delta v_x = \frac{h}{m\Delta x} = \frac{6.63\times10^{-34}}{0.01\times0.5\times10^{-2}}\text{m}\cdot\text{s}^{-1} = 1.3\times10^{-29}\text{m}\cdot\text{s}^{-1}$$

这也就是子弹的横向速度，和子弹飞行速度每秒几百米相比，这一速度引起的运动方向的偏转是微不足道的。因此对于子弹这种宏观粒子，它的波动性不会对它的"经典式"运动以及射击时的瞄准带来任何实际的影响。

【例 16-16】 电视显像管中电子的加速电压为 9kV，电子枪枪口直径取 0.1mm，求电子射出电子枪后的横向速度。

【解】 以 $\Delta x = 1\times10^{-4}$m 和 $m = 9.11\times10^{-31}$kg 代入不确定性关系式，计算电子出枪口时的横向速度为

$$v_x = \frac{h}{m\Delta x} = \frac{6.63\times10^{-34}}{1\times10^{-4}\times9.11\times10^{-31}}\text{m}\cdot\text{s}^{-1} = 7.3\text{m}\cdot\text{s}^{-1}$$

电子经过 9kV 的加速电压后速度 v 约为 $6\times10^7\text{m}\cdot\text{s}^{-1}$。由于 $v_x \ll v$，所以在这种情况下，电子的波动性仍然不起什么实际影响。电子的行为表现得跟经典粒子一样，这就是电视机中用电子产生的电视图像清晰可见的原因。

【例 16-17】 原子的线度为 10^{-10}m，求原子中电子速度的不确定量。

【解】 说"电子在原子中"就意味着电子的位置不确定量为 $\Delta x = 10^{-10}$m，由不确定性关系可得

$$\Delta v = \frac{h}{m\Delta x} = \frac{6.63\times10^{-34}}{9.11\times10^{-31}\times10^{-10}}\text{m}\cdot\text{s}^{-1} = 7.3\times10^{6}\text{m}\cdot\text{s}^{-1}$$

按照牛顿力学计算，氢原子中电子的轨道运动速度约为 $10^6\text{m}\cdot\text{s}^{-1}$。它与上面的速度不确定量有相同的数量级。可见对原子范围内的电子，谈论其速度是没有什么实际意义的。这时电

子的波动性十分显著，后面会知道，描述它的运动时，必须抛弃轨道概念，而代之以说明电子在各处的概率分布的“电子云”图像。

【例 16-18】 氦氖激光器所发红光波长为 $\lambda = 6328 \times 10^{-10}$m，谱线宽度 $\Delta\lambda = 10^{-18}$m。求当这种光子沿 x 方向传播时，它的 x 坐标的不确定量为多大。

【解】 光子具有二象性，所以也应满足不确定（度）关系，由于 $p_x = h/\lambda$，所以

$$\Delta p_x = \frac{h}{\lambda^2}\Delta\lambda$$

将此式代入式（16-31），可得

$$\Delta x = \frac{h}{\Delta p_x} = \frac{\lambda^2}{\Delta\lambda}$$

这里，$\lambda^2/\Delta\lambda$ 等于相干长度，也就是波列长度。上式说明，光子的位置不确定量也就是波列的长度。根据原子在一次能级跃迁过程中发射一个光子（粒子性）或者说发出一个波列（波动性）的观点来看，这一结论是很容易理解的。将 λ 和 $\Delta\lambda$ 的值代入上式，可得

$$\Delta x = \frac{\lambda^2}{\Delta\lambda} = \frac{(6328 \times 10^{-10})^2}{10^{-18}}\text{m} = 4 \times 10^5\text{m} = 400\text{km}$$

正因为激光的相干长度很大，因此它是相干性极好的新型光源。

【例 16-19】 一电子的速率为 $v = 200\text{m} \cdot \text{s}^{-1}$，其动量不确定范围为动量的 0.01%，问该电子的位置不确定范围有多大？

【解】 电子的动量为

$$p = mv = (9.11 \times 10^{-31} \times 200)\text{kg} \cdot \text{m} \cdot \text{s}^{-1} = 1.8 \times 10^{-28}\text{kg} \cdot \text{m} \cdot \text{s}^{-1} \tag{a}$$

按题意，动量的不确定范围为

$$\Delta p = 0.01\% \times p = 1.8 \times 10^{-32}\text{kg} \cdot \text{m} \cdot \text{s}^{-1} \tag{b}$$

据式（16-31）可知，其位置不确定范围为

$$\Delta x = \frac{h}{\Delta p} = \frac{6.63 \times 10^{-34}}{1.8 \times 10^{-32}}\text{m} = 3.7 \times 10^{-2}\text{m} \tag{c}$$

这个计算结果已远远大于原子的线度，它说明了什么？请读者自己去分析。

16.7　物质波波函数的统计解释

前面我们讨论了德布罗意的物质波假设，并得到了电子衍射实验的证实，同时，由于二象性又引出了不确定关系。现在的问题是，如何解释电子衍射？物质波和前面讨论过的机械波、电磁波的物理图像显然是不同的。那么，物质波的物理意义到底如何？

1. 波函数

回顾一下在研究波长为 λ，以速度 u 在介质中沿 x 方向传播的平面波时，引用了波动方程，即

$$y = y_0\cos\left[2\pi\left(\nu t - \frac{x}{\lambda}\right)\right]$$

该式表明 y 是（t，x）的函数，当时，我们也把 y 称为波函数，如果将上式写成复数形式，即为

$$y = y_0 e^{-i2\pi\left(\nu t - \frac{x}{\lambda}\right)}$$

对于一个无外力作用的、具有能量 E 和动量 p 并沿 x 方向运动的自由粒子，可以用波长为 λ、频率为 ν 的平面单色波来表示它的波性，也可应用波函数 Ψ 来表示。对比机械波的情况，将上式中 y 换为 Ψ，并以 $E = h\nu$，$p = \dfrac{h}{\lambda}$代入，即得平面物质波的波函数的表达式为

$$\Psi = \psi_0 \cos\left[2\pi\left(\nu t - \frac{x}{\lambda}\right)\right] = \psi_0 \cos\left[\frac{2\pi}{h}\ (Et - px)\right] \tag{16-33a}$$

其相应的复数形式为

$$\Psi = \psi_0 e^{-i\frac{2\pi}{h}(Et - px)} = \psi_0 e^{-i\frac{2\pi}{h}Et} e^{i\frac{2\pi}{h}px} = \psi e^{-i\frac{2\pi}{h}Et} \tag{16-33b}$$

式中，$\psi = \psi_0 e^{i\frac{2\pi}{h}px}$称为振幅函数，它是空间位置的函数。此外，也可以写出 Ψ 的共轭函数，以 Ψ^* 表示，即

$$\Psi^* = \psi^* e^{i\frac{2\pi}{h}Et} \tag{16-34}$$

式中，ψ^* 就是振幅函数 ψ 的共轭函数。根据波动知识，波的强度与振幅的二次方成正比，这里就可以用波振幅的二次方 $|\psi|^2$ 代表波的强度。即

$$\Psi\Psi^* = \psi\psi^* = |\psi|^2 \tag{16-35}$$

2. 玻恩对物质波的统计解释

至此，仍然没有回答波函数 Ψ 的意义及物质波的物理图像。1926 年，玻恩利用类比的方法提出了新的解释，并因此获得了 1954 年的诺贝尔物理学奖。在光的衍射中，对于明纹，若从光的波动性角度看，意味着光的强度大，而光的强度与振幅的二次方成正比；若从粒子性出发，意味着到达那里的光子数多，即光子在该处出现的概率大。因此，振幅的二次方反映了该处出现光子的概率。同样，对电子衍射，凡是胶片感光的地方，从粒子性看，意味着电子在该处出现的概率大或者说电子数密度 dN/dV 大；从波动性看，意味着该处的物质波强度大，即振幅函数 $|\psi|^2$ 大，因此，$|\psi|^2$ 也就反映了电子在该处单位体积内出现的概率。两者也应成正比关系，即

$$dN \propto N\psi\psi^* dV$$

在此，我们让比例式中含有电子总数 N 显然是合乎道理的，因为到达该处的电子具体数目 dN，应与总数 N 成正比。这样，我们就得到

$$\psi\psi^* \propto \frac{dN}{NdV} \tag{16-36}$$

这就显示出 $\psi\psi^*$ 的物理意义了，原来它所表述的，乃是在任一时刻 t，在空间某处单位体积内出现粒子的概率，或者说它是粒子在空间分布的概率密度函数。这便是玻恩对物质波所做的统计性解释，所以，人们常把物质波称为概率波。

衍射图样是粒子落到屏上的统计分布图样，既可以是大量粒子一次所形成，也可以是单个粒子在多次重复中形成的，结果都一样。因此，我们只能认为，物质波的强度表达了粒子出现在某处的概率；而波性乃是物质本身所固有的一种属性。

至此不难明白，玻恩对物质波的解释，无非告诉我们，粒子的运动遵从概率波的规律，即遵从概率性的统计规律。粒子并不遵从经典的轨道力学，但可以肯定的是，它在空间出现的概率，则是由 $\psi\psi^*$ 来表述的。只要我们知道了 ψ 是怎样的函数，就可以通过 $\psi\psi^*$ 来预言

粒子在某处出现的概率。正如在前面说过的，微观世界中的粒子并不是经典概念下的粒子，即具有确切运动轨道的那种“质点”，所谓物质的粒子性，只能是指经典概念中的“原子性”或“颗粒性”而言的，即它们总是以具有一定质量、电荷等属性的面貌呈现在实验中，但并不与“有确切的轨道”有什么必然的联系。同样，所谓物质的波动性，也不再是经典概念下的波，即那种分布在空间的某种实际物理量的周期性变化，而只能是对其中最本质的“相干叠加性”而言的。因此，把微观粒子的波动性与粒子性统一起来，也就只能是把微观粒子的“颗粒性”与波的“叠加性”统一起来，这就是玻恩概率波的实质内容。换句话说，物质波并不像经典波（机械波、电磁波）那样代表实在的物理量的波动，只不过是能体现粒子的空间概率分布的概率波而已。这就是目前为多数人所接受的对波动性和粒子性相统一的一种理解。

显而易见，玻恩的统计性解释，实际上并未过问 ψ 波的本质究竟是什么。也许将来人们会弄清楚这个问题，但无论 ψ 是什么波，$\psi\psi^*$ 必是粒子出现的概率密度无疑。所以在接受了玻恩解释的同时，仍有人在探索着物质波的本质。

上面已明确，物质波的 $\psi\psi^*$ 代表概率密度，那么它必须满足一些特定的条件，才能保持其统计的特性。主要是：

1）由于概率是个百分比，因此任何一个有限体积 V 内出现粒子的概率值，就应是个有限值，或者简单来说，ψ 一般应是个有限的函数。

2）对整个空间来说，总的概率应为 1，这便是大家已经熟知的归一化条件，即

$$\int\psi\psi^*\,\mathrm{d}V = 1$$

3）粒子在任一处出现的概率，不能有两个或更多的值。所以 ψ 也应是个单值函数。

4）由于概率是连续的，通常还要求 ψ 是连续函数，而且 ψ 的一阶导数一般也应是连续的。

总之，为了使 $\psi\psi^*$ 具有概率密度的意义，并在一定的有限空间内具有有限的值，一般来说 ψ 应是连续、单值、有限和归一化的函数。违背了这个总的要求，就不是概率波函数了。当我们从波动微分方程中求解 ψ 函数，或者应用 ψ 函数去处理问题时，都应考虑这四个条件。

16.8　薛定谔方程

16.8.1　薛定谔方程

至此，我们已经知道，微观粒子的运动应由波函数来描述，它是空间和时间的函数。为了研究各种情况下微观粒子运动的普遍规律，亦即 ψ 所应遵从的规律，就需要建立一门新的学科，它就称为量子力学。薛定谔方程是量子力学的基本方程，其地位与牛顿方程在经典力学中的地位相当。本节从特殊的情况出发，主要介绍建立薛定谔方程的思路，供大家领会一下量子力学的主要精神。

作为量子力学的一个基本方程，薛定谔方程和物理学中任何一个基本方程（牛顿方程、麦克斯韦方程等）一样，都不是从理论上推导出来的。它们都有实验事实的根据，并要受到事实检验。当然，ψ 函数并不能由实验进行直接测量，从原则上说，实验只能测定 $\psi\psi^*$。

所以，薛定谔方程只能是依据二象性的考虑，用类比的方法来写出 ψ 所满足的波动方程，来肯定其正确性。

大家知道，粒子运动服从波动的传播规律，所以，可以设想 Ψ 应满足波动方程

$$\nabla^2\Psi=\frac{1}{v^2}\frac{\partial^2\Psi}{\partial t^2}$$

式中，v 为波的相速度。现在的任务是，把这个普遍的波动方程改写成适用于物质波的形式。

对于一个沿 x 方向运动的、具有能量 E 和动量 p 的自由粒子，其物质波的相速度应可由德布罗意公式求得，即

$$v=\lambda\nu=\frac{E}{p}$$

于是，反映出自由粒子二象性的一维波动方程便是

$$\frac{\nabla^2\Psi}{x^2}=\frac{p^2}{E^2}\frac{\nabla^2\Psi}{t^2} \tag{16-37}$$

应该指出，在此式中，粒子的能量 E 和动量 p，并没有隐含在波函数之中，因而，此式只能用于具有特定 E 和 p 的情形，不能代表一般物质波的普遍规律。但我们只希望借它来阐明建立量子力学基本方程的思路，所以就不去向更普遍的方面作进一步推演了。

这里，仍利用自由粒子的波函数，借助于式（16-37）来介绍一种写出定态薛定谔方程的思路。为此，我们可以把它改写一下。首先，对波函数 Ψ 的表达式关于时间 t 求二阶导数，得

$$\frac{\nabla^2\Psi}{t^2}=\left(\frac{\mathrm{i}2\pi E}{h}\right)^2\Psi \tag{16-38}$$

于是，式（16-37）便成为

$$\frac{\nabla^2\Psi}{x^2}+\frac{4\pi^2p^2}{h^2}\Psi=0 \tag{16-39a}$$

或者，也可用自由粒子的能量（即动能）E 来表示此式。由于在非相对论情形下，$p^2=2mE$，故上式成为

$$\frac{\nabla^2\Psi}{x^2}+\frac{8\pi^2mE}{h^2}\Psi=0 \tag{16-39b}$$

这就是自由粒子的一维波动方程。

如果粒子是在保守力场中运动的，那就不再是自由粒子了，若用 U 表示粒子在保守力场中的势能函数，则粒子的总能量 E 将是动能 E_k 和势能 U 之和，或说 $E_k=E-U$。于是就应将式（16-39b）中的动能替换成总能量与势能之差（$E-U$），从而有

$$\frac{\nabla^2\Psi}{x^2}+\frac{8\pi^2m(E-U)}{h^2}\Psi=0 \tag{16-40}$$

这就是在保守力场中粒子的一维波动方程。

在上面的推演中，我们利用了式（16-38），而此关系式只适用于式（16-33b）的波函数 $\Psi(x,t)=\psi(x)\mathrm{e}^{-\mathrm{i}2\pi Et/h}$。在量子力学中，把具有这样形式的波函数称为定态波函数。它所描述的是概率密度 $\Psi\Psi^*$ 不随时间变化的运动，也就是粒子的稳定运动，如电子在原子内绕

核的运动就属于这样的运动。因此，式（16-40）也只适用于定态波函数。如果消去 Ψ 中含 t 的时间项，则式（16-40）将成为振幅函数 ψ 的方程，即

$$\frac{\nabla^2\psi}{x^2}+\frac{8\pi^2 m\ (E-U)}{h^2}\psi=0 \tag{16-41}$$

这便是在保守场中粒子的一维定态薛定谔方程。

上面介绍了建立定态薛定谔方程的主要思路，现在对式（16-41）作些说明。

1）遵从此式的每一个 ψ（即满足此式的每一个解），就表述了粒子运动的一种稳定状态，即定态，ψ 就称为定态波函数。而与此相应的常数 E，即是粒子在该稳定状态时所具有的总能量。在具体求解时，每个可以接受的 ψ，都要符合连续、单值、有限和归一化的要求。所以，只有 E 为某些特定值时，才能求得这样的解。我们在下面的例子中即将看到，这些特定的 E 值都是量子化的，因而表明，在这些情形下，定态也是量子化的。

2）尽管不同力场有不同的势能函数 U，但在式（16-41）中，它应是与时间无关的函数，因为粒子的稳定运动也是在 U 与时间无关的条件下进行的。否则，此式便含有时间因子，而不称其为定态方程了。总之，此式中的各量都是不随时间而变的。

3）在一般情形下，人们只用定态方程去处理粒子稳定运动的问题，然而只要解得 ψ，也就不难得知 Ψ 了，所以也就立即可知粒子分布的概率是怎样的。后面即将讨论的应用薛定谔方程的具体例子，它们都是 U 与时间无关的情形，也就是属于粒子的定态问题。从中将会看到，由于考虑了物质的二象性，其结果不仅说明经典力学只是量子力学在高能态时的近似情形，并且表明，量子化乃是薛定谔方程的自然结论，而无须像旧量子论那样，人为地将它硬塞进理论中来。

16.8.2　态叠加原理与力学量的算符

态叠加原理和力学量的测量也是量子力学的两个重要问题，在概念上也与经典力学完全不同，这里，我们作一些简单的介绍。

1. 态叠加原理

薛定谔方程是线性方程，定态波函数 ψ 是方程的解，它是描述粒子可能的量子状态的。如果 ψ_1 和 ψ_2 都是方程的解，那么，ψ_1 和 ψ_2 的线性叠加为

$$\psi=C_1\psi_1+C_2\psi_2 \tag{16-42}$$

也是薛定谔方程的解，其中 C_1、C_2 是复数。这个结果的物理意义是：如果 ψ_1 和 ψ_2 描述了粒子可能的量子状态，则它们的线性叠加 ψ 也描述了系统可能的量子状态。因此，把波函数的这种叠加特性称为态叠加原理，它是量子力学的基本原理之一。

态叠加原理与经典波叠加的物理本质是完全不同的。让我们先来分析一下电子的双缝干涉实验。用 ψ_1 表示电子穿过狭缝 1（此时狭缝 2 关闭）衍射到达屏的状态，ψ_2 表示电子穿过狭缝 2（此时狭缝 1 关闭）衍射到达屏的状态，根据式（16-42），$\psi=C_1\psi_1+C_2\psi_2$ 也是电子到达屏的可能状态，此时，电子在屏上任一点处的概率密度为

$$\begin{aligned}|\psi|^2&=|C_1\psi_1+C_2\psi_2|^2=(C_1\psi_1+C_2\psi_2)(C_1^*\psi_1^*+C_2^*\psi_2^*)\\&=|C_1\psi_1|^2+|C_2\psi_2|^2+C_1\psi_1C_2^*\psi_2^*+C_2\psi_2C_1^*\psi_1^*\end{aligned} \tag{16-43}$$

显然，电子通过狭缝 1 和 2 到达屏上的概率密度并不等于分别通过两缝到达屏上的概率密度之和，后面还有两项称为相干项，反映了电子通过双缝后的干涉图像。

另外，态叠加原理不仅反映出粒子在空间的概率分布，同时还反映出粒子的力学量也是服从概率分布的。例如，有一个量子系统，与 ψ_1 和 ψ_2 对应的量子态的能量值是确定的，分别为 E_1 和 E_2，与前面的分析相似，$\psi = C_1\psi_1 + C_2\psi_2$ 也是可能的量子态，如对应的能量值为 E 的话，很明显，E 要么等于 E_1，要么等于 E_2，不可能为其他值。可以证明，处于 ψ 态的粒子，具有 E_1 态的概率是 $|C_1|^2$，具有 E_2 态的概率为 $|C_2|^2$，也就是说，处在 ψ 态的粒子，它的能量值有 $|C_1|^2 \times 100\%$ 的可能是 E_1，有 $|C_2|^2 \times 100\%$ 的可能是 E_2。表明粒子的能量这个力学量也是服从概率分布的。这对经典物理而言是不可理解的。

2. 力学量的算符

在量子力学中，当微观粒子处于某一状态时，它的力学量（如坐标、动量、角动量、能量等）一般不具有确定的数值，而是具有一系列可能值，每个可能值以一定的概率出现。当粒子所处的状态确定时，力学量具有某一可能值的概率也就完全确定了，因而有确定的平均值。例如，氢原子中的电子处于某一束缚态时，它的坐标和动量都没有确定值，但坐标具有某一确定值 r 或动量具有某一确定值 p 的概率都是完全确定的。量子力学中力学量的这些特点是经典力学中的力学量所没有的。为了反映这些特点，在量子力学中引进算符来表示力学量。

算符是对波函数进行某种数学运算的符号。表示方法是，在代表力学量的字符上方加“^”号，如坐标算符 $\hat{r}$、动量算符 $\hat{p}$。当粒子的状态用波函数 $\Psi(r, t)$ 描述时，坐标算符 $\hat{r}$ 对波函数的作用就是 r 乘 $\Psi(r, t)$，动量算符 $\hat{p}$ 对波函数的作用则是微分，即

$$\hat{p}\Psi(r,t) = -\mathrm{i}\hbar\nabla\Psi(r,t)$$

式中，动量算符 $\hat{p} = -\mathrm{i}\hbar\nabla$。

其他有经典类比的力学量都是 r 和 p 的函数，在量子力学中也是算符 $\hat{r}$ 和 $\hat{p}$ 的相应的函数。例如，角动量算符 $\hat{L} = \hat{r} \times \hat{p}$。又如，在势函数 $U(r)$ 的力场中运动的粒子的能量算符（也称为哈密顿算符）为

$$\hat{H} = -\frac{\hbar^2}{2\mu}\nabla^2 + U(r) \tag{16-44}$$

引入算符后，一般采用下述方法来求平均值。例如，欲求叠加态 $\psi = C_1\psi_1 + C_2\psi_2$ 的能量平均值时，可用各个可能的能量值（此处是 E_1 和 E_2）乘以它们出现的概率，即

$$\overline{E} = |C_1|^2 E_1 + |C_2|^2 E_2 \tag{16-45}$$

由于粒子的概率密度可用波函数的模方来表示，上式可表示为

$$\overline{E} = \int_{-\infty}^{+\infty} |\psi|^2 E\,\mathrm{d}x = \int_{-\infty}^{+\infty} \psi^* E\psi\,\mathrm{d}x$$

将式中的能量 E 按规定用哈密顿算符替换，得

$$\overline{E} = \int_{-\infty}^{+\infty} \psi^* \hat{H}\psi\,\mathrm{d}x \tag{16-46}$$

16.9 薛定谔方程的应用

下面，我们以一维无限深势阱中粒子的分布规律和隧道效应为例，来讨论定态薛定谔方程的应用。根据教学基本要求，讨论的重点并不是方程的求解，而是有助于加深对能量量子

化和薛定谔方程的意义和应用方法的了解。

16.9.1　一维无限深方势阱

设有一粒子处于势能为 U 的力场中，并沿 x 轴作一维运动。粒子在这种外力场中的势能函数满足下述边界条件，即

$$0<x<a,\quad U=0$$

$$x\leqslant 0 \text{ 和 } x\geqslant a,\quad U(x)\to\infty$$

这种势能函数的势能曲线如图 16-27 所示。由于图形像井，所以把这种势能分布称为无限深方势阱。又由于粒子限于沿 x 方向运动，故又称为一维无限深方势阱。在阱内，由于势能是常数，所以粒子不受力。在边界上 $x=0$ 和 $x=a$ 处，由于势能突然增大到无限大，所以粒子受到无限大的指向阱内的力。因此，粒子的位置不可能到达 $0<x<a$ 的范围以外，即 ψ 在 $x\leqslant 0$ 和 $x\geqslant a$ 的区域内等于零。

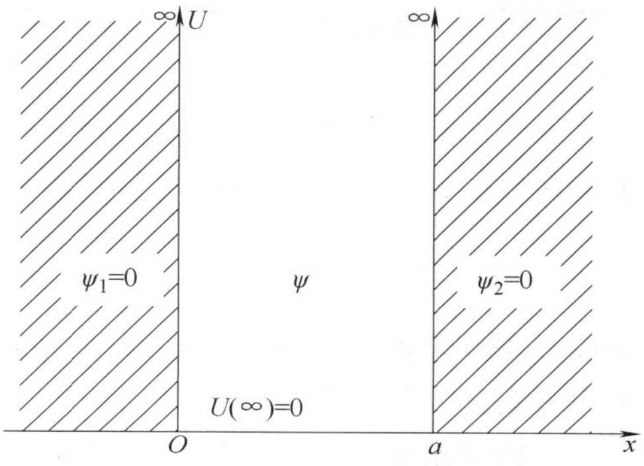

图 16-27　一维无限深方势阱

金属中的自由电子、原子核中的核子（质子、中子）就属于这种情况。用量子力学研究粒子在无限深势阱中的运动，就是要求薛定谔方程在这种情况下的解。由于粒子不能到达 $0<x<a$ 的区域以外，所以表示粒子出现的概率的波函数 ψ 的值在 $x\leqslant 0$ 和 $x\geqslant a$ 的区域应该等于零。因此只要解出势阱内的波函数就行了。

在势阱内，$U=0$，按一维定态薛定谔方程有

$$\frac{d^2\psi}{dx^2}+\frac{8\pi^2 m}{h^2}E\psi=0 \tag{16-47}$$

令

$$k^2=\frac{8\pi^2 m}{h^2}E \tag{16-48}$$

则上式变为

$$\frac{d^2\psi}{dx^2}+k^2\psi=0 \tag{16-49}$$

这一方程具有大家熟悉的简谐运动方程的形式，它的通解是

$$\psi(x)=A\cos kx+B\sin kx \tag{16-50}$$

式中，A 和 B 是由边界条件决定的常数。

由于 $\psi(x)$ 在 $x=0$ 处必须连续，而在 $x\leqslant 0$ 时，$\psi=0$，所以有 $\psi(0)=A=0$。

又由于 $\psi(x)$ 在 $x=a$ 处必须连续，而在 $x\geqslant a$ 时，$\psi=0$，所以又有 $\psi(a)=B\sin ka=0$。由于 $B=0$ 或 $k=0$ 时，$\psi(x)=0$ 不符合题意，故取 $\sin ka=0$，所以 k 必须满足

$$ka=n\pi \quad \text{或} \quad k=\frac{n\pi}{a},\ n=1,\ 2,\ 3,\ \cdots$$

因而式（16-50）的波函数的具体形式应为

$$\psi(x)=B\sin\left(\frac{n\pi}{a}x\right),\quad 0<x<a \tag{16-51}$$

由归一化条件

$$\int_{-\infty}^{+\infty}|\psi(x)|^2\mathrm{d}x=\int_0^a B^2\sin^2\left(\frac{n\pi}{a}x\right)\mathrm{d}x=\frac{1}{2}aB^2=1$$

所以

$$B=\sqrt{\frac{2}{a}}$$

最后得到一维无限深方势阱中量子数为 n 的粒子运动的波函数为

$$\psi_n(x)=\sqrt{\frac{2}{a}}\sin\left(\frac{n\pi}{a}x\right) \tag{16-52}$$

根据波函数的意义，$|\psi_n(x)|^2$ 为粒子在各处出现的概率密度，则

$$|\psi_n(x)|^2=\frac{2}{a}\sin^2\left(\frac{n\pi}{a}x\right) \tag{16-53}$$

这一概率密度是随 x 改变的，粒子在有的地方出现的概率大，在有的地方出现的概率小，而且概率分布还和量子数 n 有关系。

由上面的求解过程，可以大体看出量子力学处理问题的思路，首先列出薛定谔方程，求出波函数 ψ，由于 ψ 本身无意义，而用 $|\psi|^2$ 表示粒子分布的概率密度，从而得到粒子的分布规律。

现在，我们就根据上述结果，来分析一维无限深方势阱中粒子的分布规律，并说明这种分布规律与经典物理的结论有什么不同。

1. 粒子的能量量子化

将 $k=n\pi/a$ 代入式（16-48），即得到粒子的能量 E_n 为

$$E_n=\frac{n^2h^2}{8ma^2} \tag{16-54}$$

可以看出，粒子的能量只能是一系列分立的值，即是量子化的，而且由于 E 的值取决于 n^2，所以 n 值只需取 $n=1$，2，…即可，它们代表着不同的能级，图 16-28 实际上已显示了这些能级特点。在此，能量的量子化是来自物质二象性的必然结论，不像旧量子论那样是作为一种假定被提出来的。换言之，只要我们承认物质具有二象性这一事实，那就自然会产生能量是不连续的即量子化的结果。此外，由式（16-54）还可看出，E 与粒子的质量 m、势阱宽度的二次方 a^2 成反比。因此，只有在 ma^2 与 h^2 的数量级相同时，相邻能级间才有可测得的能量差，也就是说，能量量子化才显著起来。反之，由于宏观质点的质量以及质点运动的空间范围都很大，ma^2 就会远大于 h^2，从而使能级之间的差距甚微，能级都密集在一起了。这时，近似地认为能量是连续的也不会导致明显的误差了。这就又一次表明经典理论乃是量子理论的一种近似。

2. 粒子的分布不均匀

图 16-28 画出了波函数 ψ、概率密度 $|\psi|^2$ 和 x 的关系曲线。式（16-53）表明，由绝对值相同但符号相反的 n 值决定的两个 $\psi(x)$，实际上对应于同一种概率分布状态，因此，n 的取值只需采用 $n=1$，2，…就行了。

此外还可看出，被限制在势阱中的粒子运动问题，其定态波函数只与驻波相对应；并且 n 值越大，粒子的能量越高，对应驻波的波节也越多。更有意义的是，按经典概念，在阱内任何地点找到粒子的概率应是相等的。可是量子力学的答案却不同，粒子在阱内各处出现的概率并不均匀。只有当 n 值（或 E 值）很大时，$|\psi(x)|^2$ 的峰值几乎一个挨着一个了，平均看来才趋于经典的概率。这表明，经典理论乃是量子理论在高能态情况下的一种近似。

3. 粒子具有零点能

尤其值得注意的是，处于势阱中的粒子其能量不可能为零，其最小值 E_1 就是基态的能量，也是在这种情况下的零点能。这在经典观点看来是不可理解的，但在量子力学中却是可以理解的。因为若 E 为零，则粒子的动量 p 也必为零，动量的不准确度 Δp 也就不存在，那么不确定关系式告诉我们，这只能在 Δx 趋于∞时才有可能。然而 Δx 实际应受阱宽的制约，故 Δp 必不为零，或说 p、E 必不为零，从而导致了零点能的存在。

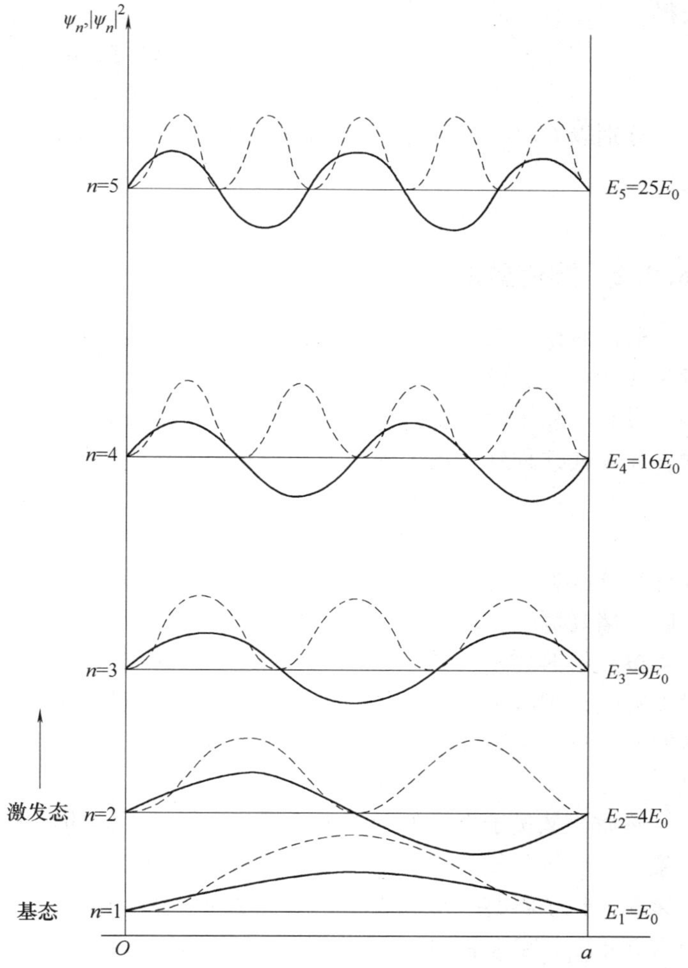

图 16-28　一维无限深方势阱中粒子的能级和波函数、概率密度与 x 的关系

【例 16-20】　粒子在宽为 a 的一维无限深方势阱中运动，其波函数为

$$\psi(x)=\sqrt{\frac{2}{a}}\sin\frac{3\pi x}{a},\ 0<x<a$$

试求：(1) 概率密度的表达式；

(2) 粒子出现的概率最大的各个位置。

【解】　(1) 题目给出了波函数的表达式，概率密度就是波函数模的二次方，即

$$|\psi(x)|^2=\frac{2}{a}\sin^2\frac{3\pi x}{a},\ 0<x<a \tag{a}$$

(2) 粒子出现的概率最大的位置，其概率密度也最大。由式（a）可知，只有当 $\sin^2\frac{3\pi x}{a}=1$ 时，$|\psi(x)|^2$ 有最大值。即

$$\frac{3\pi x}{a}=(2k+1)\frac{\pi}{2}$$

求得

$$x=\frac{(2k+1)\ a}{6} \tag{b}$$

分别以 $k=0$、1、2 代入，可得在 $0\sim a$ 之间概率密度最大的可能位置为

$$x=\frac{a}{6}、\frac{a}{2}、\frac{5}{6}a$$

16.9.2 隧道效应

前面讨论了粒子在一维无限深方势阱中的运动及分布规律。现在，再来介绍一种有趣的量子现象——隧道效应。

设有一粒子处于势能为 U 的力场中，仍沿 x 轴作一维运动，粒子在这种外力场中的势能函数满足下述边界条件，即

$$x<0 \text{ 和 } x>a，U(x)=0$$
$$0\leqslant x\leqslant a，U(x)=U_0$$

这种势能函数的势能曲线如图 16-29 所示，它形似地面上砌立的一堵高墙，我们把它称为一维方势垒。

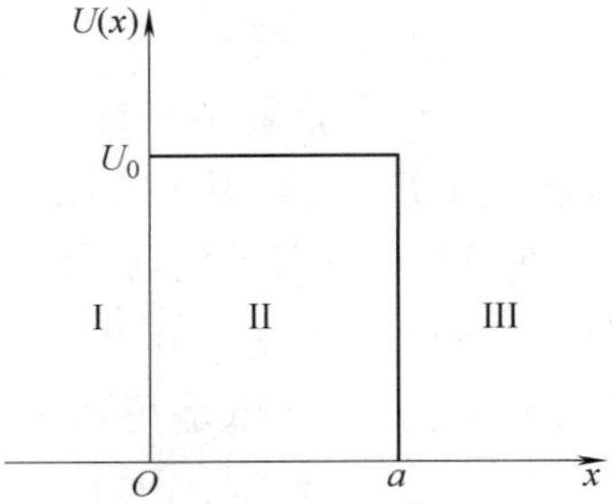

图 16-29 一维方势垒

按照经典理论，处于 $x<0$ 的区域Ⅰ内的粒子，且其能量 $U<U_0$，则粒子就无法越过高墙（势垒）而进入 $x>0$ 的区域Ⅱ，更不会穿墙而过（穿过势垒）进入到 $x>a$ 的区域Ⅲ。

然后，从量子力学的观点来分析却会得到不同的结果。处于区域Ⅰ中的粒子，具有波粒二象性，虽然其能量 U 小于势垒的高度 U_0，但是它在势垒壁上将会发生反射和透射。这就意味着，粒子将有一定的概率处于势垒内，甚至还有一定的概率能穿透（注意：不是跳越，因为 $U<U_0$）势垒而进入 $x>a$ 的区域Ⅲ。应用薛定谔方程解出的波函数 ψ_1、ψ_2、ψ_3 均不为零（见图 16-30）正表明了这一点。这就是说，粒子的能量虽不足以能跳越势垒，但此时在势垒中似乎挖掘了一个通道，能使少量粒子穿过而进入 $x>a$ 的区域Ⅲ，人们把这种量子现象形象地称之为“隧道效应”。

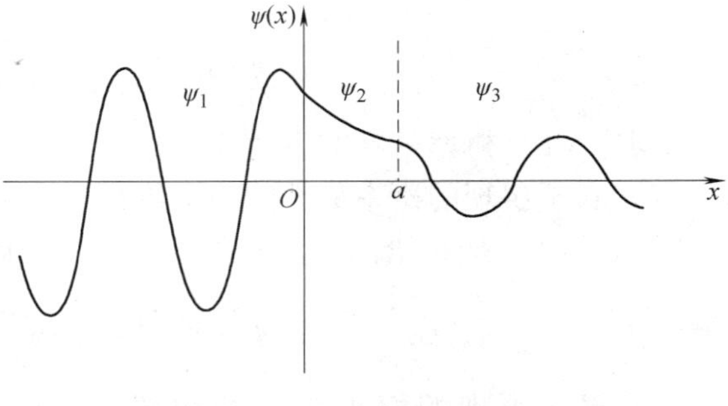

图 16-30 各区域的波函数

目前，量子隧道效应已为许多实验所证实，并在显微技术、半导体、场致发射等许多方面得到了广泛的应用。1981 年，瑞士的宾尼希和罗雷尔就是利用电子的隧道效应制成了扫描隧道显微镜（STM）。图 16-31 所示是其原理图。样品表面有一表层势垒阻碍电子向外运动，但由于隧道效应，一部分电子可以穿透势垒到达材料表面外形成一定的量子态分布，通常称为电子云分布。扫描隧道显微镜通过探针来探测这层电子云的分布，纵向分辨率可达 0.01nm，

横向分辨率达 0.1nm，从而观测材料表面的微观结构。STM 的出现，使人们可以观测和操纵单个原子在物质表面的排列及行为，这对表面科学、纳米技术及生命科学的研究有重大的意义。图 16-32 所示就是用扫描隧道显微镜实测的一个典型的人造单“分子”——量子栅的图像。在铜表面上用 STM 精心排布 48 个铁原子（图中周围的锥状体），构成了一个圆形势阱量子栅，它具有特殊的电子态分布，中间的一个个同心圆，就代表可用波函数模的二次方表示的局域电子密度分布情况。

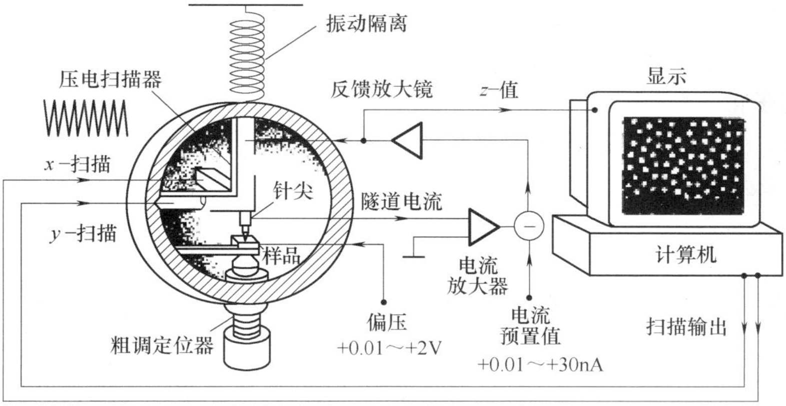

图 16-31　隧道扫描原理

图 16-32　量子栅

16.9.3　氢原子

现在，就用量子力学的观点和方法来研究电子在原子核周围的运动，显然，其中最简单的就是氢原子。我们将会看到，玻尔的那些假定，正是用量子力学处理氢原子问题的必然结果。

在氢原子中，电子在其中运动的外力场是原子核的库仑电场。这电场的势能函数为

$$U(r) = -\frac{e^2}{4\pi\varepsilon_0 r} \tag{16-55}$$

式中，r 是电子离核的距离。取核所在位置为坐标原点，将 $U(r)$ 代入式（16-41），并考虑电子的三维运动情况，得电子在核周围空间运动的定态薛定谔方程为

$$\frac{\partial^2\psi}{\partial x^2}+\frac{\partial^2\psi}{\partial y^2}+\frac{\partial^2\psi}{\partial z^2}+\frac{8\pi^2 m}{h^2}\left(E+\frac{e^2}{4\pi\varepsilon_0 r}\right)\psi=0$$

由于势能函数 $U(r)$ 是 r 的函数，所以用球坐标比较方便。用球坐标时，上式化为

$$\frac{1}{r^2}\frac{\partial}{\partial r}\left(r^2\frac{\partial\psi}{\partial r}\right)+\frac{1}{r^2\sin\theta}\frac{\partial}{\partial\theta}\left(\sin\theta\frac{\partial\psi}{\partial\theta}\right)+\frac{1}{r^2\sin^2\theta}\frac{\partial^2\psi}{\partial\varphi^2}+\frac{8\pi^2 m}{h^2}\left(E+\frac{e^2}{4\pi\varepsilon_0 r}\right)\psi=0 \quad (16\text{-}56)$$

这是一个更为复杂的微分方程，其解一般应是 r、θ、φ 的函数，即

$$\psi=\psi(r,\ \theta,\ \varphi)$$

下面将略去上式的求解过程和 ψ 的具体形式，而只给出一些重要结论。

1. 能量量子化

前已提到，在薛定谔方程的求解过程中，要使波函数满足单值、有限、连续等物理条件，电子（或说是整个原子）的能量只能是

$$E_n=-\frac{me^4}{8\varepsilon_0^2 n^2 h^2},\ n=1,\ 2,\ 3,\ \cdots \quad (16\text{-}57)$$

这就是说，氢原子能量只能取离散的值，即也是量子化的。n 称为主量子数。能级间隔随 n 的增大而很快地减小（见图 16-33）。最低 $n=1$ 的能级称为基态能级。由式（16-57）可求出 $E_1=-13.6\text{eV}$，由于 E_n 和 n^2 成反比，可以很容易地算出 $n>1$ 的激发态能级 $E_2=-3.40\text{eV}$，$E_3=-1.51\text{eV}$，$E_4=-0.85\text{eV}$，…，当 n 很大时，能级间隔非常小，以致能量可看作是连续变化的。

这些结论虽与玻尔理论的结果是相同的，但区别在于能量量子化是量子理论的必然结论，而无须像玻尔理论那样人为地去假定。不过，最根本的区别还在于：玻尔理论认为电子具有确定的轨道，而量子力学给出的是电子在某处出现的概率，并不能断言电子究竟出现在何处，当然也就不存在所谓的轨道概念。为了形象地表示电子的空间分布规律，人们把这种概率分布图像称为“电子云”。

2. 角动量量子化

薛定谔方程的波函数解还预言电子在绕核转动，此转动可形象地用电子云的转动来说明。这一转动的角动量也必须是量子化的。以 L 表示电子运动的角动量，薛定谔方程给出的角动量的大小用下式表示，即

$$L=\sqrt{l\ (l+1)}\frac{h}{2\pi},\ l=0,\ 1,\ 2,\ \cdots,\ (n-1) \quad (16\text{-}58)$$

式中，l 称为副量子数或角量子数；n 即主量子数。对于一定的 n，l 共有 n 个可能的取值。也就是说，当 n 确定而 l 取不同的值时，电子应有几种不同的状态，但这几种状态却对应着相同的能量 E_n，在量子力学中称为能量简并。l 值不同表明电子云绕核转动的情况不同，也表现在波函数的不同，于是，电子的概率分布情况也不同。图 16-33 示出了氢原子 $n=1$，2，3 时的径向概率分布情况。从图中可以看出，径向概率密度有一极大值，分别出现在 $a_1=r_1$，$a_2=4r_1$，$a_3=9r_1$，…，这些数值的意义是，电子在离核距离为这些值的地方出现的概率最大。显而易见，玻尔理论中的轨道实际上就对应这些概率密度最大处。但不管 n 如何，当 $l=0$ 时，$L=0$，即角动量为零，表示电子云不转动。这种情况下电子云的分布都具有球对称性。

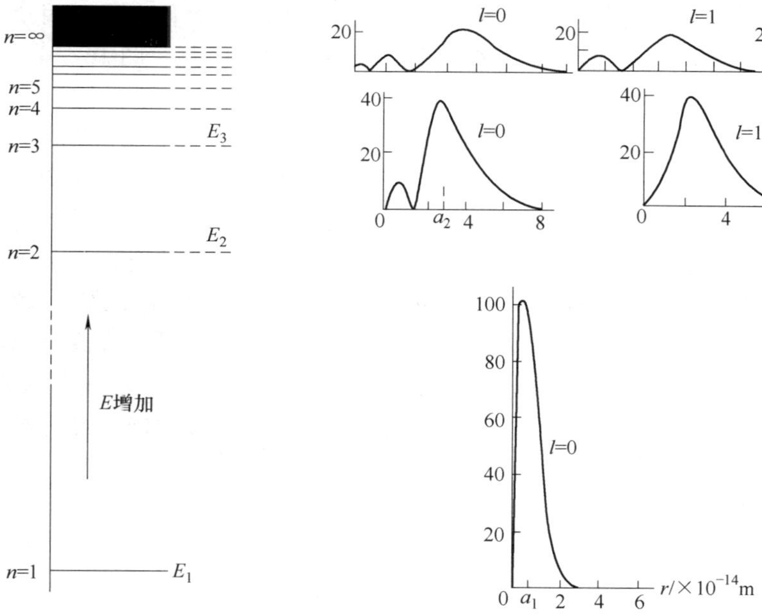

图 16-33　氢原子中电子的径向概率分布

3. 角动量的空间量子化

薛定谔方程的波函数解还指出，电子云转动的角动量矢量 $\boldsymbol{L}$ 的方向在空间的取向不能连续地改变，而只能取一些特定的方向。角动量在空间的取向可以这样理解：由于电子云的转动相当于圆电流，而圆电流是具有一定的磁矩的；电子带负电，所以电子云磁矩的方向总与角动量的方向相反；磁矩在外磁场的作用下是有一定取向的，因而使得电子云转动的角动量方向有一定的取向（见图 16-34a）。取外磁场方向为 z 轴的正方向，薛定谔方程给出角动量 L 在外磁场方向的投影只能取以下离散的值，即

$$L_z = m_l \frac{h}{2\pi},\ m_l = 0,\ \pm 1,\ \pm 2,\ \cdots,\ \pm l \tag{16-59}$$

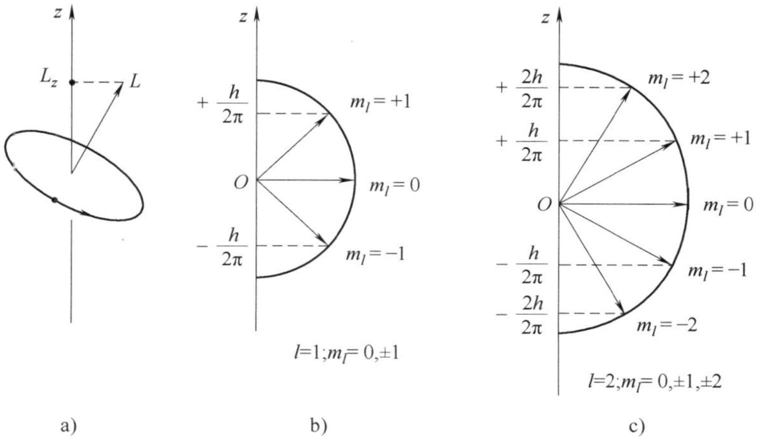

图 16-34　角动量的空间量子化

式中，m_l 称为磁量子数。对于一定的角量子数 l，m_l 可取（$2l+1$）个值，这表明角动量在空间的取向只有（$2l+1$）种可能。这个结论称为角动量的空间量子化。图 16-34b、c 分别画出了 $l=1$ 和 $l=2$ 时 L 的可能取向。

根据以上讨论可知，用量子力学的薛定谔方程来研究氢原子时，量子化特性是必然的结果。求解薛定谔方程得到的是电子的波函数 ψ（r，θ，φ），并分别对应三个量子数 n、l、m_l，而波函数模的二次方 $|\psi(r, \theta, \varphi)|^2$ 表示电子在某处出现的概率密度，从而否定了经典物理的轨道概念，取而代之的是"电子云"图像。图 16-33 和图 16-35 分别表示了电子的径向和角向的概率分布情况。这样，氢原子中电子的任一稳定态（或称量子态），就可用一组量子数 n、l、m_l 来描述。电子的能量主要取决于 n，与 l 只有微小关系，在无外磁场时与 m_l 无关。因此，电子的能量状态实际上由 n、l 决定，通常用 s、p、d、…来分别表示 $l=0$，1，2，…时的状态。例如，当 $n=2$，$l=0$ 时，就表示为2s 态；当 $n=3$，$l=2$ 时，就称为3p 态等，见表 16.2。

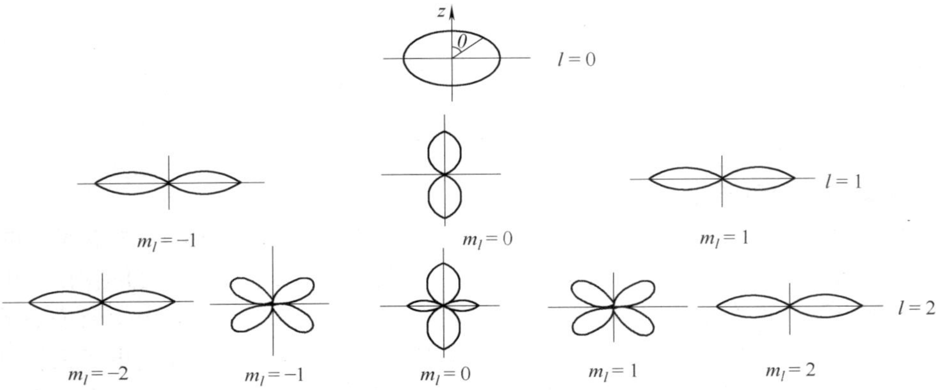

图 16-35　氢原子中电子的角向概率分布

表 16.2　氢原子中电子的状态

n \ l	$l=0$ s	1 p	2 d	3 f	4 g	5 h
$n=1$	1s					
2	2s	2p				
3	3s	3p	3d			
4	4s	4p	4d	4f		
5	5s	5p	5d	5f	5g	
6	6s	6p	6d	6f	6g	6h

16.10　多电子原子中的电子分布

16.10.1　斯特恩-盖拉赫实验　电子自旋

1921 年，德国实验物理学家斯特恩和盖拉赫（见图 16-36a）首先对角动量的空间量子化进行了实验验证，其实验装置如图 16-36b 所示。图中 O 为原子射线源，当时所用的是类氢原子锂原子及银原子等。S_1、S_2 为狭缝，N 和 S 为产生不均匀磁场的电磁铁的两极，P 为照相底板。全部仪器安置在高真空容器中。

a)

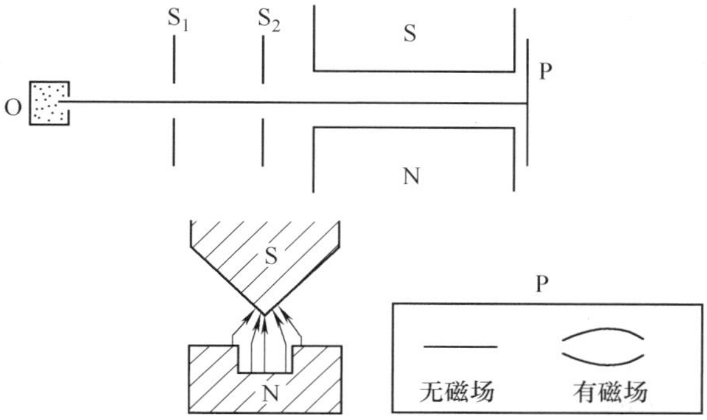

b)

图 16-36　斯特恩-盖拉赫实验

实验所根据的原理是具有磁矩的磁体在不均匀磁场中的运动将因受到磁力而发生偏转，偏转的方向与大小跟磁矩在磁场中的指向有关。如前所述，电子在原子内的运动使原子具有一定的磁矩，因此，从原子射线源发射的原子束经过不均匀磁场时，将因受到磁力的作用而偏转。如果原子具有磁矩而没有空间量子化，则磁矩的指向可以是任意方向的，在 P 上应得到连成一片的原子沉积。如果原子具有磁矩而且是空间量子化的，则在 P 上应得到分立的条状的原子沉积。斯特恩和盖拉赫在实验中果然得到了呈条状的原子沉积，从而证实了原子磁矩的空间量子化以及相应的角动量的空间量子化。

但是，实验结果也还有令人费解的地方。这就是，无论是锂原子还是银原子射线，在磁场作用下只分裂成两条上下对称的原子沉积。按当时已知的角动量量子化的规律，当电子的轨道角动量量子数为 l 时，它在空间的取向应有（$2l+1$）种可能，原子射线在磁场中发生偏转就应该产生奇数条沉积（称为正常塞曼效应），而实验得到的原子沉积却是两条（称为反常塞曼效应）！为了解释这一实验结果，1925 年，乌伦贝克和哥德斯密特提出：电子除了轨道运动外，还有自旋运动，相应地有自旋角动量和自旋磁矩。当时他们假定电子自旋磁矩只能有和磁场平行或反平行两个指向，因而原子射线分裂成了两束。

乌伦贝克和哥德斯密特的电子自旋概念是在薛定谔量子理论之前提出的。后来量子力学也把自旋包括进去了。它给出的结果是：电子自旋角动量 S 的大小为

$$S=\sqrt{s(s+1)}\frac{h}{2\pi} \tag{16-60}$$

式中，s 是自旋量子数，它只能取一个值，即

$$s=\frac{1}{2}$$

因而电子的自旋角动量为

$$S=\sqrt{\frac{3}{4}}\frac{h}{2\pi}$$

电子自旋角动量 S 在外磁场方向的投影为

$$S_z=m_s\frac{h}{2\pi} \tag{16-61}$$

式中，m_s 为电子自旋磁量子数，它只能取两个值，即

$$m_s=\pm\frac{1}{2} \tag{16-62}$$

因而有

$$S_z=\pm\frac{1}{2}\frac{h}{2\pi} \tag{16-63}$$

电子在磁场中的自旋运动状态的两种可能情况可以形象地利用图16-37来显示。引入了电子自旋的概念，使碱金属原子光谱的双线（如钠黄光的589.0nm和589.6nm）现象也得到了很好的解释。至此，关于原子中各个电子的运动状态，量子力学给出的一般结论是：电子运动状态应由四个量子数决定。

1）主量子数 n：$n=1, 2, 3, \cdots$。

它大体上决定了原子中电子的能量。

2）角量子数 l：$l=0, 1, 2, \cdots, (n-1)$。

它决定电子绕核运动的角动量的大小。一般来说，处于同一主量子数 n，而不同角量子数 l 的状态中的各个电子，其能量稍有不同。

3）磁量子数 M_l：$M_l=0, \pm1, \pm2, \cdots, \pm l$。

它决定电子绕核运动的角动量矢量在外磁场中的指向。

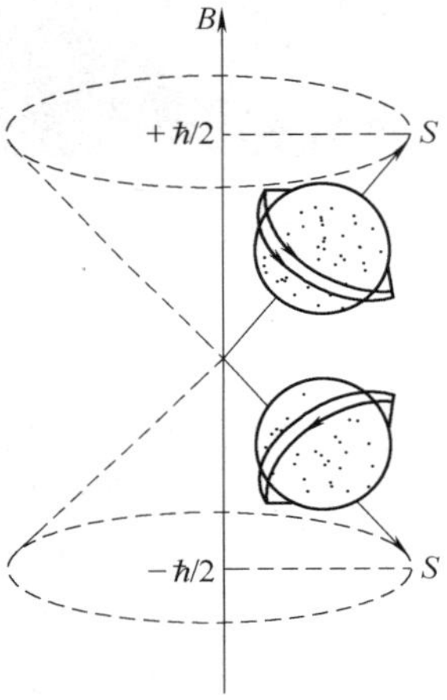

图16-37 电子自旋的经典模型

4）自旋磁量子数 m_s：$m_s=\pm\frac{1}{2}$。

它决定电子自旋角动量矢量在外磁场中的指向。它也影响原子在外磁场中的能量。

16.10.2 多电子原子的壳层结构

氢原子中只有一个电子，它是最简单的原子。较复杂的原子中有许多电子。这些电子的运动状态如何呢？从理论上说明这一点需要用到泡利不相容原理和能量最小原理。下面就从这两个原理出发，说明多电子原子内部电子的分布规律。

1. 泡利不相容原理

泡利在仔细地分析了原子光谱和其他实验事实后提出：在原子中要完全确定各个电子的运动状态需要用四个量子数 n、l、m_l、m_s，并且在一个原子中不可能有两个或两个以上的

电子处于相同的状态，亦即它们不可能具有完全相同的四个量子数。这个结论称为**泡利不相容原理**。这一原理是微观粒子运动的基本规律之一。

当 n 给定时，l 的可能值有 n 个；当 l 给定时，m_l 的可能值有 $(2l+1)$ 个；当 n、l、m_l 都给定时，m_s 只有两个可能值。根据泡利不相容原理，原子中具有相同的量子数 n 的电子数目最多为

$$Z_n = \sum_{l=0}^{n-1} 2(2l+1) = 2n^2 \tag{16-64}$$

1916 年，柯塞耳在玻尔之后提出了原子的壳层结构。n 相同的电子组成一个壳层。对应于 $n=1$，2，3，4，5，6，…状态的壳层分别用大写字母 K，L，M，N，O，P，…表示。l 相同的电子组成支壳层或分壳层。对应于 $l=0$，1，2，3，4，5，…状态的支壳层分别用小写字母 s，p，d，f，g，h，…表示。根据泡利不相容原理，可算出原子内各壳层和支壳层上最多可容纳的电子数，见表 16.3。

表 16.3　原子中各壳层和支壳层上最多可容纳的电子数

l \ n	0 s	1 p	2 d	3 f	4 g	5 h	6 i	$z_n=2n^2$
1，K	2	—	—	—	—	—	—	2
2，L	2	6	—	—	—	—	—	8
3，M	2	6	10	—	—	—	—	18
4，N	2	6	10	14	—	—	—	32
5，O	2	6	10	14	18	—	—	50
6，P	2	6	10	14	18	22	—	72
7，Q	2	6	10	14	18	22	26	98

2. 能量最小原理

这个原理是指，原子处于正常状态时，其中每个电子都要占据最低能级。能级高低基本上决定于主量子数 n，n 越小，能级越低。根据能量最小原理，电子一般按 n 由小到大的次序填入各能级。但由于能级还和角量子数 l 有关，所以在有些情况下，n 较小的壳层尚未填满时，n 较大的壳层上就开始有电子填入了。关于 n 和 l 都不同的状态的能级高低问题，我国科学工作者总结出这样的规律：对于原子的外层电子（最外层电子）称为价电子，能级高低以 $(n+0.7l)$ 确定，$(n+0.7l)$ 越大，能级越高。如 4s（即 $n=4$，$l=0$）和 3d（即 $n=3$，$l=2$）两个状态，前者的 $(n+0.7l)=4$，后者的 $(n+0.7l)=4.4$，所以 4s 态应比 3d 态先填入电子。钾、钙的原子就是这样。原子序数大的原子这种情况更多。

本章逻辑主线

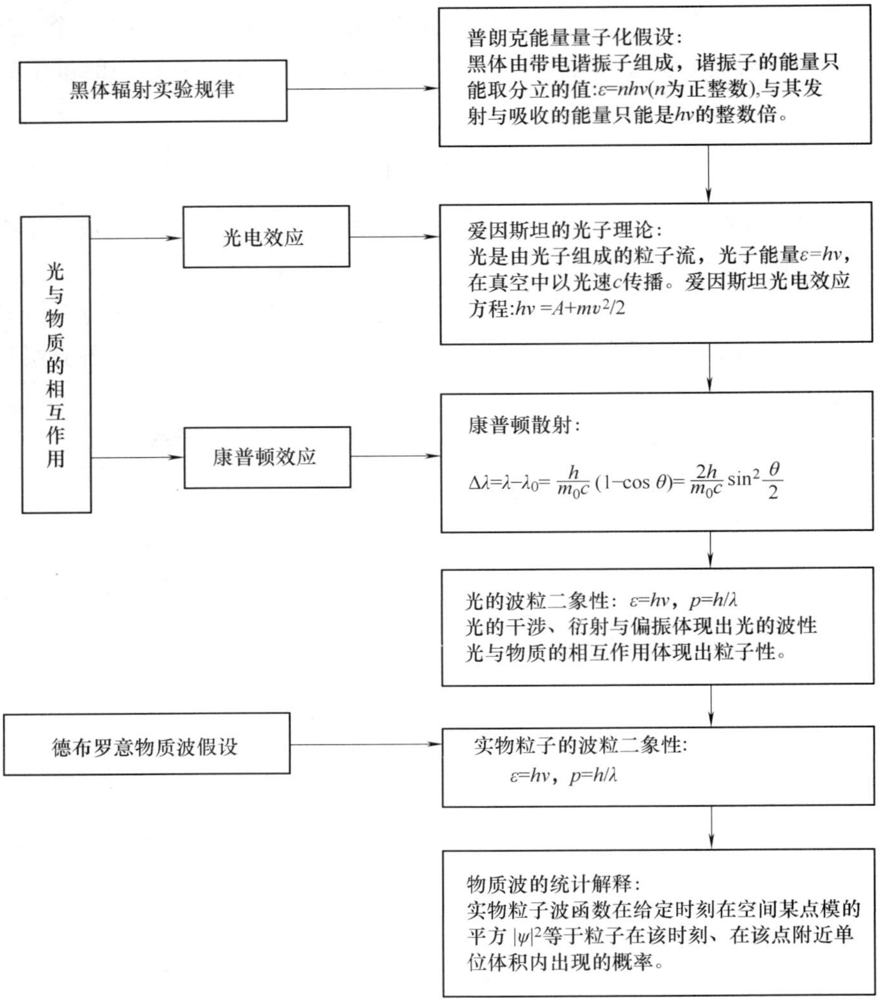

扩展思维

德布罗意波与玻尔的量子条件

1924 年，德布罗意在提出实物粒子的波粒二象性的同时，立即注意到原子中的电子绕核运动，也是有其对应的波动图像的，并将原子的定态与驻波联系起来。

我们知道，如果在一根两端固定的弦上引起了波动，且弦长是半波长的整数倍时，则在此弦上可形成稳定的驻波。若将此弦弯成为半径为 r 的圆，则弦上仍将是一稳定的驻波，此时，圆周长也是波长的整数倍（见图 16-38）。

于是，德布罗意认为：电子以半径 r 绕核作稳定的圆轨道运动，就相当于电子波在此圆周上形成了稳定的驻波，也就是说，电子绕核运动时，只有在电子的物质波环绕核形成驻波的情况下，才具有稳定的状态即玻尔理论中的定态。且满足

$$2\pi r = n\lambda,\ n = 1,\ 2,\ 3,\ \cdots \tag{a}$$

式中，λ 为电子的德布罗意波长；r 为轨道半径。图 16-39 所示为 $L=4\lambda$ 的驻波图像。

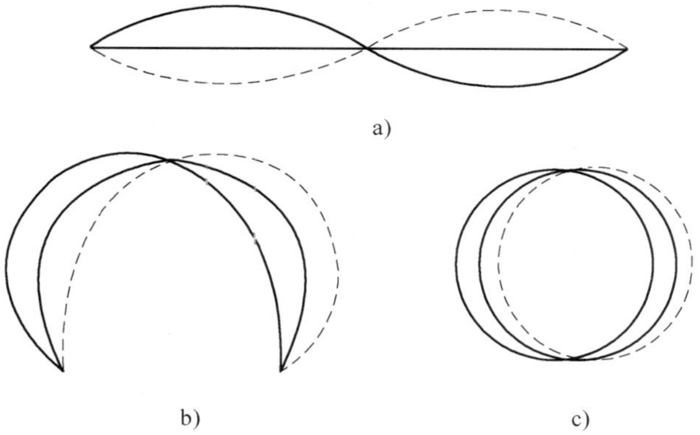

图 16-38 定态与驻波

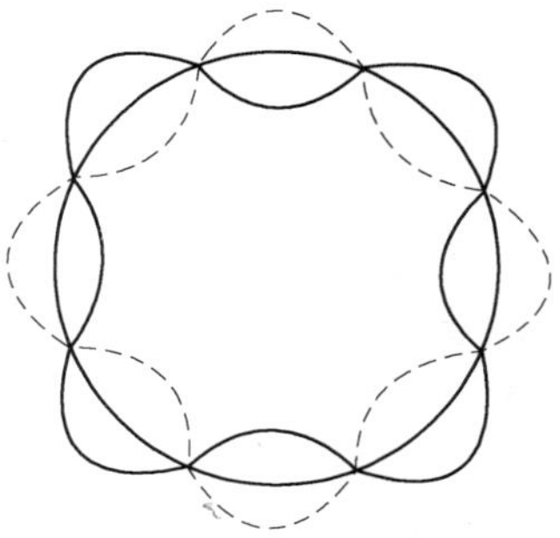

图 16-39 周长为 4 倍波长时的驻波图样

根据德布罗意公式，质量为 m 的电子，以速率 v 绕半径为 r 的圆周运动时，其波长为

$$\lambda = \frac{h}{mv} \tag{b}$$

将此式代入式（a），有

$$2\pi rmv = nh \tag{c}$$

得

$$L = rmv = \frac{nh}{2\pi},\ n = 1,\ 2,\ 3,\ \cdots \tag{d}$$

这就是玻尔氢原子理论所假定的角动量量子化条件。不过，以上推导虽然形象地说明了德布罗意物质波与玻尔定态假定之间是相互支持的，但这只是表面的，实际上轨道概念与电子的波性是不相容的。

习 题

一、填空题

16.1 频率为 100MHz 的一个光子的能量是__________，动量的大小是__________。

16.2 某一波长的 X 光经物质散射后，其散射光中包含波长大于 X 光和波长等于 X 光的两种成分，其中__________X 光波长的散射成分称为康普顿散射。

16.3 在康普顿散射中，如果入射光子的波长为 $\lambda = 0.3\times10^{-10}$m，散射光子的波长 $\lambda' = 0.31\times10^{-10}$m，则散射角 $\varphi =$________。

16.4 一质量为 40×10^{-3}kg 的子弹，以 $1000\text{m}\cdot\text{s}^{-1}$的速度飞行，它的德布罗意波长为__________。所以子弹不显示__________。

16.5 根据量子论，氢原子核外电子的状态可由四个量子数来确定，其中主量数 n 可取值为 1，2，3，4，5，…正整数，它可决定原子中__________。

16.6 德布罗意波的波函数与经典波的波函数的本质区别是__________

____

______________________。

16.7　泡利不相容原理的内容是____

____。

二、选择题

16.8　金属的光电效应的红限依赖于（　　）。

（A）入射光的频率；（B）入射光的强度；

（C）金属的逸出功；（D）入射光的频率和金属的逸出功。

16.9　已知某单色光照射到一金属表面产生了光电效应，若此金属的逸出电势是 U_0（使电子从金属逸出需做功 eU_0），则此单色光的波长 λ 必须满足（　　）。

（A）$\lambda \leqslant \frac{hc}{eU_0}$；（B）$\lambda \geqslant \frac{hc}{eU_0}$；（C）$\lambda \leqslant \frac{eU_0}{hc}$；（D）$\lambda \geqslant \frac{eU_0}{hc}$。

16.10　一个氢原子处于主量子数 $n=3$ 的状态，那么此氢原子（　　）。

（A）能够吸收一个红外光子；

（B）能够发射一个红外光子；

（C）能够吸收也能够发射一个红外光子；

（D）不能吸收也不能发射一个红外光子。

16.11　氢原子光谱的巴耳末系中波长最大的谱线用 λ_1 表示，其次波长用 λ_2 表示，则它们的比值 λ_1/λ_2 为（　　）。

（A）9/8；（B）16/9；（C）27/20；（D）20/27。

16.12　静止质量不为零的微观粒子作高速运动，这时粒子物质波的波长 λ 与速度 v 的关系满足（　　）。

（A）$\lambda \propto v$；（B）$\lambda \propto \frac{1}{v}$；（C）$\lambda \propto \sqrt{\frac{1}{v^2}-\frac{1}{c^2}}$；（D）$\lambda \propto \sqrt{c^2-v^2}$。

16.13　若 α 粒子（电荷量为 $2e$）在磁感应强度为 B 均匀磁场中沿半径为 R 的圆形轨道运动，则 α 粒子的德布罗意波长是（　　）。

（A）$\frac{h}{2eRB}$；（B）$\frac{h}{eRB}$；（C）$\frac{1}{2eRBh}$；（D）$\frac{1}{eRBh}$。

16.14　直接证实了电子自旋存在的最早的实验之一是（　　）。

（A）康普顿实验；（C）戴维逊-革末实验；

（B）卢瑟福实验；（D）斯特恩-盖拉赫实验。

16.15　下列各组量子数中，哪一组可以描述原子中电子的状态？（　　）

（A）$n=2$，$l=2$，$m_l=0$，$m_s=1/2$；（B）$n=3$，$l=1$，$m_l=-1$，$m_s=-1/2$；

（C）$n=1$，$l=2$，$m_l=1$，$m_s=1/2$；（D）$n=1$，$l=0$，$m_l=1$，$m_s=-1/2$。

三、计算题

16.16　已知钾的红限波长为558nm，求它的逸出功。如果用波长为400nm的入射光照射，试求光电子的最大动能和截止电压。

16.17　从铝中移出一个电子需要4.2eV的能量，今有波长为200nm的光投射至铝表面。试问：

（1）由此发出来的光电子的最大动能是多少？

（2）截止电压多大？

（3）铝的截止波长有多大？

16.18　在康普顿散射中，如果设反冲电子的速度为光速的 60%，则因散射使电子获得的能量是其静止能量的多少倍？

16.19　当氢原子从某初始状态跃迁到激发能（从基态到激发态所需的能量）为 $\Delta E=10.19\text{eV}$ 的状态时，发射出光子的波长是 $\lambda=486\text{nm}$。求该初始状态的能量和主量子数。

16.20　一电子的速率为 $3\times10^{6}\text{m}\cdot\text{s}^{-1}$，如果测定速度的不准确度为 1%，同时测定位置的不准确量是多少？如果这是原子中的电子，可以认为它作轨道运动吗？

第 17 章　核物理与粒子物理简介

人类对物质结构的认识经过了以下几个阶段：19 世纪以前，人们认为构成物质的基本单元是原子；进入 20 世纪以后，在 1911 年，卢瑟福通过 α 粒子散射实验发现了质子，提出原子的有核模型，确认原子是由原子核和核外电子构成；20 世纪 30 年代，查德威克（J. Chadwick）通过实验在原子核内发现了中子，知道了原子核是由质子和中子构成的，当时认为质子、中子、电子和光子是构成物质的基本粒子；自 20 世纪 30 年代以后，物理学理论和实验都证明，质子、中子等被称为强子的基本粒子也有内部结构，它们是由夸克组成的，可见基本粒子并不基本，于是去掉“基本”两字，改称粒子。随着实验和理论研究的发展，目前发现的粒子已经多达几百种，包括 μ 子、中微子、各种介子、超子及所有已知粒子的反粒子等。

核物理学又称原子核物理学，是 20 世纪新建立的一个物理学分支。它研究原子核的结构和变化规律、射线束的产生、探测和分析技术；以及同核能、核技术应用有关的物理问题。因此在现代科技中，原子核的研究对认识物质的结构和自然界能源的利用都有着至关重要的作用。而研究比原子核更深层次的微观世界中物质的结构、性质，和在很高能量下这些物质相互转化及其产生原因和规律的物理学分支，被称之为粒子物理学，又称高能物理学，它是当前人们探索物质世界的前沿课题。核物理与粒子物理对人类的生存、发展和国家的安全产生了重大影响，已经成为衡量一个国家综合国力的重要标志之一。同时，它还为其他许多学科提供了重要的理论基础和研究手段。21 世纪核物理与粒子物理学科的发展与突破，必将继续对各国的国防、能源以及其他交叉学科的发展起到重要的推动作用。

本章主要讨论原子核的基本性质、结构、理论及基本粒子分类、相互作用和守恒定律等内容。

17.1　原子核的基本性质

17.1.1　原子核的组成、电荷和质量

原子核是由质子（proton）和中子（neutron）组成的，我们把质子和中子统称为核子。中子不带电，中性原子中质子带有与核外电子电量相等但电性相反的正电荷。如果以单个电子的电荷 e 为单位，则原子核的电荷数就等于核外电子数 Z，原子核中的质子数也等于 Z，Z 也就是原子序数。原子核所带的电荷为 $+Ze$。

原子核中质子数 Z 和中子数 N 的和称为该原子核的质量数，原子核的质量数 A 等于组成原子核的质子数 Z 和中子数 N 之和，即

$$A = Z + N \tag{17-1}$$

质量数 A 与电荷数 Z 一样，也是原子核特性的标志之一，所以常用符号 ${}_Z^A\mathrm{X}$ 表示一个原子核，其中 X 表示核的元素符号，Z 为原子核的电荷数或质子数，A 为原子核的质量数。例

如$^{12}_{6}C$、$^{14}_{7}N$、$^{17}_{8}O$等。其中$^{12}_{6}C$就是质量数为 12 的碳核。

元素的化学性质依赖于原子序数 Z，而不是依赖于质量数 A。

原子核的质量是原子核的重要特性之一。如果略去核外电子结合能所对应的质量，原子核的质量 m 等于原子质量 M 减去核外电子的质量 m_e，即

$$m = M - Zm_e \tag{17-2}$$

一般情况下原子核处于 Z 个电子的包围中，呈原子状态而存在，很难直接测量原子核的质量。而且电子的质量很小，只有质子质量的 1/1836。另外，电子的质量是已知的。因此，原子核的质量可近似地用原子的质量来代替。在原子核物理中，规定一个^{12}C原子质量的 1/12 为 1u，常采用原子质量单位来表示原子核的质量。而

$$1u = \frac{12 \times 10^{-3}}{N_A} \times \frac{1}{12} = 1.660566 \times 10^{-27}\text{kg}$$

式中，N_A 为阿伏伽德罗常数。

各种原子核的质量都接近于某一整数，这个整数就是原子核的质量数 A。例如，^{17}O的原子核的质量是 16.99913u，则它的质量数 $A=17$。

采用原子质量单位时，中子的质量 $m_n = 1.008665\text{u}$，质子的质量 $m_p = 1.007276\text{u}$，可见中子和质子的质量都近似地等于 1 个原子质量单位。

在原子核物理中，我们把具有相同的质子数和相同的中子数的原子核称为一种核素；具有相同的质子数和不同的质量数（或中子数）的原子核称为同位素；把中子数相同，而质子数不相同的核素称为同中子素；具有相同的质量数和不同质子数的核素称为同量异位素。例如，氢有三种同位素：$^{1}_{1}H$、$^{2}_{1}H$（或$^{2}_{1}D$）、$^{3}_{1}H$（或$^{3}_{1}T$），分别称为氕、氘、氚，而$^{3}_{1}H$和$^{3}_{2}He$则是同量异位素。

17.1.2　原子核的大小与密度

实验表明原子核的形状接近于球形，通常可以用核半径来表示原子核的大小。但是正如精确定义原子的半径一样，精确定义原子核的半径是十分困难的。通常我们用核半径表示核物质存在概率极大的区域。在原子核内核物质存在的概率很大，在核半径之外，核物质存在的概率很快地下降到零。大量实验表明，核密度几乎是常数。原子核的半径很小，约为 $10^{-12} \sim 10^{-13}$cm 数量级，目前还无法直接测量，通常用高能粒子散射实验来间接测定。

核子与核子之间有很强的吸引力，这种作用力叫作核力。核力的力程很短，有一作用半径，在半径之外，核力为零。这种半径叫作核半径，这样定义的核半径是核力作用半径。实验表明，核力作用半径与质量数 $A^{1/3}$ 成正比，即

$$R = R_0 A^{1/3} \tag{17-3}$$

式中，$R_0 = 1.2 \times 10^{-13}\text{cm} = 1.2\text{fm}$（飞米）。飞米和米的关系为

$$1\text{fm} = 10^{-15}\text{m}$$

由此可以计算出$^{16}_{8}O$、$^{12}_{6}C$的核半径分别为 3.1fm 和 2.7fm。

【例 17-1】　计算原子核的密度。

【解】　设原子核的质量、半径和密度分别为 m、R 和 ρ，则

$$\rho = \frac{m}{V} = \frac{m}{\frac{4}{3}\pi R^3} = \frac{1.67 \times 10^{-27} A}{\frac{4}{3}\pi R_0^3 A} \approx 2.3 \times 10^{14}\text{g} \cdot \text{cm}^{-3}$$

由此可知核的密度与质量数无关，也就是说各种核的密度 ρ 都是一样的。另外，原子核的密度是极为巨大的，大约每立方厘米的核物质有上亿吨之重。

17.1.3 原子核的自旋与磁矩

原子核是在不停地运动着的，因而具有自旋角动量和磁矩，原子核中的质子和中子都是自旋为 1/2 的费米子，因而具有确定的自旋角动量。质子和中子在核内还存在轨道运动，因而具有相应的轨道角动量。核子在核内运动轨道角动量和自旋角动量的矢量和就是原子核的自旋角动量，通常简称为核的自旋。

原子核自旋角动量的大小为

$$p_I = \sqrt{I(I+1)}\,\hbar \tag{17-4}$$

式中，I 表示核自旋量子数，可取整数和半整数。原子核自旋角动量在空间给定 z 方向的投影为

$$p_{Iz} = m_I \hbar \tag{17-5}$$

式中，m_I 称为磁量子数，其值有 $2I+1$ 个。

$$m_I = 0, \pm 1, \cdots, \pm(I-1), \pm I \tag{17-6}$$

以 $\hbar$ 为单位时，核自旋量子数 I 实际上是原子核自旋角动量在 z 方向的投影的最大值。常用核自旋量子数 I 来表示核自旋的大小。

实验结果表明所有偶偶核（质子数和中子数都是偶数）的核自旋为零；所有奇奇核（质子数和中子数都是奇数）的核自旋为整数；所有奇偶核（质子数或中子数之一为奇数，另一个为偶数）的核自旋都是半整数。例如，${}^{16}_{8}O$ 的自旋为零，${}^{2}_{1}D$ 和${}^{6}_{3}Li$ 的自旋为 1，${}^{113}_{49}In$ 的自旋为 9/2，${}^{6}_{3}Li$的自旋为 3/2。

因为原子核中的质子是带电的，且具有确定的核自旋，所以原子核也具有磁矩。同原子的情况类似，原子核的磁矩可以表示为

$$\mu_I = g_I\left(\frac{e}{2m_p}\right)p_I \tag{17-7}$$

式中，g_I 是核的 g 因子，即回旋磁比率，它只能由实验确定；m_p 是质子的质量。把式（17-4）代入式（17-7）可得

$$\mu_I = g_I\sqrt{I(I+1)}\mu_N \tag{17-8}$$

式中，$\mu_N = \dfrac{e\hbar}{2m_p} = 5.0508\times 10^{-27}\,A\cdot m^2$，称为核磁子。因为 m_p 比电子质量 m_e 大 1836 倍，可见原子中的电子磁矩比原子核的磁矩要大得多。

实验测得质子和中子的磁矩分别为 2.793 核磁子和 -1.913 核磁子，符号表示自旋动量矩与磁矩的方向相反。对于中子，虽然不带电，但实验证明中子的磁矩不等于零，这表明中子作为整体不带电，但它内部存在电荷分布，因其正负电荷相等，整个中子对外显示出电中性。质子预计的磁矩也不等于实验值，因此，通常称质子和中子具有反常磁矩，由此可见，质子和中子这两种“基本粒子”都具有更为复杂的结构。

实际上原子核的自旋和磁矩是由核内部各个核子的自旋和磁矩以及所有核子轨道运动的综合效应决定的。原子核外电子的磁矩很小，而原子核的磁矩比电子的磁矩还要小 1000 多倍，要想比较精确地测量核磁矩，通常采用核磁共振法。核磁共振是通过核与外加磁场的相

互作用来测量核磁矩的。实际测量的是 g_I 因子。现代核磁共振仪的精度可达到 10^{-6}。如果知道 g_I 因子，可以利用核磁共振仪精确测量磁场强度。该方法有以下优点：测量精度高；被测量的样品可以是液体、固体，可以是单晶，也可以是多晶；对样品不构成破坏。该技术可以用来探测物质的内部结构，目前已不仅用于物理领域，更广泛地应用于生物科学和医学等研究领域。

17.1.4　核力

核子之间虽然存在万有引力和电磁力，但这些力并不能形成原子核。原子核由质子和中子组成，万有引力在原子核内是可以忽略不计的，质子与质子之间有静电斥力，质子、中子间无静电力，所以静电力不可能使核子聚焦。那么核子之间有什么样的作用力使中子和质子聚到一起构成密度高达 $10^{14}\mathrm{g \cdot cm^{-3}}$ 的原子核呢？原子核是稳定的，说明核子与核子之间有很强的相互作用力，称为核力。核力是吸引力，且比库仑力大得多，这样才能克服库仑力而组成原子核。到目前为止，我们对核力的认识还十分有限，下面仅介绍核力的一般性质：

1）核力是强相互作用力。

原子核内质子与质子之间的库仑斥力的大小与距离的平方成反比，由于原子核的线度非常小，即质子与质子之间的距离非常短，但质子能够结合紧密而不散开，这说明核力的作用要比库仑力强。例如，中心距离相距 2fm 的两个质子，它们之间的库仑力约为 60N，而核力大约为 2×10^3N。核力比电磁力大上百倍，比万有引力大 10^{39} 倍。

2）核力是短程力。

由 α 粒子的散射实验知道，核力的作用距离很短，在 10^{-15}m 以内，比原子核的线度还要小。核子之间的距离超过某个很短的作用范围时，就没有核力作用了。原子核中的每一个核子只能与它邻近的少数几个核子相互作用，而不能与核内所有更远的核子都以核力相互作用，核力是一种短程力，或称之为核力具有饱和性。

3）核力与核子的电荷无关。

实验表明，质子与质子、质子与中子、中子与中子之间的相互作用力是一样的。因此，核力与核子的电荷无关。

4）核力与自旋有关。

两个核子自旋平行时的相互作用力大于它们自旋反平行时的相互作用力，这说明核力与自旋的相对取向有关。研究表明：氘核在基态时，其核子（质子与中子）的自旋是平行的，所以比较稳定。

5）核力是通过交换 π 介子来实现的一种交换力。

在分子的共价键中，原子间的力是交换力，电子是中间的交换介质；两个带电粒子间的电磁相互作用是通过电磁场实现的，交换的是光子；核力既然具有饱和性，可以设想也是一种交换力，实验发现，核力是通过介子的交换来实现的。

1935 年，日本物理学家汤川秀树提出了核力的介子理论，认为核子之间的相互作用是通过一个核子放出一个 π 介子，另一个核子吸收这个 π 介子而形成的。当时他估算的 π 介子的质量约为电子质量的 200 ~ 300 倍，介于电子和核子之间，故称之为“介子”。

1947 年，鲍威尔在宇宙射线发现了 π 介子，证实了汤川秀树的预言。π 介子有三种带电状态，带电的 π^+、π^- 和不带电的中性介子 π^0。$\pi^\pm$ 的质量为电子质量的 273 倍，π^0 的质量为电子质量的264倍。质子和质子、中子与中子之间交换的是 π^0 介子，交换前后核子电荷不变，质子和中子之间交换的是 $\pi^{\pm}$ 介子。π^0 介子的平均寿命是 2.6×10^{-8}s，$\pi^{\pm}$ 介子的平均寿命是 0.8×10^{-16}s。从理论提出到 π 介子的发现，使人类对的物质认识从原子核进入基本粒子领域，是人类认识的一个巨大进步，这是一个可以和狄拉克的正电子预言相媲美的理论上的辉煌成就。因为 π 介子的预言，汤川秀树荣获了1949年度诺贝尔物理学奖，因为 π 介子的发现，鲍威尔获得了1950年度诺贝尔物理学奖。

17.1.5 原子核的结合能

核力将核子聚集在一起，因此若要将一个核分解为单个的核子时必须克服核力做功，为此所需要的能量称为核的结合能。反过来，当质子和中子结合成原子核时会释放能量，这就导致虽然原子核是由质子和中子组成的，但是原子核的质量不是等于而是小于核内中子和质子的质量总和，其质量亏损对应的能量就是原子核的结合能。

由以上分析可知，组成某一原子核的核子质量和与该原子核的质量之差称为原子核的质量亏损。假定任意一个原子核由 Z 个质子和 $A-Z$ 个中子组成，则它的质量亏损为

$$\Delta m(Z,A) = Zm_{\mathrm{p}} + (A-Z)m_{\mathrm{n}} - m(Z,A) \tag{17-9}$$

自由核子结合成原子核时有能量释放出来，这个能量称为原子核的结合能，用 E_{b} 来表示，它与原子核的质量亏损的关系是

$$E_{\mathrm{b}} = \Delta m(Z,A)c^2 \tag{17-10}$$

由于实验数据给出的是原子质量，而不是原子核的质量，因此用原子质量 $M(Z,A)$ 代替原子核的质量 $m(Z,A)$。在忽略电子结合能的情况下，由上述两式可得

$$E_{\mathrm{b}} = \Delta m(Z,A)c^2 = [Zm_{\mathrm{H}} + (A-Z)m_{\mathrm{n}} - m(Z,A)]c^2 \tag{17-11}$$

式中，m_{H} 为氢原子的质量；$m(Z,A)$ 为原子质量。

在计算上式时，经常用到如下质能转换：1u的质量相当于931.5MeV的能量。

例如，氘的结合能为2.23MeV，要使氘分解为单个的质子和中子就必须给予和结合能等值的能量。当用能量不小于2.23MeV的射线（光子）去轰击氘就能将它分解为自由的质子和中子。

【例17-2】 试计算氘核（${}_1^2$H）的核结合能。已知${}_1^2$H原子的质量为 $m_{\mathrm{d}}=2.013552$u。

【解】 氘核（${}_1^2$H）是由一个质子和一个中子组成。质子和中子的质量分别为 $m_{\mathrm{p}}=1.007276$u，$m_{\mathrm{n}}=1.008665$u，根据式（17-11）先计算其质量亏损

$$E_{\mathrm{b}} = [Zm_{\mathrm{H}} + (A-Z)m_{\mathrm{n}} - m(Z,A)]c^2 = m_{\mathrm{p}} + m_{\mathrm{n}} - m_{\mathrm{d}} = 0.002389\mathrm{u}$$

这说明当一个质子和一个中子组成氘核时，它们的质量并不相等，相应地有质量的减少，减少的质量称为质量亏损。根据相对质能关系，1u的质量相当于931.5MeV的能量，故得到以MeV为单位的核结合能为

$$E_{\mathrm{b}} = (0.002389\times931.5)\mathrm{MeV} = 2.23\mathrm{MeV}$$

这个能量是当一个质子和一个中子组成氘核时所放出的能量，或者说将一个氘核拆成一个质子和一个中子，为了克服核子之间的作用力，必须要用2.23MeV的能量对体系做功。这个能量就是氘核的结合能。

不同原子核的结合能相差很大，一般情况下，核子数 A 多的原子核结合能 E_{b} 必然大。所以原子核的总结合能不能用于比较原子核束缚的松紧程度。为此，我们用原子核平均每个

核子的结合能来标志原子核结合的松紧程度。通常将原子核的结合能 E_b 与质量数 A 之比，称为该原子核的平均结合能，又称比结合能，比结合能用 ε 表示，其表达式为

$$\varepsilon = \frac{E_b}{A} \tag{17-12}$$

核子的比结合能越大，原子核就越稳定。例如，${}_2^4He$ 的总结合能为 28.28MeV，而${}_5^{10}Be$ 的总结合能为 64.729MeV，但是${}_2^4He$ 原子核中每个核子的平均结合能为 7.072MeV，而${}_5^{10}Be$ 原子核中每个核子的平均结合能为 6.4729MeV。${}_2^4He$ 比${}_5^{10}Be$ 更稳定。图 17-1 所示为比结合能随质量数的分布曲线，表 17.1 中给出一些原子核的结合能和比结合能。

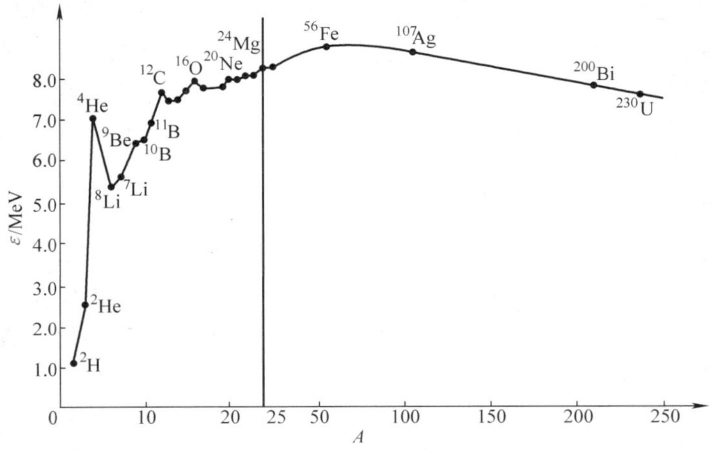

图 17-1　比结合能随质量数的分布曲线

表 17.1　一些核素的结合能和比结合能

核　素	结合能 E_b/MeV	比结合能 ε/MeV	核　素	结合能 E_b/MeV	比结合能 ε/MeV
^{2}H	2.224	1.112	^{17}F	128.22	7.54
^{3}He	7.718	2.573	^{19}F	147.80	7.78
^{4}He	28.30	7.07	^{40}Ca	342.05	8.55
^{6}Li	31.99	5.33	^{56}Fe	492.3	8.79
^{7}Li	39.24	5.61	^{107}Ag	915.2	8.55
^{12}C	92.16	7.68	^{129}Xe	1087.6	8.43
^{14}N	104.66	7.48	^{131}Xe	1103.5	8.42
^{15}N	115.49	7.70	^{132}Xe	1112.4	8.43
^{15}O	111.95	7.46	^{208}Pb	1636.4	7.87
^{16}O	127.61	7.98	^{235}U	1783.8	7.59
^{17}O	131.76	7.75	^{238}U	1801.6	7.57

从图 17-1 中可以看出，原子核的比结合能有以下特点：

对于核子数 $A<30$ 的核，曲线的趋势总体是上升的，但在${}_2^4He$、${}_4^8Be$、${}_6^{12}C$、${}_8^{16}O$、${}_{10}^{20}Ne$、${}_{12}^{24}Mg$ 等偶偶核处有极大值，曲线在这些有明显的起伏，这些核的质量都是 4 的倍数。对于核子数

介于30到120之间的中等质量核，比结合能比较大且近似为一常数，这些核最稳定。对于核子数大于120的原子核，比结合能随着核子数的增加而减小，尤其是核子数大于200的核，结合比较松散。

总体而言，比结合能曲线中间高，两头低。最轻核和最重核比结合能较小，对于大多数中等质量的核，比结合能近似地相等，都在8MeV左右。一方面，我们可以看到：对中等质量核，核子的平均结合能并不随核子数的增多而增大，而是几乎保持不变，这说明核力具有饱和性，是短程力，核子只与临近的少数几个核子发生作用。另一方面，中等质量核的比结合能比轻核、重核都大，说明中等质量核结合得比较紧。而当结合得比较松的核变到结合得紧的核，就会释放出能量。物理学家根据比结合能曲线预言了原子能的利用。目前，获得原子能的途径有两种，一是重核的裂变，当重核裂变成为中等质量的核；二是轻核的聚变，当轻核聚变为质量较大的中等质量核时，都将释放出巨大的核能。人们根据重核裂变的原理制造了原子反应堆和原子弹，利用轻核聚变的原理制造了氢弹。

17.1.6 核模型

核模型是对核子在原子核内的运动提出的解释和设想。由于核力及核多体问题的复杂性，对原子核的结构还不能做到完全的、精确的理论描述，因而只能根据相当数量的实验事实，利用模型来近似，归纳出几条解释某些核现象的局部规律。目前比较流行的核模型有液滴模型、壳模型和集体模型。

1. 液滴模型

液滴模型是丹麦物理学家N. 玻尔1936年首先提出，并在1939年被玻尔和美国物理学家J. A. 惠勒用于解释核裂变现象。它是早期的一种原子核模型，它将原子核比作一种带电的不可压缩的液滴，核子比作液滴中的分子。

液滴模型很好地解释了原子核的比结合能基本上是一个常数，核子间的相互作用具有饱和性这一事实。这个模型再现了原子核的不可压缩性，即核物质的密度几乎是一个常数的事实。它的主要根据有两个：一是从比结合能曲线看出，原子核平均每个原子的结合能几乎是常量，即原子核的总结合能与质量数A成正比，这说明核力具有饱和性，而液体中分子之间的作用力也是短程力，每个分子只与相邻的少数分子有相互作用，这与核力具有饱和性类似；二是核力在核子间距很小时变为巨大的斥力，核子间距较大时变为引力，斥力和引力的平衡使核子之间保持一定的平衡间距而使原子核的体积近似地正比于核子数，核物质密度几乎是常量，说明原子核是不可以压缩的，这与液体的不可压缩性类似。它是目前计算原子核的结合能以及核裂变的最好的理论基础。

原子核的液滴模型公式成功地计算了原子核基态的结合能和质量，能够预言α和β的放射性、解释核裂变机制等，但核的能级结构、角动量等该模型不能解释，这说明液滴模型有它的局限性。

2. 壳模型

当原子中的电子数等于2、10、18、36、54……时，元素最稳定，这些数值所对应的元素都是惰性气体元素，这就是原子的壳层结构，它是解释元素周期性的基础。

在核物理研究中，大量的实验表明，原子核的性质随着中子数和质子数的增加呈周期性变化。当组成原子核的中子数或质子数为2、8、20；28、50、82和中子数为126时，原子核的性质有明显的突变，原子核显得特别稳定，这些数目就叫作幻数。幻数的存在使人们想到原子的壳层结构。在原子核中，核内的核子是否也是按壳层排列，每当核子填满一个壳层时，对应的幻数出现，原子核特别稳定。核子对壳层的逐一填充，导致核的某些性质呈周期性变化，这就是原子核的壳模型。1948 年 M. G. 迈尔和 J. H. D. 延森总结了已有的实验，提出了原子核的壳层结构理论，也称核壳层模型。它是核结构理论的一个重大进展。

核壳层模型的基本思想是：原子核内的核子在其余的核子产生的平均势场作用下独立地运动着，核子所受到的作用势只与它自己的坐标有关。求解这一平均势场下的薛定谔方程，可以得到这一核子的能级及相应的波函数。核子的能级往往是简并的，有些能级虽然不是简并的，但它们有相近的能量。这些具有相等或相近能量的状态构成一个壳层。一个壳层与下一个壳层有较大的能量差别。核子按泡利不相容原理逐一填充这些状态，填满一个壳层后，就开始填充能量较高的另一个壳层，这时原子核的能量显得突然增加。所以，恰巧填满一个壳层的那些核显得特别稳定。

壳层模型相当成功地描述了幻数，不仅能够说明原子核的稳定的周期性变化情况，而且能够很好地预言和解释大多数原子核的基态的自旋和宇称。但对于远离幻数的核，实验测得的电四极矩、磁矩与理论计算值产生严重的分歧，壳模型预言的 γ 跃迁概率比实验值小 100 倍以上。这反映了壳模型的局限性，正是这些局限性，使人们从有关的实验事实出发，提出了核的集体模型。

3. 集体模型

原子核的壳模型和液滴模型虽然各有成功之处，但都不完全符合核的真实情况。一个带电体系的电四极矩是该体系电荷分布偏离球形的量度。原子核具有大的电四极矩，表明它的形状与球形偏离较大，对于球形核，壳模型对电四极矩的预言与实验数值接近，但对于远离幻数的核，实验测得的电四极矩比理论值大几十倍，这表明原子核的形状偏离了球形而产生形变，这种形变是原子核内大量核子参与的振动运动和转动运动等集体运动所致，原子核的运动形式，并不是单纯的独立粒子运动。1950 年，雷瓦特（J. Rainwater）在认真分析上述情况后，首先提出核子的独立运动与集体运动相结合，才是原子核内部的整体运动。1953 年玻尔（A. Bohr）进一步对壳模型和液滴模型加以综合，提出了原子核的集体模型，该模型又叫作综合模型。

集体模型认为，原子核中的核子在平均场中独立地运动并形成壳层结构，而原子核又可以发生形变，并产生转动和振动等集体运动。这两种集体运动的引入是集体模型对壳层模型的重要发展。在原子核处于满壳时，原子核趋于球形。当满壳以外存在核子时，满壳外的核子对于核心部分会产生极化作用，使之产生形变。满壳层内的核子的运动又有保持球对称的趋势，对于极化作用有一种恢复力。在一定的条件下，这两种作用达到平衡。

集体模型很好地解释了远离幻数的原子核磁矩以及壳层模型无法给出的大的电四极矩。它很好地给出了变形核中转动和振动等低激发态的位置，以及这些态具有的大的跃迁概率。这一理论在裂变现象的研究方面是有用的。

4. 相互作用玻色子模型

相互作用玻色子模型是 20 世纪 70 年代起逐步发展起来的一个模型，它是为了解释满壳与大变形核中间大量的过渡区原子核的性质而提出的。

由于核子之间的关联，核内的核子倾向两两耦合在一起，形成总角动量量子数为 0 或 2

的核子对。该模型把耦合成总角动量量子数为 0 的核子对叫作 s 玻色子，把总角动量量子数为 2 的核子对叫作 d 玻色子（自旋量子数为整数的粒子叫作玻色子，自旋量子数为半整数的粒子叫作费米子），该模型的原子核是由这些相互作用的玻色子组成。

这个模型在统一的框架下，既可以给出振动核的特征，又可以给出转动核的极限，还能解释大量的过渡区原子核的能级特征及其跃迁。

到目前为止，对核结构的研究仍然存在许多尚未解决的问题，因此，核结构的研究仍然是今后研究的重要课题。

17.2　原子核的放射性衰变

原子核的放射性：由不同数目的质子和中子组成的原子核的稳定性不同，当中子数与质子数相等时，原子核比较稳定，偏离这种情况，原子核的稳定性就差一些，此外，人工合成的一些同位素，稳定性一般也比较差。在现在已知的 2700 多种核素中，绝大多数都是不稳定的，不稳定的核会自发地衰变成其他原子核并放出各种射线。不稳定核通过释放某些粒子而趋于稳定，这一过程称为原子核的放射性衰变。

人类认识原子核的复杂结构和它的变化规律，就是从 1896 年法国物理学家贝克勒尔（H. Becquerel）发现天然放射现象开始的。他发现铀盐和钾盐的混合物能发出某种看不见的射线穿过黑纸、玻璃和金属箔等使照相底片感光，同年 5 月他又发现纯铀金属板也能产生这种辐射，从而确认了天然放射性。1898 年，居里夫妇（Mrs. Curie）和斯密特（G. C. Schmidt）各自独立观察到钍的化合物也能放射出类似的射线。后来，在放射性物质的深入研究中，居里夫妇作出了杰出贡献，因此他们与贝克勒尔共同获得了 1903 年的诺贝尔物理学奖。

17.2.1　放射性现象

如果让放射性元素衰变时放出的射线通过很强的磁场，可以从射线在磁场中的偏转情况将原子核的放射性衰变分为 α、β 和 γ 射线。偏转较小的是 α 衰变，它在磁场中的偏转方向与带正电荷的运动粒子的偏转方向相同；偏转较大的是 β 衰变，它在磁场中的偏转方向与带负电荷的运动粒子的偏转方向相同；不发生偏转的是 γ 衰变，γ 射线是一种波长很短的电磁波。实验发现 α 射线是 α 粒子，β 射线是电子流，γ 射线是光子流。在这三种射线中，α 射线的电离作用大，贯穿本领小；γ 射线的电离作用小，贯穿本领大；β 射线的电离作用和贯穿本领均介于 α 射线和 γ 射线之间。下面分别介绍 α 衰变、β 衰变和 γ 衰变。

1. α 衰变

α 粒子就是氦核：${}_2^4He$，它由两个质子、两个中子组成。α 衰变是原子核自发地放射出 α 粒子而变成另一个原子核的过程。在 α 衰变后，子核的原子序数比母核的原子序数减少 2，质量数比衰变前减少 4。我们可以用下列式子来表示 α 衰变：

$${}_Z^AX \rightarrow {}_{Z-2}^{A-4}Y + {}_2^4He \tag{17-13}$$

式中，X 表示母核；Y 表示子核。

在元素周期表中，并不是所有的元素都能够发生 α 衰变。对于天然放射性核素，只有质量数大于 140 的原子核才能发生 α 衰变。伴随着 α 衰变有能量释放，释放的能量以 α 粒子的动能形式带走。α 衰变产生的 α 粒子来自原子核，α 粒子在核内受到很强的核力吸引（负势能），但在核外将受核的库仑场的排斥，这样对 α 粒子而言核表面就形成一个势垒，放射性原子核的 α 衰变过程就是 α 粒子穿过势垒从原子核放射出去的一个隧道效应过程。用磁谱仪测量 α 粒子的能量时，可以发现其能量是不连续的，这足以证明原子核的能级是量子化的。因此，通过测量 α 粒子的能量可以获得原子核能级的一些重要信息，有助于研究原子核的结构、性质等问题。

2. β 衰变

β 衰变是原子核自发地放射出 β 粒子或俘获一个轨道电子而发生的转变。它主要包括 β^- 衰变、β^+ 衰变和轨道电子俘获（EC）。

由于原子核是个量子体系，它的内部能级的能量必然是分离的，在 α 衰变过程中，发射出 α 粒子的能量和 γ 射线的能量是分离的，这就证实了原子核具有分立的能量状态。既然 β 粒子也是从原子核中衰变出来的，那么 β 粒子的能量似乎也应该是分立的。然而，事实并非如此。

分析 β 衰变过程，当一个原子核发出一个 β 粒子（电子）后，原于核的原子序数增加 1，而质量数不变。β 衰变过程中产生的质量亏损是确定的，所放出的能量就是一定的。如果这个放出的能量只在电子和子核之间分配，由于子核的质量远远大于电子的质量，根据动量守恒定律，子核的速度几乎为零，即子核的动能几乎为零，因此上述衰变能量就应该全归电子所有并为确定值。然而实验测定表明，同一种核在 β 衰变过程中放出电子的能量并不等于衰变前后原子核的能量差，而是从零到一个最大值，能量是连续的而不是分立的。图 17-2 所示是实验测得的 β 能谱，E_m 是 β 粒子的最大能量。β 能谱显示只有最大值的能量才恰好与衰变前后原子核的能量差相当。

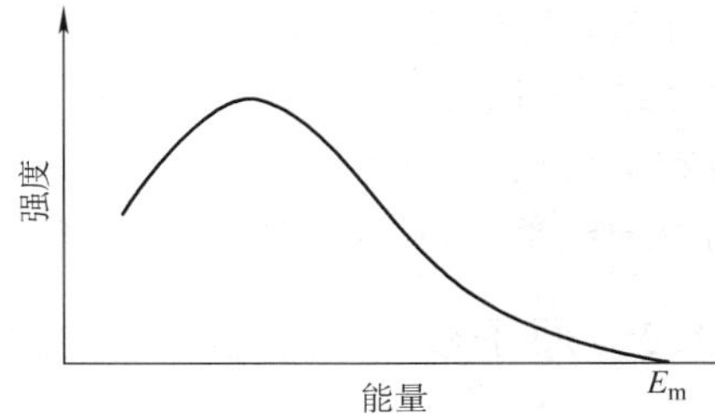

图 17-2　β 能谱

一方面，β 粒子的能谱是连续的而不是分立的，从 β 粒子的连续谱得不到原子核内部能级结构，且与能量守恒相矛盾。当年很多科学家为了解释 β 粒子的能谱是连续的，提出了很多设想，但并没有获得实验上的证明。另外，因为 n、p、e 的自旋都是 1/2，β 衰变过程中的自旋角动量将不守恒。1930 年泡利为解决这些问题，提出中微子的假说，认为 β 衰变时除放出电子外，还同时放出一个质量小得几乎为零的中性粒子，它的自旋为 1/2，费米将其称为“中微子”，用符号 ν 来表示。β 衰变时释放的能量中，除被电子带走的以外，剩下的能量被中微子带走。1934 年费米在中微子假说和实验的基础上建立了 β 衰变的中微子理论，直到 1957 年中微子才被实验所证实。

实验发现：β 衰变为两种，一种实质上是核中的中子衰变成质子，并放出电子和反中微子 ν^-，这称为 β^- 衰变

$$ {}_Z^AX \rightarrow {}_{Z+1}^{A}Y + e^- + \nu^- \qquad (17\text{-}14)$$

另一种实质上是核中的质子衰变成中子，并放出正电子和中微子，这称为 β^+ 衰变

$$ {}_Z^AX \rightarrow {}_{Z-1}^{A}Y + e^+ + \nu \qquad (17\text{-}15)$$

从以上可以看到，β 衰变的本质是原子核中的一个中子转变成质子，或者是一个质子转变成中子。前者在自然界中存在，后者在人工放射性中发现。

与 β 衰变相反的过程是轨道电子俘获，即原子核俘获了与它最接近的内层电子，使核内一个质子转变成中子，同时放出一个中微子

$$ {}_{Z}^{A}X + e^{-} \rightarrow {}_{Z-1}^{A}Y + \nu \tag{17-16}$$

实验中，还发现 β 衰变的逆过程，即质子吸收反中微子转变成中子，同时放出一个正电子；类似地，还有中子吸收中微子转变为质子，同时放出一个电子。

由此我们看到，$\beta^{\pm}$ 衰变和电子俘获都是核内质子和中子之间相互变换的过程。β 衰变是一种弱相互作用过程，它的强度只有电磁相互作用的 10^{-12} 倍。在 β 衰变中都伴随有中微子的产生。

3. γ 衰变

原子核放出光子的过程称为 γ 衰变。当原子核发生 α、β 衰变时，子核往往处于激发态。处于激发态的原子核是不稳定的，它要向低激发态或基态跃迁，同时发射 γ 光子，这种现象称为 γ 跃迁，或称为 γ 衰变。光子的自旋等于 1。由于核的能级间隔为 100keV 到 1MeV，因此 γ 射线的光子能量非常大，其波长比 X 射线更短。γ 射线在物理、生物、医学等学科已经得到广泛的应用，例如 ^{60}Co 产生的 γ 射线照射肿瘤，以达到治疗肿瘤的目的。

在 ^{60}Co 发生 β^{-} 衰变时伴随有两个 γ 射线的产生，它们的能量分别是 1.17MeV 和 1.33MeV。γ 跃迁与 α、β 衰变不同，它只能改变原子核的能量状态，不会改变原子核的质量数和电荷数。实验中 γ 射线的能量是可以精确测量的，通过研究 γ 射线的性质，就可以求出原子核激发态的能量，从而获知激发态能级特性。

17.2.2　原子核的放射性衰变规律

放射性有天然放射性和人工放射性之分，天然放射性元素的原子序数 Z 都大于 81，它们形成三个放射系：钍系、铀系和锕系。钍系的质量数都是 4 的整数倍，所以也叫作 $4n$ 系；铀系的质量数都是 4 的整数倍加 2，所以铀系也叫作 $4n+2$ 系；同理，锕系是 $4n+3$ 系。在地壳中只存在 $4n$、$4n+2$、$4n+3$ 三个放射系，没有 $4n+1$ 放射系。因为该系中的 ^{237}Np 的寿命最长，所以 $4n+1$ 系又称镎系，可以用人工合成的方法合成。自然界中之所以没发现有 $4n+1$ 系，是因为该系中各核的半衰期较短，即使其中寿命最长的 ^{237}Np 的半衰期也只有 2.2×10^{6} 年，其值比地球的年龄小很多，地壳中原有的 ^{237}Np 早已衰变成核素 ^{209}Bi。

在原子核的放射性衰变中，一个初始不稳定的核称为母核，它放出粒子并生成一个新的子核，子核可以是完全新的核，如 α 衰变和 β 衰变；也可以是同样的核但处于较低的能态，如 γ 衰变。实验表明，核衰变服从量子力学的统计规律。对于同一核素的许多原子核来说，也不是同时发生，而是有先有后，也就是说每一核在什么时候衰变是不能预知的，但对大量原子核来说，它的衰变规律则是十分确定的。

放射性物质进行衰变并不是所有原子一下子都转变成新元素的，在任何放射性的样品中，放射性原子核的数目随着一些核的衰变而逐渐减少，核数减少的速率与核的种类有关。以 ${}_{86}^{222}$Rn 的 α 衰变为例，把一定量的氡单独存放，由于放射性原子核的衰变，单独存放的放射性核素的数量将不断减少，经过四天后氡的数量减少一半，约八天后减少到原来的四分之一，到三十天后氡就差不多不存在了，图 17-3 画出了氡的数量随时间的变化关系。

设 t 到 $t+\mathrm{d}t$ 时间间隔内的核衰变数为 $-\mathrm{d}N$，t 时刻有 N 个原子核，实验分析发现，放射性物质中各个放射性核的衰变是互不相干的，因此可以认为单位时间内因衰变而减少的核

数 $-\mathrm{d}N/\mathrm{d}t$ 与衰变前的母核数 N 成正比，因此，在 $\mathrm{d}t$ 时间内减少的原子核数可以表示为

$$-\mathrm{d}N = \lambda N \mathrm{d}t \tag{17-17}$$

式中，左端负号表示原子核数的减少。对上式积分，并设 $t=0$ 时，原子核的数目为 N_0，则得

$$N = N_0 \mathrm{e}^{-\lambda t} \tag{17-18}$$

式中，N_0 是 $t=0$ 时氡的原子核数目；N 是 t 时刻氡的原子核数目；λ 为衰变常数。可见原子核的衰变服从指数衰减规律，图 17-3 所示的氡原子核的衰变即是如此。

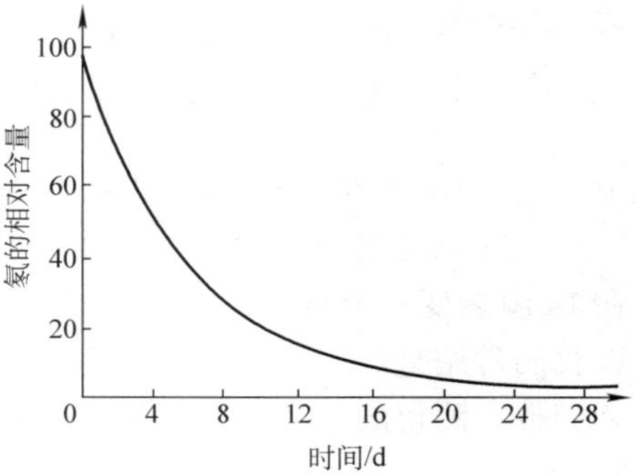

图 17-3　氡的衰变

把式（17-17）改写成下式：

$$\lambda = \frac{-\mathrm{d}N/N}{\mathrm{d}t} \tag{17-19}$$

分子 $-\mathrm{d}N/N$ 表示每个原子核的衰变概率，所以衰变常数 λ 的物理意义是：一个原子核在单位时间内发生衰变的概率。由于 λ 是常量，说明各个原子核的衰变是独立无关的，任何一个放射性核素在什么时候衰变，完全是偶然的事件，但是偶然中具有必然，就大量原子核作为整体来说满足指数衰减律，式（17-18）也称放射性的统计规律。

原子核衰变的快慢，除用衰变常数 λ 表示外，通常还可以用半衰期 $T_{1/2}$ 和平均寿命 τ 来表征。半衰期是指放射性同位素的母核数目由于衰变减少到原有的一半所经历的时间。即 $t=T_{1/2}$ 时，$N=N_0/2$，于是由式（17-18）可得

$$\frac{N_0}{2} = N_0 \mathrm{e}^{-\lambda T_{1/2}}$$

所以

$$T_{1/2} = \frac{\ln 2}{\lambda} = \frac{0.693}{\lambda} \tag{17-20}$$

由式（17-20）可知，λ 越大，$T_{1/2}$ 越小。

反映指定样本衰变快慢的另一个量是平均寿命。在原子核衰变过程中，某个原子核的衰变是随机的，有的早衰变，有的晚衰变，因此各个母核的生存时间或寿命不一样，我们用全部母核的平均寿命来表征。平均寿命 τ 是指放射性原子核平均生存的时间。对于大量同种放射性原子核而言，各个核的寿命不一样，但对某一核素而言，平均寿命只有一个。

设在 $t \to t+\mathrm{d}t$ 时间间隔内有 $-\mathrm{d}N$ 个核发生衰变，若这些核的寿命为 t，它们的总寿命为

$$(-\mathrm{d}N)t = \lambda t N \mathrm{d}t$$

由于原子核在 $t=0$ 到 $t=\infty$ 都有可能衰变，因此，所有核素的总寿命为

$$\int_0^{\infty} \lambda N t \mathrm{d}t$$

设 $t=0$ 时，原子核数是 N_0，则任一核素的平均寿命

$$\tau = \frac{\int_0^{\infty} \lambda N t \mathrm{d}t}{N_0} = \frac{1}{\lambda} = \frac{T_{1/2}}{\ln 2} = 1.44 T_{1/2} \tag{17-21}$$

由此可见平均寿命和衰变常数互为倒数，且平均寿命、半衰期、衰变常数这三个量不是

各自独立的。

在研究放射性时还常用到放射性强度这个概念。放射性物质在单位时间内发生衰变的原子数 $-\mathrm{d}N/\mathrm{d}t$，称为该物质的放射性强度，又称为放射性活度，用 A 来表示，即

$$A = -\frac{\mathrm{d}N}{\mathrm{d}t} = \lambda N = \lambda N_0 \mathrm{e}^{-\lambda t} = A_0 \mathrm{e}^{-\lambda t} \tag{17-22}$$

式中，$A_0 = \lambda N_0$，是 $t=0$ 时的放射性活度。可见放射性活度也服从指数衰减规律。

在国际单位制中，放射性活度的单位是贝可［勒尔］，符号是 Bq，$1\mathrm{Bq} = 1\mathrm{s}^{-1}$，1Bq 就是在 1s 内衰变一个核。过去活度的一个常用单位是居里，符号是 Ci，由于居里的单位太大，所以我们常用毫居里和微居里作为放射性活度的单位。早期的定义是 1 居里等于 1 克镭的每秒衰变数。测得的衰变数为每秒 3.7×10^{10} 次。故有

$$1\ \text{居里}\ (\mathrm{Ci}) = 3.7\times10^{10}\,\mathrm{Bq}$$

$$1\ \text{毫居里}\ (\mathrm{mCi}) = 3.7\times10^{7}\,\mathrm{Bq}$$

$$1\ \text{微居里}\ (\mu\mathrm{Ci}) = 3.7\times10^{4}\,\mathrm{Bq}$$

我们日常生活中使用的玻璃、玻璃杯、眼镜等含有 $^{40}\mathrm{K}$，但它的半衰期为 $13\times10^{9}\mathrm{s}$，相应的 λ 十分微小，它的放射性强度 A 就很弱，因而不会影响我们的健康。

由于每种放射性元素都有一个特征的半衰期，在考古学和地质学中常利用衰变规律来确定年代。如果半衰期长，样品会保持大部分放射性；相反半衰期短，样品就会很快失去放射性。下面介绍一个用放射性核 $^{14}\mathrm{C}$ 测定古代生物死亡时间的方法。在活的和死的生物体内含有少量的 $^{14}\mathrm{C}$，它是由来自宇宙射线中的中子轰击大气中的氮核而产生的，即

$$\mathrm{n} + {}^{14}\mathrm{N} \rightarrow {}^{14}\mathrm{C} + \mathrm{p} \tag{17-23}$$

$^{14}\mathrm{C}$ 的半衰期为 5730 年，它的浓度就是 $^{14}\mathrm{C}$ 与 $^{12}\mathrm{C}$ 含量之比，为 $1:10^{12}$。在生物代谢过程中，碳元素进入活体，不断地新陈代谢，因此活体中 $^{14}\mathrm{C}$ 的浓度与大气中 $^{14}\mathrm{C}$ 的浓度保持平衡，两者应相同。但是如果活体死亡，与外界新陈代谢即停止，$^{14}\mathrm{C}$ 就得不到补充，但体内的 $^{14}\mathrm{C}$ 在不断衰变，使 $^{14}\mathrm{C}$ 浓度减少，因此通过测量古生物遗骸中 $^{14}\mathrm{C}$ 的含量，就可以求出它的死亡年代。

【例 17-3】 考古学家在一具某种生物的古尸中，测量到 1g 该样品中 $^{14}\mathrm{C}$ 的活度为 8 个衰变/min，而用同样方法测得 1g 活的同种生物体的 $^{14}\mathrm{C}$ 活度为 12.5 个衰变/min，求它的死亡年代。（已知 $^{14}\mathrm{C}$ 的半衰期为 5730 年）

【解】 现在活的同种生物体的 $^{14}\mathrm{C}$ 活度与生物古尸死亡时的活度是相同的，因此 $A_0 = 12.5$ 个衰变/min，$A=8$ 个衰变/min，根据式（17-22）和式（17-21）可得

$$A = A_0 \mathrm{e}^{-\lambda t}$$

$$t = \frac{1}{\lambda}\ln\frac{A_0}{A} = \frac{T_{1/2}}{\ln 2}\ln\frac{A_0}{A}$$

把 $T_{1/2} = 5730$ 年，$A=8$ 个衰变/min，$A_0 = 12.5$ 个衰变/min 代入可得

$$t = 3690\ \text{年}$$

该生物是在 3690 年前死亡的。

17.3 核反应、核裂变与核聚变

为了有目的地研究原子核的转变，可以利用快速的入射粒子（如质子、中子、电子、α

粒子或 γ 光子等）与原子核（目标核）作用，使核的结构发生变化，形成新核（残留核），并放出一个或几个粒子的过程就是核反应。

核反应可以表示成下面的公式形式：

$$\text{入射粒子} + \text{目标核} \rightarrow \text{残留核} + \text{放出粒子} \tag{17-24}$$

在任何核反应的公式中，总电荷（即总 Z）和总核子数（即总 A）左边的和必须等于右边的和。另外，反应中的总质量和相应的总能量、动量、角动量等均服从守恒定律。各式各样的核反应是产生不稳定原子核的最根本的途径。下面介绍在历史上起过重大作用的事例来说明核反应。

17.3.1 核反应概述

1. 几个著名的核反应

1）历史上首次人工核反应是卢瑟福在 1919 年实现的，他用 α 粒子轰击氮，此核反应的反应过程为

$$^{14}_{7}N + ^{4}_{2}He \rightarrow ^{17}_{8}O + ^{1}_{1}H \tag{17-25}$$

即 α 粒子与 $^{14}_{7}N$ 反应，产生了 $^{17}_{8}O$ 和质子。这个反应可以简写为 $^{14}_{7}N(\alpha,p)^{17}_{8}O$。

2）1932 年英国考克拉夫（J. D. Cockcroft）和瓦耳顿（E. T. S. Walton）首先利用加速器所加速的质子轰击锂核，第一次实现了使用人工加速粒子引发的核反应

$$p + ^{7}_{3}Li \rightarrow ^{4}_{2}He + ^{4}_{2}He \tag{17-26}$$

或简写为 $^{7}_{3}Li(p,\alpha)^{4}_{2}He$。

3）1934 年，法国约里奥·居里夫人用下列反应产生了第一个人工放射性核素

$$^{4}_{2}He + ^{27}_{13}Al \rightarrow n + ^{30}_{15}P \tag{17-27}$$

4）1932 年查德·威克（J. Chadwick）发现中子的核反应为

$$^{4}_{2}He + ^{9}_{4}Be \rightarrow ^{12}_{6}C + n \tag{17-28}$$

现在通过加速器和核反应堆，实现了上万种核反应，由此获得了 1600 多种放射性同位素和各种粒子。

2. 反应能

在核反应中常常有能量的放出和吸收，放出能量意味着反应后粒子的动能大于反应前的动能，其增加的动能由反应物的部分静止能量转化而来。核反应过程释放出的能量称为反应能，通常用符号 Q 表示，它定义为反应后粒子的动能与反应前粒子动能之差。$Q>0$ 的反应叫作放能反应，$Q<0$ 的反应叫作吸能反应。这样的核反应只有在入射的动能超过某个阈值时才能发生，我们称之为阈能。

当用 m_a、m_A 分别表示入射粒子、靶核的静止质量时，可以证明，阈能的表达式应为

$$E_{th} = \frac{m_a + m_A}{m_A}|Q| \tag{17-29}$$

【例 17-4】 计算下述反应的阈能

$$^{14}N(\alpha,p)^{17}O$$

【解】
$$E_{th}=\frac{m_a+m_A}{m_A}|Q|=\left(\frac{4+14}{4}\times1.193\right)\text{MeV}$$
$$=1.53\text{MeV}$$

17.3.2 核裂变

所谓裂变是指一个重核分裂为两个质量相差不多的中等核的现象。裂变又分为自发裂变和诱发裂变。自发裂变是原子核未受其他粒子的打击自发产生裂变，这个过程产生较易，但是不容易用人工的方法加以控制。诱发裂变是在外来粒子轰击下，重原子核发生的裂变。由于中等质量核的比结合能比重核较大，所以在每次裂变过程中存在大约 200MeV 的能量转换。原子中电子过程（辐射吸收）一般只涉及几个电子伏特的能量，由此可知，在核裂变过程中，每个原子核所发生的能量变化比原子在化学反应中所产生的能量大 10^8 倍，因此，裂变所释放的大量能量为人类提供了一个重要的新能源，这就是核能，核能的和平利用可以使原子核物理的科研成果转化为生产力。

中子不带电，不受原子核静电力的排斥，可用作轰击原子核的炮弹原子核在俘获一个中子后，一般都会发生 β 衰变放出一个电子，形成原子序数增加 1 的原子核。1934 年费米（E. Fermi）用中子逐个轰击元素周期表上各元素的原子，轰击到铀时产生了异常现象，实验上并不能肯定原子序数为 $92+1=93$ 的超铀元素的生成。1938 年哈恩（O. hahn）和史特斯曼（F. strassman）等人发现，当用能量小于 1keV 的慢中子轰击铀核时，在产物中有钡（$Z=56$）和铷（$Z=37$）产生，并放出 2 至 3 个能量大于 0.5MeV 的快速中子，称为再生中子，同时还放出大量的能量。经迈特纳和弗里施研究后认为，俘获中子后的铀核分裂成了大小差不多的两片，并仿照细胞分裂，称之为裂变（fission）。这是首次发现和命名的裂变现象，但事实上 1934 年费米实验得到的就是铀核裂变后的产物。

1947 年，我国物理学家钱三强、何泽慧等首先发现了裂变的三分裂变现象。三分裂变常是两个大些的碎片和一个 α 粒子。但是三分裂变的概率很小，它与二分裂变出现的概率之比大约是 3:10000。

裂变产生的两碎块可以有许多组合方式，裂成两个碎片的质量往往不相等，碎块质量数一般分布在 $72<A<164$ 之间，最可几值在 $A=96$ 和 140 附近。

${}^{235}_{92}U$ 是自然界中仅有的能够由慢中子引起裂变的核，另外两个可由慢中子引起裂变的原子核是后来发现的人工制备的${}^{233}_{92}U$ 和${}^{239}_{94}Pu$。${}^{235}_{92}U$ 在天然铀中只占 0.7%，在目前的使用率下，所有能利用的铀资源（包括含量较多的不可裂变的${}^{238}_{92}U$，${}^{238}_{92}U$ 在俘获一个快中子后转化为钚${}^{239}_{94}Pu$，而后者可由热中子引起裂变）只能用200 年，另外裂变产生的废料具有放射性，对其处理也一直是个难题。

一个${}^{235}_{92}U$ 原子核裂变时放出的能量约为 200MeV，是一个 C 原子氧化时放出的能量（4.1eV）的 5×10^7 倍。在裂变过程中，不仅释放出大量的能量而且每次裂变都伴随着中子的发射，发射的中子数也各不相同，平均来说，${}^{235}U$ 裂变产生的中子为 2.5 个，这些中子可以诱导另一次裂变过程，导致更多的中子辐射出来，接着又可以诱导新的裂变过程，形成链式反应。

在许多裂变反应中，用能量约等于 0.04eV 的热中子作为入射中子更能有效地引发裂变反应。需要将裂变产生的能量约为 2MeV 的快速中子慢化，以供后续的裂变之用。采用石墨等中子减速剂，中子与减速剂的核碰撞，可以使中子能量很快减少成为热中子。

由于裂变物质体积有限而中子具有极强的穿透能力，很多中子来不及为铀核俘获产生裂变就逃逸出了反应区，这样就因无法裂变而难以形成链式反应。为了使中子在逃逸出反应区之前能被铀核俘获，应增大铀核体积。当铀核的体积大于某一临界值时，因中子有效参加核裂变反应并同时快速增殖而产生快速链式反应，大量的能量在瞬间释放形成爆炸，根据此原理研制的第一颗原子弹于 1945 年 7 月 16 日在美国试爆成功，20 天后相当于 2 万 t TNT 炸药的第一颗原子弹投在日本广岛，摧毁了这座城市。

和平利用核能才是全世界人民的愿望，研究发现：如果通过中子减速剂来控制在每次裂变中平均只有一个中子引起新的裂变，就能维持可控的稳定链式反应，核反应堆中发生的就是这种核裂变过程。通过可控的链式反应可以产生可利用的核能。

中子俘获仅仅是可导致核裂变的几种方式之一，而且其他粒子（质子、氘核、α 粒子、γ 射线）都能诱发裂变。

核电已成为当今世界上大规模可持续供应的主要能源之一，它和火电、水电一起，成为当今世界上三大电力支柱。据国际原子能机构公布的数据：截至 2012 年 12 月，正在运行的核电机组共 415 个，核电发电量约占全球发电总量的 16%。而拥有核电机组最多的国家依次为：美国 104 个、法国 58 个、日本 50 个、俄罗斯 33 个、韩国 23 个、印度 20 个、加拿大 19 个、中国 16 个、英国 16 个、乌克兰 15 个、德国 9 个。到了 2014 年 3 月 27 日，全世界在运核电机组共 435 台，装机总量 3.73 亿千瓦；在建机组 72 台，装机总量 6837 万千瓦。我国首座自主设计建造的秦山核电站是在 1991 年 12 月 15 日实现首次并网发电，近年来核电比例维持在 1.9% ~2.3% 的水平，在一般的发达国家，核电的发电量一般占比为 20% 左右，法国则高达 80% 的比例。2012 年 10 月，国务院通过了《核电中长期发展规划（2011—2020）》，其中指出，到 2020 年，我国核电装机容量预计将达到 5800 万千瓦，在建 3000 万千瓦。

【例 17-5】 当一个 $^{235}_{92}U$ 原子核在反应堆中裂变时，会释放出约 200MeV 的能量，但在某 $^{235}_{92}U$ 反应堆中只有 30% 的能量能被有效利用。若反应堆的输出功率为 300MW，求：

（1）每天消耗的铀原子数；

（2）每天消耗的铀质量。

【解】（1）一个 $^{235}_{92}U$ 原子核裂变时产生的能量为 200MeV，由于只有 30% 的有效利用率，所以每个铀原子裂变时产生的有用能为

$$(200\times10^{6}\times1.6\times10^{-19}\times0.3)\,\mathrm{J}=9.6\times10^{-12}\,\mathrm{J}$$

为产生 300MW 的输出功率，每秒钟需要发生的裂变数或裂变速率为

$$\frac{300\times10^{6}\,\mathrm{J/s}}{9.6\times10^{-12}\,\mathrm{J}}=3.125\times10^{19}\,\mathrm{s}^{-1}$$

因此每天消耗的铀原子数就是每天需要发生的裂变数

$$86400\,\mathrm{s\cdot d^{-1}}\times3.125\times10^{19}\,\mathrm{s}^{-1}=2.7\times10^{24}\,\mathrm{d}^{-1}$$

式中，d 表示天，因此每天消耗 2.7×10^{24} 个铀原子。

（2）235g 的 $^{235}_{92}U$ 中有 6.02×10^{23} 个铀原子，因此每天消耗的 $^{235}_{92}U$ 为

$$\left(\frac{2.7\times10^{24}}{6.02\times10^{23}}\times0.235\right)\mathrm{kg}=1.054\,\mathrm{kg}$$

17.3.3 核聚变

以上介绍了重核裂变是获得原子能的一种途径，核聚变是获得原子能的另一条途径。轻原子核的比结合能有高有低，变化很大，特别是最前面几个核的结合能特别低。例如，氘的比结合能为1.112MeV，$_2^4He$的比结合能是7.075MeV，所以，当两个氘核结合成一个氦时，会有大量能量被释放出来，这种两个核子或相对较轻的核聚合成较重的核，同时放出能量的过程称为核聚变。

例如，一个质子和一个中子聚变成一个氘核

$$_1^1H + _0^1n \to _1^2H + 2.23MeV \tag{17-30}$$

另一个聚变反应是两个氘核聚合成一个氦核（“粒子”）

$$_1^2H + _1^2H \to _2^4He + 23.8MeV \tag{17-31}$$

虽然这些反应产生的能量比裂变反应产生的能量（约200MeV）要小得多，但因为参加反应的粒子质量较小，单位质量所提供的能量较大，与核裂变相比，核聚变能是更理想的能源，其燃料是氢核的同位素氘核^2H，^2H可以从海水中提取，每1kg海水中含有约0.14g的^2H，1g^2H聚变成氦核^4H时可以产生10^4kW·h的能量，可以说是取之不尽，用之不竭。而且^2H聚变的产物没有放射性，不污染环境。最有希望用在聚变反应堆的反应是

$$_1^2H + _1^2H \to _2^3He + n + 3.25MeV \tag{17-32}$$

$$_1^2H + _1^2H \to _1^3H + _1^1H + 4.03MeV \tag{17-33}$$

$$_1^3H + _1^2H \to _2^4He + n + 17.59MeV \tag{17-34}$$

$$_2^3He + _1^2H \to _2^4He + _1^1H + 18.3MeV \tag{17-35}$$

以上四式反应的总效果为

$$6_1^2H \to 2_2^4He + 2_1^1H + 2n + 43.15MeV$$

即6个氘核共放出43.15MeV的能量，相当于每核子平均放出3.6MeV的能量，它比一个^{235}U裂变反应中每个核子平均放出的能量高4倍（200/236MeV = 0.85MeV）。

由于核聚变能利用的燃料是氘，氘在海水中大量存在。1L海水所含的氘的聚变能相当于400L石油燃烧时所产生的能量，利用从海水中提取氘，它聚变所放出的总能量估计可能5×10^{31}J，按目前全世界消耗的能量计算，海水中氘的聚变能可供全世界用几百亿年。因此，能源是取之不尽的，目前的问题是如何做到可控制。

在氘核聚变反应中，由于粒子都带电荷，其库仑斥力阻碍它们聚集在一起发生反应，室温下的氘核是不可能聚合在一起的，必须用很高的温度使之具有足够的动能来克服它们之间的库仑势垒，然后依靠短程核结合力聚合在一起产生反应。根据估算，温度需要到达1亿℃以上，在这样高的温度下，一切物质的原子都电离为电子和正离子并存的等离子体状态。因此，要使大量的氘核发生聚变反应，需要将反应物的温度加热到极高温度，故聚变反应又称为热核反应。

要使聚变反应能够自持地不断进行下去，除了把等离子体加热到所需温度外，还必须满足两个条件才能实现聚变反应，并从中获得能量。一是高温等离子体有足够的密度，二是所要求的温度和密度必须维持足够长的时间。太阳上发生的热核聚变反应为地球上的生命提供了光和热。但在地面上要将1亿℃高温的聚变物质等离子体约束一段时间是实现聚变反应面临的主要技术难题，没有哪一种容器能够承受如此高的温度。目前可控的自持聚变反应尚处

于实验阶段，较为可行的技术方案有两种。一种是利用托卡马克装置，采用强磁场约束参加聚变的等离子体。我们知道带电粒子在磁场中作螺旋线运动，回旋半径与磁感应强度成反比，所以在很强的磁场中带电粒子将围绕着一根磁感应线在很小的范围内运动，这就是磁约束的基本原理，由于普遍采用的是环形磁场，因此托卡马克装置又称为环流器。从 20 世纪 70 年代后期，世界上有 4 个大型托卡马克装置开始建造并在 80 年代运行，分别是美国的 TFTR（tokamak fusion test reactor）、日本的 JT-60、欧洲的 JET（joint european torus）、前苏联的 T-15。我国四川所建的环流一号是一台中等规模的托卡马克装置，在其上进行的可控聚变研究进展很好。另一种技术方案是利用激光惯性约束，采用强激光照射直径约为几十微米到几百微米的氘氚核靶丸，从而产生激光点火来引起核聚变。到目前为止，可控热核聚变研究仍处于基础研究阶段，其科学上的现实性和工程上的示范装置还需要假以时日。初步预计，第一座具有商业价值的可控核聚变电站有望在 21 世纪 20 年代投入运行。

17.4　粒子物理简介

基本粒子的概念是随时间变化的。20 世纪以前，人们认为原子是组成物质的最基本单元。20 世纪初原子物理学的发展使人们认识到了原子由原子核和电子组成，进一步发展得知原子核又是由质子和中子所构成。质子、中子、光子和电子就是人们最早认识的一批基本粒子。对粒子性质的实验研究主要是观察粒子在相互碰撞时的行为，在当时，由于实验上没能测出这些粒子的大小，把基本粒子当成是组成物质世界不可分割的基本单元。由于不断有更深的物质层次被发现，因此，20 世纪 30 年代末 40 年代初，在宇宙线实验中发现了 μ 子和 π 介子，1947 年又发现了奇异粒子，特别是在 20 世纪 50 到 60 年代发现了一系列的奇异粒子和共振态粒子后，使人们进一步研究这些粒子的性质和相互作用，探索它们是否还有内部结构，从而建立了粒子物理这一分支。

今天的粒子物理，其研究对象是比原子核更深入的一个物质结构层次，研究范围小于 10^{-16}m 的空间尺度。粒子是一个庞大的家族，至今已发现并被确认的粒子有 450 多种，已被发现尚待确认的还有 300 多种，随着加速器能量的不断提高和实验技术的不断改进，新粒子还在不断地被发现，到目前为止，只有光子、电子、正电子、质子、反质子、中微子是稳定的，其他粒子都会衰变。粒子可在相互作用中产生，正、反粒子相遇时会湮灭。在这一层次的物理现象极其丰富多彩，这里只简单介绍粒子的相互作用、分类、强子结构和相互作用的统一理论。

17.4.1　粒子物理学中的重要发现

19 世纪末，物理学深入到物质结构的微观领域，电子的发现是一个重要标志。到 20 世纪 30 年代，中子的发现又是一个重要标志。至此连同已发现的质子、光子四种粒子被称为基本粒子。下面再介绍几个重要发现：

1. 正电子的发现

1932 年安德森在记录宇宙射线（宇宙中的高能粒子流）的云雾室中发现了正电子。它与电子有相同的质量，但却带正电荷。已知原子中的电子都带负电荷，因此正电子不是宏观物体的组元，它的性质表明它与电子同样基本，这使当时的人们很惊讶。早在 1930 年狄拉克曾在理论上预言存在正电子，狄拉克认为“真空”是充满负能粒子的一种状态，负电子充满整个负能区，因而没有观测效应。如果负能态的电子吸收了大于1022MeV能量的光子而跃入正能态（电子静能 $m_0c^2=0.511\text{MeV}$），电子原先占据的负能级就成为一个空穴，这个空穴就是正电子。正电子碰到负电子，即正能区的电子降落到负能区的空穴中，正负电子湮灭，同时产生两个光子。正电子湮灭技术，当今已成为一个有特色的研究领域。所有粒子都有反粒子，正电子只是其中第一例而已。正反粒子是指两者质量、自旋、平均寿命完全相同，而电荷等值异号，磁矩方向相反。从理论上说，还应该有这反粒子组成的反原子核、反原子、反物质、反星体等。1998年6月中、美等国科学家将α谱仪送上太空，其任务之一就是想在宇宙中寻找反物质。

2. 中微子的发现

前面我们讲过原子核在发生β衰变时，可从核中释放出电子，β粒子就是电子。到了1930年，泡利根据衰变前后应遵守角动量守恒和能量守恒而提出原子核在β衰变时，核在发射β粒子的同时应发射一个质量几乎为零的中性粒子，称为中微子。其实中微子的质量并不严格为零，只是相当小。2000年，人们发现了中微子的振荡现象，证明了中微子的质量的确不是零。中微子自旋在粒子前进方向的投影为 $-\frac{1}{2}h$，反中微子为 $+\frac{1}{2}h$。由于中微子的质量极小，也不带电，它对电磁场不起作用，所以它的穿透力极强，能量为1MeV的中微子可以穿透1000光年厚的固体物质，因此要观察它，是非常困难的，直到1956年，在核反应堆出现以后，它的存在才被实验证实。原子核中并不存在中微子，因此中微子也不是宏观物体的组元，它是在衰变过程中产生出来的。现在人们认识到，粒子间能相互转换是微观世界的普遍特性。

3. 介子的发现

1936年在宇宙射线的观测中发现了一种粒子，质量是电子的207倍，但又比质子小，物理上称它为“μ介子”（后改称μ子），μ子是不稳定的，平均寿命是 2.2×10^{-6}s，后来发现它衰变成正电子、中微子和反中微子，或者负电子、中微子和反中微子，说明μ子有正、反两种，分别带电为+e和−e，用符号“μ^+”和“μ^-”表示。1947年在宇宙射线中发现π介子，它的质量是电子质量的2731倍，带有+e或−e的电荷，分别用“π^+”和“π^-”表示，其平均寿命是 2.6×10^{-8}s，π介子衰变成μ子还放出中微子，反应式为

$$\pi^+\rightarrow\mu^++\nu_\mu \tag{17-36}$$

$$\pi^-\rightarrow\mu^-+\bar{\nu}_\mu \tag{17-37}$$

ν_μ 和 $\bar{\nu}_\mu$ 互为反粒子，它们是和μ子相联系的中微子，称为μ中微子，它们和电子中微子 ν_e、$\bar{\nu}_e$ 不同。μ子和中微子 ν_μ 的自旋都是1/2，所以 $\pi^\pm$ 的自旋应为整数，实验测得π介子自旋为零。一般来说，介子的自旋都为整数。μ子并不属于介子类。

20世纪50年代以后发现了质量超过核子质量的粒子，称为超子。

粒子的特征可用几个物理量来描述：①质量。常用能量表示，因为可按相对论的质能关系给出质量 $m=\frac{E}{c^2}$，例如质子的静止质量是938.2796MeV。②电荷量。常以电子电荷量e为单位，如π介子电荷量是+1。③自旋。自旋角动量以 $+\frac{1}{2}h$ 为单位，自旋量子数为整数或

半奇数。例如，电子的自旋为$\frac{1}{2}$，光子的自旋为 1。④平均寿命。多数粒子是不稳定的，它的衰变特征用平均寿命表示。

17.4.2　粒子的分类

目前发现的粒子已经达几百种之多，而且随着加速器能量的提高，大量新粒子被观察到。这么多粒子，将它们分类是相当复杂的。基于标准模型，将粒子按其参与相互作用的性质分为三类：规范玻色子、轻子和夸克。从目前的认识水平来看，它们就是组成所有物质的基本粒子。

如果按自旋量子数对粒子进行分类的话，通常人们把自旋量子数为 1/2 的粒子称为费米子，把自旋为整数的粒子称为玻色子。它们各自遵从不同的统计规律：费米子遵从费米-狄拉克统计规律，服从泡利不相容原理；玻色子遵从玻色-爱因斯坦统计规律，不服从泡利不相容原理。标准模型理论还要求自然界存在一种自旋量子数为零的特殊粒子，称为希格斯粒子。从实验上寻求希格斯粒子是当前粒子物理实验的中心课题之一。总起来说，按照标准模型理论，基本粒子世界由 62 种粒子构成：13 种规范玻色子、48 种费米子（包括 12 种轻子和 36 种夸克）和 1 种希格斯粒子。其中引力子和希格斯粒子的存在尚未由实验证实。

1. 规范粒子

规范粒子是传递基本相互作用的媒介粒子，它们的自旋都为整数，属于玻色子，它们在粒子物理学的标准模型内都是基本粒子。目前我们认识到的粒子之间的相互作用主要有四种：万有引力作用、弱相互作用、强相互作用和电磁相互作用，按照量子场论，这四种作用力都是通过交换一定的粒子来实现的交换力。而规范玻色子则包括：胶子、光子、W 及 Z 玻色子和引力子。传递电磁相互作用的规范玻色子是光子，传递强相互作用的规范玻色子是胶子，符号为 g，胶子是不能单独出现的粒子，因此无法记录在仪器上；传递弱相互作用的规范玻色子是 $W^{\pm}$ 和 Z^0，传递引力相互作用的规范玻色子是引力子，但是它的存在还没有充足的理论根据。规范玻色子的质量、电荷和自旋见表 17.2。

表 17.2　规范玻色子的质量、电荷和自旋

规范粒子	质量/GeV	电荷	自旋	规范粒子	质量/GeV	电荷	自旋
γ	0	0	1	W^-	80.4	−1	1
g	0	0	1	Z^0	91.2	0	1
W^+	80.4	1	1				

2. 轻子

有一种基本粒子，完全不受强作用力的影响，但参与弱相互作用与电磁作用，其中带电的参与电磁作用，不带电的（中微子）则只参与弱作用，由于这些代表性粒子都较轻（有时并不轻），因而称为轻子。轻子是自旋为 1/2 的费米子，至今实验上还没有发现轻子有任何结构，所以通常被认为是自然界最基本的粒子之一。已经发现的轻子有电子、μ 子、τ 子，它们分别以 e^-、μ^-、τ^- 表示，是带一个单位负电荷的粒子。它们分别对应电子中微子、μ 子中微子、τ 子中微子是三种不带电的中微子，分别以 ν_e、ν_μ、ν_τ 表示。加上以上六种粒子各自的反粒子，共计 12 种轻子。轻子的性质见表 17.3。τ 子是 1975 年发现的重要粒子，不参与强作用，属于轻子，但是它的质量很重，是电子的3600倍，质子的1.8倍，因此又叫作重轻子。

表 17.3 轻子的性质

轻子	质量/MeV	电荷	自旋	轻子	质量/MeV	电荷	自旋
ν_e	$<3\times10^{-6}$	0	1/2	μ	106	−1	1/2
e	0.51	−1	1/2	ν_τ	<18.2	0	1/2
ν_μ	<0.19	0	1/2	τ	1777	−1	1/2

3. 夸克

一切参与强相互作用的粒子，称为强子。强子又可分为两类：一类是自旋为 h 的整数倍的粒子，称为介子，包括带正、负电荷和中性的 π 介子，带正、负电荷和中性的 K 介子以及 η 介子；另一类是自旋为 h 的半整数倍的粒子，称为重子，重子又分为核子（如质子和中子）和超子（粒子的静止质量大于质子，如 Λ^0、Σ^+、Σ^-、Σ^0、Ω、Ξ^0、Ξ^-等超子）。到目前为止，没有发现轻子有任何结构。但对于强子，情况却大不相同。

20世纪60年代，美国物理学家默里·盖尔曼（M. Gell-Mann）和茨威格（G. Zweig）各自独立提出了强子是由更基本的单元——夸克组成的。几乎同时我国部分物理学家也提出类似的层子模型。夸克具有分数电荷，是电子电荷量的2/3或1/3，自旋为1/2的费米子。迄今为止，共发现六种夸克，它们分别是上夸克（u）、下夸克（d）和奇异夸克（s）、粲夸克（c）、底夸克（b）、顶夸克（t），这六种夸克被称为六种味，每味夸克又可带红、蓝、绿三种颜色，每一种夸克都对应着一种反夸克，所以总的夸克数是36。

17.4.3 基本粒子的相互作用

任何粒子都不是孤立的，粒子与粒子之间存在着相互作用。基本粒子的产生和转变是通过粒子间相互作用来实现的。在经典物理中，物体的相互作用在本质上只有两种，即引力和电磁力。微观粒子质量太小，引力实际上不起作用。实验证明，电磁力的规律在微观领域依然成立，但除此之外还应有别的作用力存在。前面已经提到原子核中有一种核力，是一种吸引性的力，这种作用比静电作用更强，称为强作用力。在衰变中，涉及不带电粒子，因此也不是电磁力的效果，定量分析表明这种作用力很弱，简称为弱作用力。

至今，人们认识到自然界的基本相互作用力只有四种，按强弱排序，它们是强作用力、电磁力、弱作用力、引力。譬如，一对质子，在相距 10^{-15}m 时，四种作用力的比值约为强力∶电磁力∶弱力∶引力 $=1:10^{-2}:10^{-14}:10^{-40}$。对于微观领域粒子间的相互作用来说，引力实际上是一种特别微弱的相互作用，它的强度只有强相互作用的 10^{40}分之一，是可以忽略不计的。另一方面，因为强作用力和弱作用力只是在微观距离上起作用，所以宏观领域只用考虑电磁力和引力，通常我们把引力、电磁力、强作用力和弱作用力称为自然界的四种相互作用。表17.4列出四种相互作用的比较。

1. 万有引力相互作用

万有引力是人们认识得最早的一种力。1666年牛顿建立万有引力理论，所有具有质量的物体之间的相互作用，表现为吸引力，是一种长程力，力程为无穷。其规律是牛顿万有引力定律，更为精确的理论是广义相对论。1915年爱因斯坦提出广义相对论，他认为引力是由时空的几何性质决定的，而且一个非惯性系等效于一个局部引力场。引力相互作用在 4 种基本相互作用中最弱，远小于强相互作用、电磁相互作用和弱相互作用，在微观现象的研究中通常可不予考虑，然而在天体物理研究中起决定性作用。按照近代物理的观点，引力作用是通过场或通过交换场的量子实现的，引力场的量子称为引力子。引力场的传递者是引力子，它是静止质量为零，自旋为 2 的玻色子。

表 17.4 四种相互作用的比较

四种相互作用	相对强度	作用距离	相互作用的物体
强相互作用	1	10^{-15}m	强子
电磁相互作用	10^{-2}	∞	带电粒子
弱相互作用	10^{-14}	$<10^{-17}$m	强子、轻子
万有引力作用	10^{-40}	∞	一切物体

2. 电磁相互作用

这是一切带电粒子或具有磁矩的粒子之间的相互作用。电磁相互作用是有光子参与的一种相互作用。它可以引起光子与带电粒子间的散射，带电粒子对湮没为光子，光子产生带电粒子对以及其他一些过程。如

$$\pi^0 \to \gamma + \gamma \tag{17-38}$$

$$\Sigma^0 \to \Lambda^0 + \gamma \tag{17-39}$$

$$\eta^0 \to \gamma + \gamma \tag{17-40}$$

说明粒子存在着复杂的内部结构。特别强调的是，γ 光子只参与电磁相互作用，它是发生电磁相互作用的标志。

由于光子的静止质量为零，力程原则上可以达到无穷大，所以电磁作用是一种长程力，它是以电磁场为媒介来传递的。电磁场是由光子组成的，因此电磁作用实质上是通过带电粒子间的光子交换而实现的。它是四种相互作用中唯一对宏观和微观都起作用的一种。在电磁相互作用下，基本粒子发生反应的时间约为 $10^{-20}\sim10^{-16}$s，如 π^0、Σ^0、η^0 的衰变时间分别为 0.8×10^{-16}s、5.8×10^{-20}s、8×10^{-19}s。

电磁相互作用是除万有引力相互作用外，一切宏观力的缔造者。从本质上说，平时所见的张力、弹力、压力、摩擦力、浮力、流体对器壁的作用力，都属于电磁相互作用。因为原子和分子都属于带正电的原子核和带负电的电子组成的系统，其中起主导作用的是电磁相互作用。一般来说，分子间的电磁相互作用构成分子力，在两个分子相距较远时，分子力接近于零；彼此靠近到 $10^{-8}\sim10^{-10}$m 时，分子力表现为引力；更靠近时又表现为斥力。当我们拉伸、压缩或摩擦一个物体时，就在微观尺度上改变了物体内部或表面各处分子之间的距离，因而将受到分子力的抗拒。大量分子力的集体表现，即宏观表现，就成为作用在物体上的张力、弹力、摩擦力等。

3. 弱相互作用

弱相互作用是一种广泛存在于轻子与轻子、轻子与强子、强子与强子之间的一种基本相互作用。很难用一句话简洁地定义。弱相互作用有两种，一种是有轻子参与的反应，如 β 衰变、μ 子的衰变以及 π 介子的衰变等；另一种是 K 介子和 Λ 超子的衰变。例如，我们研究过的 β 衰变就是弱相互作用过程，原子核的 β^- 衰变实质上是中子衰变为质子、电子及电

子反中微子的过程

$$n \rightarrow p + e^- + \bar{\nu}_e \tag{17-41}$$

弱相互作用的强度微弱，力程比强相互作用还短，约在 10^{-17} m 之内，作用所需要的时间较长，因此由弱相互作用所引起的反应进行较慢，特征时间在 10^{-10} s 以上。在弱作用中，宇称、电荷共轭宇称、同位旋等都不守恒。

除光子、胶子外，所有粒子都参与这种相互作用。判断是否弱相互作用的标志之一是中微子的出现，因为中微子仅参与弱相互作用，而且经常是和电子同时出现。也就是说有中微子出现的过程必为弱相互作用，但弱相互作用不一定都有中微子出现。

4. 强相互作用

强相互作用是发生在重子、介子之间的一种比电磁作用强得多的相互作用。光子和轻子都不参与强相互作用。核力是强相互作用的一种表现，它抵抗了质子之间的强大的库仑斥力，维持了原子核的稳定。由于这种作用的存在，核物质才能结合在一起。

它的特点是：强度大，是四种基本作用力中最强的；力程短，大约在 10^{-15} m 以内；所引起的反应迅速，特征时间是 10^{-23} s；具有较高的对称性，即对强相互作用存在着众多的守恒定律。

强相互作用的机制，目前还不十分清楚。一般认为，强相互作用也是通过交换中间粒子实现的。但这个中间粒子是什么，却有一段认识过程。早在 1935 年，日本的汤川秀树就提出核力的介子理论，认为核子之间的强作用（核力）是交换 π 介子的结果。按照当前的看法，强子之间的强作用归结为组成强子的夸克和胶子之间的作用，胶子是传递夸克之间强相互作用的粒子。现在物理学家认为强相互作用的产生与夸克、胶子有关。

今天，相互作用理论正沿着三个方向发展：一是进一步探明各种相互作用，尤其是强相互作用的机制。二是把看起来大相径庭的几种相互作用纳入统一的理论框架，弱、电统一已经成功，强、弱、电磁三者统一的“大统一理论”是否可能？四种相互作用统一的理论也在探索之中。三是探讨是否还存在新型的相互作用——超强相互作用和超弱相互作用。

17.4.4 强子结构的夸克模型

前面我们介绍了基本粒子和基本相互作用。所谓基本粒子就是没有内部结构，不能分解为更小的部分，没有空间延伸性的粒子。一切物质都是由基本粒子组成的。我们知道分子是由原子组成的，原子是由原子核和核外电子组成的，原子核是由质子和中子组成的。像质子和中子一类的强子是否也有内部结构呢？

1932 年，斯特恩测得了质子的磁矩为 $2.793\mu_N$，中子的磁矩为 $-1.913\mu_N$，该数值与狄拉克的理论预言相差甚远。1956 年霍夫斯塔特（R. Hofstadter）用高能电子轰击质子时，发现质子的电荷不是集中在一点，而是分布在大约 0.7×10^{-15} m 的区域内。人们用高能电子轰击中子时，发现电中性的中子内部也分布有电荷。这些都说明中子和质子有内部结构。中子和质子都属于强子，由此推测强子是有内部结构的。近 40 年来大量实验实事表明强子确实有内部结构，人们陆续地提出过几种强子的结构模型，这里我们只介绍夸克模型。

以电子电量为单位，夸克所带的是分数电荷，这是一个显著特征。于是人们开始以分数电荷为标志来寻找夸克多年的努力没有成果，而夸克的强相互作用理论却发展起来了。我们知道：原子核中质子间的电斥力十分强，可是原子核照样能够稳定存在，靠的就是强相互作用力（核力）将核子们束缚住的。最初解释强相互作用粒子的理论需要三种夸克，叫作夸克的三种味，它们分别是上夸克（u）、下夸克（d）和奇异夸克（s）。1974 年，丁肇中和里希特各自独立地发现一个新粒子，分别称作 J 粒子和 ψ 粒子，现在统称为 J/ψ 粒子。该粒子是宇称为负、自旋为 1 的玻色子，寿命特别长，在三味夸克模型中，很难找到 J/ψ 粒子的位置，人们要求引入第四种夸克粲夸克（c），并提出 J/ψ 粒子是由粲夸克 c 和反粲夸克 $\bar{c}$ 组成。1977 年在实验上发现了 γ 粒子，引入第五种夸克底夸克（b）。1994 年发现第六种夸克顶夸克（t），人们相信这是最后一种夸克。这六种夸克被称为六种味，每一种夸克都对应着一种反夸克。夸克的量子特性见表 17.5。

表 17.5　夸克的量子特性

夸克	质量/MeV	电荷	自旋	重子数	奇异数	粲数	美数	真数
u	1～5	2/3	1/2	1/3	0	0	0	0
d	5～9	－1/3	1/2	1/3	0	0	0	0
c	10^3～1.4×10^3	2/3	1/2	1/3	0	1	0	0
s	80～155	－1/3	1/2	1/3	－1	0	0	0
t	1.74～1.78×10^5	2/3	1/2	1/3	0	0	0	1
b	4.0～4.5×10^3	－1/3	1/2	1/3	0	0	－1	0

1964 年盖尔曼提出了夸克模型，认为所有介子都是由一个夸克和一个反夸克所组成，所有的重子是由三个夸克组成。例如，一个质子由两个上夸克和一个下夸克组成（uud），一个中子由两个下夸克和一个上夸克组成（ddu），π^- 介子是由一个上夸克的反夸克和一个下夸克组成（$\bar{\mu}$d）。表 17.6 给出了部分介子与重子构成的夸克谱。表中各强子夸克谱括弧外的小箭头代表夸克自旋间的联系。例如，自旋为 0 的介子，组成它们的两个夸克的自旋是彼此相反的，对于自旋为 1/2 的介子，组成它们的三个夸克的自旋是两正一反。

表 17.6　一些强子的夸克谱

$\pi^+=(u\bar{d})\uparrow\downarrow$	$n=(udd)\uparrow\uparrow\downarrow$
$\pi^-=(d\bar{u})\uparrow\downarrow$	$\Sigma^+=(uus)\uparrow\uparrow\downarrow$
$K^+=(u\bar{s})\uparrow\downarrow$	$\rho=(uud)\uparrow\uparrow\downarrow$
$K^-=(\bar{u}s)\uparrow\downarrow$	$\Sigma^-=(dds)\uparrow\uparrow\downarrow$
$K^0=(d\bar{s})\uparrow\downarrow$	$\Xi^0=(uss)\uparrow\uparrow\downarrow$
$\overline{K^0}=(s\bar{d})\uparrow\downarrow$	$\Xi^-=(dss)\uparrow\uparrow\downarrow$

虽然夸克模型当时取得了许多成功，但也遇到了麻烦，例如，Ω^- 粒子的自旋为 3/2，它由三个 s 夸克组成。按照夸克模型，这三个粒子同处于轨道运动的基态。为了使总自旋角动量为 3/2，每个粒子的自旋必须都是 1/2。于是，这三个夸克处在完全相同的状态，显然破坏了泡利不相容原理。Δ^{++} 粒子是由三个 u 夸克组成，它们的总自旋是 3/2，因此也破坏了泡利不相容原理。为了解决这一矛盾，格林伯格（O. Greenberg）在 1964 年引入了一个新的自由度——“色”。当然这里的“色”并不是视觉感受到的颜色，它是一种新引入的自由度的代名词。夸克可以在色自由度上取不同的量子数值：红（R）、蓝（B）和绿（G）。不同“色”的夸克表示不同的状态。引入“色”就可解释自旋问题。例如，Ω^- 就可以用一个红 s 夸克、一个蓝 s 夸克、一个绿 s 夸克组成，虽然这三个 s 夸克的自旋取向和其他特性都相同，但因其色不同，所以就避免了泡利不相容原理的冲突，但付出的代价是夸克的数目增加为原来的三倍。按照这一理论，夸克有六种“味道”，三种“颜色”，也就是说每味夸克可带红、蓝、绿三种颜色，夸克的种类一下子由原来的 6 种扩展到 18 种，再加上它们的反粒子，所以自然界总的夸克数是 36。夸克具有颜色自由度的理论得到了不少实验的支持，

不同颜色的夸克靠胶子结合在一起，三个夸克组成的重子是白色的，构成介子的正反夸克，互为补色，所以介子也是白色的。即质子、中子等一切能观测到的强子都是白色的。相反，非白色的单个夸克或夸克复合体是不能单独出现的，这样，单个夸克不被发现就是必然的了。只有色中性或无色的态才能被实验观测到，至今没有观察到带色的粒子，这就是著名的“色禁闭”现象。

这个被称为量子色动力学的夸克强作用理论，已被大量实验证明是正确的。现在已很少有人因为没有找到夸克而怀疑它的真实性了，夸克理论的确立使人们对粒子世界的认识前进了一大步。原来作为基本粒子的质子、中子等强子都是复合物，而不是基本粒子了。迄今为止，还没有实验现象说明轻子和夸克有内部结构，所以可认为轻子和夸克是物质世界的最小单元。夸克有六味，每味各有三色，各有正反粒子，一共 36 个夸克；轻子有六味：即 e、μ、τ、ν_e、ν_μ、ν_τ，它们都无色，各有正反粒子，共 12 个。至于夸克和轻子这些粒子是否是物质的终极本源，这是未来物理学家才能回答的问题。有人也提出夸克-轻子的复合模型，称为亚夸克理论，可以减少这 48 种粒子的数目，但是它缺乏实验根据而不被承认。

17.5 对称性与守恒定律

作为物理学的最原始、最基本的概念，对称和守恒各自有着深刻的思想渊源。由于对称性意味着不变性，也就是经过某种对称变换后物理规律的不变性，这就意味着某种物理量的守恒。对称性在物理学中具有深刻的意义。一种对称性的发现远比一种物理效应或具体物理规律的发现的意义要重大得多！例如，源于电磁理论的洛伦兹不变性，导致力学的革命；爱因斯坦为寻找引力理论的不变性而创立了广义相对论；狄拉克为使微观粒子的波动方程具有洛伦兹不变性，修正了薛定谔方程，并根据方程解的对称性预言了反电子（正电子）的存在，进而使人们开始了对反粒子、反物质的探索；对称性以它强大的力量把那些物理学中表面上不相关的东西联系在一起——关于基本相互作用的大统一理论；在粒子物理中关于对称性和守恒量的研究更是作为一种基本的研究方法贯穿其中。

17.5.1 对称性

对称性是人类认识自然时产生的一种观察。若某个体系（研究对象）经某种操作（或称变换）后，其前后状态等价（相同），则称该体系对此操作具有对称性，相应的操作称为对称操作。简言之，对称性就是某种变换下的不变性。对称性是自然界的一种普遍规律，根据科学研究，99% 的动物形体都具有对称结构，自然界里的植物组织、矿物组织里对称结构也很多，深海的极限深度和海拔的极限高度都具有惊人的对称性。

对称性和守恒定律一一对应，而且一切对称性的根源在于某些基本量的不可观测性，例如，空间的绝对位置，绝对方向是不可测量的量，绝对时间也是不可测量的。最简单的对称操作是在空间的平移，它表示物理定律不依赖于坐标原点的选择，从这个坐标平移交换不变性出发，经过推理，可以得到动量守恒定律。例如，两点间的万有引力只与它们的距离有关，系统的空间平移并不影响作用力及其数学表达式。绝对时间不可观测，我们只能测定相对时间，这导致时间平移的对称性，它意味着物理定律不依赖于选哪个时刻为 $t=0$，并且这个对称性导致能量守恒。空间的绝对方向是不可测量的，导致空间转动对称性，其结果就是角动量守恒。

电荷守恒是与规范变换相联系的，规范变换是标量电磁势 V 和矢量电磁势 $\boldsymbol{A}$ 中零点的移动。因为 $\boldsymbol{E}$ 和 $\boldsymbol{B}$ 是对电磁势微分后得到的，规范变换不影响 $\boldsymbol{E}$ 和 $\boldsymbol{B}$，而这种不变性则导致电荷守恒。

宇称中的“宇”是指空间（宇宙），“称”是指对称，宇称性就是指空间对称性。在量子力学中，空间反演不变性导致宇称守恒定律。物理学的规律一般来说不会因为左、右方向的改变而有所差别，亦即空间左、右变换是对称的，这个对称性称为空间反射对称性。将空间反射对称性再加上绕垂直于反射平面的180°转动，就得到空间反演对称性，和这个对称性相联系的守恒量称为宇称。宇称是描写微观体系状态波函数的一种空间反演性质。

当微观粒子间相互作用的动力学机制尚未探明之时，通过对物理过程中呈现的对称性的研究来弄清微观粒子的运动特征，是一种行之有效的手段。现在，对称性方面的理论研究和实验探索取得了很大成果，对研究粒子的性质和结构提供了基础。

除了前面介绍的空间平移对称性、空间旋转对称性、时间平移对称性、规范不变性和空间反演不变性外，物理学中还引入了不少与通常的时空空间不同的抽象空间，如同位旋空间、味空间、色空间等，它们也常称作内部空间。在内部空间，也有对称性，也有与之相应的守恒定律，例如同位旋守恒、重子数守恒、轻子数守恒等。表 17.7 给出了目前认识到的对称性和守恒量。

表 17.7　对称性和守恒量

不可观测性	对称性	守恒量	强	弱	电
空间绝对位置	空间平移	动量 p	✓	✓	✓
空间绝对方向	空间转动	角动量 J	✓	✓	✓
绝对时间	时间平移	能量 E	✓	✓	✓
不同带电粒子间的相对相角	电荷规范变换	电荷 Q	✓	✓	✓
不同重子数态间的相对相角	重子数规范变换	重子数 B	✓	✓	✓
不同轻子数态间的相对相角	轻子数规范变换	轻子数 L	✓	✓	✓
不同奇异数态间的相对相角	奇异数规范变换	奇异数 S	✓	×	✓
同位旋空间方向	同位旋空间转动	同位旋 I	✓	×	×
全同粒子的标记	交换运算	玻色子或费米子	✓	✓	✓
空间左右	空间反射	宇称 P	✓	×	✓
时间方向	时间反演		✓	×	✓
电荷绝对值	电荷共轭	电荷共轭宇称 C	✓	×	✓

17.5.2　守恒定律

在核反应和放射性衰变过程中，必须遵守质量数守恒、角动量守恒、动量守恒、能量守恒和电荷守恒。当深入研究基本粒子的相互作用和转化过程中，发现这些守恒定律仍旧有效。此外还有一些与粒子内部结构相联系的守恒定律，如宇称守恒、同位旋守恒、奇异数守恒、重子数守恒、轻子数守恒等，这些守恒定律并不是在每一种相互作用中都成立，它们只是一些近似的守恒定律。

1. 重子数守恒定律

由于强子又可分为重子和介子两大类，为了区别这两类粒子，我们又引进一个重子数 B。每个重子的重子数 $B=1$，反重子的重子数 $B=-1$，其他非重子如介子、轻子、光子的重子数都为零。于是，重子数守恒定律可简单表述为：粒子反应和衰变过程前后，重子数目应该保持不变。

人们最早分析的质子衰变

$$p \rightarrow e^{+} + \nu \tag{17-42}$$

这个过程遵守角动量守恒、动量守恒、能量守恒和电荷守恒定律，但在自然界却从来没有发现过这样的衰变，是因为该过程的前后重子数不同，违背重子数守恒定律，因而，该反应是禁止的。

到目前为止，在任何过程中重子数守恒定律都成立。需要强调的是重子数守恒和粒子数守恒不是一个概念，事实上，在有的衰变过程中，虽然粒子数不守恒，但是重子数的代数和总是守恒的。例如：

$$\Lambda^{0} \rightarrow p^{+} + \pi^{-} \tag{17-43}$$

$$K^{0} \rightarrow \pi^{+} + \pi^{-} \tag{17-44}$$

$$n^{0} \rightarrow n + \pi^{0} \tag{17-45}$$

以上三个过程都保持了重子数守恒。

2. 轻子数守恒定律

除重轻子 τ 外，还有 e^{-}、μ^{-}、ν_e、ν_μ 四种轻子及它们对应的反粒子 e^{+}、μ^{+}、$\bar{\nu}_e$、$\bar{\nu}_\mu$。规定电子 e^{-} 及电子型中微子 ν_e 的轻子数 $L_e=1$，它们的反粒子 e^{+} 和 $\bar{\nu}_e$ 的轻子数 $L_e=-1$；μ^{-} 子及 μ 型中微子的轻子数 $L_\mu=1$，反粒子 μ^{+} 及 $\bar{\nu}_\mu$ 的 $L_\mu=-1$。其他粒子的轻子数都为零。

轻子数守恒定律指出：在一切粒子的反应和衰变过程中轻子数 L_e、L_μ 的代数和分别是守恒的。

对于下列过程：

$$\begin{cases} \nu_\mu + n \rightarrow e^{-} + p \\ \bar{\nu}_\mu + p \rightarrow e^{+} + n \end{cases} \tag{17-46}$$

不违背任何已知的守恒定律，也满足重子数守恒，但在自然界却从来没有发现过这两个反应。研究表明它们违反了轻子数守恒定律，因此，这类反应是禁止的。

与式（17-46）相反，对于过程

$$\begin{cases} \nu_\mu + n \rightarrow \mu^{-} + p \\ \bar{\nu}_\mu + p \rightarrow \mu^{+} + n \end{cases} \tag{17-47}$$

实验上却可以观察到。因为在这两个过程中，B、L_e 和 L_μ 都是守恒的。到目前为止，任何过程都遵守轻子数守恒定律和重子数守恒定律。

3. 奇异数守恒定律

首先观察 Λ^{0} 和 K^{0} 介子协同产生的例子

$$\pi^{-} + p \rightarrow \Lambda^{0} + K^{0} \tag{17-48}$$

该过程反应时间很短，约 10^{-23}s，说明是强相互作用。然后 Λ^{0} 和 K^{0} 又分别衰变

$$\begin{cases} K^{0} \rightarrow \pi^{+} + \pi^{-} \\ \Lambda^{0} \rightarrow \pi^{-} + p \end{cases} \tag{17-49}$$

衰变时间都很慢，属于弱相互作用。

人们发现，可以用不同的方式来产生 Λ^0 和 K^0，例如：

$$p+\overline{p}\rightarrow\Lambda^0+K^0+\pi^++p \tag{17-50}$$

该过程中 Λ^0 和 K^0 也是同时产生，然后单独衰变。

由以上分析可知，Λ^0 和 K^0 是成对产生，但衰变时可以单独进行；它们产生时是强相互作用，衰变时属于弱相互作用过程，这违反一般的规律。该现象称为奇异现象，具有这种奇异性的粒子称为奇异粒子。1953 年盖尔曼（Gell-Mann）和西岛和彦（Nishijima）引入一个新的量子数，称为奇异数，用符号 S 表示。表 17. 8 给出了粒子的奇异数。

表 17. 8　粒子的奇异数

类　别	粒　子	奇异数 S	类　别	粒　子	奇异数 S
光子	γ	0	核子	p、n	0
介子	π^+、π^0、π^- K^+、K^0	0 1	超子	Λ^0 Σ^+、Σ^0、Σ^- Ξ^-、Ξ^0	−1 −1 −2

在所有的强相互作用和电磁相互作用过程中，奇异数 S 的代数和一定守恒。

在弱相互作用中，对于有奇异粒子参与的过程，奇异数 S 的代数和改变是 ±1 或没有变化。$\Delta S=0$ 的弱相互作用的一个例子是常见的中子衰变

$$n\rightarrow p+e^-+\overline{\nu}_e$$

奇异数

$$0\rightarrow 0+0+0$$

即

$$\Delta S=0$$

4. 宇称守恒定律

宇称是表征微观粒子运动的一个物理量，在经典物理中不存在这个物理量。设某一体系的状态波函数为 $\Psi(x)$，x 代表该体系所有粒子的坐标，当它作空间反演时，波函数 Ψ 的符号不改变，即

$$\Psi(x)=\Psi(-x) \tag{17-51}$$

这就是说 Ψ 具有偶宇称。假如 Ψ 的符号改变，即

$$\Psi(x)=-\Psi(-x) \tag{17-52}$$

就是说 Ψ 具有奇宇称。

宇称守恒定律：对于一个孤立体系，不论经过什么样的相互作用，它的宇称保持不变，即原来为偶宇称的，变化后仍为偶宇称，原来为奇宇称的，变化后仍为奇宇称。

宇称守恒一度被认为是普遍规律，但是，1954—1956 年间，人们发现 θ 粒子衰变为两个介子，τ 粒子衰变为三个介子，亦即

$$\theta\rightarrow\pi^++\pi^0 \tag{17-53}$$

$$\tau\rightarrow\pi^++\pi^++\pi^- \tag{17-54}$$

实验测出 θ 和 τ 的质量相同，寿命也相同，似乎是同一种粒子。我们知道：由 N 个粒子组成的体系的总宇称等于各粒子的宇称之积，因 π 介子的自身宇称为 −1，所以两个 π 介子系统的宇称应为 +1，三个 π 介子系统的宇称应为 −1。所以，如果它们是同一种粒子，其衰变过程就将不遵循宇称守恒定律，不具有空间反演对称性。这种矛盾如何解释，这就是当

时所谓的"θ-τ"之谜。有许多物理学家在宇称守恒定律的前提下，想尽种种办法来区别θ和τ粒子，但均是劳而无获。1956年李政道和杨振宁在仔细分析当时已有的关于宇称守恒的实验基础以后，提出：虽然在强作用和电磁作用中宇称守恒已为实验所证实，但在弱作用中宇称守恒只是一个推广的假设，并没有被实验证实，那么在弱作用中宇称可以有不守恒的假设。如果在弱作用中宇称可以不守恒。那么"θ-τ"之谜就不存在了。这种假设后经美籍华人吴健雄实验证实，为此杨振宁、李政道获1957年度诺贝尔物理学奖。

宇称守恒只有在强相互作用和电磁相互作用中成立，在弱相互作用下（如β衰变中），宇称是不守恒的。

此外，有关对称性问题，需要了解的是所谓的对称性的自发破缺。它是指一个原先具有较高对称性的系统，在没有受到任何不对称因素的影响突然间对称性明显下降的现象。当系统中存在或受到破坏对称性的微扰时，若这种小微扰会被不断地放大，最终就会出现明显的不对称，对称性的自发破缺就是这样产生的。时空、不同种类的粒子、不同种类的相互作用、整个复杂纷纭的自然界，包括人类自身，都是对称性自发破缺的产物。在基本粒子物理学中，对于对称和破缺的矛盾曾进行了深入地研究，揭示出基本粒子间的各种对称性。但是，对整体对称性向对称破缺转化，定域对称性向对称破缺转化，究竟需要什么条件和是什么原因出现的还缺乏有力的说明。对称和守恒以及对称性自发破缺对于人类认识自然具有十分重要的意义。

本章逻辑主线

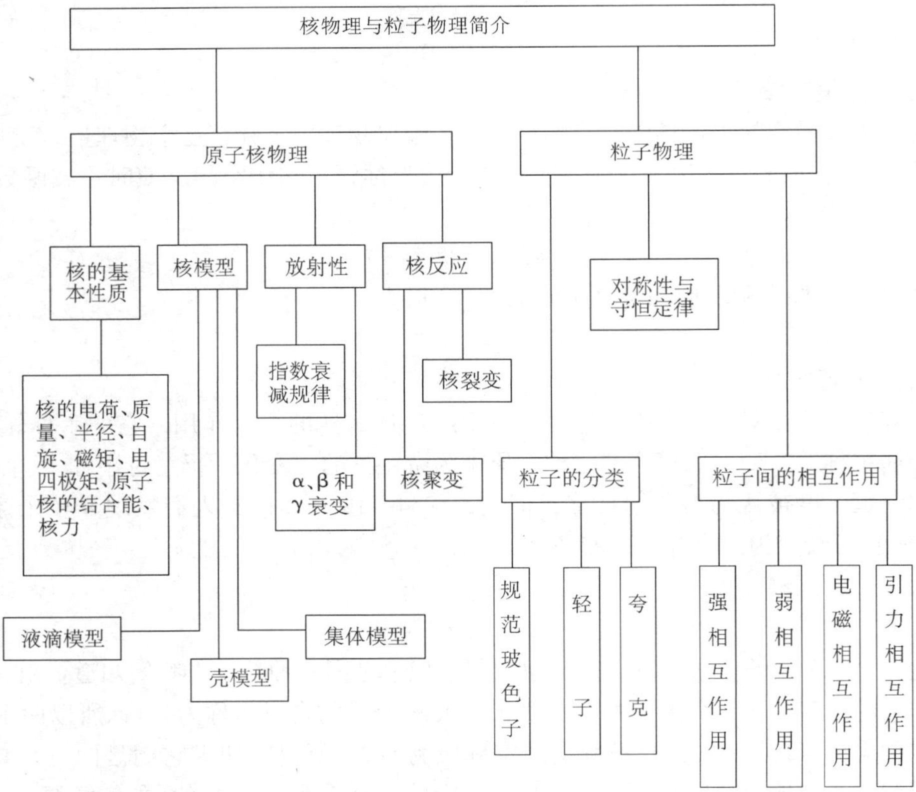

扩展思维

四种相互作用的统一

我们知道，若按力的本质区分，目前自然界中的力一般可归结为万有引力、电磁力、强相互作用力和弱相互作用力四种。故这四种力又称四种基本相互作用力。质子和中子靠强相互作用结合成原子核；原子核和电子靠电磁作用结合成原子；弱相互作用导致 β 衰变；万有引力作用存在于一切物体之间。强相互作用和弱相互作用是短程的，对宏观现象不起作用。因此，宏观力的本原只有电磁力和引力两种。自然界为什么存在这么多的作用，它们之间有没有联系？能否在这些表面上看来很不相同的作用中找出简单的统一本原？

首先是爱因斯坦，他在建立了广义相对论之后，致力于研究电磁力和引力的统一。可是他花费了很大的精力，最后没有成功。海森伯也研究过各种力的统一，也没有结果。因为物理学是一门实验科学，一个理论是否正确的唯一标准是它是否符合事实，因此物理学家追求统一的思想能否实现，取决于他们的想法是否与客观实际情况相一致。从科学史的因素看，由于在爱因斯坦开始探讨统一场论时，人们仅知道两种场，即引力场和电磁场，其他两种重要的场——弱力场和强力场尚未发现。在这样的情况下，创立统一场论的科学条件是不成熟的。爱因斯坦的失败并不是他追求统一的想法不对，而是局限于当时物理学的发展水平，爱因斯坦欲在宏观物理的基础上寻求统一，但宏观物理规律是惟象性的，而不是本原性的。爱因斯坦等人的努力没有成功，其科学方面的客观原因是不能忽视的。此后，在微观粒子的动力学理论确立以后，追求几种不同相互作用的统一的努力又复活起来。到 1968 年，格拉肖、温伯格、萨拉姆三人在现代高能物理实验的基础上，把弱作用和电磁相互作用统一起来，这就是弱电统一理论。

从现象上看来，弱力和电磁力是性质差别很大的两种力，弱力是短程力，电磁力是长程力，强度上的差别有 10 个数量级以上。这两种力怎么会在本质上是同一种，由量子场理论看，弱力的弱性和它的短程性来自同一个原因，那就是传递弱力的媒介粒子很重。弱电统一理论的要点指出，在能量很高（远大于几百 GeV）的现象中，传递弱力的媒介粒子与光子一样是静止质量为零的，再由于内部某种对称性的后果，使弱力和电磁力成为同一种力，弱力和电磁力的强度和所表现的效果都没有区别。现在人们简单地称这种统一的力叫作弱电力。在能量较低时，一种被称为希克斯机制的物理效应把该种内部对称性破坏了，使某些传递力的媒介粒子获得很重的质量，这些粒子传递力就变得很弱，它就是在低能现象上看到的弱力有一种媒介粒子仍然保持静止质量为零，它传递的就是电磁力。传递力的媒介粒子叫作规范粒子，在低能范围内，电磁相互作用的规范粒子是光子，弱相互作用的规范粒子是 $W^{\pm}$ 粒子和 Z^0 粒子。这一理论称为有对称性自发破缺的规范场理论。弱电统一理论已被大量实验证实。1979 年，格拉肖、温伯格、萨拉姆因建立弱电统一理论而获得诺贝尔物理学奖。1984 年，范德密尔和卢比亚因在发现 $W^{\pm}$ 粒子和 Z^0 粒子过程中的重要贡献而获得诺贝尔物理学奖，说明这一理论得到了人们的首肯。

弱电统一理论的成功，是人类认识微观世界的重大成果，它鼓舞物理学家建立更大的统一理论把强相互作用和弱电作用统一起来的理论，叫作大统一理论。1974 年乔奇和格拉以弱电统一理论和量子色动力学为基础建立了一个大统一理论，可是这个理论至今没有得到实验验证。物理学家还想把引力也统一进来，也就是四种相互作用都统一起来的理论，叫作超大统一理论。如果超大统一成功了，那就意味着自然界只有一种基本相互作用。这确实应当被认为是一件了不起的事。可是，近20多年来的尝试，困难很大，还没有出现实验可证实的结果。要实现超大统一，似应考虑夸克和轻子的组元是什么，可是目前还远没解决这个问题。

从古到今，人类一直在探索物质及其相互作用的本原。在这一思想的支配下，由浅入深、由表及里地一个层次一个层次地发展。这种探索可能是永无止境的。从精神层面看，统一四种相互作用的意义，已超出结果本身。爱因斯坦曾在他逝世前一个月时所写的《自述片断》中说到："这些岁月，我几乎全部用来为了从引力场理论推广到一个可能构成整个物理学基础的场论而绞尽脑汁。有许多人向着同一个目标而工作着。许多充满希望的推广，我后来一个个放弃了。——问题究竟怎样，我们不仅想起德国启蒙运动者、诗人莱辛鼓舞人心的话语：对真理的追求比对真理的占有更为可贵！"

思 考 题

17.1 按照原子核的质子-中子模型，组成原子核^A_ZX的质子数和中子数各是多少？核内共有多少个核子？这种原子核的质量数和电荷数各是多少？

17.2 原子核的体积与质量数之间有何关系？这关系说明什么？

17.3 什么叫作原子核的质量亏损？如果原子核^A_ZX的质量亏损是Δm，其平均结合能是多少？

17.4 什么叫作核磁矩？什么叫作核磁子(μ_N)？核磁子μ_N和玻尔磁子μ_B有何相似之处？有何区别？质子的磁矩等于多少核磁子？平常用来衡量核磁矩大小的核磁矩μ_I'的物理意义是什么？它和核的g因子、核自旋量子数的关系是什么？

17.5 核自旋量子数等于整数或半奇整数是由核的什么性质决定？核磁矩与核自旋角动量有什么关系？核磁矩的正负是如何规定的？

17.6 什么叫作核磁共振？怎样利用核磁共振来测量核磁矩？

17.7 什么叫作核力？核力具有哪些主要性质？

17.8 什么叫作放射性衰变？α、β、γ射线是什么粒子流？写出$^{238}_{90}U$的α衰变和$^{234}_{90}Th$的β衰变的表示式，写出α衰变和β衰变的位移定则。

17.9 什么叫作原子核的稳定性？哪些经验规则可以预测核的稳定性？

17.10 写出放射性衰变定律的公式。衰变常数λ的物理意义是什么？什么叫作半衰期$T_{\frac{1}{2}}$？$T_{\frac{1}{2}}$和λ有什么关系？什么叫作平均寿命τ？它和半衰期$T_{\frac{1}{2}}$、和λ有什么关系？

17.11 放射性同位素主要应用有哪些？

17.12 为什么重核裂变和轻核聚变能够放出原子核能？

17.13 原子核裂变的热中子反应堆主要由哪几部分组成？它们各起什么作用？

17.14 试举出在自然界中存在负能态的例子。这些状态与狄拉克真空，结果产生1MeV的电子，此时还将产生什么？它的能量是多少？

17.15 将3MeV能量的γ光子引入狄拉克真空，结果产生1MeV的电子，此时还将产生什么？它的能量是多少？

17.16 对于光子、中微子、中子和电子，试问：

（1）哪些不参与电磁相互作用？

（2）哪些不参与强相互作用？

习　题

计算题

17.1　已知 $^{232}_{90}Th$ 的原子质量为 232.03821u，计算其原子核的平均结合能。

17.2　测得地壳中铀元素 $^{235}_{92}U$ 只占 0.72%，其余为 $^{238}_{92}U$，已知 $^{238}_{92}U$ 的半衰期为 4.468×10^9 年，$^{235}_{92}U$ 的半衰期为 7.038×10^8 年，设地球形成时地壳中的 $^{238}_{92}U$ 和 $^{235}_{92}U$ 是同样多，试估计地球的年龄。

习题及部分思考题参考答案

第10章

习题

一、选择题

10.1 C；10.2 C；10.3 A；10.4 B；10.5 E；10.6 D；10.7 C

二、填空题

10.8 高斯定理：$\oint_S \boldsymbol{E} \cdot \mathrm{d}\boldsymbol{S} = \dfrac{\sum q_{内}}{\varepsilon_0}$，它反映静电场是有源场；环路定理：$\oint_l \boldsymbol{E} \cdot \mathrm{d}\boldsymbol{l} = 0$，它反映静电场是保守场

10.9 $\Phi_e = \dfrac{q}{6\varepsilon_0}$

10.10 0，$U = \dfrac{q}{4\pi\varepsilon_0 R}$

10.11 （1）表示电场力对单位正电荷做的元功；（2）表示把单位正电荷由 a 点移动到 b 点电场力做的功；（3）表示单位正电荷沿闭合回路一周电场力做的总功；（4）表示面元上穿过的电通量；（5）表示闭合面 S 上穿过的总的电通量

三、计算题

10.12 解：设地球所带的总电荷量为 q，半径为 R，并把地球近似地看成表面均匀带电的导体球。（1）取紧挨地球表面的球面为高斯面，则由高斯定理可得

$$\Phi_e = \oint E\cos\pi \mathrm{d}S = -E \cdot 4\pi R^2 = \frac{q}{\varepsilon_0}$$

所以

$$q = -E \cdot 4\pi\varepsilon_0 R^2 = [-200 \times (6.37 \times 10^6)^2 / 9.00 \times 10^9]\mathrm{C} = -9.02 \times 10^5 \mathrm{C}$$

（2）设1400m以下大气层中的电荷量为 q'，取距离地面1400m的球面为高斯面，则由高斯定理可得

$$q + q' = -E \cdot 4\pi\varepsilon_0 (R+1400)^2 = [-20 \times (6.37 \times 10^6 + 1400)^2 / 9.00 \times 10^9]\mathrm{C}$$
$$\approx -9.00 \times 10^4 \mathrm{C}$$

所以1400m以下大气层中的平均电荷密度为

$$\bar{\rho} = q'/V$$
$$= \left\{[-9.00 \times 10^4 - (-9.02 \times 10^5)] \Big/ \frac{4}{3}\pi[(6.37 \times 10^6 + 1400)^2 - (6.37 \times 10^6)^2]\right\}\mathrm{C \cdot m^{-3}}$$
$$= 1.14 \times 10^{-12} \mathrm{C \cdot m^{-3}}$$

10.13 解：电势能的增量

$$\Delta W = W_B - W_A = A_{外} = 5.0 \times 10^{-6}\text{J}$$

A、B 两点间的电势差

$$U_A - U_B = \frac{W_A}{q} - \frac{W_B}{q} = \frac{W_A - W_B}{q} = \frac{-5.0 \times 10^{-6}}{2.5 \times 10^{-8}}\text{V} = -2.0 \times 10^2\text{V} < 0$$

所以 B 点的电势较高。

若设 B 点的电势为零，则

$$U_A = -2.0 \times 10^2\text{V}$$

10.14 解：(1) 以 A 处点电荷为研究对象，由力平衡知 q'为负电荷，有

$$2\frac{1}{4\pi\varepsilon_0}\frac{q^2}{a^2}\cos 30° = -\frac{1}{4\pi\varepsilon_0}\frac{qq'}{\left(\frac{\sqrt{3}}{3}a\right)^2}$$

解得

$$q' = -\frac{\sqrt{3}}{3}q$$

(2) 与三角形边长无关。

10.15 解：如图 10-37 所示，在圆上取 $\mathrm{d}l = R\mathrm{d}\varphi$，$\mathrm{d}q = \lambda\mathrm{d}l = R\lambda\mathrm{d}\varphi$，它在 O 点产生电场强度大小为

$$\mathrm{d}E = \frac{\lambda R\mathrm{d}\varphi}{4\pi\varepsilon_0 R^2}\text{（方向沿半径向外）}$$

则

$$\mathrm{d}E_x = \mathrm{d}E\sin\varphi = \frac{\lambda}{4\pi\varepsilon_0 R}\sin\varphi\mathrm{d}\varphi$$

$$\mathrm{d}E_y = \mathrm{d}E\cos(\pi - \varphi) = \frac{-\lambda}{4\pi\varepsilon_0 R}\cos\varphi\mathrm{d}\varphi$$

积分

$$E_x = \int_0^{\pi}\frac{\lambda}{4\pi\varepsilon_0 R}\sin\varphi\mathrm{d}\varphi = \frac{\lambda}{2\pi\varepsilon_0 R}$$

$$E_y = \int_0^{\pi}\frac{-\lambda}{4\pi\varepsilon_0 R}\cos\varphi\mathrm{d}\varphi = 0$$

所以

$$E = E_x = \frac{\lambda}{2\pi\varepsilon_0 R}\text{（方向沿 } x \text{ 轴正向）}$$

10.16 解：由高斯定理 $\oint_S \boldsymbol{E}\cdot\mathrm{d}\boldsymbol{S} = \frac{\sum q}{\varepsilon_0}$，$E\cdot 4\pi r^2 = \frac{\sum q}{\varepsilon_0}$，得：

当 $r = 5\text{cm}$ 时 $\sum q = 0$，$E = 0$

当 $r = 8\text{cm}$ 时 $\sum q = \rho\frac{4\pi}{3}(r^3 - r_{内}^3)$

所以

$$E = \frac{\rho\frac{4\pi}{3}(r^3 - r_{内}^3)}{4\pi\varepsilon_0 r^2} = 3.48 \times 10^4\text{N}\cdot\text{C}^{-1}\text{（方向沿半径向外）}$$

当 $r=12\text{cm}$ 时 $$\sum q=\rho\frac{4\pi}{3}(r_{外}^3-r_{内}^3)$$

所以

$$E=\frac{\rho\frac{4\pi}{3}(r_{外}^3-r_{内}^3)}{4\pi\varepsilon_0 r^2}=4.10\times10^4\text{N}\cdot\text{C}^{-1}(沿半径向外)$$

10.17 解：利用高斯定理 $\oint_S \boldsymbol{E}\cdot \mathrm{d}\boldsymbol{S}=\frac{\sum q}{\varepsilon_0}$ 求解。

取同轴圆柱形高斯面，侧面积 $S=2\pi rl$，则

$$\oint_S \boldsymbol{E}\cdot \mathrm{d}\boldsymbol{S}=E\cdot 2\pi rl$$

（1） $r<R_1$，$\sum q=0$，$E=0$

（2） $R_1<r<R_2$，$\sum q=l\lambda$

所以 $$E=\frac{\lambda}{2\pi\varepsilon_0 r}(沿径向向外)$$

（3） $r>R_2$，$\sum q=0$

所以 $$E=0$$

10.18 解：如图 10-38 所示，两带电平面均匀带电，电荷面密度分别为 σ_1 与 σ_2。

两面间 $$\boldsymbol{E}=\frac{1}{2\varepsilon_0}(\sigma_1-\sigma_2)\boldsymbol{n}$$

σ_1 面外 $$\boldsymbol{E}=-\frac{1}{2\varepsilon_0}(\sigma_1+\sigma_2)\boldsymbol{n}$$

σ_2 面外 $$\boldsymbol{E}=\frac{1}{2\varepsilon_0}(\sigma_1+\sigma_2)\boldsymbol{n}$$

$\boldsymbol{n}$：垂直于两平面由 σ_1 面指为 σ_2 面。

10.19 解：将此带电体看作带正电 ρ 的均匀球与带电 $-\rho$ 的均匀小球的组合。

（1） $+\rho$ 球在 O 点产生电场 $$E_{10}=0$$

$-\rho$ 球在 O 点产生电场 $$\boldsymbol{E}_{20}=\frac{\frac{4}{3}\pi r^3\rho}{4\pi\varepsilon_0 d^3}\overrightarrow{OO'}$$

所以，O 点电场 $$\boldsymbol{E}_O=\frac{r^3\rho}{3\varepsilon_0 d^3}\overrightarrow{OO'}$$

（2） $+\rho$ 在 O' 产生电场 $$\boldsymbol{E}_{10'}=\frac{\frac{4}{3}\pi d^3\rho}{4\pi\varepsilon_0 d^3}\overrightarrow{OO'}$$

$-\rho$ 球在 O' 产生电场 $$E_{20'}=0$$

所以，O' 点电场 $$\boldsymbol{E}_{O'}=\frac{\rho}{3\varepsilon_0}\overrightarrow{OO'}$$

（3）设空腔任一点 P 相对 O' 的位矢为 $\boldsymbol{r}'$，相对 O 点位矢为 $\boldsymbol{r}$，则

$$E_{PO}=\frac{\rho r}{3\varepsilon_0}$$

$$E_{PO'}=-\frac{\rho r'}{3\varepsilon_0}$$

所以 $$E_P=E_{PO}+E_{PO'}=\frac{\rho}{3\varepsilon_0}(r-r')=\frac{\rho}{3\varepsilon_0}\overrightarrow{OO'}=\frac{\rho d}{3\varepsilon_0}$$

因此腔内电场强度是均匀的。

10.20 解：因为电偶极子 $\boldsymbol{p}$ 在外场 $\boldsymbol{E}$ 中受力矩

$$\boldsymbol{M}=\boldsymbol{p}\times\boldsymbol{E}$$

所以 $M_{max}=pE=qlE$，代入数据

$$M_{max}=(1.0\times10^{-6}\times2\times10^{-3}\times1.0\times10^{5})\mathrm{N\cdot m}=2.0\times10^{-4}\mathrm{N\cdot m}$$

10.21 解：(1) $\oint_S \boldsymbol{E}\cdot \mathrm{d}\boldsymbol{S}=\dfrac{q_1+q_2}{\varepsilon_0}$

(2) $E_A=\dfrac{q_1}{4\pi\varepsilon_0(3R)^2}+\dfrac{q_2}{4\pi\varepsilon_0R^2}+\dfrac{q_3}{4\pi\varepsilon_0R^2}$

10.22 解： $$U_O=\frac{1}{4\pi\varepsilon_0}\left(\frac{q}{R}-\frac{q}{R}\right)=0$$

$$U_C=\frac{1}{4\pi\varepsilon_0}\left(\frac{q}{3R}-\frac{q}{R}\right)=-\frac{q}{6\pi\varepsilon_0R}$$

所以 $$A=q_0(U_O-U_C)=\frac{q_0q}{6\pi\varepsilon_0R}$$

10.23 解：(1) 由于电荷均匀分布与对称性，AB 和 CD 段电荷在 O 点产生的电场强度互相抵消，取 $\mathrm{d}l=R\mathrm{d}\theta$，则 $\mathrm{d}q=\lambda R\mathrm{d}\theta$，$O$ 点 $\mathrm{d}\boldsymbol{E}$ 如图 10-41 所示，由于对称性，O 点电场强度沿 y 轴负方向，大小为

$$E=\int \mathrm{d}E_y=\int_{-\frac{\pi}{2}}^{\frac{\pi}{2}}\frac{\lambda R\mathrm{d}\theta}{4\pi\varepsilon_0R^2}\cos\theta$$

$$=\frac{\lambda}{4\pi\varepsilon_0R}\left[\sin\frac{\pi}{2}-\sin\left(-\frac{\pi}{2}\right)\right]$$

$$=\frac{\lambda}{2\pi\varepsilon_0R}$$

(2) AB 电荷在 O 点产生电势，以 $U_\infty=0$，

$$U_1=\int_B^A\frac{\lambda\mathrm{d}x}{4\pi\varepsilon_0x}=\int_R^{2R}\frac{\lambda\mathrm{d}x}{4\pi\varepsilon_0x}=\frac{\lambda}{4\pi\varepsilon_0}\ln2$$

同理 CD 产生 $$U_2=\frac{\lambda}{4\pi\varepsilon_0}\ln2$$

半圆环产生 $$U_3=\frac{\pi R\lambda}{4\pi\varepsilon_0R}=\frac{\lambda}{4\varepsilon_0}$$

所以 $$U_O=U_1+U_2+U_3=\frac{\lambda}{2\pi\varepsilon_0}\ln2+\frac{\lambda}{4\varepsilon_0}$$

10.24 解：设均匀带电直线电荷密度为 λ，在电子轨道处电场强度

$$E=\frac{\lambda}{2\pi\varepsilon_0 r}$$

电子受力大小

$$F_e=eE=\frac{e\lambda}{2\pi\varepsilon_0 r}$$

所以

$$\frac{e\lambda}{2\pi\varepsilon_0 r}=m_0\frac{v^2}{r}$$

得

$$\lambda=\frac{2\pi\varepsilon_0 m_0 v^2}{e}=12.5\times10^{-13}\mathrm{C\cdot m^{-1}}$$

10.25 解：由题意可知 $\sigma=\dfrac{q}{4\pi\varepsilon_0 R^2}$，利用补偿法，将挖去部分看成点电荷，有

$$E=\frac{\sigma\Delta S}{4\pi\varepsilon_0 R^2}$$

方向指向小面积元。

第 11 章

习题

一、选择题

11.1 D；11.2 B；11.3 B；11.4 D

二、填空题

11.5 处处为零；处处相等；无静电荷；与电荷面密度成正比；处处相等；曲率有关

11.6 有极分子电介质；无极分子电介质；两；取向；位移

11.7 $\dfrac{1}{2}QU$

11.8 $\dfrac{\varepsilon S}{d}$

11.9 ε_r；$\dfrac{1}{\varepsilon_r}$；$\dfrac{1}{\varepsilon_r}$；$\dfrac{1}{\varepsilon_r}$

三、计算题

11.10 解：如图 11-28 所示，令 A 板左侧面电荷面密度为 σ_1，右侧面电荷面密度为 σ_2。

(1) 因为

$$U_{AC}=U_{AB}$$

即

$$E_{AC}d_{AC}=E_{AB}d_{AB}$$

所以

$$\frac{\sigma_1}{\sigma_2}=\frac{E_{AC}}{E_{AB}}=\frac{d_{AB}}{d_{AC}}=2$$

又

$$\sigma_1+\sigma_2=\frac{q_A}{S}$$

得

$$\sigma_2=\frac{q_A}{3S},\quad \sigma_1=\frac{2q_A}{3S}$$

而
$$q_C = -\sigma_1 S = -\frac{2}{3}q_A = -2\times10^{-7}\text{C}$$
$$q_B = -\sigma_2 S = -1\times10^{-7}\text{C}$$

(2) $U_A = E_{AC}d_{AC} = \dfrac{\sigma_1}{\varepsilon_0}d_{AC} = 2.3\times10^3\text{V}$

11.11 解：由高斯定理，可求出场强分布为

$$\begin{cases} E_1 = \dfrac{q}{4\pi\varepsilon_0 r^2} & (0<r<R_1) \\ E_2 = 0 & (R_1<r<R_2) \\ E_3 = \dfrac{q}{4\pi\varepsilon_0 r^2} & (r>R_2) \end{cases}$$

所以电势的分布为

当 $0<r\leqslant R_1$ 时，

$$U_1 = \int_r^{R_1}\frac{q}{4\pi\varepsilon_0 r^2}\text{d}r + \int_{R_2}^{\infty}\frac{q}{4\pi\varepsilon_0 r^2}\text{d}r = \frac{q}{4\pi\varepsilon_0}\left(\frac{1}{r}-\frac{1}{R_1}+\frac{1}{R_2}\right)$$

当 $R_1<r\leqslant R_2$ 时，

$$U_2 = \int_{R_2}^{\infty}\frac{q}{4\pi\varepsilon_0 r^2}\text{d}r = \frac{q}{4\pi\varepsilon_0 R_2}$$

当 $r\geqslant R_2$ 时，

$$U_3 = \int_r^{\infty}\frac{q}{4\pi\varepsilon_0 r^2}\text{d}r = \frac{q}{4\pi\varepsilon_0 r}$$

11.12 解：由电场强度叠加原理和电势叠加原理有感应电荷在 B 点的场强大小为

$$E = \frac{q}{4\pi\varepsilon_0(r+a)^2}\text{（方向向右）}$$

B 点的电势为

$$U = \frac{q}{4\pi\varepsilon_0 a}$$

11.13 解：由题意知
$$F_0 = \frac{q^2}{4\pi\varepsilon_0 r^2}$$

(1) 小球 3 接触小球 1 后，小球 3 和小球 1 均带电：

$$q' = \frac{q}{2}$$

小球 3 再与小球 2 接触后，小球 2 与小球 3 均带电：

$$q'' = \frac{3}{4}q$$

所以此时小球 1 与小球 2 间相互作用力

$$F_1 = \frac{q'q''}{4\pi\varepsilon_0 r^2} = \frac{\frac{3}{8}q^2}{4\pi\varepsilon_0 r^2} = \frac{3}{8}F_0$$

(2) 小球3依次交替接触小球1、2很多次后，每个小球带电量均为$\frac{2q}{3}$，所以小球1、2间的作用力

$$F_2 = \frac{\frac{2}{3}q \cdot \frac{2}{3}q}{4\pi\varepsilon_0 r^2} = \frac{4}{9}F_0$$

11.14 解：利用有介质时的高斯定理 $\oint_S \boldsymbol{D} \cdot \mathrm{d}\boldsymbol{S} = \sum_S q_0$

(1) 介质内($R_1 < r < R_2$)电场强度

$$\boldsymbol{D} = \frac{Q\boldsymbol{r}}{4\pi r^3}, \quad \boldsymbol{E}_{内} = \frac{Q\boldsymbol{r}}{4\pi\varepsilon_0\varepsilon_r r^3}$$

介质外($r < R_2$)电场强度

$$\boldsymbol{D} = \frac{Q\boldsymbol{r}}{4\pi r^3}, \quad \boldsymbol{E}_{外} = \frac{Q\boldsymbol{r}}{4\pi\varepsilon_0 r^3}$$

(2) 介质外($r > R_2$)电势

$$U = \int_r^{\infty} \boldsymbol{E}_{外} \cdot \mathrm{d}\boldsymbol{r} = \frac{Q}{4\pi\varepsilon_0 r}$$

介质内($R_1 < r < R_2$)电势

$$\begin{aligned} U &= \int_r^{\infty} \boldsymbol{E}_{内} \cdot \mathrm{d}\boldsymbol{r} + \int^{\infty} \boldsymbol{E}_{外} \cdot \mathrm{d}\boldsymbol{r} \\ &= \frac{q}{4\pi\varepsilon_0\varepsilon_r}\left(\frac{1}{r} - \frac{1}{R_2}\right) + \frac{Q}{4\pi\varepsilon_0 R_2} \\ &= \frac{Q}{4\pi\varepsilon_0\varepsilon_r}\left(\frac{1}{r} + \frac{\varepsilon_r - 1}{R_2}\right) \end{aligned}$$

(3) 金属球的电势

$$\begin{aligned} U &= \int_{R_1}^{R_2} \boldsymbol{E}_{内} \cdot \mathrm{d}\boldsymbol{r} + \int_{R_2}^{\infty} \boldsymbol{E}_{外} \cdot \mathrm{d}\boldsymbol{r} \\ &= \int_{R_1}^{R_2} \frac{Q\mathrm{d}r}{4\pi\varepsilon_0\varepsilon_r r^2} + \int_{R_2}^{\infty} \frac{Q\mathrm{d}r}{4\pi\varepsilon_0 r^2} \\ &= \frac{Q}{4\pi\varepsilon_0\varepsilon_r}\left(\frac{1}{R_1} + \frac{\varepsilon_r - 1}{R_2}\right) \end{aligned}$$

11.15 解：(1) 由 $E = \frac{\sigma}{\varepsilon_0}$有

$$E = \frac{q}{\varepsilon_0 S}$$

则

$$U_{AB}=Ed=\frac{qd}{\varepsilon_0 S}$$

而 $$U_A=0$$

所以(1) $$U_B=-\frac{2.66\times10^{-8}\times5\times10^{-3}}{8.85\times10^{-12}\times1.5\times10^{-2}}\text{V}=-1000\text{V}$$

(2) 离 A 板 1.0mm 处的电势：

$$U_P=\frac{1}{5}\times(-10^3\text{V})=-200\text{V}$$

11.16 解：取半径为 r 的同轴圆柱面(S)，则

$$\oint_S \boldsymbol{D}\cdot\mathrm{d}\boldsymbol{S}=2\pi rlD$$

当 $R_1<r<R_2$ 时，$\sum q=Q$，所以

$$D=\frac{Q}{2\pi rl}$$

(1) 电场能量密度 $$w_e=\frac{D^2}{2\varepsilon}=\frac{Q^2}{8\pi^2\varepsilon r^2 l^2}$$

薄壳中 $$\mathrm{d}W_e=w_e\mathrm{d}V=\frac{Q^2}{8\pi^2\varepsilon r^2 l^2}2\pi r\mathrm{d}rl=\frac{Q^2\mathrm{d}r}{4\pi\varepsilon rl}$$

(2) 电介质中总电场能量

$$W_e=\int_V\mathrm{d}W_e=\int_{R_1}^{R_2}\frac{Q^2\mathrm{d}r}{4\pi\varepsilon rl}=\frac{Q^2}{4\pi\varepsilon l}\ln\frac{R_2}{R_1}$$

(3) 电容 因为 $$W_e=\frac{Q^2}{2C}$$

所以 $$C=\frac{Q^2}{2W_e}=\frac{2\pi\varepsilon l}{\ln(R_2/R_1)}$$

11.17 解：(1) q_1 作用在 q_2 的库仑力仍满足库仑定律，即

$$F=\frac{1}{4\pi\varepsilon_0}\frac{q_1q_2}{r^2}$$

但 q_2 处于金属球壳中心，它受合力为零，没有加速度。

(2) 去掉金属壳 B，q_1 作用在 q_2 上的库仑力仍是 $F=\dfrac{1}{4\pi\varepsilon_0}\dfrac{q_1q_2}{r^2}$，但此时 q_2 受合力不为零，有加速度。

11.18 解：电容 C_1 上电荷量

$$Q_1=C_1U_1$$

电容 C_2 与 C_3 并联，$C_{23}=C_2+C_3$，其上电荷 $Q_{23}=Q_1$。所以

$$U_2=\frac{Q_{23}}{C_{23}}=\frac{C_1U_1}{C_{23}}=\frac{25\times50}{35}\text{V}$$

$$U_{AB}=U_1+U_2=50\left(1+\frac{25}{35}\right)\text{V}=86\text{V}$$

11.19 解：(1) C_1 与 C_2 串联后电容

$$C' = \frac{C_1C_2}{C_1 + C_2} = \frac{200 \times 300}{200 + 300}\text{pF} = 120\text{pF}$$

(2) 串联后电压比

$$\frac{U_1}{U_2} = \frac{C_2}{C_1} = \frac{3}{2}$$

而
$$U_1 + U_2 = 1000\text{V}$$

所以
$$U_1 = 600\text{V}, \quad U_2 = 400\text{V}$$

即电容 C_1 电压超过耐压值会击穿，然后 C_2 也击穿。

11.20 解：如图 11-35 所示，设连接后两电容器带电分别为 q_1、q_2，则

$$\begin{cases} q_1 + q_2 = q_{10} - q_{20} = C_1U - C_2U \\ \dfrac{q_1}{q_2} = \dfrac{C_1U_1}{C_2U_2} \\ U_1 = U_2 \end{cases}$$

解得

(1)
$$q_1 = \frac{C_1(C_1 - C_2)}{C_1 + C_2}U, \quad q_2 = \frac{C_2(C_1 - C_2)}{C_1 + C_2}U$$

(2) 电场能量损失

$$\Delta W_e = W_{e0} - W_e = \left(\frac{1}{2}C_1U^2 + \frac{1}{2}C_2U^2\right) - \left(\frac{q_1^2}{2C_1} + \frac{q_2^2}{2C_2}\right) = \frac{2C_1C_2}{C_1 + C_2}U^2$$

11.21 解：由高斯定理，可求出场强分布为

$$\begin{cases} E_1 = 0 & (r < R_3) \\ E_2 = \dfrac{q}{4\pi\varepsilon_0 r^2} & (R_3 < r < R_2) \\ E_3 = 0 & (R_2 < r < R_1) \\ E_4 = \dfrac{2q}{4\pi\varepsilon_0 r^2} & (r > R_1) \end{cases}$$

所以

$$\begin{aligned} U_0 &= \int_0^{R_3} \boldsymbol{E}_1 \cdot \mathrm{d}\boldsymbol{r} + \int_{R_3}^{R_2} \boldsymbol{E}_2 \cdot \mathrm{d}\boldsymbol{r} + \int_{R_2}^{R_1} \boldsymbol{E}_3 \cdot \mathrm{d}\boldsymbol{r} + \int_{R_1}^{\infty} \boldsymbol{E}_4 \cdot \mathrm{d}\boldsymbol{r} \\ &= \int_{R_3}^{R_2} \frac{q}{4\pi\varepsilon_0 r^2}\mathrm{d}r + \int_{R_1}^{\infty} \frac{2q}{4\pi\varepsilon_0 r^2}\mathrm{d}r = \frac{q}{4\pi\varepsilon_0}\left(\frac{1}{R_3} - \frac{1}{R_2} + \frac{2}{R_1}\right) \end{aligned}$$

第 12 章

一、选择题

12.1 B；12.2 B 12.3 B；12.4 B

二、填空题

12.5　0，$\frac{\pi R^2}{2}I$，向里；$\frac{\pi R^2}{2}IB$，向右；0，$\frac{\pi R^2}{2}BI$

12.6　$B=\frac{\mu_0 I}{2\pi a}$，右手螺旋法则

12.7　$B=\mu_0 nI$，0

12.8　$BI\overline{ab}$，0

12.9　$\frac{\mu_0 I}{2R}$，$\frac{\mu_0 I\theta}{4\pi R}$，右手螺旋法则

12.10　$q\boldsymbol{v}\times\boldsymbol{B}$，垂直，不做

12.11　(a)$\frac{\mu_0 I}{8R}$(向外)；(b)$\frac{\mu_0 I}{2R}\left(1-\frac{1}{\pi}\right)$(向里)；(c)$\frac{\mu_0 I}{4R}\left(1+\frac{1}{2\pi}\right)$(向外)

三、计算题

12.12　解：(1) 通过 $abcd$ 面积 S_1 的磁通量

$$\Phi_1=\boldsymbol{B}\cdot\boldsymbol{S}_1=(2.0\times0.3\times0.4)\text{Wb}=0.24\text{Wb}$$

(2) 通过 $befc$ 面积 S_2 的磁通量

$$\Phi_2=\boldsymbol{B}\cdot\boldsymbol{S}_2=0$$

(3) 通过 $aefd$ 面积 S_3 的磁通量

$$\Phi_3=\boldsymbol{B}\cdot\boldsymbol{S}_3=(2\times0.3\times0.5\times\cos\theta)\text{Wb}=\left(2\times0.3\times0.5\times\frac{4}{5}\right)\text{Wb}$$

$$=0.24\text{Wb}(或-0.24\text{Wb})$$

12.13　解：如图12-49所示，O 点磁场由 AB、$\overset{\frown}{BC}$、CD 三部分电流产生。其中

AB 产生 $B_1=0$；

CD 产生 $B_2=\frac{\mu_0 I}{12R}$，方向垂直向里；

$\overset{\frown}{BC}$段产生 $B_3=\frac{\mu_0 I}{4\pi\frac{R}{2}}(\sin90^\circ-\sin60^\circ)=\frac{\mu_0 I}{2\pi R}\left(1-\frac{\sqrt{3}}{2}\right)$，方向垂直向里；

所以 $B_0=B_1+B_2+B_3=\frac{\mu_0 I}{2\pi R}\left(1-\frac{\sqrt{3}}{2}+\frac{\pi}{6}\right)$，方向垂直向里。

12.14　解：如图12-50所示，$\boldsymbol{B}_A$ 方向垂直纸面向里

$$B_A=\frac{\mu_0 I_1}{2\pi(0.1-0.05)}+\frac{\mu_0 I_2}{2\pi\times0.05}=1.2\times10^{-4}\text{T}$$

设 $B=0$，在 L_2 外侧距离 L_2 为 r 处，

$$\frac{\mu_0 I_1}{2\pi(r+0.1)}-\frac{\mu_0 I_2}{2\pi r}=0$$

解得

$$r=0.1\text{m}$$

12.15 解：如图12-51所示，圆心O点磁场由直电流$A\infty$和$B\infty$，以及两段圆弧上电流I_1与I_2所产生，但$A\infty$和$B\infty$在O点产生的磁场为零，且

$$\frac{I_1}{I_2}=\frac{\text{电阻 }R_2}{\text{电阻 }R_1}=\frac{\theta}{2\pi-\theta}$$

I_1产生$\boldsymbol{B}_1$方向垂直纸面向外：

$$B_1=\frac{\mu_0 I_1}{2R}\frac{2\pi-\theta}{2\pi}$$

I_2产生$\boldsymbol{B}_2$方向垂直纸面向里：

$$B_2=\frac{\mu_0 I_2}{2R}\frac{\theta}{2\pi}$$

所以
$$\frac{B_1}{B_2}=\frac{I_1(2\pi-\theta)}{I_2\theta}=1$$

有
$$\boldsymbol{B}_0=\boldsymbol{B}_1+\boldsymbol{B}_2=\boldsymbol{0}$$

12.16 解：因为金属片无限长，所以圆柱轴线上任一点P的磁感应强度方向都在圆柱截面上，取坐标如图12-52所示，取宽为$\mathrm{d}l$的一无限长直电流$\mathrm{d}I=\frac{I}{\pi R}\mathrm{d}l$，在轴上$P$点产生$\mathrm{d}\boldsymbol{B}$与$R$垂直，大小为

$$\mathrm{d}B=\frac{\mu_0\mathrm{d}I}{2\pi R}=\frac{\mu_0\frac{I}{\pi R}R\mathrm{d}\theta}{2\pi R}=\frac{\mu_0 I\mathrm{d}\theta}{2\pi^2 R}$$

$$\mathrm{d}B_x=\mathrm{d}B\cos\theta=\frac{\mu_0 I\cos\theta\mathrm{d}\theta}{2\pi^2 R}$$

$$\mathrm{d}B_y=\mathrm{d}B\cos\left(\frac{\pi}{2}+\theta\right)=-\frac{\mu_0 I\sin\theta\mathrm{d}\theta}{2\pi^2 R}$$

所以
$$B_x=\int_{-\frac{\pi}{2}}^{\frac{\pi}{2}}\frac{\mu I\cos\theta\mathrm{d}\theta}{2\pi^2 R}=\frac{\mu_0 I}{2\pi^2 R}\left[\sin\frac{\pi}{2}-\sin\left(-\frac{\pi}{2}\right)\right]=\frac{\mu_0}{\pi^2}\frac{I}{R}=6.37\times10^{-5}\mathrm{T}$$

$$B_y=\int_{-\frac{\pi}{2}}^{\frac{\pi}{2}}\left(-\frac{\mu_0 I\sin\theta\mathrm{d}\theta}{2\pi^2 R}\right)=0$$

所以
$$\boldsymbol{B}=6.37\times10^{-5}\boldsymbol{i}\mathrm{T}$$

12.17 解：电子在轨道中心产生的磁感应强度

$$\boldsymbol{B}_0=\frac{\mu_0 e\,\boldsymbol{v}\times\boldsymbol{a}}{4\pi a^3}$$

如图12-53所示，方向垂直向里，大小为

$$B_0=\frac{\mu_0 ev}{4\pi a^2}=13\mathrm{T}$$

电子磁矩$\boldsymbol{P}_\mathrm{m}$在图中也是垂直向里，大小为

$$P_m=\frac{e}{T}\pi a^2=\frac{eva}{2}=9.2\times10^{-24}\mathrm{A\cdot m^2}$$

12.18 解：(1) $B_A=\dfrac{\mu_0 I_1}{2\pi\left(\dfrac{d}{2}\right)}+\dfrac{\mu_0 I_2}{2\pi\left(\dfrac{d}{2}\right)}=4\times10^{-5}\mathrm{T}$，方向垂直纸面向外

(2) 取面元 $\mathrm{d}S=l\mathrm{d}r$，则

$$\Phi=\int_{r_1}^{r_1+r_2}\left[\frac{\mu_0 I_1}{2\pi r}+\frac{\mu_1 I_1}{2\pi(d-r)}\right]l\mathrm{d}r=\frac{\mu_0 I_1 l}{2\pi}\ln 3-\frac{\mu_0 I_2 l}{2\pi}\ln\frac{1}{3}=\frac{\mu_0 I_1 l}{\pi}\ln 3=2.2\times10^{-6}\mathrm{Wb}$$

12.19 解：由安培环路定理求距圆导线轴为 r 处的磁感应强度

$$\oint_l \boldsymbol{B}\cdot\mathrm{d}\boldsymbol{l}=\mu_0\sum I$$

$$B\cdot 2\pi r=\mu_0\frac{Ir^2}{R^2}$$

所以
$$B=\frac{\mu_0 Ir}{2\pi R^2}$$

磁通量
$$\Phi_m=\int_S \boldsymbol{B}\cdot\mathrm{d}\boldsymbol{S}=\int_0^R\frac{\mu_0 Ir}{2\pi R^2}\mathrm{d}r=\frac{\mu_0 I}{4\pi}=10^{-6}\mathrm{Wb}$$

12.20 解：$\oint_a \boldsymbol{B}\cdot\mathrm{d}\boldsymbol{l}=8\mu_0$，$\oint_{ba}\boldsymbol{B}\cdot\mathrm{d}\boldsymbol{l}=8\mu_0$，$\oint_c \boldsymbol{B}\cdot\mathrm{d}\boldsymbol{l}=0$。

(1) 在各条闭合曲线上，各点 $\boldsymbol{B}$ 的大小不相等。

(2) 在闭合曲线 c 上各点 $\boldsymbol{B}$ 不为零。只是 $\boldsymbol{B}$ 的环路积分为零而非每点 $\boldsymbol{B}=\boldsymbol{0}$。

12.21 证：取闭合回路 $l=2\pi r$ ($a<r<b$)，则

$$\oint_l \boldsymbol{B}\cdot\mathrm{d}\boldsymbol{l}=B\cdot 2\pi r=\mu_0\sum I$$

$$\sum I=(\pi r^2-\pi a^2)\frac{I}{\pi b^2-\pi a^2}$$

所以
$$B=\frac{\mu_0 I(r^2-a^2)}{2\pi r(b^2-a^2)}$$

12.22 解：$\oint_L \boldsymbol{B}\cdot\mathrm{d}\boldsymbol{l}=\mu_0\sum I$。

(1) $r<a$
$$B\cdot 2\pi r=\mu_0\frac{Ir^2}{R^2}$$
$$B=\frac{\mu_0 Ir}{2\pi R^2}$$

(2) $a<r<b$
$$B\cdot 2\pi r=\mu_0 I$$
$$B=\frac{\mu_0 I}{2\pi r}$$

(3) $b<r<c$
$$B\cdot 2\pi r=-\mu_0 I\frac{r^2-b^2}{c^2-b^2}+\mu_0 I$$

$$B=\frac{\mu_0 I(c^2-r^2)}{2\pi r(c^2-b^2)}$$

（4）$r>c$

$$B\cdot 2\pi r=0$$

$$B=0$$

12.23 解：空间各点磁场可看作半径为 R、电流 I_1 均匀分布在横截面上的圆柱导体和半径为 r、电流 $-I_2$ 均匀分布在横截面上的圆柱导体磁场之和。

（1）圆柱轴线上的 O 点 B 的大小。

电流 I_1 产生的 $B_1=0$，电流 $-I_2$ 产生的磁场

$$B_2=\frac{\mu_0 I_2}{2\pi a}=\frac{\mu_0}{2\pi a}\ \frac{Ir^2}{R^2-r^2}$$

所以

$$B_0=\frac{\mu_0 I r^2}{2\pi a(R^2-r^2)}$$

（2）空心部分轴线上 O' 点 B 的大小。

电流 I_2 产生的

$$B_2'=0$$

电流 I_1 产生的

$$B_2'=\frac{\mu_0}{2\pi a}\ \frac{Ia^2}{R^2-r^2}=\frac{\mu_0 Ia}{2\pi(R^2-r^2)}$$

所以

$$B_0'=\frac{\mu_0 Ia}{2\pi(R^2-r^2)}$$

12.24 解：

$$\boldsymbol{F}_{AB}=\int_A^B I_2\mathrm{d}\boldsymbol{l}\times\boldsymbol{B}$$

$$F_{AB}=I_2 a\frac{\mu_0 I_1}{2\pi d}=\frac{\mu_0 I_1 I_2 a}{2\pi d}\quad\text{（方向垂直 }AB\text{ 向左）}$$

$\boldsymbol{F}_{AC}=\int_A^C I_2\mathrm{d}\boldsymbol{l}\times\boldsymbol{B}$，方向垂直 AC 向下，大小为

$$F_{AC}=\int_d^{d+a} I_2\mathrm{d}r\frac{\mu_0 I_1}{2\pi r}=\frac{\mu_0 I_1 I_2}{2\pi}\ln\frac{d+a}{d}$$

同理 $\boldsymbol{F}_{BC}$ 方向垂直 BC 向上，大小为

$$F_{BC}=\int_d^{d+a} I_2\mathrm{d}l\frac{\mu_0 I_1}{2\pi r}$$

因为

$$\mathrm{d}l=\frac{\mathrm{d}r}{\cos 45°}$$

所以

$$F_{BC}=\int_a^{d+a}\frac{\mu_0 I_2 I_1\mathrm{d}r}{2\pi r\cos 45°}=\frac{\mu_0 I_1 I_2}{\sqrt{2}\pi}\ln\frac{d+a}{d}$$

12.25 解：（1）$\boldsymbol{F}_{CD}$ 方向垂直 CD 向左，大小为

$$F_{CD}=I_2 b\frac{\mu_0 I_1}{2\pi d}=8.0\times 10^{-4}\mathrm{N}$$

同理 $\boldsymbol{F}_{FE}$ 方向垂直 FE 向右，大小为

$$F_{FE}=I_2 b\frac{\mu_0 I_1}{2\pi(d+a)}=8.0\times 10^{-5}\mathrm{N}$$

$\boldsymbol{F}_{CF}$ 方向垂直 CF 向上，大小为

$$F_{CF}=\int_d^{d+a}\frac{\mu_0 I_1 I_2}{2\pi r}\mathrm{d}r=\frac{\mu_0 I_1 I_2}{2\pi}\ln\frac{d+a}{d}=9.2\times 10^{-5}\mathrm{N}$$

$\boldsymbol{F}_{ED}$ 方向垂直 ED 向下，大小为

$$F_{ED}=F_{CF}=9.2\times 10^{-5}\mathrm{N}$$

（2）合力 $\boldsymbol{F}=\boldsymbol{F}_{CD}+\boldsymbol{F}_{FE}+\boldsymbol{F}_{CF}+\boldsymbol{F}_{ED}$ 方向向左，大小为

$$F=7.2\times 10^{-4}\mathrm{N}$$

合力矩

$$\boldsymbol{M}=\boldsymbol{P}_{\mathrm{m}}\times\boldsymbol{B}$$

因为线圈与导线共面，所以

$$\boldsymbol{P}_{\mathrm{m}}/\!/\boldsymbol{B}$$

$$\boldsymbol{M}=\boldsymbol{0}$$

12.26 解：（1）$\boldsymbol{F}_{bc}=I\boldsymbol{l}\times\boldsymbol{B}=\boldsymbol{0}$。

$\boldsymbol{F}_{ab}=I\boldsymbol{l}\times\boldsymbol{B}$ 方向垂直纸面向外，大小为

$$F_{ab}=IlB\sin 120^\circ=0.866\mathrm{N}$$

$\boldsymbol{F}_{ca}=I\boldsymbol{l}\times\boldsymbol{B}$ 方向垂直纸面向里，大小为

$$F_{ca}=IlB\sin 120^\circ=0.866\mathrm{N}$$

（2）$P_{\mathrm{m}}=IS$。

$\boldsymbol{M}=\boldsymbol{P}_{\mathrm{m}}\times\boldsymbol{B}$ 沿 $\overrightarrow{OO'}$ 方向，大小为

$$M=ISB=I\frac{\sqrt{3}l^2}{4}B=4.33\times 10^{-2}\mathrm{N\cdot m}$$

（3）磁力功

$$A=I(\Phi_2-\Phi_1)$$

因为

$$\Phi_1=0,\ \Phi_2=\frac{\sqrt{3}}{4}l^2 B$$

所以

$$A=I\frac{\sqrt{3}}{4}l^2 B=4.33\times 10^{-2}\mathrm{J}$$

12.27 解：设微振动时线圈振动角度为 $\theta(\theta=\langle\boldsymbol{P}_{\mathrm{m}},\boldsymbol{B}\rangle)$，则

$$M=P_{\mathrm{m}}B\sin\theta=NIa^2B\sin\theta$$

由转动定律

$$J\frac{\mathrm{d}^2\theta}{\mathrm{d}t^2}=-NIa^2B\sin\theta\approx -NIa^2B\theta$$

即

$$\frac{\mathrm{d}^2\theta}{\mathrm{d}t^2}+\frac{NIa^2B}{J}\theta=0$$

所以振动角频率

$$\omega=\sqrt{\frac{NIa^2B}{J}}$$

周期
$$T=\frac{2\pi}{\omega}=2\pi\sqrt{\frac{J}{Na^2IB}}$$

12.28 解：在 ab 上取 dr，它受力 d$\boldsymbol{F}$ 垂直 ab 向上，大小为

$$\mathrm{d}F=I_2\mathrm{d}r\frac{\mu_0 I_1}{2\pi r}$$

d$\boldsymbol{F}$ 对 O 点力矩
$$\mathrm{d}\boldsymbol{M}=\boldsymbol{r}\times\boldsymbol{F}$$

d$\boldsymbol{M}$ 方向垂直纸面向外，大小为

$$\mathrm{d}M=r\mathrm{d}F=\frac{\mu_0 I_1 I_2}{2\pi}\mathrm{d}r$$

$$M=\int_a^b \mathrm{d}M=\frac{\mu_0 I_1 I_2}{2\pi}\int_a^b \mathrm{d}r=3.6\times10^{-6}\mathrm{N\cdot m}$$

12.29 解：(1) 轨迹如习题 12.29 解图所示。

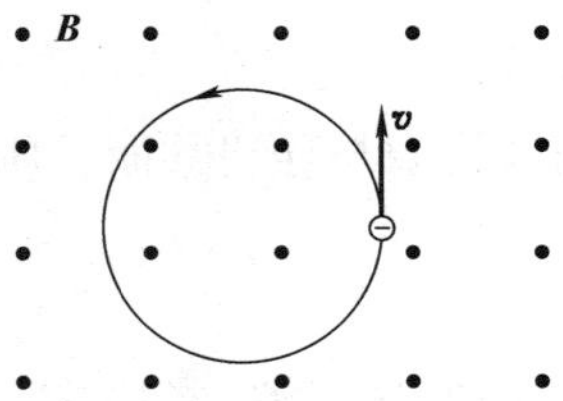

习题 12.29 解图

(2) 因为
$$evB=m\frac{v^2}{r}$$

所以
$$v=\frac{eBr}{m}=3.7\times10^7\mathrm{m\cdot s^{-1}}$$

(3)
$$E_\mathrm{k}=\frac{1}{2}mv^2=6.2\times10^{-16}\mathrm{J}$$

12.30 解：(1) 因为
$$eE_\mathrm{H}=evB$$

所以
$$v=\frac{E_\mathrm{H}}{B}=\frac{U_\mathrm{H}}{lB}=\frac{1.0\times10^{-5}}{10^{-2}\times1.5}\mathrm{m\cdot s^{-1}}=6.7\times10^{-4}\mathrm{m\cdot s^{-1}}$$

(2) 因为
$$I=nevS$$

所以
$$n=\frac{I}{evS}=\frac{3}{1.6\times10^{-19}\times6.7\times10^{-4}\times10^{-2}\times10^{-5}}\mathrm{m^{-3}}$$
$$=2.8\times10^{29}\mathrm{m^{-3}}$$

12.31 解：(1)
$$\oint_l \boldsymbol{H}\cdot\mathrm{d}\boldsymbol{l}=\sum I$$
$$HL=NI$$
$$H=\frac{NI}{L}=200\mathrm{A\cdot m^{-1}}$$
$$B_0=\mu_0 H=2.5\times10^{-4}\mathrm{T}$$

(2) $H=200\mathrm{A\cdot m^{-1}}$，$B=\mu_\mathrm{r}\mu_0 H=\mu_\mathrm{r}B_0=1.05\mathrm{T}$

*(3) 由传导电流产生的 B_0 即(1)中的 $B_0=2.5\times10^{-4}\mathrm{T}$，所以由磁化电流产生的 $B'=B-B_0\approx1.05\mathrm{T}$。

12.32 解：(1) $H=nI=\dfrac{N}{l}I=2\times10^4\mathrm{A\cdot m^{-1}}$

(2) $M=\dfrac{B}{\mu_0}-H\approx7.76\times10^5\mathrm{A\cdot m^{-1}}$

*(3) $\chi_m=\dfrac{M}{H}\approx 38.8$

*(4) 相对磁导率 $\mu_r=1+\chi_m=39.8$

12.33 解：(1) $B=\dfrac{\Phi}{S}=2\times 10^{-2}\text{T}$

(2) 由 $\oint \boldsymbol{H}\cdot \mathrm{d}\boldsymbol{l}=NI_0$，得

$$H=\frac{NI_0}{L}=32\text{A}\cdot\text{m}^{-1}$$

第 13 章

一、选择题

13.1 A；13.2 A；13.3 D；13.4 C；13.5 C

二、填空题

13.6 自由电荷，变化的磁场；洛伦兹力；涡旋电场力；$-12t-7$

13.7 0；$2BvR$

13.8 ②；③；①；④；变化的电场产生磁场，变化的磁场产生电场

13.9 $\dfrac{\mathrm{d}\Phi_D}{\mathrm{d}t}$，回路 L 中包围的电位移通量的变化率；$-\dfrac{\mathrm{d}\Phi_m}{\mathrm{d}t}$，回路 L 中包围的磁通量的变化率的负值

13.10 $E_{涡}=-\dfrac{1}{2}r\dfrac{\mathrm{d}B}{\mathrm{d}t}$；0；$\varepsilon_L=\dfrac{1}{2}r\dfrac{\mathrm{d}B}{\mathrm{d}t}L$

三、计算题

13.11 解：回路磁通量 $\Phi_m=BS=B\pi r^2$

感应电动势大小为

$$\varepsilon=\frac{\mathrm{d}\Phi_m}{\mathrm{d}t}=\frac{\mathrm{d}}{\mathrm{d}t}(B\pi r^2)=B\cdot 2\pi r\frac{\mathrm{d}r}{\mathrm{d}t}=0.40\text{V}$$

13.12 解：取半圆形 cba 法向为 $\boldsymbol{i}$，则

$$\Phi_{m1}=\frac{\pi R^2}{2}B\cos\alpha$$

同理，半圆形 adc 法向为 $\boldsymbol{j}$，则

$$\Phi_{m2}=\frac{\pi R^2}{2}B\cos\alpha$$

因为 $\boldsymbol{B}$ 与 $\boldsymbol{i}$ 夹角和 $\boldsymbol{B}$ 与 $\boldsymbol{j}$ 夹角相等，所以

$$\alpha=45°$$

则

$$\Phi_m=B\pi R^2\cos\alpha$$

$$\varepsilon=-\frac{\mathrm{d}\Phi_m}{\mathrm{d}t}=-\pi R^2\cos\alpha\frac{\mathrm{d}B}{\mathrm{d}t}=-8.89\times 10^{-2}\text{V}$$

方向与 $cbadc$ 相反，即顺时针方向。

13.13 解：以向外磁通为正则。

(1) $$\Phi_m = \int_b^{b+a} \frac{\mu_0 I}{2\pi r} l\mathrm{d}r - \int_d^{d+a} \frac{\mu_0 I}{2\pi r} l\mathrm{d}r = \frac{\mu_0 Il}{2\pi}\left(\ln\frac{b+a}{b} - \ln\frac{d+a}{d}\right)$$

(2) $$\varepsilon = -\frac{\mathrm{d}\Phi}{\mathrm{d}t} = \frac{\mu_0 l}{2\pi}\left(\ln\frac{d+a}{d} - \ln\frac{b+a}{b}\right)\frac{\mathrm{d}I}{\mathrm{d}t}$$

13.14 解 $$\Phi_m = \boldsymbol{B}\cdot\boldsymbol{S} = B\frac{\pi r^2}{2}\cos(\omega t + \varphi_0)$$

$$\varepsilon_i = -\frac{\mathrm{d}\Phi_m}{\mathrm{d}t} = \frac{B\pi r^2\omega}{2}\sin(\omega t + \varphi_0)$$

所以 $$\varepsilon_m = \frac{B\pi r^2\omega}{2} = \frac{B\pi r^2}{2}2\pi f = \pi^2 r^2 Bf$$

所以 $$I = \frac{\varepsilon_m}{R} = \frac{\pi^2 r^2 Bf}{R}$$

13.15 解：AB、CD 运动速度$\boldsymbol{v}$方向与磁力线平行，不产生感应电动势。

DA 产生电动势

$$\varepsilon_1 = \int_D^A (\boldsymbol{v}\times\boldsymbol{B})\cdot\mathrm{d}\boldsymbol{l} = vBb = vb\frac{\mu_0 I}{2\pi d}$$

BC 产生电动势

$$\varepsilon_2 = \int_B^C (\boldsymbol{v}\times\boldsymbol{B})\cdot d\boldsymbol{l} = -vb\frac{\mu_0 I}{2\pi(a+d)}$$

所以回路中总感应电动势

$$\varepsilon = \varepsilon_1 + \varepsilon_2 = \frac{\mu_0 Ibv}{2\pi}\left(\frac{1}{d} - \frac{1}{d+a}\right) = 1.6\times 10^{-8}\,\mathrm{V}$$

方向沿顺时针。

13.16 解： $$\Phi_m = \boldsymbol{B}\cdot\boldsymbol{S} = Blvt\cos 60^\circ = kt^2 lv\frac{1}{2} = \frac{1}{2}klvt^2$$

所以 $$\varepsilon = -\frac{\mathrm{d}\Phi_m}{\mathrm{d}t} = -klvt$$

即沿 $abcd$ 方向，顺时针方向。

13.17 解：在金属杆上取 dr，距左边直导线为 r，则

$$\varepsilon_{AB} = \int_A^B (\boldsymbol{v}\times\boldsymbol{B})\cdot\mathrm{d}\boldsymbol{l} = \int_{a-b}^{a+b} -\frac{\mu_0 Iv}{2\pi}\left(\frac{1}{r} + \frac{1}{2a-r}\right)\mathrm{d}r = \frac{-\mu_0 Iv}{\pi}\ln\frac{a+b}{a-b}$$

因为 $\varepsilon_{AB} < 0$，所以实际上感应电动势方向从 $B\rightarrow A$，即从图中从右向左，因此

$$U_{AB} = \frac{\mu_0 Iv}{\pi}\ln\frac{a+b}{a-b}$$

13.18 解：因为 $$\varepsilon_{ac} = \varepsilon_{ab} + \varepsilon_{bc}$$

$$\Phi_1 = \boldsymbol{B}\cdot\boldsymbol{S}_{\triangle oab} = -\frac{\sqrt{3}}{4}R^2 B$$

$$\varepsilon_{ab} = -\frac{\mathrm{d}\Phi_1}{\mathrm{d}t} = -\frac{\mathrm{d}}{\mathrm{d}t}\left(-\frac{\sqrt{3}}{4}R^2B\right) = \frac{\sqrt{3}R^2}{4}\frac{\mathrm{d}B}{\mathrm{d}t}$$

$$\Phi_2 = \boldsymbol{B}\cdot\boldsymbol{S}_{扇形} = -\frac{\pi R^2}{12}B$$

$$\varepsilon_{bc} = -\frac{\mathrm{d}\Phi_2}{\mathrm{d}t} = -\frac{\mathrm{d}}{\mathrm{d}t}\left(-\frac{\pi R^2}{12}B\right) = \frac{\pi R^2}{12}\frac{\mathrm{d}B}{\mathrm{d}t}$$

所以
$$\varepsilon_{ac} = \left(\frac{\sqrt{3}R^2}{4} + \frac{\pi R^2}{12}\right)\frac{\mathrm{d}B}{\mathrm{d}t}$$

因为 $\mathrm{d}B/\mathrm{d}t > 0$，所以 $\varepsilon_{ac} > 0$，即 ε 从 $a \to c$。

13.19 解：如图 13-37 所示，闭合导线 $abca$ 内磁通量

$$\Phi_{\mathrm{m}} = \boldsymbol{B}\cdot\boldsymbol{S} = B\left(\frac{\pi R^2}{6} - \frac{\sqrt{3}R^2}{4}\right)$$

所以
$$\varepsilon_{\mathrm{i}} = -\left(\frac{\pi R^2}{6} - \frac{\sqrt{3}}{4}R^2\right)\frac{\mathrm{d}B}{\mathrm{d}t}$$

因为 $\mathrm{d}B/\mathrm{d}t > 0$，所以 $\varepsilon_{\mathrm{i}} < 0$，即感应电动势沿 $acba$，逆时针方向。

13.20 解：由 $\oint_l \boldsymbol{E}_{旋}\cdot\mathrm{d}\boldsymbol{l} = -\int\frac{\mathrm{d}\boldsymbol{B}}{\mathrm{d}t}\cdot\mathrm{d}\boldsymbol{S}$ 知，此时 $\boldsymbol{E}_{旋}$ 以 O 为中心沿逆时针方向。

（1）因为 ab 是直径，在 ab 上处处 $\boldsymbol{E}_{旋}$ 与 ab 垂直，所以

$$\oint_l \boldsymbol{E}_{旋}\cdot\mathrm{d}\boldsymbol{l} = 0$$

所以 $\varepsilon_{ab} = 0$，有 $U_a = U_b$。

（2）同理
$$\varepsilon_{dc} = \int_d^c \boldsymbol{E}_{旋}\cdot\mathrm{d}\boldsymbol{l} > 0$$

所以
$$U_d - U_c < 0，即 U_c > U_d$$

13.21 解：设长直电流为 I，其磁场通过正方形线圈的互感磁通量为

$$\Phi_{12} = \int_{\frac{a}{3}}^{\frac{2a}{3}}\frac{\mu_0 Ia}{2\pi r}\mathrm{d}r = \frac{\mu_0 Ia}{2\pi}\ln 2$$

所以
$$M = \frac{\Phi_{12}}{I} = \frac{\mu_0 a}{2\pi}\ln 2$$

13.22 解：（a）如图 13-40a 所示，设长直电流为 I，它产生的磁场通过矩形线圈的磁通量为

$$\Phi_{12} = \int_S \boldsymbol{B}\cdot\mathrm{d}\boldsymbol{S} = \frac{\mu_0 Ia}{2\pi}\int_b^{2b}\frac{\mathrm{d}r}{r} = \frac{\mu_0 Ia}{2\pi}\ln 2$$

所以
$$M = \frac{N\Phi_{12}}{I} = N\frac{\mu_0 a}{2\pi}\ln 2 = 2.8\times 10^{-6}\,\mathrm{H}$$

（b）因为长直电流磁场通过矩形线圈的磁通量 $\Phi_{12} = 0$，如图 13-40b 所示，所以 $M = 0$。

13.23 解：圆柱形电容器电容
$$C = \frac{2\pi\varepsilon l}{\ln\frac{R_2}{R_1}}$$

$$q = CU = \frac{2\pi\varepsilon lU}{\ln\frac{R_2}{R_1}}$$

$$D = \frac{q}{S} = \frac{2\pi\varepsilon lU}{2\pi rl\ln\frac{R_2}{R_1}} = \frac{\varepsilon U}{r\ln\frac{R_2}{R_1}}$$

所以
$$j = \frac{\partial D}{\partial t} = \frac{\varepsilon k}{r\ln\frac{R_2}{R_1}}$$

13.24 证：因为
$$q = CU$$

$$D = \sigma_0 = \frac{CU}{S}$$

所以
$$\Phi_D = DS = CU$$

$$I_d = \frac{d\Phi_D}{dt} = C\frac{dU}{dt}$$

如果不是平板电容器时，$D=\sigma_0$ 仍成立，所以 $I_d = C\frac{dU}{dt}$还适用。

13.25 解：(1)
$$j_d = \frac{\partial D}{\partial t} = \varepsilon_0\frac{\partial E}{\partial t}$$

$$I_d = j_d S = j_d \pi R^2 \approx 2.8\text{A}$$

(2) 因为
$$\oint_l \boldsymbol{H}\cdot d\boldsymbol{l} = \sum I_0 + \int_S \boldsymbol{j}d\cdot d\boldsymbol{S}$$

取平行于极板，以两板中心连线为圆心的圆周 $l=2\pi r$，则

$$H\cdot 2\pi r = j_d\pi r^2 = \varepsilon_0\frac{dE}{dt}\pi r^2$$

所以
$$H = \frac{r}{2}\varepsilon_0\frac{dE}{dt}$$

$$B_r = \mu_0 H = \frac{\mu_0\varepsilon_0 r}{2}\frac{dE}{dt}$$

当 $r=R$ 时，
$$B_R = \frac{\mu_0\varepsilon_0 R}{2}\frac{dE}{dt} = 5.6\times10^{-6}\text{T}$$

*13.26 解：(1) 螺线管内 $B=\mu_0 ni$。由

$$\oint_l \boldsymbol{E}\cdot d\boldsymbol{l} = -\int_S \frac{\partial \boldsymbol{B}}{\partial t}\cdot d\boldsymbol{S}$$

取以管轴线为中心，垂直于轴的平面圆周 $l=2\pi r$，正绕向与 B 成右螺旋关系，则

$$E\cdot 2\pi r = -\frac{\partial B}{\partial t}\pi r^2$$

所以
$$E = -\frac{r}{2}\frac{\partial B}{\partial t} = -\frac{\mu_0 nr}{2}\frac{di}{dt} \quad \text{（方向沿圆周切向）}$$

当$\frac{di}{dt}<0$时，$\boldsymbol{E}$与$\boldsymbol{B}$成右螺旋关系；当$\frac{di}{dt}>0$时，$\boldsymbol{E}$与$\boldsymbol{B}$成左旋关系。

（2）因为$\boldsymbol{S}=\boldsymbol{E}\times\boldsymbol{H}$，由$\boldsymbol{E}$与$\boldsymbol{H}$方向知，$\boldsymbol{S}$指向轴，大小为

$$S=EH=Eni=\frac{\mu_0 n^2 r}{2}i\frac{di}{dt}$$

第14章

思考题

14.1 答：所谓增透膜是一层减少反射光强度，增加透射光强度的薄膜。一种常见的增透膜是在玻璃($n>1.38$)的表面镀上一层折射率介于玻璃和空气之间的氟化镁($n=1.38$)，这样上下两表面处的反射光均有半波损失，在计算光程差时刚好抵消，没有附加光程差。

14.2 答：(1)$y=j\frac{r_0}{d}\lambda$，λ、r_0不变时，d增大，干涉条纹向中间密集，Δy减小，干涉条纹变密。

(2)当缝光源S垂直于轴线向下或向上移动时，干涉条纹将随之在屏上向上或向下移动。跟踪零级明条纹：当缝光源S垂直于轴线向下移动时，零级明条纹将离开原点向上移动，条纹整体上移；当缝光源S垂直于轴线向上移动时，零级明条纹(等光程处)将向下移动，条纹整体下移。

14.3 答：虽然窗玻璃是一块介质板，但由于反射层厚，光经玻璃上下表面的反射光之间的光程差过大，就不能形成干涉现象。但如果是一层很薄的玻璃或者两块玻璃所夹的一层空气膜，在阳光照射下会形成干涉现象。

14.4 答：白色平行光垂直入射到肥皂液膜上，观察反射光的干涉图样，在任意厚度e处，波长为λ的任一单色相干光的光程差为$2ne+\frac{\lambda}{2}$，这里$n=1.33$为肥皂液膜的折射率。

当肥皂液膜将破裂时，肥皂液膜厚度$e\to 0$，对白光中所有波长的光来说，光程差均为$\frac{\lambda}{2}$，恰好都满足产生暗条纹的光程差条件，故当图样呈现黑色时，肥皂液膜破裂。

14.5 答：由于W受热膨胀时，虽空气劈尖变小，但劈尖角不变，根据相邻条纹的间距公式$l=\frac{\lambda}{2n\theta}$可知，条纹间距不变；而等厚干涉条纹反映了薄膜厚度，所以W受热膨胀时，则相应的条纹向左平移。

14.6 答：这是一个牛顿环和劈尖的综合体，所以它的形状类似于牛顿环，也属于等厚干涉，干涉条纹是中心处为暗纹，一系列间隔均匀的同心圆环；若平凸透镜稍向左倾斜，干涉条纹将不再是对称的圆环，而是左密右疏的类圆环。

14.7 答：根据相邻条纹的间距：$l=\frac{\lambda}{2\theta}$，对于$G_0$和G的条纹间距分别为$l_0$和$l$，$l_0<l$，可知$\theta_0>\theta$。将G转过180°，两侧条纹均比原来密，即角度变大了，所以图中G的形状为：

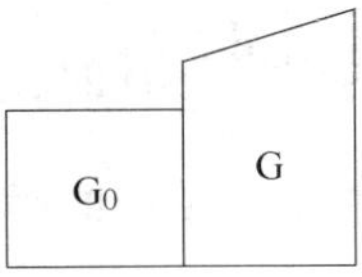

14.8 答：与牛顿环计算相似，有

明条纹，$2(e+e_0)+\dfrac{\lambda}{2}=\pm k\lambda(k=1,\ 2,\ \cdots)$

暗条纹，$2(e+e_0)+\dfrac{\lambda}{2}=\pm(2k+1)\dfrac{\lambda}{2}(k=1,\ 2,\ \cdots)$

若调节平凸透镜与平板玻璃靠近，则厚度向边缘走动，根据等厚干涉条纹的定义，相应的条纹也要向边缘移动，即条纹扩展。

14.9 答：隐形飞行器的隐形原理有多种，如使飞行器的表面由许多小菱形组成，使雷达波产生漫反射，从而让敌方雷达很难收到强的信号。本题涉及的是另外一种方法，即在飞行器表面镀上电介质消反膜，从而使大部分雷达波的信号反射相消。

14.10 答：在一般情况下，我们总是希望进入光学系统的光通量越多越好，然而由于光在玻璃表面总有一定的反射，这种反射损失视玻璃的折射率不同而不同，大约为4%～9%。现代的光学成像仪器，为了矫正各种像差，往往采用复合透镜。例如，高级照相机的镜头由6个透镜组成，每个透镜有两个面，按每个面的反射使光能损失5%计算，照相机镜头损失的光能约45%。此外，这些反射光在成像仪器中成为有害的杂散光，也将降低成像的质量。为了消除反射损失，近代成像仪器中使用的透镜，其表面均镀上一层厚度合适的透明膜以增透减反，而中心波长一般都对应人眼最敏感的黄绿波段($\lambda=550$nm 左右)。因此，平常我们看到照相机镜头呈蓝紫色就是表面减反膜(亦称增透膜)所造成的。

习题

一、选择题

14.1 C 14.2 C 14.3 C 14.4 D 14.5 B 14.6 D 14.7 C

二、填空题

14.8 相等；减小；减小

14.9 $\lambda/2$

14.10 使两缝的间距变小或增大缝屏距或增大 λ

14.11 nr

14.12 变密

14.13 b，a

14.14 暗斑

14.15 $\lambda/2(n-1)$

14.16 $\lambda/2$

14.17 6.44×10^{-4}m

三、计算题

14.18 解：两相邻暗条纹间距为

$$\Delta x=\frac{22.78}{9}\text{mm}=2.531\text{mm}$$

由相邻暗条纹间距 $\Delta x=\frac{D}{d}\lambda$，得

$$\lambda=\frac{\Delta xd}{D}=\frac{2.531\times0.3}{1.2\times10^{3}}\text{mm}=6.328\times10^{-4}\text{mm}=632.8\text{nm}$$

14.19　解：（1）由 $x_k=\frac{Dk\lambda}{d}$得

$$x_3=\frac{1.20\times3\times550\times10^{-9}}{0.600\times10^{-3}}\text{m}=3.3\times10^{-3}\text{m}$$

（2）$x_6=x_5'$

$$x_5'=D\frac{k'}{d}\lambda'$$

$$\lambda'=\frac{dx_5'}{k'D}$$

$$=\frac{k\lambda}{k'}=660\text{nm}$$

14.20　解：P 点由第 5 级明条纹中心，变为 0 级明条纹中心，光程差改变了 5λ。因为 S_2P 光路的光程不变，所以，将玻璃片插入 S_1P 光路中引起的光程差为 5λ。

设玻璃片厚度为 h，则

$$h(n-1)=5\lambda$$

$$h=\frac{5\lambda}{n-1}=\frac{5\times600}{1.65-1}\text{nm}=4615\text{nm}=4.615\mu\text{m}$$

14.21　解：设该蓝绿色光的范围为 $\lambda_1\sim\lambda_2$，相应的 λ_1 和 λ_2 的第 k 级明条纹的位置分别为

$$x_1=k\frac{D}{d}\lambda_1,\quad x_2=k\frac{D}{d}\lambda_2$$

因此，第 k 级干涉条纹所占的宽度为

$$x_2-x_1=k\frac{D}{d}(\lambda_2-\lambda_1)=k\frac{D}{d}\Delta x$$

显然，当此宽度大于或等于相应于平均波长 $\bar{\lambda}$ 的条纹间距时，干涉条纹变得模糊不清。这个条件可表达为

$$k\frac{D}{d}\Delta\lambda\geqslant\frac{D}{d}\bar{\lambda}$$

即

$$k\geqslant\frac{\bar{\lambda}}{\Delta\lambda}=\frac{490}{100}=4.9$$

所以，从第 5 级开始干涉条纹变得无法分辨。

14.22　解：（1）当上面的空气被抽去时，它的光程减小，所以它将通过增加路程来弥

补，所以条纹向下移动。

(2) 当上管中空气完全抽到真空时，发现屏上波长为 λ 的干涉条纹移过 N 条。可列出

$$l(n-1)=N\lambda$$

得

$$n=\frac{N\lambda}{l}+1$$

14.23 解法一：由于在油膜上下表面反射时都有相位突变 π，所以反射光干涉相消的条件是

$$2ne=\frac{(2k+1)\lambda}{2}$$

又单色光的波长连续可调，此两波长是两个相邻的干涉相消波长，于是有

$$2ne=\frac{(2k+1)\lambda_1}{2}=\frac{(2k-1)\lambda_2}{2}$$

$$e=\frac{\lambda_2\lambda_1}{2n(\lambda_2-\lambda_1)}=\frac{700\times 500}{2\times 1.30\times(700-500)}\text{nm}=673\text{nm}$$

解法二：油膜上下表面的反射光都有半波损失，反射光干涉减弱要满足

$$2ne=(2k+1)\frac{\lambda}{2} \tag{a}$$

对 $\lambda_1=500\text{nm}$，有

$$2ne=(2k_1+1)\frac{\lambda_1}{2} \tag{b}$$

对 $\lambda_2=700\text{nm}$，有

$$2ne=(2k_2+1)\frac{\lambda_2}{2} \tag{c}$$

式(b)和式(c)相除，得

$$\frac{2k_1+1}{2k_2+1}=\frac{\lambda_2}{\lambda_1}=\frac{7}{5}$$

即 $10k_1=14k_2+2$，$k_1=\frac{7}{5}k_2+\frac{1}{5}$，由于 k_1、k_2 均为正整数，所以

$$k_2=2,\ k_1=3$$

$$e=(2k_2+1)\frac{\lambda_2}{4n}=\frac{5\times 700}{4\times 1.30}\text{nm}=673\text{nm}$$

14.24 解：(1) 当反射光最强时，

$$\Delta=2nd+\frac{\lambda}{2}=k\lambda \quad (k=1,\ 2,\ \cdots)$$

所以

$$d=\frac{\left(k-\frac{1}{2}\right)\lambda}{2n}$$

当 $k=1$ 时膜的厚度最小，

$$d=\frac{\lambda}{4n}=\frac{600}{4\times1.54}\text{nm}=97.4\text{nm}$$

（2）当透射光最强时，反射光最弱，

$$\Delta=2nd+\frac{\lambda}{2}=(2k+1)\frac{\lambda}{2}\quad(k=1,\ 2,\ \cdots)$$

所以
$$d=\frac{k\lambda}{2n}$$

当 $k=1$ 时膜的厚度最小，

$$d=\frac{\lambda}{2n}=195\text{nm}$$

14.25　解：由反射光干涉相长公式有 $2ne+\frac{\lambda}{2}=k\lambda\quad(k=1,\ 2,\ 3,\ \cdots)$，得

$$\lambda=\frac{4ne}{2k-1}=\frac{4\times1.5\times1200}{2k-1}=\frac{7200}{2k-1}\text{nm}$$

则

$k=6$，$\lambda=655\text{nm}$；$k=7$，$\lambda=554\text{nm}$

$k=8$，$\lambda=480\text{nm}$；$k=9$，$\lambda=424\text{nm}$

14.26　解：$2nd=k\lambda=4001\lambda$　　(a)

$2d=k'\lambda=4000\lambda$　　(b)

由式(a)、式(b)得

$$n=\frac{4001}{4000}=1.00025$$

14.27　解：由于 $n_1<n_2<n_3$，则

$$\Delta=2nd$$

由暗条纹条件得

$$\Delta=2nd=(2k+1)\frac{\lambda}{2}\quad(k=0,\ 1,\ 2,\ 3,\ \cdots)$$

已知 N 处为第 7 条暗纹，棱边 M 处对应 $k=0$ 的暗纹，所以取 $k=6$ 得

$$d=\frac{(2k+1)}{4n_2}\lambda=1.27\times10^3\text{nm}$$

14.28　解：由题意知，相邻暗纹的间距为

$$l=\frac{4.29}{29}\text{mm}=0.148\text{mm}$$

相邻暗纹处空气膜的厚度差为 $\Delta e=\frac{\lambda}{2}$，由几何关系 $\frac{d}{L}=\frac{\Delta e}{l}$ 得

$$d=\frac{\Delta eL}{l}=\frac{0.5\times589.3\times10^{-6}\times28.88}{0.148}\text{mm}=0.0575\text{mm}$$

14.29　解：(1) 由 $2h\sqrt{n^2-n_0^2\sin^2 i}-\frac{\lambda}{2}=k\lambda$，得

$$h=\frac{\left(k+\frac{1}{2}\right)\lambda}{2\sqrt{n^2-n_0^2\sin^2 i}}$$

代入数据得 $h_{min}=0.112\times10^{-6}$m。

（2）若 $i=0$，由 $2h_{min}\sqrt{n^2-n_0^2\sin^2 i}-\frac{\lambda}{2}=k\lambda$，得

$$\lambda=\frac{2h_{min}\sqrt{n^2-n_0^2\sin^2 i}}{k+\frac{1}{2}}$$

将 h_m、n、n_0、i 和 $k=0$ 代入得 $\lambda=595.8$nm。

由此可知，通过改变视线角可以观察到注视点色调的变化。

14.30　解：（1）与牛顿环计算相似：

明条纹：$2(e+e_0)+\frac{\lambda}{2}=\pm k\lambda$　$(k=1,\ 2,\ \cdots)$

暗条纹：$2(e+e_0)+\frac{\lambda}{2}=\pm(2k+1)\frac{\lambda}{2}$　$(k=1,\ 2,\ \cdots)$

（2）若调节平凸透镜与平板玻璃靠近，则厚度向边缘走动，根据等厚干涉条纹的定义，相应的条纹也要向边缘移动，即条纹扩展。

（3）在调节过程中，在离开中心 r 处的牛顿环某干涉条纹宽度 Δr_k 与 e 的厚度有关系。

根据

$$e=\frac{r^2}{2R}$$

如暗环半径：$2\left(\frac{r^2}{2R}+e_0\right)=k\lambda$，则

$$r=\sqrt{(k\lambda-2e_0)R}$$

那么

$$\Delta r=\sqrt{[(k+1)\lambda-2e_0]R}-\sqrt{(k\lambda-2e_0)R}$$

由于平方根的存在，所以 e_0 不能抵消，对条纹宽度产生影响。

14.31　解：设某条纹处透镜的厚度为 e，则对应空气膜厚度为 $d-e$，那么

$$d-e=\frac{r^2}{2R}$$

$2e+\frac{\lambda}{2}=2k\frac{\lambda}{2}$　$(k=\pm1,\ \pm2,\ \pm3,\ \cdots$，明纹)

$2e+\frac{\lambda}{2}=(2k+1)\frac{\lambda}{2}$　$(k=0,\ \pm1,\ \pm2,\ \cdots$，暗纹)

（1）明纹位置为 $r=\sqrt{2R\left(d-\frac{2k-1}{4}\lambda\right)}$，$k=\pm1,\ \pm2,\ \cdots$

暗纹位置为 $r=\sqrt{2R\left(d-\frac{k}{2}\lambda\right)}$，$k=0,\ \pm1,\ \pm2,\ \cdots$

（2）对中心处，有 $e_{max}=d=2\lambda$，$r=0$，代入明纹位置表示式，有 $k_{max}=4.5\approx4$；

（3）玻璃片 B 向下平移时，空气膜厚度增加，条纹由里向外侧移动。

14.32 解：对波长 λ_1 的光束相长干涉的条件为

$$2d_0=j_1\lambda_1+\frac{\lambda_1}{2}$$

对波长 λ_2 的光束相长干涉的条件为

$$2d_0=j_2\lambda_2+\frac{\lambda_2}{2}$$

则

$$\frac{\lambda_2}{\lambda_1}=\frac{2j_1+1}{2j_2+1}$$

又根据入射波长的范围，得

$$\frac{\lambda_2}{\lambda_1}=\frac{1150}{400}=2.875$$

故

$$1<\frac{\lambda_2}{\lambda_1}=\frac{2j_1+1}{2j_2+1}\leqslant2.875$$

符合以上条件的 λ_2 只能有一个，此时 $j_2=1$，$j_1=2$，则有

$$d_0=500\text{nm},\ \lambda_2=667\text{nm}$$

14.33 解：$d_k=2r_k=2\sqrt{\left(k-\frac{1}{2}\right)R\lambda}$

充液体后，

$$d_{kn}=2r_{kn}=2\sqrt{\left(k-\frac{1}{2}\right)R\frac{\lambda}{n}}$$

$$\frac{d_k^2}{d_{kn}^2}=n=\left(\frac{1.40}{1.27}\right)^2=1.22$$

14.34 解：由 $\Delta d=\Delta N\frac{\lambda}{2}$得

$$\lambda=2\frac{\Delta d}{\Delta N}=\left(2\times\frac{0.322\times10^{-3}}{1024}\right)\text{m}=6.289\times10^{-7}\text{m}=6289\text{Å}$$

14.35 解：设插入玻璃片厚度为 d，则相应光程差变化为

$$2(n-1)d=\Delta N\cdot\lambda$$

所以

$$d=\frac{\Delta N\cdot\lambda}{2(n-1)}=\frac{150\times5000\times10^{-10}}{2(1.632-1)}\text{m}=5.93\times10^{-5}\text{m}$$

14.36 解：（1）设移动前虚膜的厚度为 h，中心斑级次为 k_0，则移动前中心及边缘处满足的光程差关系分别为

$$2h=k_0\lambda$$

$$2h\cos i'=(k_0-20)\lambda$$

移动 Δh 后，膜厚 $h'=(h-\Delta h)$，在中心消失 20 环，故此时中心亮斑级次 $k_0'=k_0-20$，则此时中心及边缘处满足的光程差关系分别为

$$2(h-\Delta h)=(k_0-20)\lambda$$

$$2(h-\Delta h)\cos i' = [(k_0-20)-10]\lambda$$

联立以上各式则得

$$k_0=40,\ h=20\lambda,\ \Delta h=10\lambda$$

（2）设中心外第5级亮环的倾角为 i'，则有

$$2(h-\Delta h)\cos i' = [(k_0-20)-5]\lambda$$

将 $k_0=40$，$h=20\lambda$，$\Delta h=10\lambda$ 代入得 $i'=41.41°$。

第15章

思考题

15.1 答：波偏离原来的直线传播方向进入几何阴影区的现象叫作波的衍射现象。

当障碍物的线度与入射波长的量级差不多时，衍射现象明显。所以，要想容易地观察到波的衍射现象，必须用线度与入射波长量级相近的障碍物才行。

光波的波长短，只有障碍物的线度很小时才能看到明显的衍射现象，实验室中是在加单缝、光栅等特殊装置下观察光的衍射现象的。而声波的波长可以达到几米，所以利用日常生活中的孔径，如门、窗等都容易观察到声波的衍射现象。

15.2 答：衍射是衍射物所发的波阵面上各子波在空间场点的相干叠加，所以衍射的本质就是干涉，其结果是引起光场强度的重新分布，形成稳定的图样。

干涉和衍射的区别主要体现在参与叠加的光束不同，干涉是有限光束的相干叠加，衍射是无穷多子波的相干叠加。

15.3 答：(1)衍射图样向上平移；

(2)衍射图样无变化；

(3)衍射斑角宽度减小，衍射图样向中央收缩。

15.4 答：由于手帕较薄，构成手帕的纤维就像带有许多小孔的网格一样，因此通过手帕去看远处的白炽灯或高压汞灯，就可以看见小方孔阵列衍射花样的魅力景象。

15.5 答：在白光照射下夫琅禾费衍射的中央明纹中心是白色；中央明纹外围呈红色。

15.6 答：最小分辨角为 $\theta=1.22\dfrac{\lambda}{D}$，它的倒数为分辨本领。若 D 越大，则 θ 越小，那么分辨本领就越大。所以，用直径很大的天文望远镜可以提高分辨本领。

15.7 答：若 λ 越小，则 θ 越小，那么分辨本领就越大。所以用蓝色光比红色光好，提高了分辨本领。

15.8 答：两者都是分光元件。不同点：

（1）光栅光谱有一系列的级次，每一级次都有正负两套光谱，零级光谱因波长重合而不能分开；而棱镜光谱只有一套零级光谱，相对强度大。

（2）低级次的光栅光谱波长与衍射角近似有正比关系，称为匀排光谱；而棱镜光谱的波长与角度为非线性关系，不是匀排光谱。

15.9 答：由于微波的波长大于光波的波长，所以光波望远镜的分辨本领大。

15.10 答：可利用瑞利判据。设人眼的瞳孔直径为3mm。眼睛最敏感的光波长为 $\lambda=550\text{nm}$，人眼最小分辨角为 $\theta=2.2\times10^{-4}\text{rad}$；而月地之间的距离为384400km，考虑万里长

城长约5000km，宽约30m，有

$$\theta_{长}=\frac{l}{s}=\frac{5000}{384400}\text{rad}=1.30\times10^{-2}\text{rad},\ \theta_{宽}=\frac{d}{s}=\frac{30\times10^{-3}}{384400}\text{rad}=7.80\times10^{-8}\text{rad}$$

根据以上数据，宇航员在月球上应该不能用肉眼分辨长城是地球上的人工建筑。

15.11　答：(1) $a+b=2a$ 时，所有偶数级次的条纹缺级；

(2) $a+b=3a$ 时，级数为 ±3，±6，…的谱线缺级；

(3) $a+b=4a$ 时，级数为 ±4，±8，…的谱线缺级。

15.12　答：在衍射光栅实验中，把光栅遮掉一半，光栅的总缝数就减少一半。其强度减少为原来的四分之一。谱线的半角宽度将会增加一倍，分辨本领为原来的二分之一，但主极大的位置将不会改变。

15.13　答：将光通过偏振片，光强无变化的为自然光；光强有变化但不会出现完全消光的为部分偏振光；光强有变化且在某个方向消光的为线偏振光。

15.14　答：以布儒斯特角入射的。入射光的偏振状态是平行于入射面。

15.15　答：略。

15.16　答：可以使用偏振片作眼镜。选取合适的偏振化方向，可以消除柏油路面的发光。

15.17　答：从远方物体发出的光线可视为平行光线，经晶体折射后，e光和o光的出射光线有不同的侧位移，但彼此平行。因为眼睛对无穷远聚焦，所以相互平行的e光和o光出射光线均聚于一点，故只看到一个像。

习题

一、选择题

15.1 C　15.2 C　15.3 C　15.4 B　15.5 C　15.6 C　15.7 D　15.8 A
15.9 C　15.10 B　15.11 D　15.12 A　15.13 C

二、填空题

15.14　4，暗

15.15　4

15.16　光源和所考察的点到障碍物的距离为无限远。

15.17　λ

15.18　不发生变化

15.19　对应的衍射角变大

15.20　500nm

15.21　2，5

15.22　9/7

15.23　7.56

15.24　(1) 1/2；(2) 1/2；(3) 0；(4) 1/8

15.25　$\frac{3}{8}I_0$

15.26　亮斑

15.27 折射率，变化

三、计算题

15.28 解：中央明纹宽度为

$$\Delta x = 2f\frac{\lambda}{a} = \frac{2\times 40\times 10\times 546\times 10^{-6}}{0.437}\text{mm} = 1\text{mm}$$

若把装置放入水中，第一暗纹满足

$$na\sin\varphi_1 = \lambda$$

中央明纹的角宽度为

$$\Delta\varphi = 2\varphi_1 \approx 2\sin\varphi_1 = \frac{2\lambda}{na} = \frac{2\times 546\times 10^{-6}}{1.33\times 0.437}\text{rad} = 1.88\times 10^{-3}\text{rad}$$

15.29 解：（1）$a=\lambda$，$\sin\varphi=1$，$\varphi=90°$；

（2）$a=10\lambda$，$\sin\varphi=0.1$，$\varphi=5°44'$；

（3）$a=100\lambda$，$\sin\varphi=0.01$，$\varphi=34'$。

这说明，比值$\frac{\lambda}{a}$变小时，所求的衍射角变小，中央明纹变窄（其他明纹也相应地变为更靠近中心点），衍射效应越来越不明显。$\frac{\lambda}{a}\to 0$的极限情形即几何光学的情形：光线沿直线传播，无衍射效应。

15.30 解：（1）由于P点是明纹，故有

$$a\sin\varphi = (2k+1)\frac{\lambda}{2},\ k=1,\ 2,\ 3,\ \cdots$$

由

$$\frac{x}{f} = \frac{1.4}{400} = 3.5\times 10^{-3} = \tan\varphi \approx \sin\varphi$$

故

$$\lambda = \frac{2a\sin\varphi}{2k+1} = \left(\frac{2\times 0.6}{2k+1}\times 3.5\times 10^{-3}\right)\text{mm}$$

$$= \left(\frac{1}{2k+1}\times 4.2\times 10^{-3}\right)\text{mm}$$

当$k=3$时，得$\lambda_3=6000\text{Å}$；

当$k=4$时，得$\lambda_4=4700\text{Å}$。

（2）若$\lambda_3=6000\text{Å}$，则P点是第3级明纹；

若$\lambda_4=4700\text{Å}$，则P点是第4级明纹。

（3）由$a\sin\varphi=(2k+1)\frac{\lambda}{2}$可知：

当$k=3$时，单缝处的波面可分成$2k+1=7$个半波带；

当$k=4$时，单缝处的波面可分成$2k+1=9$个半波带。

15.31 解：单缝衍射的明纹公式为

$$a\sin\varphi = (2k+1)\frac{\lambda}{2}$$

当 $\lambda=6000\text{Å}$ 时，$k=2$。设 $\lambda=\lambda_x$ 时，$k=3$。重合时 φ 角相同，所以有

$$a\sin\varphi=(2\times2+1)\frac{6000}{2}=(2\times3+1)\frac{\lambda_x}{2}$$

得
$$\lambda_x=\left(\frac{5}{7}\times6000\right)\text{Å}=4286\text{Å}$$

15.32 解：λ_1 的第 k_1 级明条纹满足 $a\sin\varphi=(2k_1+1)\dfrac{\lambda_1}{2}$，$\lambda_2$ 的第 k_2 级暗条纹满足

$$a\sin\varphi=k_2\lambda_2$$

因此，有

$$(2k_1+1)\frac{\lambda_1}{2}=k_2\lambda_2$$

$$\frac{2k_1+1}{2k_2}=\frac{\lambda_2}{\lambda_1}=\frac{7}{4}$$

其中 k_1、k_2 都是正整数，由此解得 $k_1=3$，$k_2=2$。虽然有更大的 k_1 和 k_2 值满足此方程，但更高级别的明条纹的亮度极弱，因而是没有什么实际意义的。

设 λ_1 的第 k_1 级暗条纹中心与 λ_2 的第 k_2 级暗条纹中心重合，则有

$$a\sin\varphi=k_1\lambda_1=k_2\lambda_2$$

$$\frac{k_1}{k_2}=\frac{\lambda_2}{\lambda_1}=\frac{7}{4}$$

即 λ_1 的第 7 级暗条纹中心可与 λ_2 的第 4 级暗条纹中心重合。

15.33 解：
$$a+b=\frac{1}{500}\text{mm}=2.0\times10^{-3}\text{ mm}=2.0\times10^{4}\text{Å}$$

由 $(a+b)\sin\varphi=k\lambda$ 知，最多见到的条纹级数 k_{max} 对应的 $\varphi=\dfrac{\pi}{2}$，所以有

$$k_{max}=\frac{a+b}{\lambda}=\frac{2.0\times10^{4}}{5900}\approx3.39$$

即实际见到的最高级次为 $k_{max}=3$。

15.34 解：(1) 由 $(a+b)\sin\varphi=k\lambda$，对应于 $\sin\varphi_1=0.20$ 与 $\sin\varphi_2=0.30$ 处满足

$$0.20(a+b)=2\times600\times10^{-9}$$

$$0.30(a+b)=3\times600\times10^{-9}$$

得
$$a+b=6.0\times10^{-6}\text{m}$$

(2) 因第四级缺级，故此须同时满足

$$(a+b)\sin\varphi=k\lambda$$

$$a\sin\varphi=k'\lambda$$

解得
$$a=\frac{a+b}{4}k'=1.5\times10^{-6}k'$$

取 $k'=1$，得光栅狭缝的最小宽度为 $1.5\times10^{-6}\text{m}$。

(3) 由 $(a+b)\sin\varphi=k\lambda$ 得

$$k=\frac{(a+b)\sin\varphi}{\lambda}$$

当 $\varphi=\frac{\pi}{2}$ 时，对应 $k=k_{\max}$，所以

$$k_{\max}=\frac{a+b}{\lambda}=\frac{6.0\times10^{-6}}{6000\times10^{-10}}=10$$

因 ±4，±8 缺级，所以在 $-90°<\varphi<90°$ 范围内实际呈现的全部级数为 $k=0$，±1，±2，±3，±5，±6，±7，±9，共 15 条明条纹($k=\pm10$ 在 $\varphi=\pm90°$ 处看不到)。

15.35 解：(1) 由单缝衍射暗纹公式得

$$a\sin\theta_1=1\lambda_1,\quad a\sin\theta_2=2\lambda_2$$

由题意可知 $\theta_1=\theta_2$，$\sin\theta_1=\sin\theta_2$。代入上式可得

$$\lambda_1=2\lambda_2$$

(2) $a\sin\theta_1=k_1\lambda_1=2k_1\lambda_2\quad(k_1=1,2,3,\cdots)$

$$\sin\theta_1=\frac{2k_1\lambda_2}{a}$$

$$a\sin\theta_2=k_2\lambda_2\quad(k_2=1,2,3,\cdots)$$

$$\sin\theta_2=\frac{k_2\lambda_2}{a}$$

若 $k_2=2k_1$，则 $\sin\theta_1=\sin\theta_2$，即 λ_1 的任一 k_1 级极小都有 λ_2 的 $2k_1$ 级极小与之重合。

15.36 解：(1) 由光栅方程 $d\sin\theta=m\lambda$

对应两谱线重合的衍射角满足

$$\sin\theta\approx\tan\theta=\frac{x}{f}=\frac{5}{50}=0.1$$

依题意，有

$$0.1d=m\lambda_1 \tag{a}$$

$$0.1d=(m+1)\lambda_2 \tag{b}$$

式(a)、式(b)联立求解，可得 $m=2$。所以

$$d=\frac{m\lambda_1}{0.1}=\frac{2\times600}{0.1}\text{nm}=1.2\times10^4\text{nm}=12\mu\text{m}$$

15.37 解：根据光栅方程

$$d\sin\theta=j\lambda$$

可得

$$j=1,\ \sin\theta_1=\frac{\lambda_{红}}{d}=\frac{7600\text{Å}}{d}$$

$$j=2,\ \sin\theta_2=2\frac{\lambda_{紫}}{d}=\frac{8000\text{Å}}{d}$$

因为 $\theta_2>\theta_1$，所以一级和二级不重叠。而

$$j=2,\ \sin\theta_2=2\frac{\lambda_{红}}{d}=\frac{15200\text{Å}}{d}$$

$$j=3,\ \sin\theta_3=3\frac{\lambda_{紫}}{d}=\frac{12000\text{Å}}{d}$$

因为 $\theta_3<\theta_2$，所以二级和三级光谱部分交叠。

15.38 解：由最小分辨角公式

$$\theta=1.22\frac{\lambda}{D}$$

所以 $$D=1.22\frac{\lambda}{\theta}=\left(1.22\times\frac{5.5\times10^{-5}}{4.84\times10^{-6}}\right)\text{cm}=13.86\text{cm}$$

15.39 解：最小分辨角为

$$\theta=1.22\frac{\lambda}{D}=\left(1.22\times\frac{550\times10^{-9}}{3\times10^{-3}}\right)\text{rad}=2.2\times10^{-4}\text{rad}$$

如果窗纱上两根细丝之间的距离为2.0mm，人在 s 远处恰能分辨，则利用

$$\theta=\frac{l}{s}=2.2\times10^{-4}\text{rad}$$

当 $l=2\text{mm}$ 时，$s=9.1\text{m}$。

15.40 解：设月球上光斑直径为 d，则

$$d=2r\frac{1.22\lambda}{D}$$

将 $r=3.76\times10^{8}\text{m}$，$\lambda=632.8\times10^{-9}\text{m}$，$D=2\times10^{-3}\text{m}$ 代入得

$$d=290\text{km}$$

若 $D=2\text{m}$，则 $d=290\text{m}$；

若 $D=5\text{m}$，则 $d=116\text{m}$。

计算结果表明：出射光束的通光直径越小(限制越大)，则到达月球上得到的光斑越大(弥散越严重)——衍射反比律。

15.41 解：(1) 照相机的分辨角为

$$\delta\theta=\frac{5\times10^{-2}}{160\times10^{3}}\text{rad}=3.1\times10^{-7}\text{rad}$$

(2) 由最小分辨角 $\delta\theta=1.22\dfrac{\lambda}{D}$，得

$$D=\frac{1.22\lambda}{\delta\theta}=\frac{1.22\times500\times10^{-9}}{3.1\times10^{-7}}\text{m}\approx2.0\text{m}$$

15.42 解：由布拉格公式 $2d\sin\varphi=k\lambda$

得 $\lambda=\dfrac{2d\sin\varphi}{k}$ 时满足干涉相长。

当 $k=1$ 时，$\lambda_1=(2\times2.75\times\sin45°)\text{Å}=3.89\text{Å}$

$k=2$ 时，$\lambda_2=\dfrac{2\times2.75\times\sin45°}{2}\text{Å}=1.95\text{Å}$

$k=3$ 时，$\lambda_3=\dfrac{3.89}{3}=1.30\text{Å}$

$k=4$ 时，$\lambda_4=\dfrac{3.89}{4}=0.97\text{Å}$

故只有 $\lambda_3=1.30\text{Å}$ 和 $\lambda_4=0.97\text{Å}$ 的 X 射线能产生强反射。

15.43 解：设自然光的光强为 I_0，由马吕斯定律得

$$I_1=\frac{I_0}{2}\cos^2 60°$$

在这两个偏振片之间插入另一偏振片后，由马吕斯定律可得透射光光强 I 为

$$I=\frac{I_0}{2}\cos^2 30°\cos^2 30°=\frac{9}{4}I_1$$

15.44 解：设自然光的光强为 I_0，线偏振光的光强为 I_1。由题意知，通过一偏振片的最大光强是最小光强的 5 倍，有

$$\frac{I_{\max}}{I_{\min}}=\frac{0.5I_0+I_1}{0.5I_0}=5$$

得

$$\frac{I_0}{I_1}=\frac{1}{2}$$

所以，自然光和线偏振光的强度各占总入射光强度的 1/3 和 2/3。

15.45 解：设 P_2 与 P_1 的夹角为 θ，由马吕斯定律得

$$\frac{I_0}{8}=\frac{I_0}{2}\cos^2\theta\cos^2\left(\frac{\pi}{2}-\theta\right)$$

求得

$$\theta=\frac{\pi}{4}$$

要使出射光为零，只需使 P_2 与 P_1 或 P_3 平行即可，所以，P_2 最少要转过的角度为 $\pi/4$。

15.46 解：设水的折射率为 n_1，玻璃的折射率为 n_2。光由水射向玻璃被反射时，按布儒斯特定律，有

$$\tan i_0=\frac{n_2}{n_1}$$

可得起偏角为

$$i_0=\arctan\frac{n_2}{n_1}=\arctan\frac{1.50}{1.33}=48°26'$$

如果光由玻璃射向水面被反射，则起偏角为

$$i_0'=\arctan\frac{n_1}{n_2}=\frac{1.33}{1.50}=41°34'$$

15.47 解：由布儒斯特定律，有

$$\tan i_0=\frac{n}{1}$$

得

$$n=\tan i_0=\tan 57°=1.54$$

第 16 章

习题

一、填空题

16.1　6.63×10^{-26}J，2.21×10^{-34}N·s

16.2　大于

16.3　$\lambda_0=54°$

16.4　1.6×10^{-35}m，波动性

16.5　电子的能量

16.6　德布罗意波是粒子在空间分布的概率波，机械波是机械振动在介质中引起机械波，是振动相位的传播

16.7　是一个原子中不能有两个电子具有完全相同的量子态

二、选择题

16.8　C　16.9　A　16.10　A　16.11　C　16.12　C　16.13　A　16.14　D　16.15　B

三、计算题

16.16　解：由光电方程 $h\nu=A+\frac{1}{2}mv_m^2$，逸出功

$$A=h\nu_0=h\frac{c}{\lambda_0}=2.23\text{eV}$$

用波长为 400nm 的入射光照射，光电子的最大动能

$$\frac{1}{2}mv_m^2=h\nu-A$$

即

$$E_{km}=h\frac{c}{\lambda}-A$$

将 $\lambda=400$nm 和 $A=2.23$eV 代入得到 $E_{km}=0.88$eV，

截止电压：$\frac{1}{2}mv_m^2=eU_c$，$U_c=\frac{1}{2e}mv_m^2$，$U_c=0.88$V。

16.17　解：由光电方程 $h\nu=A+\frac{1}{2}mv_m^2$，光电子的最大动能

$$\frac{1}{2}mv_m^2=h\nu-A,$$

将 $h\nu=\frac{hc}{\lambda}=6.25$eV 和 $A=4.2$eV 代入得到

$$E_{km}=\frac{1}{2}mv_m^2=2.05\text{eV},$$

截止电势差：$U_c=\frac{E_{km}}{e}$，$U_c=2.05$V；

铝的截止波长：$A=h\nu_0=h\frac{c}{\lambda_0}$，$\lambda_0=h\frac{c}{A}=295.95$nm。

16.18 解：散射后电子的质量 $m=\dfrac{m_0}{\sqrt{1-\dfrac{u^2}{c^2}}}$，能量 $E=mc^2=\dfrac{m_0c^2}{\sqrt{1-\dfrac{u^2}{c^2}}}$，

散射后电子获得的能量：$\Delta E=E-m_0c^2$，$\Delta E=\left(\dfrac{1}{\sqrt{1-\dfrac{u^2}{c^2}}}-1\right)m_0c^2$，

$\dfrac{\Delta E}{E_0}=\dfrac{1}{\sqrt{1-\dfrac{u^2}{c^2}}}-1$，将反冲电子的速度 $u=0.6c$ 代入得到 $\dfrac{\Delta E}{E_0}=0.25$。

16.19 解：设激发能为 $\Delta E=10.19\text{eV}$ 的能级为 E_k，$\Delta E=E_\text{k}-E_1=10.19\text{eV}$，则

$$E_1=-13.6\text{eV},\ E_\text{k}=-3.41\text{eV}$$

设初始状态的能级为 E_n，根据题意，得

$$E_n-E_\text{k}=h\frac{c}{\lambda},\ E_n=h\frac{c}{\lambda}+E_\text{k}$$

将 $E_\text{k}=-3.41\text{eV}$，$\lambda=486\text{nm}$，$h=6.6260755\times10^{-34}\text{J}\cdot\text{s}$ 和 $c=3\times10^8\text{m}\cdot\text{s}^{-1}$ 代入得到

$$E_n=-0.85\text{eV}$$

由 $E_n=\dfrac{1}{n^2}E_1$，可知

$$n^2=\frac{E_1}{E_n},\ n=\sqrt{\frac{E_1}{E_n}},\ n=4$$

氢原子初始状态的能量：$E_n=-0.85\text{eV}$，主量子数 $n=4$。

16.20 解：根据不确定度关系式 $\Delta x\cdot\Delta p\geqslant\dfrac{\hbar}{2}$，$p=mv$，$\Delta p=m\Delta v$，

$\Delta x\cdot\Delta v\geqslant\dfrac{\hbar}{2m}$，$\Delta x\geqslant\dfrac{\hbar}{2m\Delta v}$，$\Delta v=0.01v=3\times10^4\text{m}\cdot\text{s}^{-1}$，$\Delta x\geqslant1.9\times10^{-9}\text{m}$，$\Delta x\sim r_1=0.529\times10^{-10}\text{m}$，所以原子中的电子不能看作是作轨道运动。

第 17 章

习题

计算题

17.1 解：结合能为 $\Delta E=[Zm_\text{H}+(A-Z)m_\text{n}-m]\times931.5\text{MeV}$

${}^{232}_{90}\text{Th}$ 原子 $m=232.03821\text{u}$，$Z=90$，$A=232$；氢原子质量 $m_\text{H}=1.007276\text{u}$，$m_\text{n}=1.008665\text{u}$。

所以 $\Delta E=\{[90\times1.007276+(232-90)\times1.008665-232.03821]\times931.5\}\text{MeV}$
$=1720.54\text{MeV}$

所以平均结合能为 $\overline{E}_0=\dfrac{\Delta E}{A}=\dfrac{1720.54}{232}\text{MeV}=7.416\ \text{MeV}$

17.2　解：按半衰期
$$T=\frac{\ln 2}{\lambda}=\frac{0.693}{\lambda}$$

对 $^{235}_{92}\text{U}$，$\lambda_1=\dfrac{0.693}{T_1}=\dfrac{0.693}{7.038\times10^{8}}$年$^{-1}$ $=9.847\times10^{-10}$年$^{-1}$

对 $^{238}_{92}\text{U}$，$\lambda_2=\dfrac{0.693}{T_2}=\dfrac{0.693}{4.468\times10^{9}}$年$^{-1}$ $=1.551\times10^{-10}$年$^{-1}$

按衰变定律 $N=N_0\mathrm{e}^{-\lambda t}$，可得
$$\frac{N_1}{N_2}=\frac{N_0\mathrm{e}^{-\lambda_1 t}}{N_0\mathrm{e}^{-\lambda_2 t}}=\mathrm{e}^{(\lambda_2-\lambda_1)t}$$

则地球年龄
$$t=\frac{\ln\dfrac{N_1}{N_2}}{\lambda_2-\lambda_1}=\frac{\ln\dfrac{0.72}{99.28}}{(1.551-9.847)\times10^{-10}}\text{年}$$
$$=5.94\times10^{9}\text{ 年}$$

参 考 文 献

[1] 赵凯华. 电磁学[M]. 2版. 北京：高等教育出版社，2009.
[2] 马文蔚. 物理学教程[M]. 2版. 北京：高等教育出版社，2006.
[3] 康爱国，等. 大学物理简明教程[M]. 北京：高等教育出版社，2014.
[4] 王玉国，等. 大学物理学[M]. 北京：科学出版社，2013.
[5] 哈里德，等. 物理学基础[M]. 张三慧，等译. 北京：机械工业出版社，2004.
[6] 钟锡华. 现代光学基础[M]. 北京：北京大学出版社，2003.
[7] 赵近芳，等. 大学物理学[M]. 3版. 北京：北京邮电大学出版社，2006.
[8] 上海交通大学教研室. 大学物理[M]. 上海：上海交通大学出版社，2014.
[9] 姚乾凯，等. 大学物理教程[M]. 郑州：郑州大学出版社，2007.
[10] 贾瑜，等. 大学物理教程[M]. 郑州：郑州大学出版社，2007.
[11] 赵凯华，钟锡华. 光学[M]. 北京：北京大学出版社，2009.
[12] 周雨青. 物理学思考题解答[M]. 北京：清华大学出版社，2007.
[13] 王磊，刘彦允，聂娅. 光学学习指导[M]. 北京：清华大学出版社，2008.
[14] 霍炳海，袁兵，闫海清，等. 大学物理解题方法荟萃与评析[M]. 天津：天津大学出版社，2006.